Python

Django 4

构建动态网站的16堂课

何敏煌 林亮昀 / 著

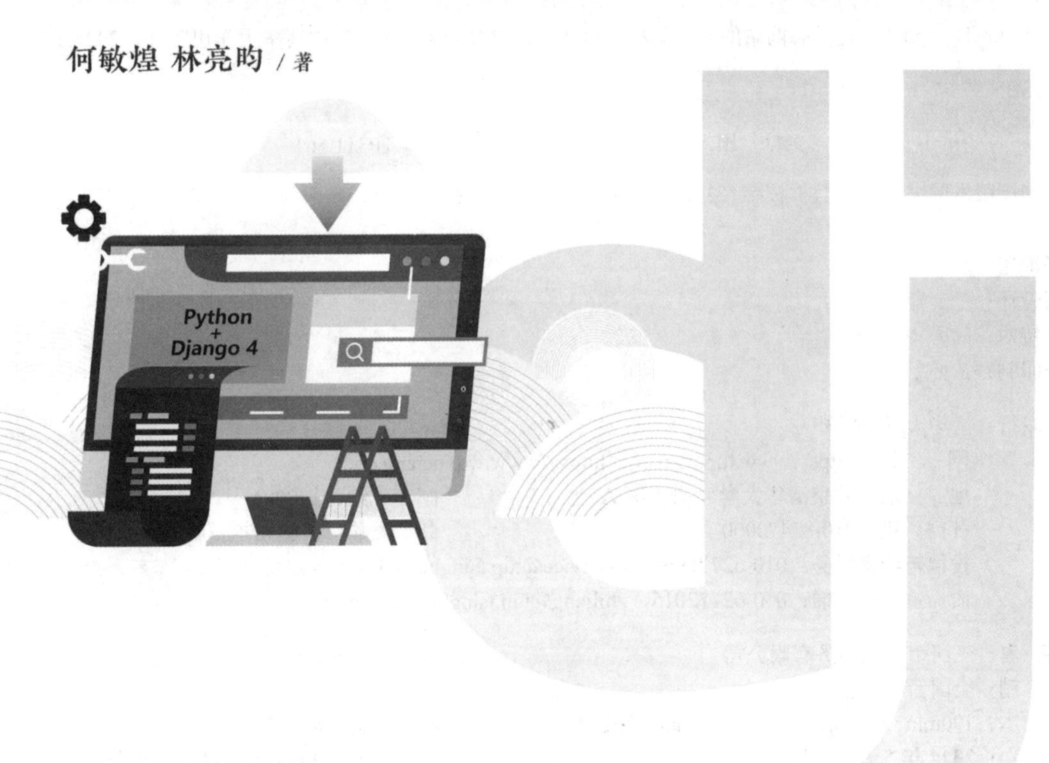

清華大学出版社
北 京

内 容 简 介

本书是一本关于 Django 框架的网站开发入门教材，适合想要学习并掌握 Django 框架的开发人员阅读。本书共分 16 课，内容包括网站开发环境的建立、Django 网站快速入门、让网站上线、深入了解 Django 的 MVC 架构、网址的对应与委派、模板深入探讨、Models 与数据库、网站表单的应用、网站的 Session 功能、网站用户的注册与管理、社交网站应用实践、电子商务网站实践、全功能电子商务网站 django-oscar 实践、使用 Mezzanine 快速打造 CMS 网站、名言佳句产生器网站实践以及课程回顾与你的下一步计划等。

本书通过实际案例和详细说明帮助读者从零开始掌握 Django 框架的开发技能，提高网站开发能力和水平。本书既可作为希望快速上手 Python+Django 的初学者的参考书，也可作为 Python 培训机构在 Python+Django 方面的培训教程。

图书在版编目（CIP）数据

Python Django 4 构建动态网站的 16 堂课 / 何敏煌，林亮昀著. —北京：清华大学出版社，2024.5

ISBN 978-7-302-66257-0

Ⅰ. ①P… Ⅱ. ①何… ②林… Ⅲ. ①软件工具—程序设计 Ⅳ. ①TP311.561

中国版本图书馆 CIP 数据核字（2024）第 095622 号

责任编辑：赵　军
封面设计：王　翔
责任校对：闫秀华
责任印制：丛怀宇

出版发行：清华大学出版社
网　　址：https://www.tup.com.cn，https://www.wqxuetang.com
地　　址：北京清华大学学研大厦 A 座　　**邮　　编：**100084
社 总 机：010-83470000　　**邮　　购：**010-62786544
投稿与读者服务：010-62776969，c-service@tup.tsinghua.edu.cn
质 量 反 馈：010-62772015，zhiliang@tup.tsinghua.edu.cn

印 装 者：三河市君旺印务有限公司
经　　销：全国新华书店
开　　本：190mm×260mm　　**印　张：**32　　**字　　数：**863 千字
版　　次：2024 年 5 月第 1 版　　**印　　次：**2024 年 5 月第 1 次印刷
定　　价：129.00 元

产品编号：103253-01

序

作为从事大信息类教育的一线教师，每当出现新的信息技术或常用开发工具的改版时，笔者总是有喜有忧。喜的是改版后增加了许多新功能，使得开发环境更加方便易用。忧的是又要再次更新之前准备好的教材。

一般来说，如果改版的对象是讲义或在线教材，那还是小事。但对于像本书这样的教科书来说，涉及前后内容的连贯性以及范例的修改，整个改版工作确实是一项非常庞大的任务。这也是本书选择跳过 Django 3.x 版本直到 4.x 版本才进行改版的主要原因之一，因为需要修改的内容实在太多了。

大环境的主要变化是 Windows 的开发环境变得更加成熟了。除 Anaconda 在 Windows 10 及其后续版本上的良好适用性外，还有 Anaconda Prompt、Windows PowerShell 以及 WSL，再加上 Visual Studio Code 的生态系统和 GitHub 提供的免费私有项目，这一切使得开发者不必离开 Windows 操作系统就能完成网站的全部开发和测试工作。对于初学者而言，终于不需要在自己的计算机上安装虚拟机就能完成所有的网站开发任务了。然而，这也意味着我们整本书中的网站开发流程需要进行全面改写，以适应 Windows 生态系统的新变革。

在 Django 和网站设计方面，部分第三方库（或链接库）在改版后失去了兼容性，一些组件由于不再受支持而无法使用。这也导致笔者花费了大量时间来审查程序代码的差异，并重写了许多范例程序。然而，为了获得更好的功能，这些努力是非常值得的。但是，由于不同的模块可能需要使用不同版本的第三方库，因此读者在练习时需注意版本之间的差异，以减少尝试错误所花费的时间。

为了适应信息技术的变化，从本版开始，本书的范例程序将会放在 GitHub 上供读者下载和使用。由于这是一个在线资源，因此它为作者和读者提供了良好的交流渠道。如果读者在使用程序代码或阅读本书内容的过程中发现兼容性方面的问题，欢迎与笔者进行交流，这也给了笔者更新程序代码的机会，以使本书的内容更加完善。

何敏煌
2024 年 2 月

前　言

本书主要介绍如何使用 Django 这个 Web 框架在网络主机上搭建一个功能完善的网站。Django 是一个由 Python 编写的具备完整建站能力的 Web 框架。通过使用这个框架，Python 程序员只需几个简单的指令，就可以轻松构建一个正式网站所需的网站框架，并从框架中开发出一个功能齐全的网站。

为了方便读者学习，尽管 Python 语言拥有许多令人兴奋的加速技巧，本书尽量避免使用一些初学者难以理解的陈述方式。我们希望读者能够在最短的时间内了解使用 Python 语言构建网站的基本知识，并可以立即开始构建自己独特的网站。在熟悉流程和架构之后，读者可以进一步提高网站的性能。

所以，只要读者具备基本的 Python 程序设计能力以及对网站架构和运行原理有基本的概念，基本上就有足够的能力通过本书来构建属于自己的动态网站。这个网站将能够充分利用 Python 语言的所有功能，包括连接数据库、使用社交媒体账号验证机制、实时计算和处理数据，并能够完全实现所有创意和想法。

由于网站系统的版本更新速度很快，因此本书中的所有网站范例都经过 Python 3.1x 和 Django 4.x 的测试，确保无误（有些章节由于模块版本的原因，仍然使用较旧版本的 Django）。为了避免学习上的困惑，建议读者在学习时尽量使用相同的版本进行练习（只要主版本号相同即可），等到熟练之后再根据需要升级版本。此外，在建立基本范例程序时，建议优先手动输入程序代码，等到掌握一定的基础知识后，再将自己的程序代码应用到实践中。在实践中学习永远是学习程序设计的最佳方法。

作者
2024 年 2 月

改编说明

Python + Django 确实是迅速开发、设计、搭建和部署网站的最佳组合。Django 是用备受推崇的“胶水”语言 Python 编写的，是一个完全开放源代码的网站架构或 Web 框架（Web Framework）。Django 本身基于 MVC 模型，即 Model（模型）+ View（视图）+ Controller（控制器），因此天然具有出色的 MVC 基因：开发迅速、部署快、可重用性高、维护成本低等。鉴于一些公司需要开发外包软件，因此本书的开发范例也涉及了调用 Google 等应用的编程接口。

本书并非讲述如何使用 Python 程序设计语言进行网页的程序设计，也不是单独介绍 Django 框架及其核心组件，而是通过 16 堂课让读者迅速掌握使用 Python + Django 的最佳组合进行网站开发、设计和搭建，并将其部署到真实世界的网络主机上，尽快投入实际运营。

本书跳过了一般的 Python 程序设计语言教科书中“事无巨细”的烦琐，也摒弃了普通的 Django 参考书中“细枝末节”的繁复，而是直截了当地教授读者逐步搭建和部署一些实用的范例网站，如个人博客、投票网站、子域管理网站、名言佳句网站和电子商务网站等。读者可以在本书的指导下，可以让这些实际可投入使用的网站“活灵活现”地呈现在网络上。

这些范例网站的源码、网站文件夹结构以及相关文件都被打包在一个压缩文件中，可扫描以下二维码下载。如果下载出现问题，请发送电子邮件至 booksaga@126.com，邮件主题设置为“Python Django 4 构建动态网站的 16 堂课”。

读者可以参照这些范例网站，按照本书各堂课的内容直接使用，或以它们为蓝本进行扩展设计和开发，最终将自己心仪的网站搭建并部署到网络上去。

由于涉及网站的部署，因此读者需要使用自己的电子邮箱或其他知名网站的 ID 注册或申请网络域名和网址。在实际部署本书的范例网站时，需要替换掉范例中的网络域名或网址，这样才能让这些网站真正成功部署并属于读者自己。具体步骤可以参考书中各堂课的相关内容。

最后祝大家学习顺利，早日成为 Python + Django 领域的“大师”！

资深架构师 睿而不酷

2024 年 3 月

目　　录

第1课　网站开发环境的建立 1

1.1　网站的基础知识 1
1.1.1　网站的运行流程 2
1.1.2　Python/Django 扮演的角色 3
1.1.3　使用 Python/Django 搭建网站的优势 4
1.2　创建网站的开发流程 4
1.2.1　开发流程简介 4
1.2.2　在 Windows 安装 Anaconda 5
1.2.3　在 Windows 操作系统中建立 Visual Studio Code 开发环境 7
1.2.4　Python Django 虚拟环境的创建 10
1.3　活用版本控制系统 13
1.3.1　版本控制系统 Git 简介 13
1.3.2　申请 GitHub 账号并创建远程代码仓库 14
1.3.3　在本地计算机中连接 GitHub 代码仓库 16
1.3.4　在不同的计算机上开发同一个网站 19
1.4　本课习题 20

第2课　Django网站快速入门 21

2.1　个人博客网站规划 21
2.1.1　博客网站的需求与规划 21
2.1.2　产生第一个网站框架 22
2.1.3　Django 文件夹与文件解析 26
2.2　创建博客数据表 28
2.2.1　数据库与 Django 的关系 28
2.2.2　定义数据模型 28

2.2.3 启动admin管理界面 …… 29
2.2.4 读取数据库中的内容 …… 33
2.3 网址对应与页面输出 …… 36
2.3.1 创建网页输出模板 …… 36
2.3.2 网址对应urls.py …… 40
2.3.3 共享模板的使用 …… 42
2.4 高级网站功能的运用 …… 45
2.4.1 JavaScript以及CSS文件的引用 …… 45
2.4.2 图像文件的应用 …… 48
2.4.3 在主网页显示文章摘要 …… 50
2.4.4 博客文章的HTML内容处理 …… 51
2.4.5 Markdown语句的解析与应用 …… 54
2.5 本课习题 …… 57

第3课 让网站上线 …… 58

3.1 DigitalOcean部署 …… 58
3.1.1 申请账号与创建虚拟主机 …… 58
3.1.2 安装Apache网页服务器及Django执行环境 …… 61
3.1.3 修改settings.py以及000-default.conf等相关设置 …… 65
3.1.4 创建域名并进行多平台设置 …… 68
3.2 在Heroku上部署 …… 74
3.2.1 Heroku账号申请与环境设置 …… 74
3.2.2 修改网站的相关设置 …… 77
3.2.3 上传网站到Heroku主机 …… 78
3.2.4 Heroku主机的操作 …… 81
3.3 本课习题 …… 82

第4课 深入了解Django的MVC架构 …… 83

4.1 Django的MVC架构简介 …… 83
4.1.1 MVC架构简介 …… 84
4.1.2 Django的MTV架构 …… 84
4.1.3 Django网站的构成及配合 …… 85
4.1.4 在Django MTV架构下的网站开发步骤 …… 86

4.2　Model 简介……88
4.2.1　在 models.py 中创建数据表……88
4.2.2　在 admin.py 中创建数据表管理界面……91
4.2.3　在 Python Shell 中操作数据表……95
4.2.4　数据的查询与编辑……97
4.3　View 简介……99
4.3.1　建立简易的 HttpResponse 网页……99
4.3.2　在 views.py 中显示查询数据列表……100
4.3.3　网址栏参数处理的方式……102
4.4　模板简介……104
4.4.1　创建 template 文件夹与文件……104
4.4.2　把变量传送到 template 文件中……105
4.4.3　在 template 中处理列表变量……108
4.5　本课范例网站的最终版本摘要……109
4.6　本课习题……112

第5课　网址的对应与委派……113

5.1　Django 网址架构……113
5.1.1　URLconf 简介……113
5.1.2　委派各个网址到处理函数……115
5.1.3　urlpatterns 的正则表达式语法说明（适用于 Django 2.0 以前的版本）……118
5.1.4　验证正则表达式设计 URL 的正确性……121
5.2　高级设置技巧……122
5.2.1　参数的传送……122
5.2.2　include 其他整组的 urlpatterns 设置……123
5.2.3　URLconf 的反解功能……123
5.3　本课习题……124

第6课　模板深入探讨……125

6.1　模板的设置与运行……125
6.1.1　settings.py 设置……125
6.1.2　创建模板文件……128
6.1.3　在模板文件中使用现有的网页框架……129

6.1.4 直播电视网站应用范例 130
6.1.5 在模板中使用静态文件 134
6.2 高级模板技巧 136
6.2.1 模板的继承 136
6.2.2 共享模板的使用范例 138
6.3 模板语言 139
6.3.1 判断指令 140
6.3.2 循环指令 141
6.3.3 过滤器与其他的语法标记 145
6.4 本课习题 149

第7课 Models与数据库 150

7.1 网站与数据库 150
7.1.1 数据库简介 150
7.1.2 规划网站需要的数据库 151
7.1.3 数据表内容设计 153
7.1.4 models.py 设计 155
7.2 活用 Model 制作网站 156
7.2.1 建立网站 156
7.2.2 制作网站模板 160
7.2.3 制作多数据表整合查询网页 162
7.2.4 调整 admin 管理网页的外观 166
7.3 在 Django 中使用 MySQL 数据库系统 169
7.3.1 安装开发环境中的 MySQL 连接环境（Ubuntu） 169
7.3.2 安装开发环境中的 MySQL 连接环境（Windows） 170
7.3.3 使用 Google 云端主机的商用 SQL 服务器 174
7.3.4 DB Browser for SQLite 的安装与应用 178
7.3.5 Windows Subsystem for Linux 安装 MySQL 客户端程序 179
7.3.6 在 Windows 下使用 Docker 安装 MySQL 180
7.4 本课习题 187

第8课 网站表单的应用 188

8.1 网站与表单 188

8.1.1 HTML<form>表单简介……188
8.1.2 活用表单的标签……192
8.1.3 建立本堂课范例网站的数据模型……196
8.1.4 网站表单的建立与数据显示……198
8.1.5 接收表单数据存储于数据库中……199
8.1.6 加上删除帖文的功能……200
8.2 基础表单类的应用……202
8.2.1 使用 POST 传送表单数据……202
8.2.2 结合表单和数据库……206
8.2.3 数据接收与字段的验证方法……210
8.2.4 使用第三方服务发送电子邮件……213
8.3 模型表单类 ModelForm 的应用……217
8.3.1 ModelForm 的使用……218
8.3.2 通过 ModelForm 产生的表单存储数据……220
8.3.3 为表单加上防机器人验证机制……221
8.4 MongoDB 数据库的操作与应用……223
8.4.1 MongoDB 的安装……223
8.4.2 Python 对 MongoDB 的连接与操作……229
8.4.3 在 Django 网站中访问 MongoDB……231
8.5 本课习题……234

第9课　网站的Session功能……235

9.1 Session 简介……235
9.1.1 复制 Django 网站……235
9.1.2 Cookie 简介……236
9.1.3 建立网站登录功能……238
9.1.4 Session 的相关函数介绍……243
9.2 活用 Session……244
9.2.1 建立用户数据表……244
9.2.2 整合 Django 的信息显示框架……251
9.3 Django Auth 用户验证……254
9.3.1 使用 Django 的用户验证系统……254
9.3.2 增加 User 的字段……257

9.3.3 显示新增加的User字段……259
9.3.4 应用Auth用户验证存取数据库……261
9.3.5 使用Django系统提供的登录界面……266
9.4 动态图表展示……268
9.4.1 导入CSV文件数据……268
9.4.2 使用Chart.js在网页上绘制图表……270
9.4.3 使用Plotly在网页上绘制图表……275
9.5 本课习题……280

第10课 网站用户的注册与管理……281

10.1 建立网站用户的自动化注册功能……281
10.1.1 django-registration-redux的安装与设置……281
10.1.2 创建django-registration-redux所需的模板……284
10.1.3 整合用户注册功能到分享日记网站……287
10.2 pythonanywhere.com免费的Python网站开发环境……292
10.2.1 注册pythonanywhere.com账号……292
10.2.2 在pythonanywhere.com免费网站中创建虚拟环境以及Django网站……299
10.2.3 创建投票网站的基本架构……305
10.3 本课习题……312

第11课 社交网站应用实践……313

11.1 投票网站的规划与调整……313
11.1.1 网站功能与需求……313
11.1.2 数据表与页面设计……315
11.1.3 移动设备的考虑……318
11.2 深入探讨django-allauth……320
11.2.1 django-allauth的Template标签……321
11.2.2 django-allauth的Template页面……322
11.2.3 获取用户的信息……324
11.3 投票网站功能解析……326
11.3.1 首页的分页显示功能……327
11.3.2 自定义标签并在首页显示目前的投票数……328
11.3.3 使用AJAX和jQuery改进投票的效果……330

11.3.4 避免重复投票的方法 …… 336
11.3.5 添加和删除投票项 …… 338
11.3.6 新建 Google 账号链接 …… 343
11.4 本课习题 …… 351

第12课 电子商务网站实践 …… 352

12.1 打造迷你电商网站 …… 352
12.1.1 使用项目模板 …… 352
12.1.2 创建网站所需要的数据表 …… 353
12.1.3 上传照片的方法 django-filer …… 358
12.1.4 把 django-filer 的图像文件添加到数据表中 …… 362
12.2 增加网站功能 …… 365
12.2.1 分类查看产品 …… 365
12.2.2 显示产品的详细信息 …… 369
12.2.3 购物车功能 …… 371
12.2.4 建立订单功能 …… 376
12.3 电子支付功能 …… 385
12.3.1 建立付款流程 …… 385
12.3.2 建立 PayPal 付款链接 …… 388
12.3.3 接收 PayPal 付款完成通知 …… 393
12.3.4 测试 PayPal 付款功能 …… 394
12.4 本课习题 …… 401

第13课 全功能电子商务网站django-oscar实践 …… 402

13.1 Django 购物网站 Oscar 的安装与使用 …… 402
13.1.1 电子购物网站模板 …… 402
13.1.2 Django Oscar 购物车系统测试网站安装 …… 403
13.2 构建 Oscar 的应用网站 …… 406
13.2.1 创建 Django Oscar 购物网站项目 …… 406
13.2.2 加上电子邮件的发送功能 …… 413
13.2.3 简单地修改 Oscar 网站的设置 …… 415
13.2.4 增加 PayPal 在线付款功能 …… 419
13.3 自定义 Oscar 网站 …… 425

13.3.1 建立自己的 templates，打造定制的外观 ……425
13.3.2 网站的中文翻译 ……437
13.4 本课习题 ……438

第14课 使用Mezzanine快速打造CMS网站 ……439

14.1 快速安装 Mezzanine CMS 网站 ……439
14.1.1 什么是 Mezzanine ……439
14.1.2 安装 Mezzanine ……440
14.1.3 安装 Mezzanine 主题 ……445
14.1.4 Mezzanine 网站的设置与调整 ……449
14.2 使用 Mezzanine 构建电子商务网站 ……451
14.2.1 安装电子购物车套件与构建网站 ……451
14.2.2 自定义 Mezzanine 网站的外观 ……453
14.3 本课习题 ……456

第15课 名言佳句产生器网站实践 ……457

15.1 构建网站前的准备 ……457
15.1.1 准备网站所需的素材 ……457
15.1.2 图文整合练习 ……458
15.1.3 构建可随机显示图片的网站 ……460
15.2 产生器功能的实现 ……464
15.2.1 创建产生器界面 ……464
15.2.2 产生唯一的文件名 ……466
15.2.3 开始进行图文整合以产生图片文件 ……466
15.2.4 准备多个背景图片文件以供选择 ……471
15.3 自定义图片文件功能 ……475
15.3.1 加入会员注册功能 ……475
15.3.2 创建上传文件的界面 ……476
15.3.3 上传文件的方法 ……480
15.3.4 实时产生结果 ……482
15.4 本课习题 ……484

第16课 课程回顾与你的下一步计划 485

16.1 善加运用网站资源 485
16.2 部署上线的注意事项 488
16.3 SSL 设置实践 490
16.4 程序代码和网站测试的重要性 493
16.5 其他 Python 框架 496
16.6 你的下一步计划 496

第 1 课

网站开发环境的建立

1

本课程将介绍如何通过版本控制系统 Git 以及 Anaconda 虚拟环境来建立一个可用于 Python Django 网站开发的环境。无论个人计算机的操作系统是 Windows、macOS 还是 Linux，以及拥有几台计算机，只要读者掌握本课程所教授的内容，并进行充分实践和练习，熟悉开发环境的建立和流程，就能在今后的网站项目开发和设计中游刃有余。

本书所有内容均使用新版本的 Python 和 Django 进行示范。在编写本书时，Django 的版本为 4.x，Python 的版本为 3.1x。所有的示例代码均在 Windows 10 或 Windows 11 环境下执行，部分章节也会针对 macOS 或 Linux 等不同操作系统的区别进行说明，以帮助不同操作系统的读者顺利建立便捷的开发环境。

本书主要使用的程序代码编辑器是 Visual Studio Code，它提供了丰富的扩展功能和用户友好的编程环境。尽管可以使用任何文本编辑器来开发程序代码，但笔者强烈建议读者学习并使用 Visual Studio Code 这个优秀的开发环境。

本堂课的学习大纲

- 网站的基础知识
- 建立网站开发流程
- 活用版本控制系统

1.1 网站的基础知识

构建 Web 网站的方式可以简单到只需找到一个主机空间，将.html 和.jpg 文件放置在适当的位置即可。也可以使用类似 WordPress 的开源 CMS 系统，根据安装和设置方式，通过浏览器提供的界面来管理网站内容，而不必担心实际执行的程序是什么。甚至可以使用像 Python 这样的编程语言来设计一个完全定制化的动态网站。无论选择哪种方式，只有了解 Web 网站运行的流程，才能决定适合自己的网站构建方式。

1.1.1　网站的运行流程

搭建网站的方式有许多种，其中最简单的方式是将文件放置在网络主机上。当浏览者通过浏览器连接进来时，网络服务器会将文件提供给浏览器进行解析，然后将内容呈现或显示给浏览者，如图 1-1 所示。

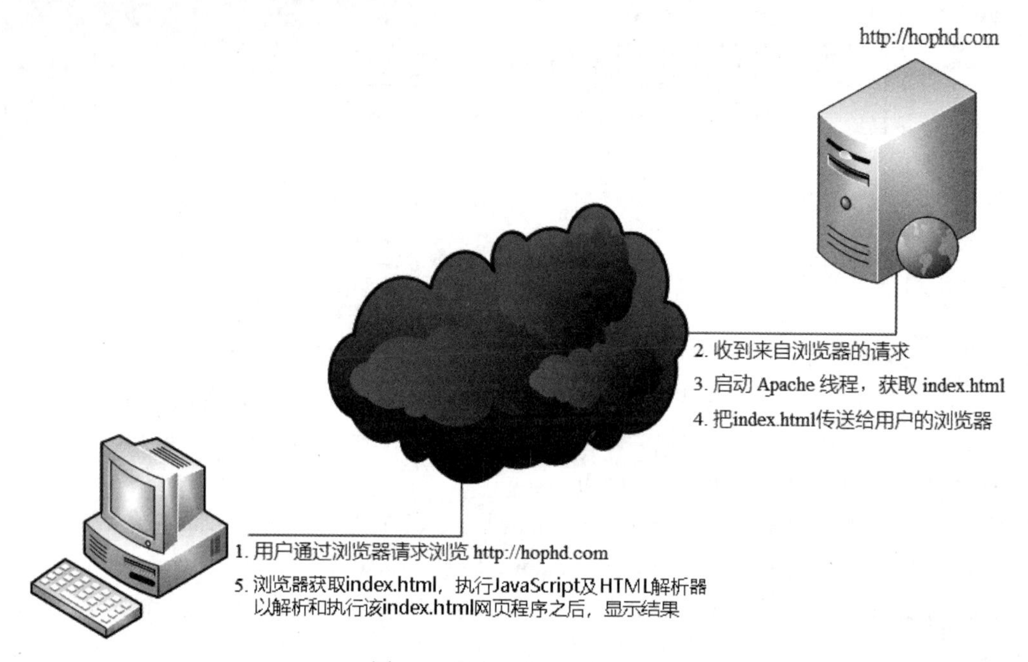

图 1-1　用户浏览网站的基本流程

除展示硬件的网站主机外，图 1-1 还着重介绍了在主机上运行的 Web 网站服务软件。常见的 Web 网站服务软件包括 Apache、Nginx 以及 Windows Server 上的 IIS。换句话说，要使网站正常运行，需要一个网络主机，并在主机上运行相应的服务软件来响应远程浏览器的访问请求。幸运的是，Apache 和 Nginx 在许多方面是兼容的，而可用于部署的主机操作系统主要是 Linux。因此，本书后续的所有说明都以 Linux 与 Apache 环境为主。

前面所提到的网站被称为静态网站。所有的文件和数据都是预先准备好的，并不会根据用户的需求而临时生成。然而，如果需要根据不同的访问情况生成不同的数据，甚至在显示数据之前需要从数据库或其他数据源获取数据，并在整合、计算和分析后再展示给浏览者，那么在网站主机上需要执行一些工作，这就是动态网站的概念，如图 1-2 所示。

一个优秀的动态网站会通过浏览器为浏览者提供一个完整的输入界面，通常以表单的形式呈现。当浏览者设置数据、选择内容并单击“提交”（Submit）按钮后，该数据将在网站主机上进行处理，然后将筛选后的数据提供给浏览者查看。在主机上执行的这些程序通常被称为后端程序或后端服务程序。

后端程序可以使用多种编程语言编写，常见的包括 PHP、Java、JavaScript、Perl、Ruby 以及本书的主角 Python。

图 1-2　动态网站的运行流程

1.1.2　Python/Django 扮演的角色

通过 1.1.1 节的介绍，我们了解到当浏览者输入一个网址时，网站主机的软件服务器（以 Apache 为例）会根据配置文件的内容决定将此请求交给哪个文件进行处理。在一般的 Linux 虚拟主机环境中，默认以执行 PHP 程序为主。如果想使用其他编程语言来处理网页请求，就需要进行 Apache 的设置，并安装所需的接口程序。一旦设置完成，理论上所有可以在服务器上执行的编程语言都可以作为后端程序的设计语言。然而，在处理浏览器请求时，这些程序还需要自行处理与 HTTP（Hyper Text Transfer Protocol，超文本传输协议）相关的细节。对于缺乏相关模块支持的编程语言来说，这可能会变得非常麻烦。注意：HTTP 用于互联网上的通信协议，特别是用于传输超文本。

所幸这些常被用来处理网站的程序设计语言（如 Python、Ruby、Perl 等）已经有了许多相关模块可以使用，因而在设置这些网站后端程序设计语言的服务环境时就容易多了。进一步讲，针对许多现代网站的必备功能（如用户账号管理、表单输入、网页输出样式、网站和数据库链接等），出现了所谓的 Web Framework（网站框架），让这些程序设计语言的网站开发者可以使用一些简单的命令生成一个网站的基本架构（或框架），然后遵循其框架的设计，系统且结构化地设计出正式的、可商用的多功能网站。其中，Ruby 程序设计语言有名气的当属 Ruby on Rails，而 Python 程序设计语言以 Flask 和 Django 的使用量较多。

Django 是一种使用 Python 语言编写的网站框架，专为网站开发人员设计和使用。简单地说，它是一组 Python 程序，可以帮助程序设计人员快速构建功能齐全的网站。通过 MVC（Model View Controller）概念，将视图和控制逻辑分离，使程序设计人员可以专注于创建网站，而不必过多关注网站通信协议的细节。这组程序被放置在主机的特定文件夹中，并通过 Apache 的配置文件指定其位置。当有网页被访问时，这组程序会被执行并将结果返回给 Apache，最后传送到用户的浏览器中。

也就是说，每当主机接收到来自浏览器的连接请求时，Django 中的某个程序文件就有机会被执行。我们可以在这个程序文件中使用 Python 编写处理、计算和访问数据库等任务的程序代码，以实现对网页请求的个性化处理，实时响应用户需求，提供更多的网站服务。

因此，对于希望使用 Python 来构建网站服务的程序设计人员来说，只要掌握 Django 的架构和运行原理，就能充分利用 Python 实现字符串处理、数据库操作、图像绘制、商业统计、科学计算、数据分析、数据可视化、网页抓取等功能，并处理网站的各种细节，提供更多的网站服务功能。

1.1.3 使用 Python/Django 搭建网站的优势

如 1.1.2 节所述，Django 的框架可以省去处理通信协议的相关细节，使开发人员能够专注于网站相关的服务设计。此外，Django 本身提供了许多网站所需的程序代码，因此只需按照这些流程编写程序，就能轻松完成许多原本复杂的任务。

此外，Django 在设计时遵循模块化的概念，并对数据库和 Python 的连接进行了抽象化设计。通过以用户数据库为主的模型化技巧，第三方网站功能模块可以轻松加入我们的网站，使扩充网站功能变得更加容易。由于数据库的抽象化，网站设计中基本不需要使用 SQL 查询语言，而是使用 Python 来处理数据库中的数据。如果将来需要更换数据库类型，也不需要大量修改程序代码。

因此，对于使用 Python 来搭建网站的初学者来说，一旦熟悉了 Django 的运行逻辑，就可以在很短的时间内构建出色的专业网站。

1.2 创建网站的开发流程

古人有云："工欲善其事，必先利其器"。要完成一个功能完整的网站需要注意的细节和具体工作很多，通常不是一两天就可以完成的，有时在学校或公司做不完，可能还需要拿回家继续做。在节假日，拿着笔记本电脑在咖啡厅制作网站也是一种选择。一个网站往往由许多文件组成，不像文本类的文件那样简单地放到云端主机上就算完成了共享工作，因为不同的计算机之间可能有不同的环境设置。如果没有注意这一点，在一台计算机上工作的成果可能无法在另一台计算机上执行。因此，在设计网站之前，建立开发环境和工作流程是非常重要的。

1.2.1 开发流程简介

笔者拥有许多台计算机，工作场所有几台 Windows 和 Linux 计算机，家里有 Windows 台式机和笔记本电脑，外出和上课时主要使用 MacBook Air。换句话说，在不同的时间点，笔者可能使用不同的计算机。为了能够随时在不同的计算机上继续未完成的工作，除在不同的计算机上安装所需的应用程序（例如 Office 有 Windows 版本和 Mac 版本，笔者会尽量避免在 Linux 中进行文字处理工作，因为不太习惯 Linux 操作系统中的中文输入法）外，所有工作文件都应放在 Dropbox 文件夹中。只要在编辑文件之前确保该文件已经完成同步，基本上就不会有什么问题了。

不过，开发网站或大型程序项目并不像简单的文件同步那么容易。主要原因是涉及的文件较多，而且某些系统安装后会生成大量的系统文件，导致同步速度非常慢。如果不小心在完成同步之前又编辑了新版本，就容易出现同步错误。此外，不同环境之间的开发系统环境（例如 Windows 和 Linux 系统）由于目录结构的不同，可能会引发一些问题，给开发带来困扰（例如虚拟环境 virtualenv 在 Windows 和 Linux 上的程序代码完全不同）。

为了避免在不同的计算机上开发网站时出现问题，笔者建议使用以下 Python/Django 开发环境（当然也有人会通过远程桌面系统来解决这个问题）：

- 在每台计算机上安装 Anaconda（https://www.anaconda.com/products/distribution）。
- 以 conda create 来设置 Python 的虚拟机环境。
- 在 GitHub（https://github.com/）上建立一个远程代码仓库。
- 使用 Git 分布式版本控制在本地建立版本控制的代码仓库。
- 随时保持本地和远程代码库的同步。

现代主流的操作系统（如 Windows 10/11、Mac OS X 和 Linux）在开发环境的友好度和兼容性方面已经取得了很大的进步。基本上，大多数Python模块都有相应的可执行版本适用于不同的操作系统。此外，通过建立远程代码仓库，我们可以随时在不同的计算机之间同步和获取最新的程序代码版本，从而避免因为缺乏同步导致的代码冲突。即使程序代码文件不幸发生冲突，Git 也提供了解决冲突的合并方案。建立了上述环境后，无论在哪台计算机上进行网站内容的开发或修改，只需按照以下步骤进行即可：

步骤01 第一次搭建网站时，先使用 Git 的 push 命令把所有目录和文件推送到远程代码仓库中（在此例中为 GitHub 的 Repository）。

步骤02 每次要编辑网站之前，都先使用 git fetch 或 git pull 命令将远程代码仓库中最新的内容提取到本地计算机中。

步骤03 开始进行网站的开发、编辑及测试工作。

步骤04 每次工作告一段落，在关机前，使用 Git 的 push 命令把所有变更更新到远程代码库中。

使用以上步骤，在世界的任意角落，只要是有网络连接的地方，无论使用哪一台计算机都可以自由地进行网站的开发（不过要注意网络安全的问题）。

1.2.2　在 Windows 安装 Anaconda

由于 Windows 7 及之前的版本对虚拟环境的支持有限，请将你的操作系统更新至 Windows 10 或更高版本，再执行以下步骤。在 Windows 10 中，你可以访问 Anaconda 官网（https://www.anaconda.com/products/distribution），打开如图 1-3 所示的页面。

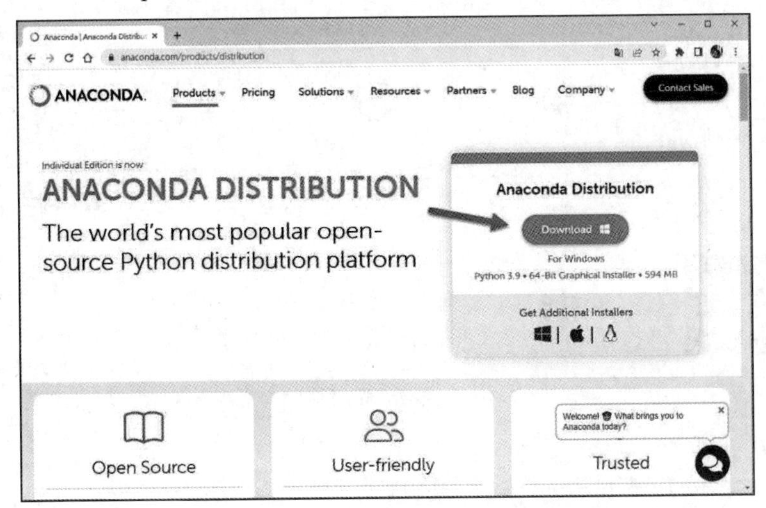

图 1-3　Anaconda 的下载页面

请按照图 1-3 中箭头所指示的步骤，根据你的操作系统版本选择适合的安装程序进行下载。安装程序完成后，在程序集中可以找到一些可供选择的程序快捷方式，如图 1-4 所示。

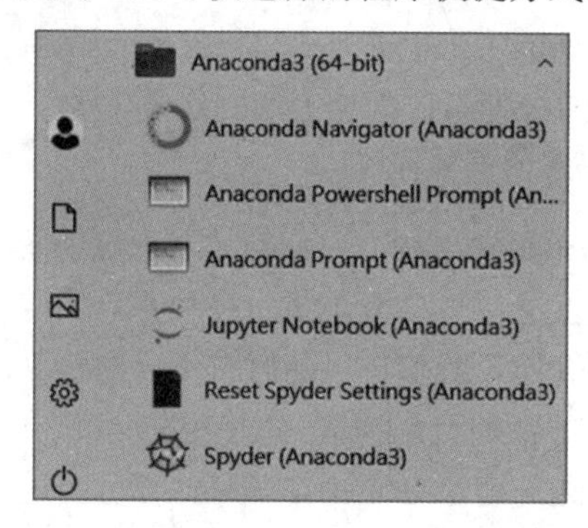

图 1-4　标准的 Anaconda3(64-bit)程序快捷方式

Anaconda 中的程序及其用途说明如表 1-1 所示。

表 1-1　Anaconda 中的程序及其用途

程 序 名 称	用　　途
Anaconda Navigator	执行此程序会启动浏览器，并列出Anaconda提供的所有工具供用户选择，包括Jupyter Notebook和JupyterLab等基于浏览器的程序编辑及执行环境
Anaconda PowerShell Prompt	启动Anaconda所配备的Python虚拟环境的Windows PowerShell命令提示符环境
Anaconda Prompt	启动Anaconda所配备的Python虚拟环境的Windows Prompt命令提示符环境
Jupyter Notebook	以浏览器作为界面的程序编辑及执行环境
Spyder	Python的集成开发环境

选择 Anaconda Navigator 后，你将看到如图 1-5 所示的浏览器页面，其中除一些工具外，还提供了一些学习资源可供浏览。

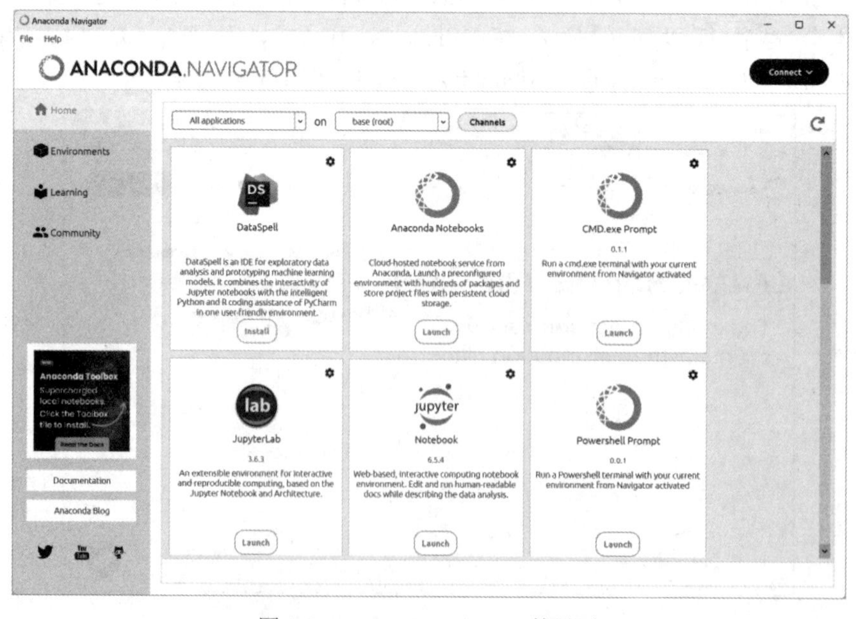

图 1-5　Anaconda Navigator 的界面

单击 Spyder（见图 1-4）之后，即可看到如图 1-6 所示的程序开发界面。如果要开发较大型的 Python 应用程序，可以考虑使用这个工具。

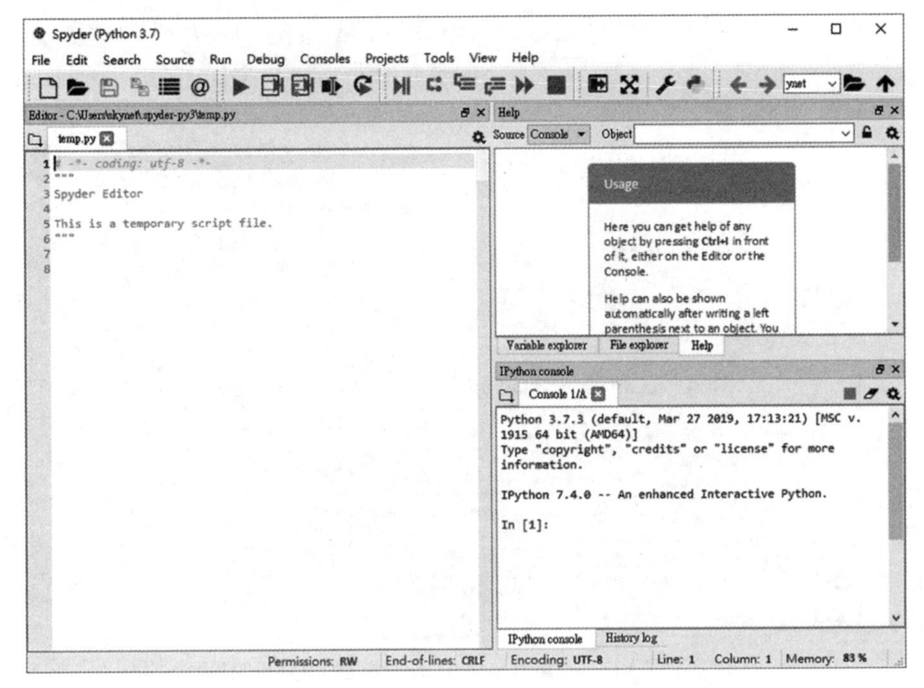

图 1-6　Spyder 程序开发工具

本书将使用由微软开发的 Visual Studio Code 作为网站的开发环境，主要原因是在 Windows 中，Visual Studio Code 提供了便利的终端环境，使我们能够在不离开程序编辑环境的情况下执行创建网站所需的指令，这在开发 Django 网站时非常方便。

1.2.3　在 Windows 操作系统中建立 Visual Studio Code 开发环境

在安装了 Anaconda 后，通常只需打开 Anaconda Prompt 或 Anaconda PowerShell Prompt，就可以直接进入 Anaconda 的 base 虚拟环境。在该环境中，除可以执行 Python 解释器外，还可以使用许多由 Anaconda 提供的模块，其中包括 IPython 和 Jupyter Notebook。执行 Anaconda Prompt 后的界面如图 1-7 所示。

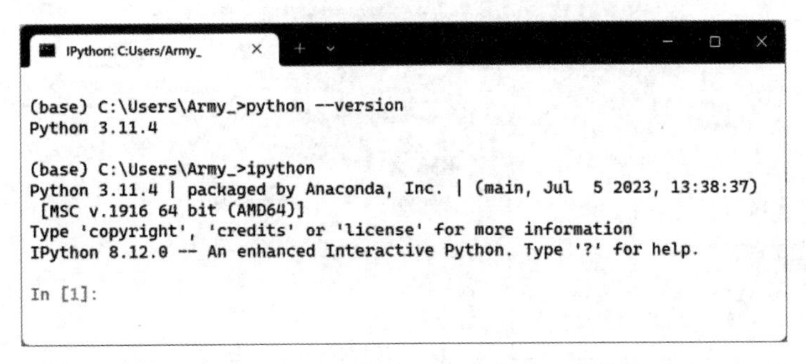

图 1-7　在 Anaconda Prompt 中检查 Python 版本，并执行 IPython Shell

接下来，请前往微软官网（https://code.visualstudio.com/）下载新版的 Microsoft Visual Studio Code 并进行安装。安装完成后，打开 Visual Studio Code。首次打开时，可能会看到如图 1-8 所示的最新消息界面。Visual Studio Code 提供中文和英文版本，读者可以根据自己的喜好选择。

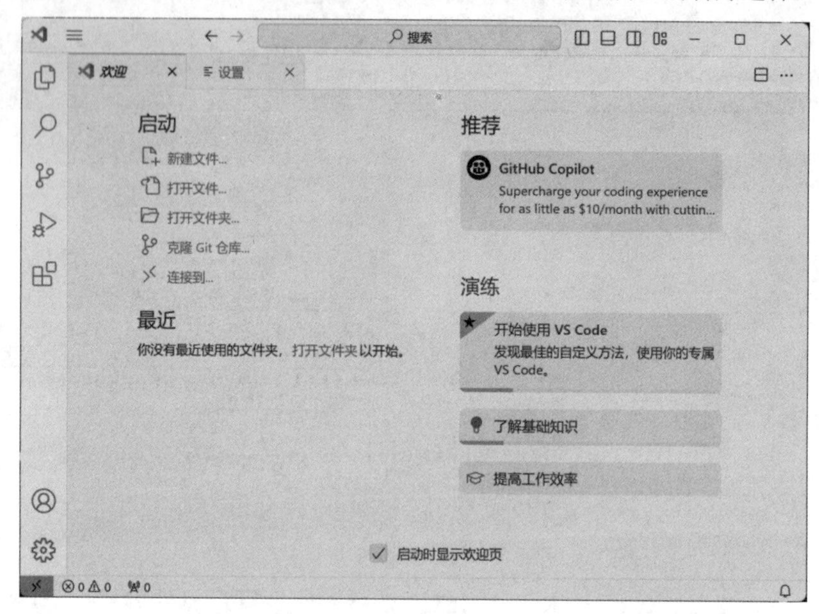

图 1-8　首次执行 Visual Studio Code 中文版时显示的界面

对于网站开发人员来说，由于我们使用 Django 来管理生成的网站框架，这是一个包含一组文件夹和文件的整体。因此，在开始开发网站时，我们会使用“打开文件夹”功能将整个网站框架纳入管理。假设我们将要开发的网站文件夹放在 E:\django4\ch01 下，当在 Visual Studio Code 中打开该文件夹时，首先会看到如图 1-9 所示的界面。

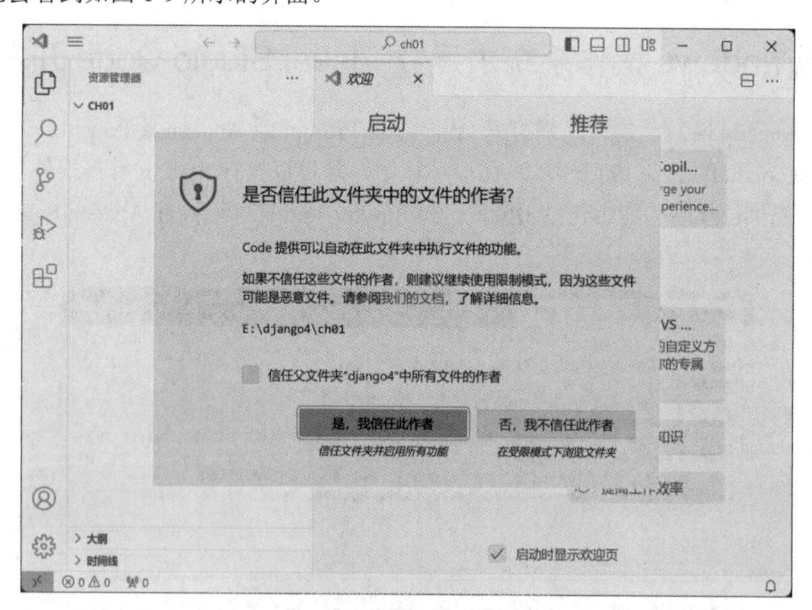

图 1-9　用 Visual Studio Code 打开一个全新的文件夹时显示的界面

单击“是，我信任此作者”按钮，就可以看到完整的 Visual Studio Code 开发环境，打开其中一个设置网站的文件 settings.py，可以看到如图 1-10 所示的界面。

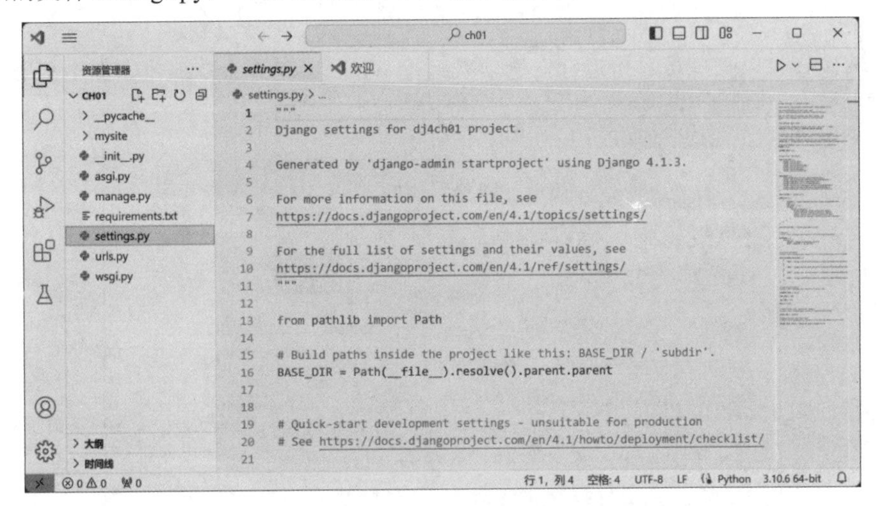

图 1-10　在 Visual Studio Code 中打开 settings.py

由于 Visual Studio Code 提供了许多方便程序开发者使用的工具和扩展模块，如果读者是第一次使用 Visual Studio Code，可能会收到许多扩展模块的安装建议。读者可以根据自己的需求自行决定是否安装这些扩展模块。

在前文中提到了 Visual Studio Code 的一个非常出色的特点，即支持内置的终端（Terminal）功能。因此，在打开文件夹后，第一件事就是依次单击“终端（T）”→“新建终端”菜单选项，随后将显示如图 1-11 所示的界面。

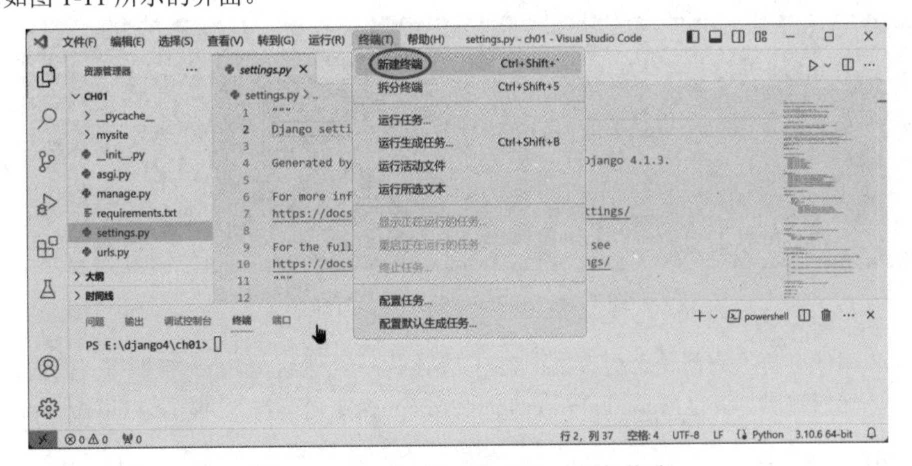

图 1-11　在 Visual Studio Code 中添加终端

此时，在程序的底部将会出现默认的 PowerShell 终端，它的默认文件夹位置与我们打开的文件夹位置相同。如果想要打开更多的终端或删除现有的终端，或者要打开普通的命令行提示符，在终端窗格的右上角有一些功能选项可供使用。读者可以根据需要尝试使用这些选项，但通常情况下，一个终端就够用了。

在前面图 1-7 的示例中，所打开的终端一开始进入了 Anaconda 默认的 base 虚拟环境，该环境可以执行所有的 Python 功能。然而，全新安装的 Visual Studio Code 只能打开系统默认的命令行提示符，没有 Python 执行环境，当然也没有 Anaconda 默认的虚拟环境。因此，需要通过以下几个步骤进行设置。

首先，请选择“以管理员身份运行”选项来运行 Windows PowerShell，如图 1-12 所示。

图 1-12　以管理员身份运行 PowerShell

然后，在 Windows PowerShell 环境中执行以下命令：

```
Set-ExecutionPolicy RemoteSigned
```

执行的过程如图 1-13 所示。

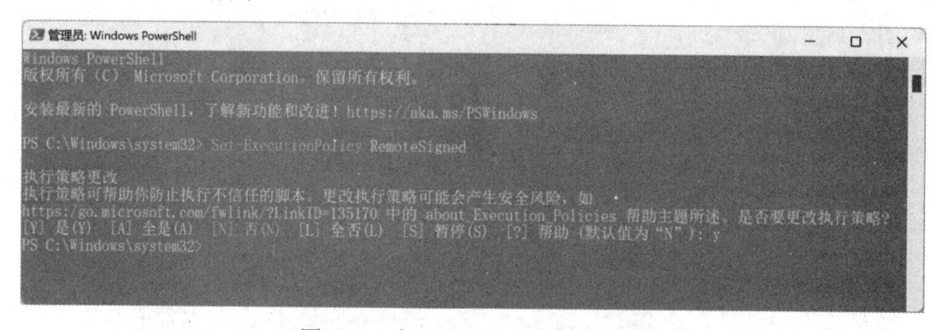

图 1-13　在 PowerShell 中执行命令

执行后，系统会再次询问是否更改执行策略，请回答 y，然后按 Enter 键即可。设置完成后，请关闭此窗口，然后重新打开 Anaconda PowerShell Prompt 命令提示符，并输入以下命令：

```
conda init powershell
```

执行上述命令后，以后在 Visual Studio Code 的终端就能够使用 base 虚拟环境了。

1.2.4　Python Django 虚拟环境的创建

Anaconda 的 base 虚拟环境可以被视为 Anaconda 提供的全局 Python 开发环境。它将许多模块都放置在环境中（无论我们是否需要），以便程序开发者可以随时调用。然而，在一台计算机上可能会同时进行多个不同的网站项目开发，每个项目都需要拥有自己独立且专属的环境，包括所需的 Python 模块以及这些模块的列表。因此，在开始开发任何一个网站项目之前，创建一个独立的、专属的虚拟环境是非常必要的。

在 Python 中，创建各个项目专属的虚拟环境有多种方法可选。其中，virtualenv 和 pyenv 是外部模块，需要使用 pip install 命令进行安装。而 python -m venv 是 Python 内置的模块，可以直接使用。此外，如果已成功安装 Anaconda，那么使用 conda 命令来创建虚拟环境是最方便的方法。读者可以根据自身需求选择其中一种方法。

1. 使用 virtualenv 创建虚拟环境

virtualenv 的好处是它创建的虚拟环境会放置在我们看得到的文件夹中，这样我们可以自行选择放置的位置，以方便管理。但是，如果你想选择与系统不同的 Python 解释器，则需要在命令参数中指定该解释器的位置。也就是说，你的系统中必须已经安装了所需的 Python 解释器版本。一般而言，如果我们的项目没有特定的 Python 版本要求，而是打算使用系统提供的 Python 版本，通常会选择使用 virtualenv。

首先，请使用 pip install virtualenv 命令来安装 virtualenv。然后，使用以下命令来创建一个全新的虚拟环境：

```
virtualenv myvenv
```

这样就会在当前文件夹下创建一个名为 myvenv 的虚拟环境，如图 1-14 所示。在上述步骤中，请注意以下两点：其一是 pip install virtualenv 只需执行一次，安装完成后可以直接使用 virtualenv 命令来创建虚拟环境；其二，以图 1-14 为例，ch01 是我们的网站项目，myvenv 是虚拟环境，它们在文件夹中是并列的，也就是说虚拟环境的文件夹不能放在网站项目中。每台计算机如果要运行 ch01 项目，都需要根据模块列表自行创建一个专属的虚拟环境。

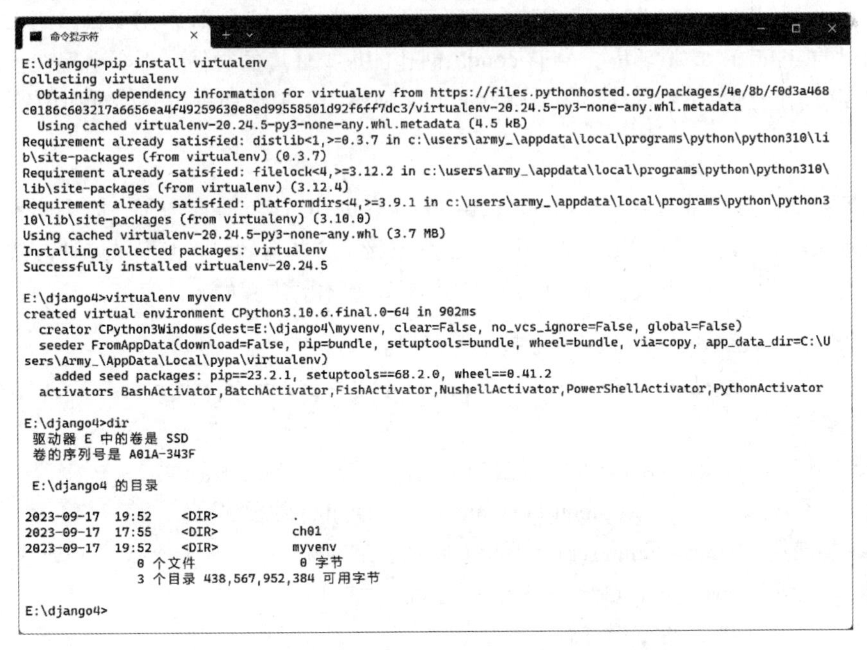

图 1-14　安装 virtualenv 并创建虚拟环境的过程

在图 1-14 中，我们只是创建了一个虚拟环境，但还没有启用它。要启用通过 virtualenv 创建的虚拟环境，需要使用以下命令：

```
myvenv\Scripts\activate
```

执行上述命令后，在命令提示符中将显示如图 1-15 所示的结果。

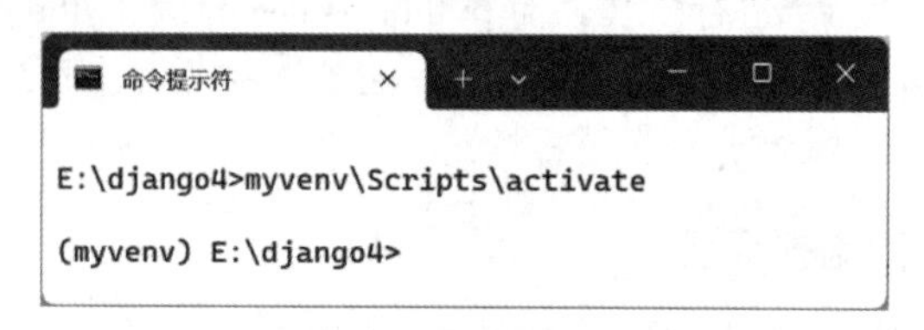

图 1-15 使用 virtualenv 启用 myvenv 虚拟环境

上述命令适用于 Windows 操作系统，如果是 macOS 和 Linux 操作系统，则需要使用以下命令：

```
source myvenv/bin/activate
```

至于退出虚拟环境的命令，在所有操作系统上都是相同的，使用以下命令：

```
deactivate
```

2. 使用 conda 创建虚拟环境

在图 1-14 中，我们已经使用 virtualenv 创建了一个名为 myvenv 的虚拟环境。当使用 conda 创建虚拟环境时，虚拟环境的文件夹位置由 Anaconda 系统进行管理，因此在自己的文件夹中无法看到虚拟环境的文件夹。我们可以执行以下命令来创建虚拟环境：

```
conda create --name dj4ch01 python=3.11
conda activate dj4ch01
```

第一个命令是创建一个名为 dj4ch01 的虚拟环境，并指定 Python 版本为 3.11。第二个命令是直接激活刚创建的 dj4ch01 虚拟环境。由于 conda 创建的虚拟环境的文件夹不会出现在当前文件夹中，因此如果想要查看当前操作系统环境中有哪些 conda 创建的虚拟环境可用，可以使用以下命令：

```
conda env list
```

列出的所有虚拟环境都可以使用 conda activate 命令进行切换，非常方便。如果读者在创建虚拟环境时没有特殊需求，请使用 conda 这种方式。在本书接下来的内容中，也将以这种方式进行介绍。

也就是说，当我们想要开发一个新的网站项目时，基本的步骤如下：

步骤01 进入 Anaconda Prompt 命令提示符窗口。

步骤02 使用“conda create –name < 项目虚拟环境 > python=<python 版本 >”创建一个新的项目用的虚拟环境。

步骤03 使用“conda activate < 项目虚拟环境 >”进入虚拟环境。

步骤04 在虚拟环境中使用 pip install django 安装 Django 管理程序。

步骤05 使用“django-admin startproject < 网站项目名称 >”创建 Django 网站框架文件夹。

步骤06 使用 Visual Studio Code 打开该项目的文件夹。

步骤07 再启动 PowerShell 终端。

步骤08 在 Visual Studio Code 的终端中使用“conda activate < 项目虚拟环境 >”进入本网站专

属的虚拟环境，即可开始编辑及开发你的网站。

步骤09 如果此网站安装了相关模块，请使用以下命令随时更新 requirements.txt 文件的内容。

```
pip list --format=freeze > requirements.txt
```

一旦完成了一个新的网站项目，如果要继续编辑这个网站，可以按照如下步骤进行：

步骤01 使用 Visual Studio Code 打开该项目的文件夹。

步骤02 再启动 PowerShell 终端。

步骤03 在 Visual Studio Code 的终端中使用"conda activate < 项目虚拟环境 >"进入本网站专属的虚拟环境，即可开始编辑及开发你的网站。

步骤04 如果之前该项目更新过任何模块并记录在 requirements.txt 文件中，而我们没有在虚拟环境中进行更新，请执行以下命令（这种情况可能会出现在你的两台不同的计算机上编辑同一个项目时，因为虚拟环境是与计算机关联的，而不是与项目关联的）：

```
pip install -r requirements.txt
```

1.3　活用版本控制系统

在程序文件越来越多，在不同的计算机上开发同一个网站，甚至一群人共同开发同一个网站项目的情况下，如何协调所有开发成员并协同各台计算机共同维护同一个版本的程序代码是一个非常重要的课题。版本控制是用来解决这些问题的核心技术。然而，由于篇幅限制，本节只介绍一些与个人开发网站流程相关的版本控制命令，对于详细内容，读者可以在网络上找到相当多的教学文章和教学视频，有兴趣深入了解版本控制的读者，请自行前往参考。

1.3.1　版本控制系统 Git 简介

想要一个人在不同的计算机中开发相同的网站项目，或由许多人一起开发同一个项目，版本控制是非常重要的技巧。版本控制有许多不同的方法，其主要思想是让所有人了解整个项目的全貌，以及自己手上这份程序代码在整个项目中的位置和扮演的角色。版本控制系统随着运行的程序逻辑以及程序代码和数据保存位置的不同，主要分为集中式和分布式两类，而 Git 是分布式版本控制系统中最受欢迎的工具。由于 Git 是 Linux 的发明人所开发的，并且是 Linux 用来控制版本的工具，因此几乎每个 Linux 操作系统版本默认都有 Git，直接使用即可（如果没有，只要使用 apt-get install git 命令即可轻松安装 Git 版本控制系统）。

如果你使用的是 Windows 操作系统，默认情况下是没有安装 Git 版本控制系统的，你需要访问官网（https://git-scm.com/），从该网站下载并安装 Git 软件。Git 官网的界面如图 1-16 所示。

在图 1-16 右下角根据自己所使用的操作系统进行安装。在安装过程中，可以选择保持默认选项完成操作。

如何应用 Git 进行详细的版本控制不在本书的探讨范围内。事实上，要完全掌握 Git 版本控制的精髓，就像学习游泳一样，只有通过下水实践才能学会。只是纸上谈兵，没有实战经验，是不可能掌握 Git 版本控制的。下面简要介绍一些在本书开发项目中会用到的 Git 技巧，但想要学习更为深入的内容，请读者自行参阅其他 Git 相关的书籍。

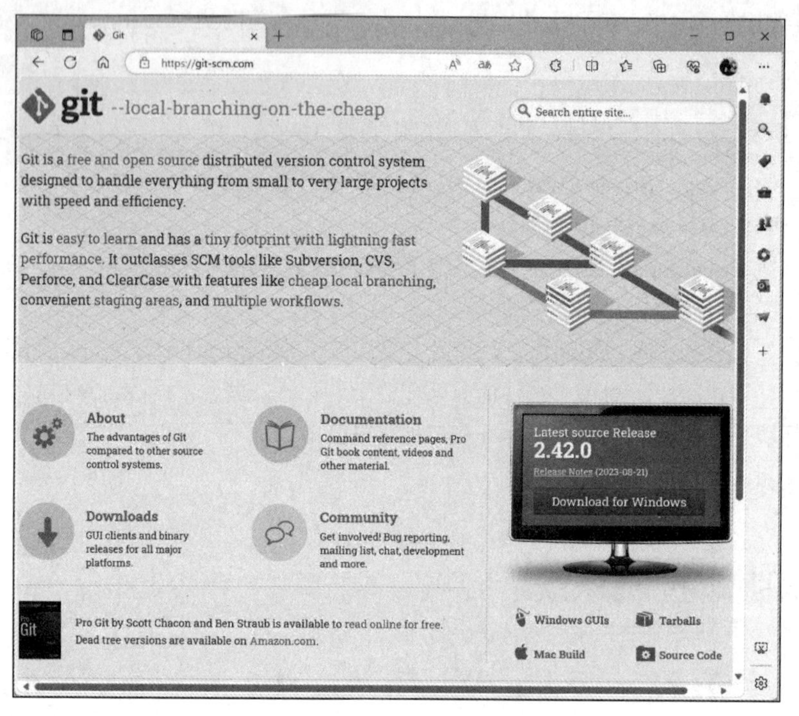

图 1-16　Git 官网界面

本书以一个人在不同的计算机中开发同一个网站项目为例进行介绍，因此我们需要设置以下几点。

- 在本地虚拟机环境中创建一个 Git 的本地代码仓库（其实就是一个由 Git 管理的目录）。
- 在 Git 的代码仓库中进行项目开发，然后使用 Git 命令维护这些程序代码的相关文件。
- 创建一个远程（GitHub）代码仓库。
- 在每次结束本地项目编辑时，将本地的代码仓库和远程的代码仓库进行同步。
- 日后在任何一台计算机中开始编辑项目之前，通过 Git 命令把远程代码仓库中的内容同步到本地代码仓库中。

只要每次开始编辑项目时都秉持以上原则，就不用再担心不同计算机之间网站程序代码内容不一致的情况了。不过，在实际操作中，不同操作系统的计算机可能会遇到一些模块兼容性的问题，读者需要注意这一点。此外，在进行同步时，我们只会同步网站项目的内容，虚拟环境的设置应该保留在各自的计算机中。

1.3.2　申请 GitHub 账号并创建远程代码仓库

在练习使用 Git 命令之前，需要先申请并创建一个免费的 Git 远程代码仓库。有许多支持 Git 作为远程代码库服务的平台可供选择，其中 GitHub 是最受欢迎的。其网址是 https://github.com，它的首页如图 1-17 所示。

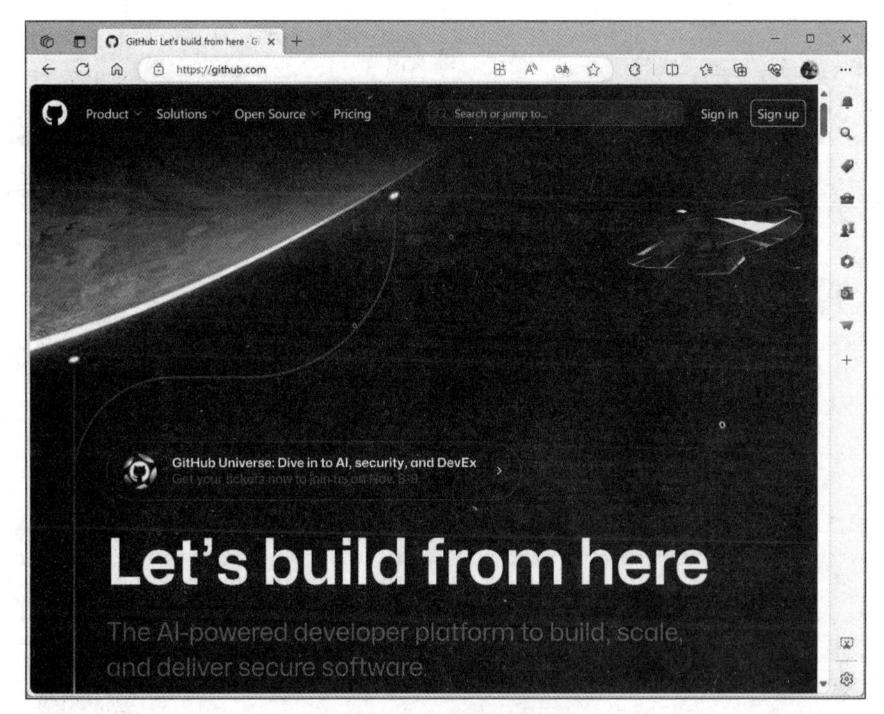

图 1-17　GitHub 网站的首页

第一次使用 GitHub 需要先注册，注册的方式很简单，单击首页右上角的 Sign up 按钮，然后按照提示完成即可，此处不再多加叙述。登录后的页面如图 1-18 所示。

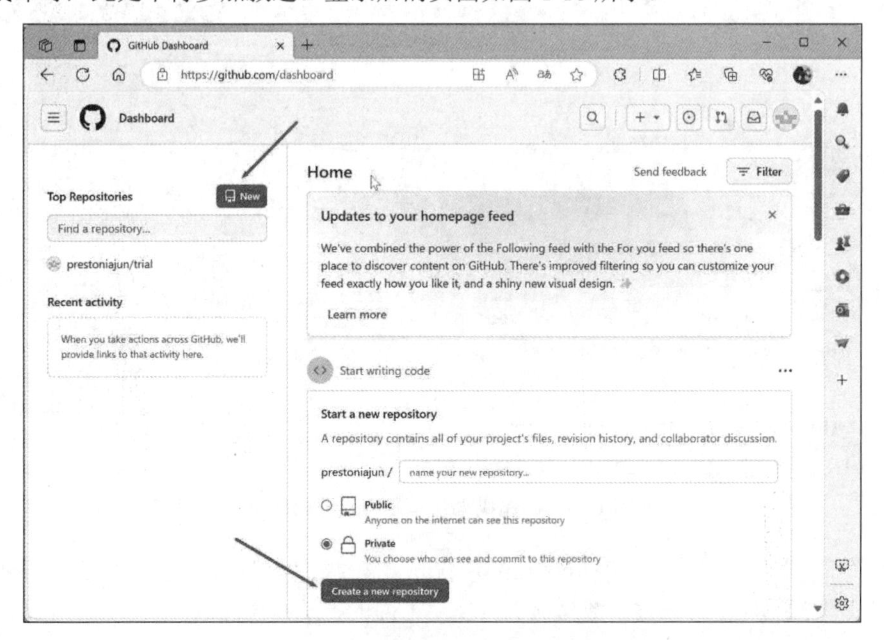

图 1-18　GitHub 登录后的页面

在图 1-18 中，有两个箭头指向的按钮，它们都可以让我们创建自己的代码仓库（Repository）。单击下方的 Create a new repository 按钮，我们将看到如图 1-19 所示的页面。

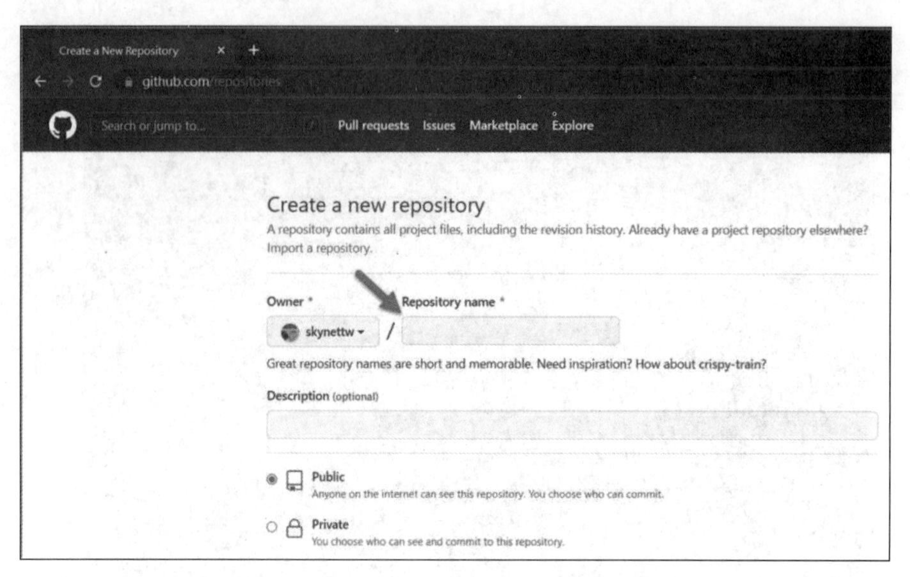

图 1-19　在 GitHub 中创建一个新的代码仓库

创建代码仓库非常简单，只需要给它一个名称（在本例中我们输入 dj4ch01），然后选择是要创建一个公开的代码仓库（Public，默认选项）还是私有的代码仓库（Private），最后单击页面底部的 Create repository 按钮即可，结果如图 1-20 所示。

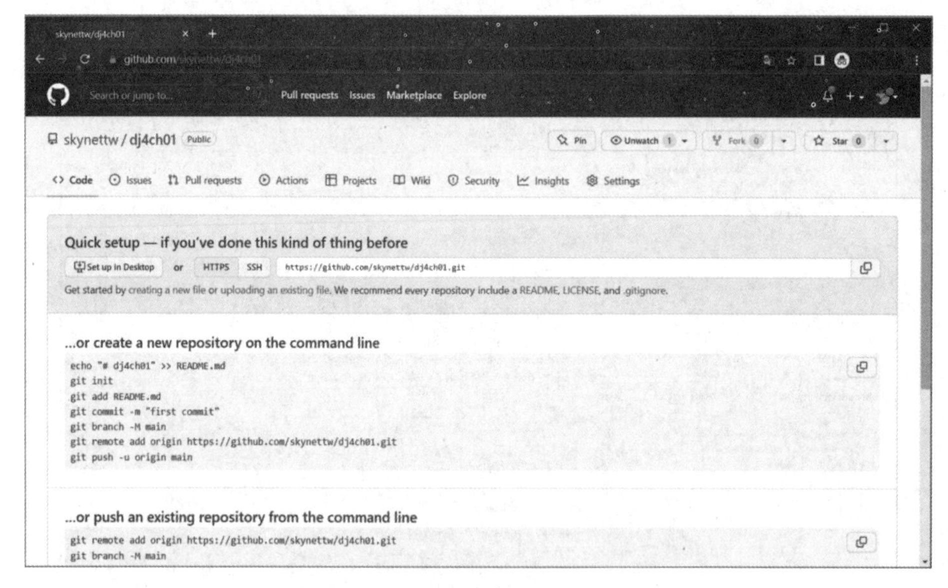

图 1-20　创建代码仓库之后的设置页面

在创建新的代码库之后，会显示一些操作说明，让我们了解如何将计算机上的项目链接到 GitHub 上的远程代码库中。在大多数情况下，使用上面的方法即可完成。

1.3.3　在本地计算机中连接 GitHub 代码仓库

根据网页上的说明，回到命令提示符（Anaconda Prompt），进入存放 Django 网站项目的文件夹，并执行以下命令（注意，部分命令可能与网页上的说明略有不同，请以本书的说明为准，不要输入前面的编号）：

```
1: git init
2: git add .
3: git commit -m "first commit"
4: git branch -M main
5: git remote add origin https://github.com/skynettw/dj4ch01.git
6: git push -u origin main
```

- 第 1 行是对文件夹进行 Git 初始化的操作。
- 第 2 行中的句点（注意，句点和 add 之间有一个空格）用于将文件夹中的所有文件添加到跟踪列表中。
- 第 3 行的命令用于进行提交操作，并在后面添加一条信息，说明此次提交的进度或目的。如果你的本地 Git 数据尚未完成设置，在此步骤可能会出现错误信息。请先使用 git config 命令设置个人数据，然后才能顺利完成此行操作。如果你需要设置 git config，请使用以下命令登录你在 GitHub 中使用的 id（即用户名）和电子邮件账号:

```
git config --global user.name <<your github id>>
git config --global user.email <<your email>>
```

- 第 4 行将当前分支命名为 main。如果不指定名称，在 Windows 操作系统中，默认名称是 master。
- 第 5 行用于将本地代码仓库与刚刚创建的远程代码仓库进行关联。每个人的 GitHub 账号使用的远程链接地址都不同，请务必将其更改为你自己的远程链接地址。你可以在刚刚创建远程代码仓库时的说明文字中找到该地址。
- 第 6 行是将本地所有已提交的文件上传到远程代码仓库。通过添加-u 参数，可以将此操作设为默认值，以后只需要输入 git push 命令即可上传文件。

实际的操作过程如下：

```
(dj4book) D:\dj4book\dj4ch01>git init
Initialized empty Git repository in D:/dj4book/dj4ch01/.git/ (dj4book) D:\dj4book\
dj4ch01>git add .
(dj4book) D:\dj4book\dj4ch01>git commit -m "first commit" [master (root-commit) 70e291c]
first commit
  15 files changed, 216 insertions(+)
  create mode 100644 dj4ch01/ init .py
  create mode 100644 dj4ch01/ pycache / init .cpython-310.pyc
  create mode 100644 dj4ch01/ pycache /settings.cpython-310.pyc
  create mode100644   dj4ch01/asgi.py
  create mode100644   dj4ch01/settings.py
  create mode100644   dj4ch01/urls.py
  create mode100644   dj4ch01/wsgi.py
  create mode100644   manage.py
  create mode100644   mysite/ init .py
  create mode100644   mysite/admin.py
  create mode100644   mysite/apps.py
  create mode100644   mysite/migrations/ init .py
```

```
 create mode100644  mysite/models.py
 create mode100644  mysite/tests.py
 create mode100644  mysite/views.py

(dj4book) D:\dj4book\dj4ch01>git branch -M main

(dj4book) D:\dj4book\dj4ch01>git remote add origin https://github.com/skynettw/dj4ch01.git

(dj4book) D:\dj4book\dj4ch01>git push -u origin main Enumerating objects: 19, done.
Counting objects: 100% (19/19), done. Delta compression using up to 8 threads Compressing
objects: 100% (17/17), done.
Writing objects: 100% (19/19), 4.47 KiB | 2.23 MiB/s, done. Total 19 (delta 2), reused
0 (delta 0), pack-reused 0 remote: Resolving deltas: 100% (2/2), done.
To https://github.com/skynettw/dj4ch01.git
 * [new branch] main -> main
Branch 'main' set up to track remote branch 'main' from 'origin'.
```

如果顺利完成了上述操作，回到如图 1-20 所示的网页中刷新页面（按 F5 键或单击“刷新”按钮），你将看到如图 1-21 所示的界面。此时，dj4ch01 文件夹中的所有程序已成功推送到 GitHub 上的远程代码仓库中了。

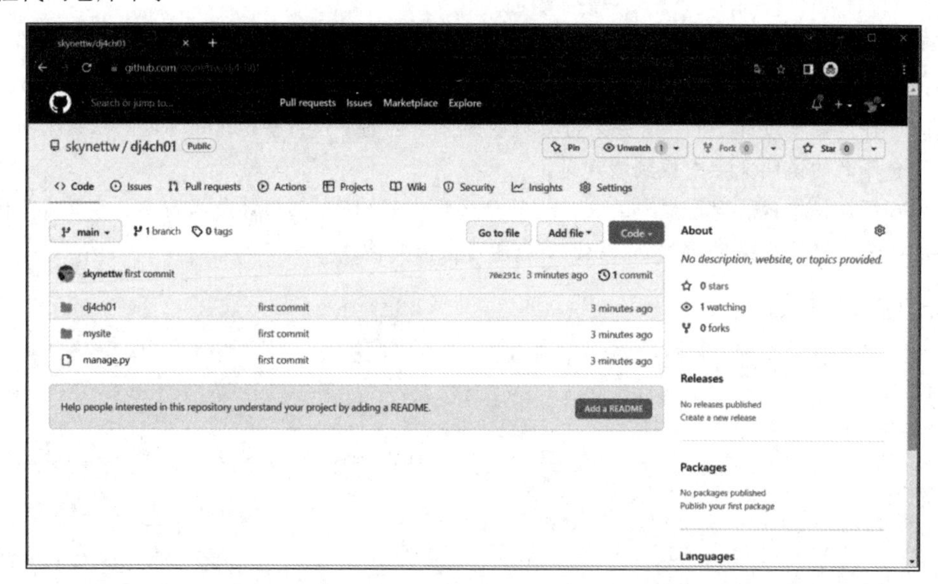

图 1-21　dj4ch01 文件夹中的所有程序已上传到 GitHub 代码仓库中所呈现的样子

有一点需要注意，我们上传的内容是正在开发中的 Django 网站项目（例如 dj4ch01），只包含网站本身，不包括在本地创建的 Python 虚拟环境。因此，也不包括通过 pip 在该项目中安装的软件包。这些在虚拟环境中安装的软件包只会记录在虚拟环境的目录中。因此，还需要使用 pip freeze 命令来生成软件包清单。

通常，我们会将这些软件包清单以 pip freeze 的方式生成，并保存在网站项目的同一目录下（例如 dj4ch01）。操作命令如下（在 dj4ch01 目录下进行）：

```
pip list --format=freeze > requirements.txt
```

```
git add .
git commit -m "add requirements.txt"
git push
```

根据上述命令，将所有使用到的软件包更新到 requirements.txt 文本文件中。然后将该文件作为项目的一部分提交（Commit）到代码仓库，并使用 git push 命令将其同步到远程代码仓库中。实际操作的步骤如下：

```
(dj4book) D:\dj4book\dj4ch01>pip list --format=freeze > requirements.txt

(dj4book) D:\dj4book\dj4ch01>git add .

(dj4book) D:\dj4book\dj4ch01>git commit -m "add requirements.txt
[main 9cb487d] add requirements.txt
 1 file changed, 9 insertions(+)
 create mode 100644 requirements.txt

(dj4book) D:\dj4book\dj4ch01>git push
Enumerating objects: 4, done.
Counting objects: 100% (4/4), done.
Delta compression using up to 8 threads
Compressing objects: 100% (3/3), done.
Writing objects: 100% (3/3), 395 bytes | 395.00 KiB/s, done.
Total 3 (delta 1), reused 0 (delta 0), pack-reused 0
remote: Resolving deltas: 100% (1/1), completed with 1 local object.
To https://github.com/skynettw/dj4ch01.git
   70e291c..9cb487d main -> main
```

1.3.4　在不同的计算机上开发同一个网站

在 1.3.3 节中，我们使用 git push 命令把本地代码仓库的文件内容（在此例中是 dj4ch01 文件夹中的所有文件和文件夹）存储到 GitHub 的远程代码仓库中。而且，只要初始设置正确，之后在本地文件夹中的内容有变动时，再次使用 git push 命令就可以完成更新操作（当然，在 push 之前要执行 git add 和 git commit 命令）。

第一次在此计算机中编辑 dj4ch01 项目时，不需要重新创建目录或安装，只需把该项目克隆（clone，即复制）下来即可。这个操作只需在每台新使用的计算机上执行一次。命令如下（在 clone 命令后面的网址是你在 github.com 项目的网址，请使用你自己的网址）：

```
git clone https://github.com/skynettw/dj4ch01.git
```

也就是我们的远程代码仓库的位置。同样地，在输入正确的密码后（公开的代码仓库并不需要输入账号和密码，任何人都可以复制和下载），Git 就会在本地计算机创建一个 dj4chch01 文件夹，并把该文件夹中的所有内容全部克隆一份到 dj4chch01 文件夹中。

由于 Python 的虚拟环境和额外安装的套件并没有存储在代码仓库中，因此在自行创建虚拟环境之后使用 git clone 命令进行克隆，还要使用 pip install 命令把使用到的套件安装或更新到本地计算机中。具体命令如下：

```
cd dj4chch01
```

```
pip install -r "requirements.txt"
```

接下来就可以放心地编辑这个网站项目了。在结束编辑工作时，如果有新安装的 Python 套件，则使用 pip list 产生一个新的 requirements.txt，再使用 git push 将本地和远程的代码仓库进行同步。此时无论是 public（公开）还是 private（私有）项目，都需要完成 github.com 网站的验证操作之后才能顺利推送（push）出去。

git clone 的操作只需要执行一次，以后在不同的计算机上开始编辑操作时，基本步骤如下（假设使用的虚拟环境名称是 VENV）：

- 使用 source VENV/bin/activate 命令进入虚拟环境（不同的虚拟环境启用方式不一样，例如 Anaconda 使用 conda activate VENV，而在 Windows 下则使用 VENV\Scripts\activate.exe）。
- 切换到项目目录下。
- 使用 git pull 命令从远程的代码仓库拉取（pull）新版本的网站信息到本地代码仓库。
- 使用 pip install –r "requirements.txt"命令安装在网站项目中使用到的套件。
- 开始网站程序代码的编辑工作。
- 测试完毕，要结束此计算机的操作时，再使用 pip list –format=freeze > requirements.txt 更新当前使用到的所有套件（此命令只有在安装了新的套件时才需要执行）。
- 执行 “git add .” 命令。
- 执行 git commit -m "这一次更新的内容说明"命令。
- 使用 git push 命令上传所有的更新操作。

当然，Git 还有很多命令可以使用，其中许多概念可以事先通过学习来了解，这样会让项目开发更加得心应手。读者可以参考相关的在线资源，深入了解分布式版本控制的概念和实用指南。

1.4 本课习题

1. 在操作系统中创建一个 Python/Django 的开发环境。

2. 使用 conda 在自己的计算机中创建一个虚拟环境，并利用该虚拟环境创建一个 Django 网站。

3. 使用 virtualenv 在自己的计算机中创建一个虚拟环境，并利用该虚拟环境创建一个 Django 网站。

4. 申请一个 GitHub 账号，并进行远程代码仓库的操作练习。

5. 利用 VirtualBox 在自己的计算机中创建一台运行 Ubuntu 操作系统的虚拟机。然后将自己计算机中的项目迁移到该虚拟机中，观察在迁移过程中出现的问题，并说明你的解决方法。

第 2 课

Django 网站快速入门

2

本章将以 Django 快速生成的网站框架为基础，进行一些定制化的修改，使该网站能够立即用作个人博客的发布平台。通过修改网站设置和编辑相关文件，本堂课将帮助读者快速掌握 Django 网站开发的关键要点，为接下来的章节打下基础。除 Python 语言外，本堂课还需要一定的 HTML/CSS 和 JavaScript 语言基础。

本堂课的学习大纲

- 个人博客网站规划
- 创建博客数据表
- 网址与页面的输出
- 进阶网站功能的运用

2.1 个人博客网站规划

在本堂课中，我们将以一个简单的个人使用（不导入用户管理功能）的博客网站 mblog 作为示例，引领读者学习如何通过 Django Web Framework 现有的框架在最短的时间内了解 Django 运行的机制。

2.1.1 博客网站的需求与规划

在本小节中，我们先对本堂课中要完成的个人博客网站的需求与功能进行简单描述，然后在后续章节中逐步完成这些功能。我们为个人博客设置了以下功能。

- 项目名称 mblog。
- 通过 admin 管理界面发布（或称为发帖）、编辑和删除帖文，且此界面支持 Markdown（一种轻量级标记语言）。
- 使用 Bootstrap 网页框架美化网站的外观。

- 在主页中显示每篇文章的标题、简短摘要和发帖日期。
- 在主页中加入侧边栏，可以加入自定义的 HTML 和 JavaScript 网页代码。
- 在展示文章时，可以解析 Markdown 标记语言并正确显示排版后的效果。

由于这是一个简单的入门示范网站，因此只有管理员可以发帖和管理文章，不需要用户注册、登录等权限管理的界面。此外，在数据库中只存储文章的原始数据，但此数据内容支持 Markdown 语法，可以在文章显示时提供简易的排版样式设置（即使用 Markdown 标记语言进行排版样式的设置），不提供所见即所得（WYSIWYG）的文章编辑界面。另外，所有的图形文件采用第三方网站存储的方式。本博客要显示的图片存储在第三方的网站中（在本堂课示例中是放在 https://imgur.com），需要通过 Markdown 语法中的外部网址链接方式设置在文章中，并在显示这篇文章时显示在指定的位置。

2.1.2　产生第一个网站框架

在本堂课中，我们要创建的个人博客系统名称为 mblog。根据上一堂课学习到的内容，首先在 GitHub 上创建一个同名的代码仓库（Repository），以便在不同计算机上进行开发时使用。接下来，所有的范例和操作示例均是在前一堂课中创建的 Windows 10/11 开发环境下完成的。虚拟环境则是通过 conda 创建的，名为 dj4ch02。以下是创建虚拟环境的步骤（使用 Anaconda 的虚拟环境机制）：

```
conda create --name dj4ch02 python=3.10
conda activate dj4ch02
```

如果你要使用 virtualenv 创建虚拟环境，可执行以下命令（注意，如果之前已经使用 conda 创建了虚拟环境，则无须执行以下两行命令）：

```
virtualenv venv_dj4ch02
venv_dj4ch02\Scripts\activate
```

接下来，进入 Anaconda Prompt 的命令提示符界面，并创建一个专属的文件夹（在本例中为 dj4ch02）。注意，虚拟环境和文件夹是两个不同的概念，前者负责维护本网站所需使用的模块，而后者是实际存放程序文件的位置。

在进入虚拟环境之后，请按照以下步骤创建第一个网站框架（以 Django 4.2 版本为例）。

```
md dj4ch02
cd dj4ch02
pip install django
django-admin startproject mblog
cd mblog
python manage.py startapp mysite
```

以下是在 Windows 10 系统下已经进入虚拟环境，并在 dj4ch02 文件夹下执行命令的实际过程：

```
(dj4ch02) D:\dj4book\dj4ch02>pip install django
Collecting django
 Obtaining dependency information for django from https://files.pythonhosted.org/
packages/b9/45/707dfc56f381222c1c798503546cb390934ab246fc45b5051ef66e31099c/Django-4
.2.6-py3-none-any.whl.metadata
 Downloading Django-4.2.6-py3-none-any.whl.metadata (4.1 kB)
```

```
Collecting asgiref<4,>=3.6.0 (from django)
  Obtaining dependency information for asgiref<4,>=3.6.0 from https://files.
pythonhosted.org/packages/9b/80/b9051a4a07ad231558fcd8ffc89232711b4e618c15cb7a392a17
384bbeef/asgiref-3.7.2-py3-none-any.whl.metadata
  Downloading asgiref-3.7.2-py3-none-any.whl.metadata (9.2 kB)
Collecting sqlparse>=0.3.1 (from django)
  Downloading sqlparse-0.4.4-py3-none-any.whl (41 kB)
     ━━━━━━━━━━━━━━━━━━━━━━━━━━━━━━━━━━━━━━━━ 41.2/41.2 kB
329.2 kB/s eta 0:00:00
Collecting tzdata (from django)
  Downloading tzdata-2023.3-py2.py3-none-any.whl (341 kB)
     ━━━━━━━━━━━━━━━━━━━━━━━━━━━━━━━━━━━━━━━━ 341.8/341.8
kB 1.4 MB/s eta 0:00:00
Downloading Django-4.2.6-py3-none-any.whl (8.0 MB)
   ━━━━━━━━━━━━━━━━━━━━━━━━━━━━━━━━━━━━━━━━ 8.0/8.0 MB 5.4
MB/s eta 0:00:00
Downloading asgiref-3.7.2-py3-none-any.whl (24 kB)
Installing collected packages: tzdata, sqlparse, asgiref, django
Successfully installed asgiref-3.7.2 django-4.2.6 sqlparse-0.4.4 tzdata-2023.3

(dj4ch02) D:\dj4book\dj4ch02>django-admin startproject mblog

(dj4ch02) D:\dj4book\dj4ch02>cd mblog

(dj4ch02) D:\dj4book\dj4ch02\mblog>python manage.py startapp mysite
```

mblog 网站框架创建完毕之后，它的文件夹结构如下：

```
mblog
 ├── mysite
 │    ├── admin.py
 │    ├── apps.py
 │    ├── __init__.py
 │    ├── migrations
 │    │   └── __init__.py
 │    ├── models.py
 │    ├── tests.py
 │    └── views.py
 ├── manage.py
 └── mblog
  ├── __init__.py
  ├── settings.py
  ├── urls.py
  └── wsgi.py
```

完成上述操作后，网站的基本框架大致上就完成了。接着，回到 mblog 文件夹下，执行以下命令进行测试：

```
python manage.py runserver
```

以下是执行的过程：

```
(dj4ch02) D:\dj4book\dj4ch02\mblog>python manage.py runserver Watching for file changes
with StatReloader
Performing system checks...

System check identified no issues (0 silenced).

You have 18 unapplied migration(s). Your project may not work properly until you apply
the migrations for app(s): admin, auth, contenttypes, sessions.
Run 'python manage.py migrate' to apply them. November 12, 2022 - 07:54:47
Django version 4.1.3, using settings 'mblog.settings' Starting development server at
http://127.0.0.1:8000/ Quit the server with CTRL-BREAK.
```

上述信息告诉我们，当前正在开发的服务器（开发服务器）正在运行。要停止该服务器，可以按 Ctrl+Break 或 Ctrl+C 快捷键。如果要在浏览器中查看这个开发中的网站，地址为 http://127.0.0.1:8000。换句话说，在浏览器中输入网址 http://localhost:8000 或 http://127.0.0.1:8000，即可看到如图 2-1 所示的 Django 网站的初始页面。

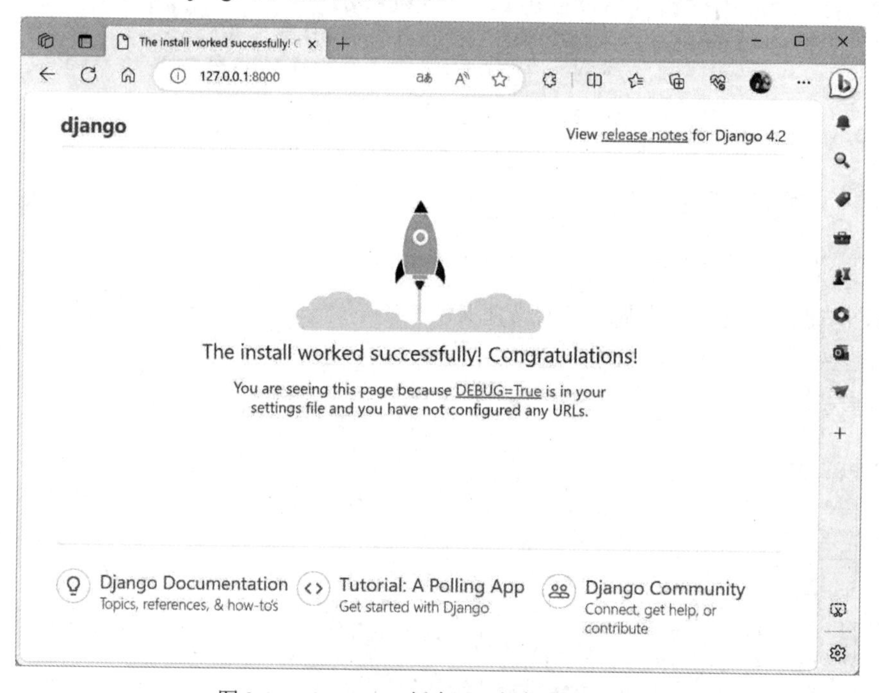

图 2-1　Django 4.X 版本网站框架的初始页面

在测试网站运行期间，如果对网页内容有任何更改（除系统的设置外），Django 都会自动检测并重新加载以更新网站的内容。因此，在开发的过程中不需要一直重新执行上述的“python manage.py runserver”这个命令，只需要保持此服务器运行即可。

在完成网站测试后，请先中断服务器的执行（按 Ctrl+C 快捷键），然后创建一个 Git 仓库，以便将其推送到 github.com 上的远程代码库。在 mblog 文件夹下执行以下命令：

```
git init
git add .
git commit -m "first commit"
```

执行过程如下：

```
(dj4ch02) d:\dj4book\dj4ch02\mblog>git init
Initialized empty Git repository in d:/dj4book/dj4ch02/mblog/.git/ (dj4ch02)
d:\dj4book\dj4ch02\mblog>git add .
(dj4ch02) d:\dj4book\dj4ch02\mblog>git commit -m "first commit" [master (root-commit)
b1efe63] first commit
18 files changed, 216 insertions(+) create mode 100644 db.sqlite3 create mode 100644
manage.py
create mode 100644 mblog/ init .py
create mode 100644 mblog/ pycache / init .cpython-310.pyc
create  mode100644  mblog/ pycache /settings.cpython-310.pyc
create  mode100644  mblog/ pycache /urls.cpython-310.pyc
create  mode100644  mblog/ pycache /wsgi.cpython-310.pyc
create  mode100644  mblog/asgi.py
create  mode100644  mblog/settings.py
create  mode100644  mblog/urls.py
create  mode100644  mblog/wsgi.py
create  mode100644  mysite/ init .py
create  mode100644  mysite/admin.py
create  mode100644  mysite/apps.py
create  mode100644  mysite/migrations/ init .py
create  mode100644  mysite/models.py
```

接下来，在 github.com 上创建一个专门用于该网站的代码仓库，并记录下该代码仓库的网址。然后执行以下命令，将已提交的所有文件内容上传到 github.com（假设在 github.com 上新增的代码仓库的网址是 https://github.com/skynettw/mblog.git）：

```
git remote add origin https://github.com/skynettw/mblog.git
git push -u origin master
```

执行过程如下：

```
(dj4ch02) D:\dj4book\dj4ch02\mblog>git remote add origin https://github.com/
skynettw/mblog.git

(dj4ch02) D:\dj4book\dj4ch02\mblog>git push -u origin master Enumerating objects: 21,
done.
Counting objects: 100% (21/21), done. Delta compression using up to 8 threads Compressing
objects: 100% (19/19), done.
Writing objects: 100% (21/21), 5.23 KiB | 1.74 MiB/s, done. Total 21 (delta 3), reused
0 (delta 0), pack-reused 0 remote: Resolving deltas: 100% (3/3), done.
To https://github.com/skynettw/mblog.git
 * [new branch] master -> master
Branch 'master' set up to track remote branch 'master' from 'origin'.
```

上述操作需要注意的一点是，除使用自己创建的程序代码仓库（Repository）外，在 Windows 10/11 和 Linux 环境下创建本地版本控制时，默认的分支名称是 master。然而，在 macOS 环境下操作时，默认的分支名称可能是 main。

2.1.3　Django 文件夹与文件解析

第一次使用 Django 创建网站（执行 django-admin startproject mblog）时，了解 Django 为我们准备的文件夹和文件非常重要。除知道每个文件夹和文件的用途外，还需要知道在为网站添加功能时应该从哪个文件着手。下面简要介绍几个重要的文件，并在后续章节中逐步应用它们（其中 BASE_DIR 代表网站的主目录，它由系统设置。mblog 是网站项目的名称，而 mysite 是为这个网站创建的第一个 App），具体可参考表 2-1。

表 2-1　Django 网站框架的主要文件及其用途

文　件　名	文件夹位置	用　　途
manage.py	BASE_DIR	整个网站的管理程序，操作网站的主要命令都要通过这个程序来执行
db.sqlite3	BASE_DIR	本地的数据库文件（SQLite 3文件型数据库系统）
settings.py	mblog	网站的配置文件
urls.py	mblog	用来创建浏览本网站的对应路由
wsgi.py	mblog	网站部署于服务器中时，和网页服务器（例如Apache）对接的文件
views.py	mysite	执行网站在用户浏览之后所有需要执行控制流程的地方
models.py	mysite	设置数据库数据表对应模型的地方
admin.py	mysite	用于设置后台管理程序
forms.py	mysite	用于设置网页中所使用的表单属性

“天字第一号”文件 manage.py 是 Django 用来管理网站配置的文件，它是一个接收命令行命令的工具程序，所有 Django 命令都是通过它来运行的。通常情况下，我们不需要修改它，只要确保它能够正常运行即可。在网站框架和项目同名的文件夹 xia(注意，若前面使用 mblog 作为项目的名称，则会在此项目文件夹下创建一个同名的文件夹 mblog）存放着与项目网站整体执行有关的程序文件，包括 settings.py、urls.py 以及 wsgi.py。其中，wsgi.py 是与主机网页服务器（如 Apache）沟通的接口文件，相关的设置通常在网站上线时才会用到。

urls.py 用来设置每一个 URL 的网址对应的执行函数以及要传递的参数，是通常在创建新的网页（例如创建网页首页）时需要先编辑的文件。settings.py 用于存放网站的系统设置值，每个新创建的网站都需要打开这个文件并进行必要的编辑设置。

网站所有运行的逻辑都位于使用 python manage.py startapp mysite 命令创建的 App 文件夹中。通过这种方式，网站的每个主要功能都成为一个单独的模块，方便网站的开发者在不同的网站中重复使用。这也是 Python 程序设计语言中复用（Reuse）概念的应用。

在开始定制网站之前，先编辑 settings.py 文件中的两个位置。首先，修改大约在第 28 行的参数，以便让网站支持所有地址的访问：

```
ALLOWED_HOSTS = ['*']
```

然后在约第 33 行左右，把我们创建的 App 模块 mysite 添加到 settings.py 的 INSTALL_APPS 列表中：

```
INSTALLED_APPS = [
```

```
'django.contrib.admin',
'django.contrib.auth',
'django.contrib.contenttypes',
'django.contrib.sessions', 'django.contrib.messages',
'django.contrib.staticfiles',
'mysite',
]
```

然后，把文件末尾的时区设置修改一下，语句如下：

```
LANGUAGE_CODE = 'zh-hans'
IME_ZONE = 'Asia/Shanghai'
```

在默认情况下，Django 会使用 SQLite 存储数据库内容，在执行以下命令时会生成一个名为 db.sqlite3 的文件：

```
python manage.py makemigrations
python manage.py migrate
```

执行过程如下：

```
(dj4ch02) D:\dj4book\dj4ch02\mblog>python manage.py makemigrations
No changes detected

(dj4ch02) D:\dj4book\dj4ch02\mblog>python manage.py migrate
Operations to perform:
  Apply all migrations: admin, auth, contenttypes, sessions Running migrations:
  Applying contenttypes.0001_initial... OK
  Applying auth.0001_initial... OK Applying admin.0001_initial... OK
  Applying admin.0002_logentry_remove_auto_add... OK
  Applying admin.0003_logentry_add_action_flag_choices... OK
  Applying contenttypes.0002_remove_content_type_name... OK
  Applying auth.0002_alter_permission_name_max_length... OK
  Applying auth.0003_alter_user_email_max_length... OK
  Applying auth.0004_alter_user_username_opts... OK
  Applying auth.0005_alter_user_last_login_null... OK
  Applying auth.0006_require_contenttypes_0002... OK
  Applying auth.0007_alter_validators_add_error_messages... OK
  Applying auth.0008_alter_user_username_max_length... OK
  Applying auth.0009_alter_user_last_name_max_length... OK
  Applying auth.0010_alter_group_name_max_length... OK
  Applying auth.0011_update_proxy_permissions... OK
  Applying auth.0012_alter_user_first_name_max_length... OK
  Applying sessions.0001_initial... OK
```

之后，所有在此网站中添加到数据库的数据都会被放在 db.sqlite3 文件中，这是一个精简的文件型 SQL 关系数据库系统。如果要迁移网站，记得带上这个文件。

2.2 创建博客数据表

在 2.1 节，我们创建了一个简单可运行的网站架构，但还没有为该网站创建任何内容。本节将设计一个简单的数据表，为管理员提供个人博客最重要的文章内容，并启用 Django 默认的管理界面，以便对这些文章进行编辑和管理。

2.2.1 数据库与 Django 的关系

在默认情况下，Django 使用模型（Model）来映射数据库，并通过对象关系映射（Object Relational Mapper，ORM）来访问数据库。这意味着在程序中不直接操作数据库或数据表，而是先创建与数据表对应的模型类，然后通过操作该类生成的对象来实现对数据库的访问。这种方式的好处是在程序和数据库之间引入了一个中间层作为连接接口，如果将来需要更换数据库系统，就不需要修改程序的内容了。此外，通过使用熟悉的 Python 语言来操作数据表，程序设计人员无须学习 SQL 语言，并且不需要考虑不同数据库系统之间的 SQL 兼容性问题。

对于第一次接触 ORM 数据库操作逻辑的网站开发者来说，可能不太直观，不需要直接定义数据库中的数据表，而是将其视为一个数据类（class）。在定义了数据类之后，还需要执行一些指令，确保数据表的每个数据字段名称、格式和属性与数据类中的内容保持同步，这确实有些麻烦。然而，一旦习惯了这种方式，你会发现这是一种抽象化数据库连接层的好方法，可以节省程序开发人员处理各种不同数据库操作细节所需的精力和时间。

简而言之，想要在 Django 网站架构中使用数据库，需要经过以下几个步骤：

步骤01 在 models.py 中定义需要使用的类（继承自 models.Model）。

步骤02 详细设置类中的每个变量，即数据表中的每个字段。

步骤03 使用 python manage.py makemigrations 创建数据库和 Django 之间的中介文件。

步骤04 使用 python manage.py migrate 同步更新数据库的内容。

步骤05 在程序中使用 Python 的 ORM 方法操作所定义的数据类，相当于操作数据库中的数据表。

2.2.2 定义数据模型

本堂课中的 mblog 需要一个用来存储文章的数据表，因此需要修改 mysite/models.py 的内容。一开始，models.py 的内容如下：

```
from django.db import models
# Create your models here.
```

将它修改为如下内容：

```
from django.db import models

class Post(models.Model):
    title = models.CharField(max_length=200)
    slug = models.CharField(max_length=200)
```

```
    body = models.TextField()
    pub_date = models.DateTimeField(auto_now_add=True)

    class Meta:
        ordering = ('-pub_date',)

    def __str__(self):
        return self.title
```

详细的 model 字段格式在后续的章节中会进行说明。在这个文件中，主要是创建一个 Post 类（到时在数据库中会有一个对应的数据表），此类包括几个字段变量（数据字段）：title 用来记录文章的标题，slug 用来记录文章的网址，body 用来记录文章的内容，pub_date 用来记录文章发表的时间。在数据库中，每一个条记录都对应一篇文章。

title 和 slug 这两个字段的属性是字符型，并设置了最大可存储字符数为 200 个。body 字段是文本字段，支持较多的字符数存储。对于可能超过 255 个字符的字段，通常会设置为文本字段。pub_date 的属性是日期时间属性，若将 auto_now_add 参数设置为 True，则在数据表中创建记录时会自动添加当前系统时间。

除字段变量外，class Meta 内的设置用于指定记录的相关配置。其中 ordering 用于设置获取记录时的排序顺序。在前面的例子中，我们使用 pub_date 进行排序。在字段名称前添加一个减号表示按该字段值（即文章发布时间）递减的顺序进行排序。最后的__str__方法定义了记录在生成数据项时的显示方式。以文章标题字段 title 的内容作为显示代表，增加了操作过程中的可读性（在 admin 管理界面或 Shell 界面操作，都将显示 title 字段的内容作为该记录的代表）。

要让此模型生效，需要执行以下指令：

```
python manage.py makemigrations
python manage.py migrate
```

执行的过程如下：

```
(dj4ch02) PS D:\dj4book\dj4ch02\mblog> python manage.py makemigrations Migrations for
'mysite':
  mysite\migrations\0001_initial.py
    - Create model Post

(dj4ch02) PS D:\dj4book\dj4ch02\mblog> python manage.py migrate
Operations to perform:
  Apply all migrations: admin, auth, contenttypes, mysite, sessions
Running migrations:
  Applying mysite.0001_initial... OK
```

如果执行过程没有出错，就可以直接在程序中操作这个数据库。但为了方便起见，需要启用 Django 提供的 admin 界面来进行操作，这样会更加方便，2.2.3 节会详细介绍。

2.2.3　启动 admin 管理界面

admin 是 Django 默认的数据库内容管理界面，在使用前，有几个要设置的步骤。第一步，创建管理员账号及密码，内容如下：

```
(dj4ch02) PS D:\dj4book\dj4ch02\mblog> python manage.py createsuperuser Username 用户名
(leave blank to use 'army_'): admin
电子邮件地址: army_zhao@qq.com
Password:
Password (again):
Superuser created successfully.
```

注意，在输入密码时光标并不会有任何动态显示（即没有变化）。这是在 Linux 操作系统中输入密码时的常态。记住自己设置的密码，并连续输入两次即可。接下来，将 2.2.2 节定义的 Post 纳入管理。修改 mysite/admin.py 文件，原来的内容如下：

```
from django.contrib import admin

# Register your models here.
```

修改后如下：

```
from django.contrib import admin
from mysite.models import Post

admin.site.register(Post)
```

也就是先利用 from mysite.models import Post 导入 mysite 文件夹中的 models.py 文件内的 Post 类，然后通过 admin.site.register 进行注册。完成以上设置之后，再次启动该网站（执行 python manage.py runserver），通过浏览器连接到 http://localhost:8000/admin，就可以看到如图 2-2 所示的登录页面了。

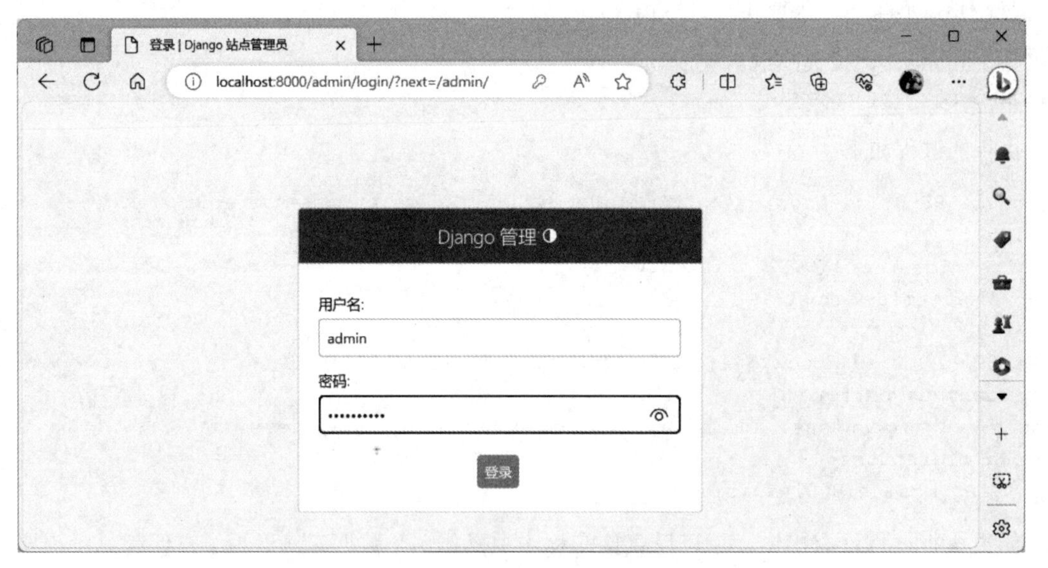

图 2-2　Django 默认的 admin 管理界面的登录页面

输入之前设置过的 superuser（超级用户）的账号和密码后，即可看到一个美观的数据库（数据表）管理页面，如图 2-3 所示。在本堂课的这个范例程序中，管理员（超级用户）的用户名为 admin，密码为 django1234。注意：本书后续默认使用 admin 作为管理员的用户名，密码也是 django1234。当然，读者也可以设置自己的密码。如果忘记了管理员的密码，可以打开命令行工具进入 Django 项目的根目录，然后执行以下命令：

```
python manage.py changepassword admin
```

之后，根据提示输入新的密码，即可成功重置项目的超级用户的密码。

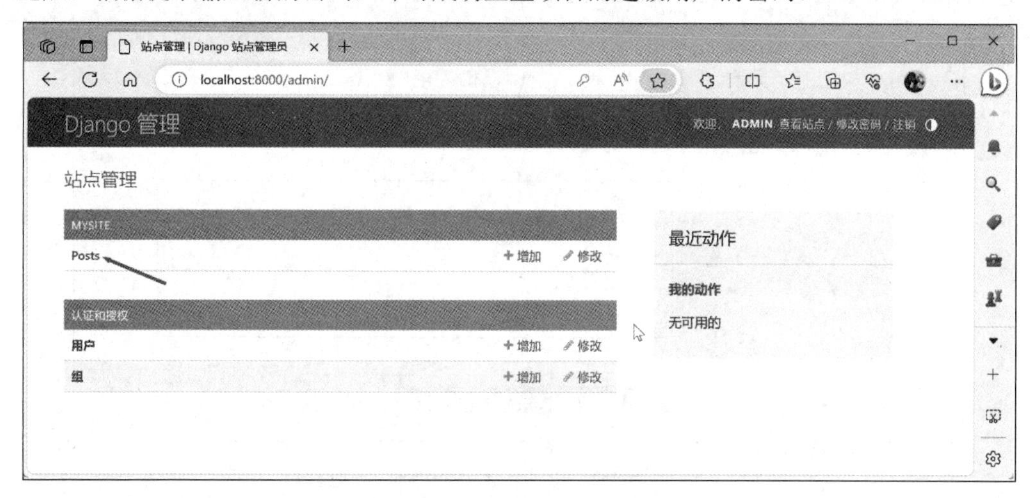

图 2-3 Django 的 admin 数据库管理页面

如图 2-3 箭头所指的地方所示，我们成功地将定义的 Posts 纳入管理页面。第一次进入 Posts 管理页面时，还没有任何内容，如图 2-4 所示。

图 2-4 第一次进入 Posts 的管理页面

在图 2-4 右上角箭头所指的位置，单击“增加 POST”按钮（即增加新的文章），会出现如图 2-5 所示的页面。

在图 2-5 中单击“保存”按钮后，可以看到如图 2-6 所示的页面，表明文章已成功添加到数据库中。

为了便于后续测试，至少要输入 5 篇文章，中英文皆可，但 slug 必须使用英文或数字，而且中间不要包含任何符号和空格符，如图 2-7 所示。

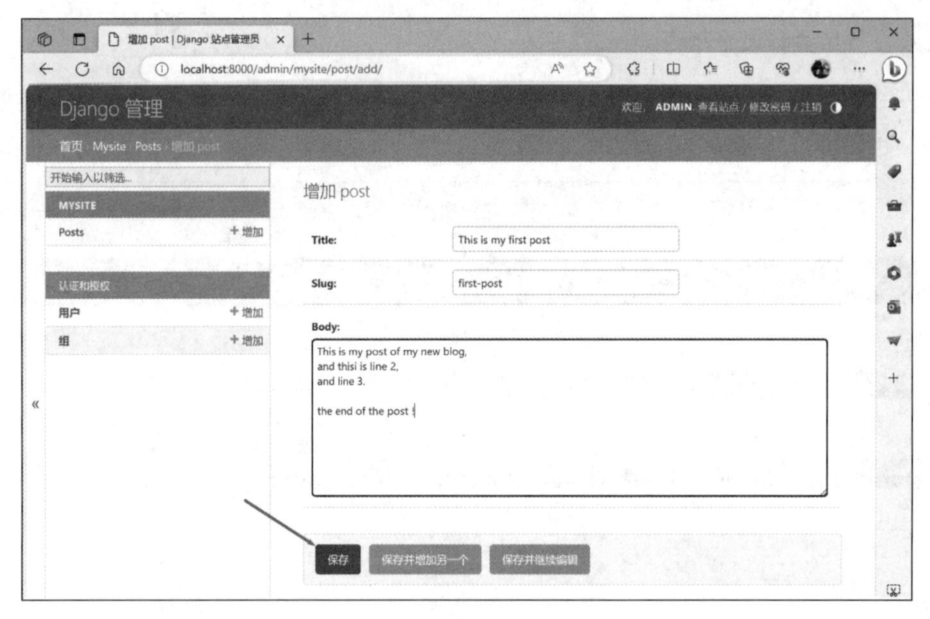

图 2-5　增加新文章的页面

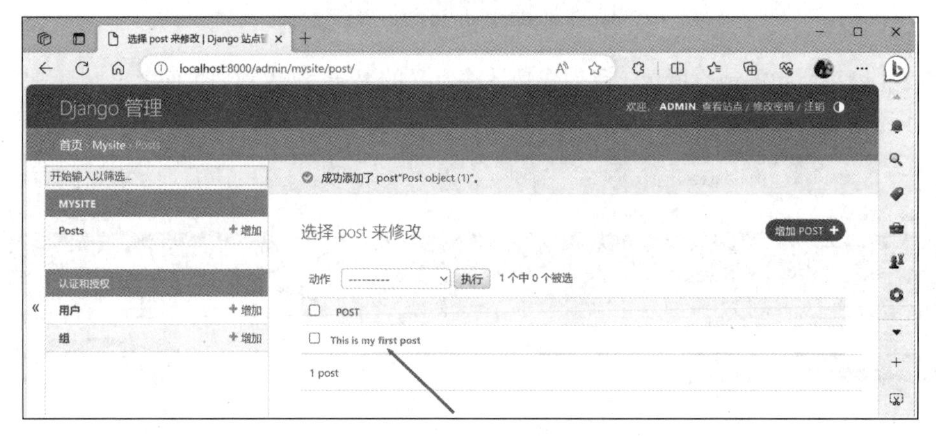

图 2-6　添加文章后的 Posts 操作页面

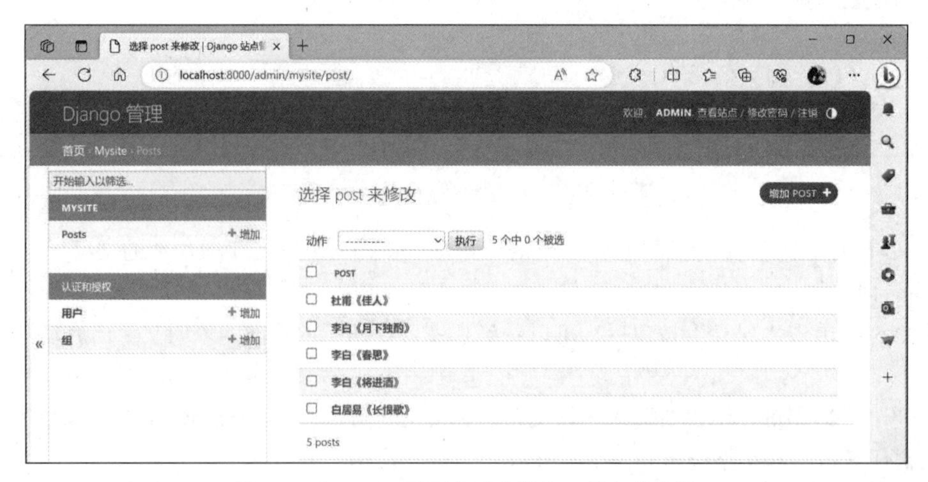

图 2-7　在 admin 页面中至少输入 5 篇文章备用

在本小节的最后，在 admin.py 中添加以下代码（自定义 Post 的显示方式，继承自 admin.ModelAdmin），以便在显示文章时除显示标题（Title）外，还可以加上 slug 和文章发布日期与时间等内容：

```
from django.contrib import admin
from mysite.models import Post

class PostAdmin(admin.ModelAdmin):
    list_display = ('title', 'slug', 'pub_date')
admin.site.register(Post, PostAdmin)
```

显示所有文章时，页面如图 2-8 所示。

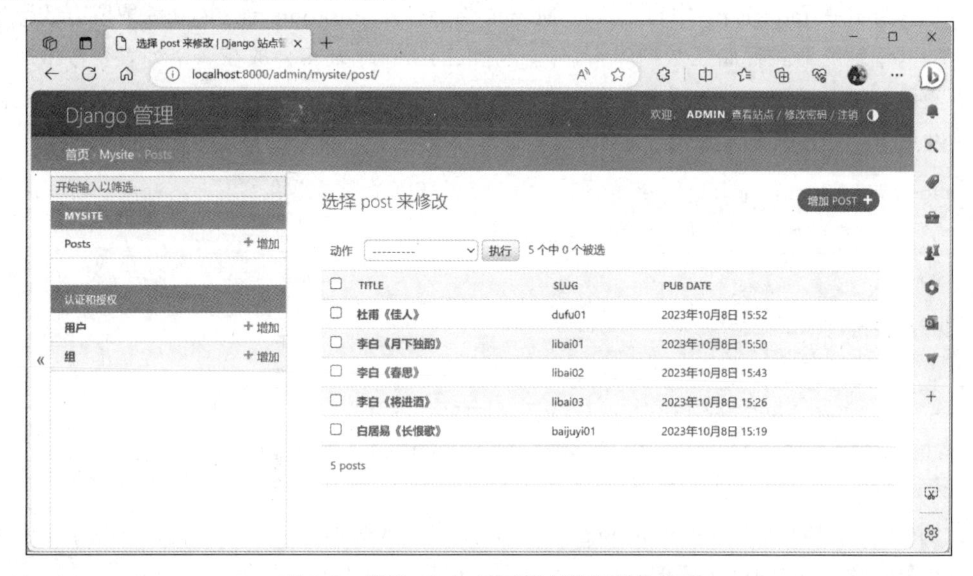

图 2-8　修正 admin 显示所有数据项的外观

关于修改 admin 管理页面外观的更多方式，将在本书后续的章节中详细说明。

2.2.4　读取数据库中的内容

数据库中已经存在文章及其内容，接下来在程序中读取这些内容，并在网站的首页中显示出来。Django 使用 MTV 架构来构建整个网站。这种架构基本上对应传统软件系统的 MVC 设计模式，即将软件系统分为 Model（模型）、View（视图）和 Controller（控制器）三个主要部分。每个部分都对应整个软件系统所需的逻辑架构。其中，Model 负责定义数据存储部分，View 负责呈现给用户的显示部分，而 Controller 负责控制整个数据流的流程控制。

在 Django 网站架构中，保持了 MVC 设计模式的思想，但在实现上并没有严格将这三个部分对应到三个文件。Model 部分，由 models.py 负责定义要存取的数据模型；View 部分则是以模板的方式，通过 render 函数指定由 templates 文件夹下的 HTML 文件负责将网页内容呈现给用户查看；至于 Controller 部分，则主要由 urls.py 路由配合 views.py 中的程序代码来完成。由于上述对应关系，Django 的架构模式也被称为 MTV 模式，即 Model-Template-View。

如前几个小节所述，models.py 主要负责定义要存取的数据模型，使用 Python 的 class 类进行定义。在后端，Django 会自动将这个类中的设置对应到数据库系统中，不论你使用的是哪种数据库（默认为 SQLite，如果要使用其他数据库系统，则需要在 settings.py 中进行设置）。关于如何从数据库中获取数据或将数据存储到数据库中的程序逻辑，需要在 views.py 文件中进行处理。这也是本小节要编写程序的地方。至于如何以美观且灵活的方式输出获取到的数据，则需要在模板中进行处理，这将在下一节讨论。

接下来，打开 mainsite/view.py 文件进行编辑，在编辑之前，views.py 的默认内容如下：

```
from django.shortcuts import render

# Create your views here.
```

第一步是导入在 models.py 中自定义的 Model，然后使用 Post.objects.all()来获取所有的数据项。由于数据项以记录的形式存储在数据库中，因此获取的所有记录将会放在一个列表变量中。针对获取的列表变量，可以使用 for 循环来获取所有的内容，并通过 HttpResponse 将这些获取到的内容直接输出到网页中。程序代码示例如下：

```
from django.shortcuts import render
from django.http import HttpResponse
from mysite.models import Post

def homepage(request):
    posts = Post.objects.all()
    post_lists = list()
    for count, post in enumerate(posts):
        post_lists.append("No.{}:".format(str(count)) + str(post)+"<br>")
    return HttpResponse(post_lists)
```

在此例中，我们创建了一个 homepage 函数，用来获取数据库中的所有记录（在本例中每一个记录对应一篇文章），并通过循环把它们收集到列表变量 post_lists 中，最后使用 return HttpResponse (post_lists)把这个变量的内容输出到客户端的浏览器页面中。

准备好 homepage 函数后，由谁来调用它呢？也就是用户在浏览器中要通过哪个网址才能够执行这个函数？答案是通过 urls.py 将网址对应到程序，不然只浏览网页的根路径，只会得到如图 2-1 所示的页面。打开 urls.py 文件，导入 views.py 中的 homepage 函数及其对应的 URL，具体的程序语句如下：

```
from django.contrib import admin
from django.urls import path
from mysite.views import homepage

urlpatterns = [
    path('', homepage),
    path('admin/', admin.site.urls),
]
```

在这里定义了两个网址，分别是根目录以及 admin 所使用的目录。当用户浏览网址而没有加上任何字符串的时候（即为根网址），就会调用 homepage 函数，可以得到如图 2-9 所示的执行页面。

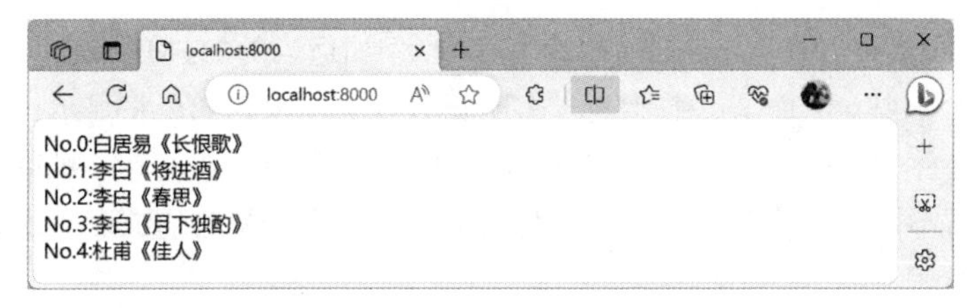

图 2-9　用户浏览首页时显示的内容

除文章的标题外，还可以取出每一篇文章的内容，并使用 HTML 标签对显示的内容进行排版，让页面更加美观。在 view.py 文件中将 homepage 函数修改如下：

```
def homepage(request):
    posts = Post.objects.all()
    post_lists = list()
    for count, post in enumerate(posts):
        post_lists.append("No.{}:".format(str(count)) + str(post)+"<hr>")
        post_lists.append("<small>" + str(post.body) + "</small><br><br>")
return HttpResponse(post_lists)
```

修改后的程序生成的页面如图 2-10 所示。

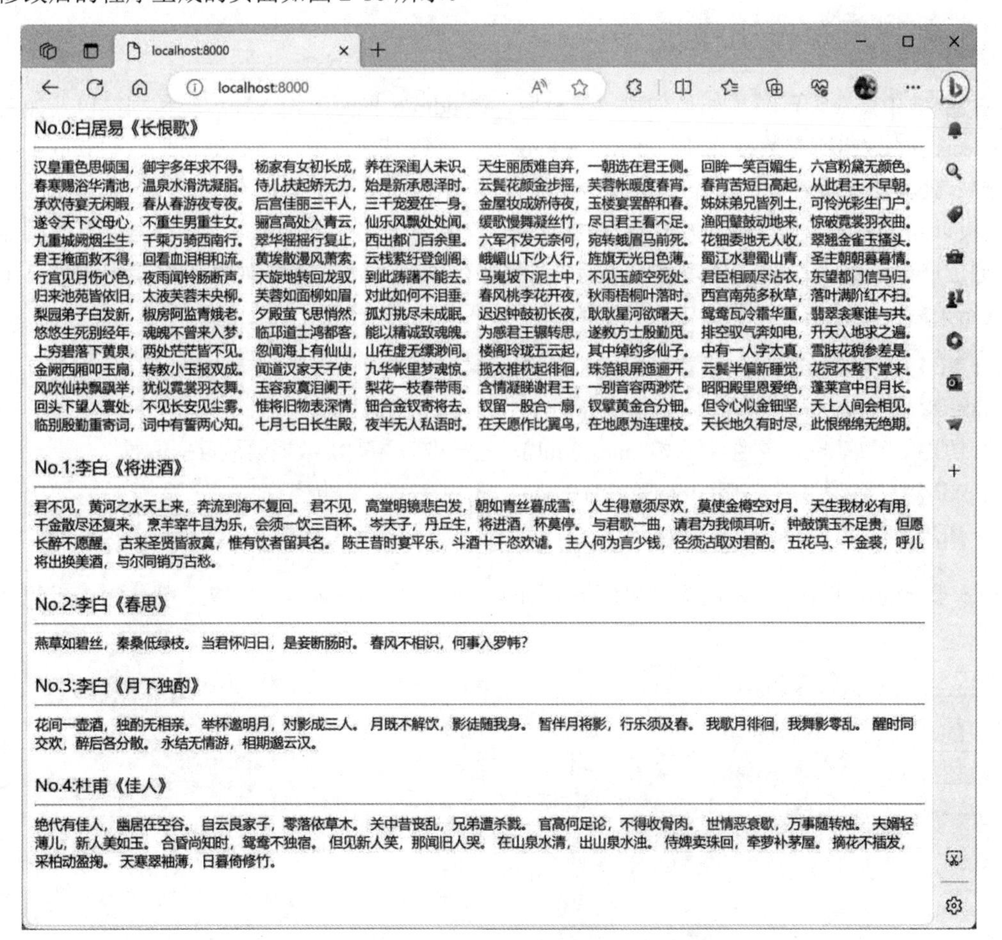

图 2-10　在首页显示文章标题以及内容

按照这个思路，我们可以在 homepage 中编写程序，添加适当的 HTML、CSS 和 JavaScript 代码，以使网页的排版更加美观。然而，这并不是一个明智的做法，因为如果将显示样式和数据存取的程序逻辑放在同一个文件中，就会导致不同种类的程序设计语言混合在一起，难以维护。而且在大型合作项目中，通常由不同的人员负责数据存取和设计网页外观，将它们放在一起会带来开发上的困难。

因此，正确的做法是在 views.py 中准备好数据，然后将数据传递给模板，让模板中的 HTML 文件负责将数据真正输出到网页上。这是在 2.3 节要介绍的内容。

2.3　网址对应与页面输出

个人博客除提供输入文章内容的编辑页面外，如何在网页中显示出文章的内容也是重点。我们计划设计的网站是这样的：当用户来到网站首页时，会以链接的方式显示每篇文章的标题，单击任意链接后，即可显示出这篇文章的详细内容，并提供返回首页的链接。本节的学习重点是如何将这些网址与页面对应起来。

2.3.1　创建网页输出模板

在 2.2 节中，我们示范了如何创建数据模型、在 admin 界面中输入和编辑数据，以及如何使用 Post.objects.all()取出所有数据并通过 HttpResponse 输出到浏览器端。那么如何把这些获取到的数据进行排版，使其更加美观呢？答案就是通过模板。每个输出的网页都可以有一个或多个对应的模板，这些模板以.html 文件的形式存储在指定的文件夹中（通常命名为 templates）。当网站有数据需要输出时，通过渲染函数（render，或称为网页显示）把数据存放到模板指定的位置，经渲染得到 HTML/CSS 格式的结果后，再输出到浏览器中。基本的步骤如下：

步骤01 在 setting.py 中设置模板文件夹的位置。

步骤02 在 urls.py 中创建网址与 views.py 中函数的对应关系。

步骤03 创建.html 文件（例如 index.html），进行排版并安排数据要放置的位置。

步骤04 运行程序，使用 objects.all()在 views.py 中获取数据或资料。

步骤05 使用 render 函数把数据（例如 posts）传递到指定的模板文件（例如 index.html）中。

在本堂课的例子中，首先在项目的目录中创建一个名为 templates 文件夹。创建完毕后的目录结构如下：

```
├── db.sqlite3
├── mysite
│   ├── admin.py
│   ├── __init__.py
│   ├── migrations
│   │   ├── 0001_initial.py
│   │   ├── __init__.py
│   ├── models.py
│   ├── tests.py
```

```
│   ├── views.py
├── manage.py
├── mblog
│   ├── __init__.py
│   ├── settings.py
│   ├── urls.py
│   ├── wsgi.py
├── requirements.txt
└── templates
```

然后把此文件夹名称添加到 settings.py 文件的 TEMPLATE 区块中（大概在第 55 行左右），代码如下（只要修改 DIRS 所在行即可）：

```
TEMPLATES = [
    {
        'BACKEND': 'django.template.backends.django.DjangoTemplates',
        'DIRS': [BASE_DIR / 'templates'],
        'APP_DIRS': True,
        'OPTIONS': {
            'context_processors':
                ['django.template.context_processors.debug',
                'django.template.context_processors.request',
                'django.contrib.auth.context_processors.auth',
                'django.contrib.messages.context_processors.messages',
            ],
        },
    },
]
```

接下来，把 posts（用于存放数据库中所有记录的列表变量）和 now（用于记录现在时刻的变量）传递到模板（模板文件命名为 index.html）中显示，把 views.py 重新修改如下：

```
from django.shortcuts import render
from mysite.models import Post
from datetime import datetime

def homepage(request):
    posts = Post.objects.all()
    now = datetime.now()
    return render(request, "index.html", locals())
```

在这里，我们使用了一个小技巧，就是使用 locals()函数把变量放到模板中。这个函数会把当前内存中的所有局部变量以字典类型打包起来，正好可以在这里派上用场。在模板中，因为接收到了所有局部变量，所以可以把 posts 和 now 都拿来使用。

在 templates 目录下创建一个名为 index.html 的模板文件，代码如下：

```
<!DOCTYPE html>
<html>
<head>
    <meta charset='utf-8'>
    <title>
```

```
        欢迎光临我的博客
    </title>
</head>
<body>
    <h1>欢迎光临我的博客</h1>
    <hr>
    {{posts}}
    <hr>
    <h3>现在时刻: {{ now }}</h3>
</body>
</html>
```

存盘后执行网站测试，再一次浏览网站时，即可看到如图 2-11 所示的页面。

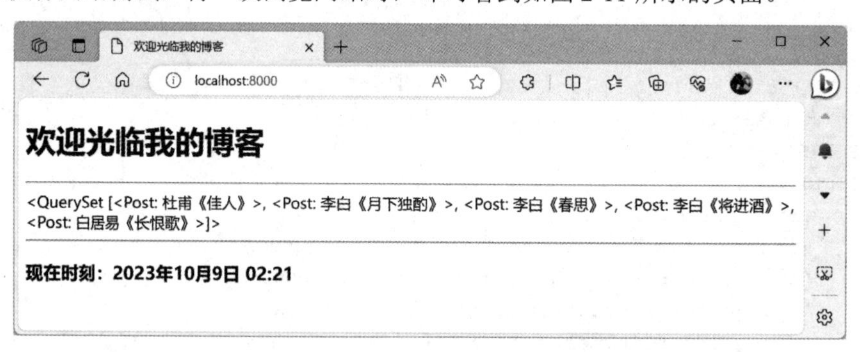

图 2-11　加上 index.html 模板的网页

由 index.html 的内容可以看出，HTML 的标签和传统的 HTML 文件无异，但是多了一对大括号“{}”用于输出接收到的数据。now 数据是指当前时刻的数据，其显示形式易于理解。不过 posts 是一个完整的数据集，其中还包括许多字段和项目，如图 2-11 的显示方式并不妥当。其实在 template 中也有一套模板语言用来在模板文件中解析这些数据项，接下来将介绍如何通过 for 循环逐个取出数据集中的数据项。

```
<!DOCTYPE html>
<html>
<head>
    <meta charset='utf-8'>
    <title>
        欢迎光临我的博客
    </title>
</head>
<body>
    <h1>欢迎光临我的博客</h1>
    <hr>
    {% for post in posts %}
    <p style='font-family:微软雅黑;font-size:16pt;font-weight:bold;'>
        {{ post.title }}
    </p>
    <p style='font-family:微软雅黑;font-size:10pt;letter-spacing:1pt;'>
        {{ post.body }}
    </p>
```

```
        {% endfor %}
    <hr>
    <h3>现在时刻: {{ now }}</h3>
</body>
</html>
```

由上述程序可以看出，每个数据项的字段都是以 post.body 和 post.title 的方式取出的，循环指令则是成对使用{% for %}和{% endfor %}。此外，还使用了 CSS 的字体指令进行简单的排版。在后续章节中，我们将介绍如何运用 CSS 对网页版面做进一步的安排。在内容部分，把标题和内容分开显示，网页的外观如图 2-12 所示。

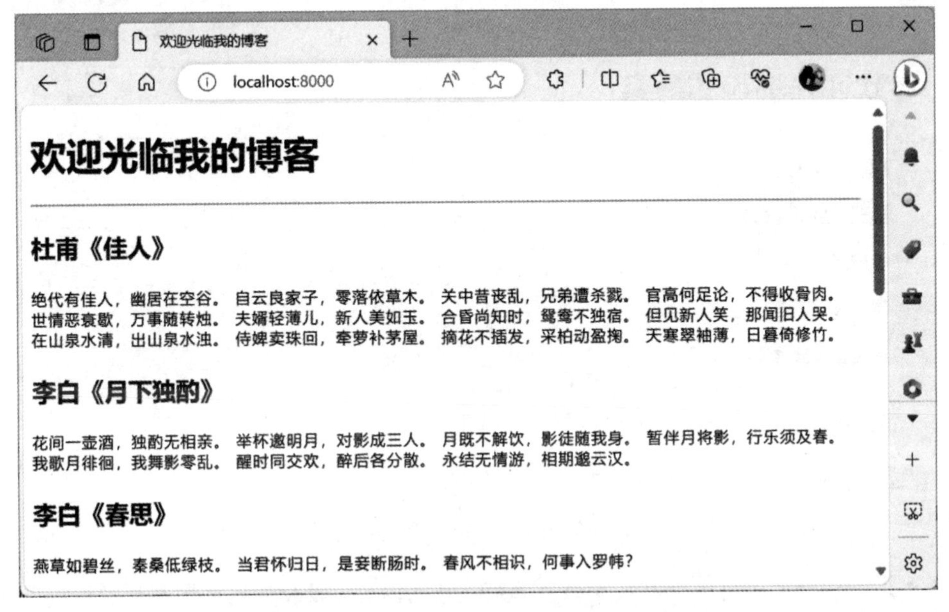

图 2-12　在 index.html 中把数据项取出来显示

一般情况下，网站的首页不会把所有内容都显示出来，而是先显示标题。针对每个标题，制作一个链接，当浏览者单击链接时才会打开另一个页面，显示出这篇文章的内容。因此，我们进一步修改 index.html：

```
<!DOCTYPE html>
<html>
<head>
<meta charset='utf-8'>
<title>
    欢迎光临我的博客
</title>
</head>
<body>
<h1>欢迎光临我的博客</h1>
<hr>
{% for post in posts %}
    <p style='font-family:微软雅黑;font-size:14pt;font-weight:bold;'>
        <a href='/post/{{post.slug}}'>{{ post.title }}</a>
```

```
    </p>
{% endfor %}
<hr>
<h3>现在时刻: {{ now }}</h3>
</body>
</html>
```

使用<a href>这个 HTML 标签，可以提取 post.slug 并创建链接网址，并将其放在 post/下，执行结果如图 2-13 所示。

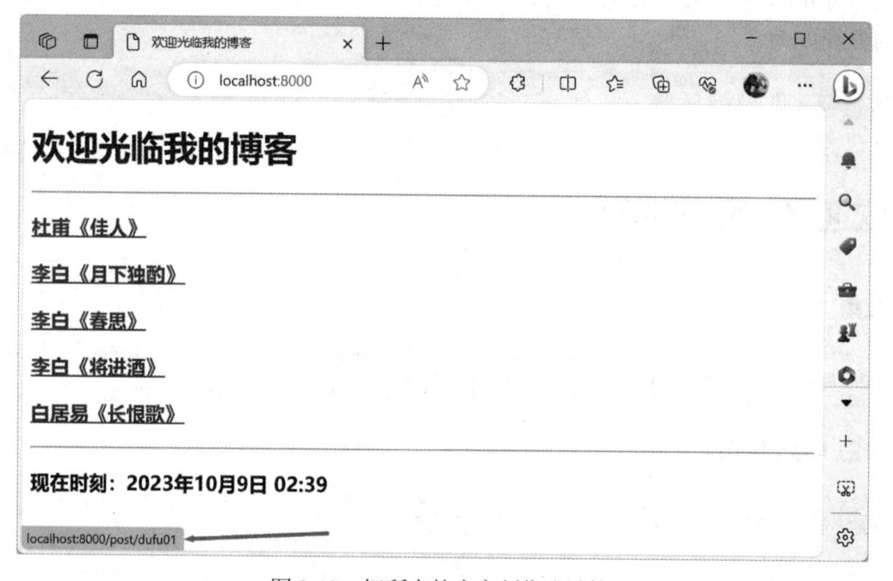

图 2-13　把所有的内容制作成链接

2.3.2 节讨论如何使用另一个网页来显示单篇文章的内容，以及如何使用共享的模板，以提供更方便的网页版式设计。

2.3.2　网址对应 urls.py

注意图 2-13 中箭头所指的位置。当用户单击任意一篇文章的标题时，浏览器将传递网址给网站。在本例中，网址为 localhost:8000/post/dufu01。其中，/post/是我们在 index.html 中添加的前缀，用于显示单篇文章的内容，而后面的 dufu01 是在创建文章内容时设置的自定义网址。换句话说，要识别这些网址以便对应到要显示的单篇文章内容，需要完成以下几个步骤：

步骤01 在 urls.py 中进行设置，只要是以/post/开头的网址，就把后面接着的文字当作参数传递给 slug，并传递给 post_detail 函数用于显示单篇文章。

步骤02 在 views.py 中新增一个 post_detail 函数，除接收 request 参数外，还接收 slug 参数。

步骤03 在 templates 文件夹中创建一个名为 post.html 的模板文件，用于显示单篇文章。

步骤04 在 post_detail 函数中，使用 slug 作为关键词搜索数据集，查找是否存在匹配的项。

步骤05 如果存在匹配的项，则将找到的数据项传送给 render 函数，将其参照 post.html 模板进行渲染（即在网页上显示），再把结果返回给浏览器。

步骤06 如果没有匹配的项，则把网页转回首页。

在网址的对应方面，也就是在 urls.py 中做如下修改：

```
from django.urls import path
from django.contrib import admin
from mysite.views import homepage, showpost

urlpatterns = [
path('', homepage),
path('post/<slug:slug>/', showpost),
path('admin/', admin.site.urls),
]
```

通过 path('post/<slug:slug>/', showpost)的设置，把所有以 post/开头的网址后面的字符串都提取出来，当作第 2 个参数（第 1 个是默认的 request）传送给 showpost 函数。要记得用 import 导入 showpost 函数的模块，同时到 views.py 中创建这个函数来处理接收到的参数。view.py 的内容如下：

```
from django.shortcuts import render, redirect
from datetime import datetime
from mysite.models import Post

...略...

def showpost(request, slug):
try:
      post = Post.objects.get(slug = slug)
      if post != None:
      return render(request, 'post.html', locals())
   except:
       return redirect('/')
```

考虑到可能会碰到输入错误网址以至于找不到文章的情况，除了在使用 Post.objects.get(slug=slug)搜索文章时加上异常处理外，还可以在发生异常时使用 redirect('/')的方式直接返回首页。因此，不要忘了在前面导入 redirect 模块。显示文章的 post.html 内容如下所示：

```
<!DOCTYPE html>
<html>
<head>
<meta charset='utf-8'>
<title>
   欢迎光临我的博客
</title>
</head>
<body>
<h1>{{ post.title }}</h1>
<hr>
   <p style='font-family:微软雅黑;font-size:12pt;letter-spacing:2pt;'>
      {{ post.body }}</a>
   </p>
<hr>
<h3><a href='/'>回首页</a></h3>
</body>
```

```
</html>
```

执行的结果如图 2-14 所示。

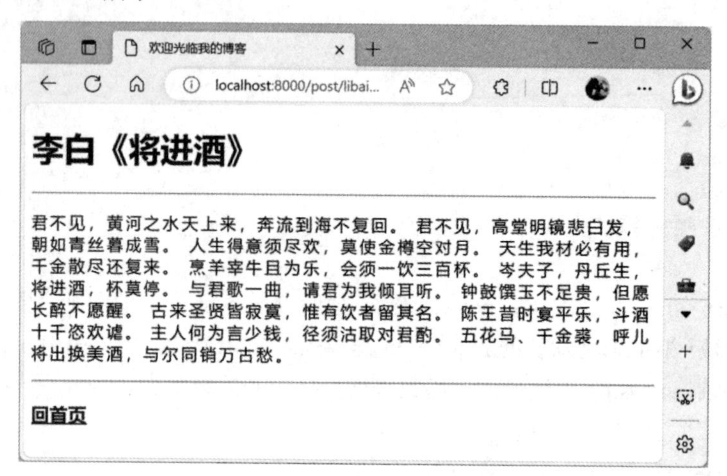

图 2-14　post.html 的执行结果

在设计 index.html 和 post.html 时，有许多部分是重复的。对于一个正式的网站而言，通常会有一些固定的页首和页尾的设计，成为网站风格的元素。2.3.3 节将介绍如何创建这些共享的模板元素。

2.3.3　共享模板的使用

几乎所有商业网站都会在每个页面上使用一些共同的元素来强调网站的风格。如果像 2.2.3 节一样分别设计每个网页，不但会浪费时间和精力，而且当网页需要更改时，很难同步更新所有共同部分的网页。因此，将每个网页的共同部分独立出来成为一个单独的文件才是最正确的做法。Django 提供了处理共同模板的机制。

以本堂课的网站为例，到目前为止所需的.html 文件如表 2-2 所示。

表 2-2　共享模板需要用到的.html 文件及说明

文　件　名	用 途 说 明
base.html	网站的基础模板，提供网站的主要设计和外观风格
header.html	网站中每一个网页共享的标题元素，通常是放置网站 Logo 的地方
footer.html	网站中每一个网页的共享页尾，用来放置版权声明或其他相关信息
index.html	此范例网站的首页
post.html	此范例网站用来显示单篇文章的网页

基本的模板架构如图 2-15 所示。

我们设计了一个名为 base.html 的主要模板，其中导入了 header.html 和 footer.html。这样做的目的是将 header.html 和 footer.html 的设计与主要内容分离开来。当前网站的主要内容文件 index.html 和 post.html 都是通过 extends 指令继承自 base.html，以保持整个网站的风格一致。

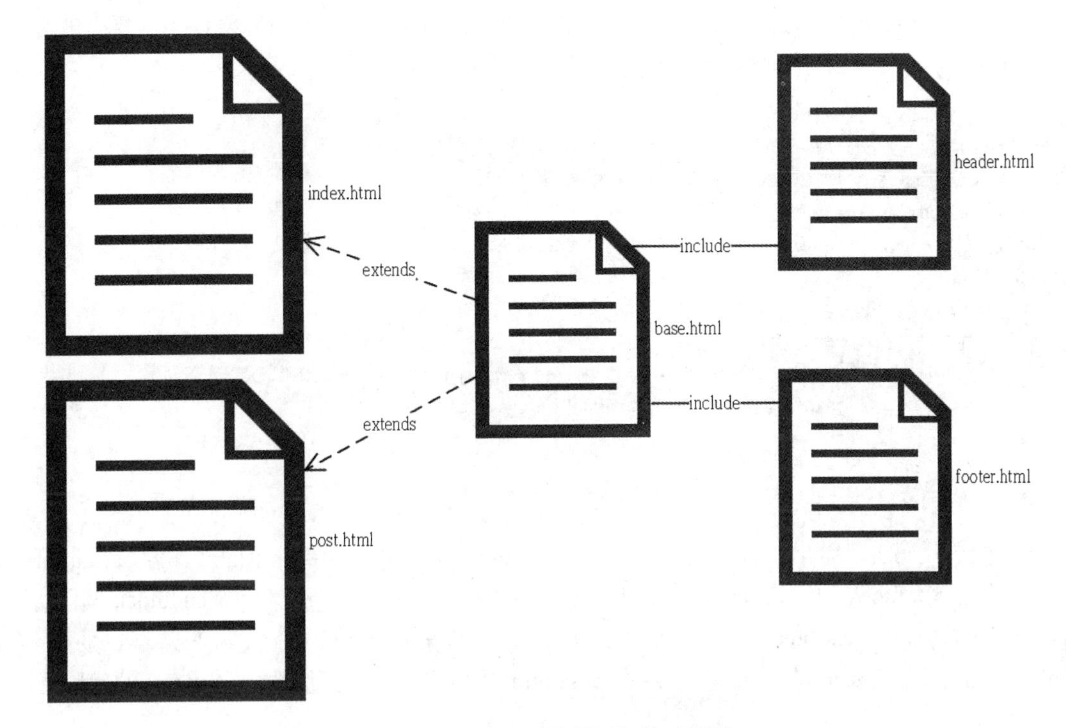

图 2-15　范例网站的模板架构示意图

下面来看 base.html 的具体内容：

```
<!-- base.html -->
<!DOCTYPE>
<html>
<head>
   <meta charset='utf-8'>
   <title>
      {% block title %} {% endblock %}
   </title>
</head>
<body>
   {% include 'header.html' %}
   {% block headmessage %} {% endblock %}
   <hr>
   {% block content %} {% endblock %}
   <hr>
   {% include 'footer.html' %}
</body>
</html>
```

从 base.html 的代码内容来看，它是一个普通的 HTML 文件，同时使用了{%…%}的模板指令。在这些模板指令中，通常可以使用 include '.html 文件名'来导入指定的模板文件。在 base.html 文件中，在恰当的位置导入了 header.html 和 footer.html。此外，通过 block 指令可以定义后续继承 base.html 文件需要填写内容的区块位置。在 base.html 文件中分别定义了 title、headmessage 和 content 这三个区块。因为在 base.html 中定义了这三个区块，所以继承了 base.html 的所有文件都需要提供这三个区块的具体内容。下面来看 index.html 的内容。

```
<!-- index.html -->
{% extends 'base.html' %}
{% block title %} 欢迎光临我的博客 {% endblock %}
{% block headmessage %}
   <h3 style='font-family:楷体;'>本站文章列表</a>
{% endblock %}
{% block content %}
   {% for post in posts %}
      <p style='font-family:微软雅黑;font-size:14pt;font-weight:bold;'>
         <a href='/post/{{post.slug}}'>{{ post.title }}</a>
  </p>
   {% endfor %}
{% endblock %}
```

从上面的代码可以看出，首先使用{% extends 'base.html' %}指定要继承的文件为 base.html。然后，下方使用{% block title %}{% endblock %}、{% block headmessage %}{% endblock %}以及{% block content %}{% endblock %}等指令表示要填写的三个区块内容。其他共享的标签（如<html></html>）不需要重复写，因为已经在 base.html 中定义过了。类似地，post.html 的代码更为简单，如下所示：

```
<!-- post.html -->
{% extends 'base.html' %}
{% block title %} {{ post.title }} - 文学天地 {% endblock %}
{% block headmessage %}
   <h3 style='font-family:微软雅黑;'>{{ post.title }}</h3>
   <a style='font-family:微软雅黑;' href='/'>回首页</a>
{% endblock %}
{% block content %}
      <p style='font-family:微软雅黑;font-size:12pt;letter-spacing:2pt;'>
         {{ post.body }}</a>
      </p>
{% endblock %}
```

header.html 和 footer.html 只需负责它们自己的部分即可，header.html 的内容如下：

```
<!-- header.html -->
<h1 style="font-family:微软雅黑;">欢迎光临 文学天地</h1>
```

footer.html 的内容如下：

```
<!-- footer.html -->
{% block footer %}
   {% if now %}
   <p style='font-family:微软雅黑;'>现在时刻: {{ now }}</p>
   {% else %}
   <p style='font-family:微软雅黑;'>本文内容取自网络，如有侵权请来信通知下架…</p>
   {% endif %}
{% endblock %}
```

在 footer.html 中，我们使用了一个模板指令的技巧{% if now %}，它用于判断 now 变量是否包含指定的内容。如果有内容，则显示当前时刻（即网页中显示的“现在时刻”后面的内容）；如果没有内容，则只显示版权声明。这么做的主要原因是，在 index.html 中，我们设计了在页尾显示当前时刻；而在显示单篇文章的 post.html 时，不需要显示当前时刻，所以需要使用 if 指令来实现这个功能。通过共同模板功能，网站呈现了一致的外观，如图 2-16 所示。

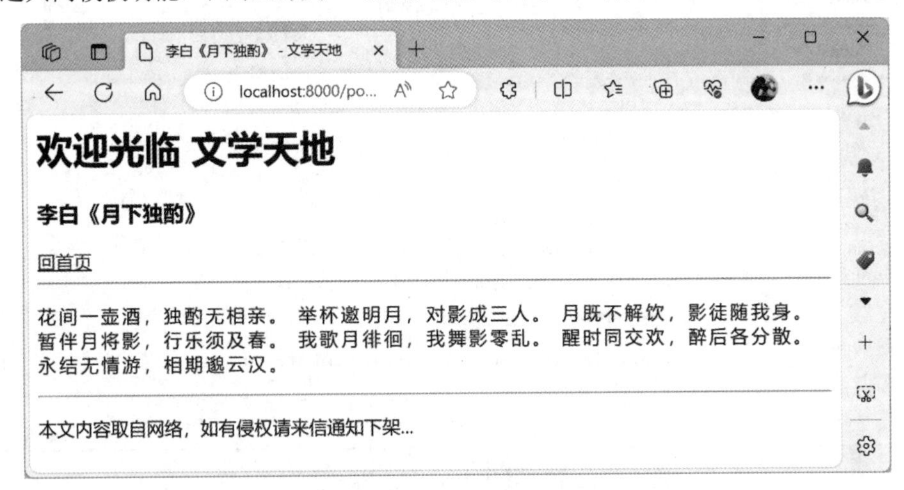

图 2-16　套用模板的范例程序的执行结果

在设计这些.html 文件时，读者一定会发现有些 CSS 的设置还是使用了 style 指令，这种方式在正式的网站中并不常用，大部分会使用 .css 文件来进行样式设计，并使用 CSS 的 id 或 class 选择器来设计网页中各个区块的外观格式。此外，之前的设计也没有涉及图像文件的使用，这牵涉到静态文件的使用，将在 2.4 节中进行说明。

2.4　高级网站功能的运用

一个成熟的博客网站，除前面所设计的功能外，还需要具备显示图形的功能。此外，首页的设计也需要有版面的概念。在文章内容的编排方面，提供具有简易排版的功能，可以在文章中设计版面、插入图形以及建立链接等，这些都是本节要重点说明的内容。

2.4.1　JavaScript 以及 CSS 文件的引用

本小节首先讨论如何引用现有的 CSS 和 JavaScript 网页框架。随着 HTML5、CSS3 和 JavaScript 功能的日趋复杂，一个网站不可能从无到有一点点自行编辑设计，因此大部分网站的设计都会直接套用一些现成的网页框架并加以修改后完成。目前有很多免费的网页框架可供选择，Bootstrap 是最受欢迎的框架之一，而且它的使用也非常简单。我们可以选择将 Bootstrap 下载到本地来引用，或直接通过 CDN 链接的方式来套用。为了简化步骤，本书使用后一种方式。Bootstrap 的官方网址为 https://getbootstrap.com/docs/5.3/getting-started/introduction/，网页如图 2-17 所示。

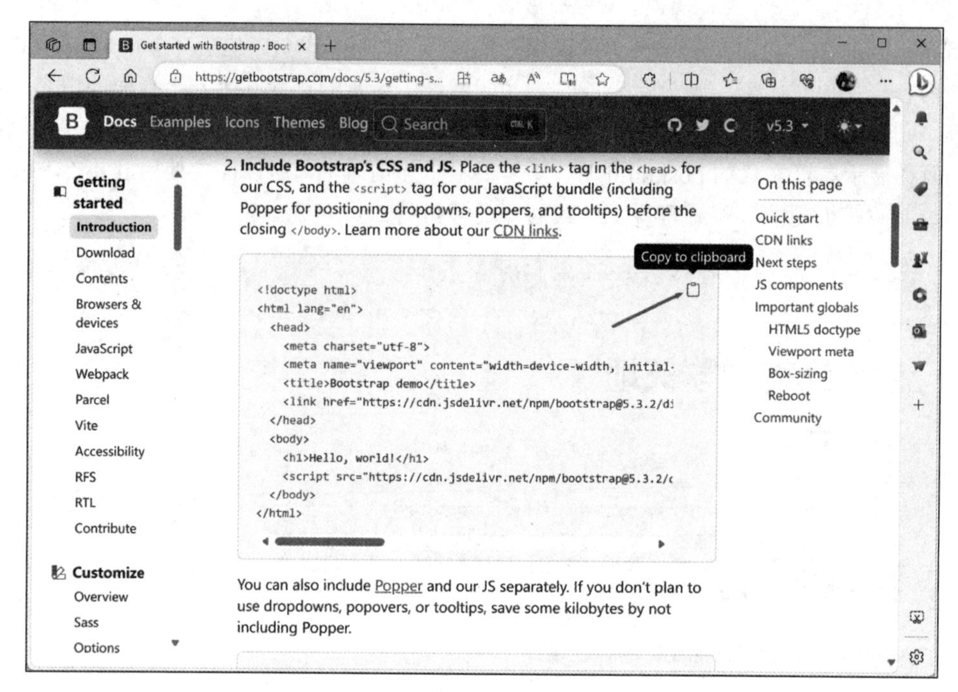

图 2-17　使用 Bootstrap 的方法

如图 2-17 所示，单击箭头所指的位置复制整个模板并进行修改，或者在范例文件中找到<link>和<script>标签，复制 CDN 链接，然后将其放在 base.html 模板文件的适当位置。这样，在所有的模板文件中就可以使用 Bootstrap 的功能了。在 header.html 中使用<h1>标题格式的代码如下：

```
<h1 style="font-family:微软雅黑;">欢迎光临 文学天地</h1>
```

以下是在 base.html 中套用上述 Bootstrap 范例模板，然后利用 Card 来设计页面外观的程序代码。修正后的 base.html 文件内容如下（这里使用的是 Bootstrap 5.x 版本）：

```
<!-- base.html -->
<!DOCTYPE>
<html>
<head>
    <meta charset='utf-8'>
     <meta name="viewport" content="width=device-width, initial-scale=1">
    <title>
        {% block title %} {% endblock %}
    </title>
    <link href="https://cdn.jsdelivr.net/npm/bootstrap@5.3.2/dist/css/bootstrap
.min.css" rel="stylesheet" integrity="sha384-T3c6CoIi6uLrA9TneNEoa7Rxnatzjc
DSCmG1MXxSR1GAsXEV/Dwwykc2MPK8M2HN" crossorigin="anonymous">
</head>
<body>
      <div class="container-fluid">
          {% include 'header.html' %}
          <div class="card">
              <div class="card-header">
                  {% block headmessage %} {% endblock %}
```

```
            </div>
            <div class="card-body">
                {% block content %} {% endblock %}
            </div>
            <div class="card-footer">
                {% include 'footer.html' %}
            </div>
        </div>
    </div>
    <script src="https://cdn.jsdelivr.net/npm/bootstrap@5.3.2/dist/js/bootstrap
.bundle.min.js" integrity="sha384C6RzsynM9kWDrMNeT87bh95OGNyZPhcTNXj1NW7RuB
CsyN/o0jlpcV8Qyq46cDfL" crossorigin="anonymous"></script>
</body>
</html>
```

网页改造后的样子如图 2-18 所示。

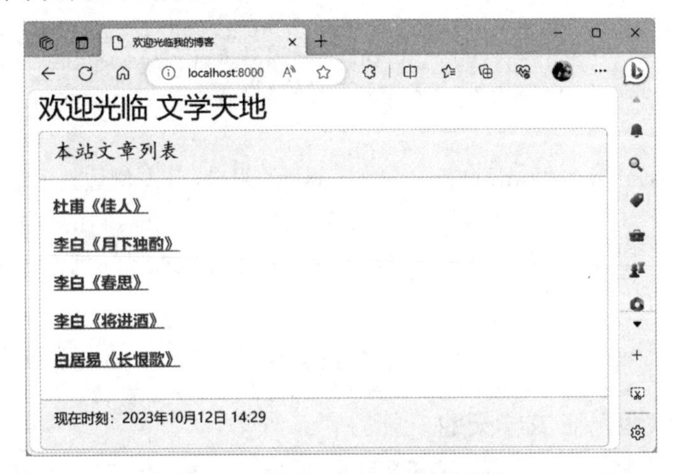

图 2-18　套用 Bootstrap 后的结果

接下来引入 Bootstrap 的 Grid 概念，通过 row 和 col 来创建博客网站侧边栏的效果。同样是在 base.html 中进行修改，修改后的内容如下（仅显示<body></body>部分的内容）：

```
<body>
    <div class="container-fluid">
        {% include 'header.html' %}
        <div class="row">
       <div class="col-sm-3 col-md-3">
           <div class="card">
               <div class="card-header">
                   <h3>Menu</h3>
               </div>
               <div class="card-body">
                   <div class='list-group'>
    <a href='/' class='list-group-item'>HOME</a>
    <a href='https://www.sina.com.cn' class='list-group-item'> 新浪新闻 </a>
    <a href='https://www.douyin.com/' class='list-group-item'> 抖音 </a>
                   </div>
```

```
            </div>
        </div>
    </div>
    <div class="col-sm-9 col-md-9">
    <div class="card">
        <div class="card-header">
            {% block headmessage %} {% endblock %}
        </div>
        <div class="card-body">
            {% block content %} {% endblock %}
        </div>
        <div class="card-footer">
            {% include 'footer.html' %}
        </div>
    </div>
</div>
<script src="https://cdn.jsdelivr.net/npm/bootstrap@5.3.2/dist/js/
bootstrap.bundle.min.js" integrity="sha384-C6RzsynM9kWDrMNeT87bh95OGNyZPhc
TNXj1NW7RuBCsyN/o0jlpcV8Qyq46cDfL" crossorigin="anonymous"></script>
</body>
```

我们使用<div class='row'>和<div class='col-md-xx'>的组合，让左侧边栏占用 3 个格子（Bootstrap 把屏幕水平划分为 12 个格子），而内容部分占用 9 个格子。然后在各自的格子中使用 panel 来创建它们的内容。图 2-19 展示了修改后首页的输出效果（由于侧边栏已经包含回到首页的链接，因此 post.html 回到首页的链接就可以删掉了）。

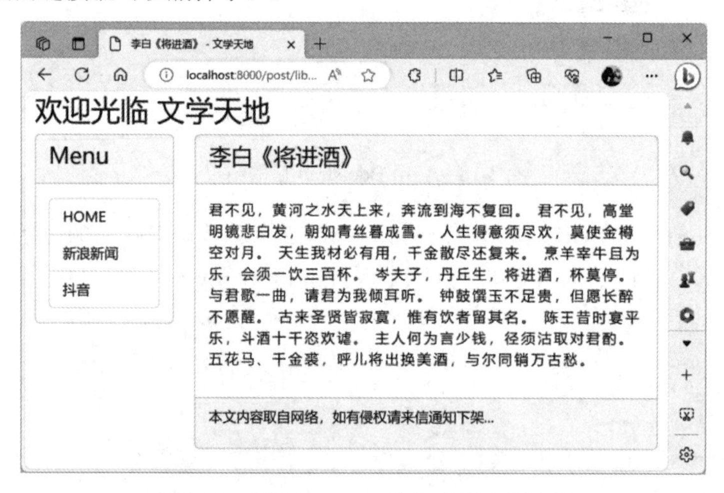

图 2-19　使用 Bootstrap 为网站创建侧边栏

本书不详细介绍 Bootstrap 的具体用法，请读者自行参考相关书籍。

2.4.2　图像文件的应用

如何在网站中使用图像文件或其他文件（如.css 或.js）呢？一般来说，网站中的图像文件大部分会被放置在 image 文件夹下，.css 和.js 文件会被放置在.css 和.js 文件夹下。传统以 PHP 为主的网站只需要将这些文件夹的名称放在网址上，就可以顺利访问这些图像文件以及.css 和.js 文件。然而，这些文件相对于.py 程序文件来说属于不需要在服务器中执行的静态文件。为了提高网站的运行效率，Django 将这类文件统称为静态文件，并进行相应的安排。因此，为了能够在网页中显示或使用这些文件，首先需要在 settings.py 中特别指定静态文件的存放位置。

为了方便起见，我们统一将这些文件（.js、.css、.jpg、.png 文件等）放在 static 文件夹下，将.js 文件放在 js 子目录中，将.css 文件放在 css 子目录中，而图像文件放在 images 子目录中，以此类推。在 settings.py 中需要进行以下设置：

```
STATIC_URL = '/static/'
STATICFILES_DIRS = [
    BASE_DIR / 'static'
]
```

从上面的 BASE_DIR / 'static'可知，static 的位置也在网站的文件夹中，其位置和 templates 文件夹是平行的。接下来，把网站所需的 Logo 文件 logo.png 放置在 static/images 文件夹下，并在 header.html 中添加对图像文件的存取操作，代码如下：

```
<!-- header.html -->
{% load static %}
<h2><img src="{% static 'images/logo.png' %}" width="150">
欢迎光临 文学天地 </h2>
```

此处要注意，文件的第 2 行{% load staticfiles %}只需要使用一次，提醒 Django 加载所有静态文件以备用，这行指令在同一个文件中使用一次即可。在真正导入图像文件的地方，使用了{% static "images/logo.png" %}模板语言，Django 会按照当时的执行环境把这个文件的可存取网络地址传送给浏览器。在 header.html 中把原来的欢迎文字标题改为 logo.png 图像文件，执行的结果如图 2-20 所示。

图 2-20　使用图像文件作为网站 Logo 的示范页面

同样的方法也适用于自定义的 CSS 文件以及.js 文件的存取。

2.4.3　在主网页显示文章摘要

在博客网站中还有一个重要的特色，就是在每一篇标题下显示这篇文章的摘要或者文章的部分内容，目的是让读者先大致了解文章的内容，让读者可以决定是否继续阅读。在网页中显示摘要一般有两种方式，一种是直接在定义数据库的时候，也就是在建立 Model 的时候把摘要数据项（字段）加进去，让版主在创建文章的时候就可以输入摘要，然后在 template 中把它显示出来。另一种方式是本小节介绍的方法，就是根据文章的内容直接提取前面固定字数的字符，把它们另外显示出来，使用这种方法不需要在数据库中另外创建一个专属的摘要字段。

之前，在 template 文件中，如果要输出变量的数据，通常使用{{post.title}}的方式，将变量的内容原样显示在网页上。然而，在实际把数据输出到网页之前，还可以使用过滤器（Filter）。使用过滤器的方式是在变量后面加上“|”符号，然后加上所需的过滤器（filter_command）。具体格式是{{ post.title | filter_command}}。Django 网站中常用的过滤器如表 2-3 所示。

表 2-3　常用的过滤器

名　称	用　途	示　例
capfirst	把第一个字母改为大写	{{value | capfirst}}
center	把字符串的内容居中，后面的数字指定以多少个字符为标准进行居中操作	{{value | center:"12"}}
cut	把字符串中指定的字符删除	{{value | cut: " "}}
date	指定日期时间的输出格式	{{value | date: "d M Y"}}
linebreaksbr	把\n 置换为 	{{value | linebreaksbr}}
linenumbers	为每一行字符串加上行号	{{value | linenumbers}}
lower	把字符串中的字母都转换为小写字母	{{value | lower}}
random	把前面的串行元素使用随机的方式任选一个输出	{{value | random}}
striptags	把所有的 HTML 标记全部删除	{{value | striptags}}
truncatechars	提取指定字数的字符	{{value | truncatechars:40}}
upper	把字符串中的字母都转换为大写字母	{{value | upper}}
wordcount	计算字数并返回	{{value | wordcount}}

我们希望在首页文章中列出摘要，并使用 truncatechars 过滤器来实现。同时需要显示每一篇文章的发布时间，可以通过 date 过滤器来调整日期时间格式。为了增强整体感，我们希望通过 Bootstrap 中的 card 设置，将每篇文章的标题、摘要和发布时间分别设置为 card 的 heading、body 和 footer。此外，还要在 card 中使用 CSS 指令设置背景颜色，以便区分每篇文章。以下是重新设计后的 index.html 代码：

```
<!-- index.html -->
{% extends 'base.html' %}
{% block title %} 欢迎光临我的博客 {% endblock %}
{% block headmessage %}
  <h3 style='font-family:楷体;'>本站文章列表</h3>
{% endblock %}
{% block content %}
   {% for post in posts %}
   <div class='card'>
      <div class='card-header'>
```

```
        <p style='font-family: 微软雅黑;font-size:14pt;font-weight:bold;'>
            <a href='/post/{{post.slug}}'>{{ post.title }}</a>
        </p>
    </div>
    <div class='card-body' style='background-color:#ffffdd'>
        <p>
            {{ post.body | truncatechars:40 }}
        </p>
    </div>
    <div class='card-footer' style='background-color:#efefef'>
        <p>
            发布时间: {{ post.pub_date | date:"Y M d, h:m:s"}}
        </p>
    </div>
</div>
<br>
{% endfor %}
{% endblock %}
```

执行的结果如图 2-21 所示。

图 2-21　加上摘要以及发布日期的首页页面

2.4.4　博客文章的 HTML 内容处理

本堂课所示范的博客程序可以让读者快速上手。为了使该网站简洁明了，我们主要使用第三方图像文件服务网站（例如 https://pasteboard.co/）来获取文章中所需的图像文件。换句话说，我们需要在处理图像尺寸、水印和版权声明等之后，将所有需要的图像文件上传到该网站，获取链接后将其放入我们的文章中。举个例子，如果在 https://pasteboard.co/上传了一个图像文件，打开该图像后，可以看到箭头所指的地方就是该图像文件在该网站中的来源地址，如图 2-22 所示。

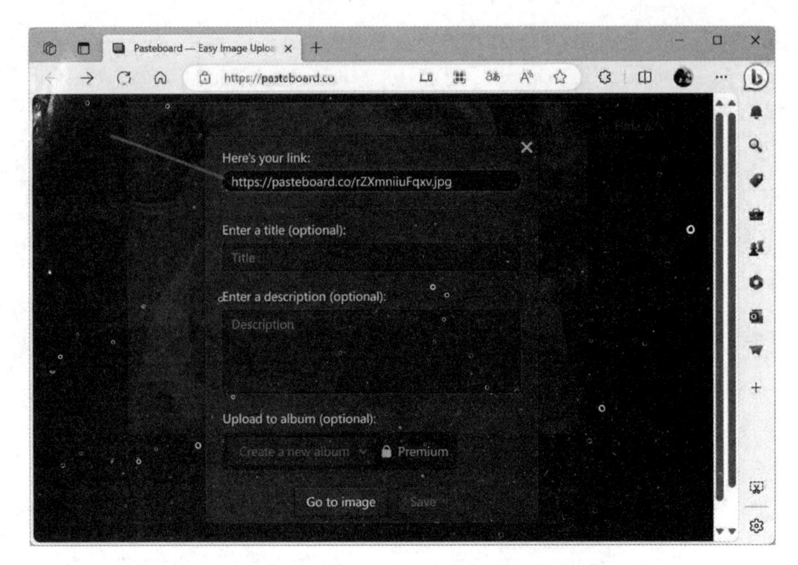

图 2-22　pasteboard.com 的图像链接信息

获取这项信息后，在增加博客文章时，可以在适当的位置直接粘贴以下程序代码：<img src>，如图 2-23 所示。

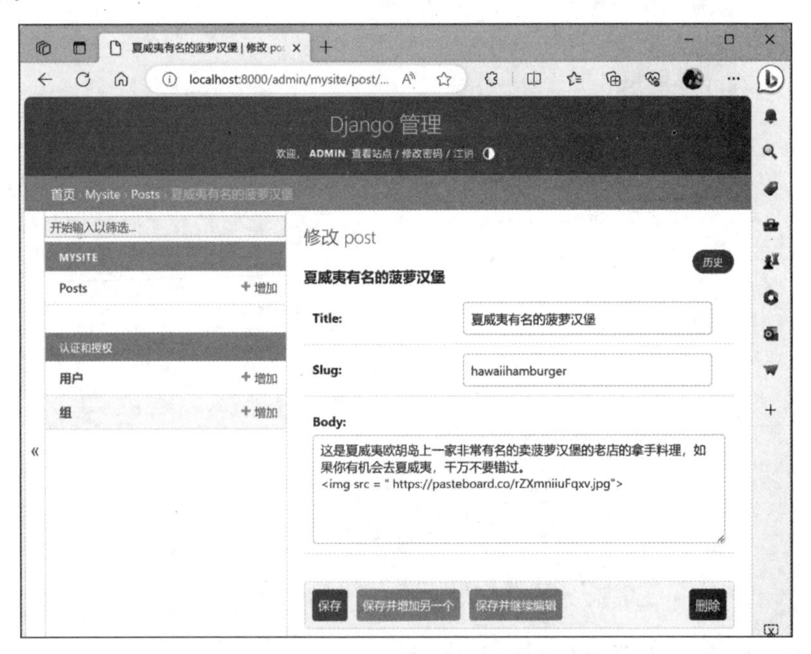

图 2-23　使用 admin 页面增加文章时，加入 HTML 代码片段

单击“保存”按钮后，此程序代码将被原封不动地保存在网站的数据库中，从而使这篇文章可以在网页中显示。然而，当我们尝试显示这篇文章的内容时，可能会出现如图 2-24 所示的问题。

我们插入的 HTML 链接竟然被完整地显示出来了，这显然不是一个好现象。要解决这个问题其实非常简单，出于对网站安全的考虑，Django 在默认情况下不会随意解析 HTML 代码。不过，由于这是我们自己的博客网站，不会允许其他人添加数据或资料，因此只需在 post.html 中在输出 post.body 的后面添加一个 safe 过滤器即可，具体内容如下：

```
{{ post.body | safe }}
```

图 2-24 显示文章内容时，没能正确地解析 HTML 代码

加上 safe 后，此文章内所有 HTML 代码就可以顺利地被解读出来了，当然我们放进去的图像文件也可以顺利地显示在文章中。不过，一些新的浏览器因为安全的考虑不支持跨域显示内容，如果遇到这种情况，可以把上面显示图像文件的代码替换为：

```
<img src = "http://localhost:8000/static/images/hawaiihamburger.jpg">
```

也就是把图像文件复制到网页文件夹 images 下，在该范例中为/dj4ch02/mblog/static/images。网页的显示结果如图 2-25 所示。

图 2-25 文章内的图像顺利地显示出来

同理，其他设置（例如 CSS）也可以通过这种方式添加进去，因此可以在文章中自由地使用 HTML 和 CSS 来实现自己想要的排版内容和效果。

2.4.5　Markdown 语句的解析与应用

虽然使用 2.4.4 节提到的方法可以让我们在编辑文章时直接使用 HTML 语句来排版页面，但对于很多人来说，HTML 语句可能会显得烦琐且不太安全。一不小心，错误的语法或语句可能导致整个网站的布局混乱甚至无法正常浏览。因此，一些博客网站提供了 Markdown 语法，以兼顾编辑文章的灵活性、便捷性和安全性。关于 Markdown 语法的详细介绍，请参考相关网站的说明。

想要在我们的网站中支持 Markdown 语法，会稍微有些困难，需要利用现有的 Markdown 转换模块来处理文本数据的转换。为了能够将文本数据送到转换模块进行处理，需要使用自定义过滤器的技巧。接下来将说明如何在我们所制作的 Django 网站中启用 Markdown 语法转换。

首先在网站系统中安装Markdown组件，安装后别忘记使用pip list把它放到requirements.txt中，步骤如下：

```
$ pip install markdown
$ pip list --format=freeze > requirements.txt
```

然后在 mysite 文件夹中创建一个名为 templatetags 的文件夹，并在该文件夹中创建两个文件，分别命名为__init__.py 和 markdown_extras.py。其中，__init__.py 文件为空即可，不需要添加任何内容。而 markdown_extras.py 文件的代码如下：

```
import markdown

from django import template
from django.template.defaultfilters import stringfilter

register = template.Library()

@register.filter
def convert_markdown(text):
    return markdown.markdown(text)
```

上述代码的主要目的是创建一个名为 convert_markdown 的过滤器，并在 Django 的模板语言中进行注册。当 Django 执行 render 函数处理 HTML 模板时，如果在使用“{{ }}”输出数据时遇到 convert_markdown 这个过滤器，render 函数将调用在这段代码中定义的 convert_markdown 函数，并将输出数据作为参数传递给该函数。在该函数中，可以调用 markdown.markdown 函数将使用 Markdown 语法标记的内容转换为规范的 HTML 代码，从而顺利地在网页上显示相应的排版格式。

有了能够转换 Markdown 语法的自定义过滤器后，接下来在需要解析 Markdown 语法的 post.html 文件中导入这个自定义过滤器 convert_markdown。修改后的 post.html 如下：

```
<!-- post.html -->
{% extends 'base.html' %}
{% load markdown_extras %}
{% block title %} {{ post.title }} - 文学天地 {% endblock %}
{% block headmessage %}
```

```
    <h3 style='font-family:微软雅黑;'>{{ post.title }}</h3>
{% endblock %}
    {% block content %}
        <p style='font-family:微软雅黑;font-size:12pt;letter-spacing:2pt;'>
            {{ post.body | convert_markdown | safe }}</a>
        </p>
{% endblock %}
```

最重要的是在{% extends…%}的下一行载入 markdown_extras 的{% load markdown_extras %}。然后，在真正输出文章内容的地方，在原来的 safe 过滤器前面再加上 convert_markdown 过滤器，就是这么简单。保存后，可以增加一篇测试 Markdown 语法的文章，如图 2-26 所示。

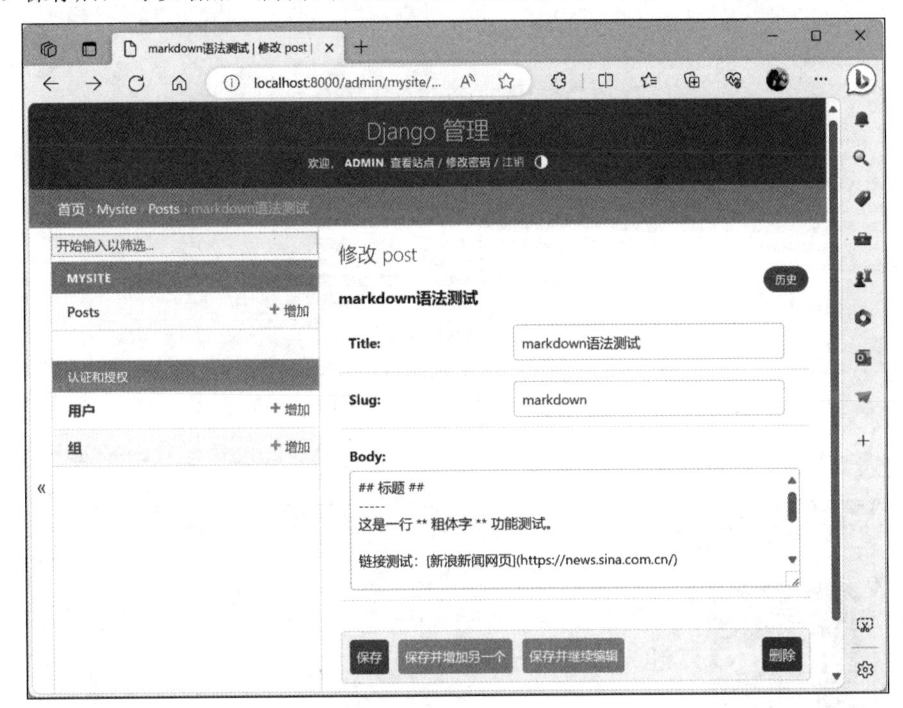

图 2-26　添加用来测试 Markdown 语法的文章

如图 2-26 所示，“##”表示 Markdown 中的小标题，而“--”表示分隔线。我们用以下内容来进行测试：

```
## 标题 ##

-----
这是一行 ** 粗体字 ** 功能测试。
链接测试：[新浪新闻网页](https://news.sina.com.cn/)

列表

+ 表项 1
+ 表项 2
+ 表项 3
```

在完成修改之后，由于首页显示的是 index.html 页面，我们没有做相应的解析处理，因此在显示摘要时，Markdown 语句会被当作普通文本处理，导致页面显示效果如图 2-27 所示。

图 2-27　文章列表会把 Markdown 语句视为一般文字

单击进入文章后，就可以看出排版效果了，如图 2-28 所示。

图 2-28　使用 Markdown 语句排版后的文章效果

2.5 本课习题

1. 按照本书的步骤，在数据模型中增加一个作者字段，创建属于你自己的迷你博客网站。
2. 在新建的博客首页中，在每篇文章的标题下方显示这篇文章的作者。
3. 在首页中添加 http://flagcounter.com/计数器的功能。
4. 在首页中添加可以解析 Markdown 语句的功能。
5. 创建一篇使用 Markdown 语句排版的文章，至少包含 5 个 Markdown 指令。

第 3 课

让网站上线

3

本堂课将学习如何将之前在本地创建的个人博客网站上传到虚拟主机上，以供网友浏览。开发版本和实际上线的网站有许多细节需要设置，因为动态网站是由需要被“执行”的程序文件组成的。因此，开发时所使用的执行环境和实际上线的主机环境并不完全相同。除需要调整 Django 的设置外，还需要进行主机环境的相关设置。不同的公司可能有不同的设置细节。在本堂课中，我们将以常用的 DigitalOcean 和 Heroku 为例说明如何将网站正式上线。

本堂课的学习大纲

- DigitalOcean 部署
- Heroku 部署

3.1 DigitalOcean 部署

DigitalOcean 是一家提供云主机服务的公司，该公司提供每月最低 4 美元的主机服务项目（512MB/10GB 硬盘），可以任选操作系统以及设置专用的 IP 地址。对于小型开发项目来说，这已经足够使用了。此外，在活动期间，新用户还可以获得 60 天内 200 美元的免费额度，非常适合新手练习使用。

DigitalOcean 提供的虚拟主机可以选择受欢迎的 Ubuntu 操作系统，并且可以选择不同的版本，非常方便。选择相同的操作系统可以让我们对于每个 VPS 主机提供商进行相同的操作，这对于初学者来说是让网站上线最方便的选择。如果读者不急于将自己的网站放在虚拟主机上，也可以先在自己的计算机上练习，只需在自己的计算机中安装虚拟机，再安装 Ubuntu 操作系统即可。

3.1.1 申请账号与创建虚拟主机

首先，前往 DigitalOcean 网站注册一个账号，使用笔者推荐的链接（https://m.do.co/c/c7690bc827a5）进行注册，这样可以额外获得一些优惠额度。注册完成并设置好账单信息后（可以选择信用卡或 PayPal 付款方式），可以前往创建 Droplet（DigitalOcean 对虚拟主机的称呼）。在创建 Droplet 时，有几个选项可供选择。首先要选择操作系统（以映像文件的方式作为单位），可以选择主流的 Linux 操作系统以及各种不同的版本，如图 3-1 所示。

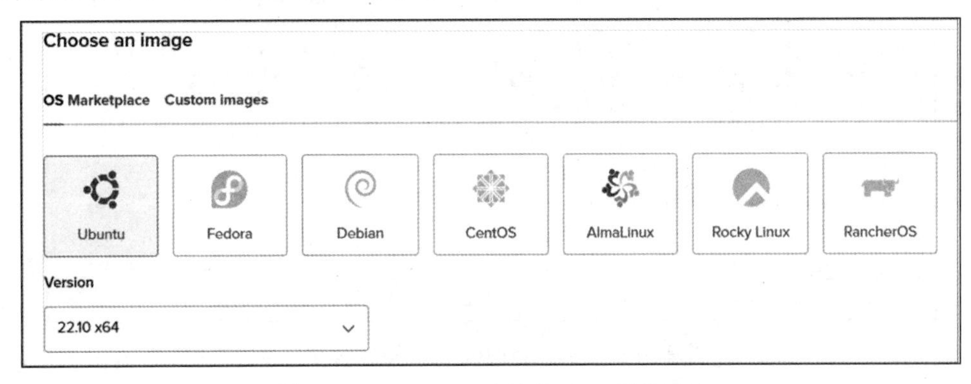

图 3-1　DigitalOcean 支持的 Linux 操作系统

在实际应用中，建议选用受欢迎的新版 Ubuntu 操作系统。然后为虚拟机设置所需的内存大小、磁盘空间大小和可用的网络带宽。资源越多，价格就越高。因为是以使用的时间来计算价格的，所以每月的价格只供参考，实际费用是根据所使用的小时数来计费的。用户可以随时启用或停用操作系统。图 3-2 列出了所有选项。

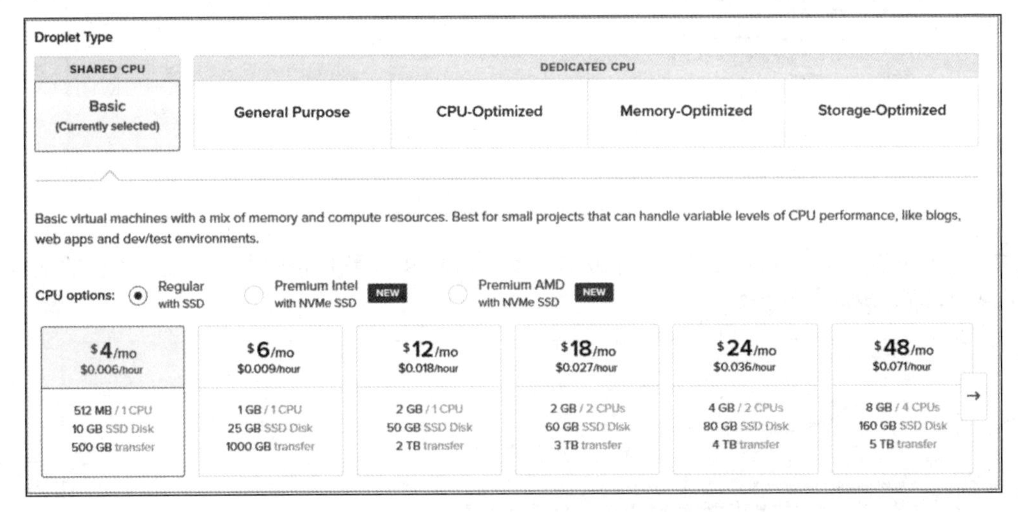

图 3-2　DigitalOcean 所有主机的价格列表

日后如果这些资源不够用，随时可以根据需求进行调整。只要升级到更高级别的资源，原有的数据都可以保留。因此，一开始只需要选择最低价格的规格即可。接下来，需要选择机房的位置。放在不同国家或地区的机房与本地的连接速度有时会相差很多。亚洲地区目前以新加坡的机房为首选，如图 3-3 所示。

还需要选择连接方式，比较简单的方法是直接使用密码进行连接。在图 3-4 的界面中，需按规定输入 root 管理员账号的连接密码。

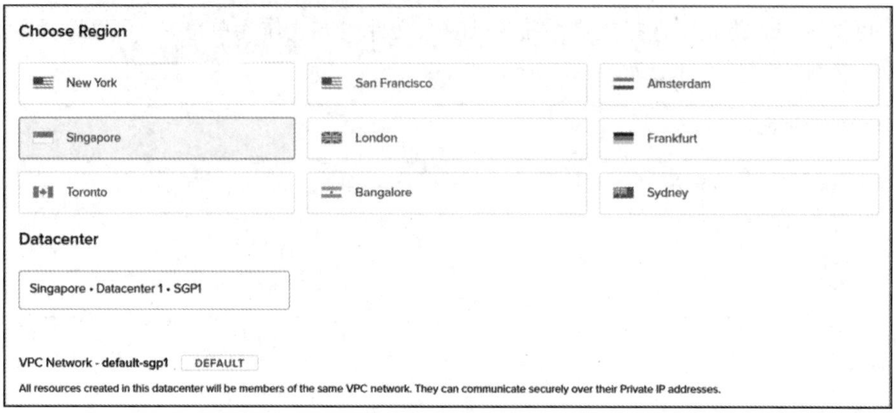

图 3-3　选择不同国家或地区的机房会影响和本地连接的速度

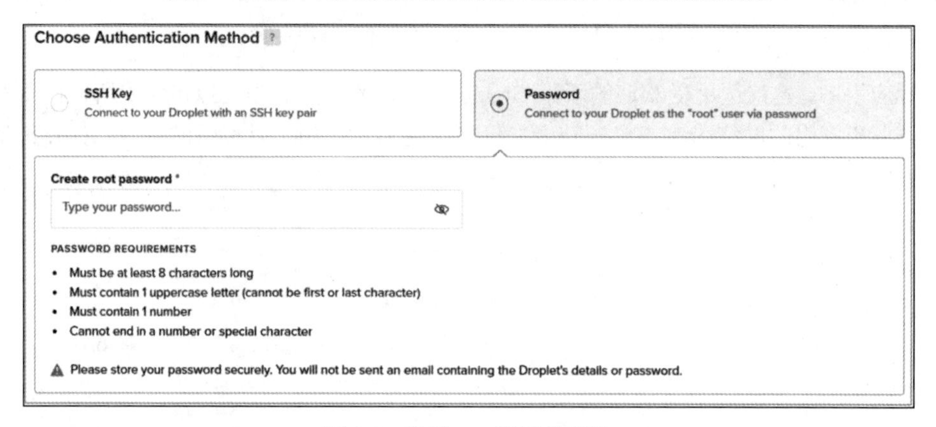

图 3-4　设置 root 账号的密码

最后，选择要添加的选项（例如 IPv6 或增加备份功能等），然后按照图 3-5 设置主机的主机名，最后单击 Create 按钮即可完成。

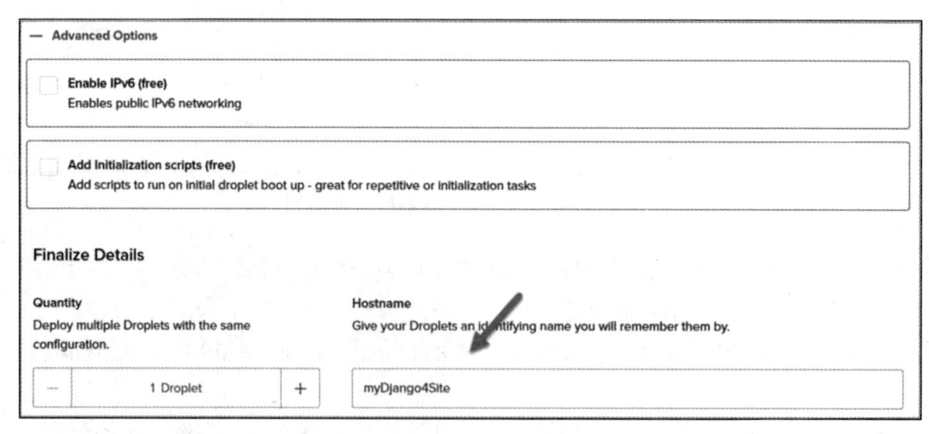

图 3-5　设置虚拟机的主机名（Hostname）

在这个例子中，我们将主机名设置为 myDjango4Site，单击 Create 按钮后，系统将立即准备这个虚拟机，整个过程不会超过 1 分钟。创建完成后，如图 3-6 所示。

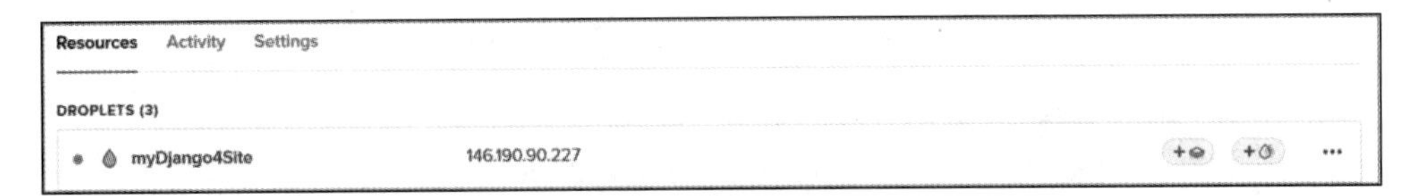

图 3-6　刚创建的虚拟机 myDjango4Site

从图 3-6 可以看到该虚拟机被分配的 IP 地址（在本例中为 146.190.90.227），通过该 IP 地址可以使用 SSH 成功连接到该主机。图 3-7 展示了在 Anaconda Prompt 命令提示符中连接到主机的操作过程。

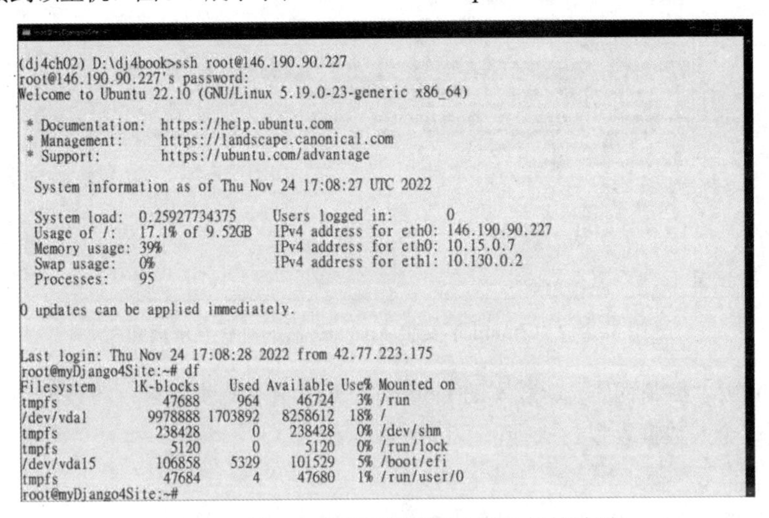

图 3-7　以 SSH 连接到新建的虚拟主机的过程

由于 Linux 操作系统在输入密码时没有任何按钮的反馈，因此在输入时需要稍微耐心一些。在上述示例中，实际上是通过 SSH 连接到了 Ubuntu 22.10 版本的操作环境，并且是以 root 系统管理员的权限登录的，拥有该操作系统的所有操作权限。

3.1.2　安装 Apache 网页服务器及 Django 执行环境

从本小节开始介绍在 Ubuntu 操作系统中部署 Django 网站的方法。无论你的操作系统安装在自己的计算机的虚拟主机上，还是通过网站托管公司购买的 VPS，甚至是在家中自己安装的服务器，都适用。

在这个例子中，我们打算使用 Apache 作为执行 Django 的网页服务器。因此，首先需要在 Ubuntu 下安装 Apache2。至于数据库部分，我们先使用文件类型的 SQLite 来执行。执行以下指令（前面的“#”是 Linux 操作系统的提示符，请不要输入）：

```
# apt update
# apt upgrade -y
# apt install apache2 -y
```

顺利的话，在浏览该网址时，可以看到如图 3-8 所示的页面。

除此之外，为了让 Apache2 能够识别并执行 Python 程序的请求，还需要安装一个名为 mod_wsgi 的模块。安装命令如下：

```
# apt install libapache2-mod-wsgi-py3 -y
```

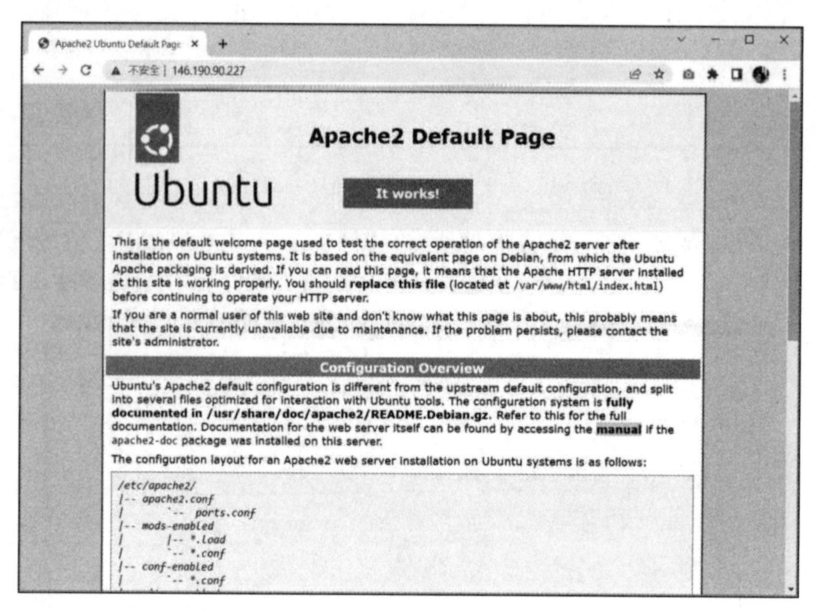

图 3-8　在 Ubuntu 下安装 Apache2 后的屏幕显示页面

接着安装 Git 版本控制程序（新版本的 Ubuntu 已经内建，此步骤可以跳过），并对之前 GitHub 中的远程仓库进行个人数据设置。执行以下命令：

```
# apt install git -y
# git config --global user.name "此处填入你的 github.com 账号"
# git config --global user.email "此处填入你在 github.com 注册的电子邮件账号"
```

安装 Python 的 pip 组件管理程序和虚拟环境程序 virtualenv 的命令如下：

```
# apt install python3-pip -y
# apt install virtualenv
```

一般来说，Linux 操作系统中的 Apache 网页服务器会将网页放在/var/www 目录下，因此我们也打算将网页放在/var/www 目录下。由于我们的网站程序代码已经存放在 GitHub 的代码仓库中，因此只需进入该文件夹，首先创建所需的虚拟环境，然后将网站程序代码从 GitHub 复制过来即可。

进入/var/www 目录，使用 virtualenv 创建并激活虚拟环境，然后使用 git clone 命令将我们在代码仓库中的 mblog 网站（https://github.com/skynettw/mblog.git，可以在 GitHub 网站上找到该网址）复制到本地。具体操作如下：

```
root@myDjango4Site:/var/www# virtualenv venv_mblog
created virtual environment CPython3.10.7.final.0-64 in 1209ms
  creator CPython3Posix(dest=/var/www/venv_mblog, clear=False, no_vcs_
ignore=False, global=False)
  seeder  FromAppData(download=False,  pip=bundle,  setuptools=bundle,  wheel=bundle,
via=copy, app_data_dir=/root/.local/share/virtualenv)
    added seed packages: pip==22.3.1, setuptools==65.5.1, wheel==0.38.4
    activators BashActivator,CShellActivator,FishActivator,NushellActivator,
    Power ShellActivator,PythonActivator
root@myDjango4Site:/var/www# git clone https://github.com/skynettw/mblog.git Cloning
into 'mblog'...
```

```
remote: Enumerating objects: 141, done.
remote: Counting objects: 100% (141/141), done.
remote: Compressing objects: 100% (96/96), done.
remote: Total 141 (delta 55), reused 125 (delta 40), pack-reused 0
Receiving objects: 100% (141/141), 136.35 KiB | 591.00 KiB/s, done.
Resolving deltas: 100% (55/55), done.
root@myDjango4Site:/var/www# ls
html mblog venv_mblog
```

接下来进入虚拟环境，使用 pip 根据 requirements.txt 中列出的包（package，也称为模块或库）来安装网站所需的所有包。除将 logo.png 移动到正确的位置外，其他部分基本上已经完成了，可以说已经完成了一个可执行的开发版本的网站。命令如下：

```
# source venv_mblog/bin/activate
# cd mblog
# pip install -r requirements.txt
```

操作的具体过程如下，请读者在执行命令时注意当前的工作目录：

```
root@myDjango4Site:/var/www# source venv_mblog/bin/activate
(venv_mblog) root@myDjango4Site:/var/www# cd mblog
(venv_mblog) root@myDjango4Site:/var/www/mblog
# pip install -r requirements.txt
Collecting asgiref==3.5.2
  Downloading asgiref-3.5.2-py3-none-any.whl (22 kB)
Collecting certifi==2022.9.24
  Downloading certifi-2022.9.24-py3-none-any.whl (161 kB)
━━━━━━━━━━━━━━━━━━━━━━━━━━━━━━━━━━━━━━━━ 161.1/161.1 kB 9.9 MB/s
eta 0:00:00
Collecting Django==4.1.3
  Downloading Django-4.1.3-py3-none-any.whl (8.1 MB)
━━━━━━━━━━━━━━━━━━━━━━━━━━━━━━━━━━━━━━━━ 8.1/8.1 MB
Collecting Markdown==3.4.1
  Downloading Markdown-3.4.1-py3-none-any.whl (93 kB)
━━━━━━━━━━━━━━━━━━━━━━━━━━━━━━━━━━━━━━━━ 93.3/93.3 kB 15.9 MB/s
eta 0:00:00
Collecting markdown2==2.4.6
  Downloading markdown2-2.4.6-py2.py3-none-any.whl (37 kB)
Collecting pip==22.2.2
  Downloading pip-22.2.2-py3-none-any.whl (2.0 MB)
━━━━━━━━━━━━━━━━━━━━━━━━━━━━━━━━━━━━━━━━ 2.0/2.0 MB
70.9 MB/s eta 0:00:00
Collecting setuptools==65.5.0
  Downloading setuptools-65.5.0-py3-none-any.whl (1.2 MB)
━━━━━━━━━━━━━━━━━━━━━━━━━━━━━━━━━━━━━━━━ 1.2/1.2 MB
61.6 MB/s eta 0:00:00
Collecting sqlparse==0.4.3
  Downloading sqlparse-0.4.3-py3-none-any.whl (42 kB)
━━━━━━━━━━━━━━━━━━━━━━━━━━━━━━━━━━━━━━━━ 42.8/42.8 kB 7.2
MB/s eta 0:00:00
Collecting tzdata==2022.6
```

```
  Downloading tzdata-2022.6-py2.py3-none-any.whl (338 kB)
━━━━━━━━━━━━━━━━━━━━━━━━━━━━━━━━━━━━━━━━━━━━━━━━━━━━━━━━━━━━━━━━━━━━━━━━ 338.8/338.8 kB
44.0 MB/s eta 0:00:00
Collecting wheel==0.37.1
  Downloading wheel-0.37.1-py2.py3-none-any.whl (35 kB)
Collecting wincertstore==0.2
  Downloading wincertstore-0.2-py2.py3-none-any.whl (8.8 kB) Installing collected
packages: wincertstore, wheel, tzdata, sqlparse, setuptools, pip, markdown2, Markdown,
certifi, asgiref, Django
  Attempting uninstall: wheel
    Found existing installation: wheel 0.38.4
    Uninstalling wheel-0.38.4:
      Successfully uninstalled wheel-0.38.4
  Attempting uninstall: setuptools
    Found existing installation: setuptools 65.5.1
    Uninstalling setuptools-65.5.1:
      Successfully uninstalled setuptools-65.5.1
  Attempting uninstall: pip
    Found existing installation: pip 22.3.1
    Uninstalling pip-22.3.1:
      Successfully uninstalled pip-22.3.1
Successfully installed Django-4.1.3 Markdown-3.4.1 asgiref-3.5.2 certifi-2022.9.24
markdown2-2.4.6 pip-22.2.2 setuptools-65.5.0 sqlparse-0.4.3 tzdata-2022.6 wheel-0.37.1
wincertstore-0.2
```

此时，再执行命令 python manage.py runserver 146.190.90.227:8000（注意，读者的 IP 地址和作者的肯定不会相同），以测试是否和在自己的计算机上执行时显示相同的内容，并通过浏览器查看网站的结果。如果一切顺利，页面显示如图 3-9 所示。

图 3-9　在服务器上执行测试服务器的界面

特别注意，尽管网站目前看起来可以运行，但它只是 Django 内建的开发服务器，并不是用于生产环境的 Apache 网页服务器。因此，在性能方面受到很大限制。在 3.13 节中，我们将开始设置，使得 Django 网站能够由 Apache 进行管理和执行。

3.1.3　修改 settings.py 以及 000-default.conf 等相关设置

在 3.1.2 节中，我们成功地使用 git clone 将存放在远程代码仓库（GitHub）中的网站下载到 DigitalOcean 创建的虚拟机中，并使用 python manage.py runserver 命令进行了测试。然而，真正上线的网站不能通过这种方式启动，而应该通过网页服务器（在本例中为 Apache）将远程浏览器的请求转发到 Django 程序中进行处理，然后将处理后的结果通过 Apache 返回给浏览器。

说得更准确一些，参照 3.1.2 节中的示例，在主机上没有执行 python manage.py runserver 命令的情况下，当用户在浏览器中访问网址 146.190.90.227 时，Apache 会将 HTTP 的请求（Request）转发给 Django 中的设置文件 wsgi.py。在这个设置文件中，会找到 Python 解释器的相关环境设置，并将正确的 Python 程序交给解释器执行以生成结果。由此可以看出，settings.py 负责 Django 网站的相关设置，而 wsgi.py 负责创建一个能够让 Apache 顺利转发程序代码并返回执行结果的设置文件。

首先，在 settings.py 中，需要关闭 DEBUG 模式，并指定允许访问该网站的 IP 地址为 '*'，表示没有任何限制。同时，出于安全考虑，将原来的 SECRET_KEY 内容放在/etc/secret_key.txt 文件中，并通过读取该文件的方式获取 SECRET_KEY 的内容。修改 settings.py 的部分内容如下：

```
# SECURITY WARNING: keep the secret key used in production secret!
with open('/etc/secret_key.txt') as f:
   SECRET_KEY = f.read().strip()
# SECURITY WARNING: don't run with debug turned on in production!
DEBUG = False
ALLOWED_HOSTS = ['*']
```

然而，由于我们只是进行练习，因此 SECRET_KEY 的内容可以保持原样，不需要修改，只需要修正 DEBUG 和 ALLOWED_HOSTS 的值即可。

接下来，我们需要对 Apache 的设置文件进行设置，以确保 Apache 能够顺利访问 wsgi.py 文件（在我们的例子中，该文件位于/var/www/mblog/mblog 文件夹下）。这个设置文件位于/etc/apache2/sites-available/000-default.conf。打开这个文件并使用文本编辑器对<VirtualHost *:80>部分进行必要的修改。在修改过程中，最重要的是确保 Apache 能够正确找到 Django 网站程序的位置以及我们使用的虚拟环境 Python 模块链接库的位置。

下面看一下示例中网站的存放位置（如果以下命令无法执行，则使用 apt install tree -y 命令进行安装）：

```
root@myDjango4Site:/var# tree -d -L 3 www
www
├── html
├── mblog
│   ├── mblog
│   │   └── __pycache__
│   ├── mysite
│   │   └── __pycache__
```

```
│   │   ├── migrations
│   │   └── templatetags
│   ├── static
│   │   └── images
│   └── templates
└── venv_mblog
    ├── bin
    └── lib
        └── python3.10
```

在这个例子中，所有网站文件都存放在/var/www/mblog 目录下，而虚拟环境则存放在/var/www/venv_mblog 中。因此，在 000-default.conf 文件中，需要进行以下设置：

```
WSGIDaemonProcess mblog python-path=/var/www/mblog:/var/www/venv_mblog/lib/ python3.10/
site-packages
<VirtualHost *:80>
    ServerAdmin skynet.tw@gmail.com
    WSGIProcessGroup mblog
    WSGIScriptAlias / /var/www/mblog/mblog/wsgi.py

    ErrorLog ${APACHE_LOG_DIR}/error.log
    CustomLog ${APACHE_LOG_DIR}/access.log combine
    Alias /static/ /var/www/mblog/staticfiles/
    <Directory /var/www/mblog/staticfiles>
        Require all granted
    </Directory>
</VirtualHost>
```

主要是在</VirtualHost>标签的外部添加 WSGIDaemonProcess，并在内部添加相关的 WSGI 设置。网站名称要设置为 mblog，并且需要在 python-path 的位置指定 mblog 网站的位置以及虚拟环境 site-packages 的位置。完成上述设置后，使用以下命令重新启动 Apache 即可。

```
# service apache2 restart
```

当然，在 VirtualHost 区块中还有许多与 Apache 网站相关的设置信息。由于这些内容超出了本书的讨论范围，读者可以自行参考 Apache 的相关参考文档。

按照上述方法进行设置后，无须执行 python manage.py runserver 命令就可以在浏览器中输入网址（无须添加端口号 8000）来直接浏览网站的内容，就像浏览一般的网站一样。然而，此时你可能会发现，网站左上角的徽标（Logo）图像无法正确显示，并且在/admin 界面上，页面会变得非常简陋。这主要是因为尚未正确处理静态文件。网页页面如图 3-10 所示。

在 Django 网站使用 runserver 执行功能时，网站的静态文件（包括图像文件、CSS 和 JS 文件）放置在特定的目录中，只需要在 settings.py 中指定该目录即可。然而，在部署模式（Production mode，DEBUG=False）下使用 Apache 处理浏览器请求时，为了性能考虑，Django 会将所有静态文件集中存放在另一个目录中，因此还需要进行以下几个步骤。

图 3-10　尚未设置静态文件处理方式的网页外观

首先，在 settings.py 中指定 STATIC_ROOT 目录，语句如下：

```
STATIC_URL = '/static/'
STATICFILES_DIRS = [
    BASE_DIR / 'static',
]
STATIC_ROOT = '/var/www/mblog/staticfiles'
```

在这个例子中，我们计划将所有的静态文件存放在/var/www/mblog/staticfiles 文件夹中，因此将其设置为 STATIC_ROOT。

然后进行静态文件的收集，并重新启动 Apache 服务器。操作过程如下：

```
root@myDjango4Site:/var/www# source venv_mblog/bin/activate
(venv_mblog) root@myDjango4Site:/var/www# cd mblog
(venv_mblog) root@myDjango4Site:/var/www/mblog# python manage.py collectstatic

131 static files copied to '/var/www/mblog/staticfiles'.
(venv_mblog) root@myDjango4Site:/var/www/mblog# service apache2 restart
```

如果在执行文件复制操作时有询问，只需回答 yes 即可，这样网站的静态文件才能被正常使用。这个操作只需要在静态文件有更改时执行。同时，如果更新了所有静态数据和相关设置，也需要重新启动 Apache 服务器才能生效。

最后，如果在文件执行过程中遇到任何问题，请确保 mblog 文件夹及其所有内容的用户和所属群组都是 www-data:www-data。如果不是，则使用以下命令进行设置：

```
# chown -R www-data:www-data /var/www/mblog
```

另外，还要确保数据库文件 db.sqlite3 具有可写权限。通常，上述命令可以解决写入权限的问题。

完成上述设置后，即可看到如图 3-11 所示的完成页面。如果此时仍然无法正常查看网页，可能是由于 HTTPS 的问题，请确保连接的是 http://而不是 https://。

图 3-11　完成设置的网页页面

3.1.4　创建域名并进行多平台设置

在 3.1.3 节中，网站已经可以使用 IP 地址的方式顺利连接，如果我们已有网络域名（简称网域），如何把网络域名对应到这个网站中呢？最简单的方式是使用 DNS 服务器中的 A 记录，创建一个网址和此 IP 地址对应。第一种方式是使用 DigitalOcean 本身的添加网络域名功能，找到 Add Domain 选项，如图 3-12 所示。

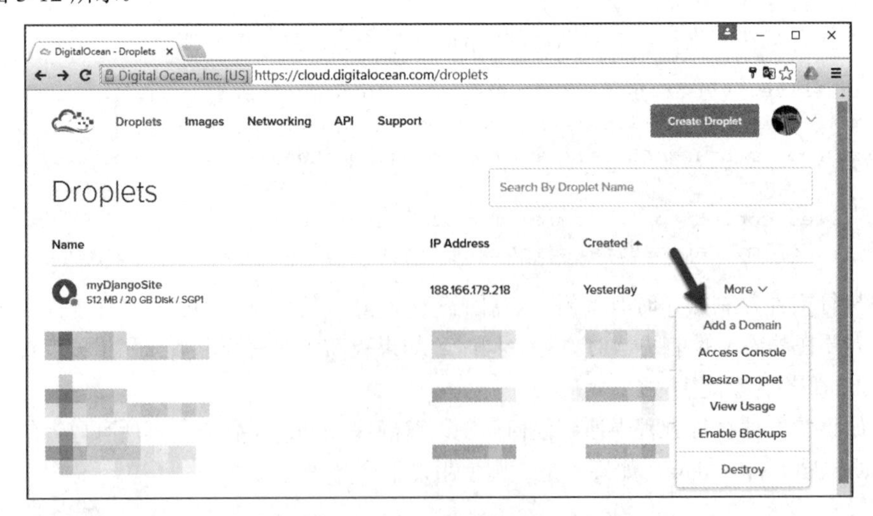

图 3-12　DigitalOcean 的添加网络域名功能

单击此选项后，会出现如图 3-13 所示的页面。

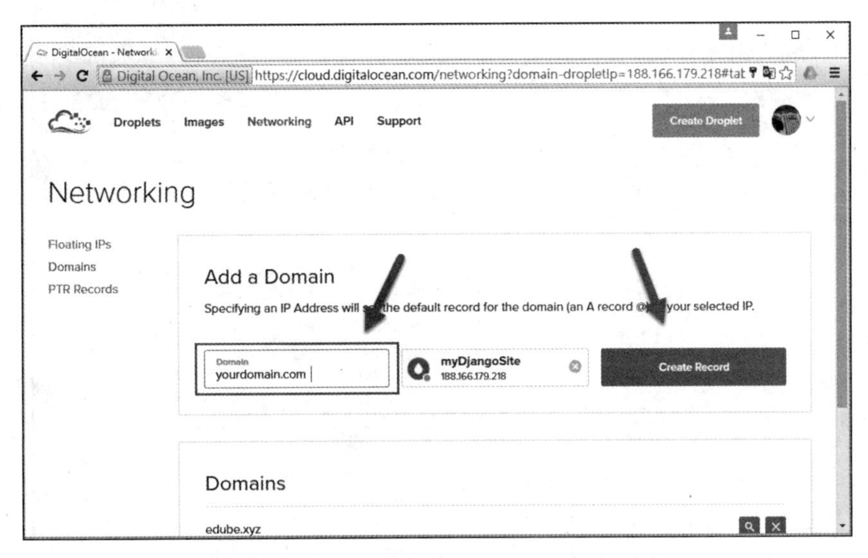

图 3-13　在 DigitalOcean 中加入新的网络域名

在如图 3-13 所示的页面中，可以输入自己购买的域名，并单击 Create Record 按钮。然后，记得登录所购买域名的注册商网站，在 DNS 设置中，将 DNS 分别设置为 ns1.digitalocean.com、ns2.digitalocean.com 和 ns3.digitalocean.com（如果有第三台）。稍等片刻后，就可以进入 DigitalOcean 的 DNS 管理界面，设置 A 记录，将其指向自己的虚拟主机 IP 即可。具体操作步骤如图 3-14 所示。

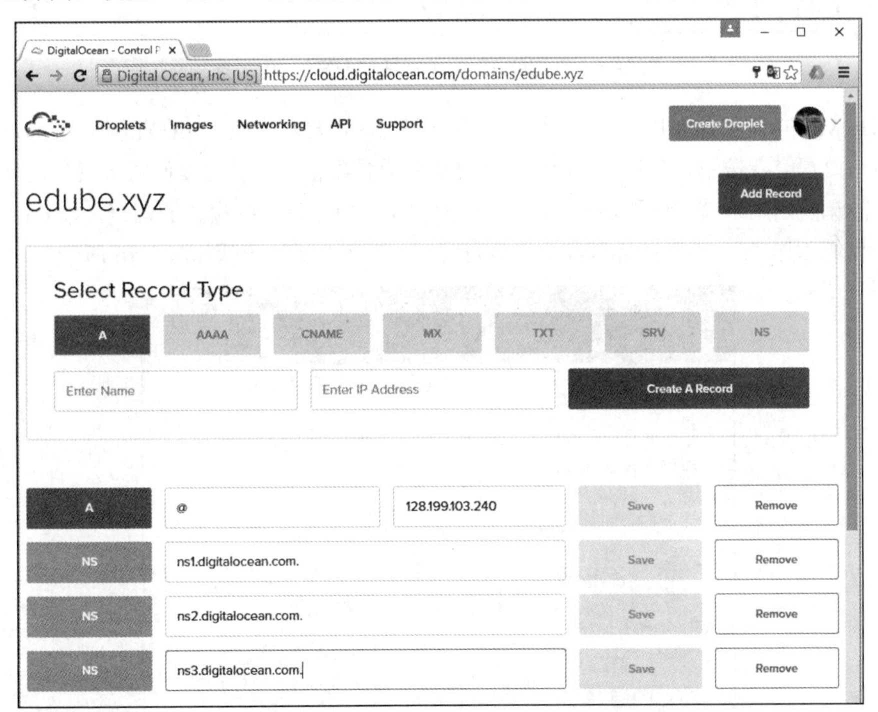

图 3-14　DigitalOcean 提供的 DNS 管理页面

大部分域名注册商都有自己的管理页面，以 PCHOME 为例，其管理页面的应用方式如图 3-15 所示。

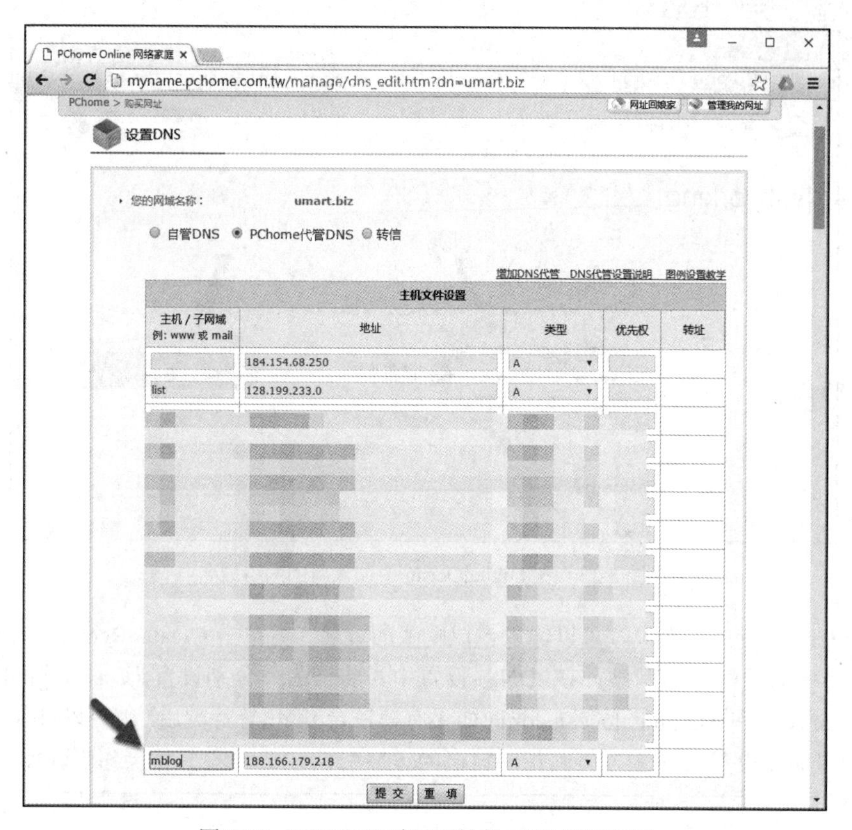

图 3-15　PCHOME 购买网址的 DNS 代管页面

在 PCHOME 的管理页面中，只需选择类型为 A，然后设置网络域名（在此例中为 mblog）和 IP 地址，然后单击“提交”按钮。在等待一段时间等 DNS 设置生效后，就可以使用该域名来浏览网站了。不过，在实际浏览网站之前，还需要在 Apache 的配置文件中进行一些设置的调整。以 dnsimple.com 的设置为例，我们添加了一个网址 mblog.min-huang.com，具体的操作步骤如图 3-16 所示。

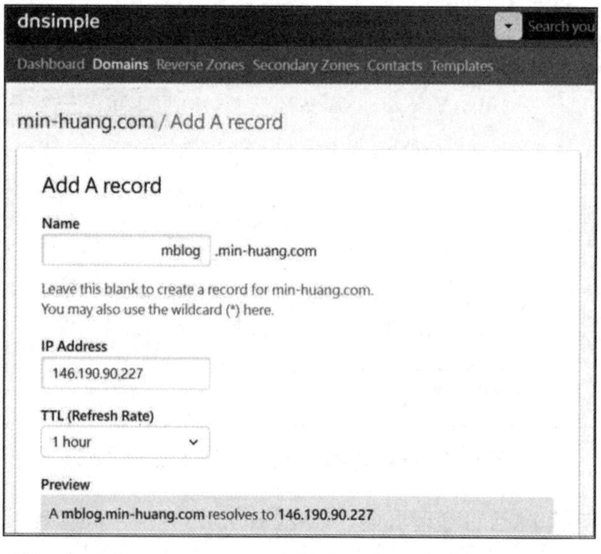

图 3-16　在 dnsimple.com 中新建一个 A 类型的 DNS 记录

等设置生效后，打开 Apache 的配置文件/etc/apache2/site-available/000-default.conf，调整 VirtualHost 部分的内容如下（实际上只需要修改第 2 行的设置，将原来的通配符“*”改为实际的 mblog.min-huang.com 并添加 ServerName 的设置即可）：

```
WSGIDaemonProcess    mblog    python-path=/var/www/mblog:/var/www/venv_mblog/lib/
python3.10/site-packages
<VirtualHost mblog.min-huang.com:80>
   ServerName mblog.min-huang.com
   ServerAdmin skynet.tw@gmail.com
   WSGIProcessGroup mblog
   WSGIScriptAlias / /var/www/mblog/mblog/wsgi.py

   ErrorLog ${APACHE_LOG_DIR}/error.log
   CustomLog ${APACHE_LOG_DIR}/access.log combined
   Alias /static/ /var/www/mblog/staticfiles/
   <Directory /var/www/mblog/staticfiles>
      Require all granted
   </Directory>
</VirtualHost>
```

在重启 Apache 服务器后，我们可以通过浏览器顺利地访问 mblog.min-huang.com 这个网站，具体效果如图 3-17 所示。

图 3-17　用网站的域名浏览我们创建的网站

上述网站是使用 HTTP 进行连接的，如果要添加 SSL 以使用 HTTPS 进行连接，其实也非常简单，直接执行以下命令即可：

```
# apt install snapd
# snap install --classic certbot
```

```
# ln -s /snap/bin/certbot /usr/bin/certbot
certbot --apache
```

执行过程如下：

```
root@myDjango4Site:~# apt install snapd
Reading package lists... Done
Building dependency tree... Done
Reading state information... Done
snapd is already the newest version (2.57.4+22.10ubuntu1).
snapd set to manually installed.
0 upgraded, 0 newly installed, 0 to remove and 0 not upgraded. root@myDjango4Site:~# snap
install --classic certbot
certbot 1.32.0 from Certbot Project (certbot-eff ✓ ) installed root@myDjango4Site:~# ln
-s /snap/bin/cerbot /usr/bin/certbot root@myDjango4Site:~# certbot --apache
Saving debug log to /var/log/letsencrypt/letsencrypt.log
Enter email address (used for urgent renewal and security notices)
(Enter 'c' to cancel): skynet.tw@gmail.com

- - - - - - - - - - - - - - - - - - - - - - - - - - - - - - - - - - - - - - - -
Please read the Terms of Service at
https://letsencrypt.org/documents/LE-SA-v1.3-September-21-2022.pdf. You must agree in
order to register with the ACME server. Do you agree?
- - - - - - - - - - - - - - - - - - - - - - - - - - - - - - - - - - - - - - - -
(Y)es/(N)o: y

- - - - - - - - - - - - - - - - - - - - - - - - - - - - - - - - - - - - - - - -
Would you be willing, once your first certificate is successfully issued, to share your
email address with the Electronic Frontier Foundation, a founding partner of the Let's
Encrypt project and the non-profit organization that develops Certbot? We'd like to send
you email about our work encrypting the web, EFF news, campaigns, and ways to support
digital freedom.
- - - - - - - - - - - - - - - - - - - - - - - - - - - - - - - - - - - - - - - -
(Y)es/(N)o: y Account registered.

Which names would you like to activate HTTPS for?
We recommend selecting either all domains, or all domains in a VirtualHost/ server block.
- - - - - - - - - - - - - - - - - - - - - - - - - - - - - - - - - - - - - - - -
1: mblog.min-huang.com
- - - - - - - - - - - - - - - - - - - - - - - - - - - - - - - - - - - - - - - -
Select the appropriate numbers separated by commas and/or spaces, or leave input blank
to select all options shown (Enter 'c' to cancel): 1
Requesting a certificate for mblog.min-huang.com

Successfully received certificate.
Certificate is saved at: /etc/letsencrypt/live/mblog.min-huang.com/fullchain.pem Key is
saved at:   /etc/letsencrypt/live/mblog.min-huang.com/privkey.pem  This  certificate
expires on 2023-02-23.
These files will be updated when the certificate renews.
Certbot has set up a scheduled task to automatically renew this certificate in the
background.
```

```
Deploying certificate
Successfully deployed certificate for mblog.min-huang.com to /etc/apache2/
sites-available/000-default-le-ssl.conf
Congratulations! You have successfully enabled HTTPS on https://mblog.min- huang.com

- - - - - - - - - - - - - - - - - - - - - - - - - - - - - - - - - - - - - - -
If you like Certbot, please consider supporting our work by:
*   Donating to ISRG / Let's Encrypt:   https://letsencrypt.org/donate
*   Donating to EFF: https://eff.org/donate-le
- - - - - - - - - - - - - - - - - - - - - - - - - - - - - - - - - - - - - - -
```

在成功完成上述设置后，重新启动 Apache 服务器，我们的网站就可以支持 SSL 加密连接了，具体效果如图 3-18 所示。

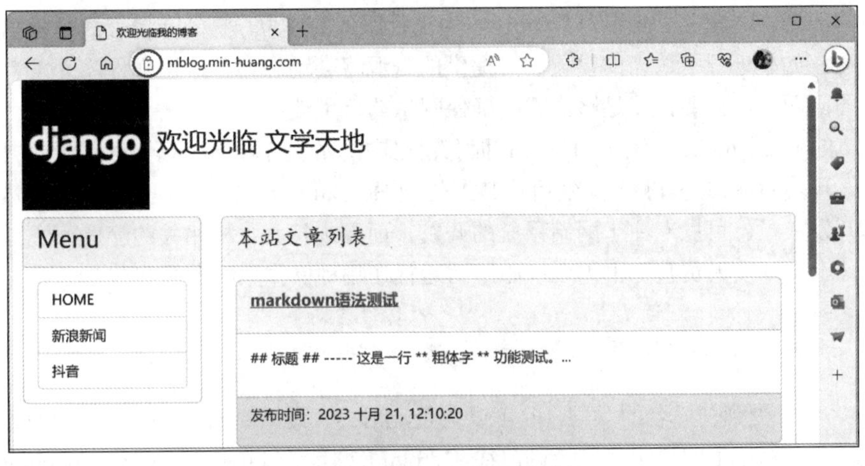

图 3-18　支持 SSL 的网络连接

自购虚拟主机（或者 VPS）的一个好处是可以在同一台服务器上自由地建立多个网站，而无须额外支付费用。那么如何通过 Apache 的设置在同一台虚拟主机中放置两个以上不同域名的网站呢？答案是在 000-default.conf 文件中设置多个<VirtualHost>区块。

首先，需要有两个以上的网站内容以及两个不同的域名，也可以通过不同的子域来实现。假设我们想要在同一台主机上同时使用原有的默认网页（位于/var/www/html）和 Django 网页（位于/var/www/mblog），之前已经将/ var/www/mblog 的域名设置为 https://mblog.min-huang.com。现在我们希望原有的网页可以通过 http://main.min-huang.com 来访问。修改/etc/apache2/sites-available/000-default.conf 文件的内容如下（在进行此修改之前，要确保在域名供应商的网站（main.min-huang.com）上设置了正确的 IP 地址，使该 IP 地址指向此服务器）：

```
<VirtualHost main.min-huang.com:80>
   ServerName main.min-huang.com
   ServerAdmin skynet.tw@gmail.com
   DocumentRoot /var/www/html
   <Directory /var/www/html>
      Require all granted
   </Directory>
```

```
</VirtualHost>
```

在上述内容中，我们添加了一个 VirtualHost 区块，重点是设置 ServerName 域名。就像上面的例子一样，我们将 main.min-huang.com 的 DocumentRoot 设置为/var/www/html，这样只要访问这个域名，Apache 就会从/var/www/html 获取数据。由于在这个区块中没有进行其他设置，因此在这个文件夹下的内容将被视为普通的静态网页。至于 mblog.min-huang.com，可以按照 3.1.3 节的设置进行操作。使用相同的技巧，无论设置多少个不同域名的网站都是可以的。

3.2　在 Heroku 上部署

Heroku 是一个非常知名的 PaaS（Platform as a Service，平台即服务）云计算平台，它使用容器来处理网站的部署，这类容器被称为 Dyno，作为执行服务的单位。它的计费方式是根据实际使用的资源来计算的，如果进行了适当的设置，可提供的资源将会动态调整，这样程序开发者就不需要担心环境设置的问题了，只要预算足够，就能确保网站的可用性。

与 3.1 节的 DigitalOcean 不同，Heroku 拥有自己的网站执行环境。我们只需要根据现有的程序设计语言开发环境对网站进行修改，然后将其上传到 Heroku 进行统一管理即可。只要熟悉部署和上传的步骤，开发人员就可以专注于网站系统的开发，而无须担心主机相关的管理、资源设置、安全等问题。实际上，开发人员甚至不需要担心网站运行在哪种操作系统上等细节。

3.2.1　Heroku 账号申请与环境设置

Heroku 之所以受到初学者的欢迎，除可以免费注册外，最重要的是提供了免费的方案。详细的内容可以参考官方网站上的说明。读者可前往 Heroku（网址为 https://www.heroku.com/）免费注册一个账号，以备在后续的操作中使用。

要将网站部署到 Heroku，主要的方法是在本地计算机的命令提示符环境下，以命令的方式执行上传网站的操作。为了执行上传和管理网站的部署操作，需要在操作系统中安装一个官方的管理程序，称为 Heroku CLI。在以下示例中，我们使用的是 Windows 11 操作系统，并在 Anaconda Prompt 环境中执行。首先，到 Heroku 官网下载 CLI 应用程序，网址为 https://devcenter.heroku.com/articles/heroku-cli。下载页面如图 3-19 所示（除 Windows 环境外，其他操作系统也可以进行部署，可直接参考官网上的说明）。

在下载并安装完 64 位安装程序之后，可重新启动 Anaconda Prompt 命令提示符，通过运行 heroku –version 命令来检查当前的版本，如下所示：

```
(dj4ch02) D:\dj4book\dj4ch02>heroku -version
heroku/7.59.4 win32-x64 node-v12.21.0
```

在使用 Heroku 之前，需要使用 heroku login 命令登录 Heroku 的主机，示例如下：

```
(dj4ch02) D:\dj4book\dj4ch02>heroku login
heroku: Press any key to open up the browser to login or q to exit:
Opening   browser   to   https://cli-auth.heroku.com/auth/cli/browser/e4aeeae7-2122-
4947-865d-ef352d2c698?requestor=SFMyNTY.g2gDbQAAAA0OMi43Ny4yMjMuMTclbgYAUKzLsY
QBYgABUYA.iGLc0h8iCtTurOnGHZKL-YujsY13tPRxdEXtvXuftd0
```

```
Logging in... done
Logged in as minhuang@nkust.edu.xx
```

在登录账号的过程中，Heroku 会开启浏览器让我们登录 Heroku 网站，当出现如图 3-20 所示的界面之后，才表示登录成功，可以在 Heroku CLI 执行接下来的操作。

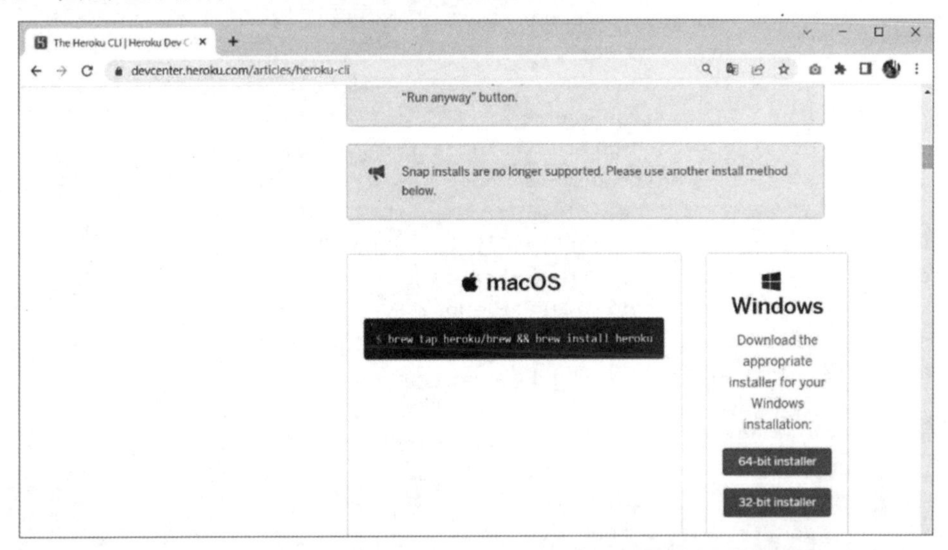

图 3-19　Heroku CLI 用于不同操作系统的各个安装程序的下载页面

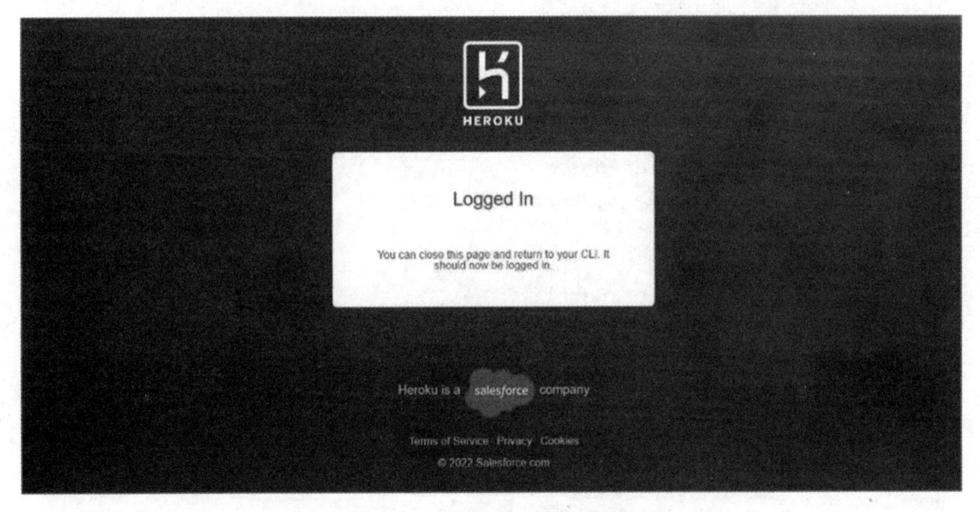

图 3-20　成功登录 Heroku 的界面

接着回到 Anaconda Prompt，执行 heroku –help 命令，可以查看所有 Heroku CLI 的用法，如下所示：

```
(dj4ch02) D:\dj4book\dj4ch02>heroku --help
»   Warning: heroku update available from 7.59.4 to 7.66.4. CLI to interact with Heroku

VERSION
  heroku/7.59.4 win32-x64 node-v12.21.0
```

```
USAGE
  $ heroku [COMMAND]

COMMANDS
  access          manage user access to apps
  addons          tools and services for developing, extending, and operating your app
  apps            manage apps on Heroku
  auth            check 2fa status
  authorizations  OAuth authorizations
  autocomplete    display autocomplete installation instructions
  buildpacks      scripts used to compile apps
  certs           a topic for the ssl plugin
  ci              run an application test suite on Heroku
  clients         OAuth clients on the platform
  config          environment variables of apps
  container       Use containers to build and deploy Heroku apps
  domains         custom domains for apps
  drains          forward logs to syslog or HTTPS
  features        add/remove app features
  git             manage local git repository for app
  help            display help for heroku
  keys            add/remove account ssh keys
  labs            add/remove experimental features
  local           run Heroku app locally
  logs            display recent log output
  maintenance     enable/disable access to app
  members         manage organization members
  notifications   display notifications
  orgs            manage organizations
  pg              manage postgresql databases
  pipelines       manage pipelines
  plugins         list installed plugins
  ps              Client tools for Heroku Exec
  psql            open a psql shell to the database
  redis           manage heroku redis instances
  regions         list available regions for deployment
  releases        display the releases for an app
  reviewapps      manage reviewapps in pipelines
  run             run a one-off process inside a Heroku dyno
  sessions        OAuth sessions
  spaces          manage heroku private spaces
  status          status of the Heroku platform
  teams           manage teams
  update          update the Heroku CLI
  webhooks        list webhooks on a app
```

有关各个命令的详细用法，读者可自行前往官网查阅相关数据。完成账户登录后，可以使用heroku apps命令查看账户中当前可用的网站（在Heroku中称为App），也可以使用heroku apps的其他命令来创建和删除网站，所有这些管理网站的工作都可以通过命令行来完成。

接下来，以之前创建的mblog网站为例，开始修改网站内容以符合Heroku的要求，然后将其部署到 Heroku 托管的主机上。我们使用的是第 2 课创建的网站，在开始操作之前，务必使用 runserver 命令测试你的网站是否可以正常运行，再进入 3.2.2 节进行必要的调整。

3.2.2　修改网站的相关设置

首先，进入虚拟环境（在此例中为 dj4ch02），安装以下模块：

```
pip install gunicorn
pip install django-heroku
```

然后，使用 pip list --format=freeze > requirements.txt 命令生成一个 requirements.txt 文件，其中包含所需的模块列表。对于我们的示例网站以及刚刚安装的模块，文件内容如下：

```
asgiref==3.5.2
certifi==2022.9.24
dj-database-url==1.0.0
Django==4.1.3
django-heroku==0.3.1
gunicorn==20.1.0
Markdown==3.4.1
markdown2==2.4.6
pip==22.2.2
psycopg2==2.9.5
setuptools==65.5.0
sqlparse==0.4.3
tzdata==2022.6
wheel==0.37.1
whitenoise==6.2.0
wincertstore==0.2
```

接着，创建一个名为 Procfile 的文件，用于告诉 Heroku 从哪里开始执行命令。注意，文件名中的字母大小写以及文件存放的位置非常重要。通常情况下，我们会使用 gunicorn 模块来启动网站，示例如下：

```
web: gunicorn mblog.wsgi
```

此时，mblog 文件夹的内容如下：

```
(dj4ch02) D:\dj4book\dj4ch02\mblog>dir
驱动器 D 中的卷是 DATA
卷的序列号是 62B9-847B
 D:\dj4book\dj4ch02\mblog 的目录
2022/11/26 上午 10:58 <DIR>          .
2022/11/26 上午 10:58 <DIR>          ..
2022/11/23 下午 10:04           143,360 db.sqlite3
2022/11/12 上午 07:44               683 manage.py
2022/11/22 下午 11:26 <DIR>          mblog
2022/11/23 下午 09:52 <DIR>          mysite
2022/11/26 上午 10:57                27 Procfile
2022/11/26 上午 10:48               286 requirements.txt
2022/11/22 下午 11:26 <DIR>          static
```

```
2022/11/22 下午 11:26 <DIR>          templates
              4 个文件          144,356 字节
              6 个目录 22,885,953,536 可用字节
```

与在 DigitalOcean 上部署的操作类似，还需要在 settings.py 文件中将 DEBUG 设置为 False，并将 ALLOWED_HOSTS 设置为'*'。此外，在文件的第一行添加以下内容：

```
import django_heroku
```

在 settings.py 文件的末尾添加与 STATIC_ROOT 相关的设置，如下所示：

```
STATIC_ROOT = BASE_DIR / 'staticfiles'
STATICFILES_DIRS = (
   BASE_DIR / 'static',
)
STATIC_URL = '/static/' django_heroku.settings(locals())
```

至此，就完成了部署到 Heroku 的基本操作。

3.2.3　上传网站到 Heroku 主机

首先，在 Heroku 主机上创建一个自己的网站，操作如下：

```
(dj4ch02) D:\dj4book\dj4ch02\mblog>heroku create minhuang-mblog
»   Warning: heroku update available from 7.59.4 to 7.66.4.
Creating ⬢ minhuang-mblog... done
https://minhuang-mblog.herokuapp.com/ | https://git.heroku.com/minhuang-mblog.git
```

在这里，我们使用了名为 minhuang-mblog 的网站，也可以自行命名，但是如果该名称已被他人使用，则会收到相关信息要求另行命名。但如以上代码所示，如果出现了 done 信息，则表示该名称可用。此时，可以通过 https://minhuang-mblog.herokuapp.com 访问该网站，并会看到如图 3-21 所示的页面。

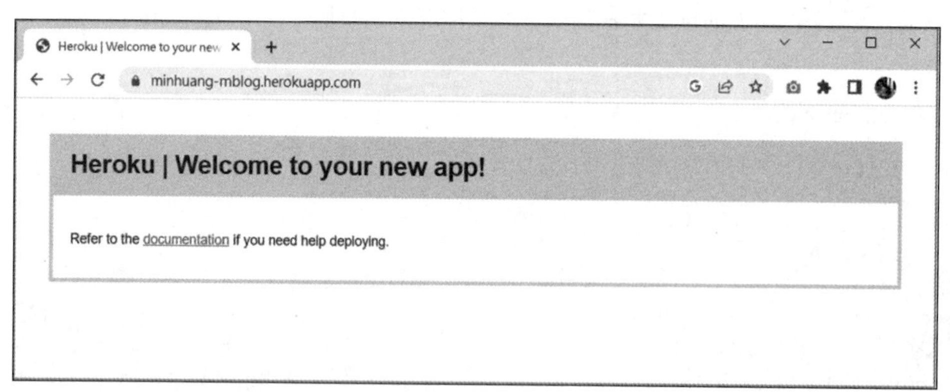

图 3-21　刚创建完成的 Heroku App 网站的网页

这表示网站空间已经创建完成，但是还没有上传网站的内容，显示的是一个默认的网站页面。接下来，使用 git 命令执行提交操作。由于在之前的操作中，我们已经习惯将网站备份到 GitHub 代码仓库中，因此不需要使用 git init 重新初始化 Git，直接使用 git add .和 git commit 即可。操作步骤如下：

```
(dj4ch02) D:\dj4book\dj4ch02\mblog>git add .

(dj4ch02) D:\dj4book\dj4ch02\mblog>git commit -m "for heroku upload" [master 9ce96e6]
for heroku upload
1 file changed, 1 insertion(+), 1 deletion(-)
```

然后使用 git push heroku master 命令将网站上传到 Heroku 主机，为我们新建网站空间，如下所示：

```
(dj4ch02) D:\dj4book\dj4ch02\mblog>git push heroku master
Enumerating objects: 150, done.
Counting objects: 100% (150/150), done.
Delta compression using up to 8 threads
Compressing objects: 100% (143/143), done.
Writing objects: 100% (150/150), 135.51 KiB | 5.89 MiB/s, done.
Total 150 (delta 56), reused 0 (delta 0), pack-reused 0
remote: Compressing source files... done.
remote: Building source:
remote:
remote: -----> Building on the Heroku-22 stack
remote: -----> Determining which buildpack to use for this app
remote: -----> Python app detected
remote: -----> No Python version was specified. Using the buildpack default: python-3.10.8
remote: To use a different version, see: https://devcenter.heroku.com/
articles/python-runtimes
remote: -----> Installing python-3.10.8
remote: -----> Installing pip 22.3.1, setuptools 63.4.3 and wheel 0.37.1 remote: ----->
Installing SQLite3
remote: -----> Installing requirements with pip
remote:        Collecting asgiref==3.5.2
remote:          Downloading asgiref-3.5.2-py3-none-any.whl (22 kB)
remote:        Collecting certifi==2022.9.24
remote:          Downloading certifi-2022.9.24-py3-none-any.whl (161 kB)
remote:        Collecting dj-database-url==1.0.0
remote:          Downloading dj_database_url-1.0.0-py3-none-any.whl (6.6 kB) remote:
    Collecting Django==4.1.3
remote:          Downloading Django-4.1.3-py3-none-any.whl (8.1 MB)
remote:        Collecting django-heroku==0.3.1
remote:          Downloading django_heroku-0.3.1-py2.py3-none-any.whl (6.2 kB) remote:
    Collecting gunicorn==20.1.0
remote:          Downloading gunicorn-20.1.0-py3-none-any.whl (79 kB)
remote:        Collecting Markdown==3.4.1
remote:          Downloading Markdown-3.4.1-py3-none-any.whl (93 kB)
remote:        Collecting markdown2==2.4.6
remote:          Downloading markdown2-2.4.6-py2.py3-none-any.whl (37 kB)
remote:        Collecting pip==22.2.2
remote:          Downloading pip-22.2.2-py3-none-any.whl (2.0 MB)
remote:        Collecting psycopg2==2.9.5
remote:          Downloading psycopg2-2.9.5.tar.gz (384 kB)
remote:          Preparing metadata (setup.py): started
remote:          Preparing metadata (setup.py): finished with status 'done' remote:
```

```
   Collecting setuptools==65.5.0
remote:        Downloading setuptools-65.5.0-py3-none-any.whl (1.2 MB)
remote:       Collecting sqlparse==0.4.3
remote:        Downloading sqlparse-0.4.3-py3-none-any.whl (42 kB)
remote:       Collecting tzdata==2022.6
remote:        Downloading tzdata-2022.6-py2.py3-none-any.whl (338 kB)
remote:       Collecting whitenoise==6.2.0
remote:        Downloading whitenoise-6.2.0-py3-none-any.whl (19 kB)
remote:       Collecting wincertstore==0.2
remote:        Downloading wincertstore-0.2-py2.py3-none-any.whl (8.8 kB) remote:
   Building wheels for collected packages: psycopg2
remote:        Building wheel for psycopg2 (setup.py): started
remote:        Building wheel for psycopg2 (setup.py): finished with status 'done'
remote:       Created wheel for psycopg2: filename=psycopg2-2.9.5-cp310-
              cp310-linux_x86_64.whl size=159974 sha256=117b8c47699e3d41d23a
              db34ec35549fb69d31b6a4a5f861ffb2f555ef6c28d2
remote:       Stored    in    directory:    /tmp/pip-ephem-wheel-cache-w8gcgaas/wheel
s/07/2f/1d/00dd98e4de351e52b04ad341a254fe6bebf7c6edb9523ad9a1
remote:       Successfully built psycopg2
remote:       Installing collected packages: wincertstore, whitenoise, tzdata, sqlparse,
setuptools, psycopg2, pip, markdown2, Markdown, certifi, asgiref, gunicorn, Django,
dj-database-url, django- heroku
remote:       Attempting uninstall: setuptools
remote:        Found existing installation: setuptools 63.4.3 remote:
               Uninstalling setuptools-63.4.3:
remote:          Successfully uninstalled setuptools-63.4.3
remote:       Attempting uninstall: pip
remote:        Found existing installation: pip 22.3.1
remote:        Uninstalling pip-22.3.1:
remote:          Successfully uninstalled pip-22.3.1
remote:       Successfully   installed   Django-4.1.3   Markdown-3.4.1   asgiref-3.5.2
certifi-2022.9.24    dj-database-url-1.0.0    django-heroku-0.3.1    gunicorn-20.1.0
markdown2-2.4.6   pip-22.2.2   psycopg2-2.9.5   setuptools-65.5.0   sqlparse-0.4.3
tzdata-2022.6 whitenoise-6.2.0 wincertstore-0.2
remote: -----> $ python manage.py collectstatic --noinput
remote:       130 static files copied to '/tmp/build_862c5ea3/staticfiles',
              384 post-processed.
remote:
remote: -----> Discovering process types
remote:          Procfile declares types -> web remote:
remote: -----> Compressing...
remote:          Done: 30M
remote: -----> Launching...
remote: !    The following add-ons were automatically provisioned: heroku- postgresql.
These add-ons may incur additional cost, which is prorated to the second. Run `heroku
addons` for more info.
remote:       Released v5
remote: https://minhuang-mblog.herokuapp.com/ deployed to Heroku
remote:
remote: Starting November 28th, 2022, free Heroku Dynos, free Heroku Postgres, and free
```

```
Heroku Data for Redis® will no longer be available.
remote:
remote: If you have apps using any of these resources, you must upgrade to paid plans
by this date to ensure your apps continue to run and to retain your data. For students,
we will announce a new program by the end of September. Learn more at
https://blog.heroku.com/next-chapter
remote:
remote: Verifying deploy... done.
To https://git.heroku.com/minhuang-mblog.git
* [new branch]   master -> master
```

此时就大功告成了。执行 heroku open 命令或者直接在浏览器中访问 https://minhuang-mblog.herokuapp.com，即可看到一个正常运行的网站，就像我们在 DigitalOcean 上部署的网站一样。然而，目前在 Heroku 上运行的网站使用的是一个全新的数据库，因此在本地创建的数据内容（存储在 db.sqlite3 中）并没有被迁移过去，所有的文章数据都需要重新输入。完成 Heroku 部署后的网站页面如图 3-22 所示。

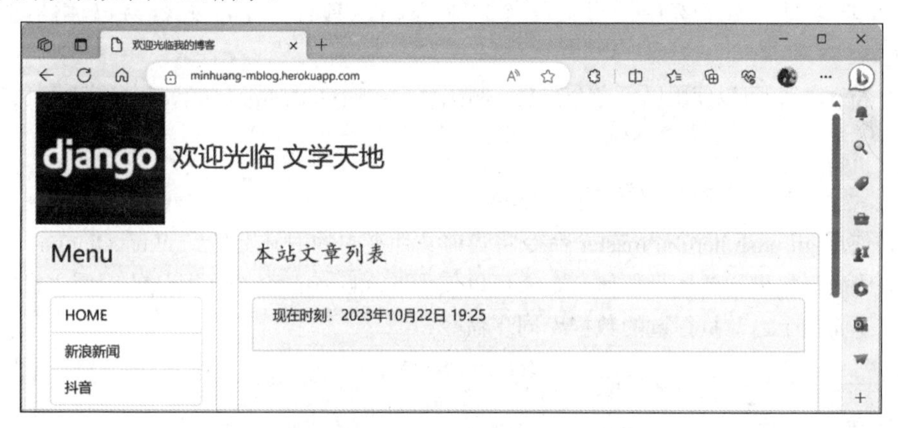

图 3-22　部署在 Heroku 上的网站页面

3.2.4　Heroku 主机的操作

在 Heroku 中一个账户可以创建许多免费的网站。以下命令可以查询当前连接的主机应用（App）的状态（在此示例中为 min-huang-mblog）：

```
(dj4ch02) D:\dj4book\dj4ch02\mblog>heroku apps:info
!   Starting November 28th, 2022, free Heroku Dynos will no longer be
    available. To keep your
!   apps running, subscribe to Eco or upgrade to another paid tier. Learn
    more in our blog
!   (https://blog.heroku.com/new-low-cost-plans).
=== minhuang-mblog
Addons:          heroku-postgresql:hobby-dev
Auto Cert Mgmt: false
Dynos:           web: 1
Git URL:        https://git.heroku.com/minhuang-mblog.git
Owner:           minhuang@nkust.edu.xx
Region:          us
```

```
Repo Size:          152 KB
Slug Size:          30 MB
Stack:              heroku-22
Web URL:        https://minhuang-mblog.herokuapp.com/
```

以下命令用于查看当前账户中所有的 Apps 列表：

```
(dj4ch02) D:\dj4book\dj4ch02\mblog>heroku apps
=== minhuang@nkust.edu.xx Apps
minhuang-mblog
nkust-django
nkust-linebo
nkust-monopoly
still-hollows-9568
```

如果需要，可以使用 heroku create 命令创建一个新的 App。如果在 create 命令后面指定了名称，系统会尝试使用我们指定的名称创建新的应用（即网站）。如果没有指定名称，系统将随机选择一个名称，可能会像上面示例中的最后一个应用那样，具有一个不太容易记住的名字，比如 still-hollows-9568。

创建了 App 之后，可以使用以下命令在 Heroku 中切换到不同的 App（如下例中是切换到 nkust-django 应用）：

```
heroku git:remote -a nkust-django
```

之后，使用 git push heroku master 命令将当前文件夹中的网站上传到 nkust-django 这个应用中。完成网站上传后，如果需要执行任何命令，可以使用 heroku run 命令在默认的应用主机空间执行命令。例如，下面这个之前执行过的数据库同步命令：

```
heroku run python manage.py syncdb
```

甚至可以通过以下命令进行操作：

```
heroku ran bash
```

可以直接登录 Heroku 的应用主机空间，查看所有已上传的文件内容以及数据库结构，非常方便。

3.3 本课习题

1. 说明什么是 IaaS。
2. 说明什么是 PaaS。
3. DigitalOcean 和 Heroku 哪一个是 IaaS，哪一个是 PaaS，为什么？
4. 就上述两个部署环境而言，如果是部署个人小网站，你会选择哪一个？请说明理由。
5. 如果是高流量的商业网站，你会选择哪一个部署环境？请说明理由。

第 4 课

深入了解 Django 的 MVC 架构

4

MVC 架构是设计人员在大部分框架或大型程序项目中很喜欢使用的一种软件工程架构模式。它将一个完整的程序或网站项目（广义来说是软件）分为三个主要组成部分：模型（Model）、视图（View）和控制器（Controller）。理想情况下，这种架构希望内部数据的存储操作方式、外部的可见部分以及控制逻辑能够相互配合运行，从而简化项目的复杂性，并提高未来的可扩展性和软件的可维护性，同时也有助于不同成员之间的分工合作。早期最著名的 MVC 架构就是 Microsoft 的 Visual C++，而现在几乎所有的中大型应用程序框架都或多或少具备这样的特性，Django 当然也不例外。

本堂课的学习大纲

- Django 的 MVC 架构简介
- Model 简介
- View 简介
- Template 简介
- 本课练习网站的最终版本程序摘要

4.1 Django 的 MVC 架构简介

MVC 架构将软件项目分为模型（Model）、视图（View）和控制器（Controller）三个部分。对于传统的软件系统，这样的分类可以比较完美地定义各个部分。然而，对于网站而言，当网页服务器接收到来自远程浏览器的请求时，不同的网址和连接方式实际上隐含部分控制逻辑。因此，像 Django 这样的网站框架很难严谨地定义各个组件。为此，Django 还引入了 MTV（Model、Template、View）这样的分类方式。这些内容是本堂课要讲述的重点。

4.1.1　MVC 架构简介

在正式介绍 Django 的 MTV 架构之前，让我们先复习一下什么是 MVC 架构。MVC 架构的模型、视图和控制器模块相互配合，根据用户的操作显示出用户期望的结果，如图 4-1 所示。

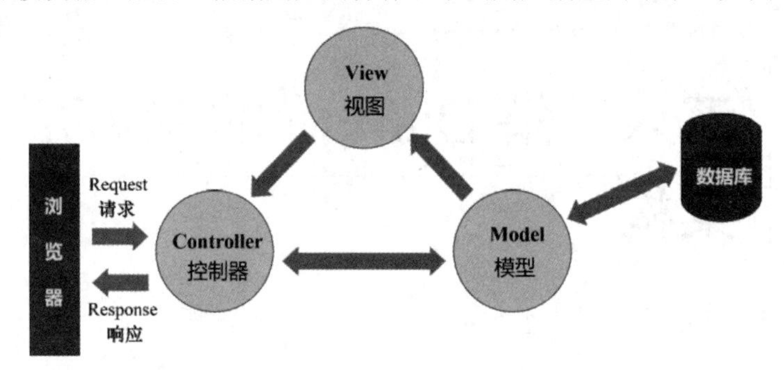

图 4-1　MVC 架构示意图

以网站服务系统为例，对这三个部分进行更详细的说明，如表 4-1 所示。

表 4-1　MVC 各模块功能说明

模 块 名 称	说　明
Model 数据模块	系统中的数据处理逻辑和与系统数据库交互的程序代码位于数据模块，它负责执行系统中所有与数据相关的操作。控制器模块在需要访问数据时，必须通过数据模块进行处理
View 视图模块	根据控制器的要求，整合来自数据模块的数据，并准备好要呈现给用户浏览的数据排版格式。以网站系统为例，视图模块可以使用模板语言将数据整合成 HTML/CSS/JavaScript 格式，并通过控制器将其返回给浏览器
Controller 控制模块	提供用户（浏览器）接口和路由功能，接收来自用户的请求，执行必要的程序，通过数据模块访问数据库获取所需的数据内容，并将其传递给视图模块以准备好呈现给用户的执行结果，最后将响应发送回浏览器

将一个系统拆分成这样有几个好处。其中最重要的是可以大幅降低系统的复杂性，因为它清楚地描述了系统中不同功能区块的分工。同时，由于这三个部分的明确分工，因此在一个由许多成员参与实现的大型项目中，团队合作会更加容易，例如负责数据库的人员、负责外观设计的人员以及程序编写人员在协作时会有更多的灵活性。

4.1.2　Django 的 MTV 架构

Django 基本上也可以被归类为使用了 MVC 架构，但正如前文所述，网页服务器在派发任务时已经隐含了控制逻辑，而在网站框架中，最常用的网页渲染技术就是应用模板（Template）文件。因此，Django 的主要架构形成了使用模型（Model）、模板（Template）和视图（View）三个部分的组合。这三个部分分别对应网站的数据存储（models.py）、模板文件组（通常是放在 templates 文件夹下的 HTML 文件）以及控制如何处理数据程序逻辑的 views.py，其中许多控制逻辑也被放在整个 Django Framework（框架）中，例如 urls.py 的设置等。Django 的 MTV 架构如图 4-2 所示。

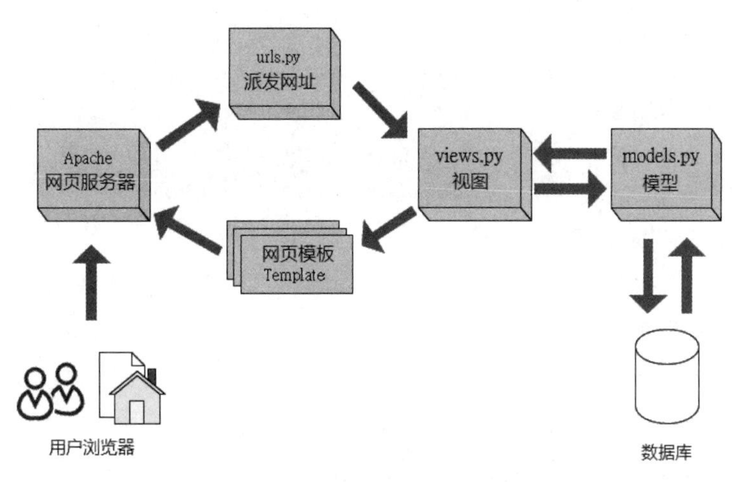

图 4-2　Django MTV 架构示意图

在这种架构下，对于初学者来说，可以这样理解：使用模板文件（Template）来创建每个网页的外观框架，尽量让要传递给模板的数据是可以直接显示的简单形式。不要试图在模板文件中使用复杂的方法来处理这些传递进来的变量，如果需要对变量进行更复杂的计算，那么这些工作应该放在视图文件（views.py）中完成。换句话说，即使是一个人独立操作的网站，也应该将模板视为由不太熟悉程序设计的网页设计师负责的部分。如果是这样的情况，那么传递给模板的数据就应该尽量简单。

如图 4-2 所示，在 models.py 中定义了所有需要使用的数据格式，通常以数据库的形式进行存储。定义完数据模型后，需要将该模型导入 views.py 文件中。主要的操作流程如下：用户在浏览器中发起请求（Request），该请求会首先被发送到网站服务器用于分派工作，这一过程是在 urls.py 文件中完成的。每个分派的工作都会对应 views.py 文件中的一个函数，这个函数主要用于处理数据逻辑，所有这些逻辑都将在 views.py 文件中完成。因此，在 urls.py 文件中指派的每个函数都需要在 urls.py 文件的开始处导入（Import）才行。

4.1.3　Django 网站的构成及配合

根据 4.1.2 节的说明，回顾一下使用 django-admin startproject mynewsite 命令创建的网站架构，内容如下：

```
mynewsite
├── manage.py
└── mynewsite
├── __init__.py
├── settings.py
├── urls.py
└── wsgi.py
```

然后通过执行 python manage.py startapp myapp 命令，其结构变化如下：

```
mynewsite
├── db.sqlite3
├── manage.py
├── mynewsite
```

```
|    ├── __init__.py
|    ├── settings.py
|    ├── urls.py
|    └── wsgi.py
└── mysite
 ├── admin.py
 ├── apps.py
 ├── __init__.py
 ├── migrations
 |    ├── 0001_initial.py
 |    ├── __init__.py
 ├── models.py
 ├── tests.py
 └── views.py
```

整个项目的名称是 mynewsite，与该项目同名的 mynewsite/mynewsite 文件夹中存放的是整个网站的设置。而 mysite 是该网站中的一个应用（App），经过良好设计后，成为可在不同网站中重复使用的可移植模块。因此，settings.py、urls.py 和 wsgi.py 属于整个网站的设置，而 models.py、views.py、tests.py 和 admin.py 是与可重用模块相关的内容。对于初学者来说，应该将 mysite 文件夹中的内容视为以 models.py 为核心，首先设计要操作的数据，然后在 views.py 中设计操作（存取）这些数据的方法，而 admin.py 是提供的通用数据管理界面。

最后，由于该项目网站的根目录是 mynewsite，因此要创建模板和放置静态文件的目录，只需要将它们放在此文件夹下即可。但是，如果希望模板和静态文件也与应用程序（在此例中是 mysite）一起运行，那么也可以将它们放在应用程序的文件夹下。完整的文件夹结构如下：

```
mynewsite
├── db.sqlite3
├── manage.py
├── mynewsite
|    ├── __init__.py
|    ├── settings.py
|    ├── urls.py
|    └── wsgi.py
└── mysite
├── admin.py
├── apps.py
├── __init__.py
├── migrations
|    └── __init__.py
├── models.py
├── static
├── templates
├── tests.py
└── views.py
```

4.1.4　在 Django MTV 架构下的网站开发步骤

根据前面的讲述，要开发 Django MTV 架构的网站，如果是一个大型项目，就不能缺少标准的需求分析、系统分析与设计以及各种软件工程步骤，这样可以增加项目的可维护性，并降低未来修改错误所带来的成本。对于初学者来说，只需要完成一些小型练习项目即可。以下是笔者建议的开始网站的开发步骤：

步骤01 需求分析是必不可少的，必须具体列出本次网站项目要实现的目标，可能包括简单的页面草图和功能方块图等。

步骤02 数据库设计。在需求分析之后，开始创建数据模型之前，必须对网站中将使用的所有数据内容、格式以及数据之间的关系进行清晰的理解。最好在开始设计程序之前就明确要创建的数据表，以减少在设计模型时要修改的工作量。例如，要创建一个留言板程序，就需要确定每条留言记录的项目是什么，是否接受响应消息，是否记录被浏览的次数，是否提供作者登录等。一个典型的例子是，如果每条留言都可以接受响应，那么存储响应的数据表和存储留言本身的数据表之间就会有关联设置，这是必不可少的。

步骤03 了解网站的每一个页面，并设计网页模板（.html）文件。

步骤04 使用 virtualenv 创建并启用虚拟机环境（也可以使用 Anaconda 的 conda 命令创建）。

步骤05 使用 pip install 命令安装 Django。

步骤06 使用 django-admin startproject 生成项目。

步骤07 使用 python manage.py startapp 创建 App。

步骤08 在 App 内创建一个名为 templates 的文件夹，并将所有属于该 App 的网页模板（.html 文件）放置在该文件夹中。如果网站只有一个 App，建议将该文件夹创建在 BASE_DIR 的根目录下。

步骤09 在 App 内创建 static 文件夹，并把所有属于该 App 的静态文件（图像文件、.css 文件以及.js 文件等）都放在此文件夹中（如果网站只有一个 App，建议将该 static 文件夹创建在 BASE_DIR 下）。

步骤10 修改 settings.py，进行相关文件夹设置，也把生成的 App 名称加入 INSTALLED_APPS 列表中。

步骤11 编辑 models.py，创建数据库表格。

步骤12 编辑 views.py，先用 import 导入在 models.py 中创建的数据模型。

步骤13 编辑 admin.py，加入 models.py 中定义的数据模型，并使用 admin.site.register 注册新增的类，让 admin 界面可以处理数据库内容。

步骤14 编辑 views.py，设计处理数据的相关模块，输入和输出都通过 templates 相关的模块操作获取来自网页的输入数据，以及显示.html 文件渲染后的网页内容。

步骤15 编辑 urls.py，先导入在 views.py 中定义的模块。

步骤16 编辑 urls.py，创建网址和 views.py 中定义模块的对应关系。

步骤17 执行 python manage.py makemigrations 命令。

步骤18 执行 python manage.py migrate 命令。

步骤19 执行 python manage.py runserver 命令以测试网站。

基本上就是这些步骤，其中有些地方可能要反复进行多次调整，直到完成网站的开发为止。如果使用到在别的文件中定义的类或模块，别忘记一定要使用 import 导入才行。

4.2 Model 简介

Model 是 Django 中用于表示数据模型的部分，它是基于 Python 类的形式，在 models.py 文件中设置数据项和数据格式。基本上，每个类对应数据库中的一个数据表。因此，在定义每个数据项时，除指定数据项的名称外，还需要定义项目的格式以及该表与其他表之间的关系（即数据关联）。一旦定义完成，网站的其他程序就可以使用 Python 语句来操作这些数据内容，而不必关心实际使用的 SQL 指令或使用的是哪种数据库。

4.2.1 在 models.py 中创建数据表

在新建的网站项目中，models.py 只有以下内容：

```
from django.db import models
```

这行代码导入了 models 类，作为构建数据模型的基类。接下来，所有自定义的数据模型都继承自 models.Model 类。我们以第 2 课中介绍的简易博客网站的 models.py 文件为例进行说明，该文件的代码如下：

```
class Post(models.Model):
    title = models.CharField(max_length=200)
    slug = models.CharField(max_length=200)
    body = models.TextField()
    pub_date = models.DateTimeField(auto_now_add=True)
```

从上述代码可知，Post 类继承自 models.Model，因此可以使用 models.*来设置数据表中每个字段的格式。常用的数据字段类型如表 4-2 所示。

表 4-2　在 models.Model 中常用的数据字段格式说明

字段数据类型	常用的参数	说　明
BigIntegerField		64 位的大整数
BooleanField		布尔值，只有 True/False 两种
CharField	max_length：指定可接受的字符串长度	用来存储较短数据的字符串，通常用于单行的文字数据
DateField	auto_now：每次对象被存储时就自动加入当前日期 auto_now_add：只有在对象被创建时才加入当前日期	日期格式，可用于 datetime.date
DateTimeField	同上	日期时间格式，对应 datetime.datetime
DecimalField	max_digits：可接受的最大位数 decimal_places：在所有位数中，小数占几个位数	定点小数数值数据，适用于 Python 的 Decimal 模块的实例
EmailField	max_length：最长字数	可接受电子邮件地址格式的字段
FloatField		浮点数字段

（续表）

字段数据类型	常用的参数	说　明
IntegerField		整数字段，是通用性最高的整数格式
PostiveIntegerField		正整数字段
SlugField	max_length：最大字符长度	和 CharField 一样，通常用来作为网址的一部分
TextField		长文字格式，一般用在 HTML 表单的 Textarea 输入项目中
URLField	max_length：最大字符长度	和 CharField 一样，特别用来记录完整的 URL 网址

更多详细内容以及各种可以使用的数据类型，请参考 Django 在网络上的文档：https://docs.djangoproject.com/en/4.1/ref/models/fields。

每个字段还有一些共享的选项可以设置，这些选项的设置和数据库的设置息息相关，常用的设置选项摘要如表 4-3 所示。

表 4-3　models.Model 各个字段常用的属性说明

字 段 选 项	说　明
null	此字段是否接受存储空值（NULL），默认值是 False
blank	此字段是否接受存储空白内容，默认值是 False
choices	以选项的方式(只有固定内容的数据可以选用)作为此字段的候选值，可以对应到 HTML 的下拉式菜单（<select></select>）
default	输入此字段的默认值
help_text	字段的求助信息
primary_key	把此字段设置为数据表中的主键（key），默认值为 False
unique	设置此字段是否为唯一值，默认值为 False

假设我们要创建一个新的数据表 NewTable，在 models.py 文件中的内容设计如下：

```
from django.db import models

class NewTable(models.Model):
    bigint_f = models.BigIntegerField()
    bool_f   = models.BooleanField()
    date_f   = models.DateField(auto_now=True)
    char_f   = models.CharField(max_length=20, unique=True)
    datetime_f   = models.DateTimeField(auto_now_add=True)
    decimal_f= models.DecimalField(max_digits=10, decimal_places=2)
    float_f  = models.FloatField(null=True)
    int_f    = models.IntegerField(default=2010)
    text_f   = models.TextField()
```

别忘记在 settings.py 的 INSTALLED_APPS 设置中添加该 App 的名称（在本例中为 mysite，本堂课后续的内容都以 mysite 作为范例 App）。在首次设置完 Model 内容后，需要执行 makemigrations 和 migrate 命令，如下所示（在本例中使用的虚拟环境名称是 dj4ch04，项目名称也是 dj4ch04，并在 Windows 10/11 的 Anaconda PowerShell Prompt 命令提示符中执行）：

```
(dj4ch04) PS D:\dj4book\dj4ch04> python .\manage.py makemigrations Migrations for
```

```
'mysite':
  mysite\migrations\0001_initial.py
    - Create model NewTable
(dj4ch04) PS D:\dj4book\dj4ch04> python .\manage.py migrate Operations to perform:
  Apply all migrations: admin, auth, contenttypes, mysite, sessions Running migrations:
  Applying contenttypes.0001_initial... OK
  Applying auth.0001_initial... OK
  Applying admin.0001_initial... OK
  Applying admin.0002_logentry_remove_auto_add... OK
  Applying admin.0003_logentry_add_action_flag_choices... OK
  Applying contenttypes.0002_remove_content_type_name... OK
  Applying auth.0002_alter_permission_name_max_length... OK
  Applying auth.0003_alter_user_email_max_length... OK
  Applying auth.0004_alter_user_username_opts... OK
  Applying auth.0005_alter_user_last_login_null... OK
  Applying auth.0006_require_contenttypes_0002... OK
  Applying auth.0008_alter_user_username_max_length... OK
  Applying auth.0009_alter_user_last_name_max_length... OK
  Applying auth.0010_alter_group_name_max_length... OK
  Applying auth.0011_update_proxy_permissions... OK
  Applying auth.0012_alter_user_first_name_max_length... OK
  Applying mysite.0001_initial... OK
  Applying sessions.0001_initial... OK
(dj4ch04) PS D:\dj4book\dj4ch04> dir
```

接下来，系统将会在数据库中创建我们设置的 NewTable 数据表。关于所使用的数据库类型，取决于 settings.py 中有关数据库的设置。如果没有特别修改过数据库设置，那么默认情况下会使用 SQLite 作为文件型数据库，即存储在同一文件夹下的 db.sqlite3 文件中。可以使用 dir 指令查看该文件，如下所示：

```
    目录 : D:\dj4book\dj4ch04
Mode                 LastWriteTime         Length Name
----                 -------------         ------ ----
d-----        2022/11/28  上午 10:32                dj4ch04
d-----        2022/11/28  上午 10:35                mysite
-a----        2022/11/28  上午 10:35         139264 db.sqlite3
-a----        2022/11/28  上午 10:32            685 manage.py
```

这个数据表到底使用了哪些设置来创建呢？首先，观察位于 mysite/migrations 文件夹下的文件，可以看到有一个 0001_initial.py 文件和一个 init.py 文件。其中，0001_initial.py 文件记录了第一次设置 Model 时的数据表内容，因为最初只有一个设置，所以版本号为 0001。我们可以使用 sqlmigrate 命令来显示所设置的 NewTable 类，并将其转换为 SQL 命令的形式：

```
(dj4ch04) PS D:\dj4book\dj4ch04> python manage.py sqlmigrate mysite 0001 BEGIN;
--
-- Create model NewTable
--
CREATE TABLE "mysite_newtable" ("id" integer NOT NULL PRIMARY KEY AUTOINCREMENT,
"bigint_f" bigint NOT NULL, "bool_f" bool NOT NULL, "date_f" date NOT NULL, "char_f"
varchar(20) NOT NULL UNIQUE, "datetime_f" datetime NOT NULL, "decimal_ f" decimal NOT
```

```
NULL, "float_f" real NULL, "int_f" integer NOT NULL, "text_f" text NOT NULL);
COMMIT;
```

如果读者熟悉 SQL 语言，会发现实际上 Django 偷偷为我们添加了一个 id 字段，并将其设置为主键。该字段在每次新增记录时会自动增加数值内容，以方便进行数据表内部的管理。在日后的数据操作中，这个 id 字段将扮演非常重要的角色。

4.2.2　在 admin.py 中创建数据表管理界面

如果读者还有印象，在 models.py 中创建了数据模型类后，只需将这个 NewTable 类添加到 admin.py 中，就可以在/admin 后台管理界面中管理该数据表了（当然，在首次使用时，需要先使用 createsuperuser 命令创建一个在/admin 中用于管理的账号和密码）。admin.py 文件的内容如下：

```
from django.contrib import admin
from mysite.models import NewTable

admin.site.register(NewTable)
```

此时，使用 python manage.py runserver 命令启动测试网页服务器，然后在浏览器的地址栏中输入 localhost:8000/admin，随后就可以输入管理员账号和密码来对数据表进行操作，如图 4-3 所示（在本例中，我们已经修改了 settings.py 中的语言和时区设置，因此显示的界面为中文）。

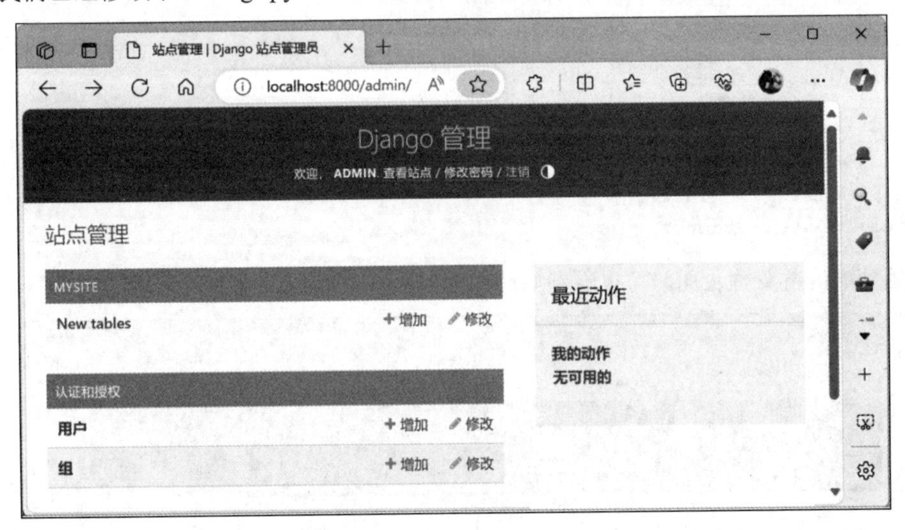

图 4-3　新创建的 NewTable 在/admin 网页的管理页面

网站的数据库通常会反映网页上输入表单的使用情况，而输入表单中经常会有一些字段提供候选数据（例如，询问用户喜欢的颜色、品牌车型、尺寸大小等）供网友选择。根据表 4-3 中的信息，我们知道可以使用 choices 选项来实现。那么，如何使用呢？以创建一个产品类为例，在 models.py 中添加以下内容：

```
class Product(models.Model):
    SIZES = (
        ('S', 'Smaill'),
        ('M', 'Medium'),
```

```
        ('L', 'Large'),
    )
    sku = models.CharField(max_length=5)
    name = models.CharField(max_length=20)
    price = models.PositiveIntegerField()
    size = models.CharField(max_length=1, choices=SIZES)
```

如上面的代码所示，首先创建了一个名为 SIZES 的元组，其中每个元素也是一个元组，第一个元素是要实际存储的内容，本例中为'S'、'M'、'L'，而第二个元素是对应的说明，本例中为'Small'、'Medium'、'Large'。在编辑完 models.py 文件后，一定要执行 migrate 命令（如果在中间进行了修改，则需要先执行 makemigrations 命令）。这两个命令的作用是要求 Django 的 manage.py 根据最新的数据表新增或修正的内容进行更新。执行结果如下：

```
(dj4ch04) PS D:\dj4book\dj4ch04> python .\manage.py makemigrations
Migrations for 'mysite':
  mysite\migrations\0002_product.py
    - Create model Product
(dj4ch04) PS D:\dj4book\dj4ch04> python .\manage.py migrate
Operations to perform:
  Apply all migrations: admin, auth, contenttypes, mysite, sessions
Running migrations:
  Applying mysite.0002_product... OK
```

回到 admin.py，加入这个新的类并注册：

```
from django.contrib import admin
from mysite.models import NewTable, Product

admin.site.register(NewTable)
admin.site.register(Product)
```

最后回到/admin 管理页面，可以看到如图 4-4 所示的内容。

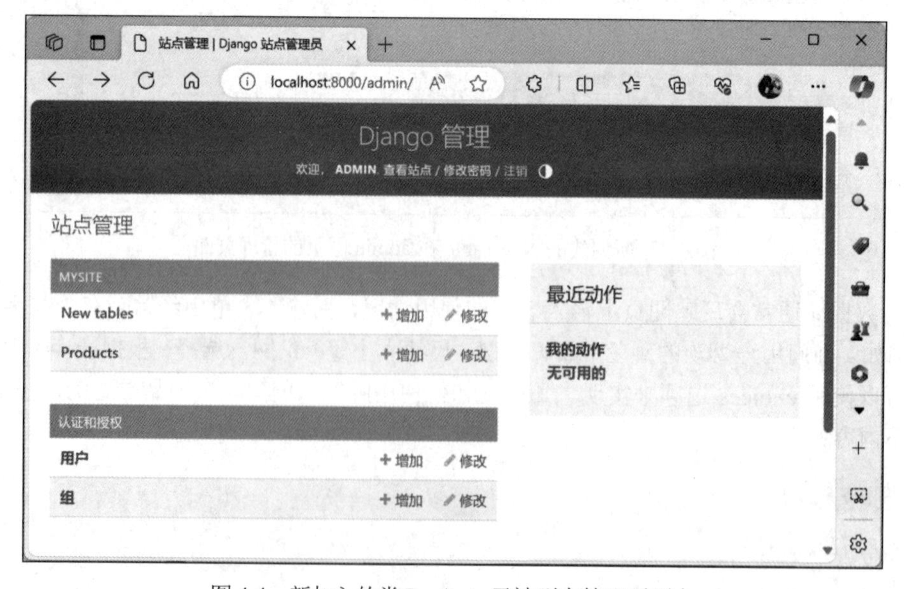

图 4-4　新加入的类 Products 已被列在管理页面中

单击 MYSITE 下的 Products 即可进入 Products 的操作界面，如图 4-5 所示。

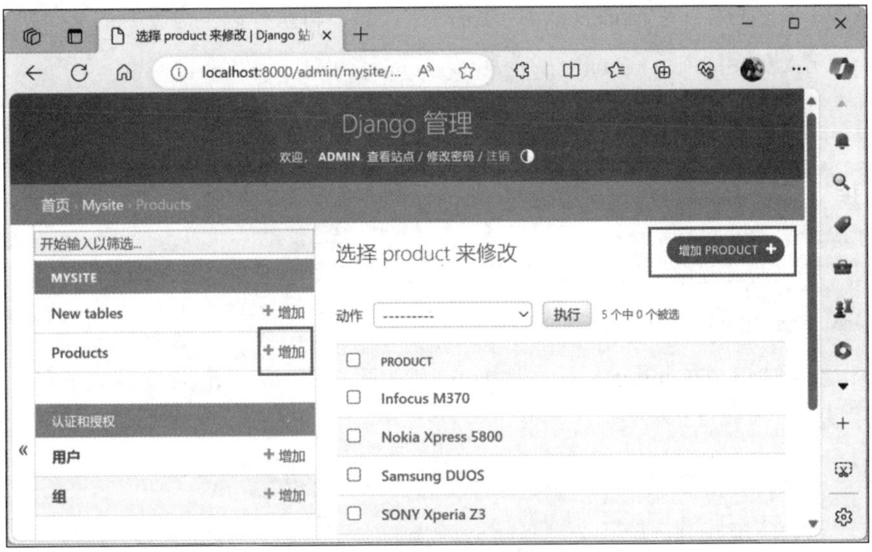

图 4-5　Products 的操作界面

单击右上角的“增加 PRODUCT”按钮，即可进入“增加 product”页面。页面中的 Size 字段采用下拉列表的方式来呈现，如图 4-6 所示。

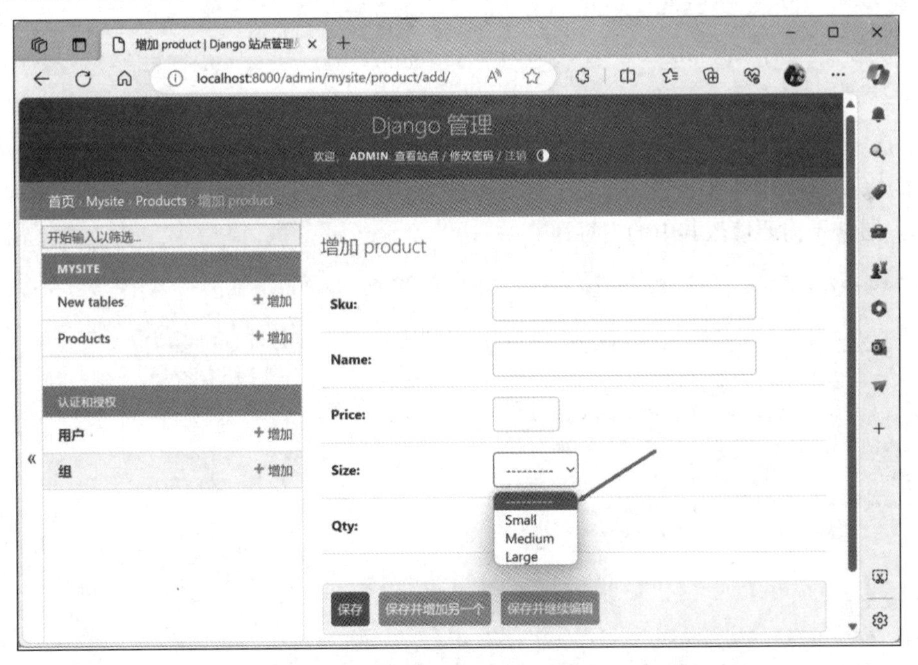

图 4-6　Size 字段采用下拉列表的方式供用户选用数据项

假如 Size 字段下拉列表中的第一个选项拼写错了，拼写成了 Smaill，该如何修改呢？理论上，要修正这个错误很简单，在 models.py 中进行更正即可。但需要注意的是，由于 Django 对数据库操作进行了抽象化，每个新增和修正步骤都必须被记录下来以便进行后续的数据库迁移操作。因此，除在 models.py 中修正这个拼写错误外，还要执行 makemigrations 和 migrate 命令来记录这个修正操作。执行过程如下（在修正完 models.py 中的拼写错误后，再执行以下命令）：

```
(dj4ch04) PS D:\dj4book\dj4ch04> python .\manage.py makemigrations
Migrations for 'mysite':
  mysite\migrations\0003_alter_product_size.py
    - Alter field size on product
(dj4ch04) PS D:\dj4book\dj4ch04> python .\manage.py migrate
Operations to perform:
  Apply all migrations: admin, auth, contenttypes, mysite, sessions
Running migrations:
  Applying mysite.0003_alter_product_size... OK
```

这些操作都会被记录在 migrations 文件夹下，所以现在的 migrations 文件夹下有 3 个版本的记录文件，分别是：

```
dj4ch04) PS D:\dj4book\dj4ch04> dir .\mysite\migrations\

    目录 : D:\dj4book\dj4ch04\mysite\migrations

Mode           LastWriteTime          Length Name
----           -------------          ------ ----
d----- 2022/11/28 上午 11:20                 __pycache__
-a---- 2022/11/28 上午 10:35            1029 0001_initial.py
-a---- 2022/11/28 上午 11:16             761 0002_product.py
-a---- 2022/11/28 上午 11:20             449 0003_alter_product_size.py
-a---- 2022/11/28 上午 10:32               0 __init__.py
```

0001 是用于生成初始化的数据，而 0002 用于创建 Product 这个数据表，0003 是把 Smaill 修正为 Small 的修正程序。0003_alter_product_size.py 文件的内容如下，该内容仅供参考，它是由系统自动生成的，通常不需要修改其中的内容：

```
# Generated by Django 4.1.3 on 2022-11-28 03:20

from django.db import migrations, models

class Migration(migrations.Migration):

    dependencies = [
        ('mysite', '0002_product'),
    ]

    operations = [
        migrations.AlterField(
            model_name='product',
            name='size',
            field=models.CharField(choices=[('S', 'Small'), ('M', 'Medium'),
                                          ('L', 'Large')], max_length=1),
        ),
    ]
```

4.2.3　在 Python Shell 中操作数据表

在第 2 课中，我们学习到了如何在程序中存取数据库中的数据，基本上在 Python 程序中不使用 SQL 指令来存取数据，而是以 ORM 的方式来存取数据库中的内容。ORM 的英文全称是 Object Relational Mapper（或 Mapping），它是一种面向对象的程序设计技术，以对象的方式来看待每一笔数据，可以解决底层数据库兼容性的问题。也就是把数据库的操作方式抽象化为在 Python 中习惯的数据操作方式，如果把这些指令对应到实际每一种数据库的内部操作，就由元数据以及 Django 内部来处理，开发网站的人员不用担心这部分。

前面定义的数据表可以在 Python 的交互式界面直接进行存取操作，语句如下：

```
(dj4ch04) PS D:\dj4book\dj4ch04> python .\manage.py shell
Python 3.10.8 | packaged by conda-forge | (main, Nov 24 2022, 14:07:00) [MSC v.1916 64 bit (AMD64)] on win32
Type "help", "copyright", "credits" or "license" for more information. (InteractiveConsole)
>>> from mysite.models import Product
>>> p = Product.objects.create(sku='0001', name='GrayBox', price=100, size='S')
>>> p.save()
>>> exit()
```

在上述操作中，python manage.py shell 命令用于进入具有该网站环境的 Python Shell。首先要使用 from mysite.models import Product 来导入在 models.py 中创建的 Product 数据表。接下来，通过 Product.objects.create 指令创建一组记录，并确保将这组创建好的数据记录分配给一个变量（在此例中为 p）持有，然后通过 p.save()将它实际存储到数据表中。在离开 Shell 之后，回到/admin 界面中，即可查询到该记录，如图 4-7 所示（注意，在执行此操作之前，确保先使用 python manage.py runserver 命令启动服务器以便访问/admin 网页）。

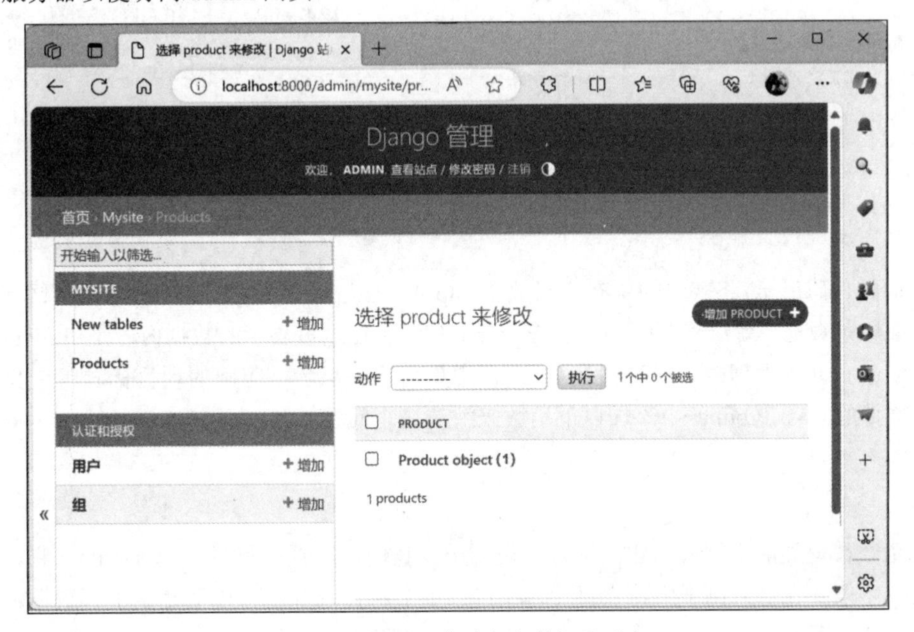

图 4-7　由 ORM 指令加入的记录列表

记录的内容如图 4-8 所示。

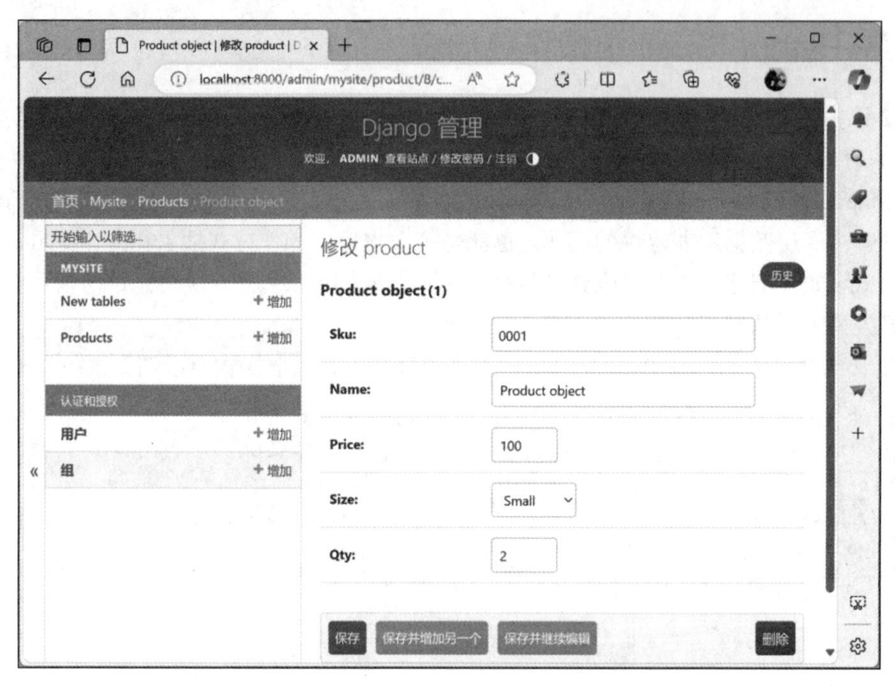

图 4-8　由 ORM 指令加入的记录内容

当然，在 Shell 中也可以显示当前数据库中记录的内容，只要调用 Product.objects.all()函数就可以获取所有的数据。获取的所有数据对象的数据类型是 QuerySet，该数据类型对应的变量就是存储这些数据对象的容器。操作过程如下：

```
(dj4ch04) PS D:\dj4book\dj4ch04> python .\manage.py shell
Python 3.10.8 | packaged by conda-forge | (main, Nov 24 2022, 14:07:00) [MSC v. 1916 64 bit (AMD64)] on win32
Type "help", "copyright", "credits" or "license" for more information.
(InteractiveConsole)
>>> from mysite.models import Product
>>> allp = Product.objects.all()
>>> allp[0]
<Product: Product object (1)>
```

如上面的代码所示，将获取的所有记录放在 allp 中。因为当前只有一项数据，所以只要使用 allp[0]就可以获取这条数据，就像简单的列表操作一样。然而，在这里显示的数据内容是<Product: Product object>，看起来并不太理想。还记得在第 2 课中如何解决显示不明确的项目标题吗？我们可以在 model.py 文件的 class Product 中添加以下函数来解决这个问题：

```
def __str__(self):
    return self.name
```

这个函数在该类的实例被打印出来时会被调用。我们可以直接覆写（Overwrite）它，以显示其中的 name 字段。在这个例子中，它将打印出产品的名称，这样就可以清楚地了解数据记录的内容了。笔者经常使用 Python Shell 的方式来测试数据库的操作。在正式将程序代码编写到 views.py 文件中之前，可以先在 Shell 中使用交互方式来测试自己的数据搜索方法是否正确。

4.2.4　数据的查询与编辑

Django 的 ORM 操作最重要的是找到数据项（记录），把它放入某个变量中，然后就可以对该变量进行任何想要的操作，包括修改其中的内容，只要最后调用了 save()函数，修改的内容就会反映到数据库中。

除之前的 create()、save()和 all()三个函数外，还有其他常用的函数以及可以在函数中使用的修饰词，摘要说明见表 4-4。

表 4-4　Django ORM 常用的函数以及修饰词

函数名称或修饰词	说　明
filter()	返回符合指定条件的 QuerySet
exclude()	返回不符合指定条件的 QuerySet
order_by()	串接到 QuerySet 之后，针对某一指定的字段进行排序
all()	返回所有的 QuerySet
get()	获取符合指定条件的唯一元素，如果找不到或有一个以上符合条件的记录，都会产生 exception
first()/last()	获取第 1 个和最后 1 个元素
aggregate()	可以用来计算获取的所有记录中特定字段的聚合函数
exists()	用来检查是否存在某指令条件的记录，通常附加在 filter()后面
update()	用来快速更新某些数据记录中的字段内容
delete()	删除指定的记录
iexact	不区分字母大小写的条件设置
contains/icontains	设置条件为是否含有某一字符串，类似于 SQL 语句中的 LIKE 和 ILIKE，其中 icontains 表示在进行字符比对时不区分字母大小写
in	提供一个列表，只要符合列表中的任何一个值即可
gt/gte/lt/lte	大于/大于或等于/小于/小于或等于

在表 4-4 中，有一些函数（如 reverse()和 exists()等）可以串接在其他函数后面，用于进一步过滤信息。修饰词是作为参数使用的，在字段名后面加上两个下画线之后再串接，以修饰词的灵活性。例如，在程序中要查找数据库中所有库存少于 2 的二手手机，调用 filter()函数只能设置等号，如果要使用小于 2 的条件，需要进行以下修改：

```
less_than_two = Product.objects.filter(qty__lt=2)
```

在练习之前，别忘记在/admin 管理页面中输入了几笔数据到数据库中，以便更好地理解各个函数和修饰词的实际用途。现在假设我们要编写一个二手手机管理网页，并在数据库中创建了 5 个数据项。此外，在 Product 类中添加了一个 qty 字段，用于记录当前的库存数量（在 models.py 中的设置为：qty = models.IntegerField(default=0)）。添加此字段后，不要忘记执行 makemigrations 和 migrate 操作。下面的程序片段用于显示所有手机的名称、价格和库存数量。

```
(dj4ch04) PS D:\dj4book\dj4ch04> python .\manage.py shell
Python 3.10.8 | packaged by conda-forge | (main, Nov 24 2022, 14:07:00) [MSC v.1916 64
bit (AMD64)] on win32
Type "help", "copyright", "credits" or "license" for more information. (InteractiveConsole)
>>> from mysite.models import Product
>>> allprod = Product.objects.all()
```

```
>>> for p in allprod:
...     print(p.name, ', ', p.price, ', ', p.qty)
...
HTC Magic , 100 , 0
SONY Xperia Z3 , 15000 , 1
Samsung DUOS , 800 , 2
Nokia Xpress 5800 , 500 , 1
Infocus M370 , 1500 , 2
>>>
```

如果想对这些产品信息进行排序，可以在调用 all()时加上 order_by 函数，语句如下：

```
allprod = Product.objects.all().order_by('price')
```

上面这行针对 price 字段从小到大排序，如果在 price 前面加个负号，语句如下：

```
allprod = Product.objects.all().order_by('-price')
```

这时会变为从大到小排序。根据上面的数据内容，我们创建了几个查询范例，并得到了对应的结果，提供给读者参考，如表 4-5 所示。

表 4-5　查询范例说明

想要实现的目标	查询范例和执行结果
获取所有的数据内容	`>>> Product.objects.all()` `<QuerySet [<Product: HTC Magic>, <Product: SONY Xperia Z3>, <Product: Samsung DUOS>, <Product: Nokia Xpress 5800>, <Product: Infocus M370>]>`
找出已经没有库存的二手手机	`>>> Product.objects.filter(qty=0)` `<QuerySet [<Product: HTC Magic>]>`
找出有库存的二手手机	`>>> Product.objects.exclude(qty=0)` `<QuerySet [<Product: SONY Xperia Z3>, <Product: Samsung DUOS>, <Product: Nokia Xpress 5800>, <Product: Infocus M370>]>`
找出价格低于 500 元的二手手机	`>>> Product.objects.filter(price__lte=500)` `<QuerySet [<Product: HTC Magic>, <Product: Nokia Xpress 5800>]>`

算出价格低于 500 元的二手手机有几种	`>>> from django.db.models import Count`
	`>>>Product.objects.filter(price__lte=500).aggregate(Count('qty'))`
	`{'qty__count': 2}`

算出价格低于 800 元的二手手机共有几部	`>>> from django.db.models import Sum`
	`>>> Product.objects.filter(price__lte=800).aggregate(Sum('qty'))`
	`{'qty__sum': 3}`

找出所有品牌为 SONY 的二手手机	`>>> Product.objects.filter(name__icontains='sony')` `<QuerySet [<Product: SONY Xperia Z3>]>`
找出库存为 1 部或 2 部的二手手机	`>>> Product.objects.filter(qty__in=[1,2])` `<QuerySet [<Product: SONY Xperia Z3>, <Product: Samsung DUOS>, <Product: Nokia Xpress 5800>, <Product: Infocus M370>]>`
检查库存中是否有 SONY 品牌的二手手机	`>>> Product.objects.filter(name__contains='SONY').exists()` `True`

在查询数据时，调用 filter()函数会返回一个 QuerySet 列表，而调用 get()函数会返回一个唯一的值。如果在设置的条件下找不到任何数据，filter()函数将返回一个空的 QuerySet 列表，而 get()函数会抛出一个 DoesNotExist 异常。如果设置的条件有多个元素符合条件，get()函数也会抛出异常。因此，通常只有在明确知道该数据只有一条记录的情况下才会调用 get()函数，并且在调用时需要进行适当的异常处理，例如使用 try/except 程序块。正因为如此，在大多数情况下，笔者更倾向于调用 filter()来搜索数据。

4.3 View 简介

View 是 Django 中最重要的程序逻辑所在的地方，网站的大部分程序代码都会放在这里。通常，在接收到来自浏览器的请求后，会在 View 中解析用户的请求，并根据请求的内容存取数据库，获取所需的数据。然后，对数据进行过滤和整理，或者将其传递给模板渲染器进行渲染，再将结果返回给浏览器。所有的程序代码都会以函数的形式存放在 views.py 文件中，并通过 urls.py 文件进行相应的匹配和派发。

4.3.1 建立简易的 HttpResponse 网页

在刚创建好的 Django 网站框架中，views.py 文件的内容通常是空的，只有一行 import（导入）语句：

```
from django.shortcuts import render
```

若要直接将数据显示在网页上，最简单的步骤是先在 urls.py 中设置一个网址对应关系，然后在 views.py 中编写一个函数，通过 HttpResponse 传递要显示的数据。例如，想要创建一个显示个人信息的简单网页并将其放在/about 路径下，可以在 views.py 中编写一个名为 about 的函数，如下所示：

```
from django.shortcuts import render
from django.http import HttpResponse

def about(request):
    html = '''
<!DOCTYPE html>
<html>
<head><title>About Myself</title></head>
<body>
<h2>Min-Huang Ho</h2>
<hr>
<p>
Hi, I am Min-Huang Ho. Nice to meet you!
</p>
</body>
</html>
'''
    return HttpResponse(html)
```

在 about()函数中，不要忘记接收 request 这个参数，该参数记录了来自用户浏览器的请求。在 views.py 的开头，也别忘记导入处理 HTTP 协议的模块，即 HttpResponse。

为了方便编排 HTML 文件的格式，我们在这里使用了 Python 的三引号来定义一个名为 html 的字符串。使用三引号字符串表示法可以包含多行文本内容，排版时更方便。在这里，我们直接编写要输出到网页上的 HTML 源代码内容，最后通过 HttpResponse(html)将其传递出去。

当然，只在 views.py 文件中编写 about()是无法被调用的，正如前文所述，还要在 urls.py 中进行设置。此时，urls.py 文件的内容大致如下：

```
from django.contrib import admin
from django.urls import path
from mysite.views import about

urlpatterns = [
    path('admin/', admin.site.urls),
    path('about/', about),
]
```

程序中的第 3 行从 views.py 中导入 about 这个函数，然后在倒数第 2 行加上 path('about/', about)。这样，当在浏览器中输入 localhost:8000/about 时，将执行 views.py 中的 about 函数，显示结果如图 4-9 所示。

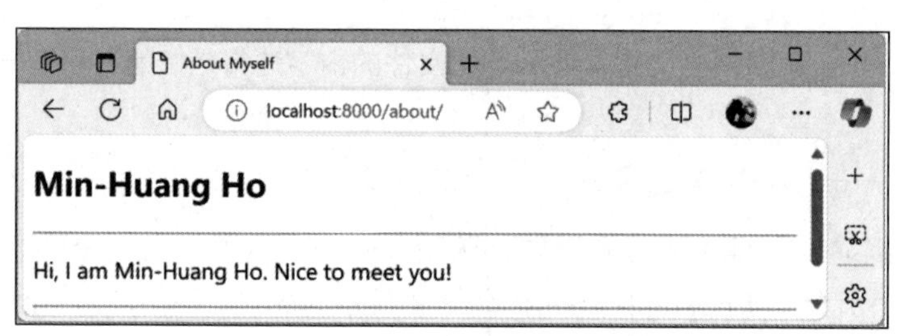

图 4-9　about 函数显示的内容

4.3.2　在 views.py 中显示查询数据列表

本小节示范如何在 views.py 中查询在 models.py 中定义且已存储的数据，并将其显示在用户端的网页上。设置的网址为 localhost:8000/list，显示的结果如图 4-10 所示。

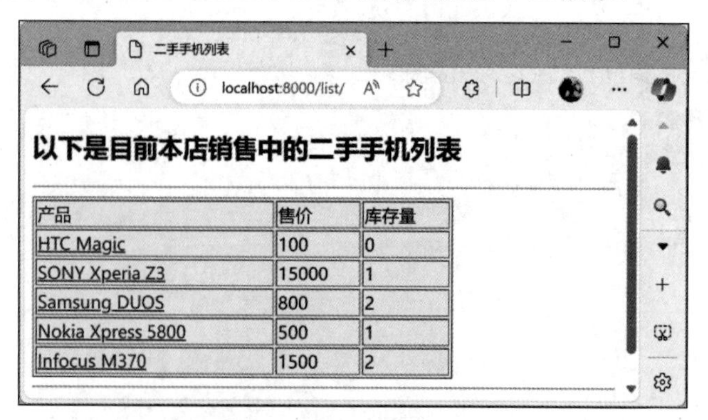

图 4-10　/list 网页显示的内容

同样地，在 views.py 中创建一个处理函数，在这个例子中将其命名为 listing。以下是编写该函数的程序内容（此处省略了之前设计的 about 函数，它位于 listing 函数之后）：

```
from django.http import HttpResponse
from mysite.models import Product

def listing(request):
    html = '''
<!DOCTYPE html>
<html>
<head>
<meta charset='utf-8'>
<title>二手手机列表</title>
</head>
<body>
<h2>以下是目前本店销售中的二手手机列表</h2>
<hr>
<table width=400 border=1 bgcolor='#ccffcc'>
{}
</table>
</body>
</html>
'''
    products = Product.objects.all()
    tags = '<tr><td>产品</td><td>售价</td><td>库存量</td></tr>'
    for p in products:
        tags = tags + '<tr><td>{}</td>'.format(p.name)
        tags = tags + '<td>{}</td>'.format(p.price)
        tags = tags + '<td>{}</td></tr>'.format(p.qty)

    return HttpResponse(html.format(tags))
```

在这个函数的程序代码中，我们定义了一个 HTML 字符串，其中包含要显示的网页的 HTML 内容。与前一个函数不同的是，在 HTML 中，我们准备了一个<table>{}</table>的结构，即将从数据库中获取的数据项放置在表格中。但是，表格的实际内容是在后面的程序代码中准备好之后，再通过字符串的 format 函数把它插入“{}”中。因此，需要先放置一个大括号以供后续使用。

接下来，我们将使用在第 4.2 节中介绍的方法，调用 Product.objects.all()将所有的数据项放入 products 变量中。然后，使用 tags 变量将 HTML 表格的标记和数据排在一起。在函数的最后一行，调用 html.format(tags)将表格的内容放置到 html 字符串的适当位置，然后调用 HttpResponse 函数将其返回给网页服务器。

在 urls.py 文件中，还需要导入 listing 函数，并添加相应的 URL 对应关系。语句如下：

```
from django.contrib import admin
from django.urls import path
from mysite.views import about, listing

urlpatterns = [
    path('admin/', admin.site.urls),
```

```
    path('about/', about),
    path('list/', listing),
]
```

如此就大功告成了！这意味着我们在 listing()函数中从数据表中获取了所有的数据记录，并逐一解析这些记录，然后将其以 HTML 格式放入字符串中。最后，通过 HttpResponse 将这个字符串返回到用户的浏览器，以表格的形式显示出数据库中库存产品的相关数据。

4.3.3 网址栏参数处理的方式

在 4.3.2 节中，从数据库中获取了所有手机产品的数据，并将其组成了一张表。但是，如果要显示的是特定的机型，应该如何处理呢？这个问题需要分两点来思考。第一点，在 views.py 中设置的处理函数必须能够接收参数，这样才能根据这个参数来查找所需的数据并显示出来。第二点，在 urls.py 中的网址对应处，必须具备把参数传递到 views.py 中的能力。

现在来看第一点。在这个例子中，我们设计了另一个名为 disp_detail()的处理函数：

```
from django.http import HttpResponse, Http404
from mysite.models import Product

def disp_detail(request, sku):
    html = '''
<!DOCTYPE html>
<html>
<head>
<meta charset='utf-8'>
<title>{}</title>
</head>
<body>
<h2>{}</h2>
<hr>
<table width=400 border=1 bgcolor='#ccffcc'>
{}
</table>
<a href='/list'>返回列表</a>
</body>
</html>
'''
    try:
        p = Product.objects.get(sku=sku)
    except Product.DoesNotExist:
        raise Http404('找不到指定的产品编号')
        tags = '<tr><td>产品编号</td><td>{}</td></tr>'.format(p.sku)
        tags = tags + '<tr><td>产品名称</td><td>{}</td></tr>'.format(p.name)
        tags = tags + '<tr><td>二手售价</td><td>{}</td></tr>'.format(p.price)
        tags = tags + '<tr><td>库存数量</td><td>{}</td></tr>'.format(p.qty)
        return HttpResponse(html.format(p.name, p.name, tags))
```

延续 listing()函数的设计想法，disp_detail()函数基本上也是用了同样的方法，只是增加了一些技巧。首先，在用 import 的地方多导入了 Http404，用于产生标准的“404 找不到网页”的响应。当出现找不到数据项的情况时（在函数内的 except Product.DoesNotExist 异常处理中），只需调用 raise Http404('要显示的信息')就可以了。

另外，我们在 disp_detail(request, sku)后面多加了一个传入的参数 sku（也就是在数据表中定义的产品编号），通过这个 sku 号码调用 Product.objects.get(sku=sku)来搜索数据。如果找不到，就抛出一个 Http404 异常；如果找到了，就将数据存储在 p 变量中，以备后面取用。其余部分都是调用 format 格式化函数的排版功能，与之前的程序差不多。

那么如何把 sku 编号传送进来呢？可参考更改后的 urls.py 代码：

```
from django.contrib import admin
from django.urls import path
from mysite.views import about, listing, disp_detail

urlpatterns = [
    path('admin/', admin.site.urls),
    path('about/', about),
    path('list/', listing),
    path('list/<str:sku>/', disp_detail),
]
```

留意上述程序的最后一行代码，在这行设置中，在“list/”字符串后面加上了“<str:sku>/”，path 函数使用尖括号<参数类型: 参数名称>来传递网址参数。所以上面代码中<str:sku>的意思是将要传递的内容存放在名为 sku 的变量中，并且传递的内容类型为字符串（str），最后会自动以参数的方式依次传递到后面的 disp_detail 函数中，因为在 views.py 中的 disp_detail 函数只接受一个自定义参数 sku（request 是固定的，不计在内），参数名称要与<str:sku>中的参数名称相同，在这个例子中参数名称是 sku。

直白地说，'list/<str:sku>/' 的意思是：如果网址栏出现/list/开头的字符串，在最后一个除号之前如果有以数字或字母组成的字符串并且存储在 sku 变量中，就把这个字符串提取出来作为参数传送给 disp_detail 函数。图 4-11 和图 4-12 是浏览时找到产品和找不到产品时显示的网页。

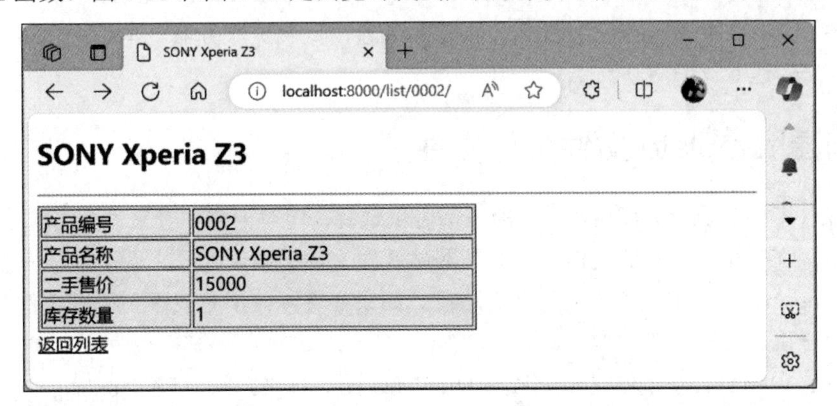

图 4-11　找到产品 0002 时显示的网页

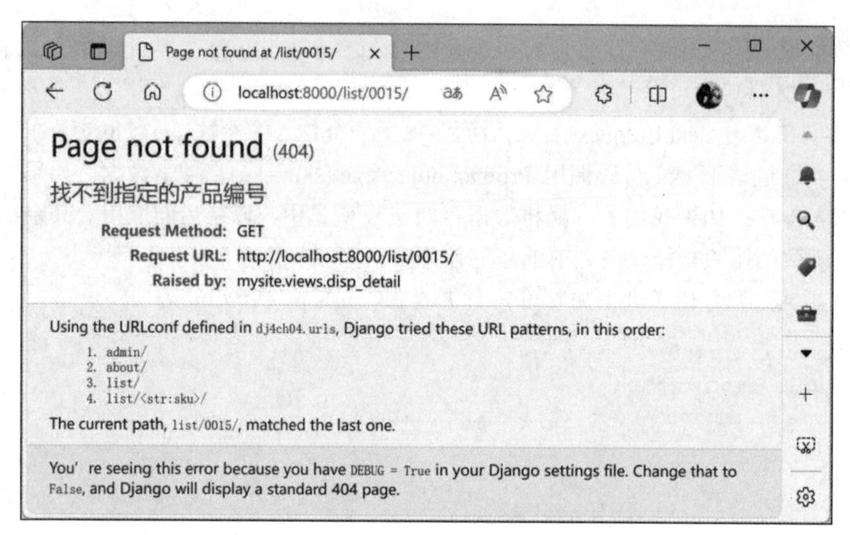

图 4-12 找不到产品 0015 时显示的网页

相信到此为止，读者对于如何获取网址参数以及如何在 views.py 中提取在 models.py 中定义的数据已经有相当的了解了。然而，如果要显示网页，如果每次都像这样手动输入 HTML 标记，将会非常烦琐且容易出错。为了提高工作效率，制作网站当然不能手动使用 format 函数来“渲染”网页，而应该采用模板（Template）的方式，可参考 4.4 节的说明。

4.4 模板简介

经过 4.3 节的学习，相信读者对于处理 HTML 内容可能感到有些困惑，难道显示一个网页非要这么麻烦吗？当然不是。要建立专业的网站，必须使用高级功能的模板网页显示方法。这意味着将 HTML 文件另存为模板文件，然后将要在网页中显示的数据以变量的形式传递给渲染器，让渲染器根据变量内容和指定的模板文件进行整合，再将结果输出到网页服务器。本节将介绍如何使用模板（Template）来构建专业的网站。

4.4.1 创建 template 文件夹与文件

模板渲染（即网页显示）有很多不同的引擎可供选择，但对于初学者来说，使用 Django 默认的引擎就足够了。在使用模板功能之前，需要在网站开发文件夹中创建一个用于存放模板文件的文件夹，并在 settings.py 文件中设置该文件夹的路径。如果在实际使用时找不到模板文件，则需要检查路径设置是否正确。

首先，在当前项目目录下创建一个名为 templates 的文件夹，它应该与 manage.py 和 db.sqlite3 处于同一级目录。然后，在 settings.py 文件中找到 TEMPLATES 的设置，在 DIRS 中原本空的[]中填入当前网站项目所在位置的 BASE_DIR / 'templates'。具体语句如下：

```
TEMPLATES = [
    {
        'BACKEND': 'django.template.backends.django.DjangoTemplates',
```

```
        'DIRS': [BASE_DIR / 'templates'],
        'APP_DIRS': True,
        'OPTIONS': {
            'context_processors': [
                'django.template.context_processors.debug',
                'django.template.context_processors.request',
                'django.contrib.auth.context_processors.auth',
                'django.contrib.messages.context_processors.messages',
            ],
        },
    },
]
```

接着在 templates 文件夹中创建一个 about.html 文件，语句如下：

```
<!-- about.html -->
<!DOCTYPE html>
<html>
<head>
   <meta charset='utf-8'>
   <title>About Myself</title>
</head>
<body>
<h2>Min-Huang Ho</h2>
<hr>
<p>
Hi, I am Min-Huang Ho. Nice to meet you!
</p>
<em>今日佳句: {{ quote }}</em>
</body>
</html>
```

这是 about 函数中 html 变量的内容，但是在后面我们添加了一个“今日佳句”功能，将 quote 变量放置在“{{ }}”中，这样在打开网页时就可以显示出来了。

4.4.2　把变量传送到 template 文件中

要使用模板渲染功能，需要在 views.py 文件的最前面导入 render 模块。这个模块通常在创建文件时就会默认导入 views.py 中。由于我们在 about 函数中还使用了随机数功能，因此 views.py 的导入部分现在如下：

```
from django.shortcuts import render
from django.http import HttpResponse, Http404
import random
from mysite.models import Product
```

接着在 about 函数中进行如下更改：

```
def about(request):
   quotes = ['今日事，今日毕',
             '要怎么收获，先那么栽',
```

```
            '知识就是力量',
            '一个人的个性就是他的命运']
    quote = random.choice(quotes)
    return render(request, 'about.html', locals())
```

在上述程序中，先声明一个列表变量 quotes，列表内有我们想要随机显示的一些名言佳句。接着，将该列表变量 quotes 作为 random.choice()函数的参数，这样每次调用 about 函数时，random.choice()函数就会从 quotes 列表中随机选择一个句子。然后，将选中的句子赋值给变量 quote。最后，调用 render 函数将要生成的响应结果传送给用户的 request 参数，并指定要渲染的模板 about.html，同时将 quote 变量一同传送过去。

我们调用 locals()方法作为要渲染的内容，在 render 方法中，假如要渲染的内容需要以字典的方式传送，而 locals()方法会自动帮我们把所有局部变量与变量内的值转成字典形式。以上述例子来看，假设后来随机选到的是 '今日事，今日毕'，那么 locals()会把变量 quotes 与 quote 变成{{'quotes':['今日事，今日毕', '要怎么收获，先那么栽', …]}, 'quote': '今日事，今日毕'}}，然后将它渲染到 about.html 内，最后取出需要使用的 quote 变量的内容就可以了。执行的结果如图 4-13 所示。

图 4-13　调用 render 函数之后 about 网页程序的执行结果

同样的方法也可以用到 disp_detail 函数中。也就是先创建一个 disp.html 文件，语句如下：

```
<!-- disp.html -->
<!DOCTYPE html>
<html>
<head>
<meta charset='utf-8'>
<title>{{p.name}}</title>
</head>
<body>
<h2>{{p.name}}</h2>
<hr>
<table width=400 border=1 bgcolor='#ccffcc'>
{{tags}}
</table>
<a href='/list'>返回列表</a>
</body>
</html>
```

然后把 disp_detail 函数改写如下：

```
def disp_detail(request, sku):
    try:
        p = Product.objects.get(sku=sku)
        except Product.DoesNotExist:
            raise Http404('找不到指定的产品编号')
        tags = '<tr><td>产品编号</td><td>{}</td></tr>'.format(p.sku)
        tags = tags + '<tr><td>产品名称</td><td>{}</td></tr>'.format(p.name)
        tags = tags + '<tr><td>二手售价</td><td>{}</td></tr>'.format(p.price)
        tags = tags + '<tr><td>库存数量</td><td>{}</td></tr>'.format(p.qty)
        return render(request, 'disp.html', locals())
```

执行的结果如图 4-14 所示。

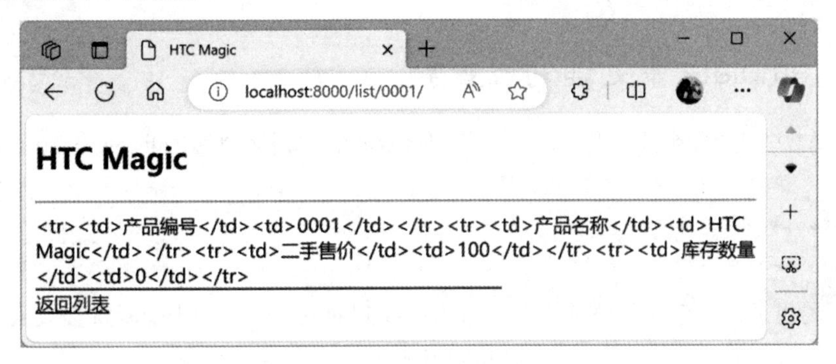

图 4-14　render 时默认不把 HTML 标记当作标记

出现了一些问题，主要是因为在渲染时，render 函数将变量中的内容视为普通字符而不是 HTML 标记，导致显示如图 4-14 所示。其实，在这个例子中，与网页呈现相关的处理本不应该在 views.py 中进行（即不应该在 views.py 的数据中添加 HTML 标记），而应该放回到模板文件中进行。因此，我们需要将变量传入 disp.html 程序中，并在 disp.html 中使用模板命令进行处理。新版本的 disp_detail 函数应该修改为以下形式：

```
def disp_detail(request, sku):
    try:
        p = Product.objects.get(sku=sku)
        except Product.DoesNotExist:
            raise Http404('找不到指定的产品编号')
        return render(request, 'disp.html', locals())
```

而 disp.html 的内容如下：

```
<!-- disp.html -->
<!DOCTYPE html>
<html>
<head>
<meta charset='utf-8'>
<title>{{p.name}}</title>
</head>
<body>
<h2>{{p.name}}</h2>
<hr>
```

```
<table width=400 border=1 bgcolor='#ccffcc'>
<tr><td>产品编号</td><td>{{p.sku}}</td></tr>
<tr><td>产品名称</td><td>{{p.name}}</td></tr>
<tr><td>二手售价</td><td>{{p.price}}</td></tr>
<tr><td>库存数量</td><td>{{p.qty}}</td></tr>
</table>
<a href='/list'>返回列表</a>
</body>
</html>
```

如此，就可以出现如图 4-11 所示的页面，确实将存取数据的逻辑和设计显示网页内容的部分完全分隔开，使程序变得更简洁且易于理解。

4.4.3　在 template 中处理列表变量

在 listing 函数中要显示全部数据项列表，该如何编写呢？先来看新版的 listing 函数的内容：

```
def listing(request):
    products = Product.objects.all()
    return render(request, 'list.html', locals())
```

秉持前面的思维，程序变得非常简单，只需把找到的 products 列表变量直接放入 template 中即可。而真正显示内容格式的部分则放在 list.html 中执行，具体语句如下：

```
<!-- list.html -->
<!DOCTYPE html>
<html>
<head>
<meta charset='utf-8'>
<title>二手手机列表</title>
</head>
<body>
<h2>以下是目前本店销售中的二手手机列表</h2>
<hr>
<table width=400 border=1 bgcolor='#ccffcc'>
    <tr><td>产品</td><td>售价</td><td>库存量</td></tr>
{% for p in products %}
    <tr>
        <td>{{p.name}}</td>
        <td>{{p.price}}</td>
        <td>{{p.qty}}</td>
    </tr>
{% endfor %}
</table>
</body>
</html>
```

因为 products 是一个列表变量，所以在真正显示内容之前，可以使用模板的循环指令{% for %}/{% endfor %}。其中，{% %}符号是用于下达 template 指令的地方，常用的指令有 for 和 if 语句，要注意的是，在 endfor 中间没有空格。

使用{% for p in products %}基本上和 Python 处理 for 循环时是一样的，它会逐一把 products 列表中的每个元素取出并放入变量 p 中。接着，我们可以在适当的 HTML 标记中使用{{}}插入变量内容并显示出。如此，就可以很轻松地显示出所有的数据项列表了。显示出来的内容和图 4-10 一样，但是程序的内容简洁多了。

4.5　本课范例网站的最终版本摘要

本节为本章的范例网站加入 index，也就是首页的内容，index.html 的内容如下（把原本在 about.html 中的名言佳句改到 index.html 中了）：

```
<!-- index.html -->
<!DOCTYPE html>
<html>
<head>
   <meta charset='utf-8'>
   <title>Welcome to mynewsite</title>
</head>
<body>
<h2>Welcome to mynewsite</h2>
<hr>
<ul>
   <li><a href='/list'>二手手机列表</a></li>
   <li><a href='/about'>关于我</a></li>
</ul>
<hr>
<em>今日佳句: {{ quote }}</em>
</body>
</html>
```

urls.py 的设置如下，其中包括首页（/）、后台管理页面（/admin/）、关于作者（/about/）、二手手机列表（/list/）、各个二手手机详细数据显示（/list/0001/）等：

```
from django.contrib import admin
from django.urls import path
from mysite.views import about, listing, disp_detail, index

urlpatterns = [
   path('admin/', admin.site.urls),
   path('about/', about),
   path('list/', listing),
   path('list/<str:sku>/', disp_detail),
   path('', index)
]
```

about.html 的内容相对简单，但是比起前面的内容多加了一个回到首页的链接：

```
<!-- about.html -->
<!DOCTYPE html>
```

```
<html>
<head>
   <meta charset='utf-8'>
   <title>About Myself</title>
</head>
<body>
<h2>Min-Huang Ho</h2>
<hr>
<p>
Hi, I am Min-Huang Ho. Nice to meet you!
<hr>
<a href='/'>回首页</a>
</body>
</html>
```

在显示所有二手手机产品列表的 list.html 网页文件中，我们增加了对应每个产品的链接。这些链接将以 sku 编号作为参数链接到 list/sku 页面。这种方式在网站设计中非常常见，注意以下编写方式：

```
<!-- list.html -->
<!DOCTYPE html>
<html>
<head>
<meta charset='utf-8'>
<title>二手手机列表</title>
</head>
<body>
<h2>以下是目前本店销售中的二手手机列表</h2>
<hr>
<table width=400 border=1 bgcolor='#ccffcc'>
   <tr><td>产品</td><td>售价</td><td>库存量</td></tr>
{% for p in products %}
   <tr>
      <td>
         <a href='/list/{{p.sku}}/'>{{p.name}}</a>
      </td>
      <td>{{p.price}}</td>
      <td>{{p.qty}}</td>
   </tr>
{% endfor %}
</table>
<hr>
<a href='/'>回首页</a>
</body>
</html>
```

显示单一产品详细内容的 disp.html 网页文件如下：

```
<!-- disp.html -->
<!DOCTYPE html>
<html>
<head>
```

```
<meta charset='utf-8'>
<title>{{p.name}}</title>
</head>
<body>
<h2>{{p.name}}</h2>
<hr>
<table width=400 border=1 bgcolor='#ccffcc'>
<tr><td>产品编号</td><td>{{p.sku}}</td></tr>
<tr><td>产品名称</td><td>{{p.name}}</td></tr>
<tr><td>二手售价</td><td>{{p.price}}</td></tr>
<tr><td>库存数量</td><td>{{p.qty}}</td></tr>
</table>
<a href='/list'>返回列表</a>
</body>
</html>
```

在使用 template 网页显示的技巧之后，views.py 网页文件中的各个函数就变得非常简单了。修正后的新版 views.py 内容如下：

```
from django.shortcuts import render
from django.http import HttpResponse, Http404
import random
from mysite.models import Product

def index(request):
    quotes = ['今日事，今日毕',
              '要怎么收获，先那么栽',
              '知识就是力量',
              '一个人的个性就是他的命运']
    quote = random.choice(quotes)
    return render(request, 'index.html', locals())

def about(request):
    return render(request, 'about.html', locals())


def listing(request):
    products = Product.objects.all()
    return render(request, 'list.html', locals())

def disp_detail(request, sku):
    try:
        p = Product.objects.get(sku=sku)
    except Product.DoesNotExist:
        raise Http404('找不到指定的产品编号')
    return render(request, 'disp.html', locals())
```

运行本网站后，首页如图 4-15 所示，通过其链接，可以调用其他网页的所有功能。其他高级的 Django 网站技巧将在后面的章节中陆续说明。

图 4-15　mynewsite 项目的网站首页

4.6 本 课 习 题

1．简述使用 Django 框架开发网站的步骤。

2．试说明在 models.py 中定义的类，如何让类的实例可以在打印的时候显示出想要呈现的数据。

3．试说明 makemigrations 和 migrate 两个命令的差别在哪里？

4．在 urls.py 中对应网址时，如何取出参数传送给处理函数？

5. 在 settings.py 文件中设置样板文件的目录地址时，使用 BASE_DIR / 'templates'的作用是什么？

第 5 课

网址的对应与委派

5

对于网站制作来说，网址的对应是一项非常重要的工作，因为它是用户通过浏览器访问网站的第一步。网址的内容通常指的是浏览者想要浏览的项目。我们需要根据网址的内容来编排网址和接收网址的形式，并将信息委派给适当的处理函数（views.py）。这也是本堂课的教学重点。需要特别注意的是，自 Django 2.0 开始，网址的对应和委派方法进行了大幅度的简化。原有的委派方法仍然保留，但在操作上需要进行一些调整。在本堂课中，我们将详细说明它们之间的差异性。

本堂课的学习大纲

- Django 网址架构
- 高级设置技巧

5.1 Django 网址架构

Django 与使用 PHP 网站的不同之处在于：在 Django 中，所有内容都是以一般的路径网址来表示的。在网址中，基本上不会出现文件名（例如 index.php），也不会有特殊符号，看起来非常像典型的网址字符串，内容如何解析将完全由网站设计者决定，因此具有非常大的弹性。

5.1.1 URLconf 简介

Django 使用 URLconf 这个 Python 模块作为网址的解析器，并将其对应到 views.py 中函数的主要处理程序。由于 Django 是使用 Python 语言编写的，因此在网址的设置和委派上具有很大的灵活性。在 Django 2.0 之前，网址的对应主要通过正则表达式（Regular Expression）来设置网址的内容及其对应的参数格式。而在 Django 2.0 之后，则通过定义的路由字符串进行解析。在使用之前，需要先确定使用哪种方式。URLconf 处理网址的步骤如下：

步骤01 到 settings.py 中找到 ROOT_URLCONF 的设置，决定要使用哪一个模块。一般来说，大部分网站都不需要修改这个地方的设置。

步骤02 加载前面所指定的模块，然后找到变量 urlpatterns，根据其中的设置找到对应要处理的网址与函数，它必须是 django.urls.path 或 django.urls.re_path（兼容于 2.0 之前的设置方式）的执行实例的 Python 列表内容，也就是要以标准的列表数据类型格式来编辑。

步骤03 按照 urlpatterns 中的顺序，一个一个往下核对网址和路由字符串中的设置 pattern。

步骤04 发现第一个符合的设置后，先以 HttpRequest 的一个实例作为第一个参数，然后把在解析网址中发现的参数按照顺序传送给后面的处理函数。如果在网址设置中存在对应的参数，则以参数形式传递过去。在这个过程中，实际上是连接到 views.py 中函数调用程序。当找到一个符合的网址设置后，URLconf 就不会再继续查找了。因此，在 urls.py 中，path 设置的顺序也比较关键。

步骤05 如果找不到符合的 pattern，就会抛出一个异常，交由异常处理程序来处理。

假设我们在本堂课的一开始使用 django-admin startproject dj4ch05 创建了一个新的网站项目，这个新项目的 settings.py 设置中有一行指令：

```
ROOT_URLCONF = 'dj4ch05.urls'
```

这个设置指定了网站系统一开始要搜索的文件，默认值是网站项目名称（在此例中为 dj4ch05）下的 urls.py。因此，第一步是找到并打开 urls.py 文件进行编辑。如果需要其他的网址设置，也可以在这里进行修改和编辑。

在 urls.py 文件中找到 urlpatterns 这个列表，并对其进行编辑，将所需的网址和函数写入其中。这也是我们在前几堂课中所进行的操作。一般来说，网址的对应关系可以看作整个网站的基本设置，因此 urls.py 和 settings.py 文件通常放在同一级文件夹中。对于一个刚开始构建的 Django 网站，其最初的 urls.py 内容如下：

```
from django.urls import path
from django.contrib import admin

urlpatterns = [
    path('admin/', admin.site.urls),
]
```

第一行是加载用于处理 url 的专用模块，而第二行用于导入处理 Django 附带的后台管理网页模块 admin。由于这是 admin 的设置，因此在 urlpatterns 列表变量的设置中，若网址是以 admin/开头的，则直接以 admin.site.urls 中的设置为准（admin 界面有自己的网址对应，编写在其他的网址文件中）。其他的网址设置只要没有冲突，放在这一行之前或之后都可以。

接下来，使用 python manage.py startapp mysite 创建了这个新项目的第一个 App 文件夹（记得在 settings.py 的 INSTALLED_APPS 加入该 App），并在 views.py 中定义了一个处理首页显示的函数，假设叫作 homepage，那么上述设置需要更改如下：

```
from django.contrib import admin
from django.urls import path
from mysite import views

urlpatterns = [
    path('admin/', admin.site.urls),
    path('', views.homepage),
]
```

在 Django 2.0 后，改用 path()来进行网址委派（2.0 之前版本的设置方式改为 re_path）。在上述程序中有两个参数：第一个参数是我们要定义的路由字符串，也就是网址对应的字符串（在上面的例子中为空字符串“''”）；当网址与 path 的对应字符串匹配时，将调用指定的 views 中的函数 homepage(views.homepage)，该函数就是第二个参数。因此，在 path()中需要有对应的路由字符串以及在路由字符串与网址匹配后所要指定前往执行的函数。

在 Django 2.0 之前都是使用正则表达式来实现网址委派的。之后的 Django 保留了之前所使用的正则表达式版本实现网址委派。如果要将原来的 path()模块改为 re_path()模块才能使用正则表达式，则需要进行如下更改：

```
from django.urls import re_path
...
urlpatterns = [
    ...
    re_path(r'^$', views.homepage),
]
```

或者如下更改：

```
from django.conf.urls import include, re_path
from django.contrib import admin
from mysite import views

urlpatterns = [
    re_path(r'^$', views.homepage),
    re_path(r'^admin/', include(admin.site.urls)),
]
```

其中，字符串前面的“r”是要求 Python 解释器保持后面字符串的原貌，不要试图处理任何转义字符，这是使用正则表达式解析字符串时的一种“保险”方式。而“^”符号表示接下来的字符定义了起始字符串，而“$”表示结尾字符串。起始和结尾放在一起，中间没有任何字符的设置，就表示首页“/”。特别要注意的是，如果在“^”和“$”之间加入一个“/”，那么反而会出错，要使用“localhost:8000//”，后面再加两个斜杠（“//”）才可以委派到 homepage 函数。初学者经常在此处犯错误，要特别留意。

然后在 views.py 中编写 homepage 函数，即可顺利在首页显示“Hello world!”，具体语句如下：

```
from django.shortcuts import render
from django.http import HttpResponse

def homepage(request):
    return HttpResponse("Hello world!")
```

综上所述，只要在 views.py 中定义了要处理的函数，然后在 urlpatterns 中建立正确的网址对应，就可以让网站的各个网页顺利地运行。

5.1.2　委派各个网址到处理函数

在 Django 改版为 2.0 之后，网址委派的路由改用字符串与路径转换器（Path Converter）而非正则表达式，原因在于使用字符串作为路由比使用正则表达式更简单、简短且限制更少。路径转换器是当网址要携带参数给函数时路由所要定义的内容。例如把 http://(你的网址)/about 委派到 about 函数，把 http://(你的网址)/list 委派到 listing 函数，只要将 urlpatterns 写入如下内容即可：

```
urlpatterns = [
   path('admin/', admin.site.urls),
   path('', views.homepage),
   path('about/', views.about),
   path('list/', views.listing),
]
```

值得注意的是，在 about、list 后面的“/”非常重要，每个 pattern 都必须以“/”作为结束符，如果没有加上这个符号，就无法正确地定位。在输入网址时，即使没有加入“/”，“/”也会自动被加入，上面这个设置值的第 3 行和第 4 行分别有以下 4 个网址可以匹配：

```
localhost:8000/about, localhost:8000/about/
localhost:8000/list, localhost:8000/list/
```

在这种情况下，如果想要设置一个通用的 about 网页，例如某个网页上有 4 位共同作者，每位作者的编号分别是 0~3，希望能够分别找出如下网址：

```
localhost:8000/about/0
localhost:8000/about/1
localhost:8000/about/2
localhost:8000/about/3
```

则可以使用如下 pattern 来实现：

```
path('about/<int:author_no>', views.about),
```

此时，在 views.py 的 about 函数中需要设置一个自变量来接收传送进来的参数，如下所示：

```
def about(request, author_no):
   html = "<h2>Here is Author:{}'s about page!</h2><hr>".format(author_no)
   return HttpResponse(html)
```

执行的结果如图 5-1 所示。

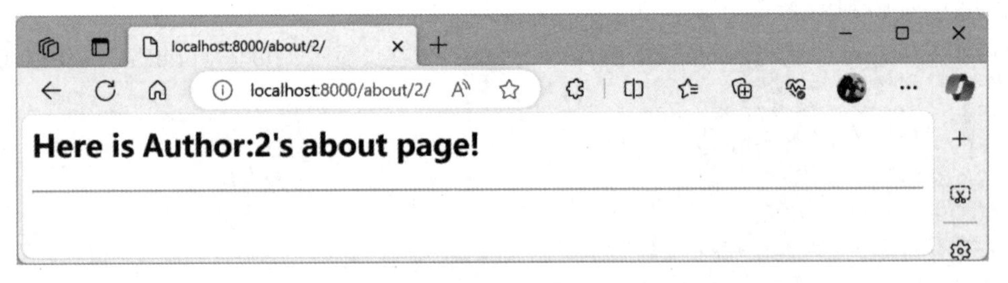

图 5-1　about 自定义网址的 about 网页执行结果

在上面的 path 中，使用<int:author_no>作为参数进行传送，就是前面所提到的路径转换器的功能，在 pattern 中使用一般的字符串作为网址的对应，而不是使用正则表达式。因此，当网址有参数传送的需求时，将想要传送的参数使用尖括号“< >”括住，尖括号内第一个设置值是参数类型，第 2 个设置值即为要使用的变量名称，也就是“<参数类型:变量名称>”的格式。

以前面的<int:author_no>为例，网址传送参数时，只接收整型（int）的参数，然后将参数存放到名称为 author_no 的变量中，之后传送到 views.py 程序文件的 about 函数中。需要注意的是，views 中的函数定义接收网址传来的变量名称，需要与 path 中使用路径转换器定义的变量名称一致，例如在<int:author_no>中，变量名称为 author_no，因而对应的函数为 about(request, author_no)，其中所接收的变量就是 author_no。

路径转换器可以使用的参数类型如表 5-1 所示。

表 5-1　路径转换器所使用的参数类型

符　　号	说　　明
str	对应参数为字符串，例如 hello
int	对应参数为整数，例如 100
slug	对应 ASCII 所组成的字符或符号（如参数有连字符或下画线等），例如 building-your-1st-django-site
uuid	对应 uuid 所组成的格式字符串，例如 075194d3-6885-417e-a8a8-6c931e272f00
path	对应完整的 URL 路径，把网址中的“/”视为参数，而非 URL 片段，上述参数都为 path 参数

再举一个例子，在网站中经常会按照时间分类来存取数据，类似的网址可能如下：

```
http://localhost:8000/list/2022/11/28
```

表示要取出所有该日期中相关的数据或信息做一个列表，或者：

```
http://localhost:8000/post/2022/11/28/01
```

要取出当日编号为 01 的文章，像这样的网址该如何设计 urlpattern 呢？我们观察发现，无论是年、月或日，它们的类型都是整数，而 list 与 post 的差别就是后者多一个参数。综上所述，这两个 pattern 分别如下：

```
path('list/<int:yr>/<int:mon>/<int:day>/', views.listing),
path('post/<int:yr>/<int:mon>/<int:day>/<int:post_num>/', views.post),
```

在 views.py 中的函数内容分别如下：

```
def listing(request, yr, mon, day):
    html = "<h2>List Date is {}/{}/{}</h2><hr>".format(yr, mon, day)
    return HttpResponse(html)


def post(request, yr, mon, day, post_num):
    html = "<h2>{}/{}/{}:Post Number:{}</h2><hr>".format(yr, mon, day, post_num)
    return HttpResponse(html)
```

执行结果如图 5-2 和图 5-3 所示。

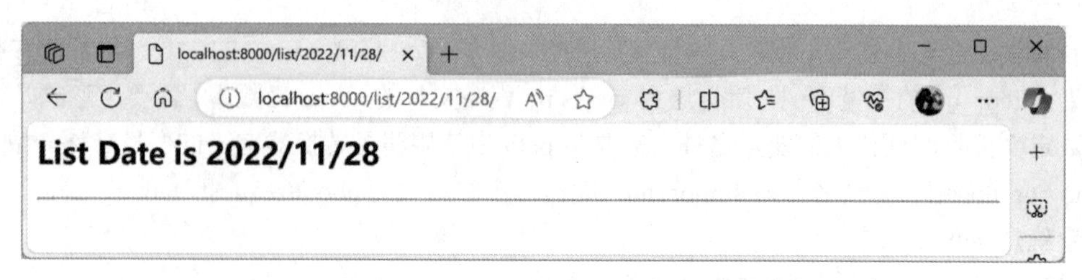

图 5-2　取出 List Date 的网页浏览结果

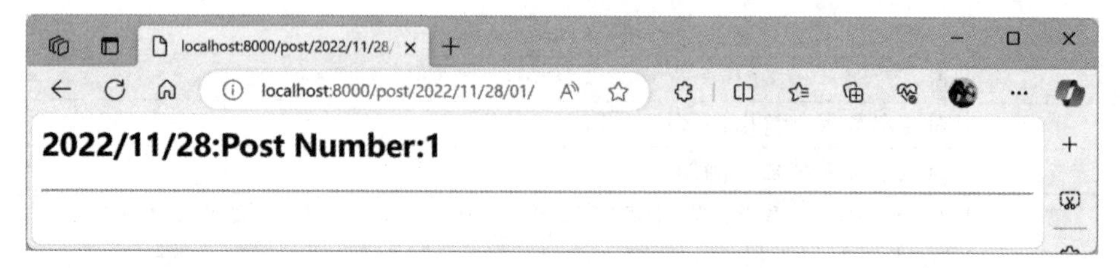

图 5-3　取出 Post Date 的网页浏览结果

最后，值得一提的是，传统上用来查询特定数据（POST 和 GET）的一些网址格式，如 http://localhost:8000/?page=10 这种格式，Django 会忽略它，不予处理，它的结果和 http://localhost:8000/ 是一样的，读者可以自行测试看看。

5.1.3　urlpatterns 的正则表达式语法说明（适用于 Django 2.0 以前的版本）

由于兼容性的需求，有许多模块以及现有的 Django 程序代码仍然使用的是旧版的正则表达式方式进行网址的对应与委派的，所以我们仍然有了解这种设置方式的需要。那么，有哪些正则表达式可以在 urlpatterns 中使用呢？基本上几乎所有的正则表达式符号都可以使用。在此，对常用在网址上的符号进行整理，如表 5-2 所示（表格中的“...”表示忽略其中的字符串不讨论）。

表 5-2　urlpatterns 中正则表达式中符号的说明

符　号	说　明
^	指定起始字符或字符串，如放在[]中表示否定
$	指定终止符或字符串
.	任何一种字符都符合
所有的字母以及数字（含“/”号）	对应到原有的字符
[…]	方括号中的内容用来表示一个字符的格式设置
\d	任何一个数字字符，等于[0-9]
\D	非数字的字符，等于[^0-9]
\w	任何一个字母或数字字符，等于[a-zA-Z0-9_]
\W	任何一个非上述的字符，等于[^a-zA-Z0-9_]
?	代表前面一个字符样式可以重复出现 0 次或 1 次
*	代表前面一个字符样式可以重复出现 0 次或 0 次以上
+	代表前面一个字符样式可以重复出现 1 次或 1 次以上
{m}	花括号中间的数字 m，代表前一个字符可以出现 m 次

（续表）

符　号	说　明
{m,n}	代表前一个字符可以出现 m~n 次
|	或，即两种格式设置任意一种都可以
(…)	若圆括号中间匹配，则取出成为一个参数
(?P<name>…)	同上，但是指定此参数名称为 name

简单的对应方式是直接使用文字内容，例如把 localhost/about 委派到 about 函数，把 localhost/list 委派到 listing 函数，只要直接编写为 urlpatterns 即可（注意，网址的设置函数在此已改为 re_path，而不是 path 或 url 了），语句如下：

```
urlpatterns = [
    re_path(r'^$', views.homepage),
    re_path(r'^about/$', views.about),
    re_path(r'^list/$', views.listing),
    re_path(r'^admin/', include(admin.site.urls)),
]
```

值得注意的是，在 about、list 后面的“/”和“$”非常重要。“/”会在输入网址的时候自动被加入。如果没有加上这个符号，就无法正确地定位，而“$”表示在“/”后面再加上其他字符，这就不是我们想要解析使用的网址了，因此上面这个设置值的第 2 行和第 3 行分别有以下 4 个网址可以匹配：

```
localhost:8000/about, localhost:8000/about/
localhost:8000/list, localhost:8000/list/
```

以 about 为例，如果没有加上“$”，那么以“about/”开始的网址都匹配，这也是 admin 的作用，语句如下：

```
localhost:8000/about/, localhost:8000/about/1
localhost:8000/about/xyz, localhost:8000/about/xyz/def/abc...
```

假设在 about 后面连“/”也不加上去，语句如下：

```
re_path(r'^about', views.about),
```

那么只要是 about 开头的网址，都会匹配这个样式的设置，语句如下：

```
localhost:8000/about, localhost:8000/about/
localhost:8000/about123..., localhost:8000/aboutxyz
```

在这种情况下，如果我们想要设置一个通用的 about 网页，例如某个网页上有 4 位共同的作者，作者的编号分别是 0~3，我们希望分别找出如下网址：

```
localhost:8000/about/0
localhost:8000/about/1
localhost:8000/about/2
localhost:8000/about/3
```

可以使用如下 pattern 来完成：

```
re_path(r'^about/[0|1|2|3]/$', views.about),
```

同上，在接收此网址的时候，希望能够把 0~3 当作参数传送到 views.about 函数中，那么只要在“[0|1|2|3]”外面加上一个小括号即可，语句如下：

```
re_path(r'^about/([0|1|2|3])/$', views.about),
```

此时在 views.py 中的 about 函数要设置一个自变量来接收传送进来的参数，语句如下：

```
def about(request, author_no):
    html = "<h2>Here is Author:{}'s about page!</h2><hr>".format(author_no)
    return HttpResponse(html)
```

执行的结果即如之前的图 5-1 所示。

读者可以试试上述网址设置，在 about 后面只接收数字 0~3，其他字符以及数字均不接收，即使是 localhost:8000/about/001 也不行。因为网址均被当作文字而非数字处理，所以 001 并不会被转换为 1。

在上例中的 about(request, author_no)函数中，author_no 可以任意识别名称，无论叫什么名字，它都会接收在 urlpatterns 中匹配的样式的第一个匹配的子样式。如果要取出的子样式比较多，一般会在参数传送的设置中先设置要传送的参数名称，以增加程序的可读性，语句如下：

```
re_path(r'^about/(?P<author_no>[0|1|2|3])/$', views.about),
```

如果在此设置子样式的名称，那么在 views 相对应的函数中一定要使用相同的名称才可以。

再举一个例子，在网站中经常会有按照时间分类存取数据或信息的情况，类似的网址可能如下：

```
http://localhost:8000/list/2023/05/12
```

表示要取出所有该日期中相关的数据或信息做一个列表，或者：

```
http://localhost:8000/post/2023/05/12/01
```

表示要取出当日编号为 01 的文章，像这样的网址应该如何设计 urlpattern 呢？首先是年份的部分，公元年份一定是 4 位数没有问题，而月份有可能是 1 位数，也有可能是 2 位数，另外，日期是一样的。至于在显示单一文章时，后面的编号可以接受多少位数也是要考虑的，在此假设最多 3 位数。综上所述，此处的两个 pattern 分别如下：

```
re_path (r'^list/(?P<list_date>\d{4}/\d{1,2}/\d{1,2})$', views.listing),
re_path (r'^post/(?P<post_data>\d{4}/\d{1,2}/\d{1,2}/\d{1,3})$', views.post),
```

在 views.py 中的函数内容分别如下：

```
def listing(request, list_date):
    html = "<h2>List Date is {}</h2><hr>".format(list_date)
    return HttpResponse(html)

def post(request, post_data):
    html = "<h2>Post Data is {}</h2><hr>".format(post_data)
    return HttpResponse(html)
```

执行结果如图 5-4 所示。

图 5-4　取出 Post Data 的网页浏览结果

不过，我们会在网址中更进一步解析，以方便在函数中处理时使用。以上述 post 函数为例，我们会把 urlpatterns 的各子样式都取出来，语句如下：

```
re_path(r'^post/(\d{4})/(\d{1,2})/(\d{1,2})/(\d{1,3})$', views.post),
```

然后在 views.post 中使用以下程序代码：

```
def post(request, yr, mon, day, post_num):
    html = "<h2>{}/{}/{}:Post Number:{}</h2><hr>".format(yr, mon, day, int(post_num))
    return HttpResponse(html)
```

等于分别取出年、月、日以及文章的编号，如此在进行数据库文章搜索的时候，更方便程序的编写。修正后的网页执行结果如图 5-5 所示。

图 5-5　取出网址参数值的浏览结果

5.1.4　验证正则表达式设计 URL 的正确性

在辛苦地设计了 URL 正则表达式后，如果没有按照我们心中预想的那样运行，那么会让网站的运行得到预料之外的结果。因此，在设计完这些 URL 的正则表达式后，最好能够验证一下。其中，顺序也非常重要，因为 Django 是以先匹配先执行的方式来选择要使用的处理函数的，如果有两个网址的设计都匹配同样的 Pattern，那么放在后面的语句将永远不会被执行。

对于许多初学者来说，要用头脑思考正规表达式的正确性的确不太容易，所幸网络上有许多免费的资源可以让我们在线测试自己编写的正则表达式是否和预想的一致。其中一个网站就可以帮助我们做到这点，这个网站的网址为 http://pythex.org/，网站的页面如图 5-6 所示。

此网站的用法很简单，在 Your regular expression 中输入我们设计的正则表达式，然后在 Your test string 中输入想要验证的网址字符串，最后在 Match result 中以反白的方式把匹配的字符串显示出来。以图 5-6 输入的内容为例，因为我们要求 pattern 的后面是“\d{2}”，也就是数字一定要两个字符才会被接受，因此在 Match result 中，只有前面的日期格式可以通过，后面的 2010/12/1/就不行。

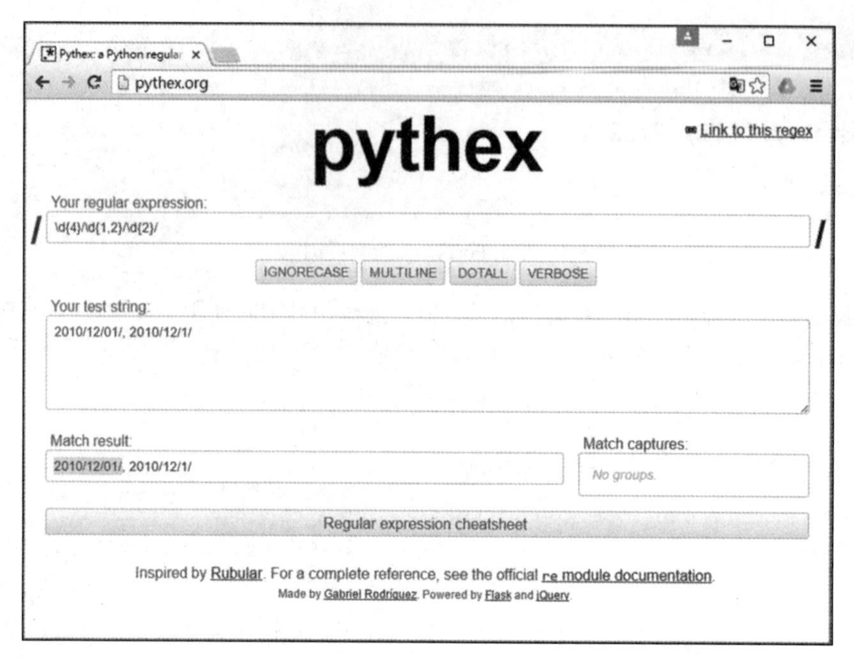

图 5-6　使用 pythex 来验证正则表达式的样式是否正确

5.2　高级设置技巧

当设计的网站项目越来越大、功能越来越多时，所使用的网址对应也相对更多、更复杂。为了提高程序代码的可读性，我们可以运用一些小技巧。另外，在本书的后面会介绍一些多功能模块，它们有自己的网址管理设置。学会如何在 urlpatterns 中使用 include，对于日后在项目中加入这些模块的功能也会更加胸有成竹。

5.2.1　参数的传送

在 5.1 节中，当设置网址参数传递时，有时可能需要设置一些默认的参数值，以简化网址设计的复杂度。例如，在显示关于作者信息的页面时，如果有指定的数字，则显示该指定数字对应的作者，否则默认显示第 0 位作者。可以通过以下方式设置网址的样式：

```
path('about/', views.about),
path('about/<int:author_no>/', views.about),
```

然后在 views.about 中的自变量行上加上一个默认值：

```
def about(request, author_no = 0):
    html = "<h2>Here is Author:{}'s about page!</h2><hr>".format(author_no)
    return HttpResponse(html)
```

如此，如果网址栏中只指定了“/about/”，那么“author_no=0”就会派上用场，否则会以在网址中提取到的数字为准。

除子样式中匹配的项目会自动传递到 views 中的处理函数作为参数外，如果需要在程序中以手动方式传递数据，只需在处理函数后面添加一个字典类型的数据即可。示例语句如下：

```
path('', views.homepage, {'testmode':'YES'}),
```

然后需要在 views.homepage 中多设置一个参数（例如 testmode）用来接收来自 urls.py 的自变量。在执行 views.homepage 时，该参数的内容为本例中设置的'YES'这个字符串。

5.2.2 include 其他整组的 urlpatterns 设置

对于大型的网站，逐条设置网址将会变得越来越复杂，且难以维护。因此，对于具有相同性质的网页，可以使用 include 函数将 urlpatterns 放置在另一个地方进行设置。以下是未使用 include 的常见方式：

```
path('admin/', admin.site.urls),
```

默认的 Django 网站的管理页面使用 admin.site.urls 模块处理以/admin/开头的内容。实际上，在 admin 模块中，该指令返回其自定义的 urlpatterns。

因此，如果在网站中有一组以某些特定文字开头的统一设置，正确的做法是先定义自己的 urlpatterns，再使用 include 函数将其添加到原有的 urlpatterns 中（注意，在下面的代码中使用了 include 函数，该函数需要在 urls.py 文件的开始处导入）：

```
my_patterns = [
    path('company/', views.company),
    path('sales/', views.sales),
    path('contact/', views.contact),
]

urlpatterns = [
    path('info/', include(my_patterns)),
]
```

在这个例子中，我们定义了 my_patterns，然后使用 include 把它添加到 urlpatterns 中。这样，所有以/info 开头的网址都会被传递到 my_patterns 中进行解析。因此，像 localhost:8000/info/company/ 这样的网址将调用 views.company 函数进行处理。通过这个技巧，我们可以分类整理 URL 样式，使程序代码更易于维护。

5.2.3 URLconf 的反解功能

前面讲解了如何使用设计好的 pattern 来验证网址是否符合预期。反过来，也可以利用这些设计好的 pattern 来生成匹配格式的网址，操作非常简单。在使用它们之前，需要先为这些设计好的 pattern 取一个名字，只需在 path()函数中添加一个 name 参数即可，示例语句如下：

```
path('post/<int:yr>/<int:mon>/<int:day>/<int:post_num>/', views.post,
name='post-url'),
```

以先前设置的用于显示文章内容的样式为例，将其命名为 post-url。该样式包含 4 个子样式参数。接下来，如果想要在网页的 HTML 文件中按照这个格式生成网址，可以在模板文件（此例为 index.html）中编写如下代码：

```
<!-- index.html -->
<!DOCTYPE html>
<html>
<head>
   <meta charset='utf-8'>
   <title>Home Page</title>
</head>
<body>
   <a href="{% url 'post-url' 2022 12 1 01 %}">Show the Post</a>
</body>
</html>
```

其中{% url 'post-url' 2022 12 1 01 %}这一行表示将（2022, 12, 1, 01）这 4 个数字作为自变量，根据刚刚在 urls.py 中的设置重新生成或匹配符合该样式的网址格式。示例语句如下：

```
/post/2022/12/1/1
```

如果要让此网址成为链接，那么把前文的那一行更改如下：

```
<a href="{% url 'post-url' 2023 12 1 01 %}">Show the Post</a>
```

上述在 HTML 模板中的功能，如果使用 Python 语言编写程序代码，示例语句如下：

```
from django.core.urlresolvers import reverse

def homepage(request):
   year = 2022
   month = 12
   day = 1
   postid=1

   html = "<a href='{}'>Show the Post</a>" \
      .format(reverse('post-url', args=(year, month, day, postid,)))
   return HttpResponse(html)
```

5.3　本 课 习 题

1．如果把 re_path(r'', views.homepage)放在 urlpatterns 的第一行，对于网站会有什么影响？

2．如果把 re_path(r'^about/$', views.about)样式设置后面的“$”删除，会有什么影响？

3．如果 Django 网站在网址处输入“/?page=10&sys=1&no=1&next=0”，需要使用什么样式来对应？

4．编写一个程序，把 localhost:8000/10/20 后面的两个数字取出，并在网页中显示出这两个数字之和。

5．编写一个简单的网站，若用户在网址栏中输入英寸，则可以换算成厘米，若输入厘米，则可以换算成英寸。

第 6 课

模板深入探讨

制作网站时，千万不要把网站的 HTML/CSS/JavaScript 排版以及一些高级的视觉功能和网站的程序逻辑一起设计。这样做不仅会事倍功半，而且设计出来的效果也不容易达到专业水平。更重要的是，把网站的显示和程序逻辑混在一起，会导致网站非常难以维护。因此，专业的网站一定要把视图和过程控制逻辑分开。之前介绍的 views.py 和 urls.py 算是程序的控制逻辑，而本堂课要介绍的模板属于视图逻辑。在前面的内容中，我们已经简单了解了模板的运用，而在这一堂课中将会深入探讨。

本堂课的学习大纲

- 模板的设置与运行
- 高级模板技巧
- 模板语言

6.1 模板的设置与运行

在使用模板之前，首先要到 setttings.py 文件中进行文件夹的设置，将所有.html 文件安排在同一个文件夹中，并把 DIR 指向这个文件夹。此外，如果不想使用默认的模板引擎，也可以自行更换。

6.1.1 settings.py 设置

settings.py 中与模板有关的设置如下：

```
TEMPLATES = [
    {
        'BACKEND': 'django.template.backends.django.DjangoTemplates',
        'DIRS': [BASE_DIR / 'templates')],
        'APP_DIRS': True,
        'OPTIONS': {
            'context_processors': [
```

```
                'django.template.context_processors.debug',
                'django.template.context_processors.request',
                'django.contrib.auth.context_processors.auth',
                'django.contrib.messages.context_processors.messages',
            ],
        },
    },
]
```

其中，在 BACKEND 处可以指定要使用的模板引擎。在网页模板中颇有名气的 Jinja2 可以轻松地替换为 django.template.backends.jinja2.Jinja2。然而，对于初学者来说，通常无须更改，默认设置已经足够好用。

第二个设置 DIRS 非常重要，它用于指定模板网页文件应该存放在哪里。通常，我们会将它们与主网站放在同一个地方，因此我们使用 BASE_DIR（主网站目录位置）再加上 templates。这样，只需要在主网站的同一文件夹下创建一个 templates 文件夹即可。

第三部分是将 APP_DIRS 设置为 True。这样，当系统需要使用模板网页文件时，会从当前 App 内的 templates 文件夹开始查找相应的模板。如果找不到对应的模板，才会去 DIRS 设置的路径下查找。如果在所有路径下都找不到对应的模板，就会引发 TemplateDoesNotExist 异常。我们也可以在各个 App 内设置 templates 文件夹，如此设置可以让 App 能够在其他网站中被重复使用。

在这个例子中，我们的 App 名为 mysite，因此还需要在 mysite 文件夹内设置 templates 文件夹，创建完成的文件夹结构如下（以 Windows 操作系统为例）：

```
(dj4ch06) PS D:\dj4book> tree dj4ch06 /f
卷的文件夹 PATH 列表
卷的序列号为 62B9:847B
D:\DJ4BOOK\DJ4CH06
│ db.sqlite3
│ manage.py
│ requirements.txt
│
├─ dj4ch06
│  │ asgi.py
│  │ settings.py
│  │ urls.py
│  │ wsgi.py
│  │ __init__.py
│  │
│  └─ __pycache__
│
│
├─ mysite
│  │ admin.py
│  │ apps.py
│  │ models.py
│  │ tests.py
│  │ views.py
│  │ __init__.py
│  │
```

```
│  ├── migrations
│  │  __init__.py
│  │
│  └── templates
└── templates
```

在此例中，网站的首页使用了以下设置（以下为 urls.py 的内容）：

```
from django.contrib import admin
from django.urls import path
from mysite import views

urlpatterns = [
    path('admin/', admin.site.urls),
    path('', views.index),
]
```

在上面的程序代码中，因为指定了要调用 views.py 中的 index 函数，所以需要在 views.py 中编写 index 函数的内容，以下为 views.py 的内容：

```
from django.shortcuts import render

def index(request):
    return render(request, 'index.html', {'msg':'Hello'})
```

上面的例子只是简单地将网页显示出来，并没有做任何网页显示的工作。实际上，render 函数执行了许多操作，我们可以用图 6-1 来说明。

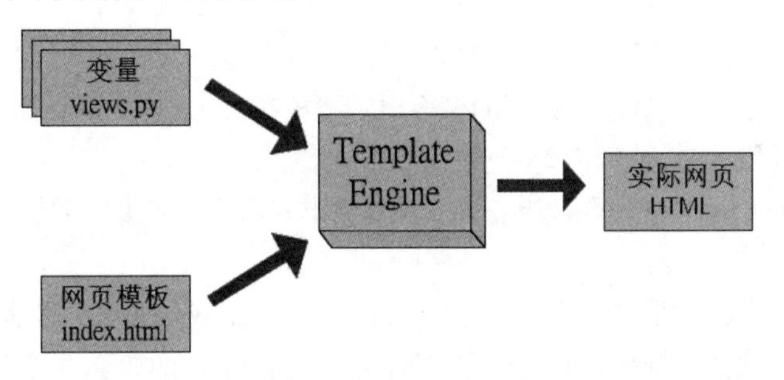

图 6-1　模板的工作原理

如图 6-1 所示，模板引擎（Template Engine）的输入实际上由两个主要部分组成：第一部分是模板文件，即 HTML 文件；第二部分是要显示的数据内容，我们将这些数据放入变量中，并以字典的形式将数据传递给模板引擎。传递给模板引擎的变量可以是简单的单个变量，也可以是复杂的列表数据。在模板中，可以使用指令来设置输出这些数据的方式。

在用来当作模板的 HTML 文件中，除编写 HTML 标记内容外，也可以使用将在 6.3 节介绍的模板语句来编写显示数据的方法。另外，还可以进一步使用模板继承或导入的方式在模板中使用别的模板，兼顾便利性和弹性。通过模板引擎渲染出来的结果就是一个包含 HTML 标记的字符串，最后只要把这个字符串使用 render 传送给网页服务器即可。在这个范例中使用到的 index.html，其内容如下：

```
<!-- index.html (dj4ch06 project) -->
```

```
<!DOCTYPE html>
<html>
<head>
    <meta charset='utf-8'>
    <title>Home Page</title>
</head>
<body>
   <h2>Hello world!</h2>
   <hr>
   {{ msg }}
   <hr>
   <em>
       现在时刻: {{ now }}
   </em>
</body>
</html>
```

要将此文件放在 templates 文件夹下，以确保网站能够正常运行。

6.1.2　创建模板文件

在 6.1.1 节设置了一个固定的文件夹，接下来只需将所有的.html 文件放在这个文件夹中即可。简单来说，一个页面可以对应一个模板文件，但并没有特定的规定来决定用哪个函数来处理哪个模板文件。因此，每个模板文件（*.html）可以被视为可以使用的素材，用于显示特定的排版样式的网页，并且可以随时使用。使用模板的标准步骤如下：

步骤01 找到适用的模板(.html 文件),如果没有,就创建一个。由于我们的程序功能是在 mysite 这个 App 中实现的，因此该 App 所需处理的模板也需要放在该 App 下的 templates 文件夹中。这样做使得 mysite App 具有更高的独立性和可重复使用的特性。

步骤02 在 views.py 的处理函数中查询、计算并准备数据，把要在网页上显示的数据以字典格式编排好。

步骤03 使用 render 函数实现模板渲染功能,第一个参数 request 用于将请求传送给网页服务器,第二个参数用于指定要渲染的模板,最后一个参数是我们需要传送的内容,内容要以字典形式来传送。

在 views.py 的函数中开始渲染模板数据，基本上就是以下这行代码：

```
return render(request, 'index.html', {'msg':'Hello'})
```

如果要传输的变量比较多，编写非常长的字典就会变得很麻烦。但是，有一个取巧的方法，可以调用 Python 的 locals()函数。这是一个内置函数，它可以把当前所有的局部变量编成字典格式返回。有了这个数据，直接将其提供给 render()渲染函数即可。

在模板文件中，渲染器主要通过两个符号进行识别，即{ id }}和{% cmd %}。其中，两对大括号中间放置要显示的变量内容。当渲染器遇到这样的符号时，会直接将变量 id 的值显示出来。大括号加上百分号符号表示中间是模板的控制命令，它会根据控制命令的用途执行相应的指令，例如判断、循环等，或者执行模板的继承和管理等相关指令。具体内容将在后续章节逐一进行说明。

以让网站首页显示系统当前时间为例，假设我们将当前服务器系统时间存储在 now 变量中，并在 index.html 的特定位置进行展示。那么，在 views.py 中的 index 处理函数应该编写如下代码（以下为 views.py 的内容）：

```
from datetime import datetime

def index(request):
    now = datetime.now()
    return render(request, 'index.html', locals())
```

也就是调用 datetime 模块中的 now()函数获取当前系统时间，将其存储在 now 变量中。接着，通过 locals()内置函数将所有局部变量传递给 render。在 index.html 中，需要指定显示的格式和位置，设置好 HTML 格式后，使用{{ now }}即可将当前系统日期时间显示出来。相关代码如下：

```
<!-- index.html (dj4ch06 project) -->
<!DOCTYPE html>
<html>
<head>
    <meta charset='utf-8'>
    <title>Home Page</title>
</head>
<body>
    <h2>Hello world!</h2>
    <hr>
    <em>
     {{ now }}
    </em>
</body>
</html>
```

6.1.3　在模板文件中使用现有的网页框架

由于模板引擎只处理{{}}和{%%}中的内容，因此原本放在.html 文件中的 JavaScript 和 CSS 代码不会被修改。因此，经常在网页排版中使用的 jQuery、Ajax 和 Bootstrap 等框架也可以在模板文件中使用。要使用这些框架，需要导入一些外部的 JS 和 CSS 文件。如果这些文件存放在网站文件夹中，会被视为静态文件，还需要进行一些额外处理。除非有特殊考虑，笔者建议直接使用 CDN 链接的方式。另外，一些自定义的 CSS 和 JS 文件可以使用静态文件处理。以 Bootstrap 为例，可以在官方网站（https://getbootstrap.com/docs/5.0/getting-started/introduction/）上找到相关链接，代码如下：

```
link href="https://cdn.jsdelivr.net/npm/bootstrap@5.0.2/dist/css/bootstrap. min.css"
rel="stylesheet" integrity="sha384-EVSTQN3/azprG1Anm3QDgpJLIm
9Nao0Yz1ztcQTwFspd3yD65VohhpuuCOmLASjC" crossorigin="anonymous">
```

无须怀疑，直接将以下这段程序代码置于 index.html 的<head>标签内即可，通常放在</head>标签的前面。而下面的这段 JavaScript 链接则放在</body>标签的前面：

```
<script         src="https://cdn.jsdelivr.net/npm/bootstrap@5.0.2/dist/js/bootstrap.
bundle.min.js" integrity="sha384-MrcW6ZMFYlzcLA8Nl+NtUVF0sA7MsXsP1UyJoMp
4YLEuNS fAP+JcXn/tWtIaxVXM" crossorigin="anonymous"></script>
```

如果打算使用 jQuery，可以将 jQuery 的 CDN 链接放在以下网址：https://releases.jquery.com/。不同版本有不同的链接代码，3.x 版本的链接代码如下：

```
<script                              src="https://code.jquery.com/jquery-3.1.0.min.js"
integrity="sha256-cCueBR6CsyA4/9szpPfrX3s49M9vUU5BgtiJj06wt/s="
crossorigin="anonymous"> </script>
```

这段代码应该放在</body>标签之前。使用 Bootstrap 和 jQuery，就可以用极简的代码编写出具有丰富前端互动功能的网页。当然，网页设计人员常用的工具也都没有问题，只要注意网页中的静态文件处理方式以及设置好显示变量的地方即可。

为了方便网站开发，有时在一开始创建好网站后，会直接使用 Bootstrap 官网提供的 Starter Template 作为网页基础，如果再加上共享模板功能，可以让网页设计变得更加简单。

6.1.4　直播电视网站应用范例

根据前面的说明，本小节将以一个直播电视网站作为综合应用范例。目前，许多电视台都在一些视频网站上提供 24 小时直播服务。本小节的目标是制作一个网站，将这些直播电视新闻集中在我们的网站上，并提供链接或按钮进行选台服务。

要将视频网站上的某个视频链接到自己的网站，需要先获取该视频的嵌入码。嵌入码的位置如图 6-2 所示，先选择视频下方的分享链接，然后找到“嵌入”选项，就可以看到嵌入此视频的代码。

图 6-2　视频的嵌入码所在的位置

基本上，每个视频的嵌入码都是相同的，只有一个地方不同，那就是每个视频特有的 ID，位于“embed/”之后、"\"之前的位置（在图 6-2 中的是 9sE12tg3CmA?si=oLlwPhqmOr4BS7ni 这一串字符）。正因为如此，将嵌入码放在网页的特定位置后，只需在程序中替换不同的 ID，就可以呈现不同的视频。

基于这个原理，我们找出任意两个直播新闻网站的 ID 以及对应的名称并将其存储在列表中，当使用在本网站网址后面指定的数字后，就按照该数字选用对应的直播新闻网站的名称以及 ID 传送到 index.html 中进行网页显示，从而完成我们的程序。

为了让网址可以接收数字，urls.py 的内容编写如下：

```
from django.contrib import admin
from django.urls import path
from mysite import views

urlpatterns = [
    path('admin/', admin.site.urls),
    path('', views.index),
    path('<int:tvno>/', views.index, name = 'tv-url')
]
```

urlpatterns 的第 2 行是原先首页使用的设置，第 3 行是为了让网址能够识别一个数字<int:tvno>而进行的设置。同时，由于在 index.html 中将使用这个设置来对网址进行编码，因此将这个设置命名为 tv-url，以便后续在生成网址时使用。

将 views.py 中 index 函数的内容修改如下（由于各新闻直播频道的 ID 每隔一段时间就会更改，如果找不到该频道的内容，读者可自行前往视频网站寻找更新后的视频 ID）：

```
from django.shortcuts import render
from datetime import datetime

def index(request, tvno = 0):
    tv_list = [{'name':'CCTV 中文国际', 'tvcode':'9sE12tg3CmA?si=oLlwPhqmOr
4BS7ni'},
                {'name':'凤凰卫视资讯台', 'tvcode':'bYBjjtgKUnM?si=SgGUL_PHTk
8Pe0BA'},]
    now = datetime.now()
    tv = tv_list[tvno]
    return render(request, 'index.html', locals())
```

在这个函数中，先把收集到的两个直播视频 ID 放在 tv_list 序列中。它们的索引值分别是 0 和 1。在这个例子中，我们只打算将要播放的视频数据传递过去，因此先获取 tvno，即用户选择的频道（从网址中获取，例如 localhost:8000/0/将选择 0，而 localhost:8000/1/将选择 1），并从 tv_list 列表中取出选定的频道信息，将其放在 tv 变量中。由于 tv 变量是一个字典类型的变量，因此可以使用 tv.name 获取频道的名称，使用 tv.tvcode 获取视频 ID。如前文所述，在进入 render 之前，使用 locals()内置函数加载所有局部变量，并将其传递到 index.html 进行渲染（网页显示）。

以下是 index.html 的程序代码内容（在本例中使用的是旧版 Bootstrap，读者也可以自行替换为新版 Bootstrap，对比一下其样式排版是否有变化）：

```
<!-- index.html (dj4ch06 project) -->
<!DOCTYPE html>
<html>
<head>
    <meta charset='utf-8'>
    <title>Home Page</title>
```

```
<!-- Latest compiled and minified CSS -->
<link rel="stylesheet" href="https://maxcdn.bootstrapcdn.com/bootstrap/3.3.6/
css/bootstrap.min.css" integrity="sha384-1q8mTJOASx8j1Au+a5WDVnPi2lkFfwwEAa
8hDDdjZlpLegxhjVME1fgjWPGmkzs7" crossorigin="anonymous">

<!-- Optional theme -->
<link rel="stylesheet" href="https://maxcdn.bootstrapcdn.com/bootstrap/3.3.6/
css/bootstrap-theme.min.css" integrity="sha384-fLW2N01lMqjakBkx3l
/M9EahuwpSfeNvV63J5ezn3uZzapT0u7EYsXMjQV+0En5r" crossorigin="anonymous">

<!-- Latest compiled and minified JavaScript -->
<script src="https://maxcdn.bootstrapcdn.com/bootstrap/3.3.6/js/
bootstrap.min.js" integrity="sha3840mSbJDEHialfmuBBQP6A4Qrprq5OVfW37PRR3j
5ELqxss1yVqOtnepnHVP9aJ7xS" crossorigin="anonymous"></script>
</head>
<body>
   <nav class='navbar navbar-default'>
      <div class='container-fluid'>
         <div class='navbar-header'>
            <a class='navbar-brand' href='#'>正在播出{{tv.name}}</a>
         </div>
         <ul class='nav navbar-nav'>
            <li class='active'><a href='/'>Home</a></li>
            {% for tv in tv_list %}
               <li><a href='/{{ forloop.counter0 }}/'>{{tv.name}}</a></li>
            {% endfor %}
         </ul>
      </div>
   </nav>
   <div class='container'>
      <div id='tvcode' align='center'>
         <iframe width="560" height="315" src="https://www.youtube.com/
embed/{{tv.tvcode}}?autoplay=1" frameborder="0" allowfullscreen></iframe>
      </div>
   </div>
<div class='panel panel-default'>
   <div class='panel-footer'><em>{{ now }}</div>
</div>
<script                    src="https://code.jquery.com/jquery-3.1.0.min.js"
integrity="sha256-cCueBR6CsyA4/9szpPfrX3s49M9vUU5BgtiJj06wt/s="
crossorigin="anonymous"> </script>
</body>
</html>
```

在<head></head>之间放置的是 Bootstrap 的 CDN 链接以及网站的一般信息，而在</body>之前放置的是 jQuery 的 CDN 链接。这些内容可以在相关的官方网站上找到并复制。如前所述，下面这行代码使用{{tv.name}}来提取当前直播视频的名称：

```
<a class='navbar-brand' href='#'>正在播出{{tv.name}}</a>
```

下面这段程序代码用来执行视频嵌入网站的工作：

```
    <div id='tvcode' align='center'>
        <iframe width="560" height="315" src="https://www.youtube.com/
embed/{{tv.tvcode}}?autoplay=1" frameborder="0" allowfullscreen></iframe>
    </div>
```

注意/embed/字符串后面的{{tv.tvcode}}，这是通过模板从 views.py 传送过来的变量中提取的视频 ID 部分，然后将其串接到嵌入码的位置。在此 ID 后面加上“?autoplay=1”，让此视频在选择之后可以立即自动播放，这样操作起来更像电视机的选台功能。

关于菜单部分，此处使用了 Bootstrap 功能制作菜单，传统的程序代码如下：

```
        <ul class='nav navbar-nav'>
            <li class='active'><a href='/'>Home</a></li>
            <li><a href='{% url 'tv-url' 0 %}'>CCTV 中文国际</a></li>
            <li><a href='{% url 'tv-url' 1 %}'>凤凰卫视资讯台</a></li>
        </ul>
```

上述方法是使用固定菜单的方式，其中的内容需要手动与 tv_list 中的内容进行配合。在网址链接部分，我们使用了{% url 'tv-url' 0 %}这个功能，它可以根据在 urls.py 中设置的模式和给定的参数（在这里是 0~1）生成符合该格式的网址链接，非常方便。

然而，如果使用模板的循环指令，则可以自动创建与数据内容相符的菜单。以下是相应的代码：

```
      <ul class='nav navbar-nav'>
         <li class='active'><a href='/'>Home</a></li>
         {% for tv in tv_list %}
            <li><a href='/{{ forloop.counter0 }}/'>{{tv.name}}</a></li>
         {% endfor %}
      </ul>
```

在上述代码中，我们使用模板的循环指令逐个取出 tv_list 中每个频道的数据，将它们的内容作为菜单列表中的一个菜单选项。由于是逐个读取 tv_list 中的内容的，因此只要数据内容发生变化，网页上的菜单也会同步更新。图 6-3 展示了该网站的执行结果。

图 6-3 新闻直播网站运行时的界面

6.1.5　在模板中使用静态文件

为了考虑性能因素，Django 对于静态（Static）文件有不同的处理方式。我们在前面的章节中也提到了这些内容，在此复习一下。在开发模式中，需要记得以下几点：

（1）在 settings.py 文件中，需要设置 STATIC_URL 使用的网址，例如 STATIC_URL='/static/'，也就是指定在网址中以“/static/”开头的网址被视为要对静态文件进行读取。

（2）除设置 STATIC_URL 外，还要设置 STATIC_ROOT。STATIC_ROOT 指定了在收集静态文件时实际复制和使用静态文件的位置。通常，我们会将其放在 staticfiles 文件夹中，因此要设置为 STATIC_ROOT = BASE_DIR / 'staticfiles'。

（3）此外，还需要设置 STATICFILES_DIRS。这是设置静态文件在执行时要搜索的文件的位置。通常，这些文件放在网站目录下的 static 文件夹中，因此需要设置两个文件夹，分别是 BASE_DIR /'static'和'/var/www/dj4ch06/static'。后者是在服务器上部署时，静态文件实际存放的文件夹。在旧版的 Django 中，调用 os.path.join()函数来连接路径和文件夹的名称。但在新版的 Django 中，只需使用 BASE_DIR / 'static'即可，无须调用额外的函数来连接路径或文件夹。

（4）在模板文件中使用静态文件的专用加载方式指定要使用的静态文件。以下是 settings.py 中关于静态文件的设置内容：

```
STATIC_URL = 'static/'
STATIC_ROOT = BASE_DIR / 'staticfiles' STATICFILES_DIRS = [ BASE_DIR / 'static'
  ]
```

在完成上述设置之后，需要执行 collectstatic 命令，将静态文件从 static 文件夹中复制到 staticfiles 文件夹中。执行过程如下（注意，在本项目中我们使用了第 4 课的虚拟环境，因为两个项目内容相似，所以不会出现问题）：

```
(dj4ch04) D:\dj4book\dj4ch06>python manage.py collectstatic

You have requested to collect static files at the destination location as specified in
your settings:
    D:\dj4book\dj4ch06\staticfiles

This will overwrite existing files!
Are you sure you want to do this?

Type 'yes' to continue, or 'no' to cancel: yes

131 static files copied to 'D:\dj4book\dj4ch06\staticfiles'.
```

上述指令成功执行后，本范例网站的目录结构如下：

```
(dj4ch04) D:\ \dj4book\dj4ch06>tree
卷 Data 的文件夹 PATH 列表
卷的序列号为 E2B3-EFA1
D:.
├── dj4ch06
```

```
├── mysite
│  ├── migrations
│  ├── templates
├── static
│  └── images
└── staticfiles
 ├── admin
 │  ├── css
 │  │  └── vendor
 │  │  └── select2
 │  ├── fonts
 │  ├── img
 │  │  └── gis
 │  └── js
 │  ├── admin
 │  └── vendor
 │  ├── jquery
 │  ├── select2
 │  │  └── i18n
 │  └── xregexp
 └── images
```

从上面的目录结构可以看出，原来在 static 下的文件以及后台所需的静态文件（包括.js 文件、.css 文件、字体文件和图像文件等）都已被复制到 staticfiles 目录下。

那么如何在网站中指定要显示或使用的静态文件呢？在传统的 PHP 网站中，如果要使用图像文件，只需将该文件放在任意目录中，然后直接使用该路径进行链接即可。例如，放在 /images 文件夹下的 logo.jpg 文件，链接时只需写成<img src='/images/logo.jpg'>即可。但是，在 Django 中，这种方法是行不通的。在 Django 中，需要使用以下方式：

```
{% load static %}
<img src="{% static "images/logo.png" %}" width=60>
```

其中{% load static %}在整个文件中只要使用一次即可，通常都会放在网页文件的最前面。我们将 logo.png 放在 static/images 文件夹内，然后在 index.html 中将这个 logo.png 加入 Bootstrap 菜单栏的 navbar-brand 中，如下所示：

```
<div class='navbar-header'>
   <a class='navbar-brand' href='#'>
      {% load static %}
      <img src="{% static 'images/logo.png' %}" width=60>
      正在播出 {{tv.name}}</a>
</div>
```

在网站的左上角，可以看到此网站的徽标图片了，如图 6-4 所示。

图 6-4　范例网站加上徽标图片后的运行页面

6.2　高级模板技巧

模板本身提供了继承的用法，使得大型网站不用把每一个.html 文件都编写得很大，只要把一些共享的信息放在基础的模板文件中，然后在别的.html 文件中加上引用即可。这样做的好处不只是让每一个文件变得比较简单、好管理，同时让一些共同的信息在需要修改的时候，只要修改一个文件就等于“同步”到所有引用此文件的.html 文件中，不至于产生信息不同步的问题。

6.2.1　模板的继承

在图 2-15 中已经说明了模板的继承与导入的关系。我们提供这样的功能主要是因为大多数网站的排版设计实际上都是由一些固定的部分构成的，特别是那些注重设计一致性的网站，会更加专注于网站的一致性元素的设计。因此，网站不仅需要能够呈现出主题，还必须在不同的页面中具有一致的页首（Header）和页脚（Footer，或称为页尾）。

简单来说，一个网页基本上可以看作由页首、内容和页脚三部分构成。内容部分可能还会划分为多个字段。在 HTML 文件中，必须首先包含一些标准设置，如<!DOCTYPE html>和<head><meta charset='UTF-8'>等。此外，如果使用现有的链接库，还会有一长串的 Bootstrap 和 jQuery 等 CDN 链接，希望这些链接只需出现一次。

在这种情况下，网站的所有模板文件中都会设计一个名为 base.html 的基础文件，主要用于放置一些固定不变的 HTML 网页代码，而所有会变更的内容，则使用{% block name %}{% endblock %}进行注记，其中的 name 是每一个 block 的名称，也是在扩展（继承）base.html 之后进行设置、会被代入的数据内容。以 6.1 节的直播视频网站为例，我们可以先把 index.html 转换成 base.html，如下所示（可以先把 index. html 复制成 base.html 之后再进行修改）：

```
<!-- base.html (dj4ch06 project) -->
```

```
<!DOCTYPE html>
<html>
<head>
    <meta charset='utf-8'>
    <title>{% block title %}{% endblock %}</title>
<!-- Latest compiled and minified CSS -->
<link rel="stylesheet"
href="https://maxcdn.bootstrapcdn.com/bootstrap/3.3.6/css/bootstrap.min.css"
integrity="sha384-1q8mTJOASx8j1Au+a5WDVnPi2lkFfwwEAa8hDDdjZlpLegxhjVME1fgj
WPGmkzs7" crossorigin="anonymous">

<!-- Optional theme -->
<link rel="stylesheet"
href="https://maxcdn.bootstrapcdn.com/bootstrap/3.3.6/css/bootstrap-theme.mi
n.css" integrity="sha384-fLW2N01lMqjakBkx3l/M9EahuwpSfeNvV63J5ezn3uZzapT0u
7EYsXMjQV+0En5r" crossorigin="anonymous">

<!-- Latest compiled and minified JavaScript -->
<script src="https://maxcdn.bootstrapcdn.com/bootstrap/3.3.6/js/bootstrap.min
.js" integrity="sha384-0mSbJDEHialfmuBBQP6A4Qrprq5OVfW37PRR3j5ELqxss
1yVqOtnepnHVP9aJ7xS" crossorigin="anonymous"></script>
</head>
<body>
    <nav class='navbar navbar-default'>
        <div class='container-fluid'>
            <div class='navbar-header'>
                <a class='navbar-brand' href='#'>
                    {% load staticf %}
                    <img src="{% static "images/logo.png" %}" width=60>
                    {% block tvname %}{% endblock %}</a>
                </div>
            </div>
                {% block menu %}{% endblock %}
            </div>
        </nav>
    {% block content %}{% endblock %}
<div class='panel panel-default'>
    {% include "footer.html" %}
</div>
<script src="https://code.jquery.com/jquery-3.1.0.min.js"
integrity="sha256-cCueBR6CsyA4/9szpPfrX3s49M9vUU5BgtiJj06wt/s="
crossorigin="anonymous"> </script>
</body>
</html>
```

在 base.html 中的{% block %} {% endblock %}部分包括 title、tvname、menu、content 等，这些在 index.html 中都要实际填入数据。此外，一些可以在各个.html 文件间共享的 HTML 片段也可以制作成.html 文件，然后在需要的时候使用(% include "文件名" %)导入。常见的此类应用是网站页尾的版权声明文字，例如下面的 footer.html：

```
<!-- footer.html -->
<em>Copyright 2023 http://104.es. All rights reserved.</em>
现在时刻: {{ now }}
```

在 base.html 中的</body>之前可以使用以下指令把这个文件导入 base.html 中使用：

```
{% include "footer.html" %}
```

同样的方法也可以应用到其他需要重复使用的 HTML 片段。经过以上调整，index.html 的内容就简洁多了，示例语句如下：

```
<!-- index.html (dj4cho06 project) -->
{% extends "base.html" %}
{% block title %}电视新闻直播 {% endblock %}
{% block tvname %} 正在播出 {{tv.name}} {% endblock %}
{% block menu %}
    <ul class='nav navbar-nav'>
        <li class='active'><a href='/'>Home</a></li>
        {% for tv in tv_list %}
            <li><a href='/{{ forloop.counter0 }}/'>{{tv.name}}</a></li>
        {% endfor %}
    </ul>
{% endblock %}
{% block content %}
    <div class='container'>
        <div id='tvcode' align='center'>
            <iframe width="560" height="315" src="https://www.youtube.com
/embed/{{tv.tvcode}}?autoplay=1" frameborder="0" allowfullscreen></iframe>
        </div>
    </div>
{% endblock %}
```

在 index.html 中，首先使用{% extends "base.html" %}指定要继承的 base.html。然后，按序设置每个 block 的内容，这些内容既可以来自变量，也可以直接使用 HTML 代码填入。所有这些设置都在 templates 文件夹中完成，不需要在主程序（views.py）中进行任何修改。base.html 和 index.html 编辑完成之后，网站的功能没有任何改变，只是 index.html 变得简单多了。此外，如果还有其他页面需要设计，同样可以参考 index.html 的内容进行修正。

6.2.2　共享模板的使用范例

以前面的内容为基础，假设此时想在范例网站增加英文新闻直播功能。有了 base.html 之后，相应的修改就显得相当容易了。首先，在 urls.py 中加入两行设置：

```
path('engtv/', views.engtv),
path('engtv/<int:tvno>/', views.engtv, name='engtv-url'),
```

在此设置中，第一行代码用于找出网址栏中以“engtv/”开头的网址，而后就可以进入英文新闻直播网站。第二行代码用于把样式命名为 engtv-url。下面调用 engtv()函数来处理其他内容。engtv()函数中的示例程序代码如下：

```
def engtv(request, tvno='0'):
    tv_list = [{'name':'SkyNews', 'tvcode':'9Auq9mYxFEE'},
               {'name':'Euro News', 'tvcode':'pykpO5kQJ98'},
               {'name':'India News', 'tvcode':'Xmm3Kr5P1Uw'},
               {'name':'CNA News', 'tvcode':'XWq5kBlakcQ'},]
    now = datetime.now()
    tvno = tvno
    tv = tv_list[int(tvno)]
    return render(request, 'engtv.html', locals())
```

和 index()完全一样，只有直播的网址以及要使用的模板不一样而已。我们使用 engtv.html 作为直播的模板，示例语句如下：

```
<!-- engtv.html (dj4ch06 project) -->
{% extends "base.html" %}
{% block title %}English News {% endblock %}
{% block tvname %} {{tv.name}} {% endblock %}
{% block menu %}
    <ul class='nav navbar-nav'>
        <li class='active'><a href='/'>Home</a></li>
        <li><a href='{% url 'engtv-url' 0 %}'>Sky News</a></li>
        <li><a href='{% url 'engtv-url' 1 %}'>Euro News</a></li>
        <li><a href='{% url 'engtv-url' 2 %}'>Indea News</a></li>
        <li><a href='{% url 'engtv-url' 3 %}'>CNA News</a></li>
    </ul>
{% endblock %}
{% block content %}
    <div class='conatiner'>
        <div id='tvcode' align='center'>
            <iframe   width="560"   height="315"   src="https://www.youtube.com/embed/
{{tv.tvcode}}?autoplay=1" frameborder="0" allowfullscreen></iframe>
        </div>
    </div>
{% endblock %}
```

有了 base.html 这个基础模板之后，要修改网站的布局就容易多了。不过，在上面的范例中，我们不断地以手动的方式来编排菜单内容其实是非常不明智的。在 6.3 节中，我们将介绍模板中使用的语句。有了这些语句，我们就可以通过模板文件自动检测并使用菜单，上述范例网站程序也可以写得更精简实用。

6.3　模板语言

模板有自己的语言和语法。简单来说，使用{{id}}可以直接显示变量的内容（其中 id 是 views.py 程序代码中的变量名）。如果 id 是字典类型的变量，也可以通过使用{{id.field}}的句点操作符来显示字段内容的值。然而，当遇到有很多数据项的列表或其他容器类型的数据时，或者在某些情况下只想在有数据内容时才显示，而在没有数据项时显示出类似于“没有找到你要的数据”这样的提示信息，就需要使用更高级的语法来处理。需要注意的是，模板语言只用于处理简单的数据显示，如果涉及复杂的程序逻辑，应该将其放在 views.py 中的函数内处理。因此，模板语言并没有非常完整的程序逻辑表达能力。

6.3.1 判断指令

在模板中要获取变量的内容，可以直接使用{{id}}。如果 id 是一个字典类型的变量，就需要使用句点操作符（例如{{id.field1}}）来获取其中的字段值，就像在 Python 中使用 {'field1':10}这样的格式。那么，如果变量是一个列表呢？列表使用索引值作为获取内容的索引（或下标），与之前获取字典变量内容的方式类似，只是键（Key）要改为数字。例如，对于列表 id=['item1', 'item2']，可以在模板文件中使用{{id.0}}和{{id.1}}来获取对应的值。

有时候，从数据中提取内容后并不一定需要立即显示，可能需经过判断后才决定是否显示，或者显示的内容和格式有所不同。在一般的程序设计语言中，常见的判断指令在模板中也可以使用。它们在模板中的语法如下：

- {% if 条件 %}…{% endif %}
- {% if 条件 %}…{% elif 条件 %}…{% endif %}
- {% if 条件 %}…{% elif 条件 %}…{% else %}…{% endif %}

注意，在模板中，endif 和 elif 这两个关键字的 end 和 if 以及 el 和 if 之间是没有空格的。在上述语法描述中，“…”这个符号可以使用任意数量的 HTML/CSS/JavaScript 或者其他的{%%}命令替换，当然也可以使用多行的 HTML/CSS/JavaScript 程序代码。

常见的 if 用于判断某个变量是否有内容，如果有内容，就显示；如果没有内容或没有传送这个变量进来，就不予显示或显示其他信息，甚至可以让网页转向指定的网站或网页。当然，也可以根据传进来的变量的内容改变要显示的信息内容。

在条件表示式中，许多运算符（包括>、<、≤、≥、!=、==等）都可以使用，也可以使用 and 或 or 逻辑运算符串接两个以上的条件，也可以使用 not 逻辑运算符作为否定条件。另外，若要检查某个元素是否存在于另一个列表中，或者某些字符是否存在于另一个字符串中，可以使用 in 这个运算符。例如：

```
{% if car in cars %} ... {% endif %}
```

或

```
{% if 'a' in 'abcdef' %} ... {% endif %}
```

以 6.2 节的范例网站为例，假设想要根据当前系统时间向网页浏览者显示“早安”或“晚安”的信息，只要把当前系统时间中的“小时”传给 index.html 网页程序，然后通过 if 指令进行判断即可。在 views.py 程序文件的 index()函数中可以使用以下方法获取当前系统时间的“小时”数据：

```
hour = now.timetuple().tm_hour
```

接着在 index.html 中加入以下程序代码（放在<iframe>标记的前面）：

```
        {% if hour > 18 %}
            晚安
```

```
    {% elif hour < 10 %}
        早安
    {% endif %}
    <br>
```

在我们的范例网站中，将上述代码放置在嵌入视频代码的前面，这样在视频播放区域的上方就可以根据当前时间来判断是显示“早安”还是“晚安”的信息。在上述条件判断中，只有晚上 6 点之后或早上 10 点之前才会显示“晚安”或“早安”的信息。如果读者在白天执行此程序时没有显示出信息，那是正常的现象。在网上执行的结果如图 6-5 所示。

图 6-5　加入“早安”或“晚安”信息功能后网站运行时的界面

6.3.2　循环指令

正如在 6.3.1 节中提到的，如果将菜单内容直接写在 index.html 网页中，日后如果需要增加更多直播台的内容，不仅要在 views.py 中添加列表的内容，还要在 index.html 网页中再次添加。这样做很烦琐，而且同样的数据在两个不同的地方进行修改可能导致不一致的问题。

解决这个问题最好的方法是将 tv_list 列表直接传送到 index.html 网页程序中，然后使用模板的循环指令来处理。关于如何在模板中使用循环指令，我们在 6.1.4 节中已示范过了。在 index.html 中收到的列表，通常使用{% for %}和{% endfor %}来遍历并解析出所有的数据项。在语法上，同样需要注意 end 和 for 之间没有空格。示例代码如下：

```
{% for tv in tv_list %}
   <li><a href='/{{ forloop.counter0 }}/'>{{tv.name}}</a></li>
{% endfor %}
```

这段代码用来替代固定的菜单格式。其中的{% for t in tv_list %}表示使用变量 tv_list 逐个提取列表的内容，而 t.name 则可以将列表中每个元素的直播频道名称显示为菜单的每个选项。forloop.counter0 是一个计数器，用于显示当前的循环是第几个。它可以作为参数添加到 url 中用作编码网址。需要注意的是，虽然都是循环计数器，forloop.counter0 是从 0 开始计数的，而 forloop.counter 是从 1 开始计数的。在这个例子中，由于列表的索引从 0 开始的，因此我们选择使用 forloop.counter0。

通过循环指令的运用，我们的直播新闻网站范例可以在不修改 index.html 网页文件的情况下直接在 tv_list 列表中添加和修改内容，网页也会随之同步更新。

再举一个关于二手车库存显示网页的例子。假设网站根据用户的选择，在网页上显示以下数据（在这个范例中，这些数据都存储在程序代码的列表变量中，而在实际应用中，这些数据通常会被存储在数据库中）：

```
car_maker = ['SAAB', 'Ford', 'Honda', 'Mazda', 'Nissan','Toyota' ]
car_list = [ [],
             ['Fiesta', 'Focus', 'Modeo', 'EcoSport', 'Kuga', 'Mustang'],
             ['Fit', 'Odyssey', 'CR-V', 'City', 'NSX'],
             ['Mazda3', 'Mazda5', 'Mazda6', 'CX-3', 'CX-5', 'MX-5'],
             ['Tida',  'March',  'Livina',  'Sentra',  'Teana',  'X-Trail',  'Juke',
'Murano'],
             ['Camry','Altis','Yaris','86','Prius','Vios', 'RAV4', 'Wish']
           ]
```

其中，car_maker 是车厂的名称列表，而 car_list 是按照 car_maker 中的顺序填入当前有库存的汽车型号。SAAB 对应的值是空字符串，表示在二手车商的数据中该品牌没有任何车款。在这个范例中，模板网页被命名为 carlist.html，相应的处理函数为 views.carlist。在 urls.py 中网址的设计如下：

```
path('carlist/', views.carlist),
path('carlist/<int:maker>/', views.carlist, name='carlist-url'),
```

上述网址对应样式命名为 carlist-url。在 views.carlist 函数中，也是很简单地直接把所有数据都传送到 carlist.html 中进行渲染（即网页显示），和之前的程序代码类似。

```
def carlist(request, maker=0):
    car_maker = ['SAAB', 'Ford', 'Honda', 'Mazda', 'Nissan','Toyota' ]
    car_list = [ [],
              ['Fiesta', 'Focus', 'Modeo', 'EcoSport', 'Kuga', 'Mustang'],
             ['Fit', 'Odyssey', 'CR-V', 'City', 'NSX'],
             ['Mazda3', 'Mazda5', 'Mazda6', 'CX-3', 'CX-5', 'MX-5'],
             ['Tida',  'March',  'Livina',  'Sentra',  'Teana',  'X-Trail',  'Juke',
'Murano'],
             ['Camry','Altis','Yaris','86','Prius','Vios', 'RAV4', 'Wish']
             ]
    maker = maker
    maker_name =  car_maker[maker]
    cars = car_list[maker]
    return render(request, 'carlist.html', locals())
```

在 carlist.html 中要处理的变量有车厂的列表 car_maker、库存车款列表（二维列表或二维数组）car_list、目前选定的车厂编号 maker 以及车厂名称 maker_name，还有当前选定的车厂列表 cars 等。要特别注意的是，选定的车厂有可能并没有库存车款（例如 SAAB，它在 car_list 中是一个空列表），我们在网页中要能够识别这种情况，并在显示的时候以不同的信息呈现出来。carlist.html 文件中的代码如下：

```
<!-- carlist.html (dj4ch06 project) -->
<!DOCTYPE html>
<html>
<head>
    <meta charset='utf-8'>
    <title>二手车卖场</title>
</head>
<body>
    <h2>欢迎光临 DJ 二手车卖场</h2>
    <table>
        <tr>
    {% for m in car_maker %}
        <td bgcolor="#ccffcc">
            <a href="{% url 'carlist-url' forloop.counter0 %}">{{m}}</a>
        </td>
    {% endfor %}
        </tr>
    </table>
    {% if cars %}
    <table>
        <tr><td>车厂</td><td>型号</td></tr>
    {% endif %}
    {% for c in cars %}
        <tr bgcolor="{% cycle '#eeeeee' '#cccccc' %}">
        <td>{{maker_name}}</td><td>{{ c }}</td>
        </tr>
    {% empty %}
        <h3>车厂<em>{{maker_name}}</em>目前无库存</h3>
    {% endfor %}
    {% if cars %}
        </table>
    {% endif %}
</body>
</html>
```

如同前面的网站内容，在此使用{% for m in car_maker %}把所有车厂名称提取出来并建立一组链接，让用户可以通过这些链接存取各个车厂的车款。而当得到要显示的车款所有内容之后（放在 cars 中），通过{% for c in cars %}逐一取出即可。不过，因为我们要使用表格的方式来呈现所有车款的内容，所以一开始要加上<table><tr><td>车厂</td><td>车款</td></tr>这一组 HTML 标记，在内容呈现完毕后，以</table>结尾。如果没有任何要显示的车款，这些标记就不能附加上去了，因此这两段标记内容在呈现之前必须使用{% if cars %}{% endif %}进行检测，再决定是否要加上去。

此外，如果 cars 是空字符串，那么{% for c in cars %}循环就不会执行了。但是，页面也不能就这样空着，让用户以为网页故障以至于呈现空白内容。在这种情况下，{% empty %}这条指令就派上用场了。将其放在 forloop 循环中，当循环要使用的变量为空时，就会显示放在其中的内容。因此，我们把“目前无库存车”的信息放在{% empty %}下。

在网页上显示表格时，为了让浏览者的阅读体验更好，常常会根据奇数行还是偶数行进行不同的颜色设置，这种技巧使用{% cycle %}即可完成。它后面可以放置一种以上的信息，要设置奇偶数不同就放两个，放 3 个以上则按照循环数依次取出。在此例进行了两个 bgcolor 的颜色设置，所以表格会按照奇偶行的不同显示不同的背景颜色。当然，如果读者熟悉 Bootstrap 的话，也可以直接选用 Bootstrap 中表格的样式类别达到更佳的效果。

图 6-6 和图 6-7 为执行的结果，注意浏览网页的网址是 localhost:8000/carlist/。

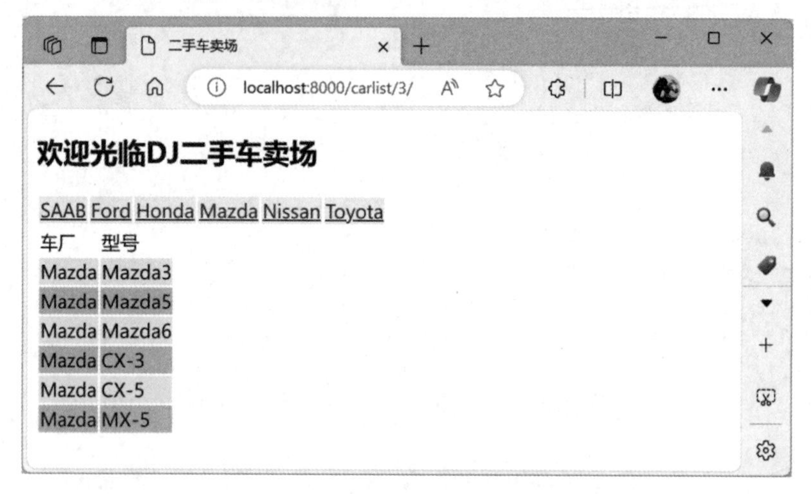

图 6-6　显示指定车厂的型号列表

图 6-7　指定车厂无车款时的显示界面

其实{% for %}循环中除 cycle 和 forloop.counter0/forloop.counter 外，还有表 6-1 所示的几个变量可以使用。

表 6-1　forloop 的计数器变量及其说明

forloop 变量名称	说　明
forloop.counter	从 1 开始计算当前的计数器
forloop.counter0	从 0 开始计算当前的计数器
forloop.revcounter	从 1 开始索引当前的倒数计数器
forloop.revcounter0	从 0 开始索引当前的倒数计数器
forloop.first	如果现在是循环的第 1 个轮次，则该变量的值为 True，否则为 False
forloop.last	如果现在是循环的最后 1 个轮次，则该变量的值为 True，否则为 False
forloop.parentloop	如果是在嵌套循环的状态下，可以让内层循环了解外层循环的当前计数

forloop.first 和 forloop.last 这两个变量是布尔（Boolean）类型的，只有循环处于第 1 个轮次时

forloop.first 的值才会是 True（真），当循环处于最后一个轮次时，forloop.last 的值才会是 True，其他时候它们的值是 False（假）。这样有什么用处呢？以之前的网站程序为例，需要先在循环外面使用 if 语句来判断 cars 中是否有数据，以决定是否要显示表格的<table>和</table>标记以及第一行的标题栏。但是，如果搭配使用 forloop.first 和 forloop.last，就可以把这个逻辑判断移回循环内，如下所示：

```
{% for c in cars %}
   {% if forloop.first %}
<table>
   <tr><td>车厂</td><td>型号</td></tr>
   {% endif %}
   <tr bgcolor="{% cycle '#eeeeee' '#cccccc' %}">
   <td>{{maker_name}}</td><td>{{ c }}</td>
   </tr>
      {% if forloop.last %}
   </table>
      {% endif %}
   {% empty %}
      <h3>车厂<em>{{maker_name}}</em>目前无库存</h3>
   {% endfor %}
```

如此在逻辑上就会比较好理解，组成一个完整的表格绘制过程。

6.3.3　过滤器与其他的语法标记

在显示数据时，模块解释器提供了许多内置的过滤器（Filter）。过滤器可以在输出数据时，对数据的显示格式、内容等进行相应的修正或设置。在此，我们仅列举比较常用的过滤器，详细内容可参见表 6-2。

表 6-2　模块语言中常用的过滤器摘要表

过滤器名称	用　　法	范　　例
addslashes	在字符串需要的地方加上转义字符	{{ msg | addslashes}}，若 msg 的内容为 "It's a cat"，则会变为 "It\'s a cat"
capfirst	让字符串的首字母大写	{{ msg | capfirst }}，若 msg 的内容为 "django"，则会变为"Django"
center、ljust、rjust	为字符串内容加上指定空格后居中、靠左、靠右对齐	{{ msg | center: "15"}}
cut	在字符串中删除指定的子字符串	{{ msg | cut: " "}}，删除所有空格字符
date	设置日期的显示格式	{{ value | date: "D M Y"}}。value 为 datetime 的标准格式，我们可以使用 date 来指定显示的格式与内容，详细的设置方法可参考网页上的说明
default	如果没有值，就使用默认值	{{ msg | default: "没有信息"}}
dictsort	为字典类型的变量排列顺序	{{ value | dictsort: "name"}}，以名字字段作为排序的依据
dictsortreversed	上一个指令的反向排序	

（续表）

<table>
<tr><th>过滤器名称</th><th>用　法</th><th>范　例</th></tr>
<tr><td>divisibleby</td><td>测试数值数据是否可被指定的数整除</td><td>{{ value | divisibleby:5}}，测试 value 是否可被 5 整除</td></tr>
<tr><td>escape</td><td>把字符串中的HTML标记变成显示用的字符串</td><td>{{ msg | escape }}，若 msg 中有 HTML 标记，则会失去作用并以文本形式显示出来</td></tr>
<tr><td>filesizeformat</td><td>以人们习惯的方式显示文件大小的格式（KB、MB 等）</td><td>{{ value | filesizeformat }}</td></tr>
<tr><td>first</td><td>只取出列表数据中的第一个</td><td>{{ values | first }}</td></tr>
<tr><td>last</td><td>只取出列表数据中的最后一个</td><td>{{ values | last}}</td></tr>
<tr><td>length</td><td>返回列表数据的长度</td><td>{{ values | length }}</td></tr>
<tr><td>length_is</td><td>测试数据是否为指定长度</td><td>{{ values | length_is: "3"}}，测试 values 的长度是否为 3</td></tr>
<tr><td>floatformat</td><td>以指定的浮点数格式来显示数据</td><td>{{value | floatformat:3}}，指定显示 3 位小数位数</td></tr>
<tr><td>linebreaks</td><td>把文字内容的换行符转换为 HTML 的
和<p></p></td><td>{{ msg | linebreaks }}</td></tr>
<tr><td>linebreaksbr</td><td>把文字内容的换行符转换为
</td><td>{{ msg | linebreaksbr }}</td></tr>
<tr><td>linenumber</td><td>为显示的文字加上行号</td><td>{{ msg | linenumbers }}</td></tr>
<tr><td>lower/upper</td><td>把字符串内容全部换成小写/大写字母</td><td></td></tr>
<tr><td>random</td><td>以随机数将前面的数据内容显示出来</td><td>{{ values | random }}</td></tr>
<tr><td>safe</td><td>标记字符串为安全的，不需要再处理转义字符</td><td>{{ msg | safe }}</td></tr>
<tr><td>slugify</td><td>把前面的字符串空格变成“-”，让此字符串可以安全地放在网址栏上</td><td>{{ msg | slugify }}，若原来的 msg 内容为 "It's a cat"，则会返回 "its-a-cat"</td></tr>
<tr><td>striptags</td><td>删除所有的 HTML 标记</td><td>{{ msg | striptags }}</td></tr>
<tr><td>truncatechars</td><td>把过长的字符串裁切成指定的长度，同时最后面的 3 个字符会转换成“…”</td><td>{{ msg | truncatechars:12 }}</td></tr>
<tr><td>wordcount</td><td>计算字数</td><td>{{ msg | wordcount }}</td></tr>
<tr><td>yesno</td><td>按照值是 True、False 还是 None，显示出有意义的内容</td><td>{{ value | yesno: "是，否，可能吧"}}</td></tr>
</table>

利用上述过滤器，相当于在模板中对数据的内容做进一步的整理编排，以更符合所需的显示效果。

想要使显示的内容更人性化一些，还有一个模块是不能错过的，那就是 django.contrib.humanize，详细的内容可参考网址：https://docs.djangoproject.com/en/dev/ref/contrib/humanize/#ref-contrib-humanize。要先在 settings.py 的 INSTALLED_APP 中加入此模块：

```
INSTALLED_APPS = [
    'django.contrib.admin',
    'django.contrib.auth',
    'django.contrib.contenttypes',
    'django.contrib.sessions',
    'django.contrib.messages',
```

```
    'django.contrib.staticfiles',
    'django.contrib.humanize',
    'mysite',
]
```

然后在模板文件中加上{% load humanize %}才可以使用。其中最主要的一个功能是增加了 intcomma 过滤器，也就是显示时会在数字中加上千分位。

结合上述过滤器，我们简化一下二手车的数据项数，同时增加一个价格的字段，语句如下：

```
def carprice(request, maker=0):
    car_maker = ['Ford', 'Honda', 'Mazda']
    car_list = [[{'model':'Fiesta', 'price': 40700},
                  {'model':'Focus','price': 121000},
                {'model':'Mustang','price': 180000}],
              [   {'model':'Fit', 'price': 90000},
                {'model':'City', 'price': 30000},
                {'model':'NSX', 'price':240000}],
                [   {'model':'Mazda3', 'price': 66000},
                  {'model':'Mazda5', 'price': 120000},
                  {'model':'Mazda6', 'price':170000}],
               ]
     maker = maker
     maker_name =  car_maker[maker]
    cars = car_list[maker]
     return render(request, 'carprice.html', locals())
```

我们将这个网页命名为 carprice，因此在 urls.py 文件中不要忘记进行相应的修正，代码如下：

```
urlpatterns = [
    path('admin/', admin.site.urls),
    path('', views.index),
    path('engtv/', views.engtv),
    path('engtv/<int:tvno>/', views.engtv, name='engtv-url'),
    path('carlist/', views.carlist),
    path('carlist/<int:maker>/', views.carlist, name='carlist-url'),
    path('carprice/', views.carprice),
    path('carprice/<int:maker>/', views.carprice, name='carprice-url'),
    path('<int:tvno>/', views.index, name = 'tv-url')
]
```

为了正确显示价格格式，在显示价格时使用了以下过滤器：

```
<td align='right'>¥{{ c.price | floatformat:2 | intcomma }}<td>
```

其他的内容基本上和 carlist.html 的内容类似，因此我们可以将 carlist.html 复制为 carprice.html，然后进行相应的修改。carprice.html 的程序代码如下：

```
<!-- carprice.html (dj4ch06 project) -->
{% load humanize %}
<!DOCTYPE html>
<html>
<head>
```

```
    <meta charset='utf-8'>
    <title>二手车卖场</title>
</head>
<body>
    <h2>欢迎光临 DJ 二手车卖场，现有库存车价格表</h2>
    <table>
        <tr>
    {% for m in car_maker %}
        <td bgcolor="#ccffcc">
            <a href="{% url 'carprice-url' forloop.counter0 %}">{{m}}</a>
        </td>
    {% endfor %}
        </tr>
    </table>
    {% if cars %}
    <table>
        <tr><td>车厂</td><td>型号</td><td>价格</td></tr>
    {% endif %}
    {% for c in cars %}
        <tr bgcolor="{% cycle '#eeeeee' '#cccccc' %}">
        <td>{{maker_name}}</td><td>{{ c.model }}</td>
        <td align='right'>¥{{ c.price | floatformat:2 | intcomma }}<td>
        </tr>
    {% empty %}
        <h3>车厂<em>{{maker_name}}</em>目前无库存</h3>
    {% endfor %}
    {% if cars %}
        </table>
    {% endif %}
</body>
</html>
```

修改完成后，显示出来的网页如图 6-8 所示（网址为 localhost:8000/carprice/2/）。

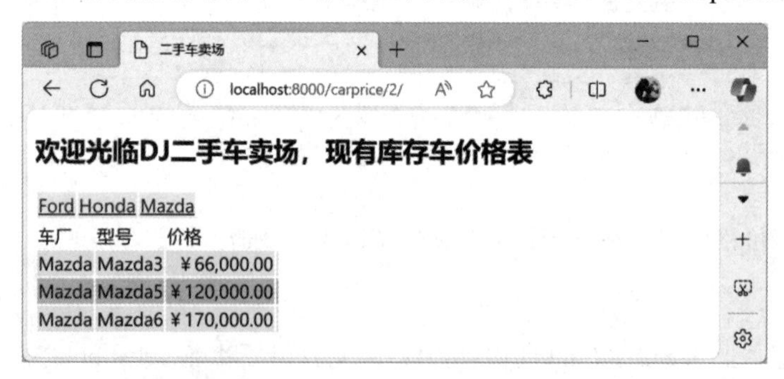

图 6-8　在网页中显示出加上千分位以及小数点格式的价格列表

其他几个比较常用的模板标记功能一并在此介绍。我们之前在 views.index 中调用了 datetime.now()函数获取系统当前的时间，然后将它传到 index.html 作为在网页上显示当前时间的依据。其实，模板语言本身就提供了显示当前日期时间的功能，即{% now 格式字符串 %}。例如，在网页中使用以下标记：

```
{% now 'D M Y h:m:s a'%}
```

这样就可以显示出“Wed Jul 2023 08:07:46 p.m.”这样的字符串了，无须在 views 的函数中获取当前时间了。另外，还有一个有趣的命令 lorem，熟悉设计的朋友应该对这个单词不陌生，它代表的是“无意义的文字”。也就是说，在进行网页的版面设计时，如果不知道填什么内容，就填上这个字，大家就会明白这只是一段无意义的文字。因此，当在网站设计过程中需要了解排版出来的效果，但当前还没有任何有意义的数据或资料时，就可以使用{% lorem %}这个模板来生成一些无意义的字符串。

{% lorem [count] [method] [random] %}后面跟着 3 个参数，count 表示次数，method 可以设置为 w（表示文字）或 p（表示段落），最后一个参数如果加上 random，就会以随机数的方式产生这些字符串。例如，使用{% lorem 2 p random %}会产生以下内容：

```
<p>Similique culpa distinctio quos minus voluptatibus inventore.</p>

<p>Perferendis enim rem illo incidunt dolorum. Ex sed cum accusamus. Reiciendis itaque sequi veritatis asperiores numquam quibusdam, consequatur eius aspernatur rerum omnis voluptatum aliquid iste accusamus non ullam et.</p>
```

关于其他标记和特殊语法，我们会在后续实际应用的章节范例中进行介绍。读者也可以自行查阅 Django 官方网站上的说明文件。

6.4　本课习题

1．比较模板语句中 extend 和 include 的不同。

2．在模板中使用 Bootstrap 框架时，如果不用 CDN 链接的方式，那么要如何通过静态（Static）文件的方式来完成设置呢？

3．在 carprice.html 网页中加上二手车库存数量的显示功能。

4．同上题，使用 dictsort 或 dictsortreversed 过滤器，把要显示的二手车库存数量排序之后再显示出来。

5．使用 cycle 语句标记，让 carlist.html 中表格行的颜色可以每 3 个为一个循环来显示。

第 7 课

Models 与数据库

7

数据库无疑是动态网站中重要的组成元素，因为几乎所有网页内容都是保存在数据库中的。传统的 PHP 网站在存取数据库时都是以 SQL 的语法来完成的，这种方法没有办法发挥程序设计语言的特性，也缺乏兼容性。Django 使用 ORM 的概念把数据存取的过程抽象化，通过模型来定义数据表，并让网站开发人员能够使用 Python 的语句来存取数据库的内容，大幅简化了网站存取数据的复杂度，也增加了更多弹性。

在这一堂课中，我们将会以二手手机网页为例进一步介绍定义模型的相关细节以及如何进行多数据表整合查询，学习如何调整 admin 数据库管理界面，还有如何通过设置让我们的网页可以直接连上 Google 云端的 MySQL 服务器，从而提高数据库管理能力以及数据库操作性能。

本堂课的学习大纲

- 网站与数据库
- 活用 Models 制作网站
- 在 Django 中使用 MySQL 数据库系统

7.1 网站与数据库

动态网站最重要的部分毫无疑问非数据库莫属。把所有数据通过数据库系统保存并维护在一些数据表中，在需要的时候再以条件式查询的方式取出，然后在网页上显示出来，或者通过新增指令存储新的数据记录，或者针对特定的数据项进行修改等。由数据库来维护所有内容可以提高数据存取的效率，也可以增加网站提供信息的能力。然而，管理数据需要事先经过规划，才能够真正符合网站的需求，这也是本堂课的授课重点。

7.1.1 数据库简介

简单地说，数据库（Database，简称 DB）就是一个系统组织过的数据格式，通过特定的接口存取的数据集合。存取这些数据内容的系统叫作数据库管理系统（Database Management System，

DBMS）。不同的数据库系统有不同的执行程序和操作方法，定义数据的方式也有可能非常不一样。所幸，网页服务器所使用的数据库系统大多为关系数据库系统，而它的主流系统为 MySQL，因此大部分数据库系统都会和 MySQL 兼容，包括 Django 默认的 SQLite 文件型数据库也是如此。在 Django 中操作数据库的简单示意图如图 7-1 所示。

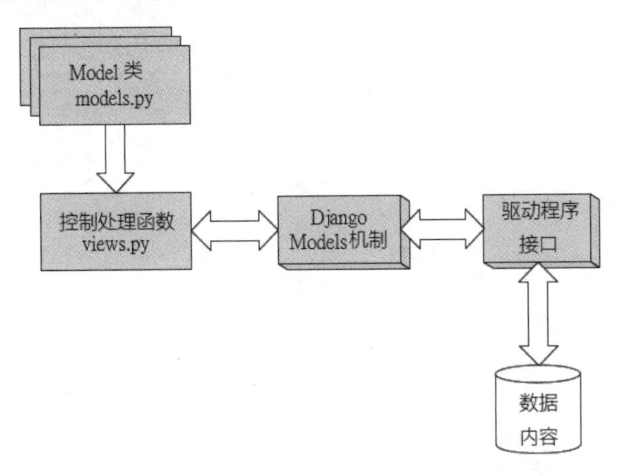

图 7-1　在 Django 操作数据库的示意图

通常情况下，网站系统要存取数据库需要先有一个正确的数据库驱动接口，通过此接口才可以使用该数据库（以 MySQL 为例）接收的查询命令（SQL 查询语言），并在使用之前进行数据库的连接工作。数据库系统通常是以独立的服务程序运行在某一台主机上的，所以在连接时，除要指定连接操作用的账号和密码外，还必须指定主机位置的相关信息。大部分情况下，网页服务器和数据库系统位于同一台主机上，在指定主机的位置时，只要使用 localhost 就可以了。事实上，数据库系统是可以独立存在于网络上任何一台主机上的，而许多主机供应商也提供了数据库主机的服务，这些细节将在后续章节中进行介绍。

至于数据库驱动接口，要看网站系统有没有提供，传统的 PHP 网络主机通常会整合 Apache 和 MySQL。除系统外，还需要设置好它们的驱动接口，这就是所谓的 LAMP（Linux + Apache + MySQL + PHP）主机环境的由来，在此环境下，PHP 程序可以轻松地以简单的指令直接操作主机上的 MySQL 数据库。

然而，在 Django 中，默认的数据库管理系统是 SQLite（可以通过 settings.py 中的系统设置修改为其他数据库系统），SQLite 是一个文件类型的简易型数据库管理系统，在本书前面的章节已介绍过了。所有存取的内容都会放在网站文件夹下的 db.sqlite3 文件中。SQLite 的好处是简洁方便，同时也和 MySQL 兼容，然而只适合测试开发时使用。对于要使用真正的大型数据库或正式上架的网站，SQLite 的扩充性和性能就会有非常大的限制。因此，在本书的前半部练习时还是会以内置的 SQLite 为主，但是接下来我们会介绍其他适合正式网站使用的 MySQL 系统及其安装、设置与使用。

7.1.2　规划网站需要的数据库

由于网站中最重要的内容是数据库，因此设计网站的第一步不是马上开始编写程序，而是根据网站的需求先设计数据库，确定数据库的所有细节，并做过正规化之后，才能够开始网站的程序设计。这是为什么呢？因为如果在开始设计程序时才发现数据库的内容不符合实际需求或数据表之间的关系有误，再回去修改数据库的格式和结构，往往会造成程序内容产生极大变动，花费开发者更多的精力，而且可能会冒出许多不该发生的程序错误，因而不得不慎之又慎。

假设要建立一个二手手机展示网站（先不考虑订购功能），数据库该如何规划呢？先来看看在店面中以纸张的方式呈现目前店内的二手手机库存，这张表格的样式如表 7-1 所示。

表 7-1　以纸张呈现目前店内二手手机库存的表格样式

库存机	品牌	型号	出厂年份	说明	价格	照片
超值 4G 备用机	Infocus	M370	2015	九成新机，少用，可双卡	1000	暂缺
古董 Nokia 备用机	Nokia	5800 XM	2010	外观良好，一切功能正常	200	
高级 Z3 美机	SONY	Xperia Z3	2015	少见二手手机，机会难得	8000	
SONY 二手旗舰机	SONY	Xperia TX	2013	虽然年代久了些，但是仍然很好用，附赠保护壳	2500	
SONY TX 美型机	SONY	Xperia TX	2013	美型 SONY 旗舰，实体相机按键，随身拍好帮手	2200	暂缺
S3 零件机	Samsung	S3	2013	屏幕裂开，但其他功能正常	200	

从表 7-1 可以看出几点：首先是品牌和型号均有重复的内容；另外，有些照片暂缺，有些照片则超过一张，也就是照片字段的长度是不固定的。根据数据库正规化的一些原则和方法（此处非本书讨论的范围，可自行参考数据库相关书籍），不能直接把这张表格变成一张数据表，而是要拆解成不同的几张数据表，并建立这些数据表之间的关系。由于 Django 在建立每一个数据表的同时会有一个内置的 id 作为主键（Primary Key），因此在此不需要另外设置主键字段。

先以可销售的二手手机商品 Product 作为此数据库的主数据库，然后把所有手机照片链接当作另一张表格 PPhoto，这两张数据表的关系如图 7-2 所示。

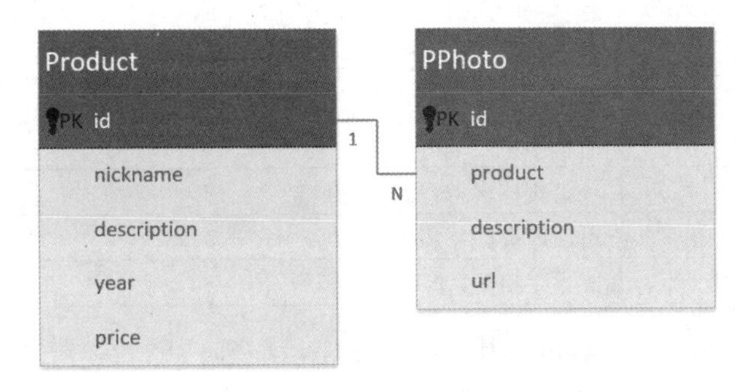

图 7-2　Product 和 PPhoto 数据表的关系图

如图 7-2 所示，每一个产品 Product 的数据项中都包含一个昵称 nickname、一个说明 description、一个出厂年份 year 以及价格 price 字段，PPhoto 用来记录每一张产品照片，每一张产品照片除照片的网址 url 外，还要有一小段照片的说明 description，而最重要的是每一张照片都会附属于某一个产品（二手手机），它们之间的关系应该是一对多的（用 1 和 N 来表示）。也就是说，一个产品可能会有多张产品照片，而每一张照片只属于其中的一个产品。要表示这样的关系，就要在 PPhoto 中设置一个字段 product，然后让此字段以外部键（ForeignKey）的方式链接到 Product 的 id。

以此类推，除产品的照片外，每一个产品还有手机的型号 PModel（多对一，一个产品只有一个型号，而一个型号可以被多款产品使用），而每一个手机型号对应一个手机制造商 Maker，依此设计，本网站所使用的数据表名称、字段及其关系如图 7-3 所示。

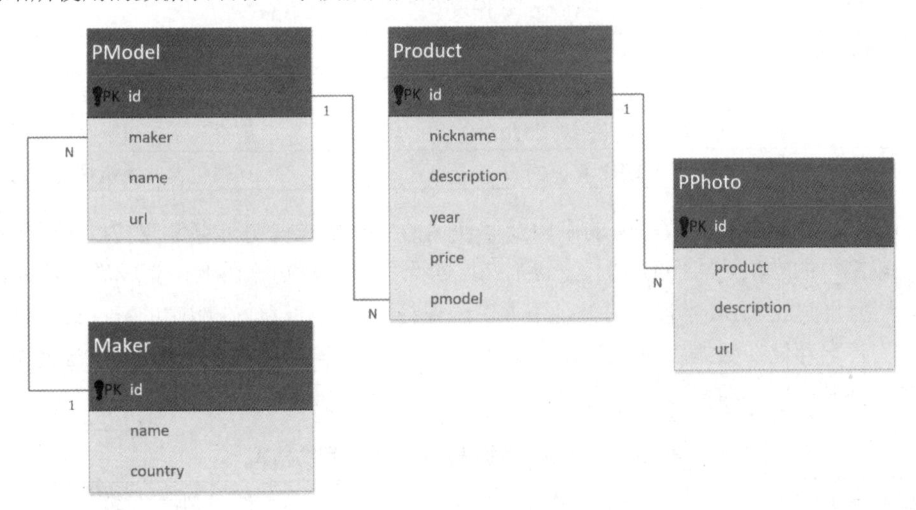

图 7-3　二手手机卖场网站的数据表关系图

制造商 Maker 有两个字段，分别是名称 name 和制造商登记的国家 country。而手机型号包括型号名称 name 和链接到其他网站上的介绍此手机规格的网址 url，以及一个指向制造商的 maker。Product 加上一个 pmodel 字段，指向手机的型号 PModel，就形成了图 7-3 的关系图。

7.1.3　数据表内容设计

从 7.1.2 节的设计可知，此网站数据库总共使用了 4 张数据表，这些数据表的用途说明可参考表 7-2。

表 7-2　网站数据库的数据表用途说明

数 据 表	用 途
Maker	所有手机厂商列表
PModel	手机规格名称以及网址信息
Product	目前库存的手机列表
PPhoto	二手手机照片

其中，Maker（制造商）数据表的字段及其使用的数据格式说明如表 7-3 所示。

表 7-3　Maker 数据表的字段及其使用的格式

Maker 数据表的字段	格 式	说 明
name	字符，最多 10 个字符	厂商名称
country	字符，最多 10 个字符	厂商所属国家

PModel（手机型号）数据表的字段及其使用的数据格式说明可参考表 7-4。其中，url 字段用于存储手机规格的网址，这些网址可以直接链接到网上提供手机详细规格的一些网站。由于它是一个网址，因此也可以作为图像文件的链接。在这个例子中，我们使用一个预先制作好的“数据准备中”图像文件链接作为默认值。这样，在某些手机型号暂未找到对应规格信息的网页时，可以暂时使用这个默认链接。

表 7-4　PModel 数据表字段及其使用的格式

PModel 数据表的字段	格 式	说 明
maker	指向 Maker	制造商名称
name	字符，最多 20 个字符	用来显示手机款式名称
url	URL 格式	存储包含此手机规格信息的网址

PPhoto（二手手机照片）数据表的字段及其使用的数据格式说明可参考表 7-5。至于照片内容的部分，比较简单的方法是将照片先上传到第三方的照片管理网站。在上传完成后，获取该网站的链接地址，然后将其放入 url 字段。另外，还可以选择将照片文件存放在网站的 media 文件夹中，然后将照片的文件名存储在数据表中。在本堂课的范例网站中，同时使用了 url 和 media 两个字段，读者在使用时选择其中之一即可。

表 7-5　PPhoto 数据表字段及其使用的格式

PPhoto 数据表的字段	格 式	说 明
product	指向 Product	产品名称
description	字符，最多 20 个字符	说明此照片的内容
url	URL 格式	存储此照片的网址
media	字符，最多 100 个字符	手机的照片文件名

最后，记录目前库存二手手机的 Product 数据表的字段及其使用的格式可参考表 7-6。需要特别注意的是，由于二手手机的特性，我们假设每部二手手机的情况都不同，因此每个产品项目仅对应一部二手手机，而在数据字段中并未设置“库存数量”这一数据项。

表 7-6　Product 数据表字段格式的说明

Product 数据表的字段	格　式	说　明
pmodel	指向 PModel	手机规格
nickname	字符，最多 15 个字符	此手机的简单说明
description	文本字段	此手机的详细说明
year	正整数	制造年份
price	正整数	售价

7.1.4　models.py 设计

根据前面章节的数据表规划以及设计，我们可以把此网站的 models.py 内容编写如下：

```
from django.db import models

class Maker(models.Model):
    name = models.CharField(max_length=10)
    country = models.CharField(max_length=10)

    def __str__(self):
        return self.name

class PModel(models.Model):
    maker = models.ForeignKey(Maker, on_delete=models.CASCADE)
    name = models.CharField(max_length=20)
    url = models.URLField(default='http://i.imgur.com/Ous4iGB.png')

    def __str__(self):
        return self.name

class Product(models.Model):
    pmodel = models.ForeignKey(PModel, on_delete=models.CASCADE)
    nickname = models.CharField(max_length=15, default='超值二手机')
    description = models.TextField(default='暂无说明')
    year = models.PositiveIntegerField(default=2016)
    price = models.PositiveIntegerField(default=0)

    def __str__(self):
        return self.nickname

class PPhoto(models.Model):
    product = models.ForeignKey(Product, on_delete=models.CASCADE)
    description = models.CharField(max_length=20, default='产品照片')
    url = models.URLField(default='http://i.imgur.com/Z230eeq.png')

    def __str__(self):
        return self.description
```

每个数据表都对应到一个类，类的命名习惯是第一个英文字母为大写。为了在日后编写程序内容时避免将类名称与该类的对象实例混淆，务必遵循一些重要的命名习惯。

每一个数据类均继承自models.Model类（Python是以类名称后面小括号内的内容来指定父类的，在此例中，数据表类的父类均为 models.Model）。在每个类中，属性名称后面接的models.xxxField(xxx=??)是用于设置字段格式的方法。这部分内容在第4课，表4-2和表4-3中有详细的说明。如果还有不清楚的地方，建议回到第4课复习一下。

与第 4 课的数据表内容不一致的地方在于，我们定义了各个数据表之间的关系，例如 PModel 里面的 maker 定义如下：

```
maker = models.ForeignKey(Maker, on_delete=models.CASCADE)
```

ForeignKey 是外键，它负责指向另一张表格的主键 Primary Key，表示这个表格是依附于另一张表格的。简单地说，有了这层关系后，PModel 的 maker 一定来自 Maker 表格，才不会出现有了手机的型号却不知道手机制造商是哪家这类问题。至于要指向 Maker 表格的哪一个主键，Django 会自动处理（每个类 Django 都会自动加上一个 id 主键），我们只要使用 ForeignKey 方法指定要指向的类即可。同样的情况，PPhoto 的 product 指向 Product，而 Product 的 pmodel 指向 PModel。类之间的关系可参考图 7-3 的数据表关系图。

至于 on_delete=models.CASCADE 这个属性，则是设置当删除被引用的对象（Maker）时，此引用对象（PModel）也要一并执行删除操作。在指定外键时，其他经常会使用的设置操作如下。

- models.PROTECT：禁止删除并产生一个 ProtectedError 异常。
- models.SET_NULL：把外键设置为 null，但是在创建类时，此字段要设置为可接受 null 值。
- models.SET_DEFAULT：把外键设置为默认值，但是在创建类时，此字段要设置默认值。
- models.DO_NOTHING：什么事都不做。

有了这些设计，我们就可以进入 7.2 节的网站制作环节了。

7.2　活用 Model 制作网站

本节将以 7.1 节定义的数据模型 models.py 为基础，开始创建一个二手手机展示的网页。同时，我们将调整 admin 网站的后台样式，自定义一些参数，让商店管理员在输入数据和管理内容时更加便捷。

7.2.1　建立网站

假设我们已经处于适当的虚拟环境（例如 dj4ch07）中，并且在此环境中安装了新版本的 Django。按照以下指令创建网站 dj4ch07 和 mysite 这个 App：

```
django-admin startproject dj4ch07
cd dj4ch07
python manage.py startapp mysite
cd mysite
mkdir templates
```

```
mkdir static
```

然后，在 settings.py 中设置 ALLOWED_HOSTS = ['*']，在 INSTALLED_APPS 中添加 mysite，以及在 TEMPLATES 中把 DIRS 设置为 BASE_DIR / 'templates'。此外，在 STATICFILES_DIRS 中添加以下内容（如有需要，可同时调整语言设置和网站的时区设置）：

```
STATIC_URL = '/static/'
STATIC_ROOT = BASE_DIR / 'staticfiles'
STATICFILES_DIRS = [
    BASE_DIR / 'static'
]
```

以上这些是构建 Django App 的标准流程。接下来，到 urls.py 文件中加上 index 页面的网址映射关系（即页面和网址的对应关系）。

```
from django.contrib import admin
from django.urls import path
from mysite import views

urlpatterns = [
    path('admin/', admin.site.urls),
    path('', views.index),
]
```

到 mysite 文件夹找到 models.py 文件，并在文件中添加 7.1.4 节的内容。接着打开 admin.py，添加以下设置代码：

```
from django.contrib import admin
from mysite import models

admin.site.register(models.Maker)
admin.site.register(models.PModel)
admin.site.register(models.Product)
admin.site.register(models.PPhoto)
```

此外，在 views.py 文件中，还需要添加 index 函数，如下所示：

```
from django.shortcuts import render

def index(request):
    return render(request, "index.html", locals())
```

由于在上述程序中使用到了 index.html，因此还需要在 templates 文件夹下创建一个名为 index.html 的文件。

最后，在命令提示符（或终端机）窗口执行以下指令，并执行数据库的更新和迁移操作。此外，初次使用数据库时，还需要创建超级用户（Super User）来操作 admin（管理）页面。可按照以下步骤进行操作。在 dj4ch07 文件夹下，找到 manage.py 所在目录层，执行以下命令，以避免命令找不到 manage.py 文件：

```
python manage.py makemigrations
```

```
python manage.py migrate
python manage.py createsuperuser
python manage.py runserver
```

再次提醒读者，当系统要求输入管理员密码时，输入过程中光标可能没有任何反应。这是正常现象，请在输入密码时自行默记下来，重复输入两次相同的密码即可。以下是在 Windows 10/11 操作系统下执行 makemigrations 过程的示例（在此例中，我们使用 conda 创建了一个名为 dj4ch07 的虚拟环境）：

```
(dj4ch07)  D:\dj4book\dj4ch07\dj4ch07>python  manage.py  makemigrations  System  check
identified some issues:
Migrations for 'mysite':
  mysite\migrations\0001_initial.py
    - Create model Maker
    - Create model PModel
    - Create model Product
    - Create model PPhoto
```

以下则是在 Windows 10/11 下执行 migrate 的过程：

```
(dj4ch07) D:\dj4book\dj4ch07\dj4ch07>python manage.py migrate Operations to perform:
  Apply all migrations: admin, auth, contenttypes, mysite, sessions
Running migrations:
  Applying contenttypes.0001_initial... OK
  Applying auth.0001_initial... OK
  Applying admin.0001_initial... OK
  Applying admin.0002_logentry_remove_auto_add... OK
  Applying admin.0003_logentry_add_action_flag_choices... OK
  Applying contenttypes.0002_remove_content_type_name... OK
  Applying auth.0002_alter_permission_name_max_length... OK
  Applying auth.0003_alter_user_email_max_length... OK
  Applying auth.0004_alter_user_username_opts... OK
  Applying auth.0005_alter_user_last_login_null... OK
  Applying auth.0006_require_contenttypes_0002... OK
  Applying auth.0007_alter_validators_add_error_messages... OK
  Applying auth.0008_alter_user_username_max_length... OK
  Applying auth.0009_alter_user_last_name_max_length... OK
  Applying auth.0010_alter_group_name_max_length... OK
  Applying auth.0011_update_proxy_permissions... OK
  Applying auth.0012_alter_user_first_name_max_length... OK
  Applying mysite.0001_initial... OK
  Applying sessions.0001_initial... OK
```

当以上所有操作顺利完成之后，就可以使用 localhost:8000/admin 创建各项数据了，如图 7-4~图 7-6 所示。

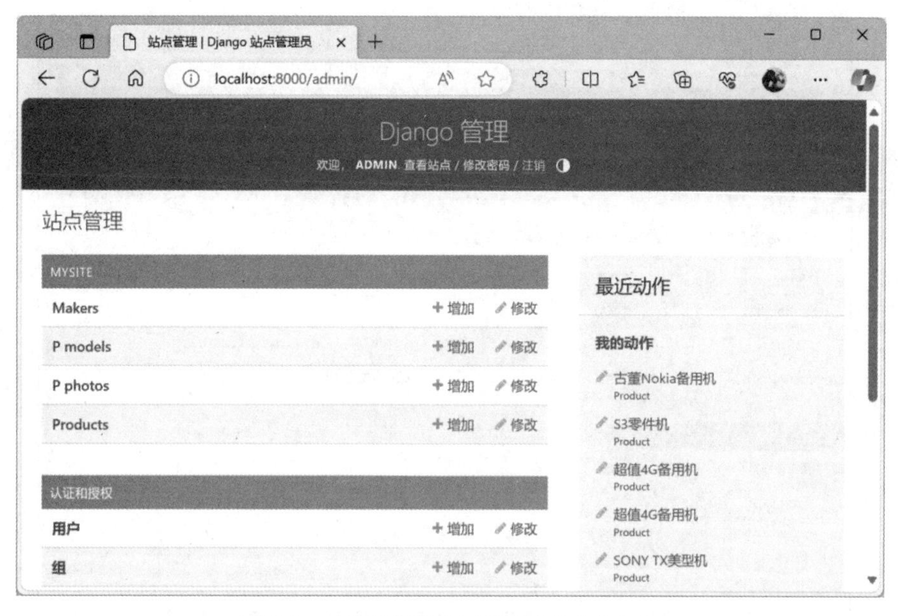

图 7-4　二手手机卖场网站管理后台的首页

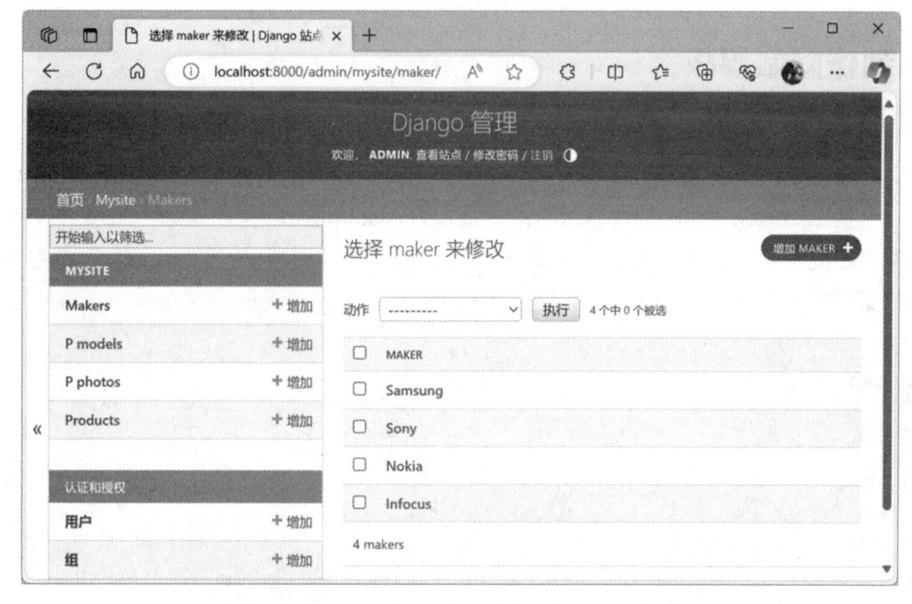

图 7-5　二手手机卖场网站管理后台 Maker 制造商管理的网页

从图 7-6 可以看出，Product 数据表使用外键与 PModel 进行链接。在管理页面中，我们将 PModel 当前所有已输入的内容呈现为一个下拉式菜单，以便在添加 Product 数据时进行选择。注意，此处只能选择一个选项。若要新增手机型号，则需单击右侧的+图标以创建一个新的数据项。这样，在生成新产品项时就可以避免因未指定手机型号而产生的问题。

读者在使用此网站平台前，可先创建一些数据以便后续练习，直接使用本书提供的下载数据也可以。

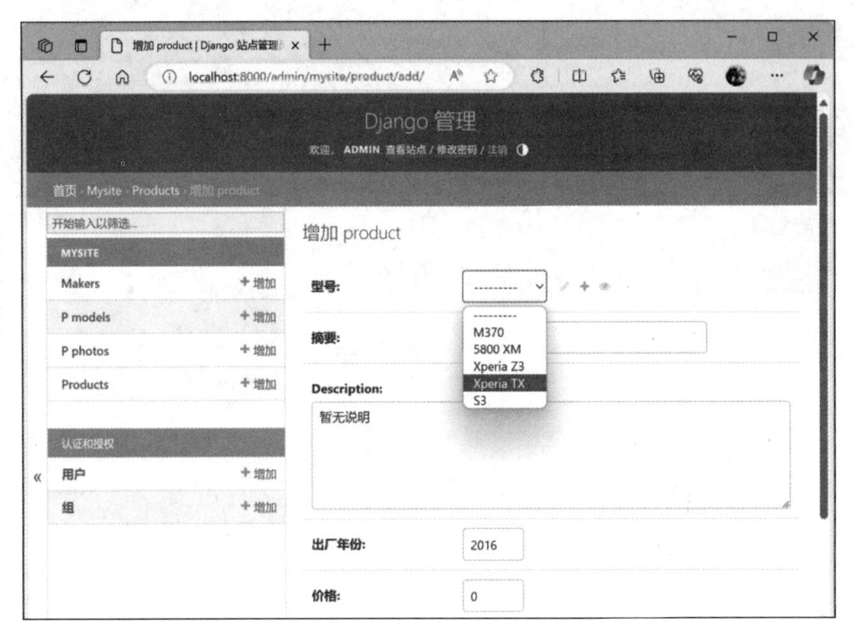

图 7-6　二手手机卖场网站管理后台增加二手手机产品的页面

7.2.2　制作网站模板

单一的数据表内容查询在前面的章节中已有说明，为了网页页面美观以及设计上的便利，在此使用模板机制来创建网页的内容。我们把页首和页尾分开，分别命名为 header.html 和 footer.html，另外准备一个基础的 base.html，在 base.html 中加入 Bootstrap 网页框架（使用 CDN 的方式，读者直接前往相关网站复制即可，不需要逐字输入），最后创建 index.html。base.html 的内容主要是加入 Bootstrap 框架链接以及导入 header.html 和 footer.html，其内容如下：

```
<!-- base.html (dj4ch07 project) -->
<!DOCTYPE html>
<html>
<head>
   <meta charset='utf-8'>
   <title>{% block title %}{% endblock %}</title>
<!-- Latest compiled and minified CSS -->
<link href="https://cdn.jsdelivr.net/npm/bootstrap@5.3.0-alpha1/dist/css/
bootstrap.min.css" rel="stylesheet" integrity="sha384-GLhlTQ8iRABdZLl6O
3oVMWSktQOp6b7In1Zl3/Jr59b6EGGoI1aFkw7cmDA6j6gD" crossorigin="anonymous">

<!-- Optional theme -->
<link rel="stylesheet" href="https://maxcdn.bootstrapcdn.com/bootstrap/3.3.6/
css/bootstrap-theme.min.css" integrity="sha384-fLW2N01lMqjakBkx3l/M
9EahuwpSfeNvV63J5ezn3uZzapT0u7EYsXMjQV+0En5r" crossorigin="anonymous">

<!-- Latest compiled and minified JavaScript -->
<script src="https://cdn.jsdelivr.net/npm/bootstrap@5.3.0-alpha1/dist/js/
bootstrap.bundle.min.js" integrity="sha384-w76AqPfDkMBDXo30jS1Sgez6pr
3x5MlQ1ZAGC+nuZB+EYdgRZgiwxhTBTkF7CXvN" crossorigin="anonymous"></script>
```

```
<style>
h1, h2, h3, h4, h5, p, div {
   font-family: 微软雅黑;
}
</style>
</head>
<body>
{% include "header.html" %}
{% block content %}{% endblock %}
{% include "footer.html" %}
<script    src="https://code.jquery.com/jquery-3.1.0.min.js"    integrity="sha256-cCueBR6CsyA4/9szpPfrX3s49M9vUU5BgtiJj06wt/s=" crossorigin="anonymous"> </script>
</body>
</html>
```

在 base.html 中预留了两个 block，分别是 title 和 content。所有继承自这个模板的文件都要准备两个 block 以供整合之用。header.html 主要用于提供本网站的每一个网页用的标题和菜单，其内容如下：

```
<!-- header.html (dj4ch07 project) -->
<nav class='navbar navbar-default'>
   <div class='container-fluid'>
      <nav class="navbar navbar-expand-lg bg-body-tertiary">
         <div class="container-fluid">
            <a class="navbar-brand" href="#"> DJ 二手机卖场</a>
            <button  class="navbar-toggler"  type="button"  data-bs-toggle="collapse" data-bs-target="#navbarNavAltMarkup"          aria-controls="navbarNavAltMarkup" aria-expanded="false" aria-label="Toggle navigation">
               <span class="navbar-toggler-icon"></span>
            </button>
            <div class="collapse navbar-collapse" id="navbarNavAltMarkup">
               <div class="navbar-nav">
                  <a class="nav-link active" aria-current="page" href="/">Home</a>
                  <a class="nav-link" href="/admin">后台管理</a>
               </div>
            </div>
         </div>
      </nav>
   </div>
</nav>
```

注意，上述内容使用了 Bootstrap 的 Navbar 模板内容，读者不需要自行输入，可直接从 Bootstrap 官网上复制该组件再进行修改。

footer.html 则是放置本网站的徽标以及版权声明的文件，这个文件可自行备妥放在 static/images 文件夹（请自行创建）下，并命名为 logo.png。如有实体商店，也可以在这里放置商店的地址和联系方式。示例内容如下：

```
<!-- footer.html (dj4ch07 project) -->
<hr>
{% load static %}
<img src="{% static "images/logo.png" %}" width=100>
```

```
<em>Copyright  2023  <a  href='http://xxxxx.com'>http://xxxxx.com</a>.  All  rights
reserved.</em>
```

接下来，我们需要编写 index.html 的内容。在开始编写 views.index(request)函数的内容之前，先来了解一下 index.html 的框架：

```
<!-- index.html (dj4ch07 project) -->
{% extends "base.html" %}
{% block title %}DJ 二手手机卖场{% endblock %}
{% block content %}
<div class='container' align=center>
<!-- 这里放我们要呈现的内容 -->
</div>
{% endblock %}
```

在 index.html 中，如前所述，先指定继承自 base.html（使用{% extends "base.html" %}），然后按序编写 title 和 content 这两个 block 的内容。

7.2.3　制作多数据表整合查询网页

目前网站中首页的重点是放在 block content 中的内容，也就是用户浏览网站的首页时要呈现哪些内容。假设我们要呈现的内容是 products 这个数据表中的所有数据，并希望使用 HTML 的表格功能来显示，那么可以用一个循环来解决，示例程序如下（以下这些程序代码放在 index.html 文件中的<div　class='container' align=center>与</div>之间）：

```
{% for p in products %}
{% if forloop.first %}
   <table>
      <tr bgcolor='#cccccc'>
         <td width=250>库存手机</td>
         <td width=150>品牌/型号</td>
         <td width=80>出厂年份</td>
         <td>价格</td></tr>
{% endif %}
   <tr bgcolor='{% cycle "#ffccff" "ccffcc" %}'>
      <td><a href='{% url "detail-url" p.id %}'>{{ p.nickname }}</a></td>
      <td>{{ p.pmodel.maker.name }}/{{ p.pmodel }}</td>
      <td>{{ p.year  }}</td>
      <td align=right>{{ p.price }}</td>
   </tr>
{% if forloop.last %}
</table>
{% endif %}
{% empty %}
<h3>目前没有库存的二手机可以卖，真抱歉</h3>
{% endfor %}
```

在上述程序代码中，我们使用模板语言的{% for p in products %}把 products 列表中的数据项一个一个取出来显示，读者如果注意到，就会发现 Product 类有 nickname、pmodel、year 以及 price 这

4 个字段，有手机型号，但是没有制造商的字段。因为手机型号使用外键关联到 Maker，所以我们可以使用 p.pmodel.maker.name 获取这个手机型号的制造商，以此类推，如果要显示手机制造商的品牌国家或地区，使用 p.pmodel.maker.country 获取即可。

接着，到 urls.py 程序文件中加上 index 的网址对应：

```
from django.contrib import admin
from django.urls import path
from mysite import views
from django.conf import settings
from django.conf.urls.static import static

urlpatterns = [
    path('admin/', admin.site.urls),
    path('detail/<int:id>', views.detail, name = 'detail-url'),
    path('', views.index),
] + static(settings.MEDIA_URL, document_root=settings.MEDIA_ROOT)
```

在上述程序代码中，我们添加了对 media 文件夹下媒体文件的设置，这样就可以在 media 文件夹中存放图像文件（也称为图片文件），而无须使用静态文件的方式进行读取。为了实现自由存取 media 文件夹，可在 settings.py 文件中的 STAITC 设置后面添加以下设置内容：

```
EDIA_ROOT = BASE_DIR / 'media'
MEDIA_URL = 'media/'
```

使用跨表格查询的功能，在 views.index 中的数据库查询指令有没有什么特别的地方呢？答案是没有，Django 在后台都帮我们处理好了。views.py 文件内容如下：

```
from django.shortcuts import render
from mysite import models

def index(request):
    products = models.Product.objects.all()
    return render(request, 'index.html', locals())
```

和之前的查询方式类似，就只有这一行：products = models.Product.objects.all()。不需要任何特别的处理，只要将数据表之间的关系设置好，就和查询同一个数据表的方法一样，再次见证到 Django 模型（Models）的威力。图 7-7 是到目前为止网站的执行成果。

接下来要加入浏览每个产品细节的功能，我们使用网址/detail/{id}来作为浏览产品详细内容的参数，先在 urls.py 文件中加入一个网址样式，并命名为 detail-url，语句如下：

```
path('detail/<int:id>', views.detail, name = 'detail-url'),
```

<int:id>可以识别在 detail/之后的任意位数的数字。在 index.html 中列出所有手机之后，要在原来显示库存手机的字段中加上链接，使用"detail-url"改写如下：

```
<td><a href='{% url "detail-url" p.id %}'>{{ p.nickname }}</a></td>
```

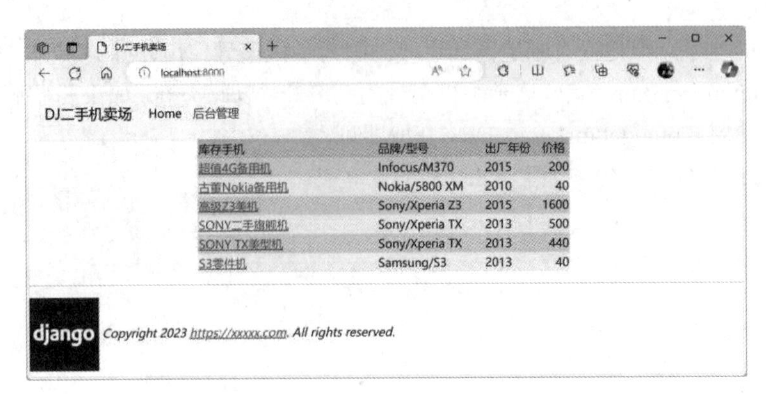

图 7-7　第一版二手手机卖场网站的运行页面

在此使用 product 的 id 来作为存取手机细节数据的索引值，因为它是默认的主键(Primary Key)，在数据表中具有唯一值，所以可用于搜索值。views.py 内容如下：

```
def detail(request, id):
    try:
        product = models.Product.objects.get(id=id)
        images = models.PPhoto.objects.filter(product=product)
    except:
        pass
    return render(request, 'detail.html', locals())
```

在 detail 函数中使用传进来的 id 进行搜索，调用 models.Product.objects.get(id=id)来找出指定 id 的手机产品。需要特别注意的是，在 Django 的 ORM 中，如果使用 get 找不到对应的记录，就会抛出一个 DoesNotExist 异常。为了避免程序被异常中断，在此使用 try/except 机制，让程序遇到异常时直接跳过，因为在 detail.html 中会有相应的判断机制来处理 product 为空的情况。

除此之外，找到 product 后，还要通过 product 在 PPhoto 中查找该产品在照片数据库中是否存储了照片。由于照片可能会有多张，因此可以使用 filter 来过滤，过滤参数直接使用刚刚找到的 product 即可。若此函数顺利执行完毕，则会将 product 和 images 这两个变量传送给 detail.html 程序。用来显示指定手机细节的 detail.html 程序的内容如下（在 templates 文件夹中添加 detail.html 文件）：

```
<!-- detail.html (dj4ch07 project) -->
{% extends "base.html" %}
{% block title %}{{product.nickname | default:"找不到指定的手机"}}{% endblock %}
{% block content %}
<div class='container' align=center>
{% if product %}
<table>
    <tr><td align=center><h3>{{ product.nickname }}</h3></td></tr>
    <tr><td align=center>{{ product.description }}</td></tr>
    <tr><td align=center>{{ product.year }}年出厂</td></tr>
    <tr><td align=center>售价: {{ product.price }}元</td></tr>
    {% for image in images %}
        {% if forloop.first %}
            <tr><td align=center>
        {% endif %}
            <img src='{{ image.url }}' width=350><br>
```

```
        {% if forloop.last %}
            </td></tr>
        {% endif %}
    {% empty %}
        <tr><td align=center>暂无图片</td></tr>
    {% endfor %}
</table>
{% else %}
<h2>找不到指定的手机</h2>
{% endif %}

</div>
{% endblock %}
```

在第 3 行的{{product.nickname | default:"找不到指定的手机"}}中指定了可使用默认值，也就是说，如果 product.nickname 这个变量不存在，就会使用后面的字符串作为默认值。对于 images，我们采用了在 index.html 中使用的技巧，巧妙地运用 forloop.first 和 forloop.last 来为图像字段的内容加上适当的 HTML 标记。如果在数据库中使用的是网址的链接，则可以使用这条语句：<img src='{{ image.url }}' width=350>
。

如果读者选择将图像文件放在网站的 media 文件夹下，那么该行代码应相应更改为<img src="/media/{{image.media}}" width=350>
，这样就可以成功提取照片的文件名并在网页上显示出来了。最终网站的运行结果如图 7-8 和图 7-9 所示。图 7-8 展示了具有照片的二手手机产品的页面，而图 7-9 展示了当在网址中输入一个数据库中不存在的 id 时，网页显示的信息。

图 7-8　detail.html 的运行页面

图 7-9　找不到指定手机时的屏幕显示页面

7.2.4　调整 admin 管理网页的外观

对于熟悉计算机操作的朋友来说，admin 默认的管理页面已经具备了一定的实用性。然而，值得一提的是，Django 为我们提供了可以自由调整管理页面的功能。例如，我们可以创建一个用于显示当前库存二手手机的管理页面，如图 7-10 所示。

图 7-10　Product 默认的管理页面

页面上只显示了这些二手手机的名称。然而，在管理方面，我们希望能够显示更多字段，例如型号、价格和出厂年份等。要实现这些自定义设置，只需要在 admin.py 中重新继承 admin.ModelAdmin 类，并在子类中对所需的属性进行调整即可。

在 admin.py 中，原来使用以下语句来设置要管理的 Model 类：

```
admin.site.register(models.Prodcut)
```

现在修改如下：

```
class ProductAdmin(admin.ModelAdmin):
   list_display=('pmodel', 'nickname', 'price', 'year')

admin.site.register(models.Product, ProductAdmin)
```

先从 admin.ModelAdmin 类中继承一个 ProductAdmin 子类，然后在 admin.site.register 中同时注明要注册的 Model 和要使用的类，在子类中通过父类提供的属性重新复写其设置，得到想要的结果。在此例中，我们把 list_display 属性重新设置为 list_display=('pmodel', 'nickname', 'price', 'year')，也就是按序显示这部手机的型号、昵称、价格和出厂年份。保存文件之后，再回到图 7-10 所示的页面，此时屏幕显示页面会发生变化，如图 7-11 所示。

图 7-11　增加了额外字段的 Product 管理页面

接着，我们想要增加自定义排序功能以及搜索功能，所以进一步把 admin.py 修改如下：

```
class ProductAdmin(admin.ModelAdmin):
    list_display=('pmodel', 'nickname', 'price', 'year')
    search_fields=('nickname',)
    ordering = ('-price', )
```

在此处，我们指定了要搜索的对象字段为 nickname，并按照价格递减的顺序显示。实际上，在 admin 管理页面中，字段排序功能原本就可用，只需在字段名处单击，即可进行递增或递减排序。使用 ordering 属性只是在开始时按照我们的需求对数据进行排序。此时，重新刷新页面即可看到如图 7-12 所示的改变。

另外，读者可能会有兴趣将列表的标题字段名改为中文。实际上，这个操作并非在 admin.py 中修改，而是在 models.py 定义字段时添加 verbose_name 参数。这样，在管理页面中，字段名会自动采用中文。以 Product 类为例，可回到 models.py 并进行以下修改：

```
class Product(models.Model):
    pmodel = models.ForeignKey(PModel, on_delete=models.CASCADE, verbose_name='型号')
    nickname = models.CharField(max_length=15, default='超值二手手机', verbose_name='摘
要')
    description = models.TextField(default='暂无说明')
    year = models.PositiveIntegerField(default=2016, verbose_name='出厂年份')
    price = models.PositiveIntegerField(default=0, verbose_name='价格')
```

```
    def __str__(self):
        return self.nickname
```

图 7-12　加上排序以及搜索功能的产品管理页面

保存之后，不用再更改 admin.py 中的任何内容，重新刷新网页后就可以看到中文的字段名了，如图 7-13 所示。

图 7-13　修改为中文字段名的页面

7.3　在 Django 中使用 MySQL 数据库系统

前文提到 SQLite 只是一个测试用的小型数据库系统，真正在网站中使用的数据库还要是 MySQL 类的正式数据库系统。本节将说明如何在自己的计算机中架构一个 MySQL 服务器，并在 Django 网站中连接使用。另外，也会教读者使用 Google Cloud 上的 SQL 服务器，进一步提升网站系统的数据存取性能。

7.3.1　安装开发环境中的 MySQL 连接环境（Ubuntu）

要在开发环境中将 MySQL 作为后台数据库系统使用，需执行以下几个步骤：

步骤01 在开发环境中安装 MySQL 服务器。

步骤02 安装 Python 和 MySQL 之间的连接驱动程序。

步骤03 修改 settings.py 文件中的设置，提供 MySQL 的链接信息。

假设读者使用 Ubuntu 虚拟机作为开发环境，那么使用以下命令安装 MySQL 服务器以及客户端程序：

```
# apt-get update
# apt-get upgrade
# apt-get install mysql-server
# apt-get install mysql-client
# mysql_secure_installation
```

这时可以使用 mysql -u root -p 这个默认的 MySQL 交互式操作界面试试看能否顺利登录 MySQL Shell。登录之后，可以在 Shell 环境中执行 create database mydb;命令创建一个稍后在 Django 网站中要使用的数据库 mydb（名称可自定义）。

接下来安装 mysqlclient，它是 Python 的 MySQL 驱动程序（注意 python3-dev 是支持 Python 3 的版本）：

```
# apt-get install python3-dev libmysqlclient-dev
```

进入虚拟环境之后，使用 pip 安装所需的套件：

```
# pip install  mysqlclient
```

安装完成后，可以进入 Python 的交互式界面，看看是否能够顺利执行命令 import MySQLdb。如果不行，就要再往前检查相关的步骤是否设置完成，只有能够顺利导入 MySQLdb 模块，后续的操作才能进行。

接着回到 settings.py 文件中修改数据库的相关设置，语句如下：

```
DATABASES = {
    'default': {
        'ENGINE': 'django.db.backends.mysql',
        'NAME': '数据库名称，此例为 mydb',
        'USER': '连接的账号',
        'PASSWORD': '密码',
```

```
        'HOST': 'localhost',
        'PORT': '',
        'OPTIONS': {
            'init_command': "SET sql_mode='STRICT_TRANS_TABLES'",
        },
    }
}
```

此时，再执行 python manage.py makemigrations 和 python manage.py migrate 这两个命令，Django 就会连接本地的数据库。登录后，把当前数据库的所有数据表结构在本地的 MySQL 数据库中重新创建一遍。注意，现有的数据并不会携带过去。如果需要把现有的数据带到新数据库，那么需要执行 SQL 导入和导出操作。

7.3.2　安装开发环境中的 MySQL 连接环境（Windows）

在 Windows 系统中也可以使用本地的 MySQL 服务器作为开发环境，同样要先在本地安装 MySQL 系统。在 Windows 下安装 WampServer 非常方便，网址为 http://www.wampserver.com/en/，进入网站之后直接下载该系统文件（有 64 位和 32 位的版本可以选用），与安装 Windows 应用程序一样。在下载页面中会出现“DOWNLOAD WAMPSERVER 64 BITS（X64）3.2.6”按钮。单击该按钮后，会弹出下载信息界面，如图 7-14 所示，可以直接单击箭头所指的链接，无须填写任何数据即可进入应用程序下载页面。下载文件后，执行安装即可。

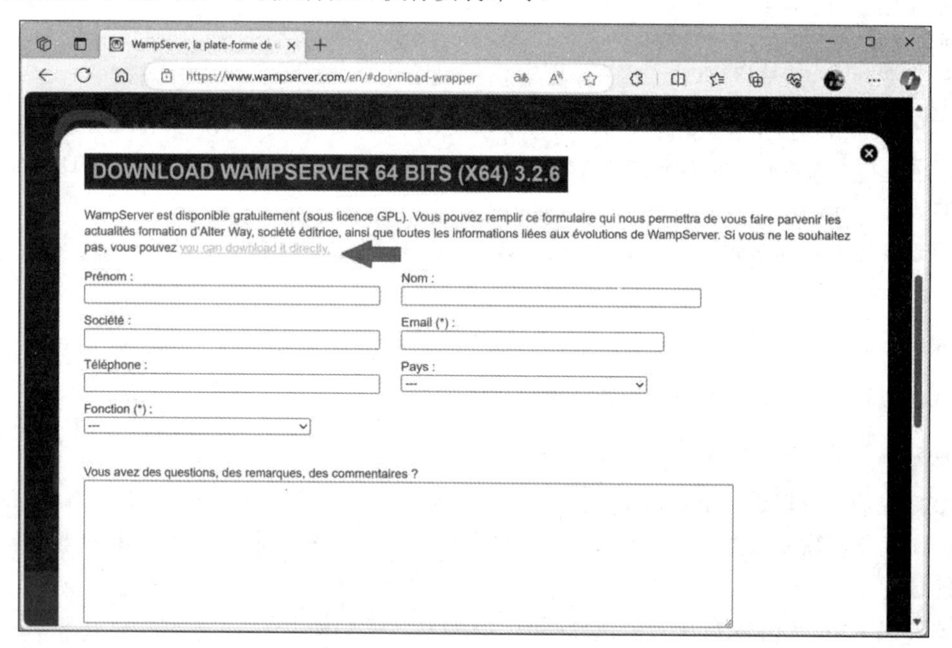

图 7-14　WampServer 下载时的信息

在执行安装时，首先要确定 WampServer 主目录的位置，如图 7-15 所示。

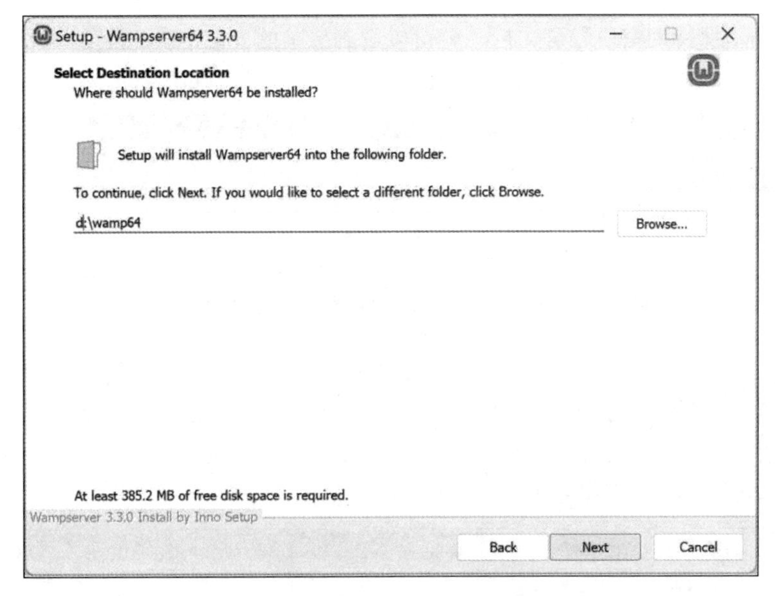

图 7-15　确定 WampServer 主目录所在的位置

如图 7-15 所示，如果主目录的位置是 d:\wamp64，那么 MySQL 数据库的所有文件将会放在 d:\wamp64\bin\mysql 目录下。一般情况下，我们不需要关心文件的具体位置，可以直接通过 http://localhost/phpmyadmin/访问数据库的内容。此外，在安装过程中，还会出现如图 7-16 所示的信息，询问是否要更改默认浏览器以及文本编辑器的程序，这些设置根据个人喜好而定。

安装完成并启动 WampServer 后，在 Windows 的右下角将会看到 WampServer 执行中的图标。单击该图标后，将看到如图 7-17 所示的菜单。注意，此示例中的警告信息可以先忽略，那是因为笔者的系统已经安装了 APPServ 这个 WAMP（Windows + Apache + MySQL + PHP）套件，导致 PHP 路径出现问题。由此可知，在本地端安装 WAMP 系统有很多选择，读者可以根据自己的需求或习惯进行安装，并不一定非要使用 WampServer。

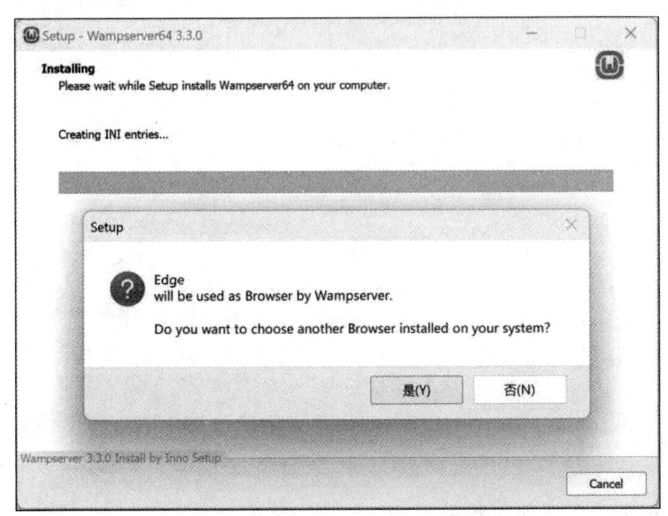

图 7-16　询问是否变更默认的浏览器

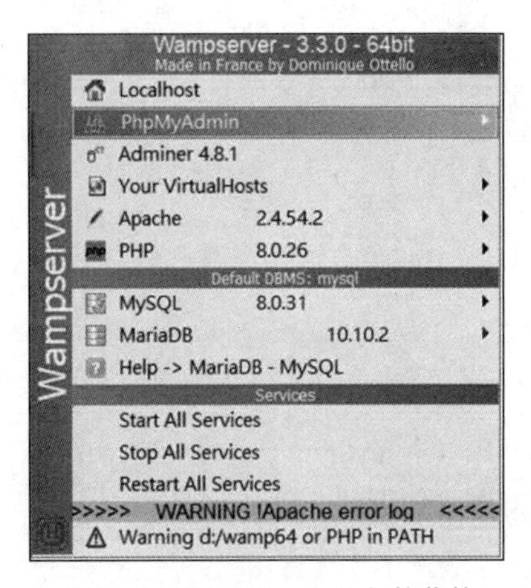

图 7-17　WampServer 运行的菜单

因为我们目前只关心 MySQL 数据库，所以选用 phpMyAdmin，在输入账号和密码（默认的账号为 root，无密码，保持为空白即可）后，就可以看到标准的 phpMyAdmin 数据库管理页面。先在此界面中创建新的数据库 ch07www，如图 7-18 所示，编码需选用 utf8_general_ci。

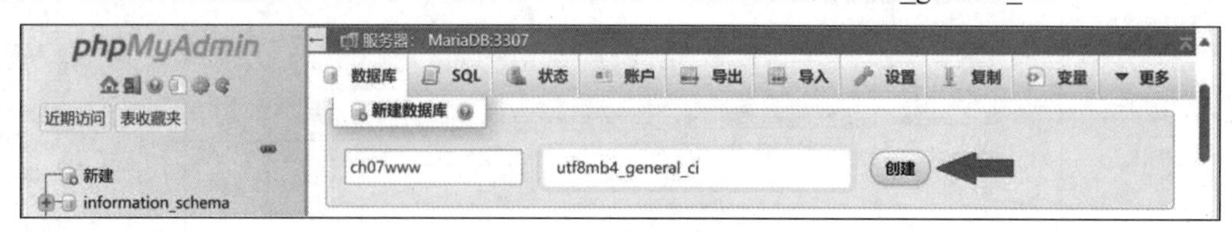

图 7-18　在 phpMyAdmin 中创建新的数据库 ch07www

创建成功后，将看到如图 7-19 所示的界面。左侧显示使用的数据库名称为 ch07www，并且在数据库上方显示当前没有任何数据表。注意，在这个界面中我们不需要手动创建数据表。相反，在 Django 的网站文件夹中，只要正确设置了连接，就可以通过 python manage.py migrate 命令在这个数据库中创建可供 Django 网站的 models.py 文件使用的数据表。

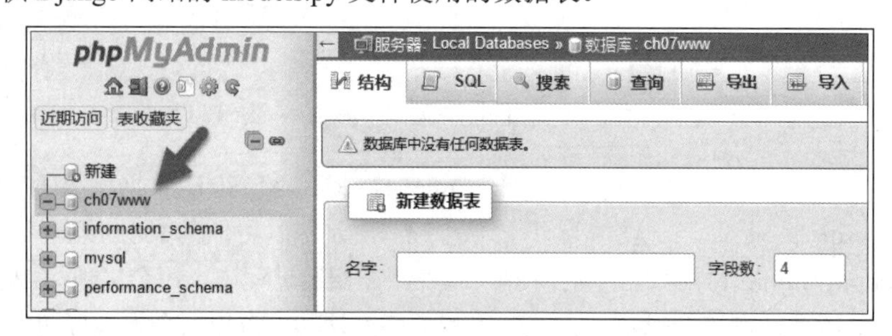

图 7-19　刚创建的数据库，还没有任何数据表

接下来，在 Django 网站的开发虚拟环境中安装 mysqlclient 这个模块。在命令行中执行 pip install mysqlclient 命令来安装 mysqlclient。在上述操作顺利完成之后，如同 7.3.1 节一样，先修改 settings.py 文件：

```
DATABASES = {
    'default': {
        'ENGINE': 'django.db.backends.mysql',
        'NAME': 'chwww07',
        'USER': 'root',
        'PASSWORD': '',
        'HOST': 'localhost',
        'PORT': '',
        'OPTIONS': {
            'init_command': "SET sql_mode='STRICT_TRANS_TABLES'",
        },
    }
}
```

执行 python manage.py makemigrations 和 python manage.py migrate 这两个命令，执行 migrate 的过程如下：

```
(dj4ch07) PS D:\dj4book\dj4ch07\dj4ch07> python .\manage.py migrate
Operations to perform:
  Apply all migrations: admin, auth, contenttypes, mysite, sessions
```

```
Running migrations:
  Applying contenttypes.0001_initial... OK
  Applying auth.0001_initial... OK
  Applying admin.0001_initial... OK
  Applying admin.0002_logentry_remove_auto_add... OK
  Applying admin.0003_logentry_add_action_flag_choices... OK
  Applying contenttypes.0002_remove_content_type_name... OK
  Applying auth.0002_alter_permission_name_max_length... OK
  Applying auth.0003_alter_user_email_max_length... OK
  Applying auth.0004_alter_user_username_opts... OK
  Applying auth.0005_alter_user_last_login_null... OK
  Applying auth.0006_require_contenttypes_0002... OK
  Applying auth.0007_alter_validators_add_error_messages... OK
  Applying auth.0008_alter_user_username_max_length... OK
  Applying auth.0009_alter_user_last_name_max_length... OK
  Applying auth.0010_alter_group_name_max_length... OK
  Applying auth.0011_update_proxy_permissions... OK
  Applying auth.0012_alter_user_first_name_max_length... OK
  Applying mysite.0001_initial... OK
  Applying mysite.0002_pphoto_media... OK
  Applying mysite.0003_alter_product_nickname_alter_product_pmodel_and_more... OK
  Applying sessions.0001_initial... OK
```

网站 ch07www 可以顺利使用运行在本地 WampServer 下的 MySQL 服务器，并创建出所有需要的数据表，如图 7-20 所示。

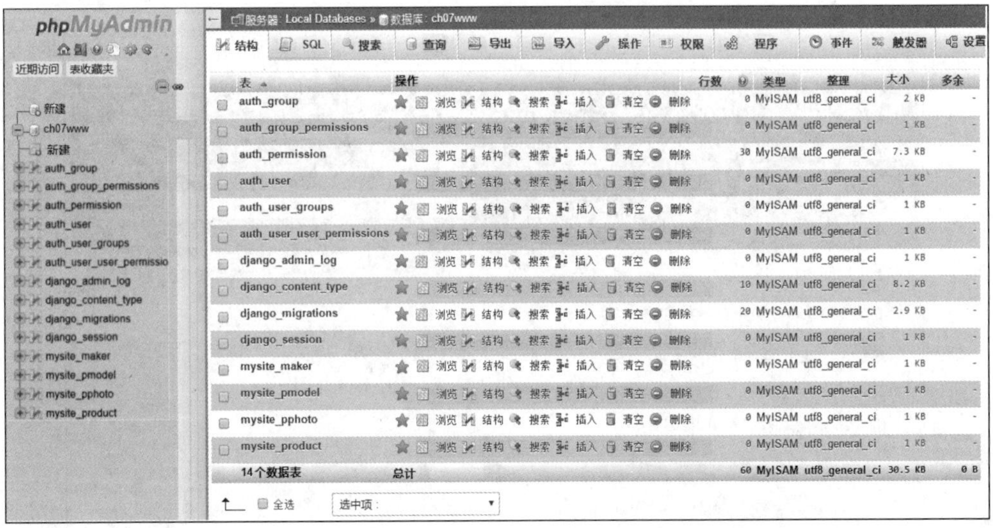

图 7-20　在 WampServer 的 MySQL 服务器中创建的 MySQL 数据表

接下来，在网站后台的操作与之前完全相同，无须进行任何更改。然而，需要特别注意的是，之前我们输入的数据存储在网站文件夹下的 db.sqlite3 文件中。前面的操作相当于将数据库改为存储在 WampServer 中的 MySQL 数据库服务器上。由于这是两个完全不同的数据库，因此之前在后台输入的数据无法在 MySQL 数据库中看到。db.sqlite3 中的数据也不会自动转移到 MySQL 数据库中。

实际上，MySQL 数据库在哪个系统上执行并不是最重要的。我们可以在 Windows、Linux、Docker、

macOS 甚至是树莓派上运行 MySQL 服务器。对于 Django 网站来说，最重要的是 settings.py 文件中 DATABASES 部分的连接设置。只要正确指定了服务器地址（HOST）、数据库名称（NAME）、用户名（USER）、密码（PASSWORD）以及端口（PORT），无论数据库在哪台机器上，Django 都可以使用它。

7.3.3 使用 Google 云端主机的商用 SQL 服务器

在本地使用 MySQL 的优点是开发时可以高效地使用数据库系统，并充分利用 phpMyAdmin 观察数据库的状况，调整数据库的数据时也非常方便；缺点是如果想要将同一台计算机中当前使用的数据放到另一台计算机使用，就要使用导入与导出 SQL 的方式迁移数据，在操作上并不方便。而且，当我们要部署网站时，之前输入的数据库也需要重新迁移。如果直接使用网络主机上的 MySQL 服务器，那么无论在哪台计算机使用，都可以访问相同的数据库，从而避免了数据不同步的问题。

大部分虚拟主机都支持 MySQL 的 Remote Access（远程访问）功能，因此只需在该主机的 MySQL 服务器中进行相应的设置即可使用。以知名的虚拟主机商 HostGator（tar.so/hostgator）为例，进入它们的主机后台后，找到如图 7-21 所示的远程数据库设置。单击 Remote MySQL 图标，会出现如图 7-22 所示的设置页面。

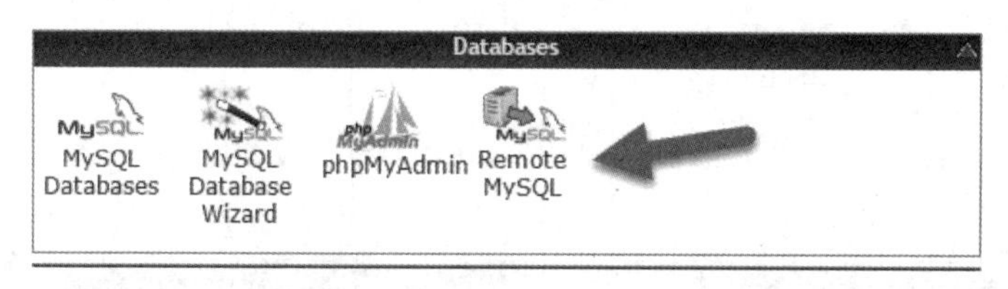

图 7-21　虚拟主机 Hostgator 后台的 Remote MySQL 设置

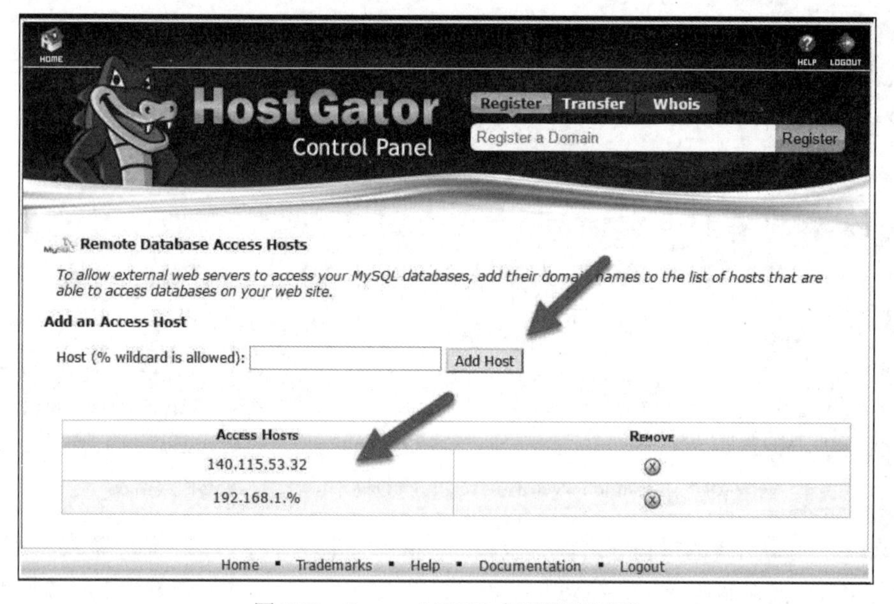

图 7-22　Remote MySQL 权限设置页面

在这个地方加入 Django 网站所在的主机 IP（如果在家里使用 ADSL 或 3/4G 无线基站，就到网址 https://myip.com/查询自己的计算机现在分配到的 IP 地址），然后就可以在 Django 网站中连接使用了。但是要注意的是，在 settings.py 中的 HOST 设置要改为在 HostGator 申请的主机 IP 地址。

Google Cloud 也提供了付费 SQL 让网站开发者使用，不用说，它的服务速度、稳定度都是一流的，不过价格也不便宜。但是对于流量高的网站来说，要求更高的数据库性能，Google Cloud SQL 也是一个可行的选择方案。Google Cloud 只要有 gmail.com 账号即可申请，首次申请有 300 美元的免费使用额度，初学者可以善加使用。在使用任何服务之前，都要先创建一个项目，在本书的第 3 课中有相关的说明，如果忘记了可以回去复习一下。假设现在已在项目 myDjango 下了，那么在 Google Cloud Platform 页面的左侧即可选取 SQL 服务器的服务，如图 7-23 所示。

图 7-23　在 Google Cloud Platform 中选取 SQL 服务器的服务

单击 SQL 选项后，即可进入创建 Cloud SQL 实例的步骤，如图 7-24 所示。

在笔者编写本书时，可以选择使用第一代或第二代系统，单击“选择第二代”按钮，进入如图 7-25 所示的规格选用页面。

图 7-24　选择 Cloud SQL 的实例类型

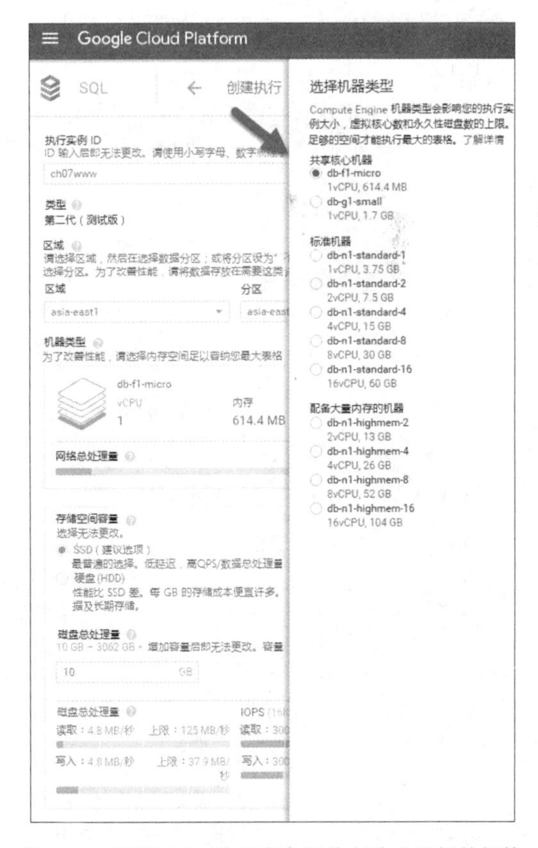

图 7-25　设置 SQL 数据库实例的名称以及相关规格

如图 7-25 所示，开始只要选用最小的 db-f1-micro 就够用了，以后有需要再升级即可。此外，读者朋友别忘记设置主机所在的地理位置为asia-east1，选择这个位置的主机连接速度可能会快很多。重要的是往下的页面，设置可连接主机（HOST）的网址，如图 7-26 所示。

图 7-26　创建可连接此 SQL 实例的网络

只有把自己开发用的计算机（Django 网站所在的计算机）的 IP 地址加进去，才能够具有连接此 SQL 服务器的能力。在单击"创建"按钮后，大约要 5~10 分钟才会设置完成。完成之后的摘要界面如图 7-27 所示。

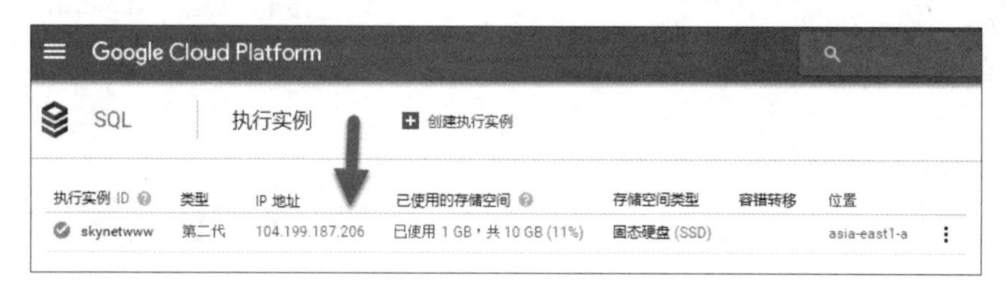

图 7-27　SQL 实例创建完成的摘要界面

单击实例名称后即可进入更详细的设置界面，在该页面中可以设置 root 账号的密码，有了 IP 地址数据以及账号和密码，就可以在 Linux 操作系统的环境中以如下命令连接到该数据库（前提是当前的 Linux 操作系统安装 MySQL）：

```
$ mysql -u root -p -h 104.199.187.206
Enter password:
Welcome to the MySQL monitor.  Commands end with ; or \g.
Your MySQL connection id is 9529
Server version: 5.6.29-google-log (Google)

Copyright (c) 2000, 2016, Oracle and/or its affiliates. All rights reserved.

Oracle is a registered trademark of Oracle Corporation and/or its
affiliates. Other names may be trademarks of their respective
owners.
```

```
Type 'help;' or '\h' for help. Type '\c' to clear the current input statement.

mysql>
```

在输入正确的密码后，即可进入此 Cloud SQL 实例并创建要在 Django 网站中使用的数据库 ch07www，命令如下：

```
mysql> create database ch07www;
Query OK, 1 row affected (0.02 sec)
```

接着，在 settings.py 文件中修改设置如下：

```
DATABASES = {
    'default': {
        'ENGINE': 'django.db.backends.mysql',
        'NAME': 'ch07www',
        'USER': 'root',
        'PASSWORD': '****',
        'HOST': '104.199.187.206',
        'PORT': '',
    }
}
```

再执行 makemigrations 和 migrate 命令即可：

```
(dj4ch07) PS D:\dj4book\dj4ch07\dj4ch07> python manage.py makemigrations
No changes detected

(dj4ch07) PS D:\dj4book\dj4ch07\dj4ch07> python manage.py migrate
Operations to perform:
  Synchronize unmigrated apps: staticfiles, messages
  Apply all migrations: admin, contenttypes, mysite, auth, sessions
Synchronizing apps without migrations:
  Creating tables...
    Running deferred SQL...
  Installing custom SQL...
Running migrations:
  Rendering model states... DONE
  Applying contenttypes.0001_initial... OK
  Applying auth.0001_initial... OK
  Applying admin.0001_initial... OK
  Applying contenttypes.0002_remove_content_type_name... OK
  Applying auth.0002_alter_permission_name_max_length... OK
  Applying auth.0003_alter_user_email_max_length... OK
  Applying auth.0004_alter_user_username_opts... OK
  Applying auth.0005_alter_user_last_login_null... OK
  Applying auth.0006_require_contenttypes_0002... OK
  Applying mysite.0001_initial... OK
  Applying mysite.0002_product_nickname... OK
  Applying mysite.0003_auto_20160720_2202... OK
  Applying mysite.0004_pphoto... OK
```

```
Applying mysite.0005_pmodel_url... OK
Applying mysite.0006_product_description... OK
Applying mysite.0007_auto_20160721_1354... OK
Applying mysite.0008_pphoto_description... OK
Applying mysite.0009_auto_20160721_1537... OK
Applying mysite.0010_auto_20160725_1235... OK
Applying sessions.0001_initial... OK
```

此时执行程序时，虽然 Django 网站是在本地的计算机中执行的，但是数据库的存取已经在 Google Cloud 中运行了。

除 Google Cloud 外，笔者还经常使用 DigitalOcean，这是一个相对便宜的云主机供应商。除提供虚拟主机服务外，它后来还提供 MySQL 数据库服务。最基本的规格是 1 个 vCPU、1GB RAM、10GB SSD 最多支持 75 个连接，每月价格为 15 美元。通过这个链接获取介绍信息：https://m.do.co/c/c7690bc827a5，这样我们可以获得在 60 天内可用的 200 美元免费额度。感兴趣的读者可以试试看。在 DigitalOcean 中创建数据库的方法相对简单，但它提供的服务器连接信息比较长，如图 7-28 所示。

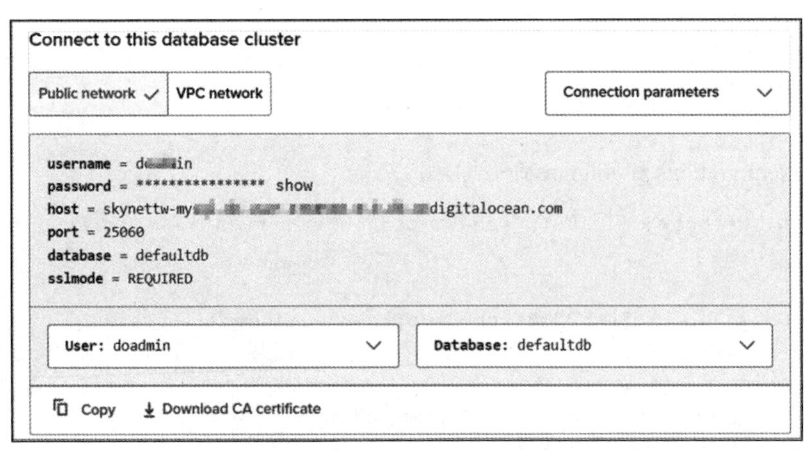

图 7-28　DigitalOcean 数据库的连接信息

7.3.4　DB Browser for SQLite 的安装与应用

虽然在大部分情况下，db.sqlite3 这个数据库文件是由 Django 中的 Python 程序代码直接操作的，但有时如果我们能够利用像 phpMyAdmin 这样的图形化用户界面来访问数据库的内容，对于查询数据表内容和学习会很有帮助。这时候，就需要使用 DB Browser for SQLite 这个应用程序。可以在它的官网 https://sqlitebrowser.org/下载并安装这个应用程序。

DB Browser for SQLite 是一个应用程序，安装完成后，如果在程序集中找不到它，那么可以在 C 盘的 Program Files 目录下找找。执行该应用程序时会看到如图 7-29 所示的运行界面。

在图 7-29 中列出的文件是 Django 网站文件夹中的 db.sqlite3，它包含当前所有的数据表内容。我们可以使用这个应用程序来创建新的 SQLite 数据库文件，也可以使用“打开数据库”菜单选项打开任何已存在的 SQLite 数据文件，查看内容甚至进行添加、编辑或删除操作，非常方便。但是，特别注意，除非必要，尽量不要使用这个应用程序修改由 Django 网站维护的内容。因为如果操作不当，可能会导致网站的程序代码和数据库的数据表结构不同步，从而无法通过网站操作该数据库。

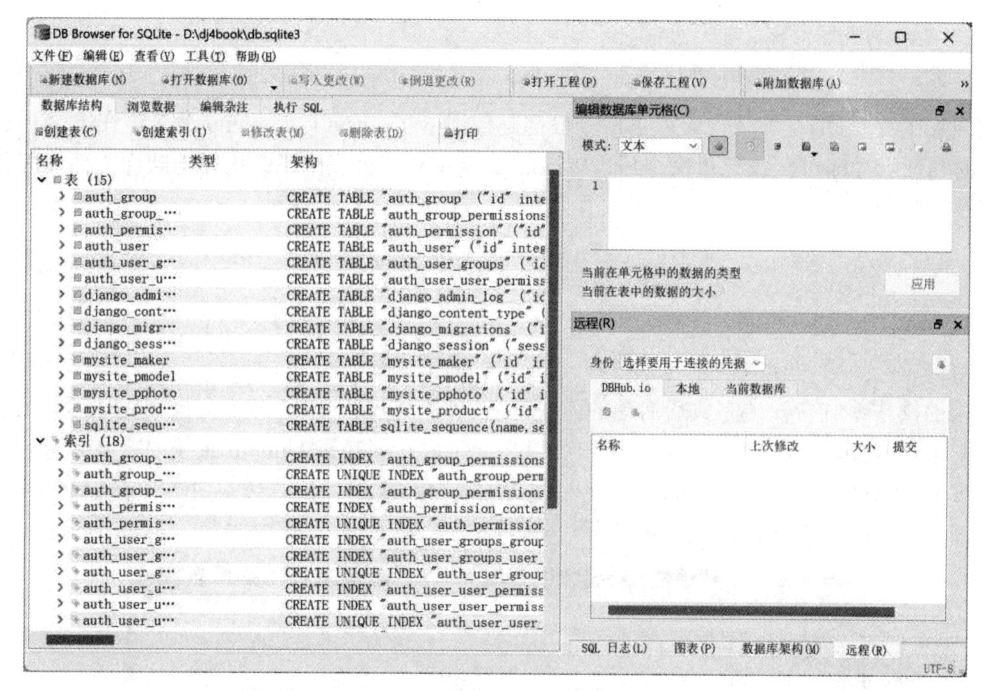

图 7-29　DB Browser for SQLite

7.3.5　Windows Subsystem for Linux 安装 MySQL 客户端程序

Windows 10 之后内建了 Windows Subsystem for Linux 的功能，简称 WSL，几乎完美地在 Windows 操作系统中整合了 Linux 操作系统的环境。通过 WSL 可以轻松地在 Windows 中安装多种不同版本的 Linux 操作系统，让 Linux 操作系统变成了 Windows 中的一个应用程序，只需在程序集中选择即可快速进入该操作系统的终端界面。有了这个功能，我们几乎不再需要安装额外的虚拟机软件（如 VirtualBox 或 VMWare），就能在 Windows 中使用受欢迎的 Linux 操作系统。

只要 Windows 10 环境符合系统要求，就可以轻松地在 Windows 操作系统中安装 Ubuntu 等 Linux 操作系统。安装的方法和步骤在 Microsoft 官网（https://learn.microsoft.com/ zh-cn/windows/wsl/install）上有详细说明。基本上，以管理员身份打开 PowerShell 命令提示符，然后输入 wsl --list –online 命令，就可以找到当前在线支持的可安装的 Linux 操作系统发行版，如下所示：

```
(base) PS C:\WINDOWS\system32> wsl --list --online
以下是可安装的有效分发的列表。
请使用 "wsl --install -d <分发>" 安装。

 NAME                   FRIENDLY NAME
* Ubuntu                Ubuntu
 Debian                 Debian GNU/Linux
 kali-linux             Kali Linux Rolling
 SLES-12 SUSE           Linux Enterprise Server v12
 SLES-15 SUSE           Linux Enterprise Server v15
 Ubuntu-18.04           Ubuntu 18.04 LTS
 Ubuntu-20.04           Ubuntu 20.04 LTS
 OracleLinux_8_5        Oracle Linux 8.5
```

```
OracleLinux_7_9     Oracle Linux 7.9
(base) PS C:\WINDOWS\system32>
```

前面加上“*”的是默认安装版本，一般都是使用 wsl --install -d ubuntu 命令，在-d 之后加上想要安装的发行版号即可。执行该命令后，Windows 操作系统会联网下载所需的映像文件，因此安装过程可能需要较长时间：

```
(base) PS C:\WINDOWS\system32> wsl --install -d ubuntu
正在安装 : Ubuntu
Ubuntu 已安装。
正在激活 Ubuntu...
```

不同的操作系统在安装完成后启动的方式有所不同，Ubuntu 相对简单，安装完成后，系统会直接启动 Ubuntu 并提示进行首次设置。用户可以在此阶段设置登录 Ubuntu 系统的账号和密码，这两个设置可以自行设定，无须与 Windows 系统现有的账号和密码保持一致。图 7-30 展示了 Ubuntu 操作系统首次安装以及设置完成后的界面。

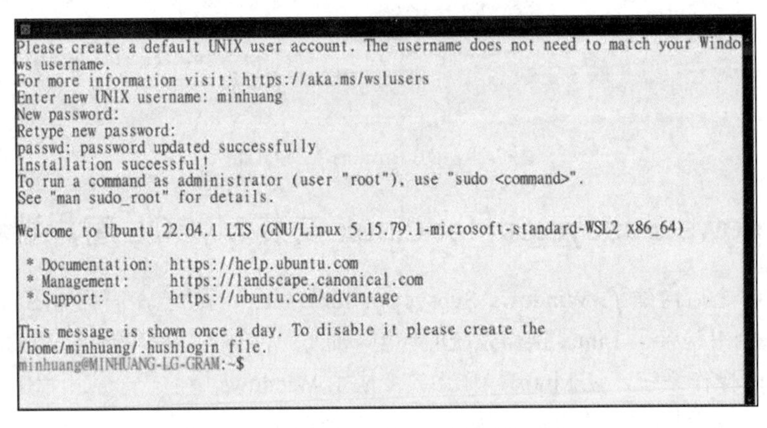

图 7-30　首次启动 Ubuntu 时的登录界面

此时，我们已经拥有一个全新的 Ubuntu 操作系统可供使用。接下来，可按照 7.3.1 节的指引，在 Ubuntu 操作系统下安装所需的 MySQL 服务器客户端，以便通过 mysql 命令行方式操作远程数据库。操作命令如下：

```
$ sudo apt update
$ sudo apt upgrade -y
$ sudo apt install mysql-client
```

接着，在这个环境下，可以使用以下命令连接到远程的 MySQL 数据库：

```
mysql -h 数据库主机 IP -P 数据库主机端口 -u 用户 -p 密码
```

7.3.6　在 Windows 下使用 Docker 安装 MySQL

无论是通过虚拟机还是 WSL 安装 Linux 操作系统，都需要较大的磁盘空间，并且在启动另一个操作系统时，需要数分钟的时间才能开始日常操作。如果我们只是为了使用 Linux 操作系统的一两个功能，就启动一个庞大的操作系统，实在是浪费资源。为了使操作系统以最少的资源启动所需的功能，让额外负担最小化且启动速度最大化，容器（Container）虚拟技术应运而生。

与虚拟机使用软件模拟整台计算机来安装全新的操作系统不同，容器技术通过环境隔离，使 CPU、内存、文件系统在宿主操作系统中模拟出一个接近目标操作系统的环境。某些功能与宿主操作系统共享，而某些部分则完全隔离，以防止相互影响。

有了这样便利的功能，宿主操作系统可以在较少资源的情况下创建一个目标操作系统的操作环境。由于资源需求较小，因此启动速度快，并且在同一个宿主操作系统中可以同时运行多个目标操作系统，彼此在隔离的环境中运行各自的服务。

早期的 Windows 操作系统并不完全支持容器技术，因此只能在 Linux 操作系统中实现容器技术。不过，在 Windows 10 之后，使用容器变得非常方便，特别是现在业界最受欢迎的 Docker 容器技术，只需前往官网下载 Docker Desktop 应用程序（提供 Window 和 Mac 版本），安装后，Windows 立即具备执行新容器的环境。可以充分利用 Docker 容器技术，在 Windows 操作系统下安装所需的 Linux 容器操作系统以及许多在网站开发时需要的服务，如 MySQL Server、phpMyAdmin 等。

Docker Desktop 的下载和安装教程的网址为 https://docs.docker.com/desktop/install/windows-install/。安装完成后，Windows 界面右下角会出现 Docker Desktop 的管理程序，单击启动它之后，即可看到如图 7-31 所示的界面。

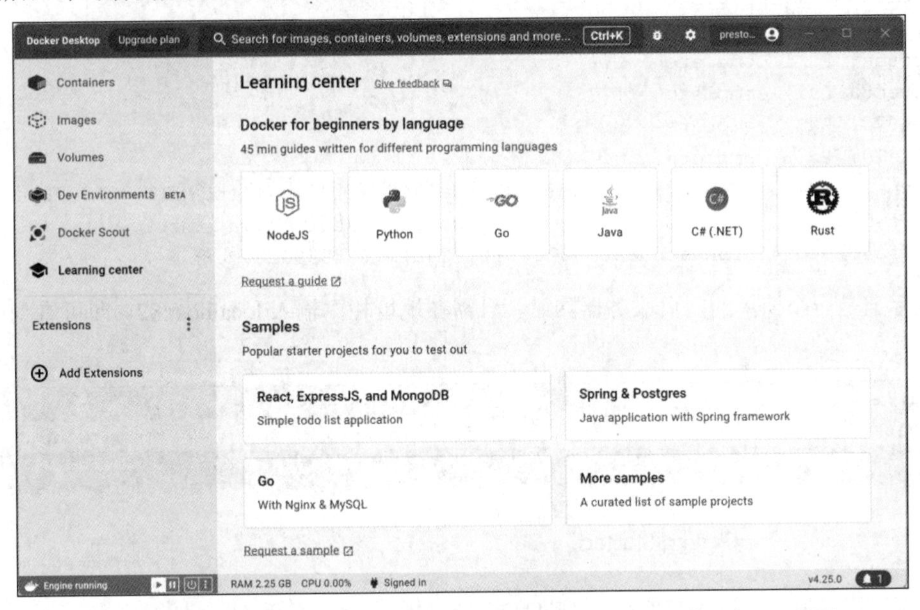

图 7-31　Docker Desktop for Windows 中的 Learning Center（学习中心）界面

在左侧的界面中，可以选择查看当前系统中已下载或正在执行的容器、映像文件（Image）、数据卷（Volume）等。容器是正在执行的操作系统环境或服务，映像文件是容器执行前的模板，数据卷则用于存储执行过程或结果。

大部分映像文件都可以直接从 DockerHub 官网通过命令进行下载。下载完成后，映像文件可以在我们的计算机环境中运行，并提供其原本的服务。例如，如果我们想在自己的计算机操作系统中提供 MySQL 服务器的服务，但又不想在操作系统中进行安装，可以使用 Docker 在计算机中执行一个 MySQL 容器。容器执行时，可以提供 MySQL 服务器的服务；停止容器后，MySQL 服务器的服务也随之终止。启动和停止服务器只需执行一些命令即可。

在确认安装了 Docker Desktop 后，可执行命令 docker --version 来检查当前 Docker 的版本。

```
(base) C:\Users\minhuang>docker --version
Docker version 20.10.14, build a224086
```

docker container ls 命令可以列出当前正在执行的容器，docker images 命令则可以列出系统中已下载的映像文件。下载映像文件使用 docker pull << 映像文件名 >>命令，执行容器使用 docker run << 映像文件名 >>命令。Docker 官方建议执行以下命令来检查安装环境是否成功（由于之前已安装过 WAMP 环境，因此将前面的 80 更改为 82）：

```
docker run -d -p 82:80 docker/getting-started
```

以下是执行过程显示的信息：

```
(base) C:\Users\minhuang>docker run -d -p 82:80 docker/getting-started
Unable to find image 'docker/getting-started:latest' locally
latest: Pulling from docker/getting-started
c158987b0551: Pull complete
1e35f6679fab: Pull complete
cb9626c74200: Pull complete
b6334b6ace34: Pull complete
f1d1c9928c82: Pull complete
9b6f639ec6ea: Pull complete
ee68d3549ec8: Pull complete
33e0cbbb4673: Pull complete
4f7e34c2de10: Pull complete
Digest: sha256:d79336f4812b6547a53e735480dde67f8f8f7071b414fbd9297609ffb989abc1
Status: Downloaded newer image for docker/getting-started:latest
12f417266fa4b2e4d54c3c5ecaebdaa04902be8f61724ef1165f9590e37dc850
```

这实际上是一个简单的网页服务器网站，只需在地址栏中输入 localhost:82，即可看到如图 7-32 所示的网页。

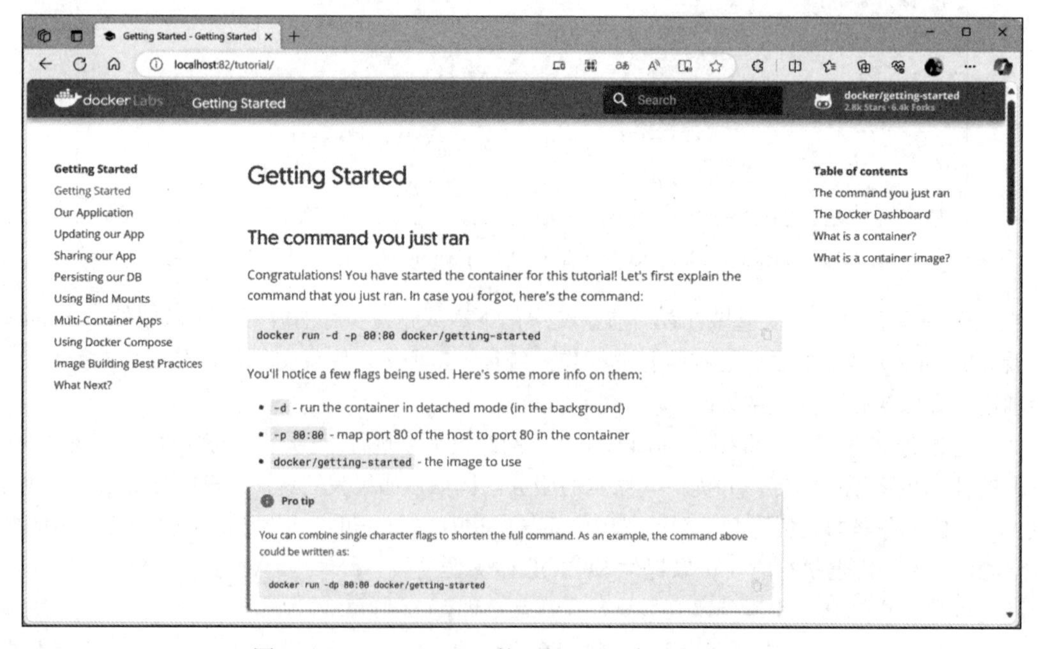

图 7-32　Docker Desktop 的示范网页服务器的网站页面

此时，执行 docker container ls 和 docker images 命令可以看到相关的信息，即正在执行的容器 4220df7e9e46 和已下载的映像文件 docker/getting-started：

```
(base) C:\Users\minhuang>docker container ls
CONTAINER ID     IMAGE               COMMAND                     CREATED
STATUS               PORTS           NAMES
4220df7e9e46     docker/getting-started "/docker-entrypoint.…" 3 minutes ago
Up 3 minutes 0.0.0.0:82->80/tcp hungry_cartwright

(base) C:\Users\minhuang>docker images
REPOSITORY                    TAG      IMAGE ID     CREATED          SIZE
docker/getting-started        latest   3e4394f6b72f 4 weeks ago 47MB
```

回过头来看一下执行的命令：

```
docker run -d -p 82:80 docker/getting-started
```

docker/getting-started 是 Docker 的映像文件名。如果没有特别设置的话，它会从 DockerHub 的官方网站下载。下载完成后，通过 run 命令将其作为容器在内存中运行。通过-d 选项，将容器设置为后台服务方式运行。-p 选项用于设置开放给外部访问的端口。在此命令中，我们设置了 82 号端口，这样就可以通过在浏览器中输入 localhost:82 来访问容器内部运行的 Apache 网页服务器提供的网站服务了。

使用-d 执行的容器，如果没有明确用指令停止它，那么它将一直留存于内存中提供服务，在此例中就是网页服务器提供的服务。如果想要停止该容器，只需使用 docker stop 命令。以下是操作过程，其中 4220 是容器的 ID，每次执行时都会不同，这也是我们使用 docker container ls 命令先列出运行中容器的原因：

```
(base) C:\Users\minhuang>docker container ls
CONTAINER ID IMAGE COMMAND CREATED
STATUS PORTS NAMES
4220df7e9e46 docker/getting-started "/docker-entrypoint.…" 12 hours ago
Up 12 hours 0.0.0.0:82->80/tcp hungry_cartwright
(base) C:\Users\minhuang>docker stop 4220
4220
(base) C:\Users\minhuang>docker container ls
CONTAINER ID IMAGE COMMAND CREATED STATUS PORTS NAMES
```

有了以上基础知识，要在自己的计算机中安装各式各样的网络服务器就难不倒我们了，使用以下命令可在自己的操作系统环境中安装 MySQL 服务器。

```
docker run -d -p 3307:3306 -v //d/dj4book/dj4ch07/dj4ch07/docker-mysql:/var/
lib/mysql -e MYSQL_ROOT_PASSWORD=12345678 mysql
```

由于 MySQL 服务器是数据库，Docker 容器在执行结束之后并不会存储任何数据，这并不符合数据库需要永久存储数据的特性，因此在命令中还要指定一个-v 选项，告诉 Docker 要把数据库中存取的数据放在指定的文件夹中，在这个例子中，我们是放在 D 盘中的 dj4book\dj4ch07\dj4ch07\docker-mysql 文件夹下。以下是执行的过程：

```
(base) D:\dj4book\dj4ch07\dj4ch07>docker run -d -p 3307:3306 -v //d/dj4book/
```

```
dj4ch07/dj4ch07/docker-mysql:/var/lib/mysql -e MYSQL_ROOT_PASSWORD=12345678 mysql
Unable to find image 'mysql:latest' locally
latest: Pulling from library/mysql
2c57acc5afca: Pull complete
0a990ab965c1: Pull complete
7acb6a84f0f1: Pull complete
6a2351a691a4: Pull complete
cdd0aae0ac1a: Pull complete
0c024d6bf869: Pull complete
e536ea8ecf65: Pull complete
d24661dff86b: Pull complete
95ef82dfce7a: Pull complete
c9a31e1bffa1: Pull complete
4edb4789da39: Pull complete
Digest: sha256:6f54880f928070a036aa3874d4a3fa203adc28688eb89e9f926a0dcacbce3378
Status: Downloaded newer image for mysql:latest
bf71dc2d0397ffe1f79c3973b4cc1568b310578cc163a7cb46414dc2a67a30ef
```

此时执行 docker container ls 命令，可得到以下内容：

```
(base) D:\dj4book\dj4ch07\dj4ch07>docker container ls
CONTAINER ID IMAGE        COMMAND        CREATED           STATUS       PO
RTS                                      NAMES
bf71dc2d0397 mysql "docker-entrypoint.s…" 2 hours ago Up 2 hours
33060/tcp, 0.0.0.0:3307->3306/tcp wizardly_mahavira
```

通过以上信息可以了解，当前 MySQL 服务器已成功在容器中运行。通过任意一个 MySQL 客户端都可以连接到该数据库并创建数据表。由于笔者已在 Windows 上安装了 MySQL 客户端程序，因此可以使用 mysql -uroot -p12345678 命令成功进入该数据库系统。以下是操作的详细过程信息：

```
(base) D:\dj4book\dj4ch07\dj4ch07>mysql -P3307 -uroot -p12345678
mysql: [Warning] Using a password on the command line interface can be insecure.
Welcome to the MySQL monitor. Commands end with ; or \g.
Your MySQL connection id is 8
Server version: 8.0.32 MySQL Community Server - GPL

Copyright (c) 2000, 2019, Oracle and/or its affiliates. All rights reserved.

Oracle is a registered trademark of Oracle Corporation and/or its
affiliates. Other names may be trademarks of their respective
owners.

Type 'help;' or '\h' for help. Type '\c' to clear the current input statement.

mysql>
```

既然已经安装了 MySQL 服务器，为什么不顺便安装 phpMyAdmin 呢？同时安装两个以上的服务器，并确保它们可以相互连接（因为 phpMyAdmin 需要操作数据库才能提供图形用户界面），使用 Docker Compose 是最方便的方法。以下是 Docker Compose 所需的文件，可将其命名为 docker-compose.yml：

```
version: '3.1'

services:
  db:
      image: mariadb:10.3
      restart: always
      environment:
        MYSQL_ROOT_PASSWORD: notSecureChangeMe
      volumes:
        - db:/var/lib/mysql
      ports:
        - 3307:3306

phpmyadmin:
  image: phpmyadmin
  restart: always
  ports:
     - 8083:80
  environment:
     - PMA_ARBITRARY=1
volumes:
  db:
```

接下来，在目录中执行 docker-compose up 命令，将会看到很多 Docker 下载和执行的信息。首次执行可能会比较耗时，但之后的启动将非常迅速。默认情况下，此命令不会在后台执行，执行完成后将显示如图 7-33 所示的界面，表示系统已启动并处于等待服务的阶段。

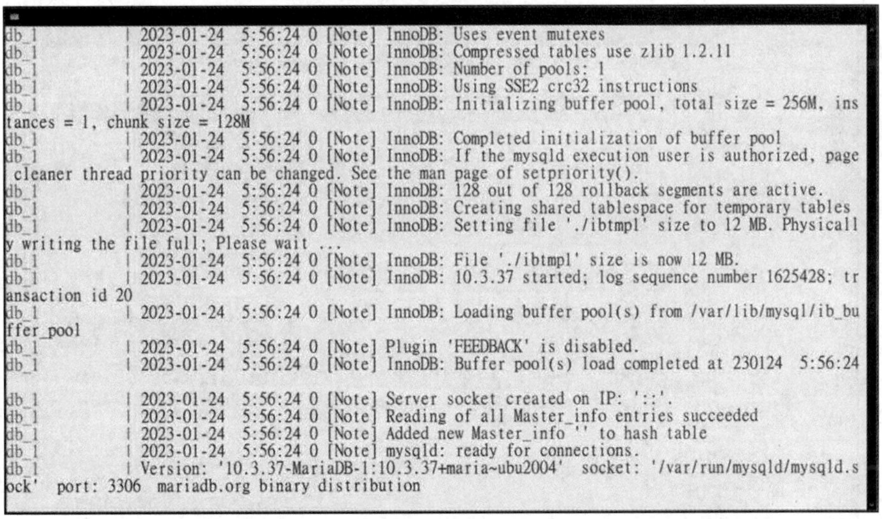

```
db_1          | 2023-01-24  5:56:24 0 [Note] InnoDB: Uses event mutexes
db_1          | 2023-01-24  5:56:24 0 [Note] InnoDB: Compressed tables use zlib 1.2.11
db_1          | 2023-01-24  5:56:24 0 [Note] InnoDB: Number of pools: 1
db_1          | 2023-01-24  5:56:24 0 [Note] InnoDB: Using SSE2 crc32 instructions
db_1          | 2023-01-24  5:56:24 0 [Note] InnoDB: Initializing buffer pool, total size = 256M, ins
tances = 1, chunk size = 128M
db_1          | 2023-01-24  5:56:24 0 [Note] InnoDB: Completed initialization of buffer pool
db_1          | 2023-01-24  5:56:24 0 [Note] InnoDB: If the mysqld execution user is authorized, page
 cleaner thread priority can be changed. See the man page of setpriority().
db_1          | 2023-01-24  5:56:24 0 [Note] InnoDB: 128 out of 128 rollback segments are active.
db_1          | 2023-01-24  5:56:24 0 [Note] InnoDB: Creating shared tablespace for temporary tables
db_1          | 2023-01-24  5:56:24 0 [Note] InnoDB: Setting file './ibtmp1' size to 12 MB. Physicall
y writing the file full; Please wait ...
db_1          | 2023-01-24  5:56:24 0 [Note] InnoDB: File './ibtmp1' size is now 12 MB.
db_1          | 2023-01-24  5:56:24 0 [Note] InnoDB: 10.3.37 started; log sequence number 1625428; tr
ansaction id 20
db_1          | 2023-01-24  5:56:24 0 [Note] InnoDB: Loading buffer pool(s) from /var/lib/mysql/ib_bu
ffer_pool
db_1          | 2023-01-24  5:56:24 0 [Note] Plugin 'FEEDBACK' is disabled.
db_1          | 2023-01-24  5:56:24 0 [Note] InnoDB: Buffer pool(s) load completed at 230124  5:56:24

db_1          | 2023-01-24  5:56:24 0 [Note] Server socket created on IP: '::'.
db_1          | 2023-01-24  5:56:24 0 [Note] Reading of all Master_info entries succeeded
db_1          | 2023-01-24  5:56:24 0 [Note] Added new Master_info '' to hash table
db_1          | 2023-01-24  5:56:24 0 [Note] mysqld: ready for connections.
db_1          | Version: '10.3.37-MariaDB-1:10.3.37+maria~ubu2004'  socket: '/var/run/mysqld/mysqld.s
ock'  port: 3306  mariadb.org binary distribution
```

图 7-33　docker compose up 命令执行之后的等待服务界面

现在可以打开浏览器，访问网址 localhost:8083，即可看到如图 7-34 所示的界面。

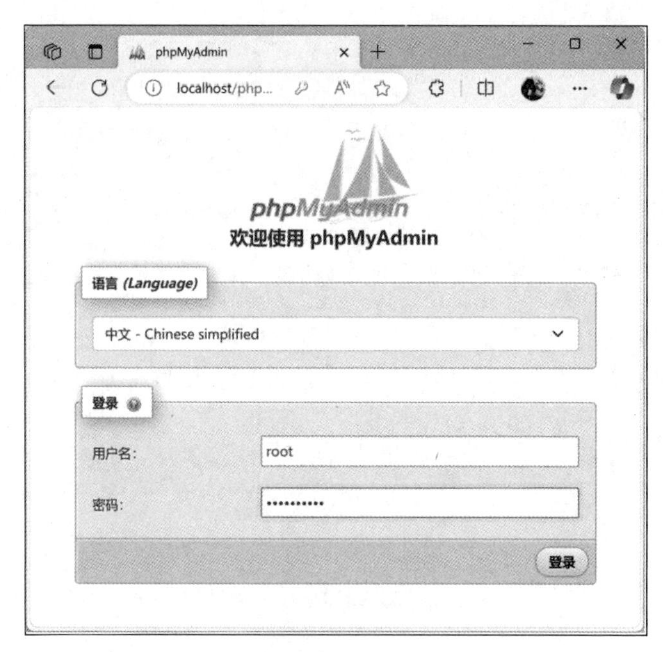

图 7-34　phpMyAdmin 的登录界面

在 phpMyAdmin 的登录界面中，“服务器”栏留空，“用户名”栏输入 root，密码为 notSecureChangeMe（这个密码在 docker-compose.yml 文件中设置）。然后单击“登录”按钮，即可成功进入运行在容器中的 MySQL 服务器，如图 7-35 所示。

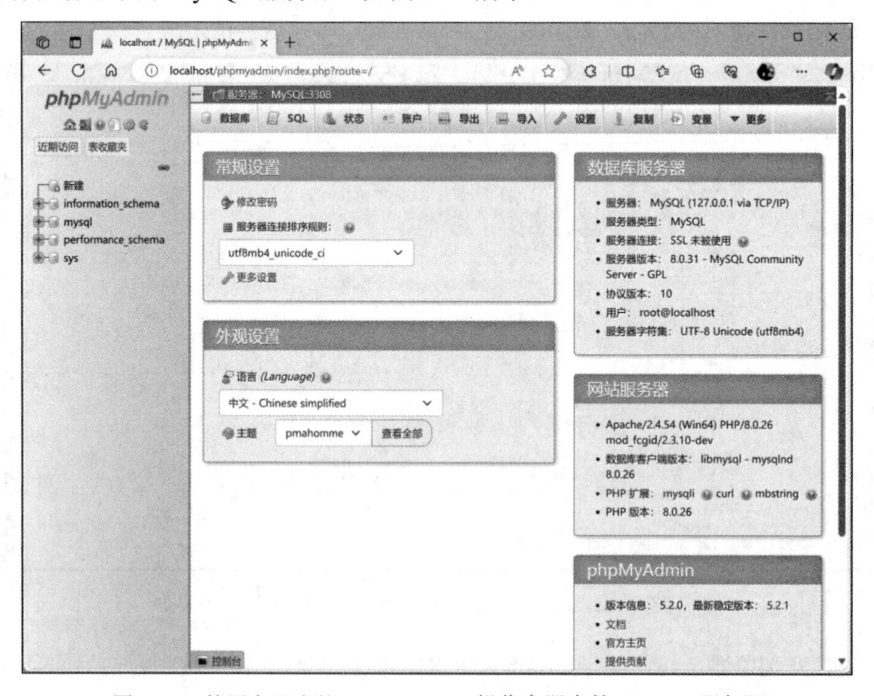

图 7-35　使用容器中的 phpMyAdmin 操作容器中的 MySQL 服务器

如果要终止这两个服务，按 Ctrl+C 快捷键即可。如果希望将这些服务在后台执行，可添加-d 选项，命令如下：

```
docker-compose up -d
```

如果要终止服务，则执行以下命令：

```
docker-compose down
```

在 Windows 10/11 中使用 Docker Desktop，我们可以在自己的计算机上以容器的方式安装任何服务器或服务，这给了我们很大的灵活性。由于 Docker 具有通用的兼容性，因此我们可以在不同的计算机中重新创建相同的容器，实现快速迁移开发环境的目标，让你在开发 Django 网站的同时，不会影响现有的操作系统和应用程序环境，也可以避免许多系统兼容性方面的困扰。

7.4　本课习题

1．为第 6 课的直播电视网页程序设计一个数据库。

2．整合第 6 课的中文和英文直播新闻视频需要几张数据表？绘出这些数据表之间的关系图。

3．使用数据库功能完成第 6 课的直播新闻视频网站。

4．使用任一熟悉的虚拟主机上的 MySQL 数据库系统完成远程连接操作。

5．使用 MySQL 作为网站后台数据库系统取代默认的 SQLite，说明这么做的优点，至少列出 3 个优点。

第 8 课

网站表单的应用

网页程序与一般程序不同，它不是通过使用 input 来获取用户的输入数据的，而是通过表单（Form）的形式。表单首先在客户端的网页中呈现，等待用户填写数据并单击“提交”（submit）按钮，网页服务器通过 request 对象将用户填写的内容传送到处理函数，使网站开发人员能够解析输入的数据并做出相应的回应。

在之前的几堂课中，我们已经学习了如何将数据存储在数据库中，并可以轻松地按照我们的需求从数据库中检索数据并在网页上呈现。在本堂课中，我们将进一步利用表单的功能提供网站和浏览者之间的互动，让网站的功能更加完整。同时，还将涉及 NoSQL 数据库的应用主题，以使数据的存取更加灵活。

本堂课的学习大纲

- 网站与表单
- 基础表单类的应用
- 模型表单类的应用
- MongoDB 数据库的操作与应用

8.1 网站与表单

设计一个高互动性的网站，表单绝对是不可或缺的功能，因为它是获取用户输入最直接且传统的方式之一。本节将说明 HTML 语句中的表单的编写方式、可用的元素和属性，以及如何在 Django 程序中获取表单数据。

8.1.1 HTML<form>表单简介

下面是一个非常典型的 HTML 表单网页设计范例：

```
<form name='my form' action='/' method='GET'>
   <label for='user_id'>Your ID:</label>
```

```
    <input id='user_id' type='text' name='user_id'>
    <label for_'user_pass'>Your Password:</label>
    <input id='user_pass' type='password' name='user_pass'>
    <input type='submit' value='登录'>
    <input type='reset' value='清除重填'>
</form>
```

从上述程序可以总结以下几个重点：

- 以<form></form>作为开始和结束的标记。
- 在<form>中设置相关属性。
  - name 是通用属性，在几乎每个元素标记中都可以使用，代表本标记的名称。
  - id 也是通用属性，可以应用于每个元素标记，用于表示该标记的标识符。通常在使用 JavaScript 操作元素标记时会用到。
  - method 适用于<form>标记，用来表示传送的参数使用 POST 还是 GET，这是表单传送的两种不同方式。
  - action 属性非常重要，后面指定的内容用于设置当用户单击 submit 按钮后，所有数据要送到哪里。通常可以指定一个 PHP 程序或 JavaScript 的函数，在 Django 中只需指定一个要处理的网址即可。如果未进行任何设置，则数据将返回原始来源。
- <label>主要用于设置表单元素前的说明文字，使用 for 属性来指定此标签所属的输入元素。
- <input>为主要输入元素，其属性包括：
  - id 是通用属性，用作唯一标识符。
  - name 是通用属性，用作<input>的名称，在 Django 程序中使用该名称来获取数据（实际上，JavaScript 也是通过该名称来操作组件的）。
  - type 表示表单字段的输入格式，有多种类型可供选择，详细说明可见表 8-1。其中，text 为文本类型，而 password 本质上也是文本类型，但在输入密码时显示的字符将以密码符号代替。
  - 若要设置该表单字段的默认值，则可使用 value 属性。
- <input type='submit' value='登录'>是特殊元素，通常用作提交数据的按钮，但按钮上的文字由 value 属性指定。
- <input type='reset' value='清除重填'>是特殊元素，用于清除本表单中当前所有输入的值，通常用作清除重填按钮。该按钮在表单属性较多时非常有用。

那么，在 Django 网站中这些内容要写在哪里呢？写在模板文件中。在本堂课中，可使用 django-admin startproject dj4ch08 命令创建一个名为 dj4ch08 的网站项目，并使用 python manage.py startapp mysite 创建一个名为 mysite 的 App。接下来，在 settings.py 中把 mysite 添加到 INSTALLED_APP 中，并参考之前章节的内容，设置好 templates 和 STATICFILES_DIRS 的目录。此外，借用上一堂课中在 templates 目录下的 base.html、header.html、footer.html 以及 index.html，还有在 static 目录下的 images/logo.png 文件。

然后，修改 index.html 的内容：

```
<!-- index.html (dj4ch08 project) -->
{% extends "base.html" %}
```

```
{% block title %}我有话要说{% endblock %}
{% block content %}
<div class='container'>

<form name='my form' action='/' method='GET'>
    <label for='user_id'>Your ID:</label>
    <input id='user_id' type='text' name='user_id'>
    <label for_'user_pass'>Your Password:</label>
    <input id='user_pass' type='password' name='user_pass'>
    <input type='submit' value='登录'>
    <input type='reset' value='清除重填'>
</form>

</div>
{% endblock %}
```

urls.py 的内容如下：

```
from django.contrib import admin
from django.urls import path
from mysite import views
from django.conf import settings
from django.conf.urls.static import static

urlpatterns = [
    path('', views.index),
    path('admin/', admin.site.urls),
] + static(settings.MEDIA_URL, document_root=settings.MEDIA_ROOT)
```

header.html 的内容如下：

```
<!-- header.html (dj4ch07 project) -->
<nav class='navbar navbar-default'>
    <div class='container-fluid'>
        <nav class="navbar navbar-expand-lg bg-body-tertiary">
            <div class="container-fluid">
              <a class="navbar-brand" href="#">不吐不快</a>
              <button class="navbar-toggler" type="button" data-bs-toggle=
"collapse" data-bs-target="#navbarNavAltMarkup" aria-controls
="navbarNavAltMarkup" aria-expanded="false" aria-label="Toggle navigation">
                <span class="navbar-toggler-icon"></span>
              </button>
              <div class="collapse navbar-collapse" id="navbarNavAltMarkup">
                <div class="navbar-nav">
                  <a class="nav-link active" aria-current="page" href="/">
Home</a>
                  <a class="nav-link" href="/admin">后台管理</a>
                </div>
              </div>
            </div>
          </nav>
    </div>
```

```
</nav>
```

base.html 和 footer.html 文件的内容和上一堂课同名文件的内容是一样的。

这是一个典型的要求输入用户账号和密码的登录页面，页面内容如图 8-1 所示（当然，别忘记使用 python manage.py runserver 命令启动网站）。

图 8-1　典型登录时使用表单的页面

那么如何接收输入的值呢？前文提到过通过 request 对象接收。在处理的 views.index 函数中会接收一个 request 对象，而使用 GET 方法传送进来的内容，只要使用 request.GET['input_name']就可以获取。以下程序代码用于获取来自用户单击“登录”按钮之后的表单数据，并把这两个字段的数据分别存到变量 urid 和 urpass 中：

```
from django.shortcuts import render

def index(request):
    try:
        urid = request.GET['user_id']
        urpass = request.GET['user_pass']
    except:
        urid = null
    return render(request, 'index.html', locals())
```

由于表单的内容有可能会是空值（None），因此在输入时必须使用 try/except 异常处理机制，以避免网站程序异常中断执行，从而引发网页显示错误。另外，也可以在 HTML 网页的表单输入项标签中加上 required 属性，要求用户必须输入数据才能提交表单。

那么，如果要进行密码检查的判断，怎么办呢？如果是自己简单使用的程序，可以把密码测试直接写在程序代码中。例如下例，直接在程序中检查密码是否为 12345。如果 urid 不是空值且密码也正确，就把 verified 变量设置为 True，否则将它设置为 False。

```
def index(request):
    try:
        urid = request.GET['user_id']
        urpass = request.GET['user_pass']
    except:
        urid = None

    if urid != None and urpass == '12345':
```

```
        verified = True
    else:
        verifeid = False
    return render(request, 'index.html', locals())
```

虽然把密码写在程序中不是什么好办法，但对于小网站而言还算够用。与 JavaScript 在客户端的浏览器中执行不同，这段 Python 程序是在服务器后台执行的。除非主机遭黑客攻击，在正常情况下使用不会看到该密码。

接下来，只需在 index.html 中提取 verified 变量进行检查，根据它的内容是 True 还是 False 来显示相应的字符串即可。修改后的 index.html 如下：

```
<!-- index.html (dj4ch08 project) -->
{% extends "base.html" %}
{% block title %}我有话要说{% endblock %}
{% block content %}
<div class='container'>

<form name='my form' action='/' method='GET'>
    <label for='user_id'>Your ID:</label>
    <input id='user_id' type='text' name='user_id'>
    <label for_'user_pass'>Your Password:</label>
    <input id='user_pass' type='password' name='user_pass'>
    <input type='submit' value='登录'>
    <input type='reset' value='清除重填'>
</form>
Your ID:{{ urid | default:"未输入 ID"}}<br/>
{% if verified %}
    <em>你通过了验证</em>
{% else %}
    <em>密码或账号错了</em>
{% endif %}
</div>
{% endblock %}
```

上述示例展示了一个简单的单页密码验证功能，其作用是只有在输入账号和密码时才会显示结果。此时，网站的程序不会记住用户的相关信息。要实现真正的用户权限管理功能，需要借助下一堂课介绍的 Session（会话）功能，或者在用户输入密码后将用户在本次活动中的信息保存下来。

在运行网页程序并输入用户数据时，必须要理解以下概念：除非使用了 Cookie 或 Session 等跨网页记录功能，否则每个网页的执行都是独立运行的。与我们在本地计算机上的顺序执行程序不同，每个网页之间所使用的变量基本上没有上下文的关联性。因此，我们不能期望在一个网页中设置的变量能够在另一个网页的不同函数中正确地提取出来。

8.1.2 活用表单的标签

表单除可以输入文字和密码的 text 和 password 输入项外，其他常用组件如表 8-1 所示。

表 8-1　HTML 表单中常用的组件

标签名称	说　明	使用范例
<select></select>	下拉式菜单	<label for='flist'>最喜欢的水果</label> <select name='flist'> <option value='0'>Apple</option> <option value='1'>Banana</option> <option value='2'>Cherry</option> </select>
<input type= 'radio'>	单选按钮（单选）	最喜欢的颜色（单选） <input type='radio' name='fcolor' value='Green' checked>Green <input type='radio' name='fcolor' value='Blue'>Blue <input type='radio' name='fcolor' value='Red'>Red <input type='radio' name='fcolor' value='Black'>Black
<input type= 'checkbox'>	复选框（多选）	最喜欢的颜色（可复选） <input type='checkbox' name='cfcolor' value='Green'>Green <input type='checkbox' name='cfcolor' value='Blue'>Blue <input type='checkbox' name='cfcolor' value='Red'>Red <input type='checkbox' name='cfcolor' value='Black'>Black
<input type= 'hidden'>	隐藏字段	<input type='hidden' name='hidevalue' value='hidevalue'>
<input type= 'button'>	自定义按钮	<input type='button' value='百度' onclick='location.href="https://www.baidu.com"'>
<textarea></textarea>	多行文字内容	<textarea name='message' rows=5 cols=40></textarea>

表 8-1 中有一个有趣的标签名称为 hidden，即隐藏字段。通过使用这个字段，用户既无法看到它，也无法与之互动。因此，这个字段非常适合我们夹带一些数据库中的数据，并在用户单击“提交”按钮时一同传送到另一个网页。

上述标签功能可以应用于网页中，就像上一堂课输出表格内容时，在使用这些标签的过程中（例如要使用下拉式菜单显示可选用的手机机型），也可以充分运用程序的循环功能，无须把选项固定写死在程序代码中。例如，我们要实现一个提供年份的下拉式菜单功能，希望能从 1960 年到 2024 年，其中一个实现方法是在 views.index 中创建一个列表变量（例如 years），内容从 1960 到 2024。然后，在 index.html 中使用{% for %}{% endfor %}模板标签把年份显示出来。在 views.index 函数中加入下面这一行 Python 语句：

```
years = range(1960,2024)
```

在 index.html 中使用以下内容即可把 years 列表转换成下拉式菜单：

```
<label for='byear'>出生年份：</label>
<select name='byear'>
    {% for year in years %}
    <option value='{{ year }}'>{{ year }}</option>
```

```
    {% endfor %}
</select><br>
```

因为下拉式菜单只有单选，所以在 views.index 中使用 request.GET['byear']也可以获取上述下拉式菜单的结果，若像 checkbox 这一类多选菜单，则要以列表变量的方式来处理，例如以下的 HTML 片段：

```
最喜欢的颜色（可复选）:
<input type='checkbox' name='fcolor' value='Green'>Green
<input type='checkbox' name='fcolor' value='Red'>Red
<input type='checkbox' name='fcolor' value='Blue'>Blue
<input type='checkbox' name='fcolor' value='Yellow'>Yellow
<input type='checkbox' name='fcolor' value='Orange'>Orange<br/>
```

在 views.index 函数中，可以使用以下代码来获取用户选择颜色的结果：

```
urfcolor = request.GET.getlist('fcolor')
```

所有颜色选项的 name 属性均相同，但是 value 不同。调用 getlist 方法（即函数）可以将用户选择的所有颜色选项的结果放到列表中，再赋值给变量 urfcolor。如果用户没有选择任何选项，则会返回一个空列表。

在 index.html 中，可以使用传统的{% for %}/{% endfor %}语句来显示 urfcolor 列表变量，如下所示：

```
喜欢的颜色：
{% for c in urfcolor %}
    {{ c }}
{% empty %}
    没有选择任何颜色
{% endfor%}
<br/>
```

修改完成后的 views.py 内容如下：

```
from django.shortcuts import render

def index(request):
    try:
        urid = request.GET['user_id']
        urpass = request.GET['user_pass']
        byear = request.GET['byear']
        urfcolor = request.GET.getlist('fcolor')
    except:
        urid = None
    if urid != None and urpass == '12345':
        verified = True
    else:
        verified = False
    years = range(1960,2024)
    return render(request, 'index.html', locals())
```

index.html 的内容如下：

```
<!-- index.html (dj4ch08 project) -->
{% extends "base.html" %}
{% block title %} 我有话要说 {% endblock %}
{% block content %}
<div class='container'>
    <form name='my form' action='/' method='GET'>
        <label for='byear'> 出生年份: </label>
        <select name='byear'>
            {% for year in years %}
            <option value='{{ year }}'>{{ year }}</option>
            {% endfor %}
        </select><br>
        喜欢的颜色(可复选):
        <input type='checkbox' name='fcolor' value='Green'>Green
        <input type='checkbox' name='fcolor' value='Red'>Red
        <input type='checkbox' name='fcolor' value='Blue'>Blue
        <input type='checkbox' name='fcolor' value='Yellow'>Yellow
        <input type='checkbox' name='fcolor' value='Orange'>Orange<br/>

        <label for='user_id'>Your ID:</label>
        <input id='user_id' type='text' name='user_id'>
        <label for_'user_pass'>Your Password:</label>
        <input id='user_pass' type='password' name='user_pass'>
        <input type='submit' value='登录'>
        <input type='reset' value='清除重填'>
    </form>
Your ID:{{ urid | default:"未输入 ID"}}<br/>
出生年份: {{ byear }}<br/>
颜色喜好:
{% for c in urfcolor %}
    {{ c }}
{% empty %}
    没有选择任何颜色
{% endfor%}
<br/>
{% if verified %}
    <em>你通过了验证</em>
{% else %}
    <em>密码或账号错了</em>
{% endif %}
</div>
{% endblock %}
```

图 8-2 为网站执行时的页面。

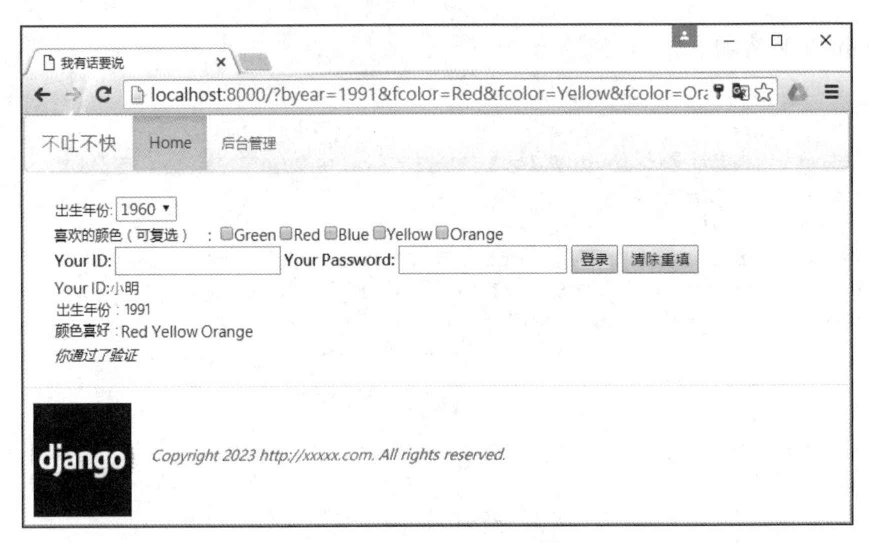

图 8-2　加上各种 HTML 表单标签的网页执行页面

8.1.3　建立本堂课范例网站的数据模型

有了上述表单的基础，接下来开始设计一个实用网站，让用户可以通过表单和网站进行互动。在上一堂课的模板的基础上，我们将设计一个能够让用户自由发言的网站。每个用户可以选择心情、张贴心情小语以及设置一个用于日后删除文章的密码。然而，为了防止用户滥用，每条信息都必须经过管理员从后台启用才会显示在网页上。换句话说，用户张贴的文章有一个布尔值字段 enabled，默认值是 False，只有开启为 True 之后，张贴的文章才允许在网页上显示。网站的外观如图 8-3 所示。另外，本堂课范例程序的 Django 管理员和密码依然是 admin 和 django1234。

图 8-3　“我有话要说”网站的主页面设计

上面的范例网站程序使用了第 7 课范例程序中的 base.html、header.html 和 footer.html 网页程序文件，因而可以在 index.html 网页程序文件中使用 Bootstrap 的各项功能让页面更美观一些。在设计上，希望心情的状态可以随时由管理员增加，所以它需要一个模型（Model）。另外，张贴的信息（即文章）当然也要有一个模型来存储，因此这个网站需要两个模型，models.py 模型文件的示例内容如下：

```
from django.db import models

class Mood(models.Model):
    status = models.CharField(max_length=10, null=False)

    def __str__(self):
        return self.status

class Post(models.Model):
    mood = models.ForeignKey('Mood', on_delete=models.CASCADE)
    nickname = models.CharField(max_length=10, default='不愿意透露身份的人')
    message = models.TextField(null=False)
    del_pass = models.CharField(max_length=10)
    pub_time = models.DateTimeField(auto_now=True)
    enabled = models.BooleanField(default=False)

    def __str__(self):
        return self.message
```

其中，class Mood 的内容非常简单，只有一个名为 status 的文本字段，它的目的是记录心情的状态。而 class Post 则包含更多的字段来记录信息内容。它与 Mood 通过外键进行关联，通过字段 mood 连接到 Mood 模型。另外，nickname 用于记录张贴者的昵称，message 用于存储实际的内容，del_pass 用于记录能够删除该信息的密码，这是由张贴人设置的。pub_time 字段用于自动填入最后修改的时间。最后，enabled 是一个布尔值字段，默认设置为 False，我们将根据该字段的值来决定是否在网页上显示这条数据。

上述模型经过 makemigrations 和 migrate 命令同步到网站的数据库之后，可以在 admin.py 中加入以下代码，以方便管理这两张数据表的内容（在第一次使用之前，不要忘记使用 python manage.py createsuperuser 命令创建管理员账号）：

```
from django.contrib import admin
from mysite import models

class PostAdmin(admin.ModelAdmin):
    list_display=('nickname', 'message', 'enabled', 'pub_time')
    ordering=('-pub_time',)
admin.site.register(models.Mood)
admin.site.register(models.Post, PostAdmin)
```

接下来在管理后台就可以使用了，读者可到后台添加几笔数据备用。在 Moods 数据表中输入几种心情，才能够在 Posts 中加入心情 mood 的字段。

数据建立完毕后，可以在 views.index 处理函数中将这些数据读取出来，存储在各个变量中备用，具体代码如下（在 8.1.2 节练习的内容可以先行移除，更新为以下内容）：

```
from django.shortcuts import render
from mysite import models

def index(request):
    posts = models.Post.objects.filter(enabled=True).order_by('-pub_time')[:30]
    moods = models.Mood.objects.all()
    return render(request, 'index.html', locals())
```

在上面的代码片段中，我们分别使用了 posts 和 moods 这两个变量。需要注意的是，moods 调用 all()方法来获取所有的心情状态，而 posts 则调用 filter 方法先筛选出 enabled 字段值为 True 的数据项，再使用 order_by 对 pub_time 进行降序排序，最后的[:30]表示只取出最新的 30 条信息。

8.1.4　网站表单的建立与数据显示

设置好数据库后，接下来设计首页的外观，也就是位于 templates 文件夹下的 index.html 文件。首先，我们要设计页面的主体部分：

```
<form name='my form' action='/' method='GET'>
    现在的心情：<br/>
    {% for m in moods %}
    <input type='radio' name='mood' value='{{ m.status }}'>{{ m.status }}
    {% endfor %}
    <br/>
    心情留言板：<br/>
    <textarea name='user_post' rows=3 cols=70></textarea><br/>
    <label for='user_id'>你的昵称：</label>
    <input id='user_id' type='text' name='user_id'>
    <label for='user_pass'>张贴密码：</label>
    <input id='user_pass' type='password' name='user_pass'><br/>
    <input type='submit' value='张贴'>
    <input type='reset' value='清除重填'>
</form>
```

在这里，重要的是使用{% for %}循环展示所有的心情（moods），并通过单选按钮设置其值和显示的内容。心情状态的选项数量与实际心情数量相符。但同一信息只能选择一个心情状态。其他部分（包括用户昵称 user_id、设置的密码 user_pass 和用户要发布的信息 user_post）将在 views.index 函数中处理。

关于表单和信息之间的标题部分，我们使用 Bootstrap 的 Grid 网格系统和 Card 功能来居中显示信息。其详细用法可参考 Bootstrap 官方网站的说明。

```
<div class='row'>
    <div class='col-md-12'>
        <div class='card'>
            <div class='card-heading' align=center>
            <h3>~~宝宝心里苦，宝宝只在这里说~~</h3>
    </div>
</div>
```

最后是显示信息内容的程序代码：

```
<div class="row">
   {% for p in posts %}
    <div class="col-sm-12 col-md-4">
       <div class='card'>
          <div class='card-header text-white bg-primary'>【{{ p.nickname }}】觉得
{{ p.mood }}</div>
          <div class='card-body'>{{ p.message | linebreaks }}</div>
          <div class='card-footer' align='right'>
             <i><small>{{ p.pub_time }}</small></i>
          </div>
       </div>
   </div>
   {% empty %}
       目前没有任何心情留言
   {% endfor %}
</div>
```

在这段程序代码中，我们使用了几个小技巧。首先是应用 Bootstrap 的 Grid 网格显示系统，因此需要在适当的地方使用<div class='row'>和<div class='col-md-4'>等标签。我们希望在网页够宽的情况下显示出 3 列内容，显示的网格结构如下：

```
<div class='row'>
   <div class='col-md-4'>
      message 1
   </div>
   <div class='col-md-4'>
      message 2
   </div>
   <div class='col-md-4'>
      message 3
   </div>
</div>
```

8.1.5　接收表单数据存储于数据库中

由于我们在表单中使用的是 GET 方法，因此只需使用 request.GET['user_id']就可以获取表单中的数据。然而，在获取数据时需要注意避免因为没有输入数据而导致系统抛出异常，从而中断程序的运行。为了应对无法成功获取数据的情况，我们需要将所有获取数据的代码放在 try 块中，并在 except 块中添加异常处理逻辑。修改后的 views.index 处理函数的内容如下：

```
def index(request):
   posts = models.Post.objects.filter(enabled=True).order_by('-pub_time')[:30]
   moods = models.Mood.objects.all()
   try:
      user_id = request.GET['user_id']
      user_pass = request.GET['user_pass']
      user_post = request.GET['user_post']
      user_mood = request.GET['mood']
```

```
    except:
        user_id = None
        message = '如果要张贴信息，那么每一个字段都要填...'

    if user_id != None:
        mood = models.Mood.objects.get(status=user_mood)
        post   =   models.Post(mood=mood,   nickname=user_id,   del_pass=user_pass,
message=user_post)
        post.save()
        message='成功保存！请记得你的编辑密码[{}]!，信息须经审查后才会显示。'.format(user_pass)
    return render(request, 'index.html', locals())
```

在上面这段程序代码中，我们在 try 区块中分别获取了 user_id、user_pass、user_post 以及 user_mood。但是，假如在获取的过程中出现任何错误，就会到 except 区块下把 user_id 设置为 None，并在 message 中注明信息。接下来的程序代码可以经由检查 user_id 的值来判断是否有数据可以顺利存储到数据库中。如果 user_id==None，就不用处理，直接返回；如果有数据，就先以 mood = models.Mood.objects.get(status=user_mood)找出对应的 Mode 实例，然后通过 models.Post 初始化函数，分别把各个数据传进去，以创建出新的实例。enabled 因为有默认值 False，所以不需指定，而 pub_time 因为 auto_now 的关系，会自动填入当前的日期和时间，所以此字段也不需要设置。下一行执行 post.save()把数据写入数据库（保存操作）。

为了简化代码，我们在处理数据库时没有加入异常处理。然而，在实际实现时，务必加上异常处理部分，因为要查找的数据不一定存在于数据库中。如果没有添加异常处理，可能会导致网站意外中断，无法提供服务。因此，需要处理找不到数据的情况。另外，在成功保存数据后，还需要更新 message 的内容，以便在 index.html 中显示信息。在 index.html 中，我们在表单之前添加了一个用于显示信息的代码段，具体语句如下：

```
{% if message %}
    <div class='alert alert-warning'>{{ message }}</div>
{% endif %}
```

8.1.6　加上删除帖文的功能

在此范例中，我们为每篇帖文都加上了删除用的密码字段。也就是说，该作者发布帖文时，必须设置一组密码。日后，如果想要删除这篇帖文，只需提供相同的密码即可。这个网站没有设计用户管理功能，因此除后台的管理员可以全权处理所有数据外，每篇帖文都是独立的。如果帖文的发布者忘记了密码，将没有任何补救措施。

在这个网站中，我们删除帖文的逻辑是，将密码字段标题更改为“张贴/删除密码”，表示张贴和删除时可以使用相同的密码。要张贴文章时，发帖者需要填写所有字段。但是，在删除信息时，只需在密码栏输入密码，然后单击该帖文的删除图标（垃圾桶符号）即可，如图 8-4 所示。

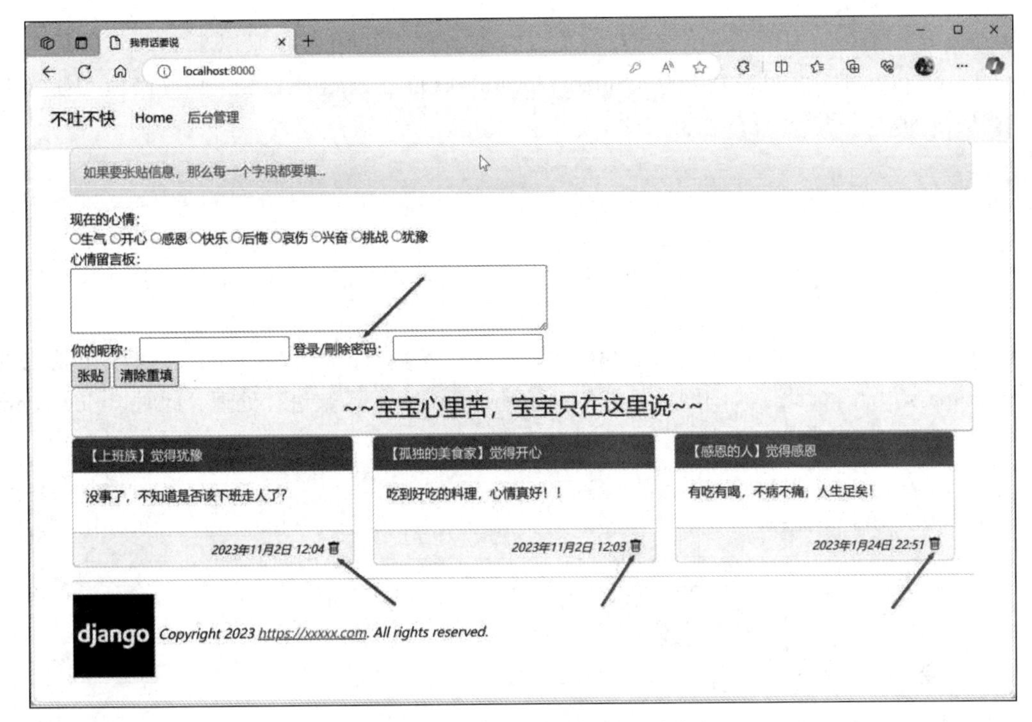

图 8-4　提供删除帖文功能的网页设计

图 8-4 中箭头所指的地方除修改密码字段的标题外，还在每个帖文的右下角多了一个垃圾桶的小图标，此小图标使用以下方式来实现：

```
<link rel="stylesheet" href="https://cdn.jsdelivr.net/npm/bootstrap-icons@1.10.3/font/bootstrap-icons.css">
```

有关小图标使用接口的细节，可查阅官网 https://icons.getbootstrap.com/。垃圾桶图标所需的程序代码如下：

```
<i class="bi bi-trash" onclick='go_delete({{p.id}})'></i>
```

该代码使用了 Bootstrap 的 glyphicon 图标集。此外，在 onclick 属性中添加了一个 JavaScript 函数调用指令，因为我们希望当单击此垃圾桶图标时，能够调用一个名为 go_delete 的函数来处理，并将此帖文的 ID 作为参数传入。该 JavaScript 函数可以放置在此段 HTML 代码之前的任何位置。具体内容如下：

```
<script>
function go_delete(id){
   var user_pass = document.getElementById('user_pass').value;
   if (user_pass != "") {
      var usr = '/delpost' + id + '/' + user_pass + '/';
      window.location = usr;
   }
}
</script>
```

此函数要执行三个操作。先是到 user_pass 表单密码标签处取出当前值。如果该字段没有值，则直接退出函数，不进行任何处理。如果该字段有值，则把密码内容取出来，并重新编写一个/delpost/id/user_pass/形式的网址，再使用 window.location 转址过去。由于已经生成了网址，因此 urls.py 文件中需要添加对应的网址样式，语句如下：

```
urlpatterns = [
    path('', views.index),
    path('admin/', admin.site.urls),
    path('delpost/<int:pid>/<str:del_pass>/', views.delpost),
] + static(settings.MEDIA_URL, document_root=settings.MEDIA_ROOT)
```

在中间那一行，网址 delpost/后面的编码中，前一个参数只接收数字（pid），后一个参数接收文字（user_pass）。符合此格式的网址将被传递给 views.delpost 函数进行处理。此时，views.delpost 接收的两个参数可用于检索目标数据：

```
def delpost(request, pid=None, del_pass=None):
    if del_pass and pid:
        try:
            post = models.Post.objects.get(id=pid)
            if post.del_pass == del_pass:
                post.delete()
        except:
            pass
    return redirect('/')
```

delpost 函数的程序代码首先检查 del_pass 和 pid 是否都有值。如果满足条件，则实现删除功能。在删除过程中，我们使用 pid 作为搜索对象，通过调用 models.Post.objects.get(id=pid)获取要删除的帖文。然后比较 post.del_pass 和从当前网页传来的 del_pass 是否一致。如果一致，则执行删除操作，调用 post.delete()方法即可完成删除。无论操作是否成功，我们都调用 redirect 函数将网址重定向到首页。注意，在调用 redirect 函数之前，需要导入相应的模块。在 views.py 的开头添加以下导入指令：

```
from django.shortcuts import render, redirect
```

至此，我们已经完成了一个允许用户自由发帖的网站。然而，在本小节中，我们仅使用了 GET 方法来传递参数。实际上，GET 方法会将所有要传递的数据编码为 URL 字符串，这并不适合传递更多、更高级的数据（如二进制数据），也不适合用于会改变状态的应用程序。因此，从 8.2 节开始，我们将探讨更高级的表单功能，并全部使用 POST 方法来传递表单参数。

8.2　基础表单类的应用

除手动编写 HTML 标签来创建表单外，就像创建模型一样，Django 还提供了一个非常方便的表单类，可以通过编程的方式生成表单，以便在模板文件中使用。现在让我们来看一下如何使用表单类来实现更高级的功能。

8.2.1　使用 POST 传送表单数据

根据 8.1 节的网站，在本节中持续修改。我们计划新增一个网页（list），用于显示所有信息，而另一个网页(post)只用于张贴信息。因此,我们需要在 urls.py 中新增两个网址样式,并且在 views.py 中添加对应的两个处理函数，分别是 views.listing()和 views.posting()，示例语句如下：

```
urlpatterns = [
    path('', views.index),
    path('admin/', admin.site.urls),
    path('delpost/<int:pid>/<str:del_pass>/', views.delpost),
    path('list/', views.listing),
    path('post/', views.posting),
] + static(settings.MEDIA_URL, document_root=settings.MEDIA_ROOT)
```

别忘记在 header.html 中增加两个网址作为菜单的选项，新增的选项如下：

```
<a class="nav-link" href="/list/"> 浏览信息 </a>
<a class="nav-link" href="/post/"> 张贴信息 </a>
```

view.listing()因为只负责显示信息，所以程序内容可大幅简化如下：

```
def listing(request):
    posts = models.Post.objects.filter(enabled=True).order_by('-pub_time') [:150]
    moods = models.Mood.objects.all()
    return render(request, 'listing.html', locals())
```

和之前的 views.index 的不同之处在于，这里将显示的篇数扩大到了 150 篇。此外，对应的 listing.html 文件进行了一些显示上的调整，具体代码如下：

```
<!-- listing.html (dj4ch08 project) -->
{% extends "base.html" %}
{% block title %}我有话要说{% endblock %}
{% block content %}
<div class='container'>
  <div class='row'>
    <div class='col-md-12'>
     <div class='card'>
      <div class='card-header' align=center>
        <h3>~~宝宝心里苦，宝宝只在这里说~~</h3>
      </div>
     </div>
    </div>
  </div>

  <div class="row">
   {% for p in posts %}
     <div class="col-sm-12 col-md-6">
      <div   class='card   {%cycle   "text-white   bg-primary"   "bg-info"   "bg-warning"
"bg-success" %}'>
        <div class='card-header'>
         <table width='100%'>
          <tr>
            <td>
              【{{ p.nickname }}】觉得{{ p.mood }}
            </td>
```

```
          <td align=right>
            <i><small>{{ p.pub_time }}</small></i>
          </td>
        </tr>
       </table>
      </div>
      <div class='card-body'>{{ p.message | linebreaks }}</div>
    </div>
    <br/>
   </div>
  {% endfor %}
 </div>
</div>
{% endblock %}
```

调整后的外观如图 8-5 所示。

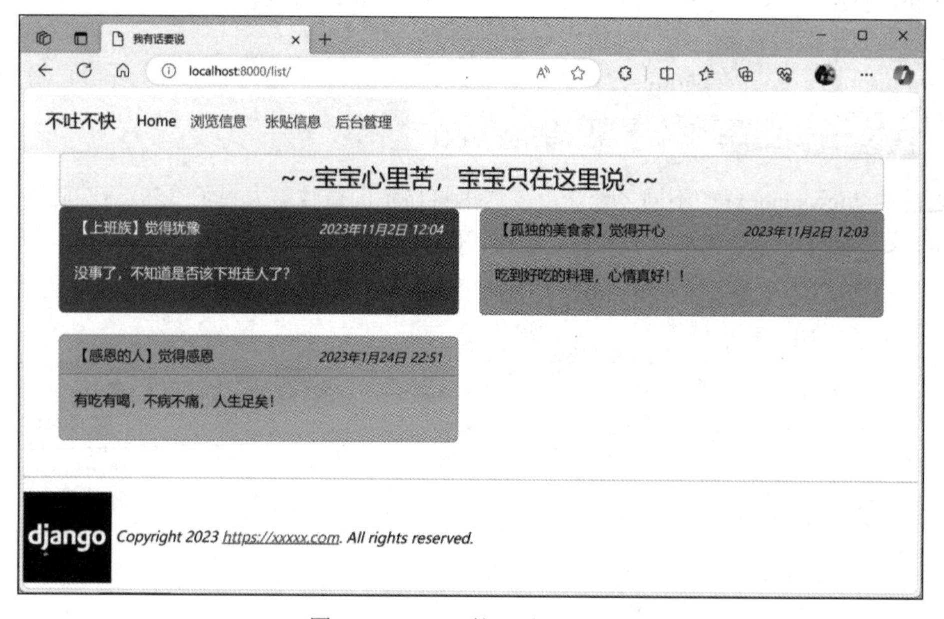

图 8-5　list.html 的网页显示结果

然后以 POST 为方法（method），创建一个只用于帖文功能的 posting.html，程序片段如下：

```
{% extends "base.html" %}
{% block title %}我有话要说{% endblock %}
{% block content %}
<div class='container'>
{% if message %}
    <div class='alert alert-warning'>{{ message }}</div>
{% endif %}
<form name='my form' action='.' method='POST'>
    现在的心情：<br/>
    {% for m in moods %}
    <input type='radio' name='mood' value='{{ m.status }}'>{{ m.status }}
    {% endfor %}
```

```
    <br/>
    心情留言板：<br/>
    <textarea name='user_post' rows=3 cols=70></textarea><br/>
    <label for='user_id'>你的昵称：</label>
    <input id='user_id' type='text' name='user_id'>
    <label for='user_pass'>张贴/删除密码：</label>
    <input id='user_pass' type='password' name='user_pass'><br/>
    <input type='submit' value='张贴'>
    <input type='reset' value='清除重填'>
</form>
</div>
{% endblock %}
```

处理此模板的 views.posting 函数如下：

```
def posting(request):
    moods = models.Mood.objects.all()
    message = '如果要张贴信息，那么每一个字段都要填...'
    return render(request, "posting.html", locals())
```

修改程序代码之后用于张贴信息的网页显示如图 8-6 所示。

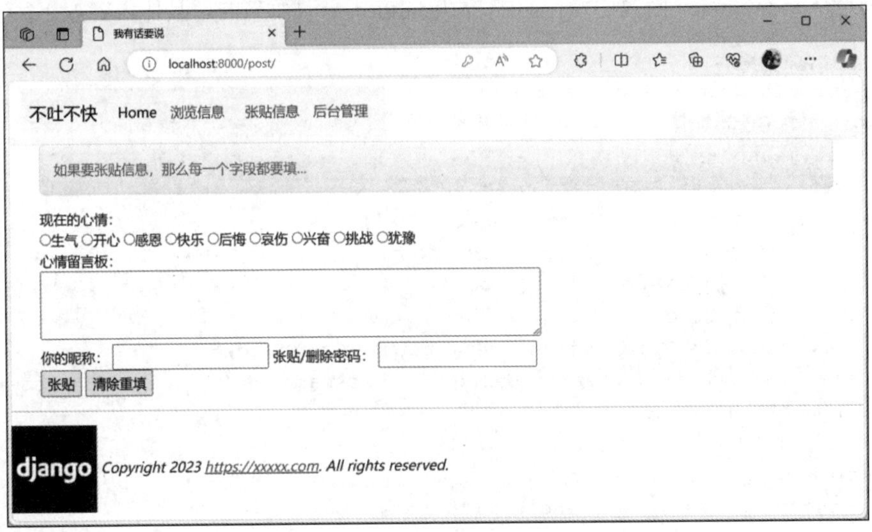

图 8-6　posting.html 网页程序的执行结果

然而，此网页在用户单击“张贴”按钮之后，会出现图 8-7 所示的页面。

这是 Django 为了防范网站跨站请求伪造（Cross-Site Request Forgery，CSRF）攻击而提供的机制，以确保黑客无法伪装成已被验证过的浏览器并窃取数据。这个功能在 Django 中默认是启用的。在 settings.py 中的'django.middleware.csrf.CsrfViewMiddleware'设置（在 MIDDLEWARE_CLASSES 中）就是用来启用这个功能的。为了配合这个安全机制，还必须在 posting.html 文件的<form>标签下方添加一个 CSRF 标识符，具体代码如下：

```
{% csrf_token %}
```

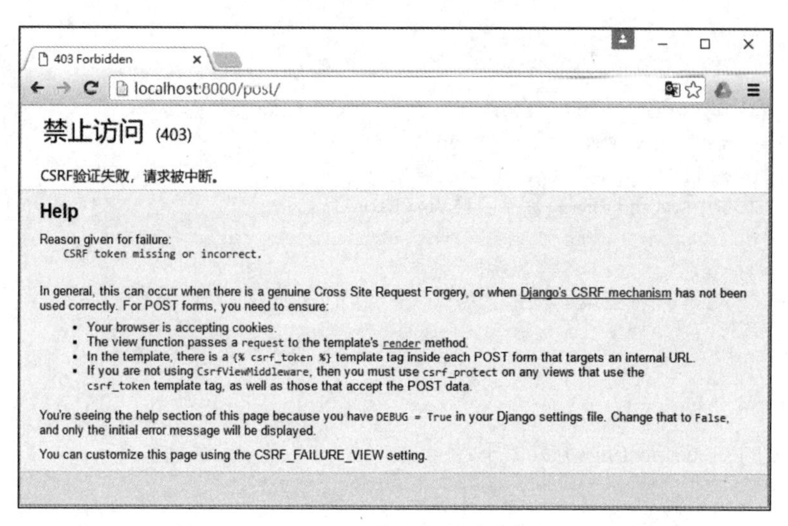

图 8-7　CSRF 验证登录失败的页面

到目前为止，我们已经完成了使用 POST 表单创建张贴文章的基本框架。接下来，修改 views.posting 函数的内容，使其能够识别用户输入的数据，并将这些数据实际存储到数据库表中。主要的代码是从 views.index 函数中操作 GET 表单的方式修改而来的。具体内容如下：

```
def posting(request):
    moods = models.Mood.objects.all()
    message = '如果要张贴信息，那么每一个字段都要填...'
    if request.method=='POST':
        user_id = request.POST.get('user_id')
        user_pass = request.POST.get('user_pass')
        user_post = request.POST.get('user_post')
        user_mood = request.POST.get('mood')
        if user_id != None:
            mood = models.Mood.objects.get(status=user_mood)
            post   =   models.Post(mood=mood,   nickname=user_id,   del_pass=user_pass,
message=user_post)
            post.save()
            return redirect("/list/")
    return render(request, "posting.html", locals())
```

在上述代码中的第 4 行，首先检查此函数是不是由单击“张贴”按钮后 POST 表单调用的。如果是的话，就要进入数据存储的程序。要先提取表单中的所有数据，并执行存储数据项的程序。最后，调用 redirect 方法将网页重定向回浏览信息的页面。注意，刚刚张贴的信息不会立即显示出来，直到管理员将 enabled 字段重设为 True 才会显示。如果读者希望该网站在张贴帖文时能够直接显示出来，只需将 enabled=True 添加到 models.Post()的参数行中即可，读者可自行进行测试。

8.2.2　结合表单和数据库

要在网页中建立表单，之前的方法都是直接在模板中使用 HTML 表单标签，一个一个地手工编写上去，然后在 views.py 的函数中接收这些用户输入的数据，再使用程序代码加以验证，最后使用 ORM 的方式写入数据库中，手续比较复杂。而且，如果需要验证表单中的某些输入项目，还需要额外的程序代码（使用 JavaScript、HTML5 的表单验证功能，或者直接使用 Python 的程序代码），非常麻烦。然而，Django 本身就提供了现成可使用的表单类 Form 和 ModelForm，可以使用面向对象的方式，直接使用程序代码产生需要的表单属性。而且 ModelForm 还可以结合数据表自动产生所有的字段数据，也可以把表单中的数据直接存储到数据表中。

先来看一个 Form 类的使用范例。假设我们要为网站设计一个联系表单，让网友可以通过这个表单发送电子邮件给网站管理员。如果使用表单类的方式，就要先定义一个自定义的表单类。为了方便网站程序的管理，在 mysite 目录下创建一个 form.py 文件是最好的方法。在此程序文件中，先导入 Django 的 forms 模块，然后通过继承 forms.Form 创建一个网站要使用的自定义表单类，并在此类中指明要使用的字段内容。典型的联系表单如下所示（forms.py，可存放在 mysite 文件夹中）：

```
from django import forms

class ContactForm(forms.Form):
    CITY = [
        ['SH', 'Shanghai'],
        ['GZ', 'Guangzhou'],
        ['NJ', 'Nanjing'],
        ['HZ', 'Hangzhou'],
        ['WH', 'Wuhan'],
        ['NA', 'Others'],
    ]
    user_name = forms.CharField(label='您的姓名', max_length=50, initial='李大仁')
    user_city = forms.ChoiceField(label='居住城市', choices=CITY)
    user_school = forms.BooleanField(label='是否在学', required=False)
    user_email = forms.EmailField(label='电子邮件')
    user_message = forms.CharField(label='您的意见', widget=forms.Textarea)
```

在 forms.py 中展示了几个字段的设置示例，与之前设置 Models 类的方式相似，还需要创建一个类（此例中为 ContactForm），然后为其中的字段分别设置名称（此例中为 user_name、user_city、user_school、user_email、user_message），并指定每个字段的格式。在这个例子中，展示了几种常见的字段格式设置方法，摘要表可参考表 8-2。

表 8-2　表单类的字段格式用法摘要表

字段格式名称	用　法	说　明
CharField	CharField(label='您的姓名', max_length=50, initial='李大仁')	label 为本字段的标签（以下皆同），max_length 设置长度为 50，initial 为字段中的默认值，本例为'李大仁'
ChoiceField	ChoiceField(label='居住城市', choices=CITY)	设置下拉式菜单（即<select>标签），后面需以 choices 参数指定一个二维列表，如程序中的 CITY
BooleanField	BooleanField(label='是否在学', required=False)	布尔值的字段，即 checkbox 标签，若 required 设置为 False，则此 checkbox 在输入时也可以不用勾选
EmailField	EmailField(label='电子邮件')	具 email 验证功能的字段
CharField + forms.Textarea	CharField(label='您的意见', widget=forms.Textarea)	在 CharField 中以 widget=forms.Textarea 来扩展成为大量文字输入的字段，即<textarea>标签

还有其他一些常用的字段，在后面提到的时候会陆续说明。在此例中，一旦创建了此格式的类，

即可在 views.contact 处理函数中产生实例，并在模板中加以显示。假设我们已在 urls.py 中创建了/contact 的网址样式，并对应到 views.contact：

```
path('contact/', views.contact),
```

此时 views.contact 的内容如下：

```
from mysite import models, forms
...(程序代码省略)...
def contact(request):
    form = forms.ContactForm()
    return render(request, 'contact.html', locals())
```

其他地方都是一样的，只是在导入部分多导入了 forms.py 的内容。同时，调用 form = forms.ContactForm()创建一个实例并将其存储在 form 变量中，然后调用 render()函数，将包含 locals()的对象传递到 contact.html 模板中。

在 header.html 菜单的选项中加入如下程序代码：

```
<a class="nav-link" href="/contact/"> 联络管理员 </a>
```

contact.html 的内容如下：

```
<!-- contact.html (dj4ch08 project) -->
{% extends "base.html" %}
{% block title %}联络管理员{% endblock %}
{% block content %}
<div class='container'>
    <div class='card'>
        <div class='card-header'>
            <form name='my form' action='.' method='POST'>
            {% csrf_token %}
            <h3>写信给管理员</h3>
        </div>
        <div class='card-body'>
            {{ form.as_p }}
        </div>
        <div class='card-footer'>
            <input type='submit' value='提交'>
            </form>
        </div>
    </div>
</div>
{% endblock %}
```

注意网站中<form>和</form>的位置。为了使网页页面美观，我们将{{form.as_p}}放在 Bootstrap 的 Card 格式中，所以看起来会更复杂一些。实际上，只是在{{ form.as_p }}前后分别添加了<form...>和</form>。也就是说，form.as_p 会以<p>段落格式呈现表单的字段内容（但不会包含<form>和</form>标签），同时“提交”按钮也不会生成。查看原始文件时，其内容如下：

```
<p><label for="id_user_name">您的姓名:</label> <input id="id_user_name" maxlength="50"
name="user_name" type="text" value="李大仁" /></p>
```

```
<p><label for="id_user_city">居住城市:</label> <select id="id_user_city" name="user_city">
<option value="SH">Shanghai</option>
<option value="GZ">Guangzhou</option>
<option value="NJ">Nanjing</option>
<option value="HZ">Hangzhou</option>
<option value="WH">Wuhan</option>
<option value="NA">Others</option>
</select></p>
<p><label for="id_user_school">是否在学:</label> <input id="id_user_school" name="user_school" type="checkbox" /></p>
<p><label for="id_user_email">电子邮件:</label> <input id="id_user_email" name="user_email" type="email" /></p>
<p><label for="id_user_message">您的意见:</label> <textarea cols="40" id="id_user_message" name="user_message" rows="10">
</textarea></p>
```

除.as_p 之，还有.as_table 和.as_ul 可以选。{{ form.as_table }}转译出来的程序代码如下：

```
<tr><th><label for="id_user_name">您的姓名:</label></th><td><input id="id_user_name" maxlength="50" name="user_name" type="text" value="李大仁" /></td></tr>
<tr><th><label for="id_user_city">居住城市:</label></th><td><select id="id_user_city" name="user_city">
<option value="SH">Shanghai</option>
<option value="GZ">Guangzhou</option>
<option value="NJ">Nanjing</option>
<option value="HZ">Hangzhou</option>
<option value="WH">Wuhan</option>
<option value="NA">Others</option>
</select></td></tr>
<tr><th><label for="id_user_school">是否在学:</label></th><td><input id="id_user_school" name="user_school" type="checkbox" /></td></tr>
<tr><th><label for="id_user_email">电子邮件:</label></th><td><input id="id_user_email" name="user_email" type="email" /></td></tr>
<tr><th><label for="id_user_message">您的意见:</label></th><td><textarea cols="40" id="id_user_message" name="user_message" rows="10">
</textarea></td></tr>
```

上述转译的 HTML 程序代码中不包含<table>和</table>标签，为了获得整齐的页面布局，需要自行添加这两个标签。另外，{{ form.as_ul }}转义的 HTML 源代码如下：

```
<li><label for="id_user_name">您的姓名:</label> <input id="id_user_name" maxlength="50" name="user_name" type="text" value="李大仁" /></li>
<li><label for="id_user_city">居住城市:</label> <select id="id_user_city" name="user_city">
<option value="SH">Shanghai</option>
<option value="GZ">Guangzhou</option>
<option value="NJ">Nanjing</option>
<option value="HZ">Hangzhou</option>
<option value="WH">Wuhan</option>
<option value="NA">Others</option>
</select></li>
<li><label for="id_user_school">是否在学:</label> <input id="id_user_school"
```

```
name="user_school" type="checkbox" /></li>
<li><label  for="id_user_email"> 电 子 邮 件 :</label>  <input  id="id_user_email"
name="user_email" type="email" /></li>
<li><label  for="id_user_message"> 您  的  意  见  :</label>  <textarea  cols="40"
id="id_user_message" name="user_message" rows="10">
</textarea></li>
```

我们使用{{ form.as_p }}搭配 Bootstrap 框架的 Card 组件，可以得到如图 8-8 所示的页面。

图 8-8　contact.html 的执行页面

8.2.3　数据接收与字段的验证方法

在 8.2.2 节的 views.contact 函数中，我们只处理了表单的输出部分，因此在网页上单击“提交”按钮后，网站不会有其他反应，只是简单地刷新了网页。那么如何接收表单中的数据呢？答案是要先使用 if 语句判断传进来的内容是否为 POST 请求。如果是 POST 请求，则表示刚刚传送进来的 request 是因为单击了表单中的“提交”按钮，因而要开始检查并处理数据；如果不是 POST 请求，就维持显示表单的方式。以下是相应的程序代码：

```
def contact(request):
    if request.method == 'POST':
        form = forms.ContactForm(request.POST)
        if form.is_valid():
            message = "感谢你的来信。"
        else:
            message = "请检查你输入的信息是否正确！"
    else:
        form = forms.ContactForm()
    return render(request, 'contact.html', locals())
```

上述代码中有两个重点。第一个重点是在函数开始时使用 if request.method == 'POST'来检查是否收到了“提交”按钮的请求。如果是，则使用 if form.is_valid()来检查表单中各个字段的输入内容是否正确。如果输入内容不正确，则设置 messages 以提醒用户。第二个重点是，如果表单没有问题，在完成所需的处理后，设置 messages 以显示感谢用户的信息。然而，在这里还没有开始处理电子邮件的发送问题，只是先测试信息的显示。读者可以在不填写任何表单字段的情况下，直接单击“提交”按钮，此时页面将显示如图 8-9 所示的样式。

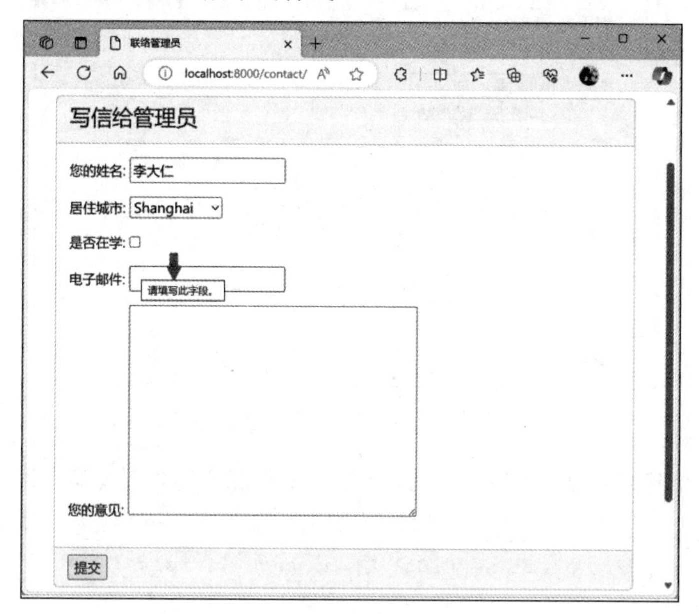

图 8-9　表单类的自动字段检查功能

为了显示提示信息，可在 contact.html 的前面加上以下内容：

```
{% if message %}
   <div class='alert alert-warning'>{{ message }}</div>
   {% endif %}
```

从图 8-9 可以看出，虽然我们没有进行任何字段的检查处理，但是表单类会自动帮我们处理这些细节，省下不少时间。此时即使电子邮件地址格式不正确，也会有相对应的提示信息（表单类附赠的功能），如图 8-10 所示。

所以，如果没有特别的要求，使用 Form 类生成的表单就足够了。在使用 form.is_valid()检查表单的正确性之后，只需使用每个表单字段在定义时的标识符，就可以提取其中的数据或信息。具体方法如下：

```
    form = forms.ContactForm(request.POST)
    if form.is_valid():
        message = "感谢你的来信。"
        user_name = form.cleaned_data['user_name']
        user_city = form.cleaned_data['user_city']
        user_school = form.cleaned_data['user_school']
        user_email  = form.cleaned_data['user_email']
        user_message = form.cleaned_data['user_message']
    else:
        message = "请检查你输入的信息是否正确！"
```

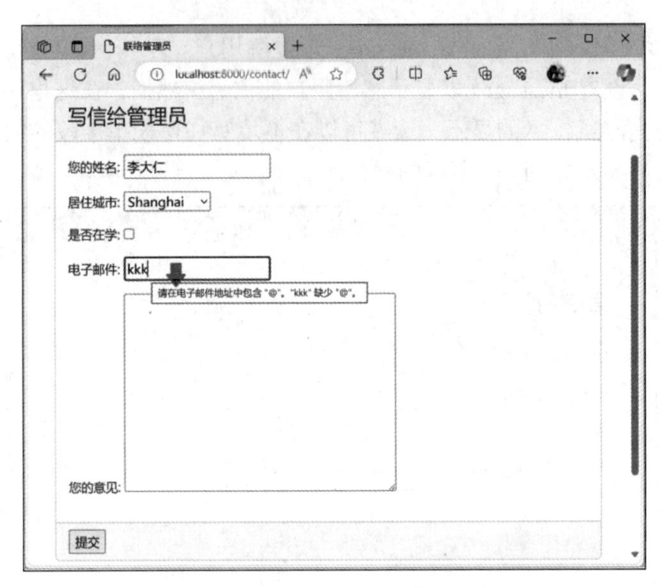

图 8-10　表单类的电子邮件格式检查

获取的数据或信息直接显示在网页上的方法对应的程序代码如下（编写到 contact.html 中）：

```
{% if message %}
    <div class='alert alert-warning'>{{ message }}</div>
    {{ user_name }}<br/>
    {{ user_city }}<br/>
    {{ user_school }}<br/>
    {{ user_email }}<br/>
    {{ user_message | linebreaks }}<br/>
{% endif %}
```

显示在网页上时如图 8-11 所示。

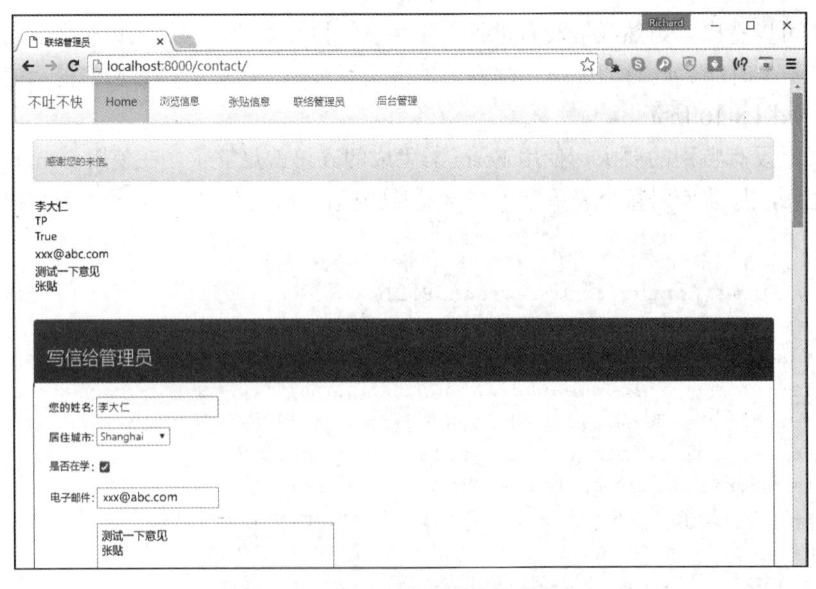

图 8-11　显示表单中的数据或信息

8.2.4　使用第三方服务发送电子邮件

尽管大部分 Linux 主机都具备发送电子邮件的功能，但由于垃圾邮件的泛滥，许多虚拟主机服务提供商不喜欢让客户直接通过他们的主机发送邮件，或者要收取额外费用才能使用此功能。因此，笔者喜欢使用目前市面上专门提供电子邮件投递服务的网站来发送自己网站的电子邮件。有许多这样的网站，一些网站需要通过手动设置来发送邮件，但也有许多服务提供商提供 API，其中 mailgun.com 不仅提供了通过网页界面发送个人邮件的功能，还提供了供程序使用的 API，甚至还有专门为 Python 的 Django 提供的模块。然而，据笔者所知，mailgun.com 目前已经不再提供永久免费账号申请，因此本小节将介绍使用腾讯 QQ 的 SMTP 功能在自己的网站实现发送电子邮件。

要让 QQ 邮箱可以通过应用程序或网站帮助我们发送邮件，需要启用 QQ 应用程序的登录功能。登录 QQ 邮箱，本小节使用的是网页版的 QQ 邮箱。登录后在左上方找到“设置”选项并单击（图 8-12 中圆圈标示的位置），随后会显示出下方的“邮箱设置”页面，切换至“账号”选项卡（图 8-12 中方框标示的位置）。

图 8-12　依次在 QQ 邮箱中选择“设置”→“账号”选项

然后，向下滚动页面，直到看到“POP3/IMAP/SMTP/Exchange/CardDAV/CalDAV 服务”设置部分，如图 8-13 所示，在“服务状态”后面单击“开启服务”。

系统会弹出需要进行安全验证的提示，如图 8-14 所示，单击“前往验证”按钮。

出现如图 8-15 所示的验证流程提示后，按照系统提示完成安全验证。

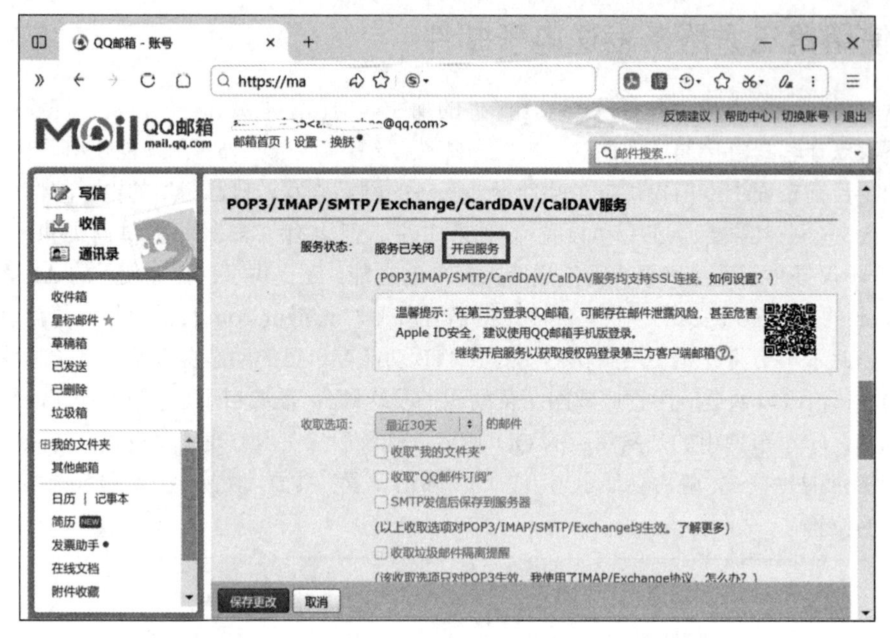

图 8-13　单击“开启服务”

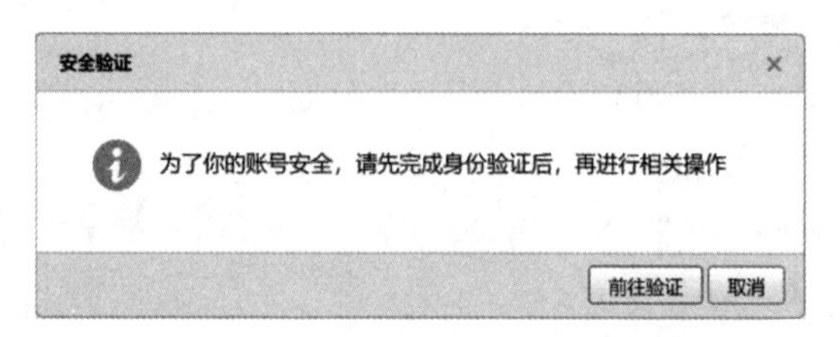

图 8-14　单击“前往验证”按钮开始安全验证

图 8-15　按照系统提示完成安全验证

如果验证成功，那么系统会提供一个 16 位的授权码，格式类似于 zqjcnzxjvqtqhiab。读者在获取自己的真实授权码后，请复制下来并自己保管好，在后续的程序中需要使用。

成功开启“POP3/IMAP/SMTP/Exchange/CardDAV/CalDAV 服务”后，可以看到刚才的服务状态更新为“服务已开启”，如图 8-16 所示。

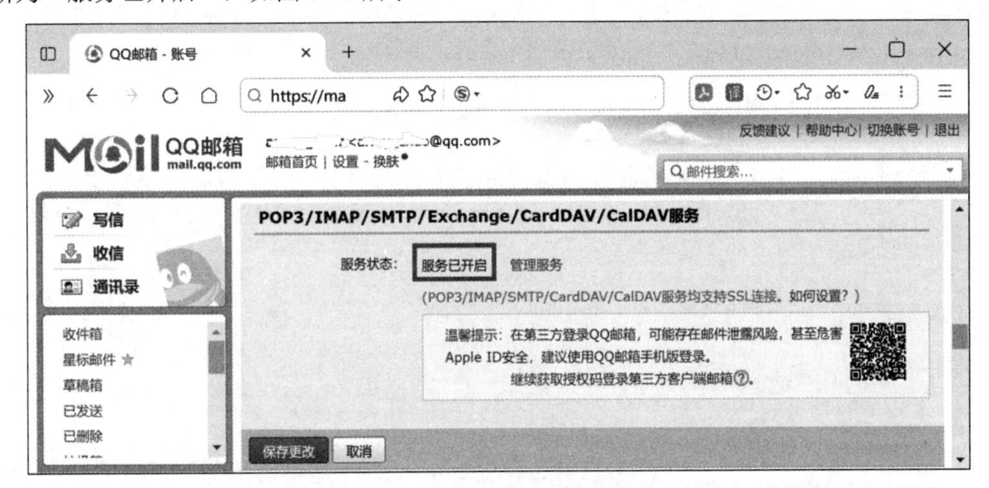

图 8-16　成功开启“POP3/IMAP/SMTP/Exchange/CardDAV/CalDAV 服务”的显示页面

接下来，可以返回 Django 网站并修改或添加用于发送邮件的程序代码。在 Django 中发送电子邮件需要在 settings.py 文件中进行相关设置，打开 settings.py 文件，并添加以下用于设置电子邮件账号的程序代码：

```
EMAIL_BACKEND = "django.core.mail.backends.smtp.EmailBackend"
EMAIL_HOST = "smtp.qq.com"
EMAIL_PORT = 587
EMAIL_USE_TLS = True
EMAIL_HOST_USER = "yourmail@qq.com"   # 请填入真实的 E-mail 地址
EMAIL_HOST_PASSWORD = "请填入从腾讯 QQ 邮箱系统获得的 16 位授权码"
```

只要填写正确，就可以在 Django 网站通过 QQ 邮箱进行电子邮件的收发。要使用 Django 的邮件收发功能，需要在 views.py 中导入以下模块：

```
from django.core.mail import EmailMessage
```

然后将 view.py 文件中的 views.contact 函数改写如下：

```
def contact(request):
    if request.method == 'POST':
        form = forms.ContactForm(request.POST)
        if form.is_valid():
            message = "感谢您的来信，我们会尽快处理您的宝贵意见。"
            user_name = form.cleaned_data['user_name']
            user_city = form.cleaned_data['user_city']
            user_school = form.cleaned_data['user_school']
            user_email  = form.cleaned_data['user_email']
            user_message = form.cleaned_data['user_message']
```

```
        mail_body = u'''
网友姓名: {}
居住城市: {}
是否在学: {}
电子邮件: {}
反馈意见: 如下
{}'''.format(user_name, user_city, user_school, user_email, user_message)

        email = EmailMessage(   '来自【不吐不快】网站的网友意见',
                                mail_body,
                                user_email,
                                ['websitecontact@qq.com'])# 请填写真实的 E-mail 地址
        email.send()
    else:
        message = "请检查您输入的信息是否正确! "
else:
    form = forms.ContactForm()
return render(request, 'contact.html', locals())
```

将获取的所有字段数据编写在字符串 mail_body 中，不要忘记在该字符串的前面加上 u，以便能够顺利调用 format 函数把中文插入指定的“{}”位置处。在发送邮件之前，调用 EmailMessage 函数创建电子邮件的内容，它接受 4 个参数，分别是邮件主题、邮件内容、发件人和收件人列表（['收件人电邮 1'、'收件人电邮 2'、'收信人电邮 3']）。将邮件内容放入 email 变量中，然后调用 email.send()即可顺利地发送邮件。图 8-17 为该范例网站中编写邮件功能的演示页面。

图 8-17　编写邮件功能

单击“提交”按钮后，在页面的上方会多出一条信息，如图 8-18 所示。

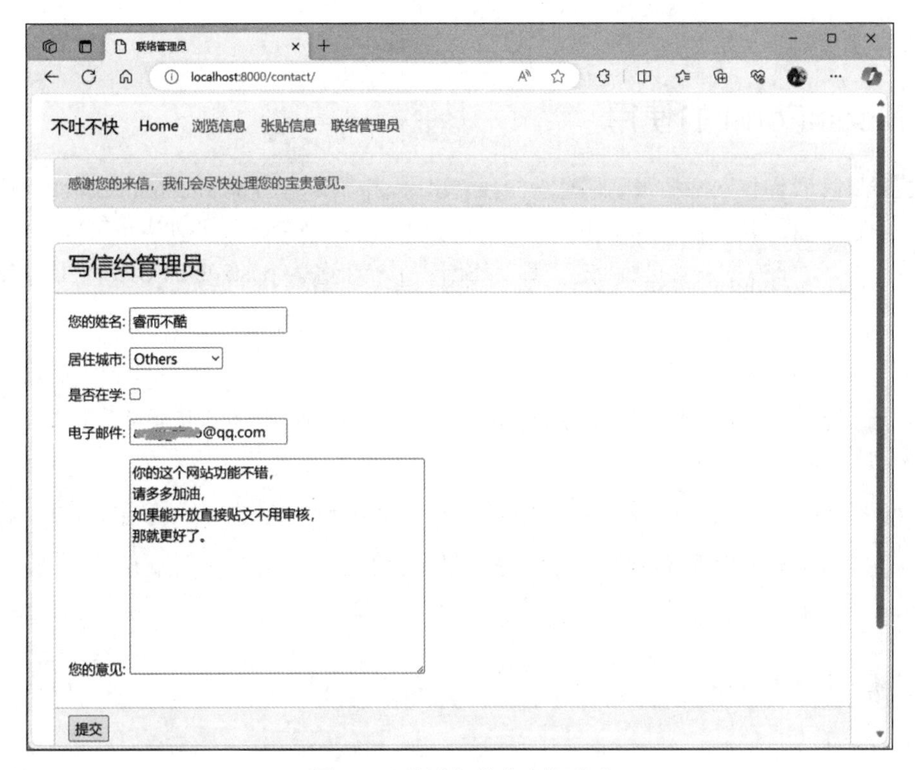

图 8-18　发送邮件成功的页面

过一会儿，就会在自己的电子邮箱中收到这封从网站发送的邮件了，如图 8-19 所示。

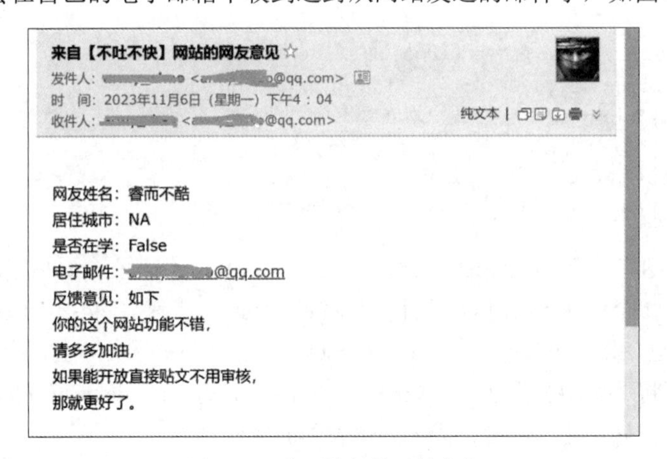

图 8-19　收到的邮件及其内容

8.3　模型表单类 ModelForm 的应用

8.2 节介绍的表单类已经非常好用了。但是，如果网站主要依赖数据库，并且已经建立了数据模型，那么直接整合模型和表单将是最佳选择。ModelForm 不仅可以直接在表单中使用已在模型中定义的字段，还可以决定要保留哪些字段，并且可以使用简单的指令将表单中的数据存储到数据库表中。这非常实用，一定要学会使用。

8.3.1 ModelForm 的使用

在 8.2.1 节中，我们将网站的张贴信息功能独立出来，并在专用的 posting.html 模板中使用 HTML 表单标签来创建页面。本小节打算改用 ModelForm 类来实现这一功能，并使表单可以简单地将数据保存到数据库中。为了方便读者进行比较，我们还创建了一个名为 post2db 的 URL（通过修改 urls.py 文件实现）：

```
path('post2db/', views.post2db),
```

此外，还有 post2db.html 和 views.post2db 函数，在这里将使用 ModelForm 来生成表单。首先，在 header.html 中添加以下选项：

```
<a class="nav-link" href="/post2db/">张贴信息（仅表单）</a>
```

然后，在 forms.py 中添加 PostForm 类，这次继承自 ModelForm，代码如下：

```
from mysite import models

...（省略之前的程序代码）...

class PostForm(forms.ModelForm):
    class Meta:
        model = models.Post
        fields = ['mood', 'nickname', 'message', 'del_pass']

    def __init__(self, *args, **kwargs):
        super(PostForm, self).__init__(*args, **kwargs)
        self.fields['mood'].label = '现在心情'
        self.fields['nickname'].label = '你的昵称'
        self.fields['message'].label = '心情留言'
        self.fields['del_pass'].label = '设置密码'
```

在文件的开头不要忘记导入 models。然后，在 class Meta 中有两个要指定的属性，model 用于指定此表单引用的是哪个 Model，在这里引用了 models.Post。接下来，fields 用于指定使用 models.Post 中的哪些字段，在这里使用了 mood、nickname 和 message 三个字段。实际上，到这里就已经完成了。下面的代码段是为了将默认的英文字段名更改为中文而添加的。在 views.post2db 函数的代码中，先设计以下代码（目前仅处理显示部分，尚未处理表单的响应属性）：

```
def post2db(request):
    post_form = forms.PostForm()
    moods = models.Mood.objects.all()
    message = '如果要张贴信息，那么每一个字段都要填...'
    return render(request, 'post2db.html', locals())
```

函数一开始创建了一个名为 post_form 的变量，它是 forms.PostForm 类的一个实例。接下来，可以在 post2db.html 中将它显示出来。这次我们使用.as_table 的方法来显示，所以需要在前后加上<table>和</table>标签。当然，也不要忘记在代码中包含<form></form>标签和“提交”按钮（它的按钮文本显示的是“张贴”而不是“提交”）。post2db.html 的代码如下：

```
<!-- post2db.html (dj4ch08 project) -->
{% extends "base.html" %}
{% block title %} 我有话要说 {% endblock %}
{% block content %}
<div class='container'>
{% if message %}
   <div class='alert alert-warning'>{{ message }}</div>
{% endif %}

<form name='my form' action='.' method='POST'>
   {% csrf_token %}
   <table>
   {{ post_form.as_table }}
   </table>
   <input type='submit' value='张贴'>
   <input type='reset' value='清除重填'>
   </form>
   </div>
{% endblock %}
```

轻轻松松就把表单显示在网页上了，如图 8-20 所示。

图 8-20　使用 ModelForm 表单显示的网页内容

相信读者注意到了，在前面的程序中没有特别处理心情（mood）的部分。但是，ModelForm 会自动处理这个字段，外键（ForeignKey）字段会自动获取数据，并自动转换成下拉菜单的形式。是不是超级方便呢？

8.3.2　通过 ModelForm 产生的表单存储数据

如何存储数据呢？和之前的 Form 类非常相似，首先检查用户输入的部分，然后验证其正确性，最后使用 save()函数进行存储。其代码如下：

```
def post2db(request):
    if request.method == 'POST':
        post_form = forms.PostForm(request.POST)
        if post_form.is_valid():
            message = "你的信息已保存，要等管理员启用后才看得到。"
            post_form.save()
        else:
            message = '如果要张贴信息，那么每一个字段都要填...'
    else:
        post_form = forms.PostForm()
        message = '如果要张贴信息，那么每一个字段都要填...'

    return render(request, 'post2db.html', locals())
```

没错，只需要调用 post_form.save()就可以将表单数据存储到数据库中，完全不需要其他的代码。执行以上代码，当用户提交信息时，除将数据存储到数据库中外，还会在网页的顶部显示相应的信息，如图 8-21 所示。

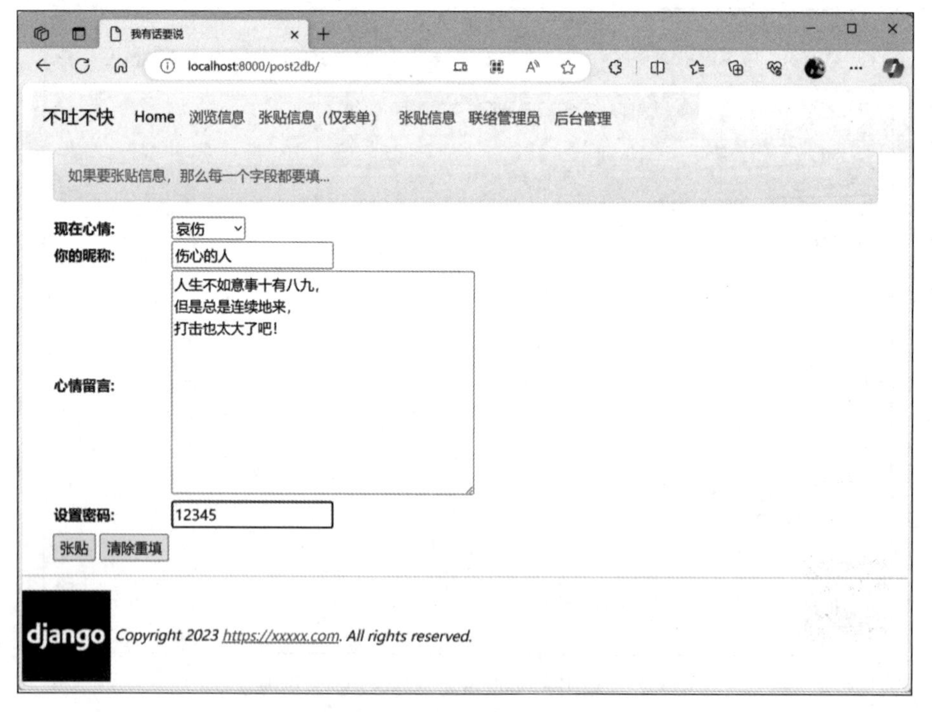

图 8-21　存储信息后的网页页面

当然，由于在设计时，信息存储到数据库后的默认状态是未启用（enabled=False），因此即使回到主页面，也不会显示刚刚提交的内容，需要到管理界面中将 enabled 设置为 True 才能显示。在提交帖文后，程序代码会停留在原来的页面（即显示原来的表单及其数据）。我们可以使用 Redirect

重定向到另一个页面，常见的情况是定向到首页或信息浏览页面。只需在 post_form.save()的下一行添加以下代码即可：

```
return Redirect('/list/')
```

当然，在程序文件的最开始处，不要忘记导入这个模块。其代码如下：

```
from django.shortcuts import render, Redirect
```

8.3.3　为表单加上防机器人验证机制

首先需要安装 django-simple-captcha 模块，安装命令如下：

```
(dj4ch08) D:\dj4book\dj4ch08\dj4ch08>pip install django-simple-captcha
Collecting django-simple-captcha
  Downloading django_simple_captcha-0.5.17-py2.py3-none-any.whl (93 kB)
     ---------------------------------------- 93.7/93.7 kB 531.7 kB/s eta
0:00:00
Collecting Pillow>=6.2.0
  Using cached Pillow-9.4.0-cp310-cp310-win_amd64.whl (2.5 MB)
Collecting django-ranged-response==0.2.0
  Downloading django-ranged-response-0.2.0.tar.gz (3.0 kB)
  Preparing metadata (setup.py) ... done
Requirement already satisfied: Django>=2.2 in d:\anaconda3\envs\dj4ch08\lib\
site-packages (from django-simple-captcha) (4.1.5)
Requirement already satisfied: sqlparse>=0.2.2 in d:\anaconda3\envs\dj4ch08\
lib\site-packages (from Django>=2.2->django-simple-captcha) (0.4.3)
Requirement already satisfied: tzdata in d:\anaconda3\envs\dj4ch08\lib\sitepackages
(from Django>=2.2->django-simple-captcha) (2022.7)
Requirement already satisfied: asgiref<4,>=3.5.2 in d:\anaconda3\envs\dj4ch08\
lib\site-packages (from Django>=2.2->django-simple-captcha) (3.6.0)
Building wheels for collected packages: django-ranged-response
  Building wheel for django-ranged-response (setup.py) ... done
  Created                wheel              for              django-ranged-response:
filename=django_ranged_response0.2.0-py3-none-any.whl                      size=3112
sha256=725d3fabda4023c916c555a42943eff91cfe9b2
c3cc227500b003b79fdff0f5d
  Stored in directory: c:\users\minhuang\appdata\local\pip\cache\wheels\a1\e9\
ed\2f23772feda86a46534e9827aec061f200e399c21b10c7f1d9
Successfully built django-ranged-response
Installing collected packages: Pillow, django-ranged-response, django-simplecaptcha
Successfully         installed         Pillow-9.4.0         django-ranged-response-0.2.0
django-simplecaptcha-0.5.17
```

然后，在 settings.py 文件中，在 INSTALLED_APPS 区块中添加'captcha'，代码如下：

```
INSTALLED_APPS = (
    'django.contrib.admin',
    'django.contrib.auth',
    'django.contrib.contenttypes',
    'django.contrib.sessions',
    'django.contrib.messages',
```

```
    'django.contrib.staticfiles',
    'mysite',
    'captcha',
)
```

由于该模块会在数据库中创建自己的数据表，因此需要先执行数据库的 migrate（迁移）操作。执行命令如下：

```
(dj4ch08) D:\dj4book\dj4ch08\dj4ch08>python manage.py migrate
Operations to perform:
  Apply all migrations: admin, auth, captcha, contenttypes, mysite, sessions
Running migrations:
  Applying captcha.0001_initial... OK
  Applying captcha.0002_alter_captchastore_id... OK
```

在 urls.py 文件中添加该模块专用的 URL 对应关系，同时在文件的最上方不要忘记导入 include 函数：

```
from django.urls import path, include
...（省略其他程序代码）...
path('captcha/', include('captcha.urls')),
```

设置完成后，可以直接在表单类中添加 CaptchaField，代码如下（在 forms.py 文件中）：

```
from captcha.fields import CaptchaField
class PostForm(forms.ModelForm):
    captcha = CaptchaField()
    class Meta:
        model = models.Post
        fields = ['mood', 'nickname', 'message', 'del_pass']

    def __init__(self, *args, **kwargs):
        super(PostForm, self).__init__(*args, **kwargs)
        self.fields['mood'].label = '现在心情'
        self.fields['nickname'].label = '你的昵称'
        self.fields['message'].label = '心情留言'
        self.fields['del_pass'].label = '设置密码'
        self.fields['captcha'].label = '确定你不是机器人'
```

在上述代码片段中，我们添加了 captcha = CaptchaField()字段，其他操作方法保持不变。最终，可以在网页上看到类似图 8-22 的变化。

简单的几个步骤就完成了防止机器人的图形验证功能。真正验证此图形的内容是否输入正确的工作都是全自动进行的，所以在网站的程序中只要使用之前的 is_valid()来检测网站表单的内容是否正确即可，完全不需要为此图形验证码的功能增加任何其他程序代码来处理，非常方便。

图 8-22　加上 Captcha 图形验证的表单页面

8.4　MongoDB 数据库的操作与应用

8.4.1　MongoDB 的安装

与 MySQL 等严格定义关系数据库系统不同，MongoDB 属于 NoSQL 数据库的一种。在使用 MongoDB 存储数据之前，不需要预先定义或创建数据表，因此也不需要考虑存储的数据需要多少字段以及每个字段需要设置什么格式。只需将要存储的数据以 JSON 格式（类似于 Python 的字典形式）准备好，直接存储即可。在存储数据时，MongoDB 不会验证字段数量或格式，只要数据的访问者知道如何解析数据即可。由于这种特性，MongoDB 在存储数据时非常灵活，可以适应各种数据类型。在现今强调大数据的时代，这种特点非常有用。

MongoDB Community 版本是免费的，并且可以自由地下载和安装。因此，开发 MongoDB 应用程序的人通常会选择在自己的计算机上安装 MongoDB 服务器。MongoDB 的官方网站提供了详细的下载和安装方法（https://www.mongodb.com/docs/manual/tutorial/install-mongodb-on-windows/）。读者可以通过这个网址下载适合自己计算机操作系统的版本：https://www.mongodb.com/try/download/community-kubernetes-operator。可根据自己的操作系统选择相应的文件，并按照默认设置进行安装。在 Windows 操作系统下，安装完成后会自动启动一个图形界面的客户端程序 MongoDB Compass，通过该界面可以直接操作正在运行的 MongoDB 服务器，如图 8-23 所示。

如图 8-23 中的 URI 字段所示，当前安装在本机上运行的 MongoDB 的网址是 localhost:27017。我们可以直接单击 Connect 按钮来连接并登录该数据库。如果想要管理其他服务器上的 MongoDB，则需要在此处修改 URI 的内容。成功连接到数据库后，界面如图 8-24 所示。

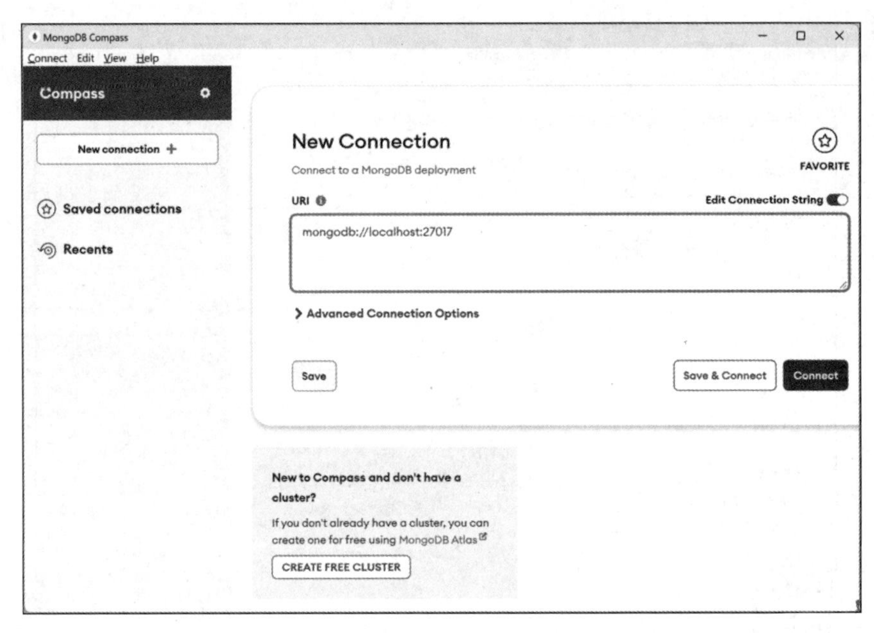

图 8-23　MongoDB Compass 图形用户界面

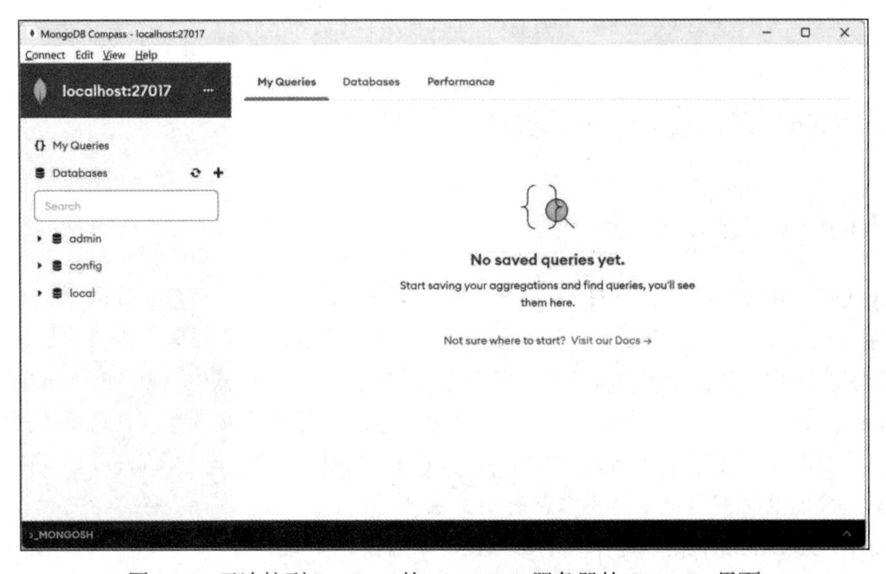

图 8-24　已连接到 localhost 的 MongoDB 服务器的 Compass 界面

与传统关系数据库进行比较，MongoDB 数据库在存取数据时的层次关系大致如表 8-3 所示。

表 8-3　MySQL 与 MongoDB 数据层次对比

MySQL	MongoDB
database（数据库）	database（数据库）
table（表）	collection（数据集）
row（数据行）	document（文件）
column（栏，字段）	field（字段）

如前文所述，MongoDB 的文档（Document）和字段（Field）的格式、名称或数量无须事先定

义，可以根据需要直接使用。这导致在同一个集合（Collection）中的文档可能具有不同格式的字段。

当在左侧菜单中单击 Databases 右侧的 + 按钮时，会出现如图 8-25 所示的创建数据库的界面。在输入框中输入 ch08mdb 和 posts，然后单击 Create Database 按钮。

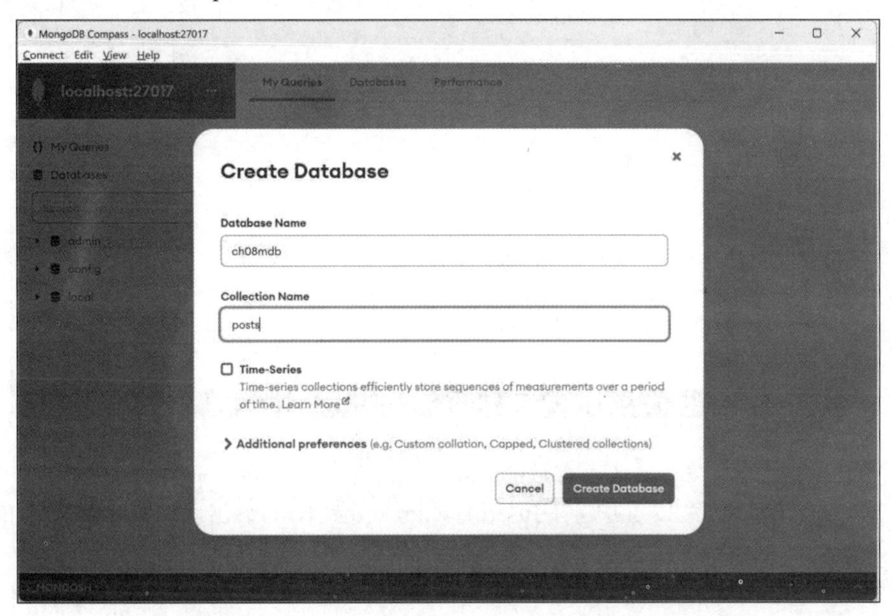

图 8-25　在 Compass 中创建 MongoDB 数据库及集合

创建完成后，打开 ch08mdb 数据库，即可看到数据库中所有的集合列表。可以在这个界面中添加集合，以及对集合进行编辑和删除操作，如图 8-26 所示。目前，只有刚刚创建的 posts 这一个集合。

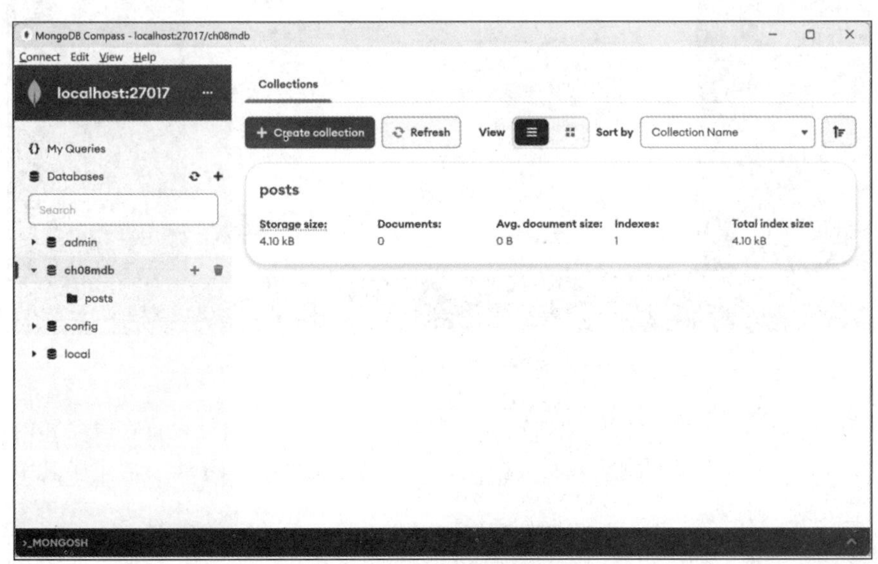

图 8-26　集合的管理界面

单击 posts 后，将进入如图 8-27 所示的文档编辑界面。

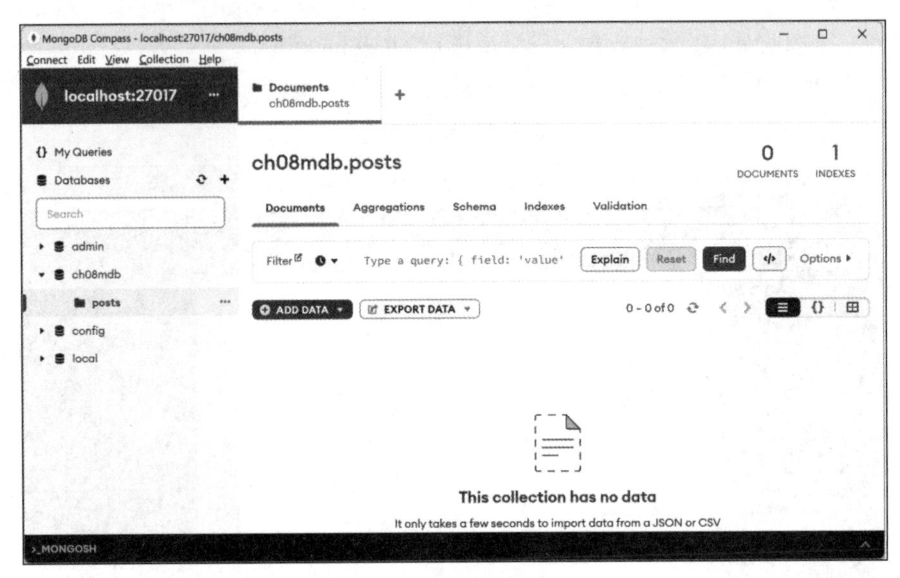

图 8-27　文档编辑界面

此时，单击 ADD DATA 按钮并选择 Insert Document 选项，将会出现如图 8-28 所示的数据输入界面。

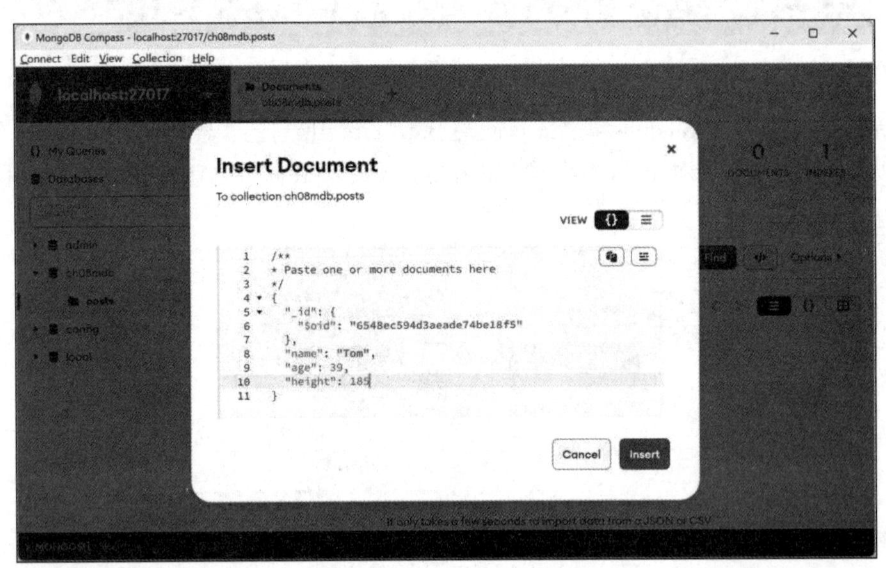

图 8-28　文档数据输入界面

我们以 JSON 格式将所需存储的数据输入数据表中。用户可以自行设置字段名和内容格式。在单击 Insert 按钮后，可以看到刚刚输入的数据已成功存储在集合中。图 8-29 展示了其中具有不同字段内容的两笔数据。

由于图形用户界面的操作相对简单，并且并非本书的重点说明内容，其他功能读者可自行探索和研究。

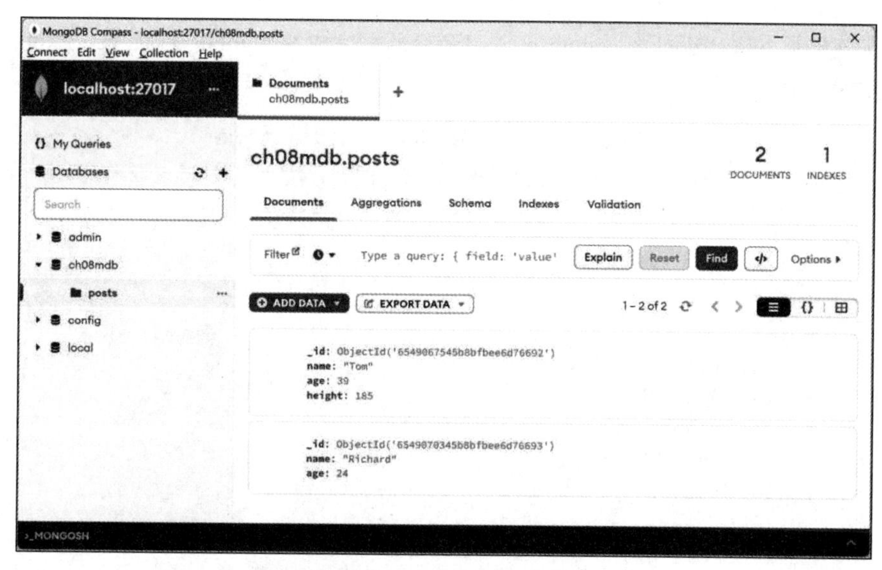

图 8-29　已输入的文档列表

除使用应用程序安装 MongoDB 外，如果我们只想在开发网站时启用 MongoDB 服务器，并希望该服务器一直安装在操作系统中，那么使用在第 7 课中介绍的 Docker Compose 进行安装比较方便。假设 Docker Desktop 已在操作系统中成功安装并运行，可在我们的网站文件夹下创建一个名为 mongo-db 的目录，并在该目录中创建一个名为 docker-compose.yml 的文件，其内容如下：

```
version: '3.1'

services:

  mongo:
    image: mongo
    restart: always
    environment:
      MONGO_INITDB_ROOT_USERNAME: root
      MONGO_INITDB_ROOT_PASSWORD: example
    ports:
      - 27017:27017
    volumes:
      - mdb:/data/db

  mongo-express:
    image: mongo-express
    restart: always
    ports:
      - 8081:8081
    environment:
      ME_CONFIG_MONGODB_ADMINUSERNAME: root
      ME_CONFIG_MONGODB_ADMINPASSWORD: example
      ME_CONFIG_MONGODB_URL: mongodb://root:example@mongo:27017/
volumes:
  mdb:
```

然后，在该目录下执行 docker-compose up -d 命令即可完成 MongoDB 和 Mongo Express 的安装。首次执行的过程如下：

```
(dj4ch08) D:\dj4book\dj4ch08\dj4ch08\mongo-db>docker-compose up -d
Creating network "mongo-db_default" with the default driver
Creating volume "mongo-db_mdb" with default driver
Pulling mongo (mongo:)...
latest: Pulling from library/mongo
846c0b181fff: Pull complete
ef773e84b43a: Pull complete
2bfad1efb664: Pull complete
84e59a6d63c9: Pull complete
d2f00ac700e0: Pull complete
96d33bf42f45: Pull complete
ebaa69d77b61: Pull complete
aa77b709a7d6: Pull complete
245bd0c9ace2: Pull complete
Digest: sha256:db616c3ceb0a82837d8ad6382ee93aff4fae89f9b7ad37b3e6c07f35f1559345
Status: Downloaded newer image for mongo:latest
Pulling mongo-express (mongo-express:)...
latest: Pulling from library/mongo-express
6a428f9f83b0: Pull complete
f2b1fb32259e: Pull complete
40888f2a0a1f: Pull complete
4e3cc9ce09be: Pull complete
eaa1898f3899: Pull complete
ab4078090382: Pull complete
ae780a42c79e: Pull complete
e60224d64a04: Pull complete
Digest: sha256:dcfcf89bf91238ff129469a5a94523b3025913dcc41597d72d4d5f4a0339cc7d
Status: Downloaded newer image for mongo-express:latest
Creating mongo-db_mongo-express_1 ... done
Creating mongo-db_mongo_1 ... done
```

然后，在浏览器中输入网址 localhost:8081，即可访问在 Docker 容器中运行的 MongoDB 及网页式的 Mongo Express 操作界面，如图 8-30 所示。

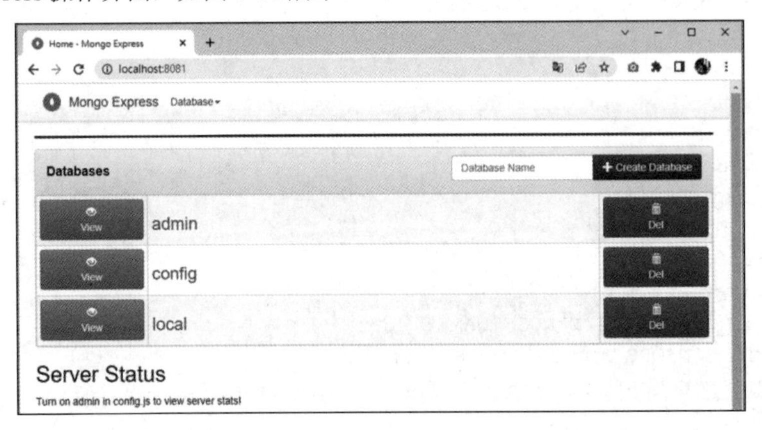

图 8-30　在 Docker 容器上运行的 MongoDB 及 Mongo Express

注意，图 8-30 中连接的 MongoDB 服务器与图 8-24 中连接的 MongoDB 是不同的数据库。因此，在图 8-30 中看不到之前创建的数据是正常的。

8.4.2　Python 对 MongoDB 的连接与操作

使用 Python 访问 MongoDB 中的数据非常简单，只需安装 pymongo 模块即可。以下是安装该模块的过程：

```
(dj4ch08) D:\dj4book\dj4ch08\dj4ch08\mongo-db>pip install pymongo
Collecting pymongo
  Using cached pymongo-4.3.3-cp310-cp310-win_amd64.whl (382 kB)
Collecting dnspython<3.0.0,>=1.16.0
  Downloading dnspython-2.3.0-py3-none-any.whl (283 kB)
     ---------------------------------------- 283.7/283.7 kB 729.2 kB/s eta
0:00:00
Installing collected packages: dnspython, pymongo
Successfully installed dnspython-2.3.0 pymongo-4.3.3
```

以下是列出当前所有数据库名称的程序（listdb.py）：

```
import pymongo

client = pymongo.MongoClient("mongodb://localhost:27017/")
alldb = client.list_database_names()
print(alldb)
```

以下是执行的结果：

```
(dj4ch08) D:\dj4book\dj4ch08\dj4ch08\mongo-db>python listdb.py
['admin', 'ch08mdb', 'config', 'local']
```

若要列出数据库 ch08mdb 中的所有项目内容，则可执行以下程序（listdata.py）：

```
import pymongo

client = pymongo.MongoClient("mongodb://localhost:27017/")
collections = client["ch08mdb"]["posts"]
records = collections.find()
for rec in records:
    print(rec)
```

其中，collections.find()的目的是在数据集中进行搜索。如果给定参数，则可以设置搜索条件。但如果没有给定任何参数，那么将返回所有的文档。找到的文档将存储在 records 变量中，然后通过循环将所有数据打印出来。上述程序的执行结果如下：

```
(dj4ch08) D:\dj4book\dj4ch08\dj4ch08\mongo-db>python listdata.py
{'_id': ObjectId('63d1016bfd7407621d293fc5'), 'name': 'Richard', 'age': 24}
{'_id': ObjectId('63d101adfd7407621d293fc6'), 'name': 'Tom', 'age': 39,
'height': 185}
```

由于我们在 Compass 界面中添加了两条记录（即数据库中的数据行），因此这两条记录被打印出来了。其中，_id 是系统生成的主键，可用于唯一标识每条记录。

以下程序可用于输入数据，然后将数据存储到 MongoDB 中，最后列出所有已存储的数据（insertdata.py）：

```
import pymongo

client = pymongo.MongoClient("mongodb://localhost:27017/")
collections = client["ch08mdb"]["posts"]

name = input("Name:")
while name != "":
    height = input("Height(cm):")
    weight = input("Weight(Kg):")
    collections.insert_one({"name":name, "height":height, "weight":weight})
    name = input("Name:")

records = collections.find()
for rec in records:
    print(rec)
```

其中，insert_one()是用于存储数据的函数，只要参数符合 JSON 格式，它都可以接受。以下是执行结果：

```
(dj4ch08) D:\dj4book\dj4ch08\dj4ch08\mongo-db>python insertdata.py
Name:Judy
Height(cm):160
Weight(kg):52.5
Name:Mary
Height(cm):192
Weight(kg):80
Name:
{'_id': ObjectId('63d1016bfd7407621d293fc5'), 'name': 'Richard', 'age': 24}
{'_id': ObjectId('63d101adfd7407621d293fc6'), 'name': 'Tom', 'age': 39,
'height': 185}
{'_id': ObjectId('63d116606adb5495a0dc8b03'), 'name': 'Judy', 'height': '160',
'weight': '52.5'}
{'_id': ObjectId('63d116686adb5495a0dc8b04'), 'name': 'Mary', 'height': '172',
'weight': '60'}
```

以下程序可用于删除指定名称的文件（deldata.py）：

```
import pymongo

client = pymongo.MongoClient("mongodb://localhost:27017/")
collections = client["ch08mdb"]["posts"]

records = collections.find()
for rec in records:
    print(rec)
name = input("Please enter the name that you want to delete:")
while name != "":
    target = collections.delete_one({"name":name})
```

```
    records = collections.find()
    for rec in records:
        print(rec)
    name = input("Please enter the name that you want to delete:")
print("Bye!")
```

在执行上述程序时，它会不断地询问用户要删除的记录名称。如果找到具有相同名称的文件，它将被删除，直到用户直接按 Enter 键不再输入名称为止。程序的执行过程如下：

```
(dj4ch08) D:\dj4book\dj4ch08\dj4ch08\mongo-db>python deldata.py
{'_id': ObjectId('63d1016bfd7407621d293fc5'), 'name': 'Richard', 'age': 24}
{'_id': ObjectId('63d101adfd7407621d293fc6'), 'name': 'Tom', 'age': 39, 'height': 185}
{'_id': ObjectId('63d116606adb5495a0dc8b03'), 'name': 'Judy', 'height': '160', 'weight':
'52.5'}
{'_id': ObjectId('63d116686adb5495a0dc8b04'), 'name': 'Mary', 'height': '172', 'weight':
'60'}
Please enter the name that you want to delete:Judy
{'_id': ObjectId('63d1016bfd7407621d293fc5'), 'name': 'Richard', 'age': 24}
{'_id': ObjectId('63d101adfd7407621d293fc6'), 'name': 'Tom', 'age': 39, 'height': 185}
{'_id': ObjectId('63d116686adb5495a0dc8b04'), 'name': 'Mary', 'height': '172', 'weight':
'60'}
Please enter the name that you want to delete:Mary
{'_id': ObjectId('63d1016bfd7407621d293fc5'), 'name': 'Richard', 'age': 24}
{'_id': ObjectId('63d101adfd7407621d293fc6'), 'name': 'Tom', 'age': 39, 'height': 185}
Please enter the name that you want to delete:
Bye!
```

通过上述几个程序，读者应该了解如何使用 Python 访问 MongoDB 数据库了。这种方法也可以在 Django 网站的 views.py 或其他程序文件中使用。

8.4.3　在 Django 网站中访问 MongoDB

要在 Django 网站中访问 MongoDB，主要有三种方式，具体如下。

- PyMongo: 这是 8.4.2 节介绍的方法，将 MongoDB 视为与 MySQL 等其他数据库不同的数据库进行访问。常见的用例是将 MongoDB 用于存储爬虫程序获取的数据，或进行物联网数据的特殊数据库操作。
- MongoEngine: 它使 Django 网站能够以类似于 ORM 的方式访问 MongoDB，但使用的是 ODM（对象-文档映射器）。这种方式更接近 Python 语言，更便于学习和使用。
- Djongo: 这种方式将 MongoDB 数据库直接作为网站的后端，取代了原有的 MySQL 或 SQLite。使用这种方式，原始的网站程序无须更改，因为只是更改了后端使用的数据库。然而，需要注意的是，目前这种方法不适用于 Django 3.0 及更高版本。

在这里，我们将示范如何在 Django 网站中使用 pymongo 模块创建一个自动计算 BMI 的网站。首先，创建一个主要的 BMI 列表页面，它将从 ch08mdb 数据库的 bodyinfo 数据集中获取所有记录，并计算 BMI 后显示在网页上。我们将使用/bmi/作为该网站的 URL，因此需要在 urls.py 文件中进行以下设置：

```
path('bmi/', views.bmi),
```

在 header.html 中加入以下选项：

```
<a class="nav-link" href="/bmi/">BMI 列表 </a>
```

接下来，在 views.py 中添加一个名为 bmi 的函数，具体内容如下：

```
def bmi(request):
    client = pymongo.MongoClient("mongodb://localhost:27017/")
    collections = client["ch08mdb"]["bodyinfo"]
    if request.method=="POST":
        name = request.POST.get("name").strip()
        height = request.POST.get("height").strip()
        weight = request.POST.get("weight").strip()
        collections.insert_one({
            "name": name,
            "height": height,
            "weight": weight
        })
        return redirect("/bmi/")
    else:
        records = collections.find()
        data = list()
        for rec in records:
            t = dict()
            t['name'] = rec['name']
            t['height'] = rec['height']
            t['weight'] = rec['weight']
            t['bmi'] = round(float(t['weight'])/(int(t['height'])/100)**2, 2)
            data.append(t)
    return render(request, "bmi.html", locals())
```

在上述程序中，我们连接到了名为 ch08mdb 的 MongoDB 数据库，并选择了 bodyinfo 这个集合（collection）。首先，选择了所有的记录，逐个整理并放入名为 data 的字典型变量中。在获取身高和体重数据后，还需要计算 BMI，将计算结果放入 data 变量的字典数据项中。

类似于之前使用表单属性存储数据的方法，进入这个函数并连接 MongoDB 之后，先判断是否为表单提交的数据。如果是，则获取表单数据并进行 MongoDB 的 insert_one 数据存储操作。存储完成后，重新定向到当前页面。

当然，不要忘记还需要创建一个名为 bmi.html 的模板文件，用于将所有数据显示出来。以下是程序代码示例：

```
<!-- bmi.html (dj4ch08 project) -->
{% extends "base.html" %}
{% block title %}BMI 列表{% endblock %}
{% block content %}
<div class='container'>
    <table class="table table-striped">
        <tr><td>姓名</td><td>身高</td><td>体重</td><td>BMI</td><td>管理</td></tr>
        {% for item in data %}
            <tr>
                <td>{{ item.name }}</td>
```

```
            <td>{{ item.height }}cm</td>
            <td>{{ item.weight }}Kg</td>
            <td>{{ item.bmi }}</td>
            <td><a class="btn btn-sm btn-outline-warning">Delete</a></td>
        </tr>
    {% endfor %}
</table>
<form name='my form' action='/bmi/' method='POST'>
    {% csrf_token %}
    <table>
        <tr><td>姓名: </td><td><input type="text" name="name" size=10
required></td></tr>
        <tr><td>身高: </td><td><input type="text" name="height" size=3
required>cm</td></tr>
        <tr><td>体重: </td><td><input type="text" name="weight" size=3
required>Kg</td></tr>
        <tr>
            <td colspan=2>
                <input type='submit' value='提交'>
                <input type='reset' value='清除重填'>
            </td>
        </tr>
    </table>
</form>
</div>
{% endblock %}
```

在上述程序中，我们利用 Bootstrap 的表格功能来显示 data 变量中的所有记录列表。同时，在表格下方提供一个用于提交新数据的表单。这个表单使用 POST 方法，因此在表单中需要添加“{% csrf_token %}”这个字符串，以满足安全机制的要求。图 8-31 为本节网站功能的执行结果页面。

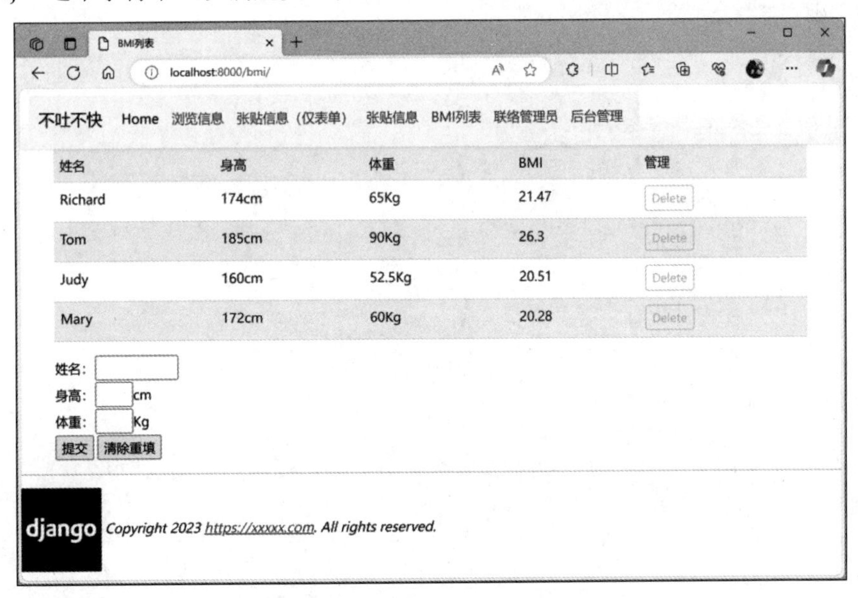

图 8-31　以 MongoDB 作为数据访问数据库的网页页面

从上面的网站程序实现中，读者可能会注意到在 bmi.html 中添加了一个删除按钮，但没有相应的程序代码。这部分的实现留给读者自行完成，挑战一下自己吧。

8.5 本课习题

1．把本堂课中的网站设计成可以让管理员批次启用（enabled = True）的信息。

2．比较 Form 和 ModelForm 的差别。

3．如果想要让用户在张贴信息时就可以启用该信息，不需要经由管理员的操作，需要修改网站程序的哪些地方？

4．在张贴信息的功能上添加张贴密码的验证，通过密码的验证即可直接显示该信息。

5．同上，如果提供了密码，那么该信息就可以自动张贴并启用；如果没有提供密码，就改为需要管理员启用才能够显示。

6. 为 8.4 节的 MongoDB 访问网页程序添加具有删除指定数据项的功能。

第 9 课

网站的 Session 功能

很多网站都提供用户登录功能，用户登录后会呈现个性化的数据。在用户访问网站期间，无论浏览了多少个页面，网站都可以识别是同一个用户，直到用户注销或关闭浏览器。为了记住同一个用户，浏览器一般使用 Session（会话）功能。本堂课程将介绍如何在 Django 网站中使用 Session 功能提升网站的功能和个性化体验。同时，还会演示如何导入一些实用的 JavaScript 图表展示链接库，使网站数据更加生动有趣。

本堂课的学习大纲

- Session 简介
- 活用 Session
- Django Auth 用户验证
- 动态图表展示

9.1 Session 简介

Session 的重要目的是让网站能够记住用户，也就是那些访问网站的人。由于互联网 HTTP 协议的特性，每个来自浏览器的请求（Request）理论上都是独立的，与之前和之后的请求没有关联。因此，如果没有特殊机制，网页服务器无法判断前后的浏览行为是否来自同一个用户。Session 机制的目的就是解决这个问题。

9.1.1 复制 Django 网站

对于本堂课使用的范例网站，我们不打算从头开始构建，而是使用第 8 课的 dj4ch08 网站作为基础，在复制整个网站后进行修改，这样可以节省很多时间。然而，在复制之前，我们需要确保使用的是相同版本的 Django。如果版本不同，在复制后可能会遇到一些问题。建议使用命令 django-admin startproject dj4ch09 创建新版本的项目结构，然后使用命令 python manage.py startapp mysite 创建基础应用程序。接下来，可以使用代码编辑器（如之前介绍的 Visual Code）将第 8 课中创建的程序代码和模板文件复制并粘贴到新项目中。

在开发阶段，复制 Django 网站很简单，只需复制整个文件夹（在 Windows 操作系统中，可以使用文件资源管理器），然后根据需要修改一些文件的内容即可。还可以利用版本控制系统将所有网站内容上传到 GitHub，然后使用 git clone 命令复制一个完全相同的版本。然而，在建立虚拟环境时，确定网站使用了哪些模块也非常重要。因此，在原始网站中，可按照以下命令生成虚拟环境中使用的模块列表：

```
pip list --format=freeze > requirements.txt
```

上述指令将生成一个 requirements.txt 文本文件，其中包含当前虚拟环境（在本例中是 dj4ch08）中使用的所有模块及其版本号。在新项目的独立虚拟环境（在本例中是 dj4ch09）中，可使用以下命令来还原这些模块：

```
pip install -r requirements.txt
```

在建立了名为 dj4ch09 的虚拟环境并安装了来自 dj4ch08 的 requirements.txt 列表中列出的模块后，可以复制 dj4ch08 文件夹并将其重命名为 dj4ch09。然后，将该文件夹中名为 dj4ch08 的两个文件夹也更名为 dj4ch09。接下来，只需对 manage.py 和 dj4ch09 文件夹中的少部分文件内容进行调整即可。

在 Linux 和 macOS 操作系统下，可以使用 grep 命令查找与项目相关的字符串（例如 dj4ch08）。而在 Windows 操作系统下，可以使用类似的工具 findstr，使用方法和操作过程如下：

```
(dj4ch09) D:\dj4book\dj4ch09>findstr/s "ch08" *.py
dj4ch08\dj4ch08\asgi.py:ASGI config for dj4ch08 project.
dj4ch08\dj4ch08\asgi.py:os.environ.setdefault('DJANGO_SETTINGS_MODULE',
'dj4ch08.settings')
dj4ch08\dj4ch08\settings.py:Django settings for dj4ch08 project.
dj4ch08\dj4ch08\settings.py:ROOT_URLCONF = 'dj4ch08.urls'
dj4ch08\dj4ch08\settings.py:WSGI_APPLICATION = 'dj4ch08.wsgi.application'
dj4ch08\dj4ch08\wsgi.py:WSGI config for dj4ch08 project.
dj4ch08\dj4ch08\wsgi.py:os.environ.setdefault('DJANGO_SETTINGS_MODULE',
'dj4ch08.settings')
dj4ch08\manage.py: os.environ.setdefault('DJANGO_SETTINGS_MODULE', 'dj4ch08.
settings')
dj4ch08\mongo-db\deldata.py:collections = client["ch08mdb"]["posts"]
dj4ch08\mongo-db\insertdata.py:collections = client["ch08mdb"]["posts"]
dj4ch08\mongo-db\listdata.py:collections = client["ch08mdb"]["posts"]
dj4ch08\mysite\views.py: collections = client["ch08mdb"]["bodyinfo"]
```

根据上述内容，需要修改的文件包括 asgi.py、settings.py、wsgi.py 和 manage.py（本章不涉及 MongoDB 数据库连接部分，无须关注）。在本例中，将所有的 dj4ch08 改为 dj4ch09 即可完成网站的复制工作。修改完成后，可以使用命令 python manage.py runserver 查看执行结果，看是否与第 8 课的网站完全一致。

9.1.2　Cookie 简介

在 WWW 网站开始流行后，很多网站的设计者都认识到识别用户的重要性，有时即使没有用户登录的操作，网站也会通过客户端的浏览器在客户端某些被限定的硬盘位置写入某些数据，也就是所谓的 Cookie。如果浏览器的这项功能没有被关闭，网站就可以在每次浏览器发出请求的时候先读取特定的数据，如果有就把这些数据显示到特定客户常用的网页。这也是在浏览某些网站时，这些网站会记住我们之前的一些浏览行为的原因。

在微软的 Edge 浏览器依次选择“设置”→“Cookie 和网站权限”→“管理和删除 Cookie 和站点数据”→“阻止第三方 Cookie”，就可以找到与 Cookie 设置有关的选项，如图 9-1 所示。

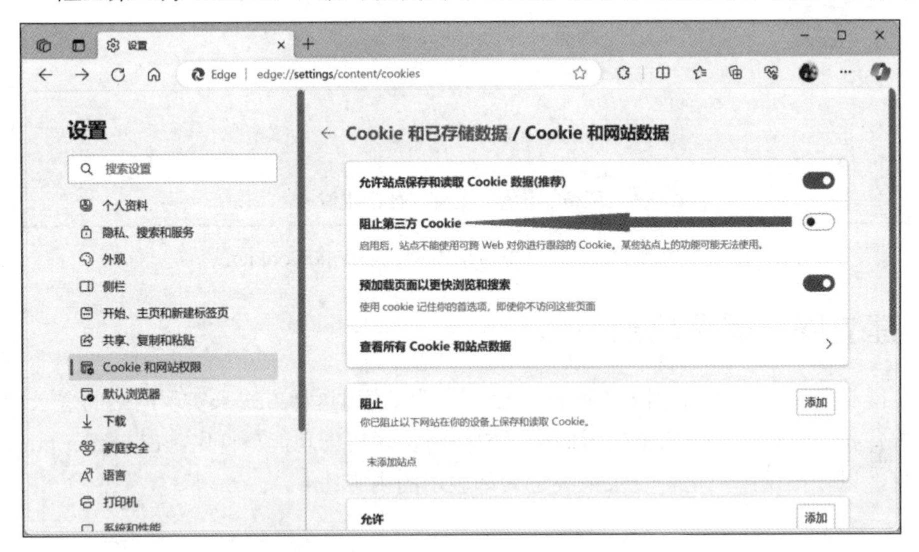

图 9-1　在 Chrome 中设置是否接受 Cookie

我们使用 Django 设计的网站，也可以使用 Cookie 来检查这个浏览器的请求者是否曾经访问过该网站。在使用前可以使用下面这段程序代码来检查客户端的浏览器设置是否接受 Cookie：

```
def index(request):
    if request.session.test_cookie_worked():
        request.session.delete_test_cookie()
        message = "cookie supported!"
    else:
        message = 'cookie not supported.'
    request.session.set_test_cookie()

    return render(request, 'index.html', locals())
```

在上述程序中，调用了 request.session.test_cookie_worked()函数来检查浏览器是否支持 Cookie，如果支持 Cookie，就会返回 True，否则返回 False。由于 Cookie 的工作原理是每次请求（Request）的前后都是独立的，因此在测试是否支持 Cookie 写入功能时，需要先写入一次测试的数据，然后在下一次请求中才能够读出之前写入的测试数据。因此，在程序中（倒数第 3 行）需要先执行 request.session.set_test_cookie()，然后在下一次同一浏览器请求中进行判断，这是需要注意的地方。如果 Chrome 浏览器进行了如图 9-1 所示的设置，我们的网页就会判断此浏览器是否支持 Cookie（刷新后），如图 9-2 所示。

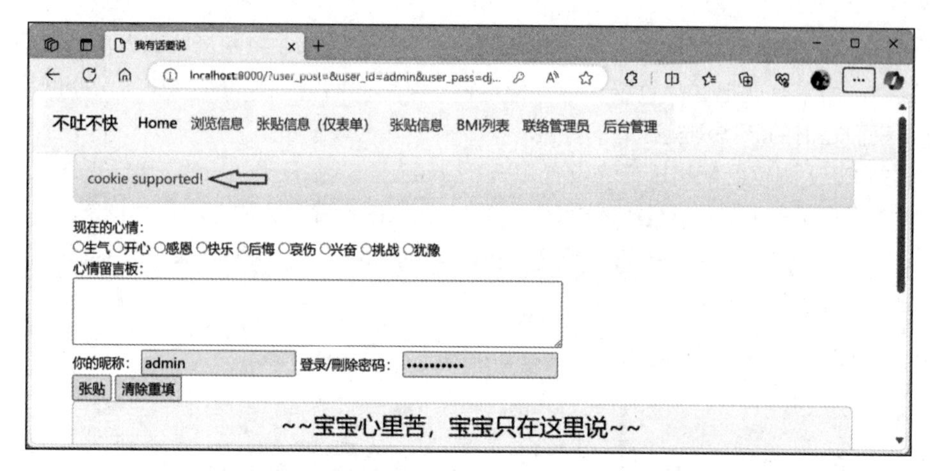

图 9-2　在网页中显示本浏览器支持 Cookie

9.1.3　建立网站登录功能

在确定能够读取用户的浏览器 Cookie 之后，就可以使用这种方式来实现网站的登录和注销功能。在本小节中，我们将提供一个简单的示例来说明如何实现这一功能。首先，在 header.html 文件中修改以下信息，以便根据用户是否登录来决定菜单显示的内容：

```
<!-- header.html (dj4ch09 project) -->
    <nav class='navbar navbar-default'>
        <div class='container-fluid'>
            <div class='navbar-header'>
                <div class='navbar-brand' align=center>
                    分享日记
                </div>
            </div>
            <ul class='nav navbar-nav'>
                <li class='active'><a href='/'>Home</a></li>
                {% if username %}
                    <li><a href='/logout'>注销</a></li>
                    <li><a href='/post'>写日记</a></li>
                    <li><a href='/admin'>后台管理</a></li>
                {% else %}
                    <li><a href='/login'>登录</a></li>
                    <li><a href='/contact'>联络管理员</a></li>
                {% endif %}
            </ul>
        </div>
    </nav>
```

网站目前设计的选项包括注销、写日记、后台管理、登录以及联系管理员等。在用户登录网站之前，只能看到登录和联系管理员两个选项。登录后，将显示注销、写日记、后台管理等选项。在 header.html 中，使用变量 username 来判断。换句话说，如果用户已登录网站，username 变量将包含用户名；如果 username 的内容为空，则表示当前浏览网站的用户尚未登录。

views.index 函数中的代码如下：

```
def index(request):

    return render(request, 'index.html', locals())
```

将 index.html 文件中的内容替换为以下内容：

```
<!-- index.html (dj4ch09 project) -->
{% extends "base.html" %}
{% block title %} 我的私人日记 {% endblock %}
{% block content %}
<div class='container'>
    {% if message %}
    <div class='alert alert-warning'>{{ message }}</div>
    {% endif %}
    <div class='row'>
        <div class='col-md-12'>
            <div class='card-header' align=center>
                <h3 class="alert alert-primary"> 我的私人日记 </h3>
            </div>
        </div>
    </div>
</div>
{% endblock %}
```

截至目前，在用户未登录网站之前，主页面的内容显示如图 9-3 所示。

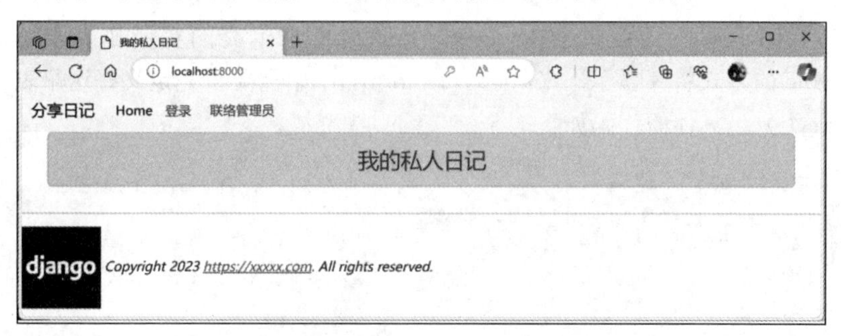

图 9-3　用户未登录网站时的菜单内容

用户单击“登录”选项后会显示登录的表单，如图 9-4 所示。

图 9-4　范例网站的登录页面

此网页的内容由 login.html 负责显示，其具体内容如下：

```
<!-- login.html (dj4ch09 project) -->
{% extends "base.html" %}
{% block title %}登录分享日记{% endblock %}
{% block content %}
<div class='container'>
{% if message %}
    <div class='alert alert-warning'>{{ message }}</div>
{% endif %}
<div class='row'>
    <div class='col-md-12'>
        <h3 class="alert alert-primary"> 登录我的私人日记 </h3>
    </div>
</div>
<form action='.' method='POST'>
    {% csrf_token %}
        <table>
            {{ login_form.as_table }}
        </table>
    <input type='submit' value='设置'><br/>
</form>
</div>
{% endblock %}
```

如同第 8 课的说明，我们将使用 login_form 这个表单类的实例作为表单的内容，并以 login_form.as_table 的方式将其显示出来。因此，在 forms.py 中需要事先定义好这个表单类的内容（继承自 forms.Form 类）。具体的代码如下：

```
class LoginForm(forms.Form):
    COLORS = [
        ['红', '红'],
        ['黄', '黄'],
        ['绿', '绿'],
        ['紫', '紫'],
        ['蓝', '蓝'],
    ]
    user_name = forms.CharField(label='您的姓名', max_length=10)
    user_color = forms.ChoiceField(label='幸运颜色', choices=COLORS)
```

这个类的名称是 LoginForm，其内容包含两个字段，分别是 user_name 和 user_color。user_color 通过 choices=COLORS 设置成下拉式菜单。

也别忘记 urls.py 的网址路由的设置：

```
from django.contrib import admin
from django.urls import path, include
from mysite import views
from django.conf import settings
from django.conf.urls.static import static

urlpatterns = [
```

```
    path('', views.index),
    path('admin/', admin.site.urls),
    path('login/', views.login),
] + static(settings.MEDIA_URL, document_root=settings.MEDIA_ROOT)
```

在定义好表单类之后，可以在 views.py 中编写用于显示登录页面的程序代码 views.login，具体内容如下：

```
def login(request):
    if request.method == 'POST':
        login_form = forms.LoginForm(request.POST)
        if login_form.is_valid():
            username=request.POST['user_name']
            usercolor=request.POST['user_color']
            message = "登录成功"
        else:
            message = "请检查输入的字段内容"
    else:
        login_form = forms.LoginForm()

    try:
        if username: request.session['username'] = username
        if usercolor: request.session['usercolor'] = usercolor
    except:
        pass
    return render(request, 'login.html', locals())
```

如同表单类实例的标准处理方法一样，首先要检查是否以 POST 方式进入该函数。如果是，就用 login_form = forms.LoginForm(request.POST)来获取登录表单的属性，并调用 login_form.is_valid()来验证表单属性的正确性。如果表单属性不正确，就设置 message 的内容，提醒用户检查输入的字段内容；如果表单内容是正确的，就使用 request.POST['user_name']和 request.POST['user_color']来获取用户姓名和幸运颜色，并分别将它们放入 username 和 usercolor 变量中。在这个例子中，我们在表单中使用的字段名是 user_name 和 user_color，而在 Python 程序中使用 username 和 usercolor 这两个变量来记录它们。

在处理 Session 时，最重要的操作源于该函数的最后几行语句。在程序中，它们被放在 try/except 异常处理块中，以便检查是否存在 username 变量。如果存在，就使用 request.session['username'] = username 将 username 变量的内容存入 session 中的'username'变量中。同样地，使用相同的方式处理 usercolor 变量。如果浏览器允许使用 Cookie，那么一旦这两个 session 变量被存储到 Cookie 中，除非 session 过期（在 9.3.2 节会解释）或者我们手动删除了这两个变量，否则无论用户是否离开当前页面，都可以在程序中获取这两个变量的内容，这就有信息泄露的风险了。

为了简单起见，在这个范例中没有进行密码检查。因此，在登录后，只要 user_name 和 user_color 中都有正确的内容，网站就会显示“登录成功”的信息，并且菜单栏也会发生变化，如图 9-5 所示。

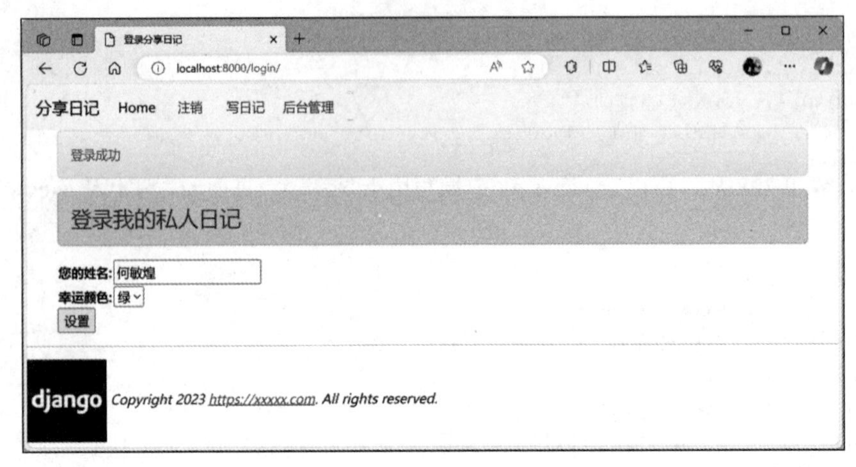

图 9-5　范例网站登录成功的页面

在登录后，单击 Home 菜单回到首页，屏幕显示页面如图 9-6 所示。

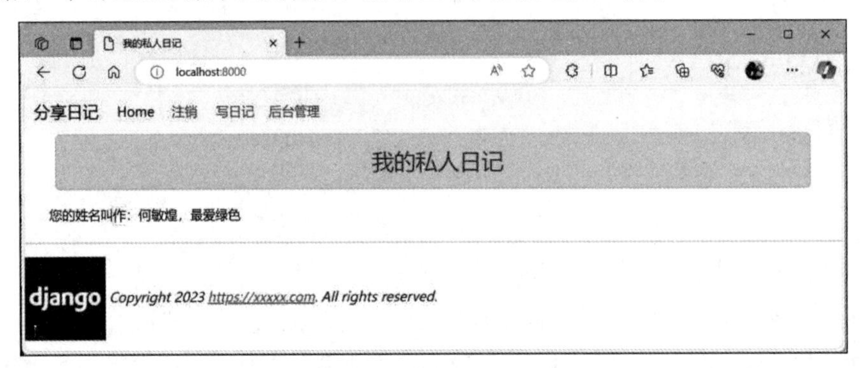

图 9-6　范例网站的首页

从图 9-6 的内容可以看出，即使不是在 login.html 页面上，刚刚写入 Session 的内容仍然被保留下来了。这是因为在 views.index 处理函数中，有以下代码在函数一开始就尝试读取 session 变量的内容：

```
def index(request):
   if 'username' in request.session:
      username = request.session['username']
      usercolor = request.session['usercolor']
   return render(request, 'index.html', locals())
```

如同此函数前 3 行所示，session 其实就是 request 中的一个字典 session，可以直接取用。当然，为了保险起见，最好使用 in 运算符先看看此字典中有没有我们要查找的'username'和'usercolor'，如果有就设置到 username 和 usercolor 变量中，接着按照一般的流程来显示 index.html 中的内容即可。index.html 网页文件的内容如下：

```
<!-- index.html (dj4ch09 project) -->
{% extends "base.html" %}
{% block title %}我的私人日记{% endblock %}
{% block content %}
<div class='container'>
```

```
    {% if message %}
    <div class='alert alert-warning'>{{ message }}</div>
    {% endif %}
    <div class='row'>
        <div class='col-md-12'>
            <div class='card-header' align=center>
            <h3 class="alert alert-primary"> 我的私人日记 </h3>
        </div>
    </div>
    {% if username and usercolor %}
    您的姓名叫作: {{username}}，最爱 {{usercolor}} 色
    {% endif %}
</div>
{% endblock %}
```

既然在 views.index 中获取的 session 变量值存储在 username 和 usercolor 中，那么在 index.html 中就可以针对这两个变量进行处理。如果 username 有值，就视为已登录，反之则视为未登录。

那么如何注销呢？因为我们是用 username 这个 session 变量的值来判断是否有登录操作的，所以只需将 session 变量 username 设置为 None，然后重定向到 index.html 即可。views.login 处理函数如下：

```
def logout(request):
    request.session['username'] = None
    return redirect('/')
```

因为在程序中均是以 username 来判断是否已登录的，所以只要删除 username 这个 session 即可。最后别忘了，要保证前面的这些范例能够正确运行，urls.py 中的对应内容也要设置正确才行，如下所示：

```
path('logout/', views.logout),
```

9.1.4　Session 的相关函数介绍

Session 同样可以处理同一个浏览者跨网页的识别问题，但与 Cookie 不同的是，Session 将所有数据存放在服务器端，而客户端只会记录一个识别信息。在 Django 中实现 Session 时，有多种方式可供选择，包括通过 Cookie 方式或将标识符串编码放在 URL 中，而识别数据主要存放在 settings.py 文件中的 SECRET_KEY 常量中。在开发和练习阶段，对于这个常量没有特别需要注意的地方。然而，一旦网站实际上线，这个常量就必须单独存放在安全的位置，以便以文件方式读取或通过环境变量进行操作，以避免恶意人士伪造 Session 连接的可能性。

默认情况下，Django 的 Session 后端会使用数据库，并可以选择使用基于 Cookie 或基于文件的方式进行主要操作。然而，对于初学者来说，使用默认方式就足够了。无论使用哪种方式，需要记住，一旦启用了 Session 功能，就好像是一个以客户端本地连接为单位的共享存储区域。对于同一个客户端的用户而言，在整个浏览过程中，只要不刻意清除 Session 中的变量，那些存储在 Session 中的数据（以字典类型存储）将一直保留在那里。无论用户当前浏览的是网站中的哪个页面，都可以访问同一批数据。可以使用 set_expiry(value)函数来设置这些数据存在的时间，可以设置的值和方式如表 9-1 所示。

表 9-1　set_expiry 函数用于设置数据存在的时间及其设置方式

value 内容	说　明
整数内容	以秒为单位设置 Session 过期的时间，如 60 就是一分钟
datetime 格式	设置到指定的时间点就过期
0	当用户关闭当前正在浏览的浏览器时，Session 过期
None	使用系统默认的设置

除设置函数外，还有查询 Session 期限的函数，如表 9-2 所示。

表 9-2　查询 Session 期限的函数

函数名称	说　明
get_expiry_age()	以秒为单位，返回还有多长时间 Session 会到期
get_expiry_date()	返回 Session 的到期时刻
get_expiry_at_browser_close()	返回浏览器关闭时 Session 是否到期，可为 True 或 False

如何获取 Session 中的内容以及如何将变量数据设置到 Session 中呢？非常简单，只需使用字典的方式进行操作即可。例如，要设置用户的名称（username），只需使用以下方式：

```
request.session['username']='用户名称'
```

取出的方式也是类似的：

```
username = request.session['username']
```

当然，在取出之前使用 in 运算符判断一下会更好：

```
if 'username' in request.session:
    username = request.session['username']
```

有了这些知识，下一节以 Session 为基础来搭建一个功能较为完整的会员网站。

9.2　活用 Session

在 9.1 节了解了 Session 的使用方法后，本节将以个性化网站为例，结合数据库的功能，示范如何通过设置和提取 Session 变量来实现用户登录功能，让用户在登录后可以根据自己的权限获取专用网页的数据。更完整的用户注册和管理功能将在接下来的章节中使用现有的支持模块。本节的主要目的是练习在小型网站中使用 Session。

9.2.1　建立用户数据表

我们的会员网站逻辑如下：由于在 Session 中设置的变量在其有效期内，网站中的每个页面都可以访问相同的内容，因此我们计划将两个变量（username 和 useremail）保存在 Session 中。用户在成功验证密码并登录后（此功能在 login 网页中实现），将从数据库中获取的两个值存放在这两个变量中。随后，在负责显示菜单的 header.html 网页模板中，通过检查 username 变量是否存在来判断当前用户是否已登录，并根据登录状态显示不同的菜单。在 views.py 中，负责处理每个网页的函数在开始执行时也会检查 Session 中是否包含 username 变量：若包含，则继续执行后续语句；否则将网页重置为 login 网址，要求用户重新登录。至于注销操作，只需删除 Session 中的 username 变量即可完成注销。以下为此示例网站的详细内容。

建立会员功能网站首先要创建用户数据表。在 Django 网站中，数据表通过 models.py 中的一个类来定义，创建此类后，可通过 admin 管理页面进行操作和设置。然而，本小节将进一步实现在网站中通过自定义界面让用户在登录后管理自己的数据，因此，除 Model 外，还需要创建一个对应的 ModelForm 表单以及其他所需的模板内容。

首先，在 models.py 中创建一个 User 类，代码如下：

```
class User(models.Model):
    name = models.CharField(max_length=20, null=False)
    email = models.EmailField()
    password = models.CharField(max_length=20, null=False)
    enabled = models.BooleanField(default=False)

    def __str__(self):
        return self.name
```

为了简化示范，这个类中只设计了 4 个字段，分别是用户名称(name)、用户的电子邮件(email)、用户所使用的密码（password）以及用户是否为启用中的会员。在这个范例中，我们只打算将这个数据表用于用户账号和密码验证，因此要在 admin.py 文件中将这个 Model 加入管理，并在 admin 界面中输入一个以上的用户。别忘记将 enabled 字段勾选上，即将 enabled 设置为 True。在 admin.py 文件中添加以下代码行：

```
admin.site.register(models.User)
```

基本上与第 8 课的范例程序架构相同，在这个范例中，菜单组织的代码如下（菜单的内容存放在 header.html 文件中）：

```
<!-- header.html (dj4ch09 project) -->
<nav class="navbar navbar-expand-lg bg-body-tertiary">
  <div class="container-fluid">
    <a class="navbar-brand" href="#">分享日记</a>
    <button    class="navbar-toggler"    type="button"    data-bs-toggle="collapse"
data-bs-target="#navbarNav"    aria-controls="navbarNav"    aria-expanded="false"
aria-label="Toggle navigation">
      <span class="navbar-toggler-icon"></span>
    </button>
    <div class="collapse navbar-collapse" id="navbarNav">
      <ul class="navbar-nav">
        <li class="nav-item">
          <a class="nav-link active" aria-current="page" href="/">Home</a>
        </li>
        {% if username %}
        <li class="nav-item">
          <a class="nav-link" href="/userinfo/">个人资料</a>
        </li>
        <li class="nav-item">
```

```
      <a class="nav-link" href="/post/">写日记</a>
    </li>
    <li class="nav-item">
      <a class="nav-link" href="/contact/">联络管理员</a>
    </li>
    <li class="nav-item">
      <a class="nav-link" href="/logout/">注销</a>
    </li>
    {% else %}
    <li class="nav-item">
      <a class="nav-link" href="/login/">登录</a>
    </li>
    {% endif %}
    <li class="nav-item">
      <a class="nav-link" href="/admin/">后台管理</a>
    </li>
   </ul>
  </div>
 </div>
</nav>
```

因为 header.html 文件包含在 base.html 中，所以在渲染每个网页时都会使用它。在每个网页中，如果用户处于登录状态，会从 Session 中取出 username 变量。程序可以通过{% if username %}模板标签来判断当前是否为登录状态。如果是，则显示个人资料、写日记、联络管理员以及登录这几个选项；否则只显示登录选项。首页和后台管理无论登录状态如何都会显示。这些网址需要在 urls.py 中设置相应的处理函数。至此，读者应该已经非常熟悉这部分内容，故不再赘述。

会员网站的核心功能是登录操作（我们将在第 10 课中详细介绍会员注册功能）。假设读者使用 admin 网页至少输入了一个会员。为了让网页用户能够登录，我们需要提供一个表单。因此，在 forms.py 文件中添加以下类：

```
class LoginForm(forms.Form):
   username = forms.CharField(label='姓名', max_length=10)
   password = forms.CharField(label='密码', widget=forms.PasswordInput())
```

login.html 的代码如下：

```
<!-- login.html (dj4ch09 project) -->
{% extends "base.html" %}
{% block title %}登录分享日记{% endblock %}
{% block content %}
<div class='container'>
{% if message %}
   <div class='alert alert-warning'>{{ message }}</div>
{% endif %}
<div class='row'>
   <div class='col-md-12'>
      <h3 class="alert alert-primary">登录我的私人日记</h3>
   </div>
</div>
<form action='.' method='POST'>
```

```
    {% csrf_token %}
        <table>
            {{ login_form.as_table }}
        </table>
    <input type='submit' value='登录'><br/>
</form>
</div>
{% endblock %}
```

我们打算将 LoginForm 的实例命名为 login_form，并使用.as_table 的格式将其显示出来。因此，需要在{{ login_form.as_table }}的前后添加<table></table>标签。接下来，在 views.login 函数中使用以下代码来运行：

```
from django.shortcuts import redirect
...(省略部分程序代码)...
def login(request):
    if request.method == 'POST':
        login_form = forms.LoginForm(request.POST)
        if login_form.is_valid():
            login_name = request.POST['username'].strip()
            login_password = request.POST['password']
            try:
                user = models.User.objects.get(name = login_name)
                if user.password == login_password:
                    request.session['username'] = user.name
                    request.session['useremail'] = user.email
                    return redirect('/')
                else:
                    message = "密码错误，请再检查一次"
            except:
                message = "找不到用户"
        else:
            message = "请检查输入的字段内容"
    else:
        login_form = forms.LoginForm()
    return render(request, 'login.html', locals())
```

views.login 的大体结构是标准的 POST 表单处理方法。先检查请求（request）是否为 POST 方法。如果不是，就直接以 login_form = forms.LoginForm()创建一个新的表单实例，并将其渲染到 login.html 页面上（即显示出来）。如果是 POST 请求，则使用 login_form = forms.LoginForm(request.POST)获取用户输入的表单实例。然后调用 is_valid()函数检查输入的数据是否有效。只有当输入有效时，才能通过 request.POST['username']来获取用户输入的用户名。

获取要登录的 username 和 password 后（在表单中使用了这两个字段名），将它们分别存储在 login_username 和 login_password 变量中。接下来使用 Django 的 ORM 操作从数据库中获取相应的用户信息，并将其存储在变量 user 中。由于使用 models.User.objects.get(name=login_name)可能会在数据库中找不到对应的用户名，为了避免程序抛出异常而中断网页程序的运行，我们将这些语句放在 try 块中。如果发生找不到用户的情况，就在 except 块中设置 message 的内容为“请检查输入的字段内容”，并在网页中显示该信息以提醒用户。

此外，还有一个非常重要的步骤，代码如下：

```
        if user.password == login_password:
            request.session['username'] = user.name
            request.session['useremail'] = user.email
            return redirect('/')
```

如果在检查后发现密码是正确的，就在 request.session 中分别设置 'username' 和 'useremail' 这两个 Session 变量。由于它们存在于 Session 中，根据 9.1 节的说明，这两个变量在设置的 Session 存活时间内（默认为浏览器关闭之前）都可以被读取。因此，在这段程序代码中，调用 redirect('/')将页面重定向到首页（调用此函数需要先导入相应的模块，语句为 from django.shortcuts import redirect）。在 views.index 函数中，设置如下：

```
def index(request):
    if 'username' in request.session and request.session['username'] != None:
        username = request.session['username']
        useremail = request.session['useremail']
    return render(request, 'index.html', locals())
```

如上述程序代码所示，先检查Session中是否存在username，如果存在，则将username和useremail取出，并传递到 index.html 中在网页上显示出来。以下是 index.html 的示例代码：

```
<!-- index.html (dj4ch09 project) -->
{% extends "base.html" %}
{% block title %}我的私人日记{% endblock %}
{% block content %}
<div class='container'>
    {% if message %}
    <div class='alert alert-warning'>{{ message }}</div>
    {% endif %}
    <div class='row'>
        <div class='col-md-12'>
            <div class='card-header' align=center>
            <h3 class="alert alert-primary"> 我的私人日记 </h3>
        </div>
    </div>
    {% if username %}
    欢迎：{{username}}
    {% endif %}
</div>
{% endblock %}
```

最后，在运行网站之前，先删除第 8 课中创建的 db.sqlite3 数据库文件。然后执行以下两个命令，完成数据库的设置操作：

```
python manage.py makemigrations
python manage.py migrate
```

使用以下命令来创建网站的后台管理员（超级用户）：

```
python manage.py createsuperuser
```

本书的范例程序都是以 admin 作为系统管理员账号，以 django1234 作为该超级用户的密码。读者运行范例程序时可以使用这组账号和密码登录。登录后，至少要创建一个用户，以便后续进行练习。登录网页（localhost:8000/login）的执行结果如图 9-7 所示。

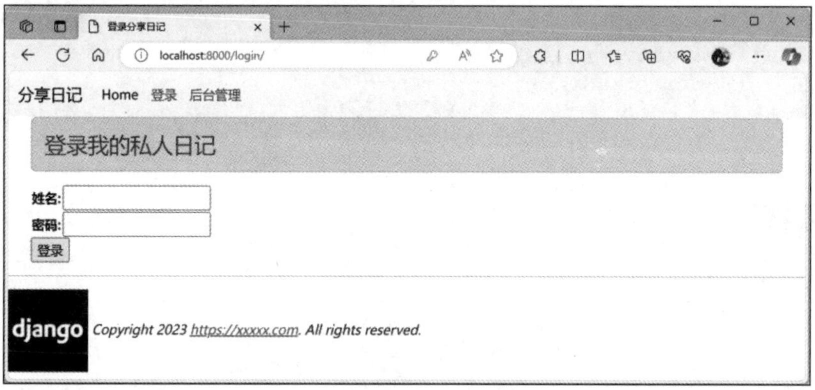

图 9-7　该范例网站的登录页面

用户名输入错误时会出现如图 9-8 所示的信息。

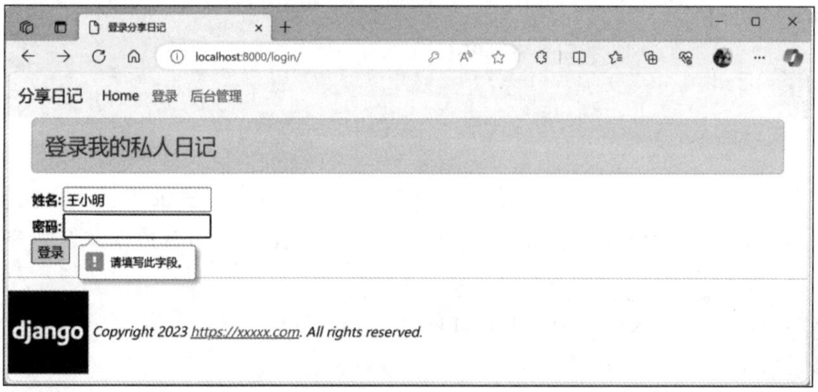

图 9-8　网站的字段输入错误时显示出提示信息的页面

如果密码错误，就会显示密码错误的提示信息，如图 9-9 所示。

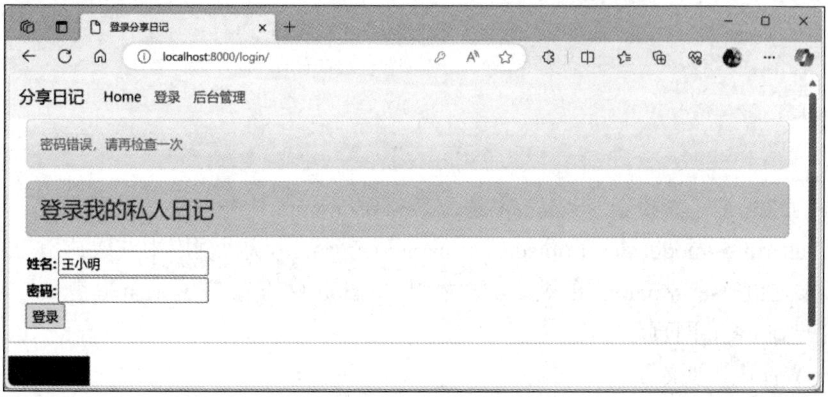

图 9-9　密码错误时显示的信息

如果账号和密码都正确，就会直接切换到首页显示，如图 9-10 所示，页面内容多了“欢迎”信息，而且上面的菜单项也不一样了。

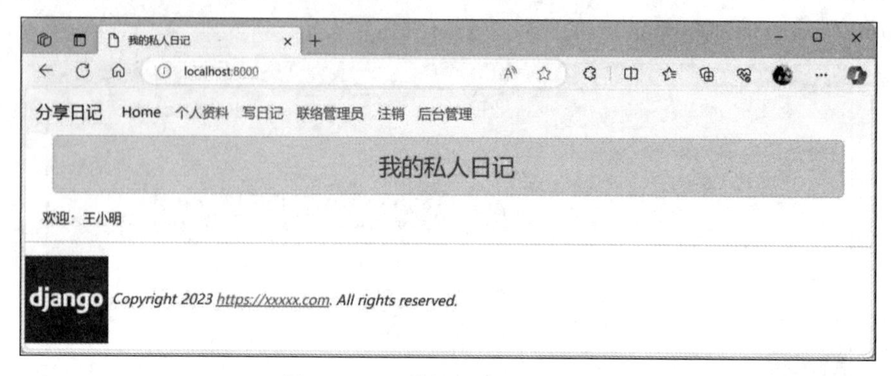

图 9-10　顺利登录网站时的首页

关于注销操作，只需清除所有 Session 对象并返回 login.html 页面即可。views.logout 处理函数如下：

```
from django.contrib.sessions.models import Session
  def logout(request):
     if 'username' in request.session:
     Session.objects.all().delete()
     return redirect('/login/')
  return redirect('/')
```

首先导入 Django 内置的 Session 模块，接着判断是否已经处于登录状态（检查 session 中的键 username 是否被设置）。如果处于登录状态，则清除 Session 中的所有数据并返回登录页面，否则返回首页。

在这个范例中，显示个人资料网页的设计如下（views.py）：

```
def userinfo(request):
  if 'username' in request.session:
     username = request.session['username']
  else:
     return redirect('/login/')
  try:
     userinfo = models.User.objects.get(name=username)
  except:
     pass
  return render(request, 'userinfo.html', locals())
```

这段程序的意思是，先检查 Session 中是否存在 username 这个变量，如果存在，则表示已经登录。接着通过 userinfo=models.User.objects.get(name=username)从数据库中获取该用户名对应的用户信息，并将其发送到 userinfo.html 以供显示。如果 Session 中不存在 username 变量，则表示尚未登录，因此会跳转到/login 网页。

在 urls.py 文件中需要添加以下语句：

```
path('userinfo/', views.userinfo),
```

对于后续的任何一个需要登录后才能浏览的网页，都必须使用这种预先检查的方法，以避免用户在未登录的情况下访问需要授权的页面。

userinfo.html 的内容如下：

```
{% extends "base.html" %}
{% block title %}分享日记{% endblock %}
{% block content %}
<div class='container'>
<div class='row'>
   <div class='col-md-12'>
          <h3 class="alert alert-primary">用户资料</h3>
   </div>
</div>
<p>
   您的姓名: {{ userinfo.username }}<br/>
   电子邮件: {{ userinfo.email }}
</p>
</div>
{% endblock %}
```

这段网页程序非常简单，只是将 userinfo 中的姓名和电子邮件账号显示出来而已。

9.2.2　整合 Django 的信息显示框架

在网站中经常需要在网页的顶部显示一次性的信息，例如“你已成功登录”“信息输入有误”或一些欢迎信息、实时小消息等。这些信息通常在完成某些操作或者首次进入某个页面时显示，而且只需要显示一次。在之前的示例程序中，我们使用 message 变量来实现这样的效果。例如，在 9.2.1 节的 views.login 处理函数中，无论登录成功与否，都会设置 message 变量的内容，然后在 login.html 中显示存储在该变量中的信息。然而，除非使用 Session 将该信息“记录”下来，否则在 views.login 成功登录后重定向到首页网址时，在 index.html 中无法显示 message，因为该内容并未传递到另一个网页中。

由于这种显示临时信息的需求非常常见，Django 提供了一个信息显示框架（Messages Framework）来提供这项功能。只需用 from django.contrib import messages 语句导入该模块，就可以通过该框架提供的函数和机制自动实现跨网页显示信息。

该框架主要提供了两个函数（注意 message 后面是否有"s"）：

```
from django.contrib import messages
messages.add_message(request, messages.INFO, '要显示的字符串')
messages.get_messages(request)
```

其中，add_message 函数用于添加一段信息，信息的内容类型默认分成以下几个等级：

- DEBUG。
- INFO。
- SUCCESS。
- WARNING。

- ERROR。

对应这几个信息等级，也可以使用以下函数来简化操作：

- messages.debug(request, '调试信息字符串')。
- messages.info(request, '信息字符串')。
- messages.success(request, '成功信息字符串')。
- messages.warning(request, '警告信息字符串')。
- messages.error(request, '错误信息字符串')。

当然，也可以在 settings.py 中自定义自己的等级标签，不过在大多数情况下，这些等级足够用了。使用方法如上所示，在导入 messages 后，可以在任何 views.py 处理函数中使用上述函数添加信息。由于通常在处理函数中调用 locals()把局部变量打包到模板中以显示网页，因此只需在网页中把 messages 变量取出来使用即可。

通过这个机制，我们可以在 views.login 中进行如下修改：

```
def login(request):
    if request.method == 'POST':
        login_form = forms.LoginForm(request.POST)
        if login_form.is_valid():
            login_name=request.POST['username'].strip()
            login_password=request.POST['password']
            try:
                user = models.User.objects.get(name=login_name)
                if user.password == login_password:
                    request.session['username'] = user.name
                    request.session['useremail'] = user.email
                    messages.add_message(request, messages.SUCCESS, '登录成功')
                    return redirect('/')
                else:
                    messages.add_message(request, messages.WARNING, '密码错误，请再检查一次')
            except:
                messages.add_message(request, messages.WARNING, '找不到用户')
        else:
            messages.add_message(request, messages.INFO,'请检查输入的字段内容')
    else:
        login_form = forms.LoginForm()

    return render(request, 'login.html', locals())
```

在这个程序中，我们采用了信息显示框架来实现显示所有信息的功能。为了与 Bootstrap 框架中使用的警告信息系统（Alert）保持一致，我们只使用了 SUCCESS、WARNING 和 INFO 三个信息等级标签。因此，在 login.html 文件中，可以将代码修改如下：

```
<!-- login.html (dj4ch09 project) -->
{% extends "base.html" %}
{% block title %}登录分享日记{% endblock %}
{% block content %}
<div class='container'>
```

```
{% for message in messages %}
    <div class='alert alert-{{message.tags}}'>{{ message }}</div>
{% endfor %}
<div class='row'>
    <div class='col-md-12'>
        <h3 class="alert alert-primary">登录我的私人日记</h3>
    </div>
</div>
<form action='.' method='POST'>
    {% csrf_token %}
        <table>
            {{ login_form.as_table }}
        </table>
    <input type='submit' value='登录'><br/>
</form>
</div>
{% endblock %}
```

这段程序代码的重点在于以特定方式显示消息内容，因为可能会有多个消息，所以使用了{% for %}循环指令。在显示消息之前，使用 message.tags 在适当的位置结合 Bootstrap Alert 段落的语法，使不同标签的消息具有不同的输出颜色。为了在 index.html 中显示三行相同的消息模板语句，可以将以下语句放在前面：

```
<!-- index.html (dj4ch09 project) -->
{% extends "base.html" %}
{% block title %} 我的私人日记 {% endblock %}
{% block content %}
<div class='container'>
{% for message in messages %}
    <div class='alert alert-{{message.tags}}'>{{ message }}</div>
{% endfor %}
    <div class='row'>
        <div class='col-md-12'>
        <div class='card-header' align=center>
            <h3 class="alert alert-primary"> 我的私人日记 </h3>
        </div>
    </div>
    {% if username %}
    欢迎: {{username}}
    {% endif %}
</div>
{% endblock %}
```

使用了上述方法后，当用户成功登录后，即使在重定向到首页后，仍然可以看到成功登录的信息，如图 9-11 所示。

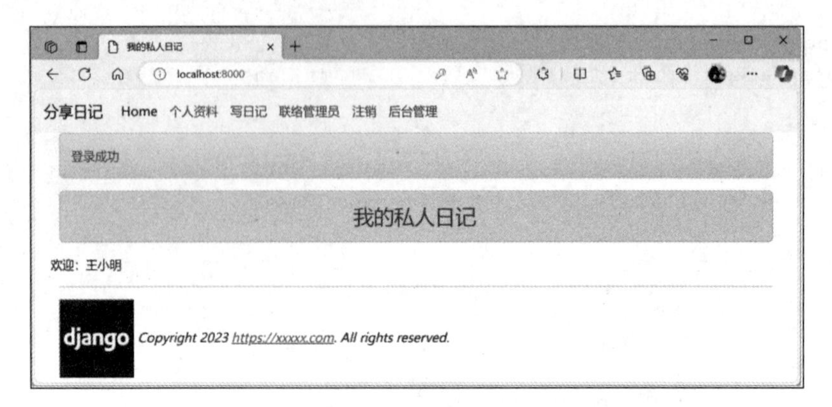

图 9-11　使用信息显示框架显示登录成功的信息

9.3　Django Auth 用户验证

在 9.2 节中，我们通过操作 Session 变量设计了用户登录和注销的功能，并且可以根据登录状态显示相应的内容，同时可以防止未登录的访客通过直接访问 URL 进入未授权的页面。如果将这套系统应用于 Django 的管理网页（admin）中，系统的运行将更加顺畅，程序设计也可以进一步简化，不再需要手动设置 Session 变量。

9.3.1　使用 Django 的用户验证系统

admin 管理网页的 Users 界面如图 9-12 所示。

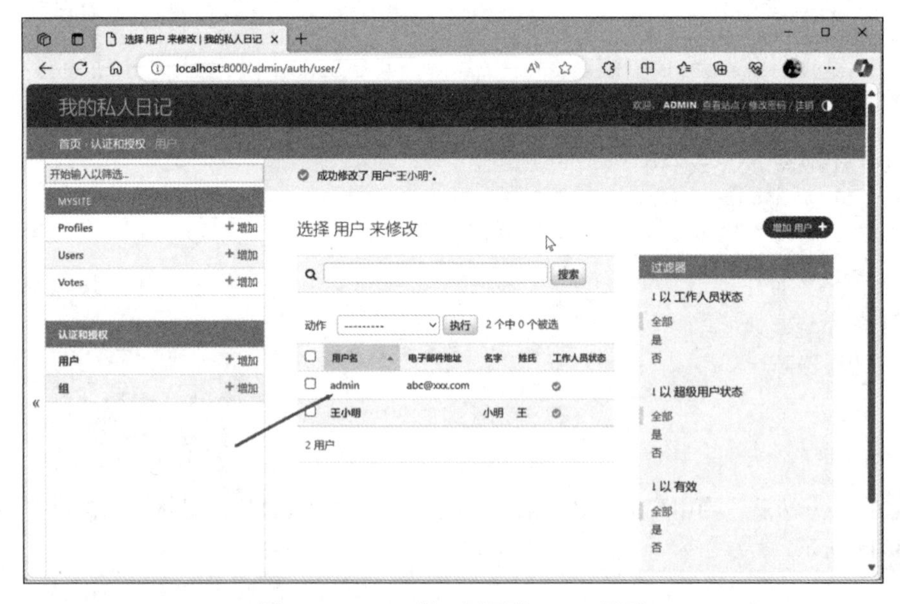

图 9-12　admin 管理网页的 Users 界面

箭头所指的地方即为使用 python manage.py createsuperuser 命令创建的管理员账号。也就是说，如果我们将要验证的用户（不一定是管理员，普通用户也可以）创建在这里（而不是像 9.2 节那样创建另一个 User 类），就可以利用 Django 中现有的用户验证机制函数来检查当前是否处于登录状态，并帮助网站验证用户的账号和密码。

Django 提供的 User 对象位于 auth.models 模块中，因此在使用之前需要导入如下代码（忘记之前我们自己创建的 User 数据库，现在使用的是 Django 内置的 User 数据表）：

```
from django.contrib.auth.models import User
```

在 Django 的默认 User 对象中，包含 username、password、email、first_name 和 last_name 这 5 个字段。由于它是一个默认的模型（Model），因此在操作上与我们自定义的模型方法一样。例如，可以使用以下代码来创建一个新用户：

```
from django.contrib.auth.models import User
user = User.objects.create_user('minhuang', 'ho@min-huang.com', 'mypassword')
```

在程序中，如果需要修改其中一个字段的数据，可以使用和之前操作模型实例变量相同的方法，代码如下：

```
user.last_name = 'Ho'
user.save()
```

不过，在这里将先使用 admin 管理页面来修改和新增用户数据，然后使用 User 类中的数据来实现用户的登录和注销操作。注意，本小节操作的对象 User 类（位于 django.contrib.auth.models 模块中）与 9.2 节定义的 User 类是不同的。我们在 models.py 中自定义的 User 类在 views.py 中通过 models.User 来操作，而在 auth.models 中直接使用 User 类。换句话说，如果在程序代码中看到以下内容：

```
user = models.User.objects...
```

这是我们自己定义的 User 类。而如果看到：

```
user = User.objects...
```

这是取自 django.contrib.auth.models 的，注意不要混淆。django.contrib.auth 提供了 3 个主要函数（其他和权限以及群组有关的函数暂不在此讨论），分别是 authenticate、login 和 logout，可以用于 views.py 中网站的验证、登录和注销。

使用 Django 的 Auth 机制，需要将 views.login 的内容修改如下：

```
from django.contrib.auth import authenticate
from django.contrib import auth
from django.contrib.auth.decorators import login_required

def login(request):
    if request.method == 'POST':
        login_form = forms.LoginForm(request.POST)
        if login_form.is_valid():
            login_name=request.POST['username'].strip()
            login_password=request.POST['password']
            user = authenticate(username=login_name, password=login_password)
            if user is not None:
                if user.is_active:
```

```
                auth.login(request, user)
                messages.add_message(request, messages.SUCCESS, '登录成功')
                return redirect('/')
            else:
                messages.add_message(request, messages.WARNING, '账号尚未启用')
        else:
            messages.add_message(request, messages.WARNING, '登录失败')
    else:
        messages.add_message(request, messages.INFO,'请检查输入的字段内容')
else:
    login_form = forms.LoginForm()
return render(request, 'login.html', locals())
```

前三行导入的内容千万不要遗漏，确保将它们放在 views.py 文件最开始的位置。以下是该程序与之前内容的差异：

```
        user = authenticate(username=login_name, password=login_password)
        if user is not None:
            if user.is_active:
                auth.login(request, user)
                messages.add_message(request, messages.SUCCESS, '登录成功')
                return redirect('/')
            else:
                messages.add_message(request, messages.WARNING, '账号尚未启用')
        else:
            messages.add_message(request, messages.WARNING, '登录失败')
```

首先，通过使用 authenticate 函数对从表单中获取的 login_name 和 login_password 进行验证。如果验证成功，则该函数将返回该用户的数据并存储在 user 变量中，否则返回 None。因此，我们可以通过检查 user 是否为 None 来判断登录是否成功。成功登录后，可以使用 user.is_active 来检查该账号是否有效。如果一切正常，需要调用 auth.login(request, user)将该用户的数据存储在 Session 中，以供后续网页使用。

需要注意的是，在 views.py 中使用了 login 和 logout 这两个自定义函数名称。为了避免与 auth 中的同名函数发生冲突，在这里使用 auth.login 和 auth.logout。由于 auth.login(request, user)会将登录用户的数据存储起来，因此在 views.index 函数中可以使用 is_authenticated 来检查用户是否已登录，代码如下：

```
def index(request):
    if request.user.is_authenticated:
        username = request.user.username
    messages.get_messages(request)
    return render(request, 'index.html', locals())
```

函数中的第一行现在改为调用 request.user.is_authenticated()来检查用户是否已登录。如果已登录，就使用 username = request.user.username，以便在 index.html 中显示欢迎信息。以下是显示用户个人资料的 views.userinfo 函数的内容：

```
@login_required(login_url='/login/')
def userinfo(request):
```

```
if request.user.is_authenticated:
    username = request.user.username
    try:
        userinfo = User.objects.get(username=username)
    except:
        pass
return render(request, 'userinfo.html', locals())
```

之前的装饰器@login_required 是 Django Auth 验证机制提供的一种便利用法，用于指示接下来的处理函数内容需要登录后才能访问。如果用户尚未登录，则会被重定向到指定的 login_url 网址。因此，在添加了这个装饰器之后，如果在未登录的情况下直接在网址中输入 localhost:8000/userinfo，页面显示如图 9-13 所示。

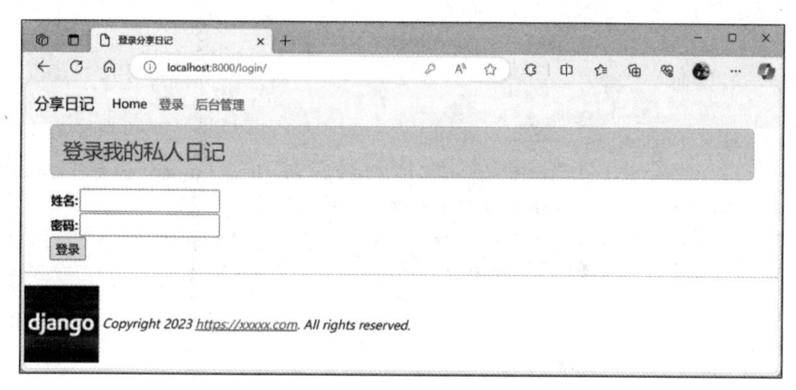

图 9-13　在未登录的情况下使用网址直接浏览用户个人资料（userinfo）的情况

如图 9-13 所示，不仅网址被重定向到了 localhost:8000/login，还会附加上来自/userinfo 的信息（?next=/userinfo），以便在完成登录后再返回到原来用户正在查看的页面（尽管在本范例的 views.login 中没有处理这个功能）。

在程序代码中，一开始同样使用 if request.user.is_authenticated()检查用户是否已登录，这与在 views.index 函数中处理的方法相同。只要用户已登录，就可以使用 userinfo=User.objects.get (username=username)来获取完整的用户数据。

注销用户使用这个用户验证机制非常简单，代码如下：

```
def logout(request):
    auth.logout(request)
    messages.add_message(request, messages.INFO, "注销成功")
    return redirect('/')
```

充分利用 auth 提供的函数功能建立拥有用户登录和注销功能的网站时，无须再自行处理 Session 变量的问题。至于其他与群组功能以及高级用户权限操作相关的内容，建议读者自行研究和练习。

9.3.2　增加 User 的字段

就像 9.3.1 节所介绍的那样，在 auth.User 中，默认只有 username、password、email、first_name 和 last_name 这 5 个字段，这对于大多数网站的应用来说是不够的。如果要增加字段，不是修改 User 类的结构，而是在 models 中创建一个新的模型，然后与 User 模型建立一对一的关联。假设我们要创建一个名为 Profile 的用户类，并且要添加身高、性别和网站三个字段，可以在 models.py 中这样定义（再次强调，此处定义的 User 类是在 9.2 节中使用的，我们要连接的 Profile 类来自 auth 模块中内置的 User 类，即 auth.models.User）：

```
from django.db import models
from django.contrib.auth.models import User

class User(models.Model):
   name = models.CharField(max_length=20, null=False)
   email = models.EmailField()
   password = models.CharField(max_length=20, null=False)
   enabled = models.BooleanField(default=False)

   def __str__(self):
      return self.name

class Profile(models.Model):
   user = models.OneToOneField(auth.models.User, on_delete=models.CASCADE)
   height = models.PositiveIntegerField(default=160)
   male = models.BooleanField(default=False)
   website = models.URLField(null=True)

   def __str__(self):
      return self.user.username
```

重点在于 models.OneToOneField(auth.models.User, on_delete=models.CASCADE)这一行。与 ForeignKey 类似，但是使用 OneToOneField 指定的关系是一对一关系。也就是说，每个 Profile 对象只能对应一个 auth.models.User 对象，不能多对一或多对多。这样做可以确保每个生成的 Profile 实例只会与一个独立的 User 实例关联。

接下来执行数据库的更新操作，具体执行过程如下：

```
(dj4ch09) D:\dj4book\dj4ch09\dj4ch09>python manage.py makemigrations Migrations for
'mysite':
 mysite\migrations\0002_profile.py
   - Create model Profile (dj4ch09)

D:\dj4book\dj4ch09\dj4ch09>python manage.py migrate
Operations to perform:
 Apply all migrations: admin, auth, captcha, contenttypes, mysite, sessions Running
migrations:
 Applying mysite.0002_profile... OK
```

创建 Profile 类之后，别忘记在 admin.py 中注册该类以进行管理网页的配置，如下所示：

```
from django.contrib import admin
from mysite import models
admin.site.register(models.Profile)
```

这样在 admin 管理页面中就可以对 Profile 类的实例进行操作了，如图 9-14 所示。

图 9-14　在管理页面中使用 Profile 数据表

如果输入的数据选择了同一个用户（假设之前已经存在该用户），则会出现如图 9-15 所示的错误信息。

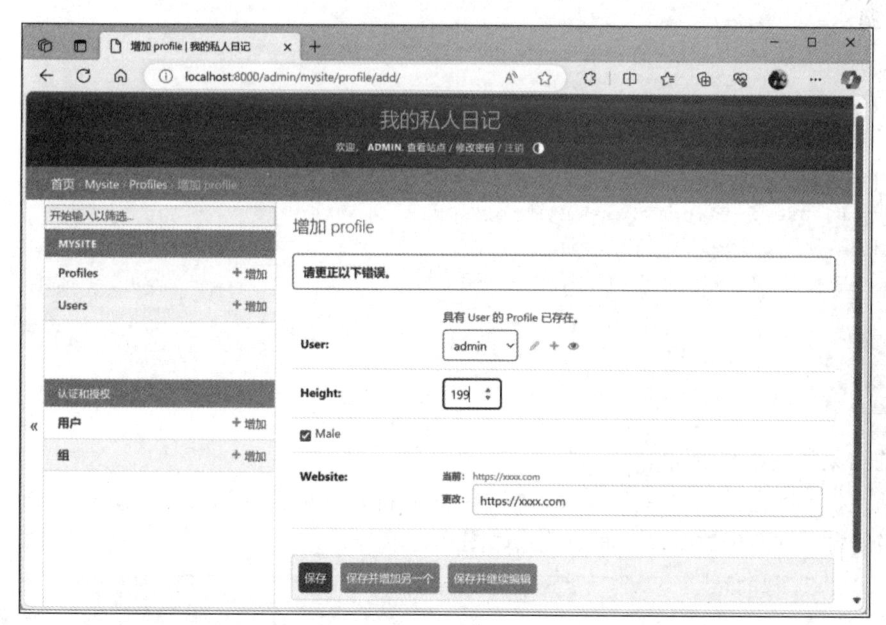

图 9-15　OneToOneField 设置之后不允许创建重复的 Profile 记录

9.3.3　显示新增加的 User 字段

使用 Profile 在 User 数据表增加了新的字段，当用户顺利登录网站后，应在 localhost:8000/userinfo/页面显示更多数据。由于我们在 Profile 中包含了 auth.models.User，但在进行用户验证时，仍然使用 auth.models.User 的内容作为验证依据。因此，首先需要找到 user，然后根据 user 找到相应的 Profile。views.userinfo 函数的内容如下：

```
@login_required(login_url='/login/')
```

```
def userinfo(request):
    if request.user.is_authenticated:
        username = request.user.username
        try:
            user = User.objects.get(username=username)
            userinfo = models.Profile.objects.get(user=user)
        except:
            pass
    return render(request, "userinfo.html", locals())
```

根据上述代码，先使用 user = User.objects.get(username=username)找到相应的 User 实例，然后将其作为参数传递给 Profile，例如 models.Profile.objects.get(user=user)。因为在 userinfo.html 中用于输出的变量是 userinfo，所以在 Profile 中找到的值将存储在 userinfo 变量中，然后将其传送给 userinfo.html 在网页上显示出来。个人资料 userinfo.html 网页程序的内容如下：

```
{% extends "base.html" %}
{% block title %}分享日记{% endblock %}
{% block content %}
<div class='container'>
<div class='row'>
    <div class='col-md-12'>
            <h3 class="alert alert-primary">用户资料</h3>
    </div>
</div>
<p>
    姓名: {{ userinfo.user.username }}<br/>
    电子邮件: {{ userinfo.user.email }}<br/>
    身高: {{ userinfo.height }} cm<br/>
    性别: {{ userinfo.male | yesno:"男生,女生"}}

</p>
</div>
{% endblock %}
```

显示的结果如图 9-16 所示。

综上所述，实际上是以 User 数据表为中心，然后将 Profile 关联到 User 上，以在 Profile 数据表中记录更多信息。这两个数据表之间的关系如图 9-17 所示。

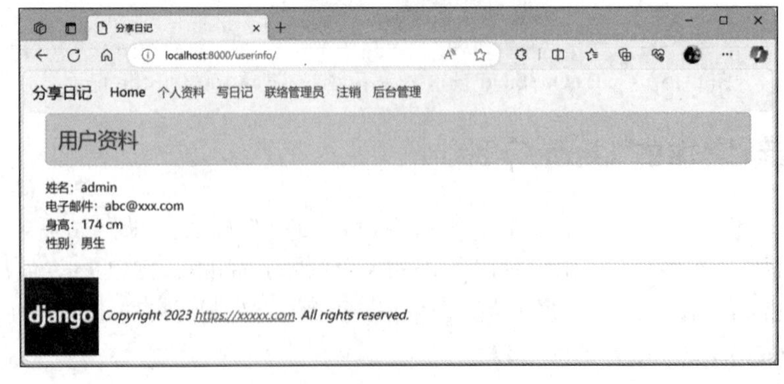

图 9-16　新版的用户信息网页内容

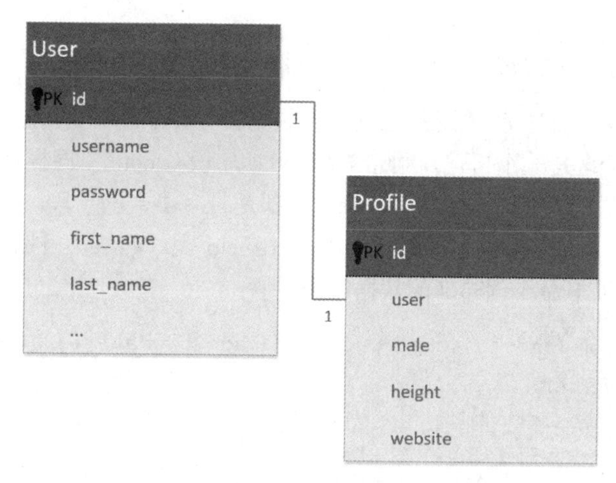

图 9-17　User 和 Profile 数据表的关系

9.3.4　应用 Auth 用户验证存取数据库

本小节将进一步运用 auth.User 的验证功能新增一个数据库来存储更多内容，并完成本堂课的分享日记范例网站的初步程序。这个分享日记网站的基本功能允许用户在登录后张贴（即发布）自己的日记，因此需要有一张用于记录每天日记的数据表 Diary。Diary、User 和 Profile 之间的关系如图 9-18 所示。

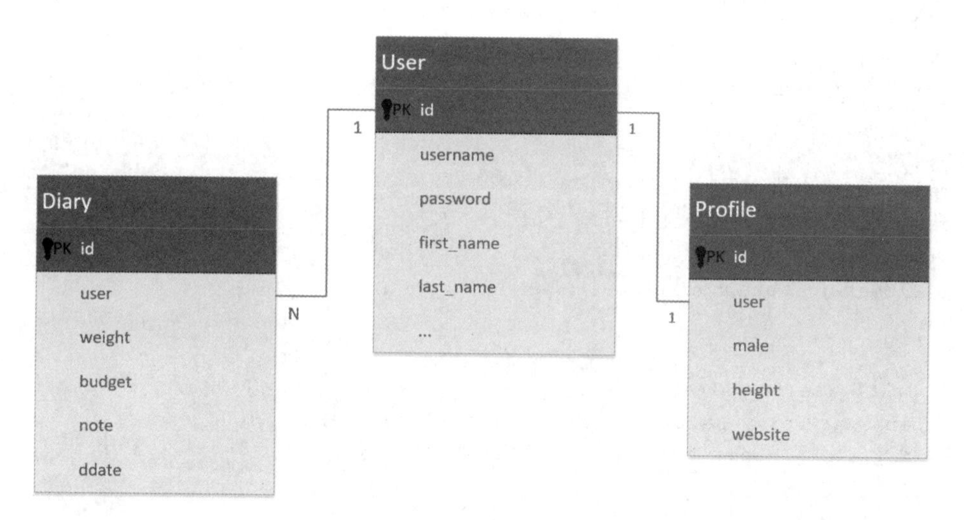

图 9-18　Diary、User 和 Profile 之间的关系

同样地，也是先在 models.py 中创建一个新的模型 Diary，代码如下：

```
class Diary(models.Model):
    user = models.ForeignKey(auth.models.User, on_delete=models.CASCADE)
    budget = models.FloatField(default=0)
    weight = models.FloatField(default=0)
    note = models.TextField()
    ddate = models.DateField()
```

```
    def __str__(self):
        return "{}({})".format(self.ddate, self.user)
```

在这个示例程序中，我们打算让用户记录每天的花费（budget）、体重（weight），以及一些生活上的记事（note）。由于这是一个日记，因此需要有日期字段（ddate）。同样地，需要使用 ForeignKey 来与 auth.models.User 进行关联。budget 和 weight 都是带有小数的字段，因此我们使用 FloatField 类，而 note 需要存储大量的文本内容，因此使用 TextField 类。当然，日期字段使用的是 DateField 类。完成输入后，使用以下命令创建新的数据库表关联：

```
(dj4ch09) D:\dj4book\dj4ch09\dj4ch09>python manage.py makemigrations
Migrations for 'mysite':
  mysite\migrations\0003_diary.py
    - Create model Diary
(dj4ch09) D:\dj4book\dj4ch09\dj4ch09>python manage.py migrate
Operations to perform:
  Apply all migrations: admin, auth, captcha, contenttypes, mysite, sessions
Running migrations:
  Applying mysite.0003_diary... OK
```

写日记需要使用表单才能将内容输入数据库中，因此使用了 ModelForm。一种简单的方法是通过模型的内容直接生成一个表单。在 forms.py 中编写代码来创建 ModelForm 表单，具体内容如下：

```
class DateInput(forms.DateInput):
    input_type = 'date'

class DiaryForm(forms.ModelForm):

    class Meta:
        model = models.Diary
        fields = ['budget', 'weight', 'note', 'ddate']
        widgets = {
            'ddate': DateInput(),
        }

    def __init__(self, *args, **kwargs):
        super(DiaryForm, self).__init__(*args, **kwargs)
        self.fields['budget'].label = '今日花费(元)'
        self.fields['weight'].label = '今日体重(kg)'
        self.fields['note'].label = '心情留言'
        self.fields['ddate'].label = '日期'
```

为了让用户能够通过单击日历来选择日期，而不是直接输入文本，我们使用了一个小技巧。首先，创建了一个继承自 forms.DateInput 的 DateInput 类，并指定输入形式为 date 类型。然后，在 DiaryForm 表单的“Class Meta:”中，通过 widgets 的方式设置 ddate 字段的小部件类型。这样就可以让输入形式改为通过单击日历来选择日期，如图 9-19 所示。

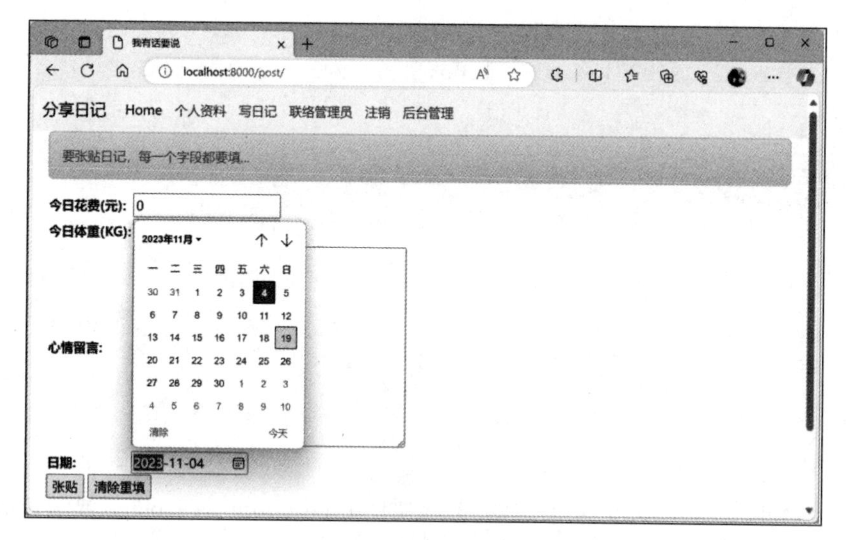

图 9-19　DateInput 的输入界面

此外，读者可能会注意到，在 Diary 模型中有一个 user 字段，但在创建 DiaryForm 表单时没有指定使用该字段。这是因为在用户登录后，网站已经知道用户是谁了，不需要再让用户在表单中选择。如果在表单中加入 user 字段，结果将如图 9-20 所示。

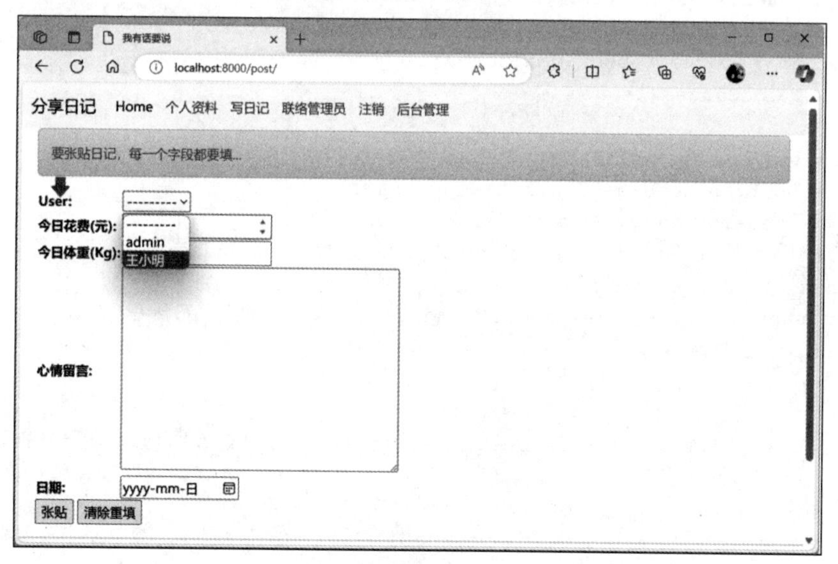

图 9-20　在 DiaryForm 中增加 user 字段的结果

要张贴自己的日记，在箭头所指的字段却要选择张贴人，这不是一件很奇怪的事吗？因此，在 DiaryForm 中不需要增加 user 字段。这个字段应该在 views.posting 函数接到表单后再添加（因为用户在登录后是已知的）。下面来看一下在 posting.html 中如何显示"写日记"的网页内容：

```
<!-- posting.html (dj4ch09 project) -->
{% extends "base.html" %}
{% block title %}我有话要说{% endblock %}
{% block content %}
<div class='container'>
```

```
{% for message in messages %}
   <div class='alert alert-{{message.tags}}'>{{ message }}</div>
{% endfor %}

<form name='my form' action='.' method='POST'>
   {% csrf_token %}
   <table>
   {{ post_form.as_table }}
   </table>
   <input type='submit' value='张贴'>
   <input type='reset' value='清除重填'>
</form>
</div>
{% endblock %}
```

在此假设传入的是 post_form 表单对象，只需要使用 post_form.as_table 来显示表单即可。前面的 messages 循环是标准 Django 的信息显示框架的处理方法。

处理表单输入，在 views.posting 中把表单字段的数据存储在数据库的程序代码中，具体如下：

```
@login_required(login_url='/login/')
def posting(request):
    if request.user.is_authenticated:
        username = request.user.username
        useremail = request.user.email
    messages.get_messages(request)

    if request.method == 'POST':
        user = User.objects.get(username=username)
        diary = models.Diary(user=user)
        post_form = forms.DiaryForm(request.POST, instance=diary)
        if post_form.is_valid():
            messages.add_message(request, messages.INFO, "日记已保存。")
            post_form.save()
            return redirect('/')
        else:
            messages.add_message(request, messages.INFO, '要张贴日记，每一个字段都要填……')
    else:
        post_form = forms.DiaryForm()
        messages.add_message(request, messages.INFO, '要张贴日记，每一个字段都要填……')
    return render(request, "posting.html", locals())
```

上面这段程序代码中最重要的就是以下几行：

```
        user = User.objects.get(username=username)
        diary = models.Diary(user=user)
        post_form = forms.DiaryForm(request.POST, instance=diary)
```

由于 DiaryForm 表单中没有 user 字段，因此需要通过 ORM 的方式先找出当前用户，并将其放入 user 变量（一个 User 的实例）中。然后，使用 user 的实例（即当前登录的用户）在 Diary 模型中创建一个实例，并将其放入 diary 变量中。接下来，将 diary 传送到用户返回的 DiaryForm 表单中执行合并操作，最终得到的 post_form 将包含用户信息的日记内容。在后续的代码中，只需调用 post_form.save()将带有用户数据的内容成功存储到数据库中即可。

既然我们的范例网站已经能够写入日记，那么 index.html 就应该可以让用户登录后将自己的日记显示在网页上。因此，需要对 index.html 的内容进行以下改写：

```
<!-- index.html (dj4ch09 project) -->
{% extends "base.html" %}
{% block title %} 分享日记 {% endblock %}
{% block content %}
<div class='container'>
{% for message in messages %}
   <div class='alert alert-{{message.tags}}'>{{ message }}</div>
{% endfor %}
<div class='row'>
   <div class='col-md-12'>
      <h3 class="alert alert-primary">{{ username | default:"我"}}的私人日记</h3>
         </div>
      </div>
      {% for diary in diaries %}
      {% cycle "<div class='row'>" "" "" %}
         <div class='col-md-4'>
            <div class='card'>
               <div class='card-header' align=center>
                  {{ diary.ddate }}
               </div>
               <div class='card-body'>
                  {{ diary.note | linebreaks }}
               </div>
               <div class='card-footer'>
                  今日花费: {{ diary.budget }}元, 体重: {{ diary.weight }}千克
               </div>
            </div>
         </div>
      {% cycle "" "" "</div>" %}
      {% empty %}
         <h3><em>目前没有日记内容可供显示，请登录网站或输入日记内容</em></h3>
      {% endfor %}
   </div>
</div>
{% endblock %}
```

上面的代码主要处理 diaries 变量的输出。提供该变量内容的代码位于 views.index 中，具体代码如下：

```
def index(request):
   if request.user.is_authenticated:
      username = request.user.username
      useremail = request.user.email
      try:
         user = User.objects.get(username=username)
```

```
            diaries = models.Diary.objects.filter(user=user).order_by('-ddate')
        except Exception as e:
            print(e)
            pass
    messages.get_messages(request)
    return render(request, 'index.html', locals())
```

同样地，由于调用的是 models.User.objects.get(username=username)函数，因此必须使用 try/except 异常处理机制。在添加了显示日记功能后，如果在登录账号之前访问该网站，将会看到如图 9-21 所示的提示页面。

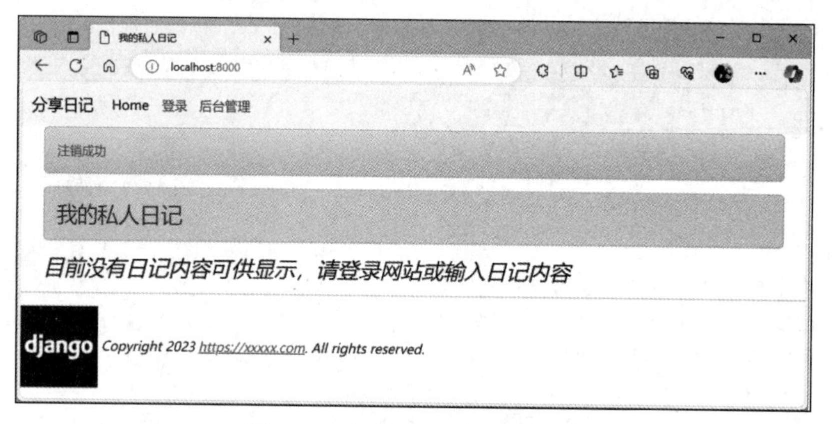

图 9-21　未登录账号的首页页面

登录后立即会显示出属于自己的日记内容，如图 9-22 所示。

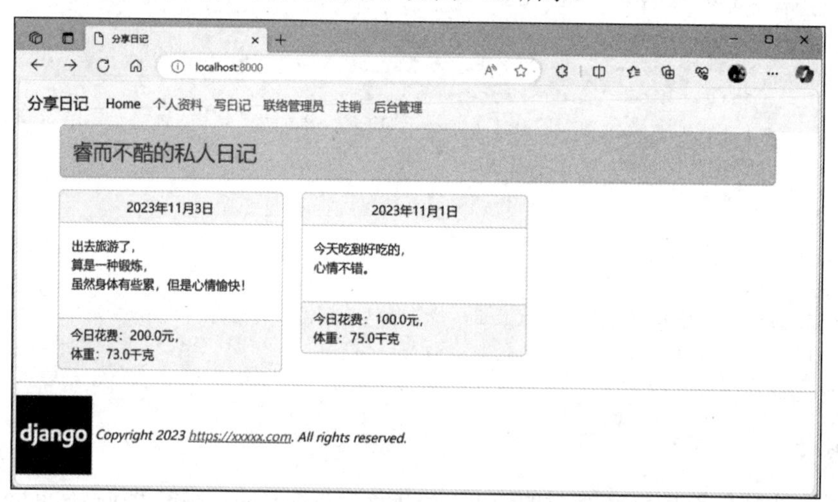

图 9-22　已登录账号的首页页面

9.3.5　使用 Django 系统提供的登录界面

在前面的程序代码中，我们使用了自定义的登录程序 views.index 和 login.html，但界面不够美观，而且需要自己做一些额外的工作，不太方便。实际上，Django 本身提供的登录界面非常好用，我们可以直接使用它。

Django 的系统登录界面的网址是/admin/login/，我们可以将这个网址添加到导航菜单 header.html 中，具体代码如下：

```
    <li class="nav-item">
      <a class="nav-link" href="/login/">登录</a>
   </li>
```

然后，在 urls.py 中添加以下几个参数（放在 urlpatterns 上方），设置登录页面的标题：

```
admin.site.site_header = "我的私人日记"
admin.site.site_title = "我的私人日记"
admin.site.index_title = "我的私人日记后台"
```

在 settings.py 文件中添加以下参数，可以更改登录的默认网址：

```
LOGIN_URL = "/admin/login/"
```

现在，我们的网站外观如图 9-23 所示。

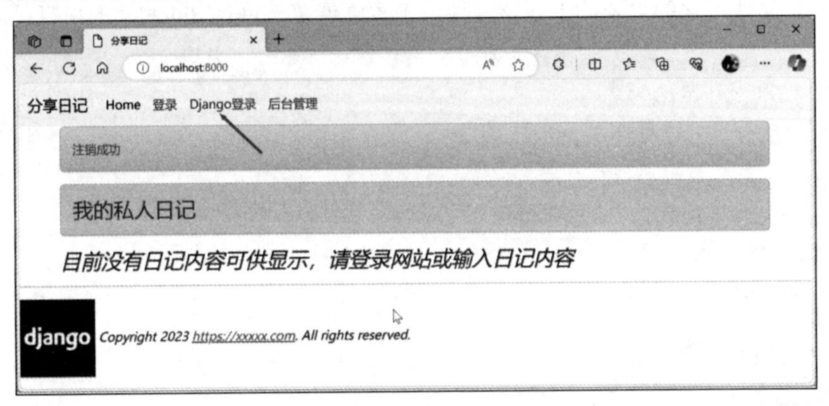

图 9-23　加上“Django 登录”菜单选项

在单击“Django 登录”菜单选项之后，将出现 Django 的后台登录界面，不过它的标题已经被我们更改了，如图 9-24 所示。

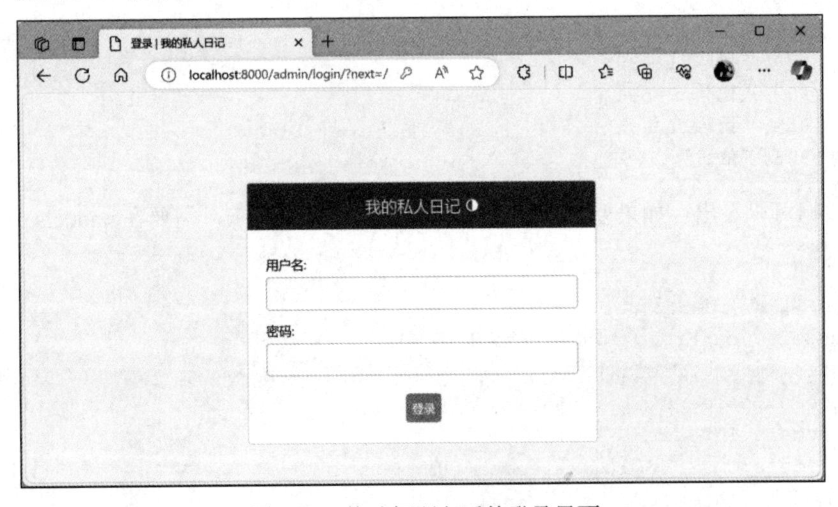

图 9-24　修改标题之后的登录界面

在输入账号完成登录后，页面不会跳转到管理后台，而是直接重定向到首页，这样我们就拥有一个不错的网站登录界面了。

9.4　动态图表展示

当我们需要在网页上展示一些数据时，使用图表的方式可以获得更好的效果。本节将展示如何在 Django 网站中结合一些 JavaScript 图表库使网页的呈现更加有趣。

9.4.1　导入 CSV 文件数据

要在网页上显示图表，需要有可用于绘制图表的数据。假设我们要创建一个用于展示某类投票结果的图表网页，首先需要建立一个用于存储投票数据的数据模型。假设我们获得了一个名为 votes.csv 的 CSV 文件，它的内容如下（该文件位于本堂课范例网站 dj4ch09 的根目录下）：

```
name,no,sex,byear,party,votes
钱儒川,1,男,1976,其他团队,194
赵柏山,2,男,1977,丁团队,1949
孙乔木,3,女,1987,甲团队,18582
张善举,4,男,1965,其他团队,17404
吴佩英,5,女,1976,其他团队,868
赵眉语,6,女,1979,甲团队,14572
钱廷方,7,男,1985,其他团队,528
谢有助,8,男,1936,其他团队,312
赵雅嫣,9,女,1975,丁团队,12087
赵晓雅,10,女,1970,甲团队,14281
苏博彦,11,男,1981,其他团队,412
郑晓青,12,女,1989,乙团队,3707
张有珍,13,女,1966,甲团队,15597
柳淑贞,14,女,1960,其他团队,635
庄雅量,15,男,1973,丙团队,5887
王志文,16,男,1982,丁团队,15298
王晓琳,17,女,1974,丁团队,11480
张瑜之,18,男,1982,戊团队,5952
张晓玫,19,女,1962,甲团队,12005
苏柏钦,20,男,1986,其他团队,1091
```

从上述数据可以看出，如果要使用数据库将这些数据存储起来，需要在 models.py 中创建以下模型：

```
class Vote(models.Model):
    name = models.CharField(max_length=20)
    no = models.IntegerField()
    sex = models.BooleanField(default=False)
    byear = models.IntegerField()
    party = models.CharField(max_length=20)
    votes = models.IntegerField()
```

```
    def __str__(self):
        return self.name
```

然后执行以下命令创建数据表：

```
(dj4ch09) D:\dj4book\dj4ch09\dj4ch09>python manage.py makemigrations
Migrations for 'mysite':
  mysite\migrations\0004_vote.py
    - Create model Vote
(dj4ch09) D:\dj4book\dj4ch09\dj4ch09>python manage.py migrate
Operations to perform:
  Apply all migrations: admin, auth, captcha, contenttypes, mysite, sessions
Running migrations:
  Applying mysite.0004_vote... OK
```

在 admin.py 中添加对这个数据表的管理，语句如下：

```
admin.site.register(models.Vote)
```

在登录管理后台之后，我们可以通过手动的方式将这些数据添加到数据表中。但在这里，我们将展示另一种技巧，即编写一个程序来自动读取 CSV 文件并将数据添加到数据表中。以下是 importdata.py 程序的内容（将这个程序存放在 dj4ch09 网站的根目录下，与 manage.py 位于同一级目录）：

```
import os, csv, django
os.environ.setdefault('DJANGO_SETTINGS_MODULE', 'dj4ch09.settings')
django.setup()

from mysite.models import Vote

with open("votes.csv", "r", encoding="utf-8-sig") as fp:
    csvdata = csv.DictReader(fp)
    data = [item for item in csvdata]

for item in data:
    if len(Vote.objects.filter(name=item['name'].strip()))==0:
        rec = Vote(name=item['name'],
                   no=int(item['no']),
                   sex=(True if item['sex']=="男" else False),
                   byear=int(item['byear']),
                   party=item['party'],
                   votes=int(item['votes'])
                   )
        rec.save()
print("Done!")
```

上述程序首先导入 Django 的环境设置，然后打开 votes.csv 文件，调用 csv.DictReader()函数以字典类型读取 CSV 数据，并将其存储在名为 data 的列表变量中。然后，通过循环遍历 data 中的每一条记录，提取姓名并检查该记录是否已存在于数据库的数据表中。如果不存在，则把数据准备好，并将该记录存储到 Django 数据库的相应数据表中。使用这种方法，可以轻松导入 CSV 文件中的大批量数据，非常实用。读者一定要学会这个技巧。

9.4.2　使用 Chart.js 在网页上绘制图表

现在已经有了数据，接下来准备创建一个用于显示投票数据的页面，其网址为/votes/。先在 urls.py 文件中添加这个网址：

```
path('votes/', views.votes),
```

将这个网址作为在 header.html 中的选项，代码如下：

```
    <li class="nav-item">
      <a class="nav-link" href="/votes/">得票信息</a>
    </li>
```

在 views.py 中添加一个名为 votes 的自定义函数，一开始先读取所有的得票信息，并将其存储在 data 这个列表变量中，然后将其传入 votes.html 网页程序中，votes 函数中的语句如下：

```
def votes(request):
    data = models.Vote.objects.all()
    return render(request, "votes.html", locals())
```

当然，还需要准备 votes.html 文件，它的初始内容如下：

```
<!-- votes.html (dj4ch09 project) -->
{% extends "base.html" %}
{% block title %}2023 活动投票结果{% endblock %}
{% block content %}
<div class='container'>
{% for message in messages %}
    <div class='alert alert-{{message.tags}}'>{{ message }}</div>
{% endfor %}
    <div class='row'>
        <div class='col-md-12'>
            <h3 class="alert alert-primary">2023 活动投票结果</h3>
        </div>
    </div>
    <div class="row">
        <div class="col-md-12">
            <table class="table table-striped table-sm">
                <tr>
                    <td>姓名</td>
                    <td>团队</td>
                    <td>得票数</td>
                </tr>
                {% for d in data %}
                <tr>
                    <td>{{ d.name }}</td>
                    <td>{{ d.party }}</td>
                    <td>{{ d.votes }}</td>
                </tr>
                {% endfor %}
```

```
            </table>
        </div>
    </div>
</div>
{% endblock %}
```

目前，我们只是以表格的形式显示这些数据，页面显示如图 9-25 所示。

分享日记　Home　登录　Django登录　后台管理　得票信息

2023活动投票结果

姓名	团队	得票数
钱儒川	其他团队	194
赵柏山	丁团队	1949
孙乔木	甲团队	18582
张善举	其他团队	17404
吴佩英	其他团队	868
赵眉语	甲团队	14572
钱廷方	其他团队	528
谢有助	其他团队	312
赵雅嫣	丁团队	12087
赵晓雅	甲团队	14281
苏博彦	其他团队	412
郑晓青	乙团队	3707

图 9-25　以表格的形式显示出得票信息

本小节打算使用 Chart.js 这个 JavaScript 库来绘制条形图。到 Chart.js 的官网（https://www.chartjs.org/）单击 Get Started 选项，随后会进入如图 9-26 所示的教学页面。

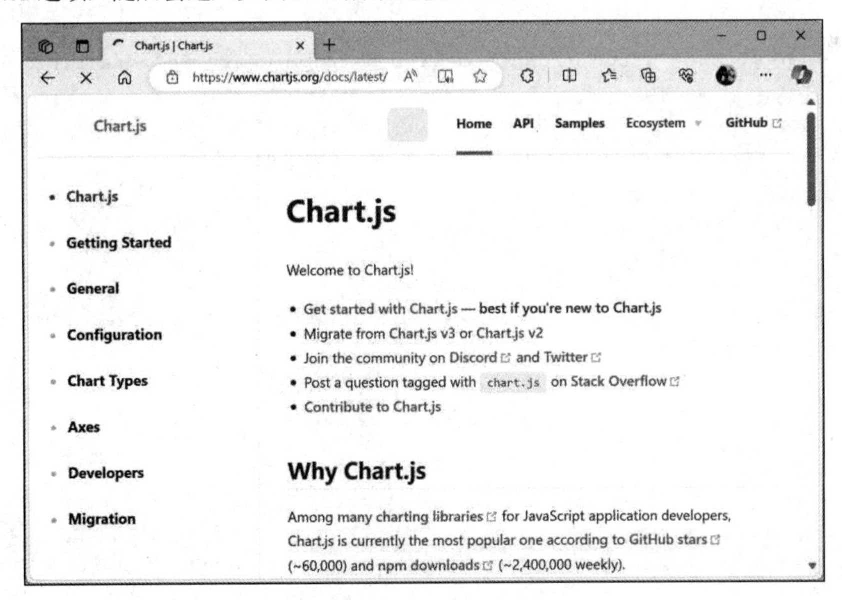

图 9-26　Chart.js 的教学页面

从网页中的说明可知，第一步是在网页中导入 Chart.js 的库。我们可以选择下载并安装该库，也可以选择使用 CDN 连接。在 Getting Started/Installation 页面中，找到 CDN 的链接，代码如下：

```
<script src="https://cdnjs.cloudflare.com/ajax/libs/Chart.js/4.2.0/chart.min.
js" integrity="sha512-qKyIokLnyh6oSnWsc5h21uwMAQtljqMZZT17CIMXuCQNIfFSFF
4tJdMOaJHL9fQdJUANid6OB6DRR0zdHrbWAw==" crossorigin="anonymous" referrerpolicy=
"noreferrer"></script>
```

把上述程序代码放在 base.html 文件中，将其放在 Bootstrap 的 CDN 链接下方。接下来，在 Getting Started 页面中，有一个名为 Create a Chart 的基本程序代码示例，复制它的内容，然后将其粘贴到 votes.html 文件中。复制完成后，votes.html 文件的内容如下：

```
<!-- votes.html (dj4ch09 project) -->
{% extends "base.html" %}
{% block title %}2023 活动投票结果{% endblock %}
{% block content %}
<div class='container'>
{% for message in messages %}
    <div class='alert alert-{{message.tags}}'>{{ message }}</div>
{% endfor %}
    <div class='row'>
        <div class='col-md-12'>
            <h3 class="alert alert-primary">2023 活动投票结果</h3>
        </div>
    </div>
    <div class="row">
        <div class="col-md-6">
            <div>
                <canvas id="myChart" width=200 height=250></canvas>
            </div>

            <script src="https://cdn.jsdelivr.net/npm/chart.js"></script>

            <script>
              const ctx = document.getElementById('myChart');

              new Chart(ctx, {
                type: 'bar',
                data: {
                  labels: ['Red', 'Blue', 'Yellow', 'Green', 'Purple', 'Orange'],
                  datasets: [{
                    label: '# of Votes',
                    data: [12, 19, 3, 5, 2, 3],
                    borderWidth: 1
                  }]
                },
                options: {
                  scales: {
                    y: {
                      beginAtZero: true
                    }
                  },
```

```
            indexAxis: 'y',
          }
        });
      </script>

    </div>
    <div class="col-md-6">
      <div class="col-md-12">
        <table class="table table-striped table-sm">
          <tr>
              <td>姓名</td>
              <td>团队</td>
              <td>得票数</td>
          </tr>
          {% for d in data %}
          <tr>
              <td>{{ d.name }}</td>
              <td>{{ d.party }}</td>
              <td>{{ d.votes }}</td>
          </tr>
          {% endfor %}
        </table>
    </div>
  </div>
</div>
{% endblock %}
```

上述代码段中加粗的部分是新增的 Chart.js 范例程序代码。完成程序修改后保存，刷新网站的页面，即可看到如图 9-27 所示的结果。

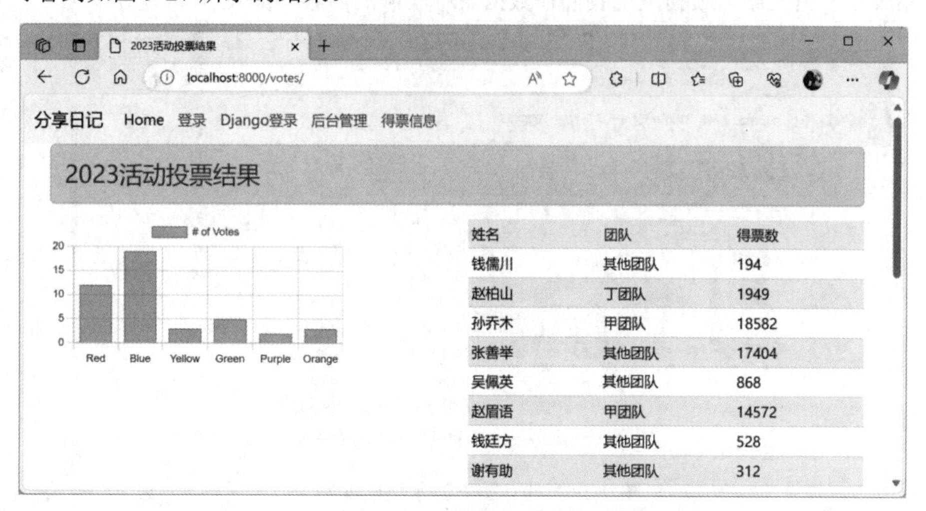

图 9-27　加上 Chart.js 范例程序代码后网页呈现的样子

从图 9-27 可以看出，Chart.js 已经在网页上成功运行。然而，目前的柱状图并未反映出数据表中的内容。仔细观察 Chart.js 的示例程序代码，可以发现实际反映数据内容的是 data 中的 labels 和 datasets 中的 data。显然，datasets 中的 label 用于设置图表的标题：

```
data: {
    labels: ['Red', 'Blue', 'Yellow', 'Green', 'Purple', 'Orange'],
    datasets: [{
        label: '# of Votes',
        data: [12, 19, 3, 5, 2, 3],
        borderWidth: 1
    }]
},
```

依据上述观察，我们只需将获取到的数据填充到这两个位置，就能使 Chart.js 呈现我们想要的图表内容。对程序进行以下修改：

```
data: {
    labels: [
      {% for d in data %}
        '{{d.name}}',
      {% endfor %}
    ],
    datasets: [{
      label: '2023 年活动得票数',
      data: [
      {% for d in data %}
        '{{d.votes}}',
      {% endfor %}
    ],
      borderWidth: 1
    }]
},
```

修改完成后，图表可以顺利呈现我们在数据表中获取的内容，如图 9-28 所示。

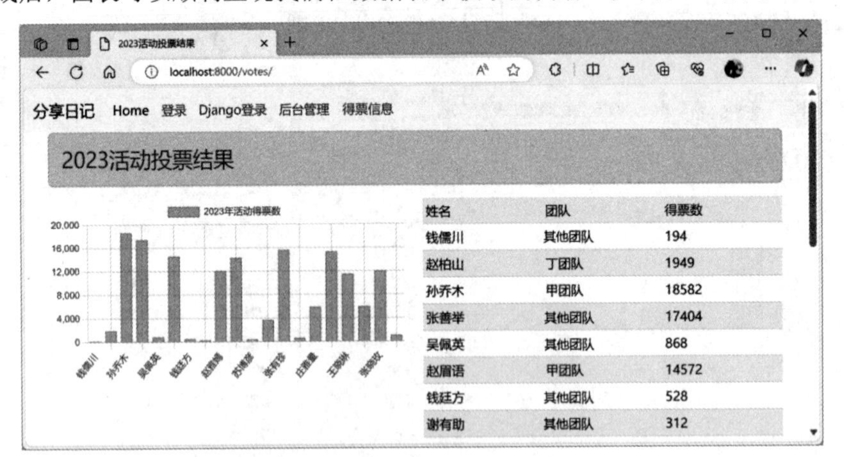

图 9-28　具有图表显示功能的网页

不过在上面的应用场景中，柱形图并不太适合。可以通过 options 设置进行如下修改，以实现将柱形图转变为条形图的图表效果：

```
options: {
    scales:
```

```
      { y: {
        beginAtZero: true
      }
    },
    indexAxis: 'y',
}
```

为了使图表在网页上的比例更适合，可以在 myChart 的 canvas 上添加宽度和高度的设置，如下所示：

```
<canvas id="myChart" width=200 height=250></canvas>
```

再次重新刷新网页，将看到如图 9-29 所示的页面。

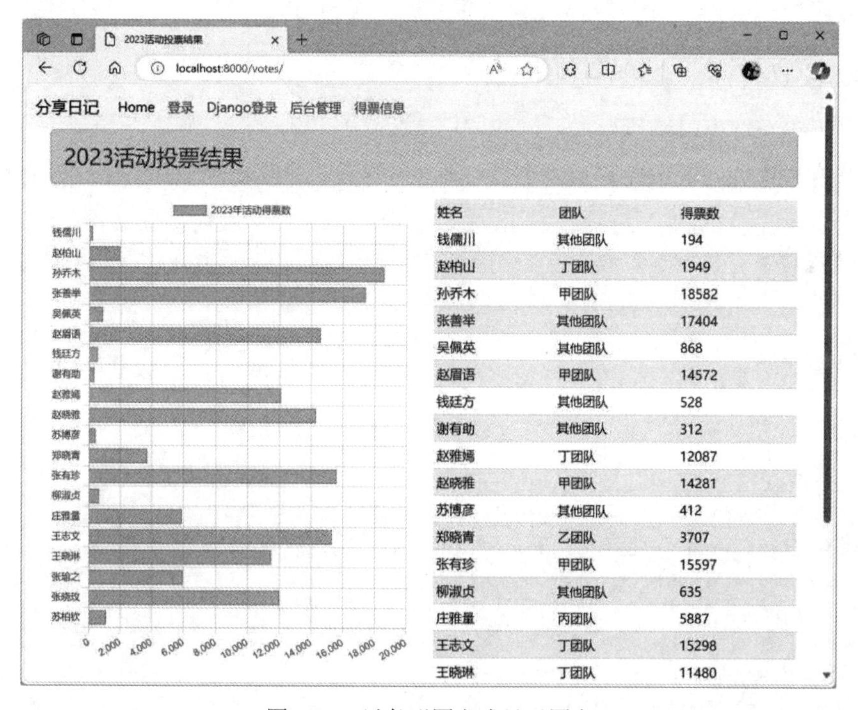

图 9-29　以条形图方式显示图表

上述图表未对显示的数据进行排序，读者可以自行尝试调整（提示：只需对数据进行排序，显示的图表就会呈现已排序的样式）。Chart.js 还提供了许多其他类型的图表，由于超出了本书的讨论范围，建议读者自行参阅官网上的说明进行尝试。

9.4.3　使用 Plotly 在网页上绘制图表

Plotly（https://plotly.com/python/）是一个专门为 Python 开发的开源项目。它的安装非常简单，只需在虚拟环境中执行以下命令即可（如果读者的系统中尚未安装 NumPy，可使用 pip install numpy 命令进行安装）：

```
pip install plotly
```

执行过程如下：

```
(dj4ch09) D:\dj4book\dj4ch09\dj4ch09>pip install plotly
Collecting plotly
  Downloading plotly-5.13.0-py2.py3-none-any.whl (15.2 MB)
  ---------------------------------------- 15.2/15.2 MB 4.5 MB/s eta 0:00:00
Collecting tenacity>=6.2.0
  Downloading tenacity-8.1.0-py3-none-any.whl (23 kB)
Installing collected packages: tenacity, plotly
Successfully installed plotly-5.13.0 tenacity-8.1.0
```

为了测试 Plotly 的功能，在 header.html 文件中添加以下链接代码：

```
<li class="nav-item">
   <a class="nav-link" href="/plotly/">Plotly 绘图</a>
</li>
```

在 urls.py 文件中添加以下链接路由：

```
path('plotly/', views.plotly),
```

准备一个简单的 views.plotly 函数，可以将前 3 行导入指令移动到 views.py 文件的开头：

```
from plotly.offline import plot
import plotly.graph_objs as go
import numpy as np

def plotly(request):
   data = models.Vote.objects.all()
   x = np.linspace(0, 2*np.pi, 360)
   y1 = np.sin(x)
   y2 = np.cos(x)
   plot_div = plot([go.Scatter(x=x, y=y1,
      mode='lines', name='SIN', text="Title",
      opacity=0.8, marker_color='green'),
      go.Scatter(x=x, y=y2,
      mode='lines', name='COS',
      opacity=0.8, marker_color='green')],
      output_type='div')
   return render(request, "plotly.html", locals())
```

在 templates 文件夹下创建一个 plotly.html 文件（可以复制 votes.html 文件再进行修改），内容如下：

```
<!-- plotly.html (dj4ch09 project) -->
{% extends "base.html" %}
{% block title %}2022 投票结果{% endblock %}
{% block content %}
<div class='container'>
{% for message in messages %}
   <div class='alert alert-{{message.tags}}'>{{ message }}</div>
{% endfor %}
   <div class='row'>
      <div class='col-md-12'>
         <h3 class="alert alert-primary">2022 投票结果</h3>
```

```
            </div>
        </div>
        <div class="row">
            <div class="col-md-6">
                {% autoescape off %}
                {{ plot_div }}
                {% endautoescape %}
            </div>
            <div class="col-md-6">
                <table class="table table-striped table-sm">
                    <tr>
                        <td>姓名</td>
                        <td>团体</td>
                        <td>得票数</td>
                    </tr>
                    {% for d in data %}
                    <tr>
                        <td>{{ d.name }}</td>
                        <td>{{ d.party }}</td>
                        <td>{{ d.votes }}</td>
                    </tr>
                    {% endfor %}
                </table>
            </div>
        </div>
    </div>
{% endblock %}
```

在 plotly.html 文件中，被标记为粗体的部分是我们修改后的用于显示 Plotly 输出结果的程序代码。从上述程序代码可以看出，与使用 JavaScript 编写的 Chart.js 不同，Plotly 的所有内容都是在 Python 程序代码中完成的。因此，我们需要在 views.plotly 函数中处理准备的数据，然后将处理结果输出到网页中。当前程序代码的输出结果如图 9-30 所示。

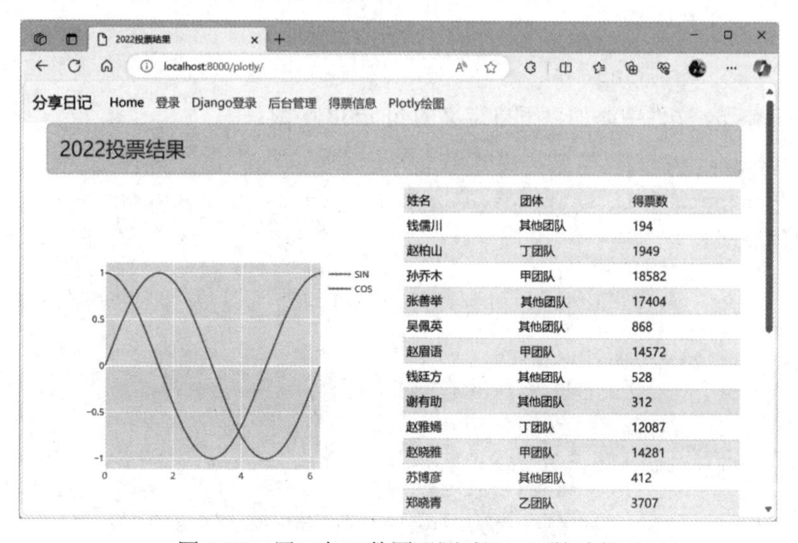

图 9-30　用三角函数图形测试 Plotly 的功能

在实际操作网页时，发现 Plotly 不仅提供了绘制图形的功能，还提供了互动操作的界面。因此，对于一些 3D 立体制图的部分，Plotly 也是一个非常适合的选择。在本范例中，我们准备了一个 3D 立体图的数据，存储在 3d.csv 文件中。在 urls.py 文件中添加相应的内容：

```
path('chart3d/', views.chart3d),
```

在 header.html 文件中加入以下链接：

```
<li class="nav-item">
  <a class="nav-link" href="/chart3d/">3D 图表 </a>
</li>
```

创建一个 chart3d.html 文件，它的内容如下：

```
<!-- chart3d.html (dj4ch09 project) -->
{% extends "base.html" %}
{% block title %}Plotly 3D 绘图展示{% endblock %}
{% block content %}
<div class='container'>
{% for message in messages %}
    <div class='alert alert-{{message.tags}}'>{{ message }}</div>
{% endfor %}
    <div class='row'>
        <div class='col-md-12'>
            <h3 class="alert alert-primary">Plotly 3D 绘图展示</h3>
        </div>
    </div>
    <div class="row">
        <div class="col-md-12">
            {% autoescape off %}
            {{ plot_div }}
            {% endautoescape %}
        </div>
    </div>
</div>
{% endblock %}
```

接着，在 views.py 文件中添加以下自定义的 chart3d 函数：

```
def chart3d(request):
    filename = os.path.join(settings.BASE_DIR, "3d.csv")
    with open(filename, "r", encoding="utf-8") as fp:
        rawdata = fp.readlines()
    rawdata = [(float(d.split(",")[0]),float(d.split(",")[1]), float(d.split(",")[2]),
float(d.split(",")[3]))  for d in rawdata]
    chart_data = np.array(rawdata).T
    plot_div = plot([go.Scatter3d(x=chart_data[0],
                                  y=chart_data[1],
                                  z=chart_data[3],
                                  mode="markers",
                                  marker=dict(size=2, symbol='circle'))],
                    output_type='div')
```

```
    return render(request, "chart3d.html", locals())
```

localhost:8000/chart3d/的执行结果如图 9-31 所示。

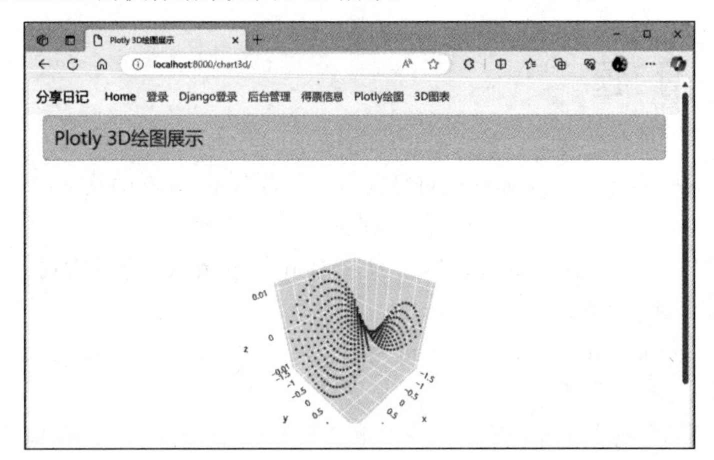

图 9-31　Plotly 3D 绘制图表功能展示

读者可以自行操作以体验这个具有旋转、放大、缩小等互动功能的 3D 立体图表。回到投票得票数的图表，最初我们使用散点图（Scatter）来显示三角函数的图形。现在，回到 Plotly 的条形图，只需进行以下修改：

```
def plotly(request):
    data = models.Vote.objects.all()
    labels = [d.name for d in data]
    values = [d.votes for d in data]
    plot_div = plot([go.Bar(y=labels, x=values,
                    orientation='h')], output_type='div')
    return render(request, "plotly.html", locals())
```

在上述例子中，我们从 data 中提取出的姓名和得票数，分别存放在列表变量 labels 和 values 中，然后将它们作为 x 和 y 参数传送给 go.Bar。执行后的结果如图 9-32 所示。

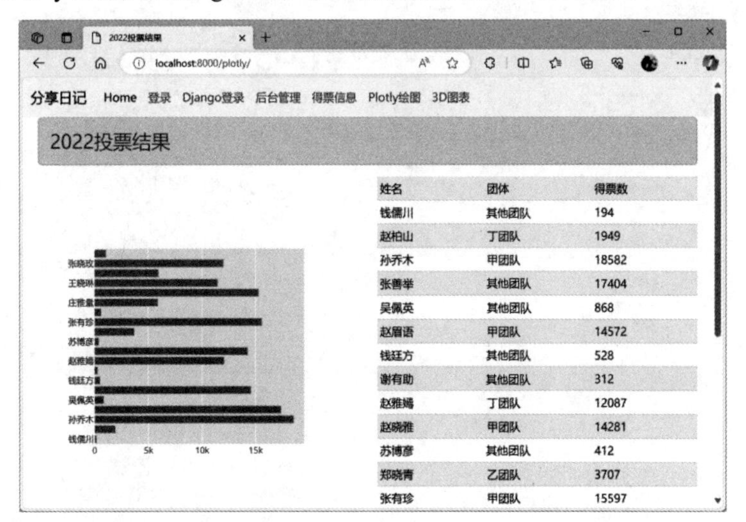

图 9-32　在 Django 网页中使用 Plotly 展示得票统计图

从图 9-32 可以看到，还有许多需要调整的地方。由于 Plotly 的使用超出了本书的讨论范围，这些内容读者可自行参考官方网站以获取细节说明。

9.5 本课习题

1．使用复制网站的方法把 dj4ch09 项目复制为一个名为 mych09 的网站。

2．网站使用 Cookie 作为登录用的机制可能造成什么问题？

3．练习在信息显示框架中把标签自定义为与 Bootstrap Alert 段落格式一样的分类，分别是 SUCCESS、INFO、WARNING 和 DANGER。

4．使用 9.3.1 节介绍的 django.contrib.auth 用户验证机制，加上@login_required 装饰器，以实现登录后能够重定到回原始页面的功能。

5．9.3.3 节介绍的范例程序并未考虑到用户重复输入相同日期日记的情况，给出解决的方法。

第 10 课

网站用户的注册与管理

10

现在的网站非常强调个性化信息显示的特色。除使用 Cookie 和 Session 在网站的背后记录用户的浏览习惯外，用户登录也是非常重要的功能。如何在网站中加入用户注册的功能，是本堂课第一个要介绍的重点。

然而，由于个人隐私权越来越受重视，大部分网络用户已经不再信任一些需要额外创建账号的网站，只要是需要先注册才能访问的网站，往往就会让用户打退堂鼓不再使用该网站。因此，如何通过现有的第三方网站授权直接成为自己网站的会员，是本堂课另一个要介绍的重点。

本堂课的学习大纲

- 建立网站用户的自动注册功能
- pythonanywhere.com 免费 Python 网站开发环境

10.1 建立网站用户的自动化注册功能

会员网站通常采用电子邮件启用的方式（即激活的方式）来让用户轻松注册。具体操作是，在用户注册后，填写正确的电子邮件地址，然后网站会向该邮箱发送一封启用电子邮件。电子邮件中包含一个激活或启用的链接，用户只需单击该链接，即可完成账号的正式激活或启用。使用合适的 Django 框架很容易在自己的网站中实现会员注册的操作。

10.1.1 django-registration-redux 的安装与设置

我们要介绍的框架是 django-registration-redux，它是一个方便的用户电子邮件注册启用模块，可与 Django 网站的用户验证机制整合在一起。请务必按照本书 8.2.4 节的介绍完成 QQ 收发电子邮件的相关设置，因为会使用到电子邮件的发送功能。

准备网站最方便的方式是按照第 9 课的方法，直接将之前的网站范例程序复制一份并进行修改。我们将 dj4ch09 复制一份成为 dj4ch10，并删除一些不需要的功能，例如动态图表绘制等程序代码。接下来在此基础上进行修改。修改完成后，务必先使用 python manage.py runserver 命令进行测试，确保一切顺利运行后再进行下一步。

网站复制完成后，用 pip 命令安装 django-registration，执行过程如下：

```
(dj4ch10) D:\dj4book\dj4ch10\dj4ch10>pip install django-registration-redux
Collecting django-registration-redux
  Downloading django_registration_redux-2.11-py2.py3-none-any.whl (213 kB)
     ---------------------------------- 213.1/213.1 kB 683.1 kB/s eta 0:00:00
Installing collected packages: django-registration-redux
Successfully installed django-registration-redux-2.11
```

由于该框架会使用 Django 原有的 Auth 架构，因此需要确保在第 9 课中使用的 Auth 用户验证部分没有问题。通常情况下，这是默认的功能，应该没有问题。安装完成后，只需进行一些设置和修正，就可以让用户在网站上自行注册，并通过电子邮件启用他们的账号。所有的操作都会自动进行，无须网站管理员额外执行启用的操作。

安装 django-registration-redux 后，只需在 settings.py 文件的 INSTALLED_APPS 列表中添加 registration（类似于添加 mysite 这个应用程序一样）。

值得注意的是，将 registration 放置在 mysite.apps.MysiteConfig（或者 mysite）应用程序下，这是因为我们的模板文件放在 mysite 应用程序的目录下。在 10.1.2 节中，我们将自定义模板来覆盖 registration 的默认模板。为了让 registration 能够找到 mysite 应用程序中的模板位置，我们需要将 mysite 应用程序设置在 registration 应用程序之前，如图 10-1 所示。

```
INSTALLED_APPS = [
    'django.contrib.admin',
    'django.contrib.auth',
    'django.contrib.contenttypes',
    'django.contrib.sessions',
    'django.contrib.messages',
    'django.contrib.staticfiles',
    'mysite',
    'registration',
]
```

图 10-1　配置 registration

接着执行数据库链接及更新操作，对 django-registration-redux 的默认模型执行迁移操作，具体步骤如下：

```
(dj4ch10) D:\dj4book\dj4ch10\dj4ch10>python manage.py makemigrations
Migrations for 'registration':
  D:\Anaconda3\envs\dj4ch10\lib\site-packages\registration\migrations\0006_
alter_registrationprofile_id.py
    - Alter field id on registrationprofile

(dj4ch10) D:\dj4book\dj4ch10\dj4ch10>python manage.py migrate
Operations to perform:
  Apply all migrations: admin, auth, contenttypes, mysite, registration, sessions
Running migrations:
  Applying registration.0001_initial... OK
  Applying registration.0002_registrationprofile_activated... OK
```

```
  Applying registration.0003_migrate_activatedstatus... OK
  Applying registration.0004_supervisedregistrationprofile... OK
  Applying registration.0005_activation_key_sha256... OK
  Applying registration.0006_alter_registrationprofile_id... OK
```

完成基本模块的安装后，我们可以在 settings.py 文件中设置该模块提供的其他常数设置（https://django-registration-redux.readthedocs.io/en/latest/quickstart.html#settings）。在这里，使用其中一个常数 ACCOUNT_ACTIVATION_DAYS，用于指定激活码（注册后可以启用账号的最长期限）的天数。这个常数可以在 settings.py 文件的任意位置进行设置：

```
ACCOUNT_ACTIVATION_DAYS = 7
```

一般设置为 7 天，它可以是任意的整数。因为使用的是标准自定义网址，所以在 urls.py 中要加上一行设置，代码如下：

```
path('accounts/', include('registration.backends.default.urls')),
```

加上之后，任何指定到/accounts/的网址都会被送到 registration 检查是否有符合的项，其中重要的网址是/accounts/register，只要浏览这个网址，就会自动进入用户注册的程序，因此需要把这个链接放在 header.html 文件中，该文件的具体内容如下：

```
<!-- header.html (dj4ch10 project) -->
<nav class="navbar navbar-expand-lg bg-body-tertiary">
  <div class="container-fluid">
    <a class="navbar-brand" href="#">分享日记</a>
    <button class="navbar-toggler" type="button" data-bs-toggle="collapse"
data-bs-target="#navbarNav" aria-controls="navbarNav" aria-expanded="false"
aria-label="Toggle navigation">
      <span class="navbar-toggler-icon"></span>
    </button>
    <div class="collapse navbar-collapse" id="navbarNav">
      <ul class="navbar-nav">
        <li class="nav-item">
          <a class="nav-link active" aria-current="page" href="/">Home</a>
        </li>
        {% if username %}
        <li class="nav-item">
          <a class="nav-link" href="/userinfo/">个人资料</a>
        </li>
        <li class="nav-item">
          <a class="nav-link" href="/post/">写日记</a>
        </li>
        <li class="nav-item">
          <a class="nav-link" href="/contact/">联络管理员</a>
        </li>
        <li class="nav-item">
          <a class="nav-link" href="/logout/">注销</a>
        </li>
        {% else %}
        <li class="nav-item">
          <a class="nav-link" href="/login/">登录</a>
```

```
      </li>
      <li class="nav-item">
        <a class="nav-link" href="/accounts/register/">注册</a>
      </li>
      <li class="nav-item">
        <a class="nav-link" href="/admin/login/?next=/">Django 登录</a>
      </li>
      {% endif %}
      <li class="nav-item">
        <a class="nav-link" href="/admin/">后台管理</a>
      </li>
    </ul>
  </div>
 </div>
</nav>
```

10.1.2 创建 django-registration-redux 所需的模板

当用户单击“注册”按钮后，django-registration 会开始调用一系列的模板和相关文本文件，我们需要准备好这些文件。所有的模板和文本文件都必须放在 templates 目录下的 registration 文件夹中。如果没有准备特定的模板和文本文件，django-registration 会使用其提供的默认模板。我们可以参考表 10-1 来获取所需的模板和文本文件。

表 10-1 django-registration-redux 所需准备的模板

模板或文件名	用 途 说 明
registration_form.html	显示注册表单的网页，默认使用 form 变量作为表单各字段的内容
registration_complete.html	填写完注册表单后，单击“提交”按钮显示的页面
activation_complete.html	当账号顺利完成启用时显示的页面
activate.html	当账号启用失败时显示的页面
activation_email.txt	在发送启用邮件时使用的邮件内容
activation_email_subject.txt	在发送启用邮件时使用的邮件主题

为了确保注册程序能够顺利运行，以上这几个文件必须放置在 templates\registration 文件夹下，如图 10-2 所示（以 Windows 10/11 为例）。

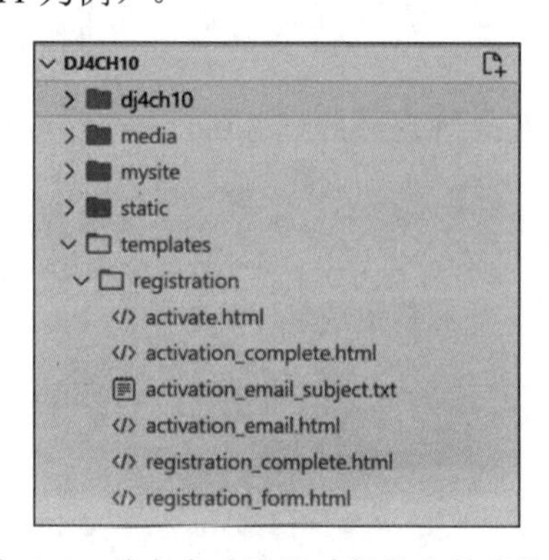

图 10-2 建立自动注册功能的文件存放处

这些文件的内容分别说明如下。第一个会被调用的文件是 registration_form.html，只要浏览 http://localhost:8000/accounts/register，就会显示此网页，所有内容全部由我们自行设计，要记得建立一个表单（加上<form>标签和 submit 按钮），然后把 form 变量显示出来。在我们的例子中，registration_form.html 的内容如下：

```
<!-- registration_form.html (dj4ch10 project) -->
{% extends "base.html" %}
{% block title %}注册分享日记{% endblock %}
{% block content %}
<div class='container'>
{% for message in messages %}
    <div class='alert alert-{{message.tags}}'>{{ message }}</div>
{% endfor %}
<div class='row'>
    <div class='col-md-12'>
        <h3 class='alert alert-primary'>注册分享日记网站</h3>
    </div>
</div>
<form action='.' method='POST'>
    {% csrf_token %}
        <table class="table table-striped">
            {{ form.as_table }}
        </table>
    <input type='submit' value='注册'><br/>
</form>
</div>
{% endblock %}
```

沿用第 9 课范例网站的基础模板，首先修正标题，然后把 form.as_table 显示出来。在单击 submit 按钮（“注册”按钮）后，django-registration 会自动把注册的账号写入数据库中（这些操作会自动完成，不需要我们处理），并将该账号的 is_active 设置为 False。接着调用并显示 registration_complete.html 网页，因此 registration_complete.html 中不需要使用任何变量，重要的功能是提醒用户要回到电子邮箱中去收信，然后单击链接执行账号启用的操作。在此例中，我们设计的 registration_complete.html 内容如下：

```
<!-- registration_complete.html (dj4ch10 project) -->
{% extends "base.html" %}
{% block title %}分享日记{% endblock %}
{% block content %}
<div class='container'>
{% for message in messages %}
    <div class='alert alert-{{message.tags}}'>{{ message }}</div>
{% endfor %}
<div class='row'>
    <div class='col-md-12'>
        <div class='card'>
            <div class='card-header' align=center>
                <h3>感谢您的注册</h3>
                <p>接下来请别忘了到您注册的电子邮件中去启用账号</p>
```

```
            </div>
        </div>
    </div>
</div>
</div>
{% endblock %}
```

那么启用邮件的内容是什么呢？由两个文件决定，分别是 activation_email_subject.txt 和 activation_email.html。需要注意的是，这两个文件是纯文本文件而不是 HTML 文件，因此不接受任何 HTML 标签命令，只能包含一般的文字内容和{{变量名称}}。邮件主题一般比较简单，在本堂课的示例网站中，只有一句话："感谢您在分享日记，请注册您的账号，这是启用邮件。"。另外，activation_email.txt 稍微复杂一些，因为它需要建立一个链接指向启用账号的网址。因此，我们设计了以下内容：

```
<!DOCTYPE html>
<html>
    <head>
        <meta charset="UTF-8">
        <meta http-equiv="X-UA-Compatible" content="IE=edge">
        <meta name="viewport" content="width=device-width, initial-scale=1.0">
        <title>Document</title>
    </head>
    <body>
        <h1>感谢您的注册</h1>
        <p>用户: {{ user }}</p>
        <p>在网站: {{ site }}注册</p>
        <a href="http://{{ site }}/accounts/activate/{{ activation_key }}">点击启用</a>
        <p>将于{{ expiration_days }}天后到期</p>
    </body>
</html>
```

user、site、activation_key 和 expiration_days 是 4 个可以在电子邮件中使用的变量，它们分别代表账号名称、网站网址、启用的哈希（Hash）码以及有效期（天数），只需将这些变量整合到文字叙述中即可。需要注意的是，默认情况下不接受 HTML 标签，因此在设置可链接的网址时无法使用<a href='…'>标签。不过幸运的是，只要在网站的网址后面加上/accounts/activate/再加上 activation_key，此链接就会自动执行账号启用的操作。大多数电子邮件阅读网页会自动将其转换为链接。

剩下的两个文件是在启用成功和失败时显示的网页。其中，成功的网页 activation_complete 的设计如下：

```
<!-- activation_complete.html (d4jch10 project) -->
{% extends "base.html" %}
{% block title %}分享日记{% endblock %}
{% block content %}
<div class='container'>
{% for message in messages %}
    <div class='alert alert-{{message.tags}}'>{{ message }}</div>
```

```
{% endfor %}
    <div class='row'>
        <div class='col-md-12'>
            <h3 class='alert alert-primary'>账号启用成功，感谢您的注册！</h3>
        </div>
    </div>
</div>
{% endblock %}
```

若启用失败，则会调用 activate.html，activate.html 的内容如下：

```
<!-- activate.html (dj4ch10 project) -->
{% extends "base.html" %}
{% block title %}分享日记{% endblock %}
{% block content %}
<div class='container'>
{% for message in messages %}
    <div class='alert alert-{{message.tags}}'>{{ message }}</div>
{% endfor %}
<div class='row'>
    <div class='col-md-12'>
        <h3 class='alert alert-warning'>启用失败，请检查您的启用链接，谢谢。</h3>
    </div>
</div>
</div>
{% endblock %}
```

如此，就完成了自动注册网站的电子邮件启用账号流程。

10.1.3　整合用户注册功能到分享日记网站

在此之前，提醒一下，如果读者的网站不是通过复制上一节的程序代码来修改的，需要确保在 settings.py 文件中正确配置了电子邮件相关的设置：

```
EMAIL_BACKEND = "django.core.mail.backends.smtp.EmailBackend"
EMAIL_HOST = "smtp.qq.com"
EMAIL_PORT = 587
EMAIL_USE_TLS = True
EMAIL_HOST_USER = "youremail@qq.com" # 填入真实的 e-mail 地址
EMAIL_HOST_PASSWORD = "请填入从腾讯 QQ 邮箱系统获得的 16 位授权码"
DEFAULT_FROM_EMAIL = EMAIL_HOST_USER
```

下面来看一些网站注册的界面，首先是网站注册的表单，如图 10-3 所示。

在填写完资料并单击“注册”按钮之后，会出现提醒用户去检查并激活电子邮件的页面，如图 10-4 所示。

过一会儿，就可以在设置的电子邮箱中收到类似图 10-5 所示的启用账号（即激活账号）的电子邮件内容。

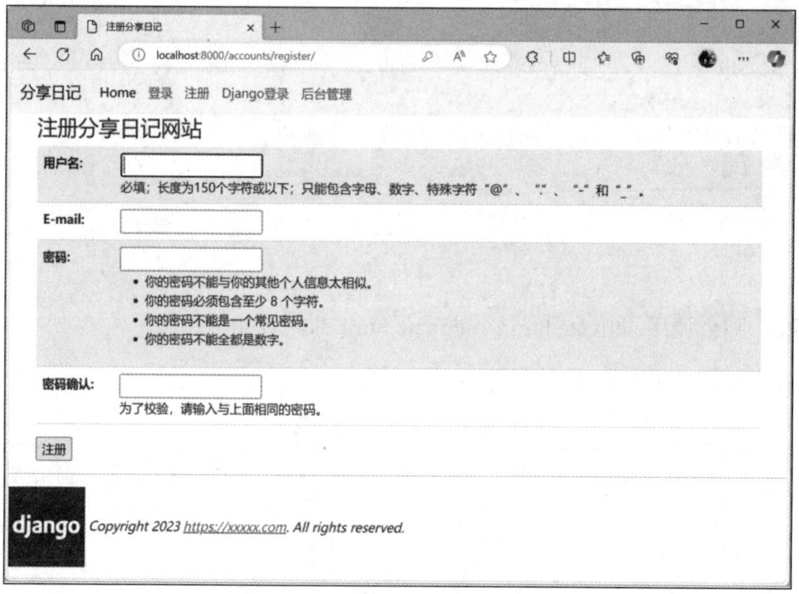

图 10-3 使用 django-registration 的注册页面

图 10-4 提醒用户检查并打开电子邮件去启用账号的页面

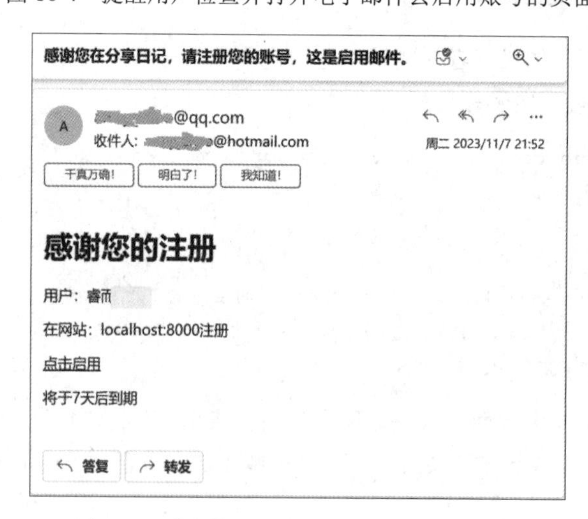

图 10-5 启用注册账号的电子邮件及其内容

当用户单击启用链接后，将会出现账号启用完成的通知，如图 10-6 所示。

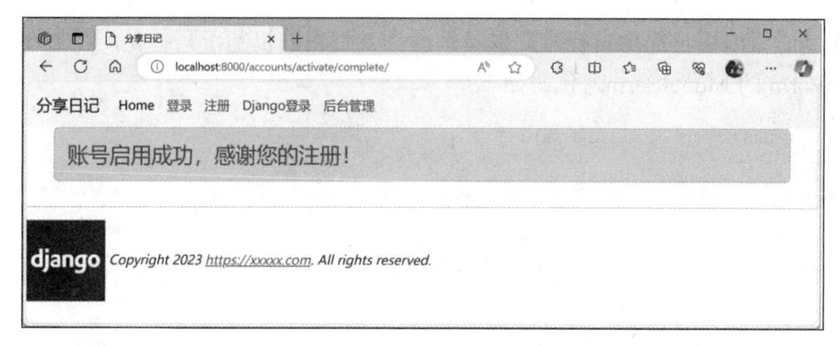

图 10-6　注册账号成功启用的通知页面

在账号启用（激活）后，就可以使用新注册的账号登录网站，如图 10-7 所示。

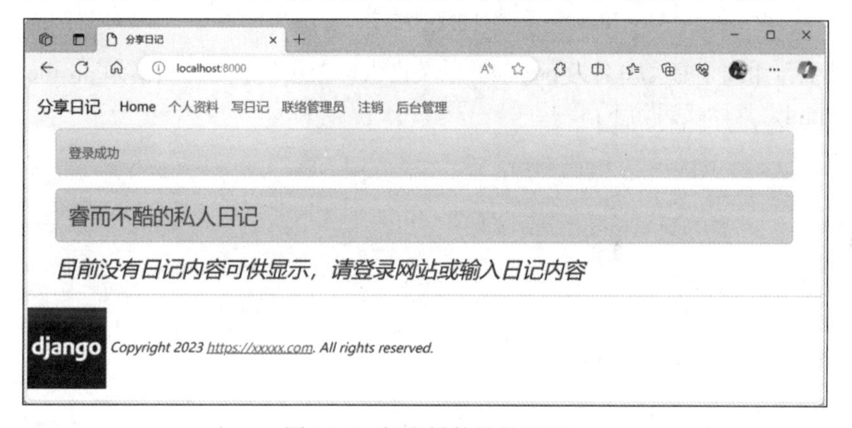

图 10-7　新账号的登录页面

至此，我们的示例网站已具备用户自由注册的功能，注册后可以立即激活，成为一个更具实用性的会员制网站。然而，在显示个人资料时，却没有显示正确的信息，甚至连电子邮件也无法正常显示，如图 10-8 所示。

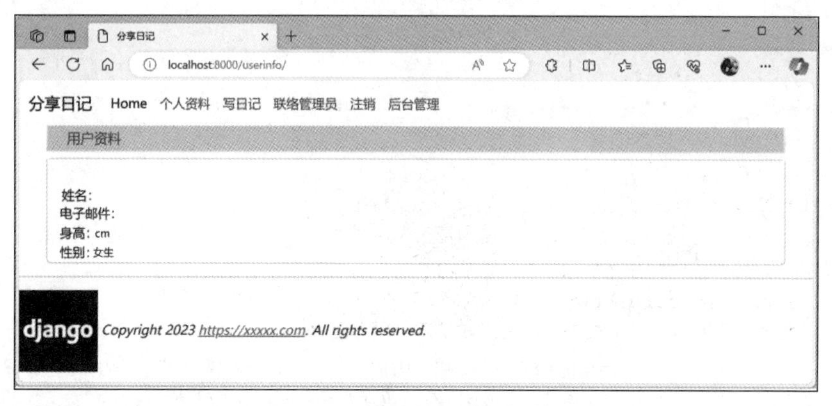

图 10-8　新创建的用户无法显示出正确的个人资料

原因很简单，因为此网站的个人资料存放在 Profile 的数据表中。在之前的测试中，我们使用人工的方式创建了第一个用户的 Profile 项，但是新注册的用户并没有执行这个操作，也就是说新注册的用户没有相应的 Profile 数据记录。因此，当用户登录后会发现什么都找不到，并且无法正确地显示内容。现在是时候给用户提供自行建立以及修改个人资料的机制了。首先，在 forms.py 中创建一个名为 ProfileForm 的 ModelForm，代码如下：

```
class ProfileForm(forms.ModelForm):

   class Meta:
      model = models.Profile
      fields = ['height', 'male', 'website']

   def __init__(self, *args, **kwargs):
      super(ProfileForm, self).__init__(*args, **kwargs)
      self.fields['height'].label = '身高(cm)'
      self.fields['male'].label = '是男生吗'
      self.fields['website'].label = '个人网站'
```

为了能够显示用户信息（命名为 profile）以及提供修改用的表单（命名为 profile_form），需要修改 userinfo.html，具体代码如下：

```
<!-- userinfo.html (dj4ch10 project) -->
{% extends "base.html" %}
{% block title %}分享日记{% endblock %}
{% block content %}
<div class='container'>
{% for message in messages %}
   <div class='alert alert-{{message.tags}}'>{{ message }}</div>
{% endfor %}
<div class='row'>
   <div class='col-md-12'>
      <div class='panel panel-default'>
         <div class='panel-heading' align=center>
            <h3>用户资料</h3>
         </div>
      </div>
   </div>
</div>
<div class='row'>
   <div class='col-md-12'>
      <div class='card'>
         <div class='card-header' align=center>
            {{ profile.user.username | upper }}
         </div>
         <div class='card-body'>
            电子邮件: {{ profile.user.email }}<br/>
            身高: {{ profile.height }} cm<br/>
            性别: {{ profile.male | yesno:"男生,女生"}}<br/>
            个人网站: <a href='{{ profile.website }}'>{{ profile.website }}</a>
         </div>
      </div>
   </div>
</div>
<form name='myname' action='.' method='POST'>
```

```
    {% csrf_token %}
    <table class="table table-striped">
    {{ profile_form.as_table }}
    </table>
    <input type='submit' value='修改个人资料'>
</form>
</div>
{% endblock %}
```

为了提供 userinfo.html 所需的变量，我们需要相应地调整 views.userinfo 这个自定义处理函数，以确保与第 9 课的程序代码内容不同。以下是本堂课中使用的修改后的 views.userinfo 代码段：

```
@login_required(login_url='/login/')
def userinfo(request):
    if request.user.is_authenticated:
        username = request.user.username
    user = User.objects.get(username=username)
    try:
        profile = models.Profile.objects.get(user=user)
    except:
        profile = models.Profile(user=user)

    if request.method == 'POST':
        profile_form = forms.ProfileForm(request.POST, instance=profile)
        if profile_form.is_valid():
            messages.add_message(request, messages.INFO, "个人资料已保存")
            profile_form.save()
            return redirect('/userinfo')
        else:
            messages.add_message(request, messages.INFO, '要修改个人资料，每一个字段都要填……
')
    else:
        profile_form = forms.ProfileForm()

    return render(request, 'userinfo.html', locals())
```

在这段程序代码中，最重要的部分是以下这几行：

```
try:
    profile = models.Profile.objects.get(user=user)
except:
    profile = models.Profile(user=user)
```

在这段程序代码中，我们以前面读取到的 user 对象（即当前用户）作为参数，尝试在数据库中查找。如果找到了对应的记录，就将该 Profile 实例存储在 profile 变量中。但如果在数据库中找不到对应记录，get 函数就会抛出一个异常。为了处理这种情况，我们使用 except 语句来捕获该异常，并调用 models.Profile(user=user)创建一个新的实例。

执行完这几行代码后，将会有一个属于登录用户的 Profile 数据项。有了 profile 对象，不仅可以将其传送给 userinfo.html 进行渲染，生成新的用户资料页面，还可以使用 profile_form = forms.ProfileForm(request.POST, instance=profile)这行代码将用户资料混合到 ModelForm 表单数据中。

然后，调用 profile_form.save()将用户在表单中填写的资料与当前登录用户的资料结合起来，存储或更新为最新的个人信息数据项。

根据这些内容生成的网页如图 10-9 所示，读者可自行操作。只需在下方提供所需的资料，然后单击“修改个人资料”按钮，上方的信息就会相应地更新为修改后的内容。

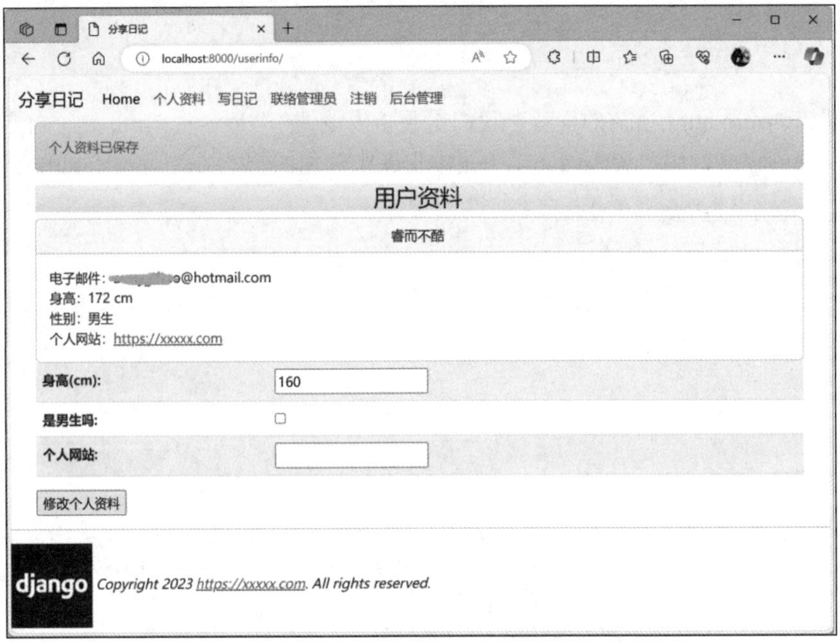

图 10-9　新版的用户资料

如图 10-9 所示，在用户资料的下方添加了一个表单。该该表单是 ProfileForm 的实例，在这个表单中，只需填入想要修改的个人资料，然后将表单提交给 views.userinfo 进行处理，在数据更新后，页面就会显示最新的内容。

10.2　pythonanywhere.com 免费的 Python 网站开发环境

本节将为我们的网站添加第三方网站验证机制，使用一些知名网站来验证用户的身份。这样，用户就不需要为了加入我们的网站而单独注册账号和设置密码了，这是当前会员网站最流行且最方便的方式之一。

为了方便演示，本节将先介绍如何免费创建一个包含自有网址的 Django 网站。

10.2.1　注册 pythonanywhere.com 账号

pythonanywhere.com 是一个允许学习者或开发人员在线编辑和执行 Python 程序的网站。只要计算机能够上网，就可以在该网站上执行 Python 的 Shell，输入 Python 程序并执行。与其他在线编辑 Python 的网站不同的是，PythonAnywhere 还提供了 Bash（操作系统终端程序）环境，可以直接在终端操作 Python 和 Django 程序。它的功能更加完善，并提供了 MySQL 服务器和网站发送服务，从开发到上线部署一站式完成。因此，它深受初学 Django 网站开发的朋友喜爱。

首先，在浏览器中打开 pythonanywhere.com 网页，如图 10-10 所示。

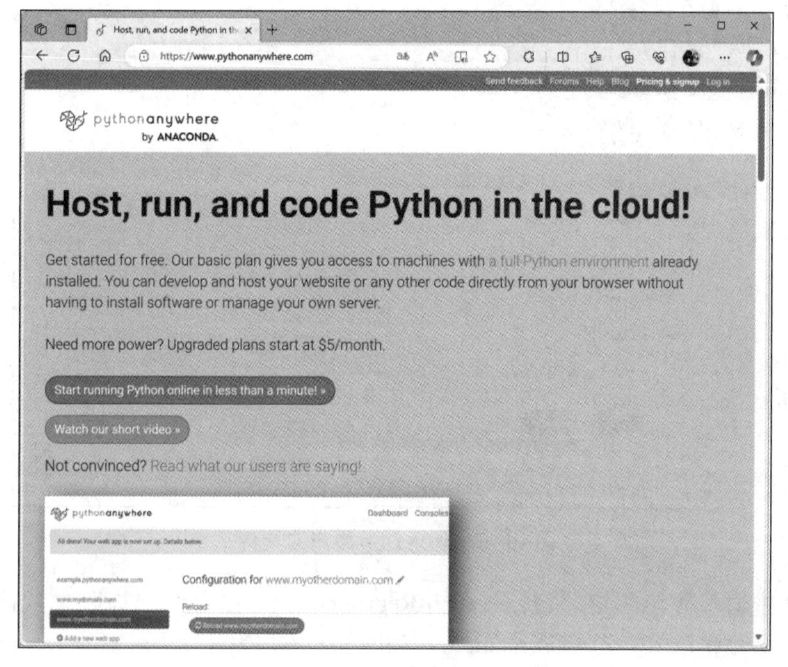

图 10-10　pythonanywhere.com 首页

pythonanywhere.com 也提供了收费的服务，如果感兴趣的话，可以在 Pricing 页面查看收费内容。不过，他们也提供了免费的使用项目，并且还有一个针对网站的免费套餐，非常适合用来练习。首次使用时，可单击右上角的 Pricing & signup，如图 10-11 所示。

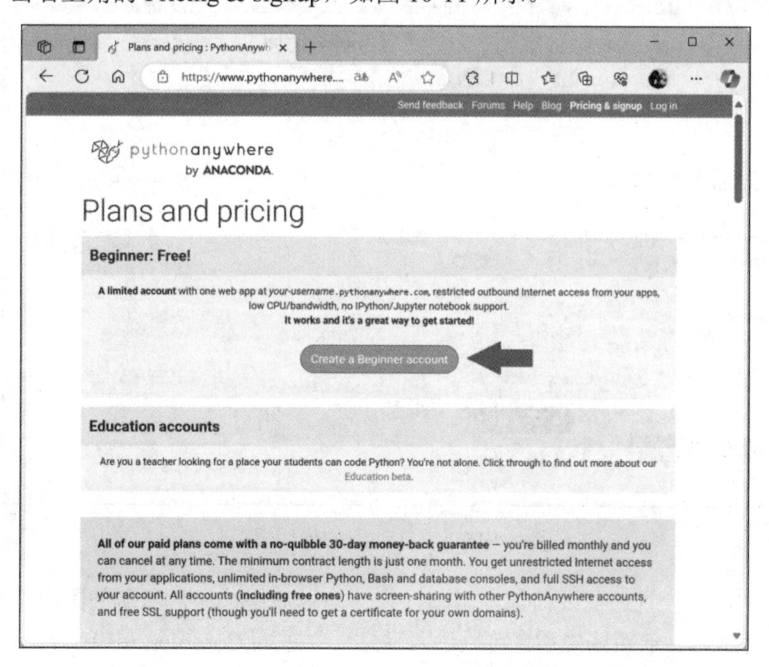

图 10-11　在 pythonanywhere.com 中创建免费账号

在图 10-11 中箭头所指的位置，单击 Create a Beginner account 按钮，然后进入用户资料输入页面，如图 10-12 所示。

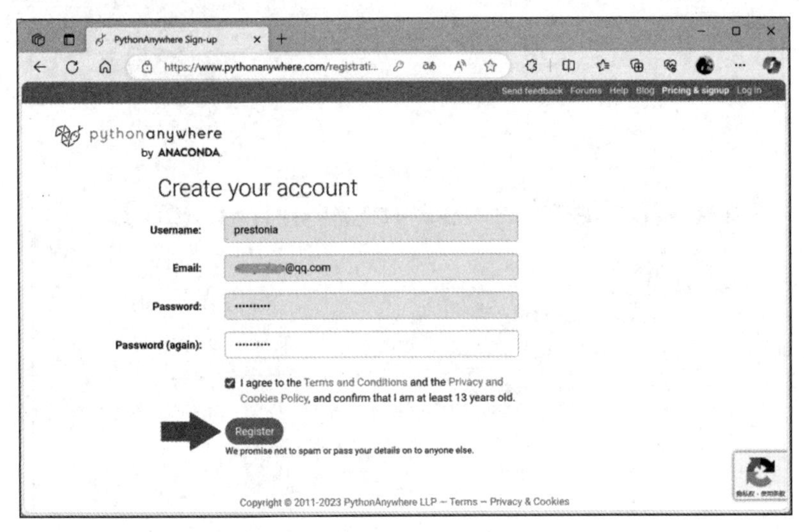

图 10-12　输入注册用户的资料

在图 10-12 中输入所有的注册资料后，单击 Register（注册）按钮进行注册。需要特别注意的是，免费账号的网站名称将以用户名（Username）作为网址名称，因此如果可能的话，可以直接选择自己想要的网址名称（主域名仍然是 pythonanywhere.com）。单击 Register 按钮后，将进入如图 10-13 所示的页面。

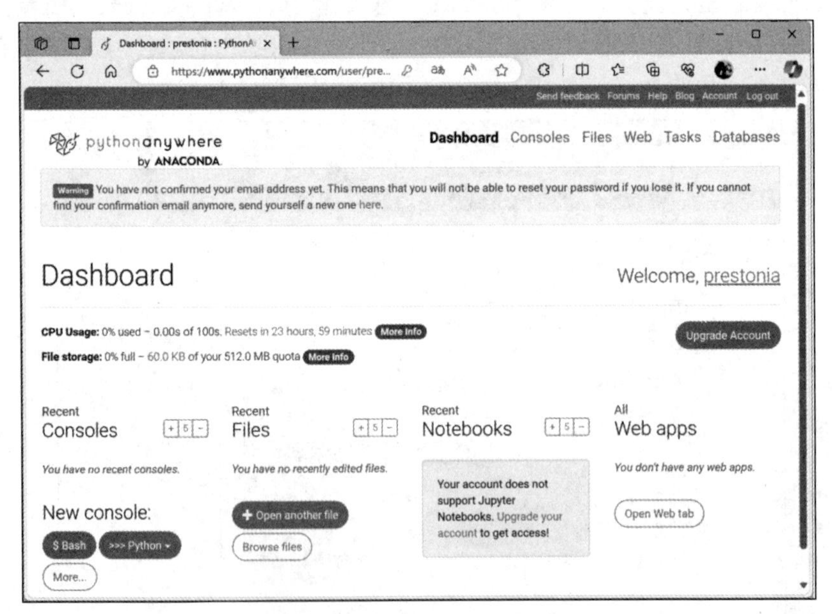

图 10-13　首次注册的说明页面

在图 10-13 中，主要说明需要前往电子邮件收件箱以启用或激活注册的账户，并提供了一些新手操作说明的文件链接。启用账户后，可以进入网站，并进入 Consoles（控制台）页面，如图 10-14 所示。

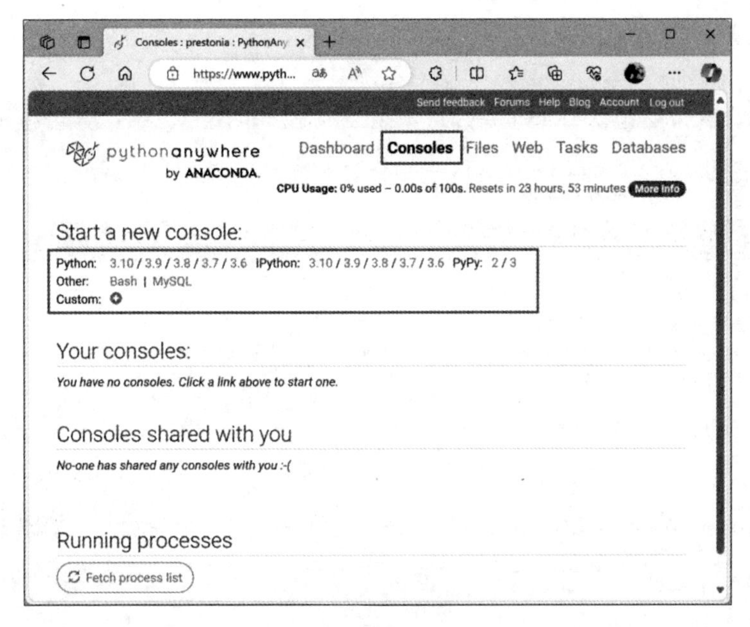

图 10-14　pythonanywhere.com Consoles 页面

在 Consoles 页面我们用方框标记的区域表示可使用的 Shell 种类，包括各种版本的 Python Shell。只需单击所需练习的 Shell 版本，即可立即进入 Shell 环境并执行 Python 程序。最底部一行还提供了 Bash（Linux Shell，类似于虚拟机的终端界面）和 MySQL 数据库的 Shell。这对于建立网站非常方便，因为我们经常需要在 Bash 中使用 pip 安装额外的 Python 和 Linux 模块。

Files 页面的内容如图 10-15 所示。

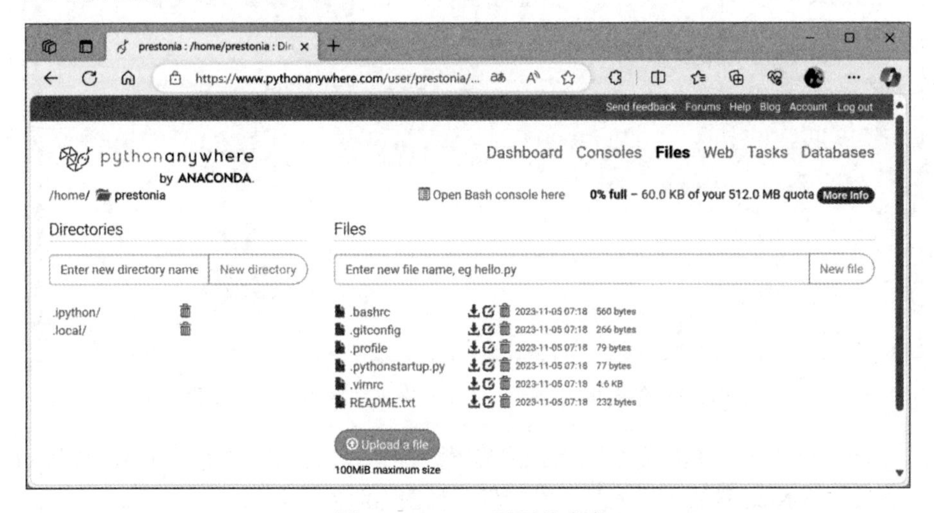

图 10-15　Files 页面的内容

这个页面展示了当前虚拟机中所有文件和文件夹的内容，在编辑程序和网站时非常有用。只需单击文本文件（包括 Python 程序代码），就可以打开程序代码编辑器并编辑这些程序的内容。至于 Web 页面，用于设置 Python 网站的重要部分，如图 10-16 所示。

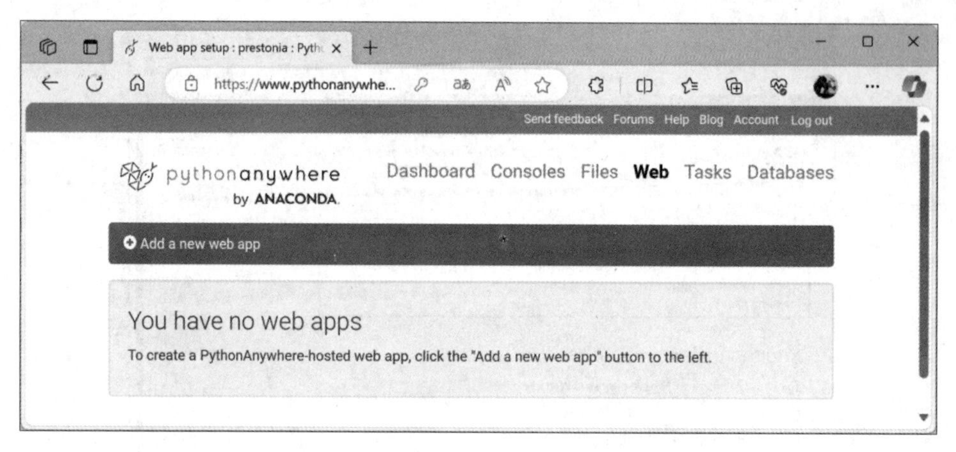

图 10-16　Web 页面的内容

单击 Add a new web app 按钮，即可开始创建免费网站（第一个免费），如图 10-17 所示。

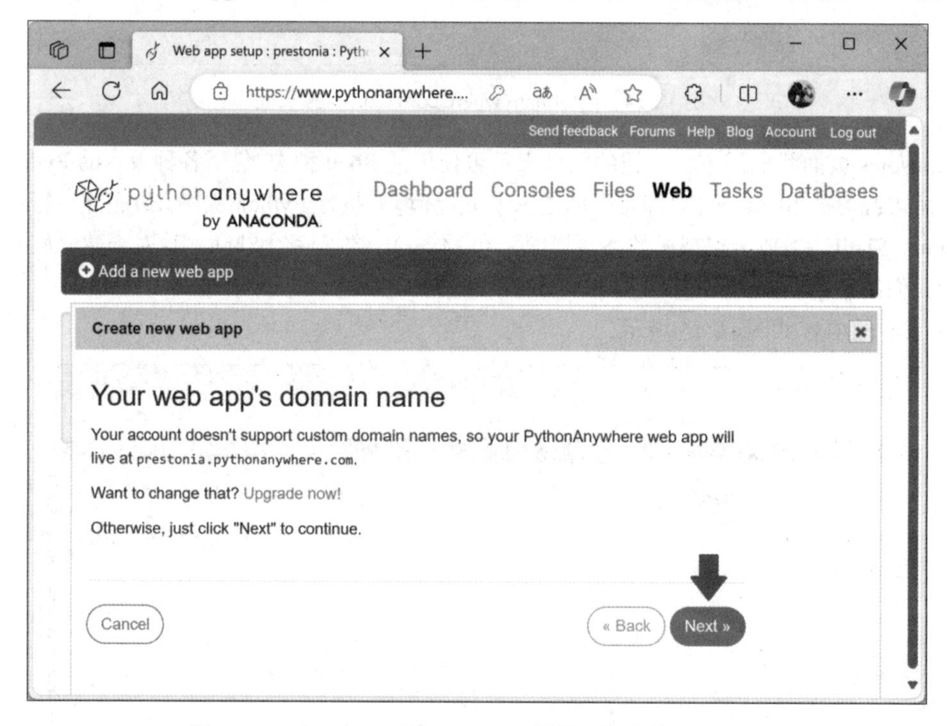

图 10-17　在 pythonanywhere.com 创建网站的第一个步骤

在第一个步骤中，可以设置域名（domain）。然而，免费账户只能使用自己的账号 ID 作为网址。因此，直接单击 Next 按钮以进入第二个步骤，如图 10-18 所示。

在第二个步骤中，可以选择要使用的网站框架（framework）。在 Python 中最受欢迎的网站框架，在此均列出了。然而，为了进一步设置，我们选择手动配置（Manual configuration），以手动方式添加 Django 框架。

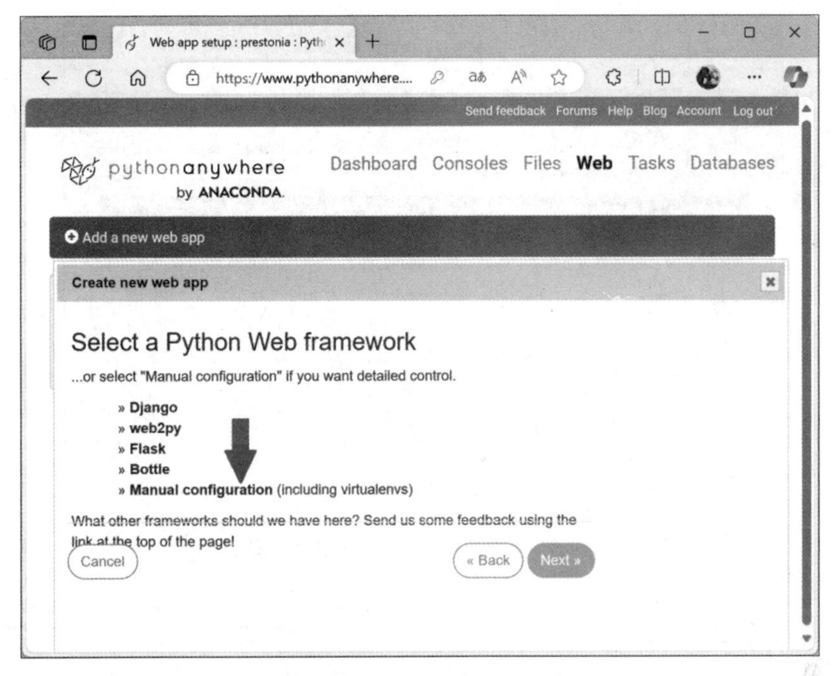

图 10-18　创建网站的第二个步骤，指定网站框架

接下来，设置要使用的 Python 版本，如图 10-19 所示。

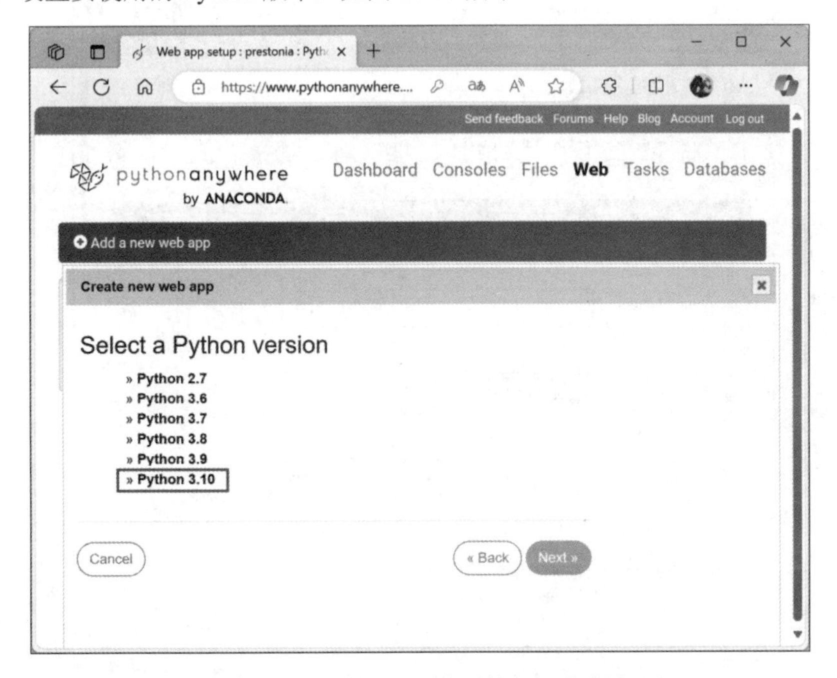

图 10-19　设置网站要使用的 Python 版本

在这里，我们选择使用 Python 3.10 版本。选择后，单击 Next 按钮，即可进入最后一步。在图 10-20 中，阅读完说明后，再次单击 Next 按钮，稍等片刻，网站即可创建完成，如图 10-21 所示。

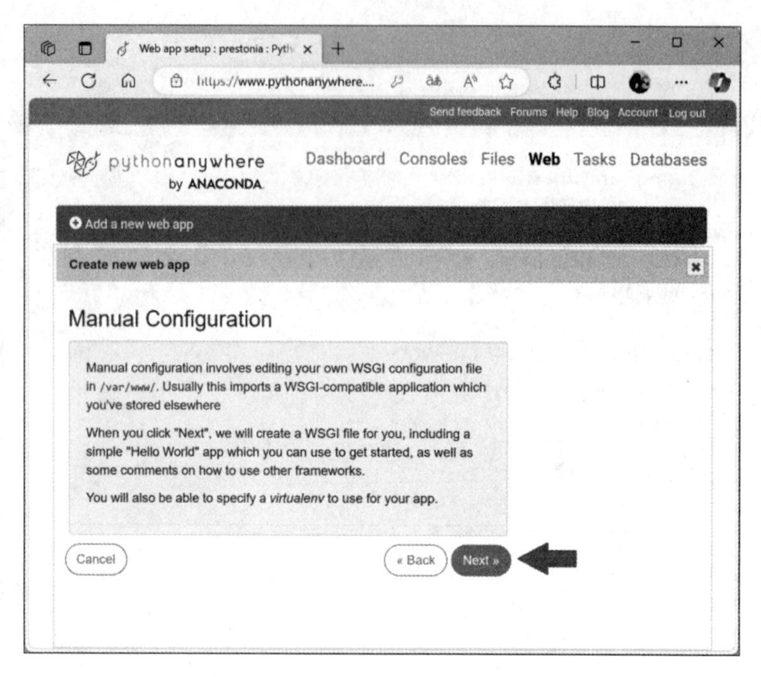

图 10-20　手动配置最后的说明页

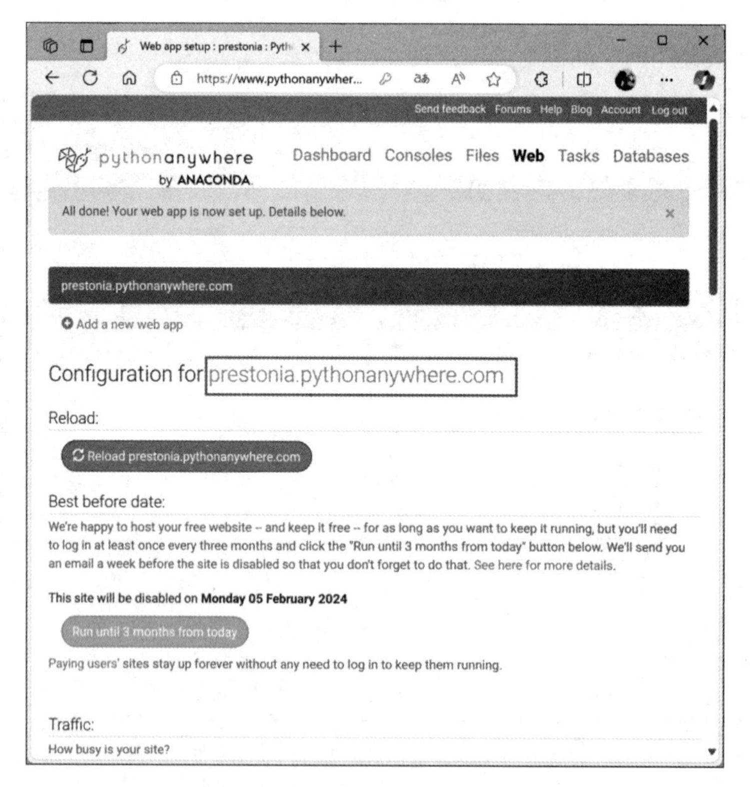

图 10-21　网站创建完成时的页面

在自己账号的 ID 后面添加 pythonanywhere.com，即可得到这个免费网站的网址。需要注意的是，免费版本的网站只有 3 个月的有效期。使用浏览器访问该网址，将看到如图 10-22 所示的网页（如果选择使用现有的 Web 框架，页面内容可能会有所不同）。

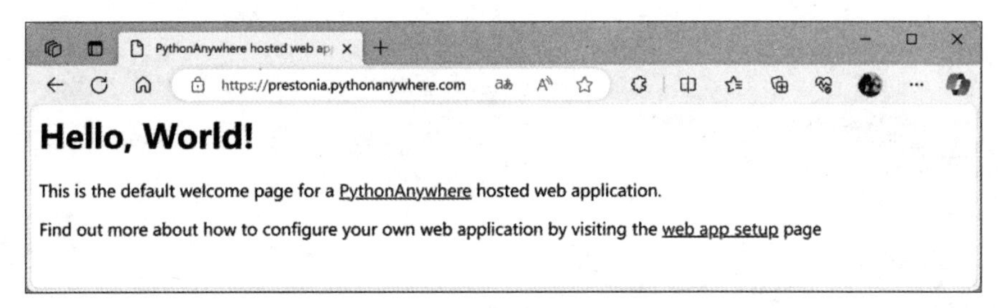

图 10-22　手动配置创建的默认网站的首页

10.2.2　在 pythonanywhere.com 免费网站中创建虚拟环境以及 Django 网站

在 10.2.1 节中，我们以手动方式创建了网站。在 PythonAnywhere 帮助建立基本环境后，接下来需要通过命令行方式手动安装虚拟环境（virtualenv）和 Django。要执行这些操作，需要回到 Console 页面，即如图 10-14 所示的页面，然后进入 Bash 终端程序的环境。接下来，按照之前章节的步骤设置虚拟环境，使用 virtualenv 和 pip 命令，具体操作过程如下：

```
07:56 ~ $ python --version
Python 3.10.5
07:56 ~ $ virtualenv --version
virtualenv 20.15.1 from /usr/local/lib/python3.10/site-packages/virtualenv/__
init__.py
07:56 ~ $ virtualenv -p /usr/bin/python3.10 venv
created virtual environment CPython3.10.5.final.0-64 in 17579ms
  creator CPython3Posix(dest=/home/prestonia/venv, clear=False, no_vcs_ignore=False,
global=False)
  seeder  FromAppData(download=False,  pip=bundle,  setuptools=bundle,  wheel=bundle,
via=copy, app_data_dir=/home/prestonia/.local/share/virtualenv)
    added seed packages: pip==22.1.2, setuptools==62.6.0, wheel==0.37.1
  activators            BashActivator,CShellActivator,FishActivator,NushellActivator,
PowerShellActivator,PythonActivator
08:06 ~ $ ls
README.txt venv
08:08 ~ $ source venv/bin/activate
(venv) 08:08 ~ $ pip install django==4.0
Looking in links: /usr/share/pip-wheels
Collecting django==4.0
  Downloading Django-4.0-py3-none-any.whl (8.0 MB)
     ━━━━━━━━━━━━━━━━━━━━━━━━━━━━━━━━━━━━━━━━━━━━━━━━━━━━━━━━━━━━━━━━━━━━ 8.0/8.0 MB
15.3 MB/s eta 0:00:00
Collecting sqlparse>=0.2.2
  Downloading sqlparse-0.4.4-py3-none-any.whl (41 kB)
     ━━━━━━━━━━━━━━━━━━━━━━━━━━━━━━━━━━━━━━━━━━━━━━━━━━━━━━━━━━━━━━━━━━ 41.2/41.2 kB
410.2 kB/s eta 0:00:00
Collecting asgiref<4,>=3.4.1
  Downloading asgiref-3.7.2-py3-none-any.whl (24 kB)
```

```
Collecting typing-extensions>=4
  Downloading typing_extensions-4.8.0-py3-none-any.whl (31 kB)
Installing collected packages: typing-extensions, sqlparse, asgiref, django
Successfully installed asgiref-3.7.2 django-4.0 sqlparse-0.4.4 typing-extensions-4.8.0
(venv) 08:12 ~ $ pip freeze
asgiref==3.7.2
Django==4.0
sqlparse==0.4.4
typing_extensions==4.8.0
(venv) 08:19 ~ $ django-admin --version
4.0
(venv) 08:19 ~ $
```

操作过程的页面如图 10-23 所示。

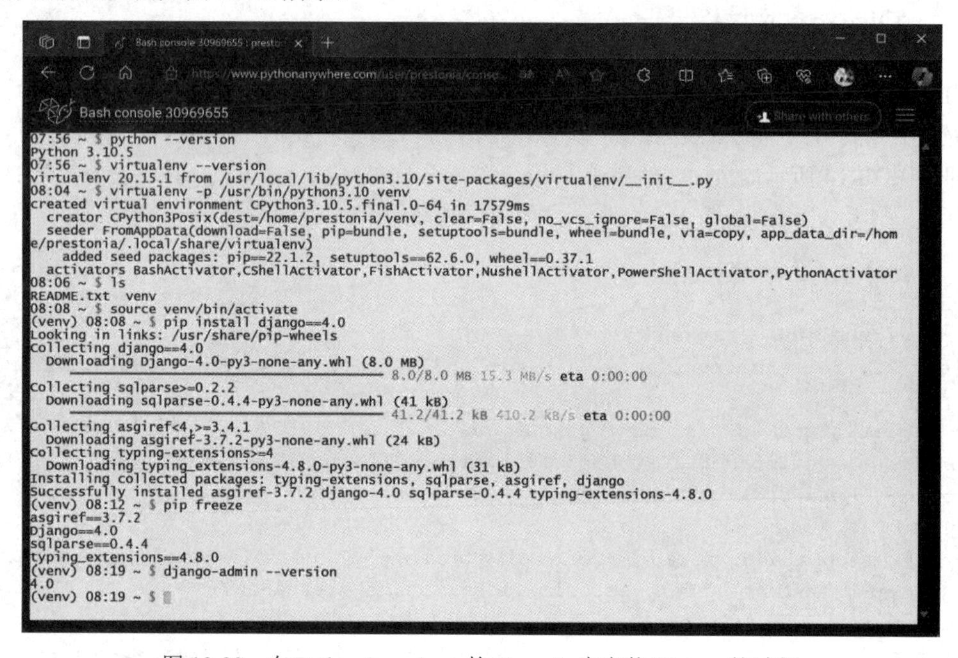

图 10-23　在 PythonAnywhere 的 Console 中安装 Django 的过程

因为在 Bash 中的操作类似于虚拟机（实际上就是 Ubuntu 20.04 LTS 操作系统），所以网站所需的所有 Python 模块（Module）都可以在这个终端程序中安装。要创建一个 Django 网站，只需执行以下命令即可（假设要创建的网站名为 mvote）：

```
(VENV) 10:35 ~ $ django-admin startproject mvote
(VENV) 10:39 ~ $ cd mvote
(VENV) 10:39 ~/mvote $ python manage.py startapp mysite
(VENV) 10:41 ~/mvote $ cd ..
(VENV) 10:41 ~ $ tree mvote
mvote
├── manage.py
├── mvote
│   ├── __init__.py
```

```
|   ├── __pycache__
|   |   ├── __init__.cpython-310.pyc
|   |   └── settings.cpython-310.pyc
|   ├── asgi.py
|   ├── settings.py
|   ├── urls.py
|   └── wsgi.py
└── mysite
    ├── __init__.py
    ├── admin.py
    ├── apps.py
    ├── migrations
    |   └── __init__.py
    ├── models.py
    ├── tests.py
    └── views.py
4 directories, 15 files
```

创建完毕后，回到 Dashboard 的 Files 标签，如图 10-24 所示。

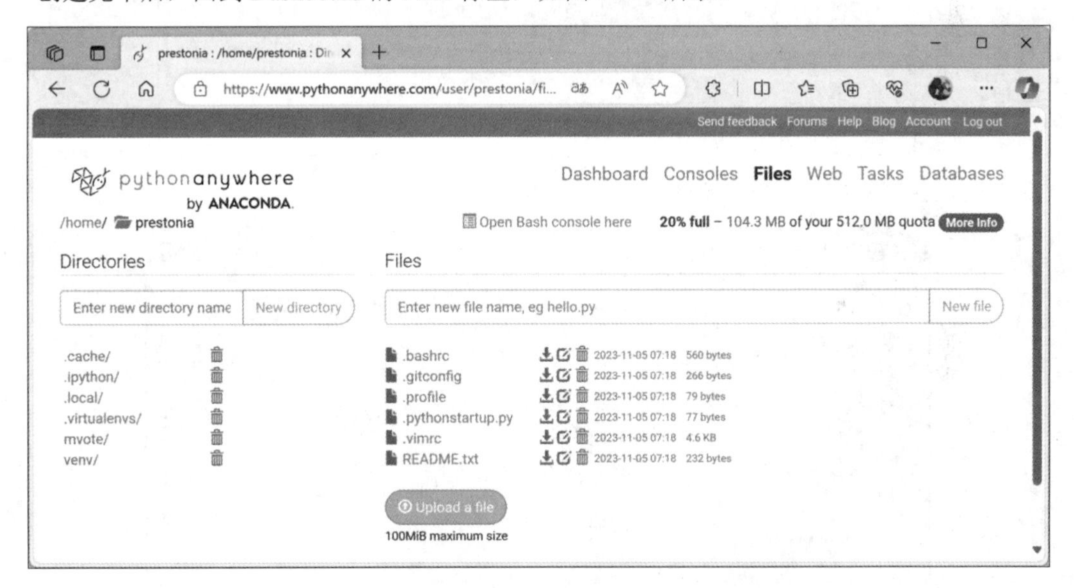

图 10-24　创建了 Django 的 Project 后的文件列表

在如图 10-24 所示的页面中，不仅可以打开任意文件进行编辑，还可以创建文件夹（Consoles）并将所需的文件上传到指定文件夹中，非常方便。在本课程中，我们将创建一个名为 mvote 的网站示例，该网站允许用户登录后进行投票。网站的地址是 http://prestonia.pythonanywhere.com/。因此，我们还需要在 mvote 和 mysite 内创建 templates、static 等文件夹。读者可使用此页面或之前提到的 Bash 终端程序界面进行练习。文件夹的位置如图 10-25 和图 10-26 所示。

接着在 PythonAnywhere 的 Files 页面打开 settings.py 文件进行相关设置，如图 10-27 所示。

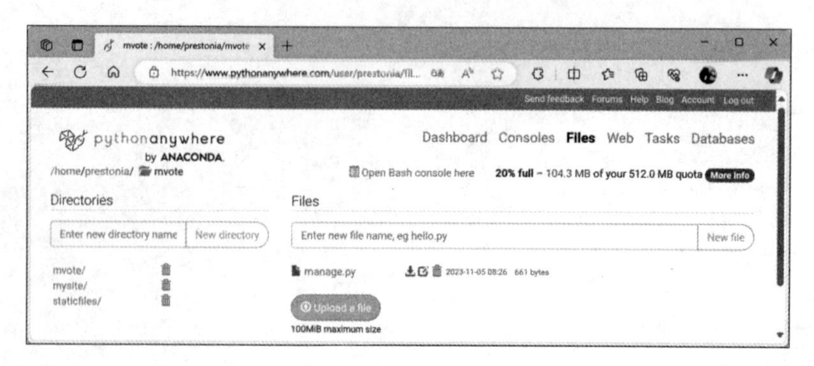

图 10-25　创建 templates 等文件夹 1

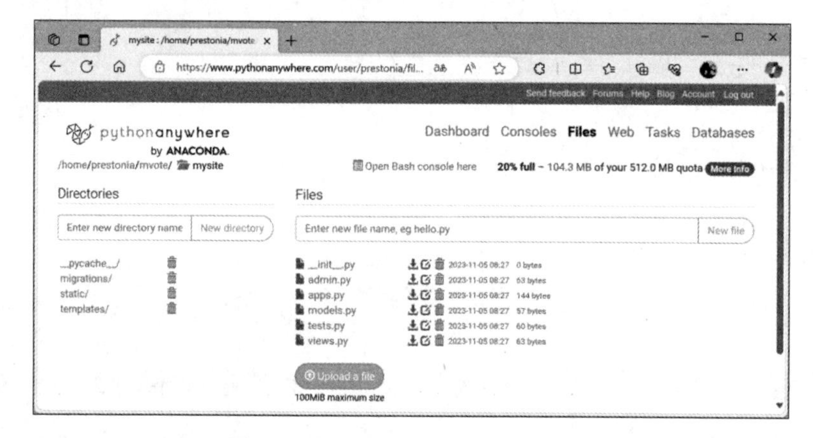

图 10-26　创建 templates 等文件夹 2

图 10-27　打开 settings.py 文件进行相关设置

注意图 10-27 右上角的按钮，在保存文件后，不要忘记单击最右侧的“刷新”按钮，以使文件的更改生效。要修改的内容与之前几堂课中介绍的相似，包括对模板和静态文件的设置。在 INSTALLED_APPS 中添加'mysite.apps.MysiteConfig'（或'mysite'），在 ALLOWED_HOSTS 列表中添加'*'，并将 DEBUG 设置为 False。记住，这个网站是一个可以直接在互联网上浏览的正式网站。

此外，还要对静态文件进行设置：

```
... 之前的内容省略 ...
# Internationalization
# https://docs.djangoproject.com/en/4.0/topics/i18n/

LANGUAGE_CODE = 'zh-Hans'

TIME_ZONE = 'Asia/Shanghai'

USE_I18N = True

USE_L10N = True

USE_TZ = True


# Static files (CSS, JavaScript, Images)
# https://docs.djangoproject.com/en/4.0/howto/static-files/

STATIC_URL = '/static/'
STATIC_ROOT = BASE_DIR / 'staticfiles'
STATICFILES_DIRS = [
    BASE_DIR / 'static'
]
```

然而，完成上述设置并刷新网站后，网站的内容不会改变，因为还没有进行 Web 标签中的设置。返回 Web 标签，并向下滚动页面，按照如图 10-28 所示的指示进行一些参数设置。

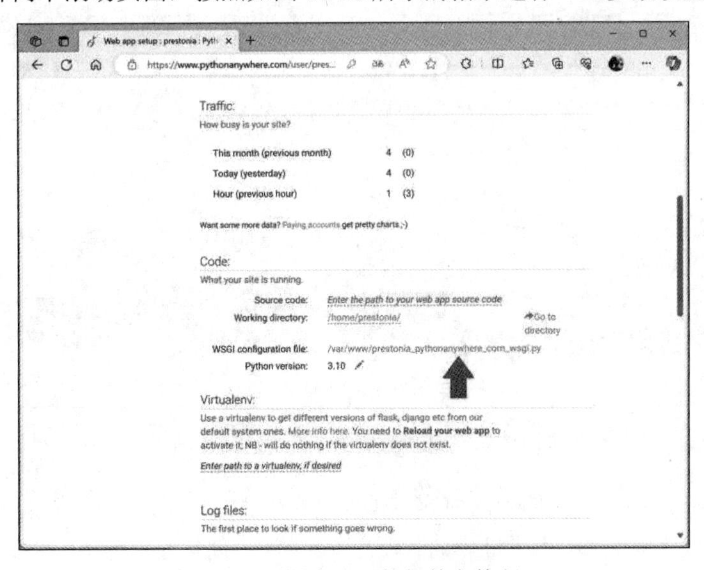

图 10-28　设置 Web 的相关参数之一

在图 10-28 中，需要设置 Code 所在的文件夹位置。在这个例子中，账号为 prestonia，使用 django admin 生成的项目名为 mvote，并使用 python manage.py startapp 生成了 mysite 这个 App。请注意正确设置文件夹位置的内容，以确保网站能够正常运行。在图 10-28 中，箭头所指的文件需要进行编辑，进入文件后，可以看到底部有一个被注释掉的 Django 设置区块，如图 10-29 所示。

```
65  #import sys
66  #
67  #path = '/home/prestonia/path/to/my/app
68  #if path not in sys.path:
69  #    sys.path.append(path)
70  #
71  #from my_wsgi_file import application  # noqa
72
73
74  # +++++++++++ DJANGO +++++++++++
75  # To use your own django app use code like this:
76  #import os
77  #import sys
78  #
79  ## assuming your django settings file is at '/home/prestonia/mysite/mysite/settings.py'
80  ## and your manage.py is is at '/home/prestonia/mysite/manage.py'
81  #path = '/home/prestonia/mysite'
82  #if path not in sys.path:
83  #    sys.path.append(path)
84  #
85  #os.environ['DJANGO_SETTINGS_MODULE'] = 'mysite.settings'
86  #
87  ## then:
88  #from django.core.wsgi import get_wsgi_application
89  #application = get_wsgi_application()
90
91
92
93  # +++++++++++ FLASK +++++++++++
94  # Flask works like any other WSGI-compatible framework, we just need
95  # to import the application.  Often Flask apps are called "app" so we
96  # may need to rename it during the import:
97  #
98  #
99  #import sys
100 #
```

图 10-29　Django WSGI 设置注释区块

我们只需要保留该区块并取消注释，然后将默认范例程序代码中的项目名称由 mysite 改为我们的项目名称 mvote，其余的内容可以全部删除，如图 10-30 所示。

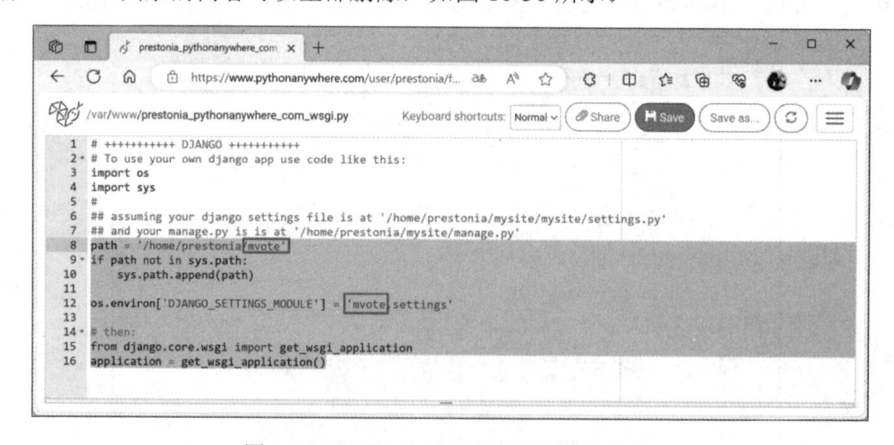

图 10-30　Django WSGI 设置的最终结果

另外，在 mvote/wsgi.py 文件中的内容也需要进行修正，使其与上述内容一致。注意图 10-31 下方的虚拟环境设置，确保账号名称正确，并使用 virtualenv 创建虚拟环境文件夹，例如在本例中为 venv。参考前面段落中的设置步骤，继续向下滚动页面。

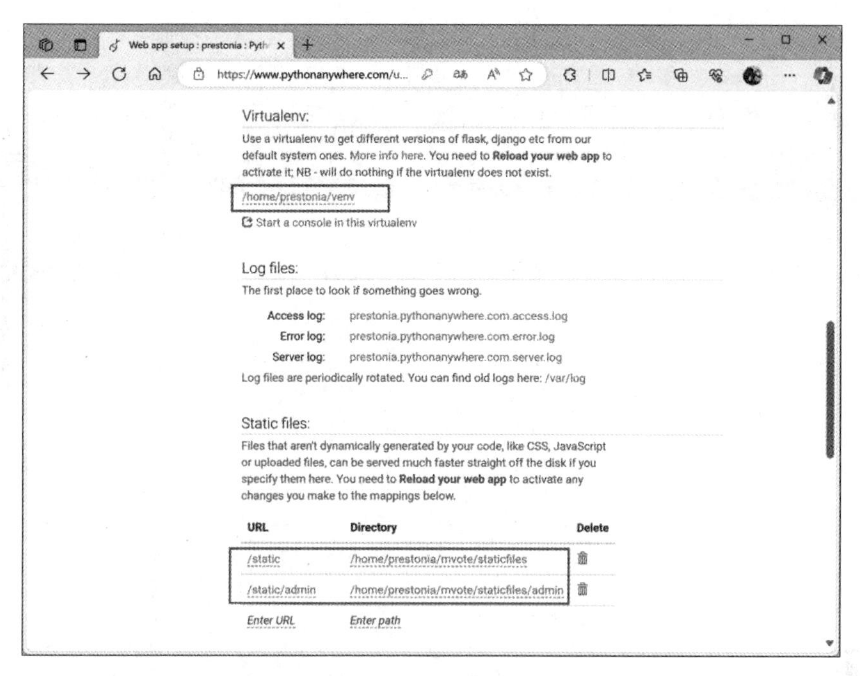

图 10-31　设置 Web 的相关参数

在图 10-31 中，需要设置静态文件的位置，可参考图中的内容进行修正。如果这个网站在浏览时需要输入账号和密码，也可以在此处进行设置。但要注意的是，这个账号和密码是用于网站登录的，而不是用于 admin 后台管理的。admin 后台管理页面的账号和密码的设置方式与前几堂课中介绍的相同，而在 Bash 终端程序中可以在命令行使用命令来设置。

一般来说，完成这些设置后，笔者会在 urls.py 文件中添加首页的链接，并在 views.py 文件中添加 index 处理函数。然后回到 Bash 终端程序，使用命令 python manage.py createsuperuser 创建管理员账号和密码，接着使用命令 python manage.py migrate（如果需要修改或创建模型，则需要先执行 makemigrations 操作）来同步数据库。最后，刷新网站，并使用 http://prestonia.pythonanywhere.com 浏览网站以查看结果。

10.2.3　创建投票网站的基本架构

本小节创建一个基础网站，其中包含 Bootstrap 和 jQuery 的链接。将 10.1 节中使用的模板文件 base.html、index.html、header.html、footer.html 等上传到 templates 文件夹下，如图 10-32 所示。

接下来，在 mysite/static 目录中创建 images 文件夹然后上传 logo.png 文件，并在控制台中执行命令 python manage.py collectstatic，以确保静态文件在已部署的网站中生效。然后，将 urls.py 文件的内容设置如下：

```
from django.contrib import admin
from django.urls import path
from mysite import views

urlpatterns = [
    path('admin/', admin.site.urls),
```

```
    path('', views.index),
]
```

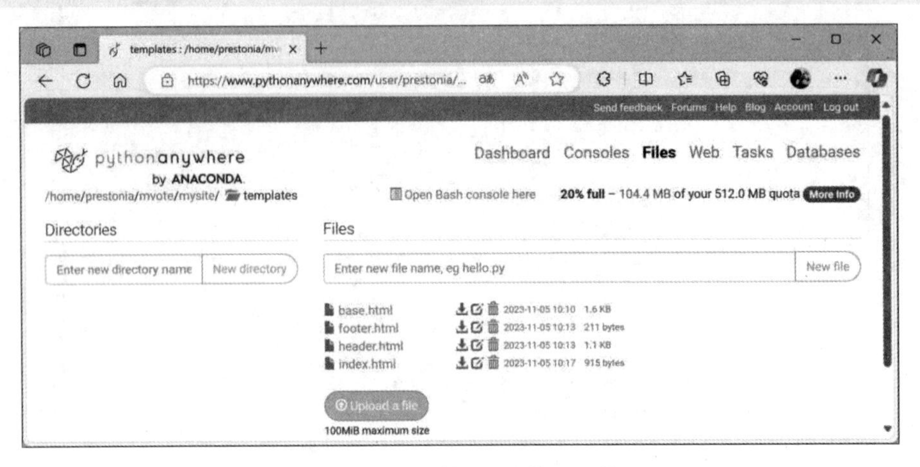

图 10-32　上传现有的模板文件

并在 views.py 文件中加入以下内容：

```
from django.shortcuts import render

def index(request):
    return render(request, 'index.html', locals())
```

此外，header.html 文件的内容要修改为：

```
<!-- header.html (mvote project) -->
<nav class="navbar navbar-expand-lg bg-body-tertiary">
  <div class="container-fluid">
    <a class="navbar-brand" href="#"> 投票趣 </a>
    <button class="navbar-toggler" type="button" data-bs-toggle="collapse"
data-bs-target="#navbarNav" aria-controls="navbarNav" aria-expanded="false"
aria-label="Toggle navigation">
      <span class="navbar-toggler-icon"></span>
    </button>
    <div class="collapse navbar-collapse" id="navbarNav">
      <ul class="navbar-nav">
        <li class="nav-item">
          <a class="nav-link active" aria-current="page" href="/">Home</a>
        </li>
        <li class="nav-item">
          <a class="nav-link" href="/accounts/signup"> 注册 </a>
        </li>
        <li class="nav-item">
          <a class="nav-link" href="/accounts/login"> 登录 </a>
        </li>
        <li class="nav-item">
          <a class="nav-link" href="/accounts/logout"> 注销 </a>
        </li>
        <li class="nav-item">
```

```
        <a class="nav-link" href="/admin/"> 后台管理 </a>
      </li>
    </ul>
  </div>
</div>
</nav>
```

接下来，在 PythonAnywhere 页面中单击 reload prestonia.pythonanywhere.com（重新加载网站），然后访问 http://prestonia.pythonanywhere.com，就可以看到网站成功导入模板的结果了，如图 10-33 所示。

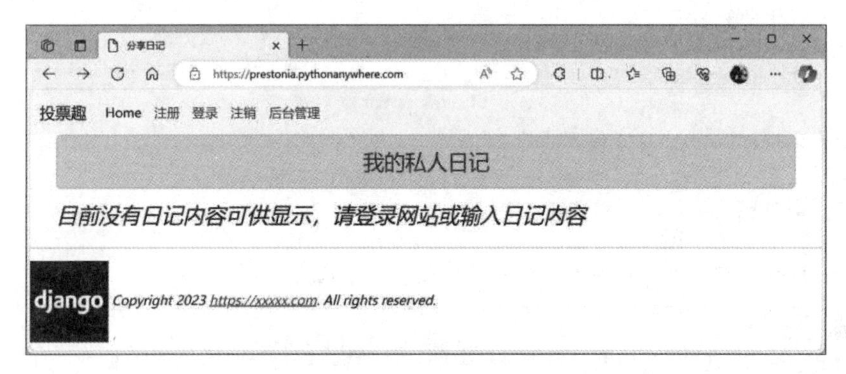

图 10-33　在 pythonanywhere.com 中顺利启用 Django 网站

为了使网站能够接受用户的投票，需要与数据库进行连接，并创建两个数据表，分别用于存储投票议题（Poll）和每个议题的选项（PollItem）。由于一个投票议题可以有多个选项，而每个选项只属于一个投票议题，因此它们之间是一对多的关系。可以在 PollItem 表中使用 ForeignKey 来链接到 Poll 表中。以下是此投票网站的 models.py 的设计内容：

```
from django.db import models

class Poll(models.Model):
    name = models.CharField(max_length=200, null=False)
    created_at = models.DateField(auto_now_add=True)
    enabled = models.BooleanField(default=False)

    def  str (self):
        return self.name

class PollItem(models.Model):
    poll = models.ForeignKey(Poll, on_delete=models.CASCADE)
    name = models.CharField(max_length=200, null=False)
    image_url = models.CharField(max_length=200, null=True, blank=True)
    vote = models.PositiveIntegerField(default=0)

    def  str (self):
        return self.name
```

Poll 类包含 name、created_at 以及 enabled 三个数据字段。created_at 字段在创建时可以自动填充时间戳，enabled 字段的默认值为 False，是否在网站设计中使用此字段取决于网站开发者。

如前所述，PollItem 通过 ForeignKey 关联到 Poll 类。此外，PollItem 还设计了 name、image_url 和 vote 三个字段。image_url 字段用于存储图像的链接地址，vote 字段表示投票项的票数。在完成模型定义后，记得在控制台中执行 python manage.py makemigrations 和 python manage.py migrate 命令。

为了简化示例网站的复杂性，此处将所有投票项的输入工作交给 admin 网页管理。因此，在 admin.py 中，需要将 models.py 中的类注册到 Admin 中，代码如下：

```
from django.contrib import admin
from mysite import models

class PollAdmin(admin.ModelAdmin):
    list_display = ('name', 'created_at', 'enabled')
    ordering = ('-created_at',)

class PollItemAdmin(admin.ModelAdmin):
    list_display = ('poll', 'name', 'vote', 'image_url')
    ordering = ('poll',)

admin.site.register(models.Poll, PollAdmin)
admin.site.register(models.PollItem, PollItemAdmin)
```

在 admin.py 中，我们对 admin 管理网页的字段内容进行了定制化。除增加显示的字段外，还根据指定的字段内容对显示的字段进行了排序，以方便管理。

此网站至少需要实现显示投票项和显示投票页面的功能。因此，我们计划在首页上显示所有可投票的选项，并在单击特定选项后进入投票页面。另外，在投票页面中，当用户单击心仪选项的投票图标时，需要有一个处理票数的网址。因此，此网站至少需要实现首页、poll 投票页面和 vote 计算票数的网址。修改后的 urls.py 如下：

```
from django.contrib import admin
from django.urls import path
from mysite import views

urlpatterns = [
    path('admin/', admin.site.urls),
    path('', views.index),
    path('poll/<int:pollid>', views.poll, name='poll-url'),
    path('vote/<int:pollid>/<int:pollitemid>', views.vote, name='vote-url'),

]
```

其中，poll 后面接一个参数，即要显示的投票项的 ID 编号。而 vote 之后需要有两个参数，分别是投票项的 ID 编号和所选投票选项的 ID 编号。这两个网址对应着 views.poll 和 views.vote 两个处理函数。为了方便在 templates 中列出这两个网址，我们对它们进行命名，分别是 poll-url 和 vote-url。相应的处理函数编写在 views.py 中。修改后的 views.py 内容如下：

```
from django.shortcuts import render
from django.shortcuts import redirect
from mysite import models
```

```
def index(request):
    polls = models.Poll.objects.all()
    return render(request, 'index.html', locals())

def poll(request, pollid):
    try:
        poll = models.Poll.objects.get(id = pollid)
    except:
        poll = None
    if poll is not None:
        pollitems = models.PollItem.objects.filter(poll=poll).order_by('-vote')
    return render(request, 'poll.html', locals())

def vote(request, pollid, pollitemid):
    try:
        pollitem = models.PollItem.objects.get(id = pollitemid)
    except:
        pollitem = None
    if pollitem is not None:
        pollitem.vote = pollitem.vote + 1
        pollitem.save()
    target_url = '/poll/{}'.format( pollid)
    return redirect(target_url)
```

在 index 中，使用 polls = models.Poll.objects.all()来获取数据库中的所有投票项，然后将其传入 index.html 模板进行显示。以下是 index.html 的内容：

```
<!-- index.html (mvote project) -->
{% extends "base.html" %}
{% block title %}投票趣{% endblock %}
{% block content %}
<div class='container'>
{% for message in messages %}
    <div class='alert alert-{{message.tags}}'>{{ message }}</div>
{% endfor %}
<div class='row'>
    <div class='col-md-12'>
      <div class='card-header' align=center>
        <h3 class='alert alert-primary'> 欢迎光临投票趣 </h3>
        <p>欢迎注册/登录你的账号，以拥有投票和制作投票的功能。</p>
    </div>
</div>
<div class='row'>
{% for poll in polls %}
    {% if forloop.first %}
        <div class='list-group'>
    {% endif %}
        <a href='{% url "poll-url" poll.id %}' class='list-group-item'>{{ poll.name }}</a>
    {% if forloop.last %}
        </div>
    {% endif %}
```

```
{% empty %}
    <center><h3>目前并没有进行中的投票项</h3></center>
{% endfor %}

    <div class='list-group'>

    </div>
</div>
</div>
{% endblock %}
```

在 index.html 中使用一条循环指令把所有当前可以使用的投票项以 Bootstrap 的 list-group 形式显示出来。同时，在显示每一项时，使用{% url "poll-url" poll.id %}的方式将每一个投票项的 ID 编号编入网址栏中，以便用户可以通过该链接前往投票页面。index.html 首页的显示结果如图 10-34 所示。

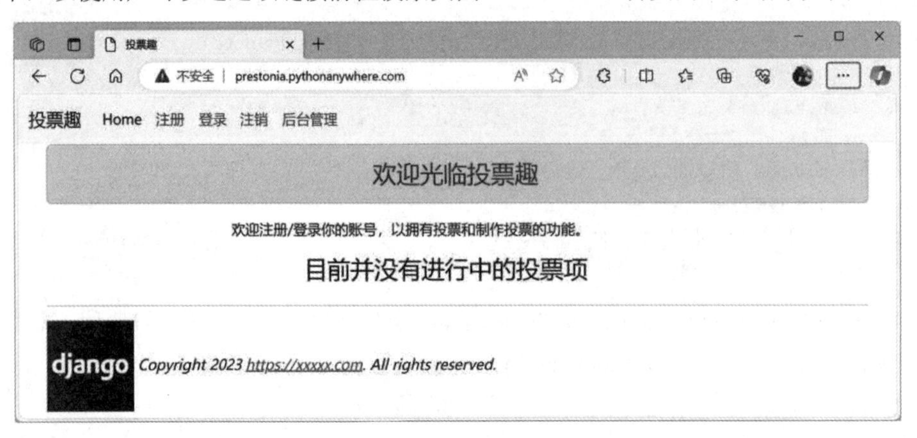

图 10-34　范例投票网站的首页

在 views.Poll 处理函数中，因为网址会传进一个 pollid，以此为依据，以指令 poll = models.Poll.objects.get(id = pollid) 找出数据库中是否有此编号的投票项，如果有，就继续以找到的 poll 去 PollItem 数据表中找出所有指向此 poll 的选项，搜索指令为 pollitems = models.PollItem.objects.filter(poll=poll).order_by('-vote')。找出来之后，再以当前的选票为依据从大到小排序。poll 和 pollitems 这两个变量会被送到 poll.html 中进行显示，poll.html 的内容如下：

在 views.Poll 处理函数中，根据传入的 pollid 参数，使用指令 poll = models.Poll.objects.get(id = pollid) 在数据库中查找是否存在对应编号的投票项。如果存在，则继续使用找到的 poll 对象在 PollItem 数据表中查找所有与此 poll 相关的选项，用于搜索的程序语句为 pollitems = models.PollItem.objects.filter(poll=poll).order_by('-vote')。除进行查找外，还要以当前的选票进行从大到小的排序。poll 和 pollitems 这两个变量将被传递到 poll.html 中进行显示。poll.html 的内容如下：

```
<!-- poll.html (mvote project) -->
{% extends "base.html" %}
{% block title %}投票趣{% endblock %}
{% block content %}
<div class='container'>
{% for message in messages %}
    <div class='alert alert-{{message.tags}}'>{{ message }}</div>
```

```
{% endfor %}
<div class='row'>
    <div class='col-md-12'>
        <h3 class='alert alert-primary'>{{ poll.name }}</h3>
    </div>
</div>
{% for pollitem in pollitems %}
    {% cycle "<div class='row'>" "" "" "" %}
    <div class='col-sm-3'>
        <div class='card'>
            <div class='card-header'>
                {{ pollitem.name }}
            </div>
            <div class='card-body'>
                {% if pollitem.image_url %}
                    <img src='{{ pollitem.image_url }}' width='100%'>
                {% else %}
                    <img src='http://i.imgur.com/Ous4iGB.png' width='100%'>
                {% endif %}
            </div>
            <div class='card-footer' align=center>
                <h4>
                <a href='/vote/{{poll.id}}/{{pollitem.id}}' title=' 投票 '>
                    <i class="bi bi-heart"></i>
                </a>
                 
                当前票数: {{ pollitem.vote }}</h4>
            </div>
        </div>
    </div>
    {% cycle "" "" "" "</div>"%}
{% endfor %}
</div>
{% endblock %}
```

在前面几堂课的教学内容中，我们使用 Bootstrap 的语法通过 Card 的方式来显示 pollitem 中的几个字段。pollitem.name 放在 card-header 中，pollitem.image_url 转换的图片语法放在 card-body 中，而票数 pollitem.vote 以及投票用的图标放在 card-footer 中。由 poll.html 渲染（显示）出来的网页如图 10-35 所示。

为了让用户在此页面中进行投票，我们将投票图标放在当前票数的左侧，并为其添加链接。当用户单击此按钮后，会将投票信息以/vote/poll.id/pollitem.id/的方式传送到 views.vote 处理函数。在 views.vote 函数中，我们会接收 pollid 和 pollitemid，由于 pollitemid 是唯一的，因此只需使用此 ID 即可找到相应的投票选项。找到后，按照 ORM 的数据库标准操作方式，将投票值加一并存储。存储新的投票值后，使用 redirect 将网址重定向到原始投票页面。由于我们在查询 pollitems 时已经进行了排序，因此如果投票数的变动影响到排名，显示的选项顺序也会相应改变。

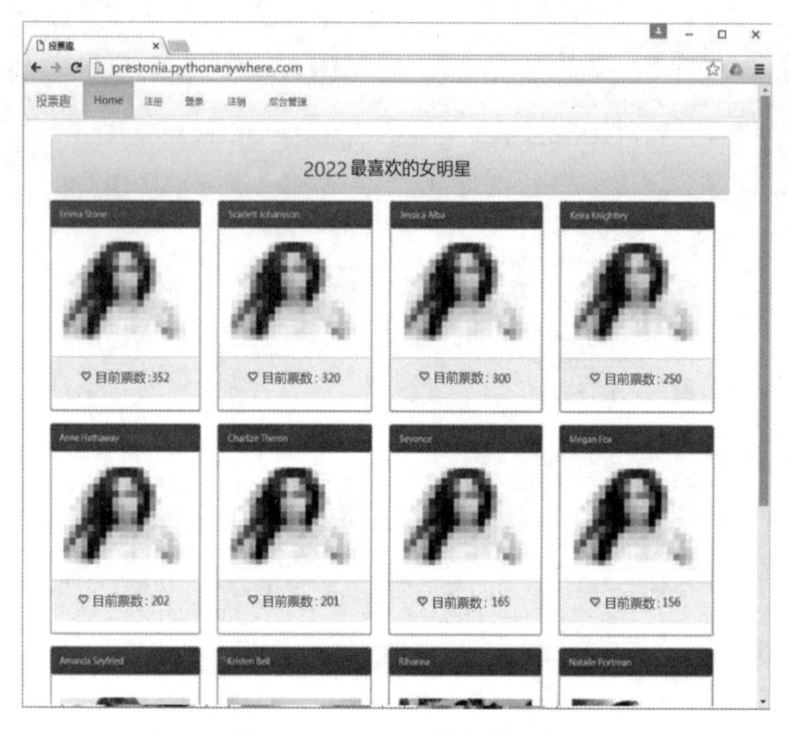

图 10-35　poll.html 的投票网页

10.3　本 课 习 题

1．在 pythonanywhere.com 上注册一个账号，并搭建本书中的范例网站。

2．建立 Python 虚拟机环境时除 virtualenv 外，你还听过哪些方法？简要说明一下。

3．比较 django-registration 和 django-allauth 的差异以及可能的用途。

4．自定义 django-allauth 的模板，以完成此网站。

5．参考 django-allauth 的文档，添加你自己使用的社交网站账号（QQ、微信、微博或其他熟悉的社交软件）的验证功能。

第 11 课

社交网站应用实践

11

在这一堂课中，我们将以第 10 课的内容为基础，完成一个实用的投票范例网站。该网站提供用户注册、登录和注销功能，登录用户可以创建自己的投票项，并在投票过程中实现防止重复投票的功能。我们将以 django-allauth 框架为基础，为用户提供一般电子邮件账号注册或通过社交软件身份验证的方式直接登录的功能。

本堂课的学习大纲

- 网站的规划与调整
- 深入了解 django-allauth
- 投票网站功能解析

11.1 投票网站的规划与调整

本节将继续扩展第 10 课在 pythonanywhere.com 中部署网站的功能。首先对网站的功能需求、数据表内容以及它们之间的关系进行简要的分析与规划，以便后续进行网站的设计和操作。一个正式的网站在实际编写程序之前通常都需要进行详细的分析、规划和设计，包括需求分析、数据表设计、网页界面设计等。如果没有进行充分的分析和设计，一旦开始编写程序才发现问题，对于大型网站来说，通常需要花费大量的时间和精力才能够解决这些问题，而且所付出的代价将会非常大。

11.1.1 网站功能与需求

本堂课中打算完成的网站主要包括以下功能：

- 完整的会员注册、登录、注销以及个人资料设置功能。
- 支持移动设备的浏览。
- 未登录的用户可以查看投票项，但是要参与投票则需要登录会员完成电子邮件验证。
- 会员可以参与投票，每天只能对某个投票项投一票，避免恶意刷票的行为。
- 会员可以创建投票项，并提供创建投票项的专用网页。

- 首页显示投票项的列表，并显示目前的总票数。
- 首页具有分页查看的功能。
- 创建投票项的正式会员可以查看投票的摘要结果。

上述功能中的一些名词说明如表 11-1 所示。

表 11-1　范例网站所使用的一些名词及其说明

名　　词	说　　明
一般用户	未登录的浏览者
一般会员	在网站上注册，但未提供电子邮件账号、未完成激活或启用账号的会员
正式会员	已验证过电子邮件的会员
投票项 Poll	每一个投票的议题，包括投票内容的标题以及一些不定个数的投票选项（PollItem）
投票选项 PollItem	在每一个投票项（Poll）中可以选择的选项

此外，网站的功能说明如表 11-2 所示。

表 11-2　网站的功能说明

网 站 功 能	显 示 网 址	说　　明
查看投票项	/	在首页列表中显示出当前活跃的投票项（可按热门度或创建的时间来排序）
添加投票项	/addpoll	正式会员可在表单中添加投票项
添加投票选项	/addpollitem	正式会员可在表单中添加投票项中的选项
删除投票项	/delpoll	正式会员可在此网页中删除投票项
删除投票选项	/delpollitem	正式会员可在此网页中删除投票项中的选项
投票	/poll	在此网页中显示投票项的内容，并提供会员进行投票操作
会员账号管理网页	/accounts	包含所有关于会员账号的操作
后台管理网页	/admin	Django 默认的后台管理网页

网站中各功能区块的关系图如图 11-1 所示。

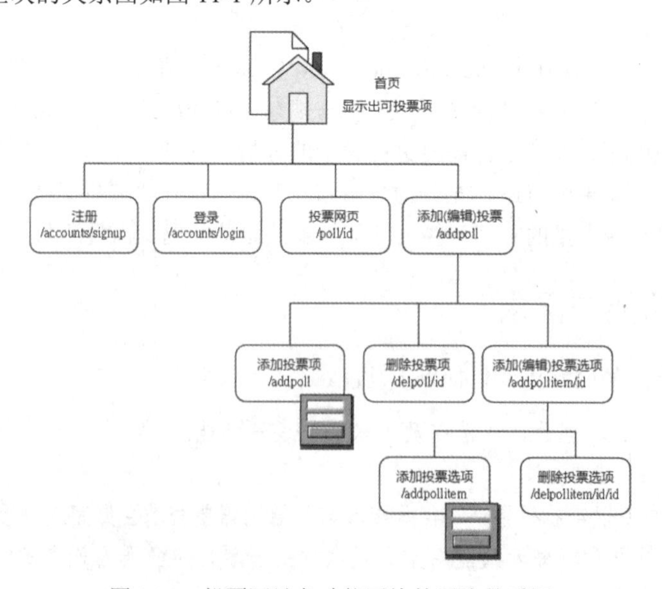

图 11-1　投票网站各功能区块的层次关系图

根据表 11-2 中的功能，我们需要在菜单栏安排相应的菜单选项。当用户未登录时，菜单选项包括 HOME、登录、注册以及后台管理；登录后则变为 HOME、添加（编辑）投票、重置密码、变更电子邮件、注销以及后台管理。这些在 header.html 中进行相应的修改即可。

11.1.2　数据表与页面设计

为了实现 11.1.1 节设置的功能，必须有一个用户数据表。在每次登录、投票或创建投票项时，数据表的设计至关重要，必须小心地规划每个字段的使用。在执行 python manage.py makemigrations 和 python manage.py 命令后，如果需要调整字段或数据表之间的关系，就需要重新执行上述两条命令。通常要考虑兼容性，有时可能会引发一些问题。

由于我们的投票网站需要会员登录后才能使用，因此所有数据都围绕着默认的 User 数据表设置。这张数据表是系统默认的数据表（可以通过 from django.contrib.auth.models import User 加载使用），不需要在 models.py 中进行额外设置。我们需要做的只是在原有的数据表中加上一个字段，使用 ForeignKey 指向 User 数据表即可。本网站各数据表字段之间的关系如图 11-2 所示。

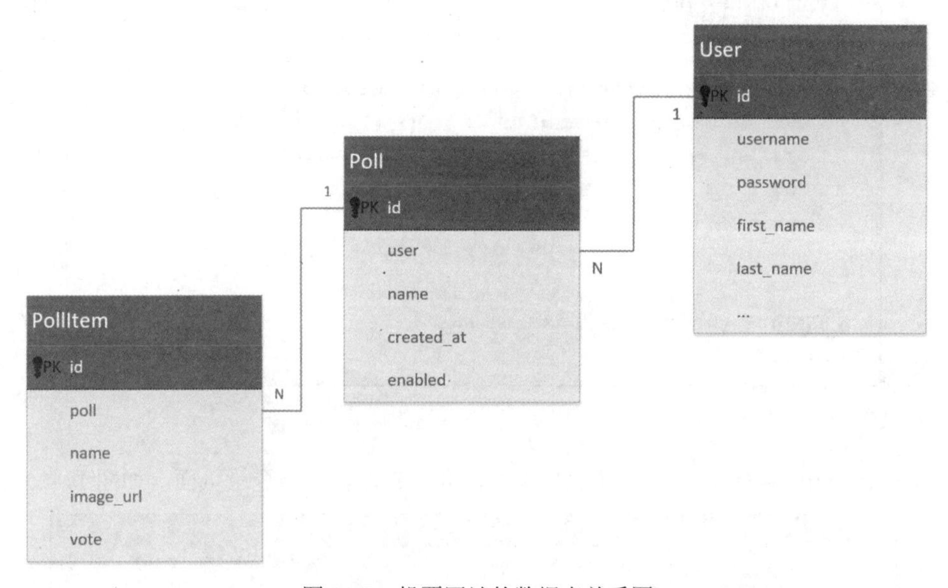

图 11-2　投票网站的数据表关系图

根据图 11-2，可以看出每个 User 可以拥有多个投票项，而每个投票项（Poll）可以包含多个不同的选项（PollItem）。以下是 models.py 中的 Poll 和 PollItem 类的代码：

```
from django.db import models
from django.contrib.auth.models import User

class Poll(models.Model):
    user = models.ForeignKey(User, on_delete=models.CASCADE)
    name = models.CharField(max_length=200, null=False)
    created_at = models.DateField(auto_now_add=True)
    enabled = models.BooleanField(default=False)

    def __str__(self):
```

```
        return self.name

class PollItem(models.Model):
    poll = models.ForeignKey(Poll, on_delete=models.CASCADE)
    name = models.CharField(max_length=200, null=False)
    image_url = models.CharField(max_length=200, null=True, blank=True)
    vote = models.PositiveIntegerField(default=0)

    def __str__(self):
        return self.name
```

在页面设计方面，我们希望用户一进入首页就能够看到所有当前开放的投票选项，并显示每个投票选项当前的总票数和选项数量，如图 11-3 所示。

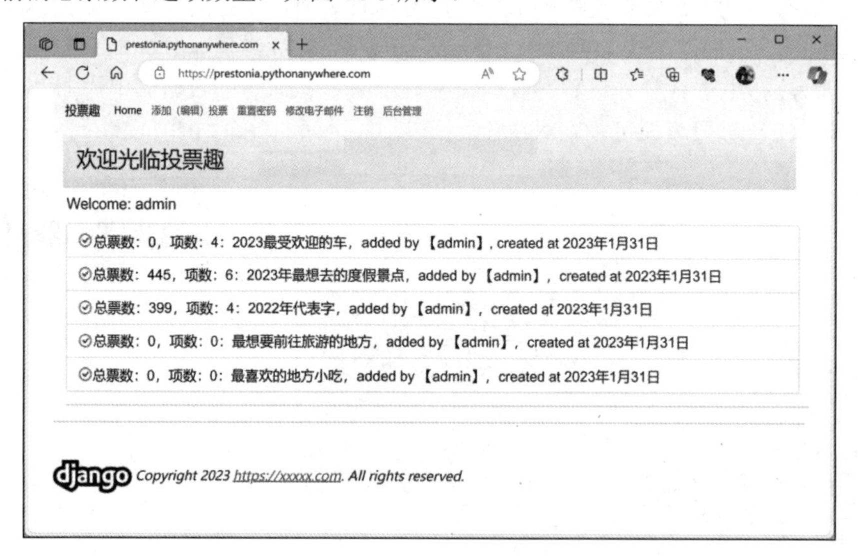

图 11-3　投票网站的首页

还没有登录的用户在单击任意一个投票项时，会立刻被转移到登录页面，如图 11-4 所示。

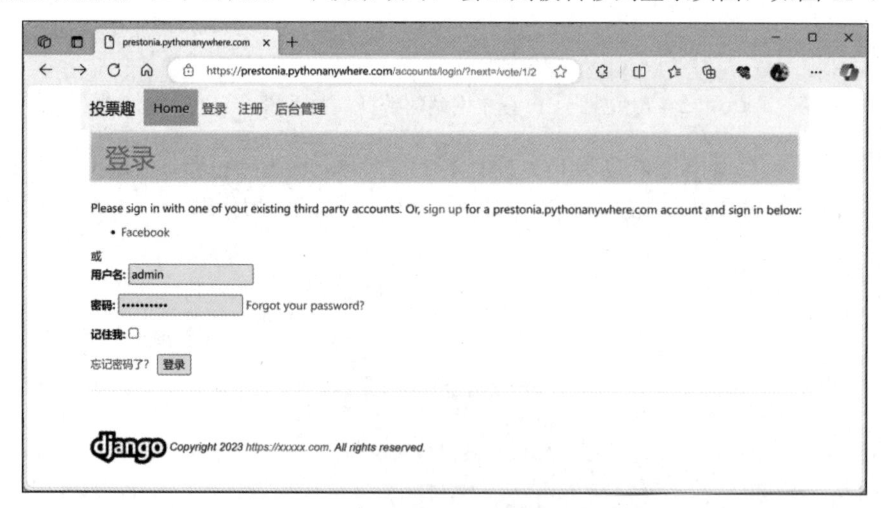

图 11-4　网站的登录页面

读者如果留意网址部分，会发现在网址的末尾有一个 next=/vote/1/2 的标记。这个标记记录了用户在尝试前往哪个页面时被重定向到登录页面。一旦用户完成登录，网站将自动重新定向至该网址，完成用户之前尝试的操作。这是 django-allauth 默认的功能。投票页面如图 11-5 所示。

该页面将以 Bootstrap 的 Card 格式呈现所有可选择的选项，用户可以单击爱心图标进行投票。如果该投票影响到选项的排名，投票后页面将重新排序，将最多票的选项排在前面，最少票的选项排在后面。

图 11-5　投票页面

当用户选择“添加（编辑）投票”菜单项时，会出现如图 11-6 所示的“添加投票项（问卷调查）”页面。

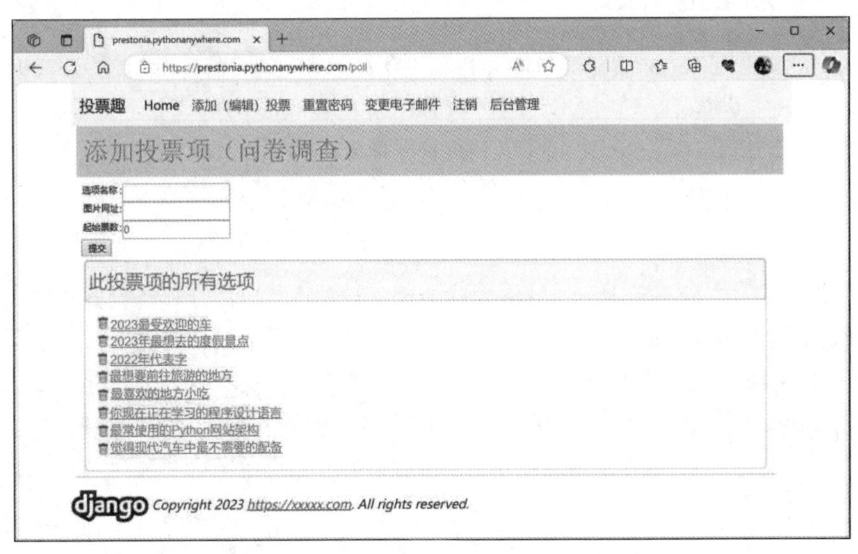

图 11-6　“添加投票项（问卷调查）”页面

为了简化页面操作，上方的表单只需填写文字内容，然后单击“提交”按钮，投票项就会立即添加至下方的列表中，该列表属于当前登录会员的所有投票项。每个投票项前面都有一个垃圾桶图标，单击该图标即可立即删除该项。单击任意一个投票项，即可进入添加和删除具体投票项的页面，如图 11-7 所示。

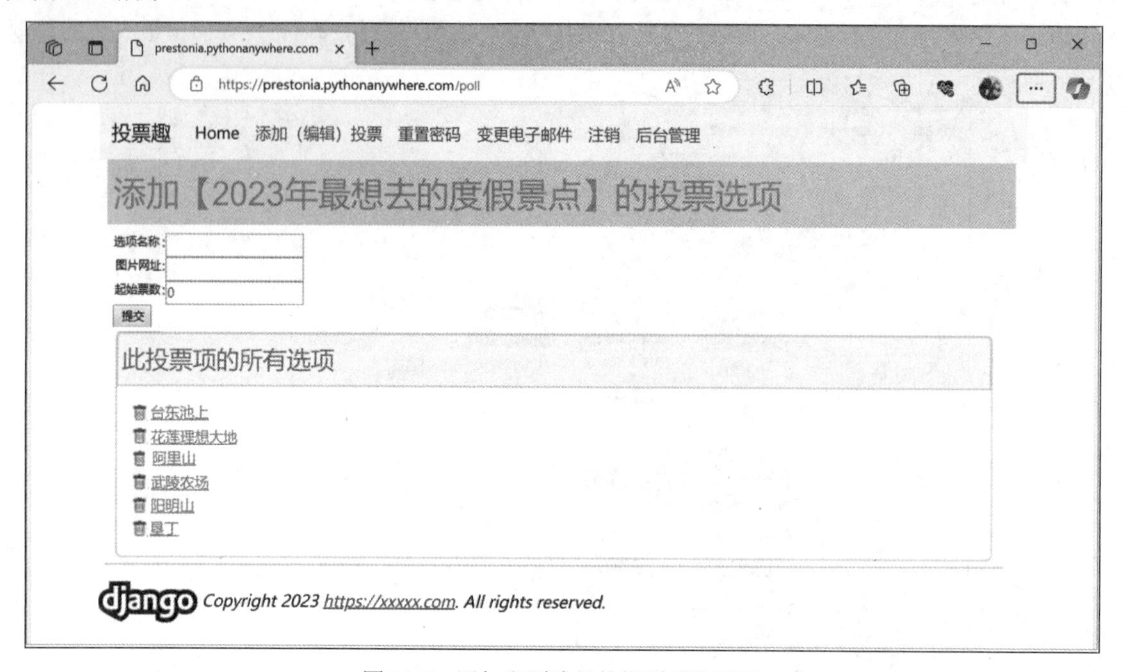

图 11-7　添加和删除具体投票项的页面

与图 11-6 相同，只需单击垃圾桶图标即可直接删除该项。由于该网站的信息非常简洁，因此我们可以通过添加或删除这两个操作来取代编辑的工作。

11.1.3　移动设备的考虑

在功能设计中，我们希望网站能够考虑到移动设备的显示。延续前几章的范例，我们在 base.html 中使用了 Bootstrap 网站框架。只要使用其网格（Grid）系统来布局网站，考虑到 col-lg、col-md、col-sm 和 col-xs 分别分配的格数，基本上就可以在不同的屏幕分辨率下设计网页布局。有关详细内容，可参考相关的书籍。此外，还可以添加以下设置：

```
<meta name="viewport" content="width=device-width, initial-scale=1">
```

这一行设置表示，当检测到浏览器规格为移动设备时，直接以适合移动设备的方式显示网页内容。而在后面再加上“,maximum-scale=1, user-scalable=no”，则是限制该网页在移动设备上显示时，用户无法使用页面缩放功能，从而使得网页看起来更像是移动设备上的一个 App。在网站中使用上述指令后，通过智能手机浏览网站的结果如图 11-8 和图 11-9 所示。

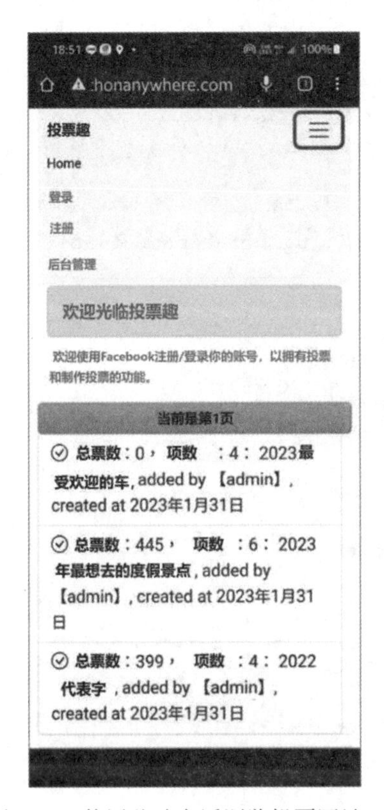

图 11-8　使用移动电话浏览投票网站 1

图 11-9　使用移动电话浏览投票网站 2

投票网站的 base.html 内容如下：

```
<!DOCTYPE html>
<html>
  <head>

    <meta http-equiv="X-UA-Compatible" content="IE=edge">
    <meta name="viewport" content="width=device-width, initial-scale=1.0">
      <meta charset='utf-8'>
    <title>{% block head_title %}{% endblock %}</title>
    <!-- Latest compiled and minified CSS -->
    <link href="https://cdn.jsdelivr.net/npm/bootstrap@5.3.0-alpha1/dist/css/
bootstrap.min.css" rel="stylesheet" integrity="sha384-GLhlTQ8iRABdZLl6O3oVMWSkt
QOp6b7In1Zl3/Jr59b6EGGoI1aFkw7cmDA6j6gD" crossorigin="anonymous">

    <!-- Optional theme -->
    <link rel="stylesheet" href="https://maxcdn.bootstrapcdn.com/bootstrap/
3.3.6/css/bootstrap-theme.min.css" integrity="sha384-fLW2N01lMqjakBkx3l/M9Eahuw
pSfeNvV63J5ezn3uZzapT0u7EYsXMjQV+0En5r" crossorigin="anonymous">

    <!-- Latest compiled and minified JavaScript -->
    <script src="https://code.jquery.com/jquery-3.6.3.js" integrity="sha256-nQL
uAZGRRcILA+6dMBOvcRh5Pe310sBpanc6+QBmyVM=" crossorigin="anonymous"></script>
    <script src="https://cdn.jsdelivr.net/npm/bootstrap@5.3.0-alpha1/dist/js/
bootstrap.bundle.min.js" integrity="sha384-w76AqPfDkMBDXo30jS1Sgez6pr3x5MlQ1ZAG
```

```
C+nuZB+EYdgRZgiwxhTBTkF7CXvN" crossorigin="anonymous"></script>
    <script src="https://cdnjs.cloudflare.com/ajax/libs/Chart.js/4.2.0/chart.
min.js" integrity="sha512-qKyIokLnyh6oSnWsc5h21uwMAQtljqMZZT17CIMXuCQN
IfFSFF4tJdMOaJHL9fQdJUANid6OB6DRR0zdHrbWAw==" crossorigin="anonymous"
referrerpolicy="no-referrer"></script>
    <link                                                        rel="stylesheet"
href="https://cdn.jsdelivr.net/npm/bootstrap-icons@1.10.3/font/bootstrap-icons.css">
    <style>
        h1, h2, h3, h4, h5, p, div {
            font-family: 微软雅黑;
    }
    </style>
    {% block extra_head %}
    {% endblock %}
  </head>
  <body>
        <div class="container">
    {% include "header.html" %}
    {% block body %}
    {% if messages %}
    <div>
      <strong>Messages:</strong>
      <ul>
        {% for message in messages %}
        <li>{{message}}</li>
        {% endfor %}
      </ul>
    </div>
    {% endif %}
    {% block content %}
    {% endblock %}
    {% endblock %}
    {% block extra_body %}
    {% endblock %}
    {% include "footer.html" %}
    </div>
  </body>
</html>
```

如同之前对于 base.html 的说明，此文件会导入 header.html 和 footer.html 这两个模板。此外，为了可以和 django-allauth 的模板兼容，我们在 base.html 的模板文件中已使用 head_title 和 content 这两个 block，还有两个额外的 extra 区块可以自己选用。详细内容在后续的章节中再加以说明。

11.2　深入探讨 django-allauth

经过前一堂课的讨论和教学，相信读者已经知道了 django-allauth 的好处以及功能强大之处。只要安装了 django-allauth，就能够以设置网站数据的方式添加第三方社交网站的 Access Key，然后使用这些网站代为完成验证用户的工作，以完成本网站的会员管理工作。由于该模块遵循 Django 验证机制，因此在网站中可以直接使用默认的用户管理功能，非常方便。

11.2.1　django-allauth 的 Template 标签

在 django-allauth 这个框架下提供了许多功能，直接通过网址链接就可以使用，这些功能包括登录（accounts/login）、注销（accounts/logout）、注册（accounts/signup）、重置密码（accounts/password/reset）等。也就是说，在网页设计中，只需要添加这些链接即可。当然，并不是直接将固定的网址写出来，而是在模板中使用像{% url "account_signup" %}这样的标签来自动生成相应的网址。django-allauth 提供的可使用的 URL 参数如表 11-3 所示。

表 11-3　django-allauth 可以使用的 URL 参数

URL 样式名称	说　明
account_signup	注册用网址
account_login	登录网址
account_logout	注销网址
account_change_password	变更密码的网址
account_set_password	设置密码的网址
account_inactive	账号未激活或未启用的网页
account_email	设置电子邮件地址的网页
account_email_verification_sent	通知已发送验证电子邮件的说明网页
account_confirm_email	查看验证电子邮件的网页
account_reset_password	重置密码的网页
account_reset_password_done	完成重置密码的网页
account_reset_password_from_key	重置密码用的网址
account_reset_password_from_key_done	通知密码已变更完成的网页

这些网址可以在模板的任何地方直接使用，这也意味着我们无须重新设计这些功能，因为 django-allauth 本身已经提供了这些网页功能，只需链接过去即可。

投票网站的 header.html 就是使用这些标签来生成相应功能的网址的，示例代码如下：

```
<!-- header.html (mvote project) -->
<nav class="navbar navbar-expand-lg bg-body-tertiary">
  <div class="container-fluid">
    <a class="navbar-brand" href="#"> 投票趣 </a>
    <button class="navbar-toggler" type="button" data-bs-toggle="collapse"
data-bs-target="#navbarNav" aria-controls="navbarNav" aria-expanded="false"
aria-label="Toggle navigation">
      <span class="navbar-toggler-icon"></span>
    </button>
    <div class="collapse navbar-collapse" id="navbarNav">
      {% load account %}
      <ul class="navbar-nav">
        <li class="nav-item">
```

```
        <a class="nav-link active" aria-current="page" href="/">Home</a>
      </li>
      {% if user.is_authenticated %}
      <li class="nav-item">
        <a class="nav-link" href="/addpoll/">添加（编辑）投票 </a>
      </li>
      <li class="nav-item">
        <a class="nav-link" href="{% url 'account_reset_password' %}">重置密码 </a>
      </li>
      <li class="nav-item">
        <a class="nav-link" href="{% url 'account_email' %}">变更电子邮件 </a>
      </li>
      <li class="nav-item">
        <a class="nav-link" href="{% url 'account_logout' %}">注销 </a>
      </li>
      {% else %}
      <li class="nav-item">
        <a class="nav-link" href="{% url 'account_login' %}">登录 </a>
      </li>
      <li class="nav-item">
        <a class="nav-link" href="{% url 'account_signup' %}">注册 </a>
      </li>
      {% endif %}
      <li class="nav-item">
        <a class="nav-link" href="/admin/">后台管理 </a>
      </li>
    </ul>
  </div>
 </div>
</nav>
```

11.2.2　django-allauth 的 Template 页面

在第 10 课中，我们简单提及了可以通过修改 django-allauth 的模板内容来自定义 django-allauth 网页，但需要注意的是，如果你发现有些文字的内容在前后都有{% trans %}或{% blocktrans %}，这表示该字符串套用了国际化翻译文件。千万不要随意更改其中的内容，不要匆忙将其中的英文改为中文，因为只要系统的语言文件设置正确，这些内容本来就会被翻译成中文的。本堂课的范例网站在 mysite/templates/account 文件夹下的文件结构如下：

```
templates/
├── account
│   ├── account_inactive.html
│   ├── base.html
│   ├── email
│   │   ├── email_confirmation_message.txt
│   │   ├── email_confirmation_signup_message.txt
│   │   ├── email_confirmation_signup_subject.txt
│   │   ├── email_confirmation_subject.txt
│   │   ├── password_reset_key_message.txt
```

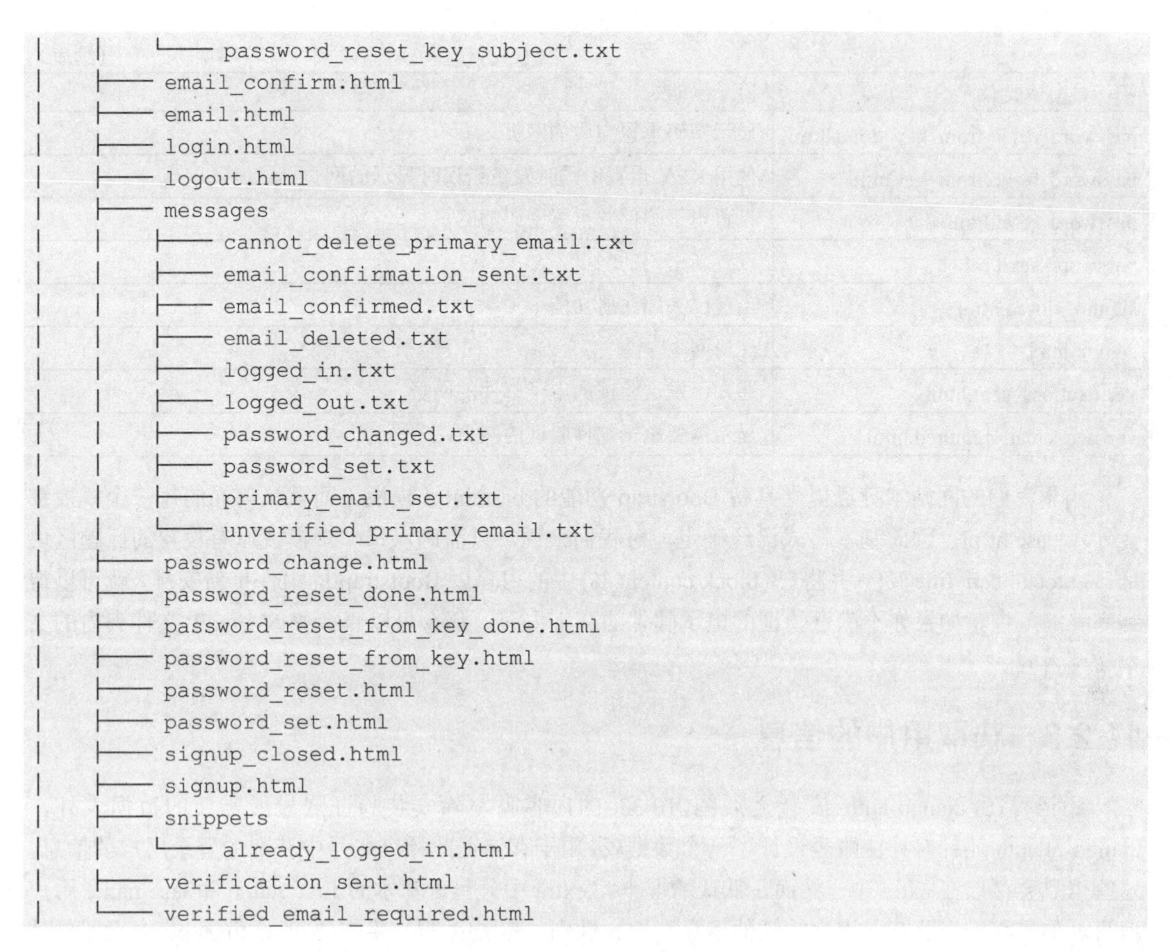

```
|  |     └── password_reset_key_subject.txt
|  ├── email_confirm.html
|  ├── email.html
|  ├── login.html
|  ├── logout.html
|  ├── messages
|  |  ├── cannot_delete_primary_email.txt
|  |  ├── email_confirmation_sent.txt
|  |  ├── email_confirmed.txt
|  |  ├── email_deleted.txt
|  |  ├── logged_in.txt
|  |  ├── logged_out.txt
|  |  ├── password_changed.txt
|  |  ├── password_set.txt
|  |  ├── primary_email_set.txt
|  |  └── unverified_primary_email.txt
|  ├── password_change.html
|  ├── password_reset_done.html
|  ├── password_reset_from_key_done.html
|  ├── password_reset_from_key.html
|  ├── password_reset.html
|  ├── password_set.html
|  ├── signup_closed.html
|  ├── signup.html
|  ├── snippets
|  |  └── already_logged_in.html
|  ├── verification_sent.html
|  └── verified_email_required.html
```

在 mysite/templates/account 目录下的所有文件主要用于提供 django-allauth 显示页面以及电子邮件验证所需的模板或文字数据文件，具体说明如表 11-4 所示。

表 11-4　django-allauth 提供的模板或文本文件

模板或文本文件	说　明
email/	在该文件夹下的数据用于发送给用户的电子邮件所采用的文字内容
messages/	在该文件夹下的数据文件将用作在网站完成某一操作时在网页顶部显示信息时所采用的文字内容
base.html	直接对应到上一层的 base.html，这也是我们自行准备的基础模板文件，例如 11.1.3 节的内容
account_inactivate.html	显示当前该账号尚未启用
email_confirm.html	验证电子邮件网页
email.html	管理电子邮件账号的网页
login.html	登录网页
logout.html	注销网页
password_change.html	变更密码的网页
password_reset_done.html	显示已发送重置密码的电子邮件的网页

（续表）

模板或文本文件	说　　明
password_reset_from_key_done.html	显示密码重置完成的网页
password_reset_from_key.html	使用 KEY 重置密码时发生错误时显示的网页
password_reset.html	设置电子邮件并重置密码的网页
password_set.html	设置新密码的网页
signup_closed.html	当前已关闭注册功能
signup.html	注册网页
verifications_sent.html	通知已发送验证的电子邮件的网页
verified_email_required.html	显示需要电子邮件验证的网页

由于我们的网站本身已提供具备 Bootstrap 功能的 base.html 模板，而默认前面的每一个模板都会导入 base.html，因此基本格式已经确定。对我们来说，只需确保每一个模板原有设置的标题区块是{% block head_title %}，并将{% block content %}中的内容以 Bootstrap 的组件重新安排，就可以得到完美的整合。如果你不满意验证的电子邮件的文字内容，那么可以直接修改 email 文件夹内的文本文件内容。

11.2.3　获取用户的信息

还记得在 django-auth 安装之后图 10-33 的内容吗？除安装验证账号所需要的数据表外，django-allauth 还针对社交账号设计了一个数据表，用于存储在此社交账号中获取的登录用户的信息，这些信息会存放在 extra 中。然而，默认情况下，.extra 中只包含基本的 first_name 和 last_name 用户信息。如果我们需要获取用户的其他信息，比如性别、E-mail 等，就需要在 settings.py 中设置额外的参数，代码如下：

```
SOCIALACCOUNT_PROVIDERS = {
    '社交 App 名称': {
        'METHOD': 'oauth2',
        'SCOPE': ['email', 'public_profile'],
        'AUTH_PARAMS': {'auth_type': 'reauthenticate'},
        'INIT_PARAMS': {'cookie': True},
        'FIELDS': [
            'id',
            'first_name',
            'last_name',
            'middle_name',
            'name',
            'email',
            'name_format',
            'picture',
            'short_name'
        ],
        'EXCHANGE_TOKEN': True,
        'VERIFIED_EMAIL': False,
        'VERSION': 'v13.0',
```

```
    }
}
```

在 setting.py 文件中，可以通过 allauth 套件提供的参数 SOCIALACCOUNT_PROVIDERS 来对每个串接登录来源的提供商进行额外的设置。在上述程序代码中，我们对社交 App 登录进行了额外的配置，其中 FIELDS 设置了在账户登录后要获取的信息，即在 extras 中希望读取的数据，详见图 11-10。

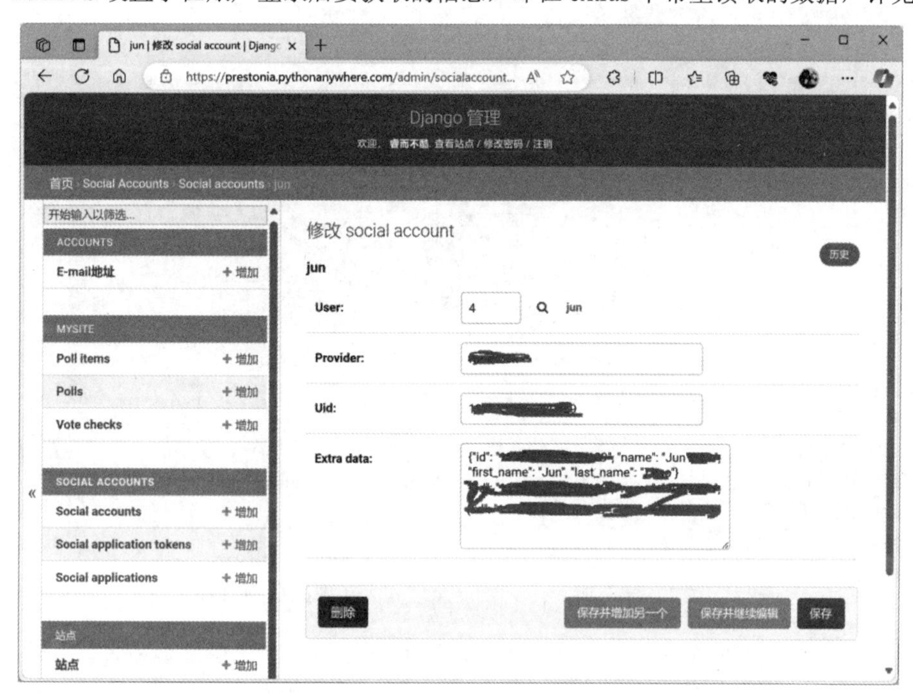

图 11-10　django-allauth 所记录的社交账号数据表

在这个表格中，Extra data（额外数据）字段以 JSON 格式记录了用户在社交 App 中提供的许多个人信息，我们可以在 Template（模板）中调用并使用这些信息。其中，最有趣的是获取用户的个人头像照片，方法如下：

```
<img src='{{user.socialaccount_set.all.0.get_avatar_url}}' width='100'>
```

在以社交 App 登录的状态下，通过上述指令（放在 index.html 中）就可以显示出用户的个人大头像。再加上下面这行指令，可以取出用户在社交 App 中的个人姓名：

```
{{user.socialaccount_set.all.0.extra_data.name}}
```

页面看起来如图 11-11 所示。

但是，登录的账号有可能是一般的用户注册账号，并没有链接到社交 App，所以这段程序代码修改如下：

```
<h3>欢迎光临投票趣</h3>
{% if user.is_authenticated %}
   {% if user.socialaccount_set.all.0.extra_data.name %}
      {{user.socialaccount_set.all.0.extra_data.name}}<br/>
     <img src='{{user.socialaccount_set.all.0.get_avatar_url}}'width='100'>
   {% else %}
```

```
        Welcome: {{ user.username }}
    {% endif %}
{% else %}
    <p>欢迎使用社交 App 注册/登录你的账号，以拥有投票和制作投票的功能。</p>
{% endif %}
```

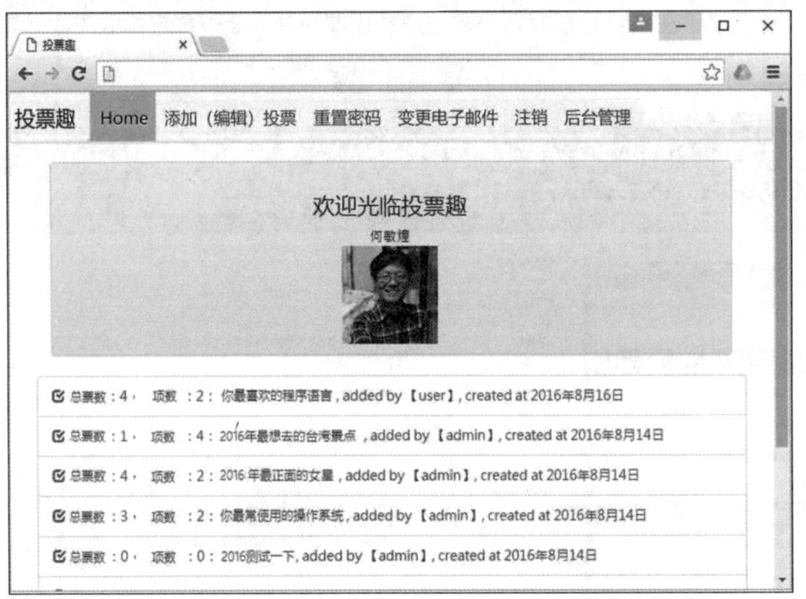

图 11-11　加上社交 App 全名和大头像的主网页

社交账号除可以使用姓名和大头像外，还可以使用如表 11-5 所示的其他内容。

表 11-5　其他可以使用的模板或文本文件

模板或文本文件	说　　明
{{ user.socialaccount_set.all.0.uid }}	用户的账号 ID
{{ user.socialaccount_set.all.0.date_joined }}	注册本站的日期时间
{{ user.socialaccount_set.all.0.last_login}}	上次登录本站的日期时间
{{ user.socialaccount_set.all.0. extra_data.name }}	在社交 App 中的全名
{{ user.socialaccount_set.all.0. extra_data.first_name }}	在社交 App 中的名字
{{ user.socialaccount_set.all.0. extra_data.last_name }}	在社交 App 中的姓氏
{{ user.socialaccount_set.all.0. extra_data.link }}	个人在社交 App 的账号链接
{{ user.socialaccount_set.all.0. extra_data.id }}	用户的账号 ID

11.3　投票网站功能解析

本节将一步一步带领读者完成投票网站的所有功能，包括如何在首页显示目前所有的投票项、每一个投票项的选项数目和总票数，以及如何在投票项过多时以分页的方式显示这些投票的内容，当然还包括如何由用户新增、删除投票项和每一个投票项中的选项。

11.3.1　首页的分页显示功能

先来看如何实现分页显示的功能。如之前所述，我们的网站会在进入首页时显示所有可用的投票项，目前是以创建的日期来排序的。然而，当投票项过多时，分页显示是许多网站都会用到的技巧。相信读者已经猜到了，没错，分页功能有现成的模块可以使用。

分页功能是 Django 的一个模块，使用 from django.core.paginator import Paginator 导入即可使用。用法也非常简单，只要将要分页的对象传递给它，并指定每页要显示多少条数据，就会返回一个实例，可以通过操作该实例来进行分页操作。它主要的方法函数为 page，假设返回的实例（Instance）名称是 mypage，那么可以通过 mypage.page(no)指定返回第 no 页的 page 对象，如果 no 指定的内容有误，则会产生一个 InvalidPage 的异常错误。除 page()函数外，还有几个重要的属性，如表 11-6 所示。

表 11-6　分页模块的属性及其说明

Paginator 的属性	说　明
no_pages	全部的页数
page_range	产生页码的迭代器

前面提到的 page()函数所返回的 Page 对象，常用的方法函数如表 11-7 所示。

表 11-7　分页模块常用的方法函数及其说明

Page 对象可以使用的方法函数	说　明
has_next()	如果有下一页，就返回 True
has_previous()	如果有上一页，就返回 True
has_other_pages()	如果有上一页或下一页，就返回 True
next_page_number()	返回下一页的页码，如果没有下一页，就抛出 InvalidPage 异常错误
previous_page_number()	返回上一页的页码，如果没有上一页，就抛出 InvalidPage 异常错误

有了这些工具，就可以轻松应用在我们的投票网站上了。假设我们打算将所有投票项以每组 5 个投票进行分页，首先在 views.py 中导入以下模块：

```
from django.core.paginator import Paginator, EmptyPage, PageNotAnInteger
```

然后在 views.index 中修改代码如下：

```
def index(request):
    all_polls = models.Poll.objects.all().order_by('-created_at')
    paginator = Paginator(all_polls, 5)
    p = request.GET.get('p')

    try:
        polls = paginator.page(p)
    except PageNotAnInteger:
        polls = paginator.page(1)
    except EmptyPage:
        polls = paginator.page(paginator.num_pages)

    return render(request, 'index.html', locals())
```

这段程序代码中，我们创建了一个 paginator 对象，它将所有获取的数据内容以每页 5 个投票项进行分割。然后通过 request.GET.get('p')来读取网址中的?p=2 内容，以获取网址中的数字作为参数，使用 paginator.page(p)来获取指定的页数。如果存在这一页，就会返回一个名为 polls 的 page 对象。这个对象除原有的列表数据外，还会附加一些额外的分页信息，可以被用在模板中，用来配合分页的显示。在 index.html 模板的上方必须加上切换页面的内容，语句如下：

```
<div class='row'>
    <div class='col'>
        <a class='btn btn-info'> 当前是第{{ polls.number }}页</a>
        {% if polls.has_previous %}
            <a class='btn btn-info' href='?p={{ polls.previous_page_number }}'>
上一页 </a>
        {% endif %}
        {% if polls.has_next %}
            <a class='btn btn-info' href='?p={{ polls.next_page_number }}'> 下一页 </a>
        {% endif %}
    </div>
</div>
```

这样就完成了投票网站首页的分页显示功能，如图 11-12 所示。

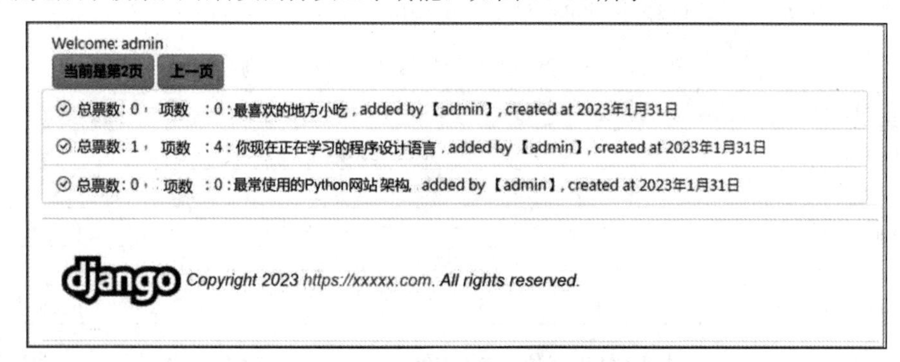

图 11-12　加上分页显示功能的投票网站

11.3.2　自定义标签并在首页显示目前的投票数

读者可能注意到了，在图 11-12 显示的首页中，每个投票项目前除显示项目的标题名称外，还显示了总票数和总项目数，这是经过实际计算得到的结果。基于 MVC 的概念，当然不能在 index.html 这个用于显示的模板中进行计算，而是应该在 Python 的程序中计算完成后，再将结果传递到 index.html 中进行渲染。

可是，在 views.index 函数中显然没有看到用来计算每一个投票项总投票数和选项数的程序。事实上，如果在 views.index 中计算好再提供给 index.html 显示也不方便，等于是要事先针对每一个要显示的项做好计算，再另外打包到列表中，最后到 index.html 中以程序逻辑的方法显示出来，这样复杂度就增加了许多。对于这种情况，最佳解决方法是使用自定义模板标签。下面先来看看 index.html 是如何运用这些标签的。

```
<div class='row'>
  {% load account %}
```

```
    {% for poll in polls %}
        {% if forloop.first %}
            <div class='list-group'>
        {% endif %}
            <a href='{% url "poll-url" poll.id %}' class='list-group-item'>
                <i class="bi bi-check-circle"></i>
                总票数: {{ poll.id | show_votes }},
                项数: {{ poll.id | show_items }}:
                {{ poll.name }}, added by 【{{poll.user}}】,
                created at {{poll.created_at}}
            </a>
        {% if forloop.last %}
            </div>
        {% endif %}
    {% empty %}
        <center><h3>目前并没有活跃中的投票项</h3></center>
    {% endfor %}
</div>
```

上述程序片段是在 index.html 中显示 polls 列表的所有投票项内容，以循环的方式分别解析出它的名称（name）、创建者（user）以及在何时创建的（created_at），最重要的部分是总票数那一行之后的{{ poll.id | show_votes }}以及项数后面那一行{{poll.id|show_items}}。其中，show_votes 和 show_items 就是我们所说的自定义标签。

我们可以把自定义标签想象成一个在模板中调用 Python 函数的方法，其中 show_votes 和 show_items 就是函数名称，其中第一个参数是在“|”符号之前的 poll.id，若还需要第 2 个和第 3 个参数，则要以“:”的方式附加到自定义标签后，就像使用其他默认标签一样。

要在网站中建立自定义标签，就要在网站 App 目录下（本例为 mysite，注意不是在 templates 下）创建一个 templatetags 文件夹，然后把要创建这些自定义标签的函数放在这个文件夹下，自己命名一个文件（此例为 mvote_extras.py），同时为了让这个文件夹可以被 Python 视为一个可导入的模块，在同一个文件夹下还要创建一个空的__init__.py 文件，其文件结构如下：

```
# tree mysite
mysite
├── admin.py
├── forms.py
├── __init__.py
├── migrations
├── models.py
├── templatetags
│   ├── __init__.py
│   └── mvote_extras.py
├── tests.py
├── views.py
```

然后把自定义标签的内容放在 mvote_extras.py 中，语句如下：

```
from django import template
from mysite import models
```

```
register = template.Library()

@register.filter(name='show_items')
def show_items(value):
    try:
        poll = models.Poll.objects.get(id=int(value))
        items = models.PollItem.objects.filter(poll=poll).count()
    except:
        items = 0
    return items

@register.filter(name='show_votes')
def show_votes(value):
    try:
        poll = models.Poll.objects.get(id=int(value))
        votes = 0
        pollitems = models.PollItem.objects.filter(poll=poll)
        for pollitem in pollitems:
            votes = votes + pollitem.vote
    except:
        votes = 0
    return votes
```

这段程序的重点有两个地方：首先是通过导入 template，使用 template.Library()创建一个注册对象 register；其次是使用修饰器@register.filter 的方法将自定义标签注册为模板语言标签的一部分。在这个例子中，我们分别注册了 show_items 和 show_votes，用于显示选项数和总投票数。这两个变量传递的参数被放置在 value 自变量中，我们预期传递的参数是 Poll 的 id 字段值，通过这个 id 可以在程序中找到指定的投票项。有了这一项，如果要计算总项数就非常简单，只需使用一行指令 models.PollItem.objects.filter(poll=poll).count()即可完成。因为它相当于使用 Poll 的实例来找出在 PollItem 中所有 poll 字段是 poll 的项，然后使用 count()计算数量。这个数量就是我们要显示的值，使用 return items 的方式返回，items 的内容就会显示在 index.html 中。

计算总票数比较复杂一些，因为除必须找出所有指定 poll 的选项外，还必须逐项对 vote 字段进行累加，最后将结果返回为 votes 变量。

定义了自定义标签后，在使用之前，需要在 index.html 的前面加上{% load mvote_extras %}才能生效。mvote_extras 就如读者所想象的那样，是我们放在 templatetags 文件夹下的文件名。

11.3.3　使用 AJAX 和 jQuery 改进投票的效果

在使用第 10 课完成的投票网站时，你是否注意到每次投票后页面都会重新刷新？尽管现代计算机的速度很快，重新刷新页面并不会造成太多困扰，但如果你缩小屏幕尺寸，就会发现在投完票后，重新刷新页面会使整个页面返回顶部。如果投票对象位于页面底部，那么重新滚动到之前的位置就会变得非常不方便。

导致每次投票后页面重新刷新的主要原因在于：在最初的设计中，当用户单击投票按钮时，浏览器会向服务器发送页面请求，然后由程序进行处理。处理完成后，服务器会向浏览器返回一个新的网页，因此浏览器需要重新加载并显示整个新页面。

然而，如果不考虑投票结果的实时排序，在单击投票按钮的时候，整个页面会被影响到的内容其实只有被投票的那项票数而已，因此只要使用 AJAX 让更新这个票数的功能在后台运行，获得更新的票数后，再使用 jQuery 程序来变更网页上的票数，就可以实现我们设计的目标了。

AJAX（Asynchronous JavaScript and XML）是一种在异步情况下向服务器提取数据并更新部分网页内容的技术。在传统的网页中，对服务器提交请求后，接收到网页数据时会以收到的数据重新显示网页的内容，因此所有网页会被重新刷新。但是使用 AJAX 可以让服务器发送的请求和数据获取过程在后台运行，无须重新刷新页面。结合 jQuery 替换特定 HTML 标记的技巧，就可以在需要时更新部分网页内容，避免重新刷新页面所带来的用户阅读困扰。这种特性在电子商场购物网站中特别有用，例如将购买的商品加入购物车、计算目前已购商品的价格，以及简易计算或显示局部数据。对于我们的投票网站来说，在单击投票按钮后，只更新票数而不重新刷新整个页面，正是 AJAX 最佳的应用场景。

在我们的例子中，在前端投票网页的模板 poll.html 中加入 AJAX 和 jQuery 的程序代码，然后在网站的 urls.py 中建立对应的网址，通过这个网址链接到在 views.py 中的响应处理函数，在 pollitem.id 中找出是哪个选项要被加 1，再返回给 AJAX 的处理函数执行后续更新票数的工作。运行的过程如图 11-13 所示。

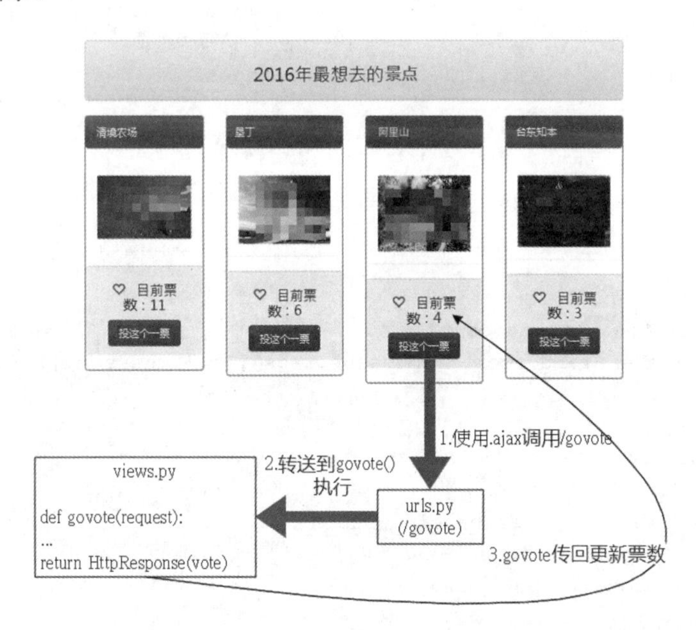

图 11-13　使用 AJAX 技术进行投票的流程

所以，第一步是在显示投票页面的 poll.html 中加入 AJAX 程序。不过，在添加此功能之后，要确保在 base.html 中是否已经将 jQuery 的链接放在最前面，代码如下（使用未压缩版本，以避免$.ajax 调用出错）：

```
<script   src="https://code.jquery.com/jquery-3.6.3.js"   integrity="sha256-nQLuAZGRRcILA+6dMBOvcRh5Pe310sBpanc6+QBmyVM=" crossorigin="anonymous"></script>
```

加上 AJAX 程序代码的 poll.html 如下：

```
<!-- poll.html (mvote project) -->
```

```
{% extends "base.html" %}
{% block title %}投票趣{% endblock %}
{% block content %}
    <script>
        $(document).ready(function() {
        {% for pollitem in pollitems %}
            $("#govote-{{pollitem.id}}").click(function(){
                var pollitemid = $("#govote-{{pollitem.id}}").data("itemid");
                $.ajax({
                    type: "GET",
                    url: "/govote/",
                    data: {
                        "pollitemid": pollitemid
                    },
                    success: function(votes) {
                        if (votes==0) {
                            alert("无法投票");
                        } else {
                            $("#pollitem-id-{{pollitem.id}}").html(votes);
                        }
                    }
                });
            });
        {% endfor %}
        });
    </script>

    <div class='container'>
        {% for message in messages %}
            <div class='alert alert-{{message.tags}}'>{{ message }}</div>
        {% endfor %}

        <div class='row'>
            <div class='col-md-12'>
                <div class='panel panel-default'>
                    <div class='panel-heading' align=center>
                        <h3>{{ poll.name }}</h3>
                    </div>
                </div>
            </div>
        </div>

        {% for pollitem in pollitems %}
            {% cycle "<div class='row'>" "" "" "" %}
            <div class='col-sm-3'>
                <div class='panel panel-primary'>
                    <div class='panel panel-heading'>
                        {{ pollitem.name }}
                    </div>
```

```
                <div class='panel panel-body'>
                    {% if pollitem.image_url %}
                        <img src='{{ pollitem.image_url }}' width='100%'>
                    {% else %}
                        <img src='http://i.imgur.com/Ous4iGB.png' width='100%'>
                    {% endif %}
                </div>
                <div class='panel panel-footer' align=center>
                    <h4>
                    <a href='/vote/{{poll.id}}/{{pollitem.id}}' title='投票'>
                        <span class='glyphicon glyphicon-heart-empty'>
                        </span>
                    </a>
                     
                    当前票数: <span id='pollitem-id-{{pollitem.id}}'>{{ pollitem.vote }}
</span></h4>
                    <button   class='btn   btn-primary'   id='govote-{{pollitem.id}}'
data-itemid='{{pollitem.id}}'>投这个一票</button>
                </div>
            </div>
        </div>
        {% cycle "" "" "" "</div>" %}
    {% endfor %}
  </div>
{% endblock %}
```

上述程序代码中有几个重点，首先是按钮标签的编码，因为每个投票项都有自己的 ID，所以为了能够在 jQuery 中顺利识别各个标签，在产生这些标签时需要把 ID 也编码进去，语句如下：

```
<a class='btn btn-primary' id='govote-{{pollitem.id}}' data-itemid='{{pollitem. id}}'>
投这个一票 </a>
```

每个按钮的 id 应当以“govote-”开头，之后要加上 pollitem.id 的值。此外，还需要添加 data-itemid 属性，以便在 jQuery 函数中提取这个参数。显示票数的部分也需要用<span></span>标签括起来，并赋予一个 id，同样是为了方便在 jQuery 中显示。语句如下：

```
当前票数: <span id='pollitem-id-{{pollitem.id}}'>{{ pollitem.vote }}</span>
```

下面这一段产生 jQuery 程序代码和 AJAX 程序代码的片段是本小节的重点。通过一个{% for pollitem in pollitems %}循环把所有的投票选项都加上一个.click 的事件启动函数，会在对应的按钮被按下之后开始执行相对应的 AJAX 程序内容。而在产生 AJAX 程序时，要适当地把 pollitem.id 的内容编写进去，以确保每一个按钮处理程序都对应到正确的投票选项。

```
<script>
$(document).ready(function() {
{% for pollitem in pollitems %}
  $("#govote-{{pollitem.id}}").click(function(){
      var pollitemid = $("#govote-{{pollitem.id}}").data("itemid");
      $.ajax({
          type: "GET",
          url: "/govote/",
```

```
        data: {
            "pollitemid": pollitemid
        },
        success: function(votes) {
            if (votes==0) {
                alert("无法投票");
            } else {
                $("#pollitem-id-{{pollitem.id}}").html(votes);
            }
        }
    });
  });
{% endfor %}
});
</script>
```

上一段程序代码在实际网页显示后，会为每个选项产生相应的 jQuery 事件处理函数。在这个例子中，假设有 4 个选项，那么生成的实际 jQuery 程序代码如下（也可以通过查看源代码功能在自己的网站中查看这些代码）：

```
<script>
$(document).ready(function() {

  $("#govote-5").click(function(){
    var pollitemid = $("#govote-5").data("itemid");
    $.ajax({
        type: "GET",
        url: "/govote/",
        data: {
            "pollitemid": pollitemid
        },
        success: function(votes) {
            if (votes==0) {
                alert("无法投票");
            } else {
                $("#pollitem-id-5").html(votes);
            }
        }
    });
  });

  $("#govote-6").click(function(){
    var pollitemid = $("#govote-6").data("itemid");
    $.ajax({
        type: "GET",
        url: "/govote/",
        data: {
            "pollitemid": pollitemid
        },
        success: function(votes) {
```

```
            if (votes==0) {
                alert("无法投票");
            } else {
                $("#pollitem-id-6").html(votes);
            }
        }
    });
});

$("#govote-7").click(function(){
    var pollitemid = $("#govote-7").data("itemid");
    $.ajax({
        type: "GET",
        url: "/govote/",
        data: {
            "pollitemid": pollitemid
        },
        success: function(votes) {
            if (votes==0) {
                alert("无法投票");
            } else {
                $("#pollitem-id-7").html(votes);
            }
        }
    });
});

$("#govote-8").click(function(){
    var pollitemid = $("#govote-8").data("itemid");
    $.ajax({
        type: "GET",
        url: "/govote/",
        data: {
            "pollitemid": pollitemid
        },
        success: function(votes) {
            if (votes==0) {
                alert("无法投票");
            } else {
                $("#pollitem-id-8").html(votes);
            }
        }
    });
});
});
</script>
```

AJAX 程序代码的实际细节不在本书讨论的范围内，读者可自行参考相关书籍或资料，重点在于它的语法较为烦琐，要特别注意哪些地方需要加分号，哪些地方不需要，同时也要记住所有的括号都必须成对出现。

在$.ajax 中，至少需要设置 type、url、data 以及 success。其中，type 可以设置为"POST"或者"GET"，用于确定传送给服务器的协议。另外，url 则是要调用的网址，而 data 用于设置传送给服务器的数据，就像以表单的方式传送一样。在 data 的冒号后面，通常会以 JSON 的格式来设置要传送参数的名称和值。在这个例子中，名称是"pollitemid"，而值是通过"var pollitemid = $("#govote-8").data("itemid");"得到的结果。在 success 中设置的是一个函数，用于处理从服务器成功获取数据时的操作。在这里，我们直接将数据设置为一个数值，即票数，然后找到指定的<span>并将内容设置为该数值。由于要调用/govote/，因此在 urls.py 中也需要添加以下语句：

```
path('govote/', views.govote),
```

并在 views.py 中加上 govote 这个处理函数，语句如下：

```
from django.http import HttpResponse
@login_required
def govote(request):
    try:
        is_ajax = request.headers.get('x-requested-with') == 'XMLHttpRequest'

        votes = 0
        if (request.method != "GET") or (not is_ajax):
            return HttpResponse(votes)

            pollitemid = request.GET.get('pollitemid')
            pollitem = models.PollItem.objects.get(id=pollitemid)
            pollitem.vote = pollitem.vote + 1
            pollitem.save()
            votes = pollitem.vote

        return HttpResponse(votes)
    except:
        votes = 0
        return HttpResponse(votes)
```

在此函数中，先检查是否为 AJAX 的调用，如果是，就使用 GET.get 取出参数，使用此参数找出相对应的 pollitem，针对其票数加一之后再存回去，并把最新的票数返回给 AJAX 函数，以便提供给网页来显示，如此就完成了投票效果的改进工作。

11.3.4 避免重复投票的方法

至此，我们的网站基本上完成了，剩下的只有一个避免重复投票的设计问题。对于重复投票，有几种不同的处理方式，主要可以分为有账号和无账号的处理方式。如果一个投票网站不需要登录就可以投票，那么需要考虑以机器或 IP 位置来处理投票，即在投票时需要识别当前投票的机器或 IP 地址，并结合时间因素来决定此次投票是否有效，这主要是以 Session 和 Cookies 作为技术的基础。

然而，本网站的设计要求用户登录后才能够投票，以会员为基础，因此避免重复投票的操作比较简单。因为只要用户登录，就一定会知道当前投票的会员是谁，我们只需要对比数据库就可以设置限制。

假设我们希望每个会员针对每个投票项一天只能投一票，最简单的方式就是建立一个投票记录数据表，上面有用户 ID（此 ID 是唯一的，所以没问题）、投票日期以及投票项 ID（此 ID 也是唯一的）就可以了。有了这张数据表，就可以在每次用户投票之前先检查一下。如果其中有记录，就不能再投票了；如果没有，那么在投完票后写入这笔记录就可以了。在本范例中，加入的数据表如下（models.py）：

```
class VoteCheck(models.Model):
    userid = models.PositiveIntegerField()
    pollid = models.PositiveIntegerField()
    vote_date = models.DateField()
```

接着执行 migration（迁移）操作，将 model（模型）设置到数据库中。如果打算让这个数据表可以在后台管理页面进行管理，别忘记在 admin.py 中加入以下内容：

```
admin.site.register(models.VoteCheck)
```

因为这是在投票时进行检查的操作，所以需要修改的地方自然就是 views.py 中的 govote 函数（不会重新刷新页面）和 vote 函数（会重新刷新页面）。首先来看 vote 函数中的内容：

```
from datetime import datetime

@login_required
def vote(request, pollid, pollitemid):
    target_url = '/poll/{}'.format( pollid)
    if models.VoteCheck.objects.filter(userid=request.user.id, pollid=pollid,
                            vote_date = datetime.date.today()):
        return redirect(target_url)
    else:
        vote_rec = models.VoteCheck(userid=request.user.id, pollid=pollid,
                            vote_date = datetime.date.today())
        vote_rec.save()
    try:
        pollitem = models.PollItem.objects.get(id = pollitemid)
    except:
        pollitem = None
    if pollitem is not None:
        pollitem.vote = pollitem.vote + 1
        pollitem.save()
    return redirect(target_url)
```

在上面这个程序片段中，我们先以 filter 的方式找出同一个用户在同一天针对同一个投票项是否存在一个记录，如果存在，就直接以 redirect 的方式转址回去，不进行加票的功能；如果不存在此记录，就以.save()新增此记录，以预防下一次的投票行为。

同样的方法在 govote()中也可以使用，但是之前我们在使用 AJAX 的时候并未传送 poll.id 值，所以在$.ajax 程序代码中的 data 项要先加上以下数据项：

```
        data: {
            "pollitemid": pollitemid,
```

```
            "pollid": {{poll.id}},
        },
```

接着就可以在 views.py 的 govote 函数中加上重复投票的检查功能了，语句如下：

```
@login_required
def govote(request):
    try:
        is_ajax = request.headers.get('x-requested-with') == 'XMLHttpRequest'

        votes = 0

        if (request.method != "GET") or (not is_ajax):
            return HttpResponse(votes)

        pollid = request.GET.get('pollid')
        is_voted        =        models.VoteCheck.objects.filter(userid=request.user.id,
pollid=pollid, vote_date = datetime.date.today())

        if (not is_voted):
            pollitemid = request.GET.get('pollitemid')
            pollitem = models.PollItem.objects.get(id=pollitemid)
            pollitem.vote = pollitem.vote + 1
            pollitem.save()
            votes = pollitem.vote

            vote_rec = models.VoteCheck(userid=request.user.id, pollid=pollid, vote_date
= datetime.date.today())
            vote_rec.save()

        return HttpResponse(votes)
    except:
        votes = 0
        return HttpResponse(votes)
```

和前一段程序代码不一样的地方在于：使用 AJAX 的方式无论如何要返回目前的票数，因此我们以一个 bypass 布尔变量来决定是否要跳过执行加 1 的操作。也就是一开始把 bypass 设置为 False，然后检查数据库。如果找到了，就把 bypass 更新为 True，表示要跳过将票数加 1 的操作，而不是像之前使用转址的方式。读者可自行比较两者之间的差异。

11.3.5　添加和删除投票项

本小节要说明如何在网页上实现如图 11-7 所示的功能，即添加和删除投票项，而无须再到后台管理界面中进行这些操作。就像我们在 header.html 中添加的选项链接一样，“添加（编辑）投票”这个选项的网址是/addpoll/，因此第一步是在 urls.py 中添加和删除相关的路由，代码如下：

```
path('delpoll/<int:pollid>/',  views.delpoll,  name='delpoll-url'),  path('delpollitem/
```

```
<int:pollid>/<int:pollitemid>/', views.delpollitem, name='delpollitem-url'),
path('addpoll/', views.addpoll, name='addpoll-url'),
path('addpollitem/', views.addpollitem),
path('addpollitem/<int:pollid>/', views.addpollitem, name='addpollitem-url'),
```

上述路由包括添加和删除投票项（poll），以及添加和删除投票选项（pollitem）需要使用的路径，分别由 delpoll、delpollitem、addpoll 以及 addpollitem 这 4 个函数来负责。这 4 个函数都要放在 views.py 中。addpoll 的程序代码如下：

```
@login_required
def addpoll(request):
    if request.method == 'POST':
        username = request.user.username
        user = User.objects.get(username=username)
        new_poll = models.Poll(user=user)
        form = forms.PollForm(request.POST, instance=new_poll)
        if form.is_valid():
            form.save()
            return redirect('/addpoll')
    else:
        form = forms.PollForm()

    username = request.user.username
    user = User.objects.get(username=username)
    polls = models.Poll.objects.filter(user=user)
    return render(request, "addpoll.html", locals())
```

addpoll 函数有两个功能。当被调用时，它首先判断是不是在表单中单击“提交”按钮之后调用的。如果是，就先找出用户名称，然后取出表单当前的内容，确认数据的正确性之后，随即把表单的内容存储到对应的数据表中，最后以转址的方式回到添加投票项的页面。

如果不是通过表单进来的，就直接产生一个空的数据表单，放在 form 变量中，以便让对应的 addpoll.html 可以将其显示出来。在显示 addpoll.html 之前，还需要准备相关的数据，包括当前的用户名称以及当前所有的投票项。

在数据表和表单的操作部分，使用了 Forms 类来产生默认的 Model 表单。为了创建 ModelForm，我们需要在 mysite 文件夹下创建一个 forms.py，并在 views.py 的前面进行如下导入操作：

```
from mysite import forms
```

forms.py 的内容如下：

```
from django.forms import ModelForm
from mysite import models

class PollForm(ModelForm):
    class Meta:
        model = models.Poll
        fields = ['name', 'enabled']
```

```
    def  init (self, *args, **kwargs):
        super(PollForm, self).__init__(*args, **kwargs)
        self.fields['name'].label = '标题'
        self.fields['enabled'].label = '启用'

class PollItemForm(ModelForm):
    class Meta:
        model = models.PollItem
        fields = ['name', 'image_url', 'vote']
    def  init (self, *args, **kwargs):
        super(PollItemForm, self). init (*args, **kwargs)
        self.fields['name'].label = '选项名称'
        self.fields['image_url'].label = '图片网址'
        self.fields['vote'].label = '起始票数'
```

其中，第一个 PollForm 是为了添加投票项而准备的，PollItemForm 则是为了添加投票中的选项准备的。addpoll.html 的内容如下，显示出来的页面则如图 11-6 所示。

```
<!-- addpoll.html (mvote project) -->
{% extends "base.html" %}
{% block head_title %} 投票趣 {% endblock %}
{% block content %}
<div class='container'>
{% for message in messages %}
    <div class='alert alert-{{message.tags}}'>{{ message }}</div>
{% endfor %}
    <div class='row'>
        <h3 class='alert alert-primary'> 添加投票项（问卷调查）</h3>
    </div>
    <form method='POST' action='.'>
        {% csrf_token %}
        <table>
            {{ form.as_table }}
        </table>
        <input type='submit' value='提交'>
    </form>
    <div class='row'>
        <div class='col-sm-12'>
            <div class='card'>
                <div class='card card-header'>
                    <h4> 我的投票项 </h4>
                </div>
                <div class='card-body'>
                    {% for poll in polls %}
                        <div class='listgroup'>
                            <div class='listgroup-item'>
                                <a href='{% url "delpoll-url" poll.id %}' title='Delete'>
```

```
                        <i class='bi bi-trash'></i>
                    </a>
                    <a href="{% url 'addpollitem-url' poll.id %}">
                        {{ poll.name }}
                    </a>
                </div>
            </div>
        {% empty %}
            <em> 还没有任何投票项 </em>
        {% endfor %}
        </div>
    </div>
  </div>
 </div>
</div>
{% endblock %}
```

当用户在如图 11-6 所示的页面中单击任一投票项前面的垃圾桶图标时，将会跳转至以下链接：

```
https://prestonia.pythonanywhere.com/delpoll/3/
```

这个链接将会跳转至 delpoll 这个函数，该函数的内容如下：

```
@login_required
def delpoll(request, pollid):
    try:
        poll = models.Poll.objects.get(id = pollid)
    except:
        pass
    if poll is not None:
        poll.delete()
    return redirect('/addpoll/')
```

在网址后面跟着的是 Poll 记录的 id，因为每一个投票项在数据表中都只有一个唯一的 id，通过这个 id 就可以找到要删除的对象，这样在程序编写的难度上就简化了很多。

当用户单击任一投票选项之后，会进入如图 11-7 所示的页面。在该页面中填写完表单并单击“提交”按钮之后，即可交由 addpollitem 这个函数来处理，程序代码如下：

```
@login_required
def addpollitem(request, pollid=''):
    if request.method == 'POST':
        pollid = request.POST['pollid']
        poll = models.Poll.objects.get(id=pollid)
        new_pollitem = models.PollItem(poll=poll)
        form = forms.PollItemForm(request.POST, instance=new_pollitem)
        if form.is_valid():
            form.save()
            return redirect('/addpollitem/'+pollid)
```

```
    else:
        form = forms.PollItemForm()

    poll = models.Poll.objects.get(id=pollid)
    pollitems = models.PollItem.objects.filter(poll=poll)
    return render(request, 'addpollitem.html', locals())
```

它的操作方式和 addpoll 类似，相对应的 addpollitem.html 内容如下：

```
<!-- addpoll.html (mvote project) -->
{% extends "base.html" %}
{% block head_title %}投票趣{% endblock %}
{% block content %}
<div class='container'>
{% for message in messages %}
    <div class='alert alert-{{message.tags}}'>{{ message }}</div>
{% endfor %}
    <div class='row'>
        <div class='col-md-12'>
            <h3 class='alert alert-primary'>添加【{{poll.name}}】的投票选项</h3>
        </div>
    </div>
    <form method='POST' action='.'>
        {% csrf_token %}
        <table>
            {{ form.as_table }}
        </table>
        <input type='hidden' name='pollid' value='{{poll.id}}'>
        <input type='submit' value='提交'>
    </form>
    <div class='row'>
        <div class='col-sm-12'>
            <div class='panel panel-info'>
                <div class='panel panel-heading'>
                    <h4> 此投票项的所有选项 </h4>
                </div>
                <div class='panel panel-body'>
                    {% for pollitem in pollitems %}
                        <div class='listgroup'>
                            <div class='listgroup-item'>
                                <a href='{% url "delpollitem-url" poll.id  pollitem.id %}'
title='Delete'>
                                    <i class='bi bi-trash'></i>
                                </a>
                                <a href='{{pollitem.image_url}}'>{{ pollitem.
name }}</a>
                            </div>
```

```
                </div>
            {% empty %}
                <em> 还没有任何投票项的选项 </em>
            {% endfor %}
        </div>
    </div>
  </div>
</div>
</div>
{% endblock %}
```

上面这段程序代码有一个特别的地方，即利用表单传送隐藏的数据。主要原因是用户在进入该网页后已经知道了投票选项，但这些选项不需要用户进行选择，却需要作为表单数据传递给 addpollitem 函数进行处理。因此，我们将这些数据放在隐藏的表单字段中，用户看不到，但在提交表单时可以一并传递给处理函数。

用于删除操作的 delpollitem 函数内容如下，除 pollid 外，其参数还包括 pollitemid，即投票选项的唯一标识符：

```
@login_required
def delpollitem(request, pollid, pollitemid):
    try:
        pollitem = models.PollItem.objects.get(id = pollitemid)
    except:
        pass
    if pollitem is not None:
        pollitem.delete()
    return redirect('/addpollitem/{}/'.format(pollid))
```

到目前为止，已经完成了添加与删除投票项及其所包含的选项的所有相关程序代码。完整的程序可参考范例文件。同时，建议读者自行设计自己想要的功能，以使选项的呈现更加丰富有趣。

11.3.6　新建 Google 账号链接

我们打算以新建 Google 账号的登录作为本范例网站的结束工作。由于之前我们的网站已经能够通过社交 App 进行验证，因此新建 Google 的验证工作基本上会更加简单。首先，要确认在 settings.py 中是否已经加入了 Google 的 App，相关语句如下：

```
INSTALLED_APPS = (
    'django.contrib.admin',
    'django.contrib.auth',
    'django.contrib.contenttypes',
    'django.contrib.sessions',
    'django.contrib.messages',
    'django.contrib.staticfiles',
    'mysite',
    'django.contrib.sites',
    'allauth',
    'allauth.account',
```

```
    'allauth.socialaccount',
    'allauth.socialaccount.providers.社交 App',
    'allauth.socialaccount.providers.google',
)
```

接着，需要在 Google Cloud 中创建一个新项目。假设你已经拥有 Google 账号并已登录，则可以访问 https://console.cloud.google.com/开始创建新项目。

单击上方的“选择项目”后，按照图 11-14~图 11-19 的步骤进行设置即可。

图 11-14 在 GCP 中新建项目

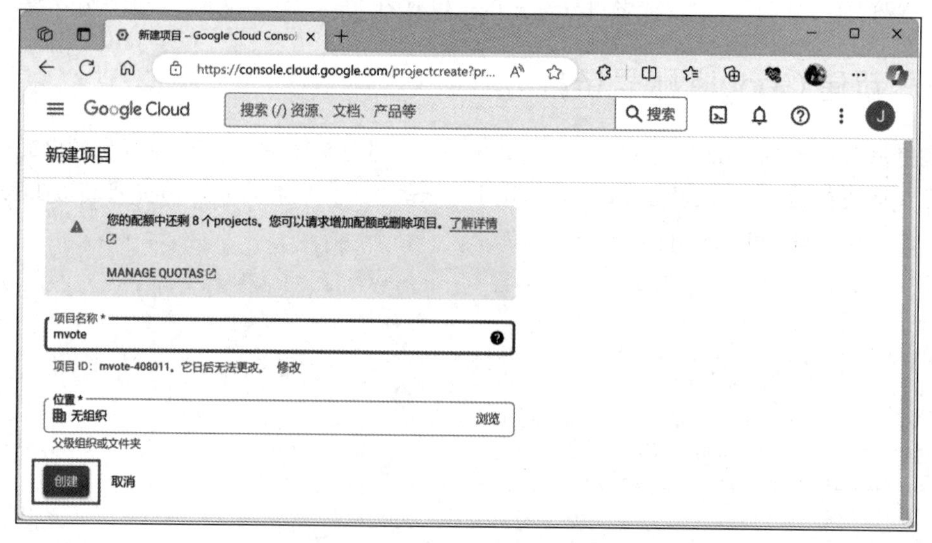

图 11-15 设置项目名称并新建

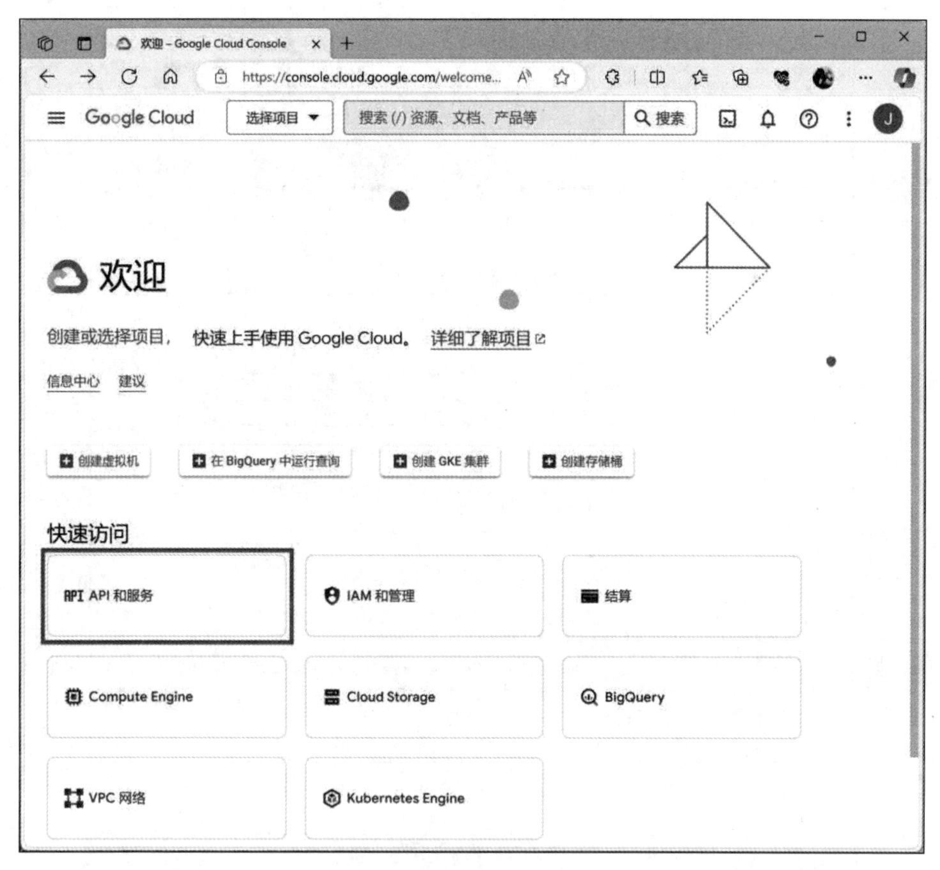

图 11-16　选取 API 服务

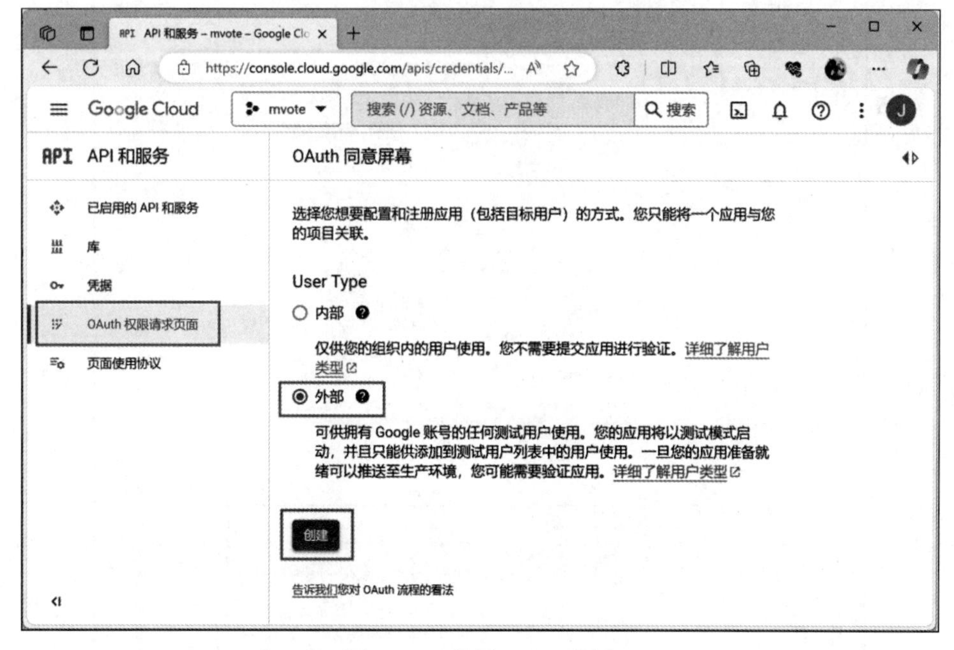

图 11-17　设置 OAuth 同意

图 11-18　OAuth 同意设置基本信息 1

图 11-19　OAuth 同意设置基本信息 2

在 OAuth 同意页面，你只需要设置基本信息，然后直接单击“保存并继续”按钮即可进行下一步。接着，设置 API 密钥，按照图 11-20~图 11-23 的步骤进行设置即可。

图 11-20　创建 Google API 凭证

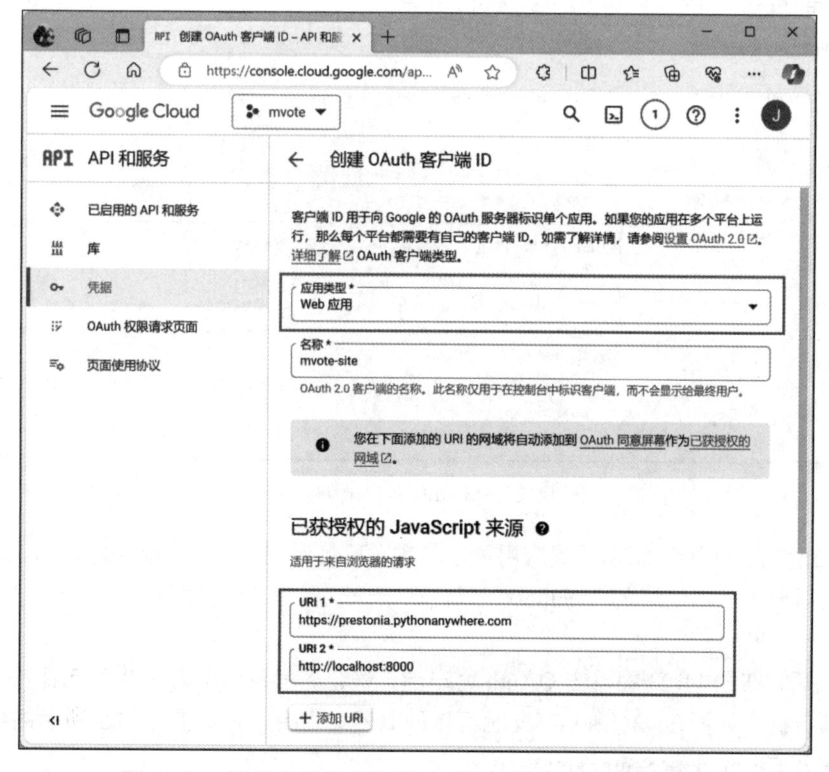

图 11-21　设置应用程序类型与已获授权的 JavaScript 来源

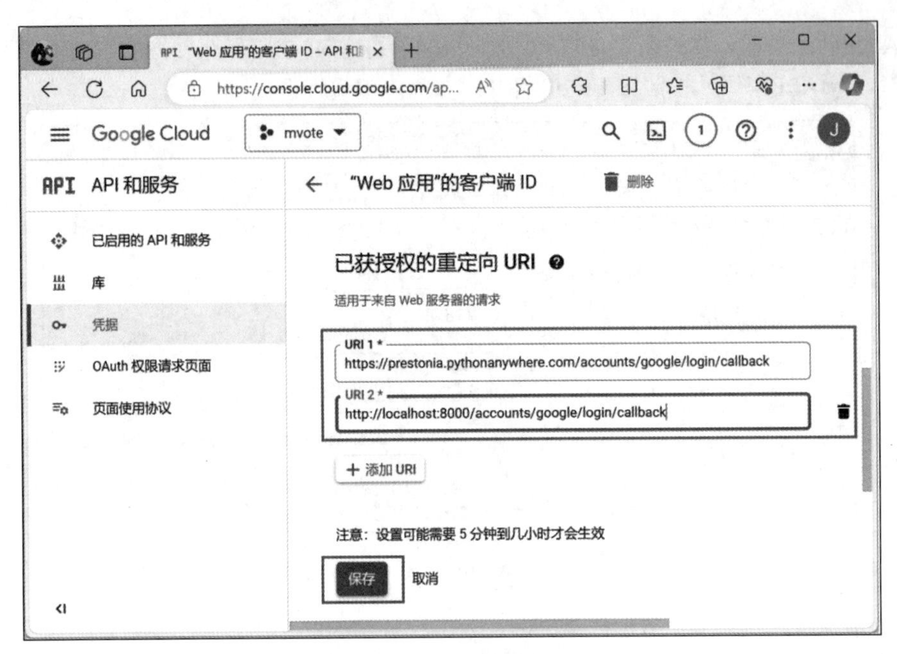

图 11-22　已获授权的重定向 URL

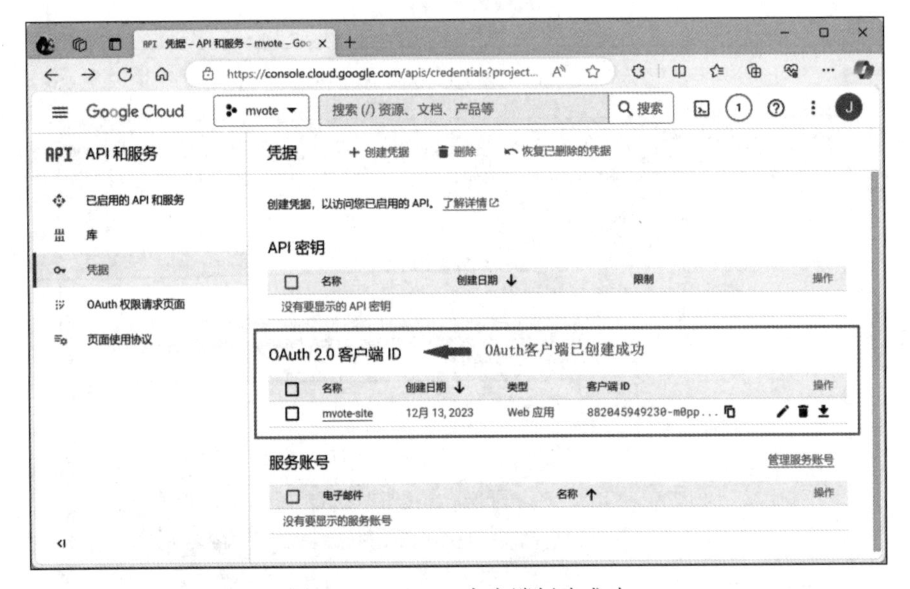

图 11-23　OAuth 客户端创建成功

在图 11-21 和图 11-22 中，当设置应用类型与来源网址时，除部署到域名为 pythonanywhere.com 的网络外，还需要添加本地域名 localhost，以便在下一堂课将项目拉到本地进行开发和修改时能够使用 Google 登录功能。

设置完成后，在图 11-23 中单击 OAuth 客户端，将会显示我们所需的“客户端 ID”和“客户端密钥”这两项数据，如图 11-24 所示。此时可以回到网站后台，在如图 11-25 所示的界面中分别将这两项数据填入 Client id 和 Secret key 栏中。

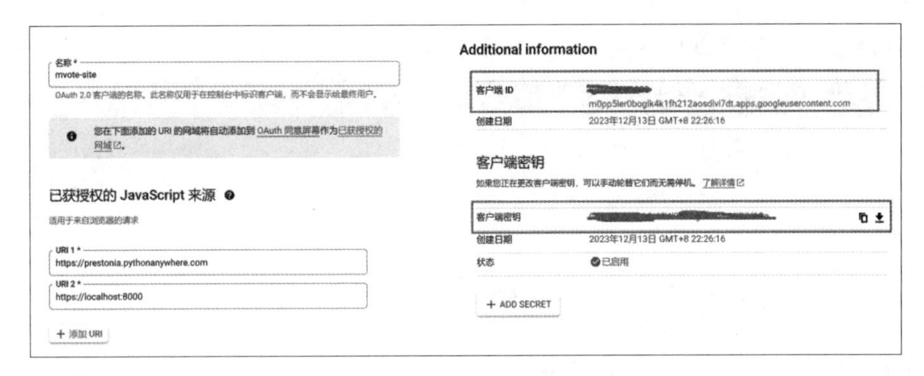

图 11-24　OAuth 客户端 ID 和密钥

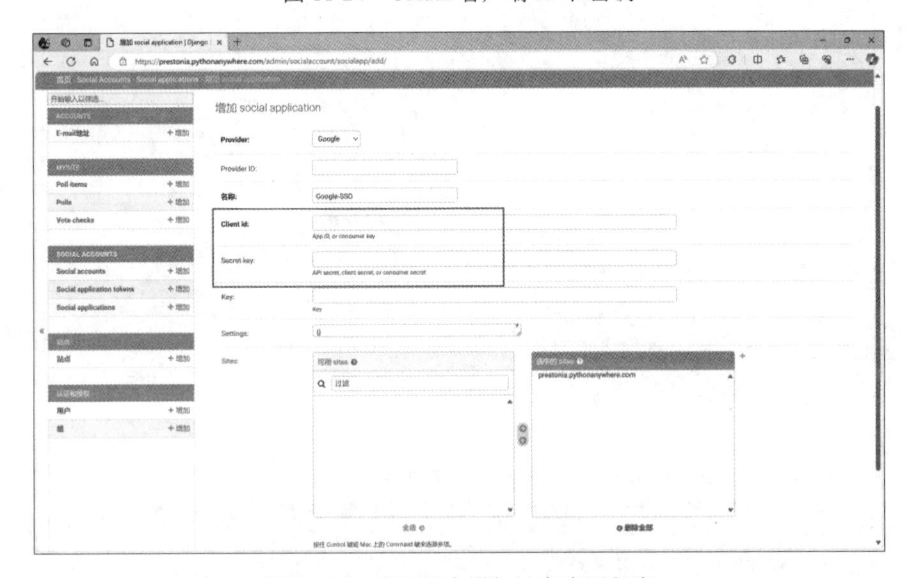

图 11-25　在网站中增加社交应用程序

设置完成后，保存更改。下一次访问该网站的登录页面时，将会出现如图 11-26 所示的页面。

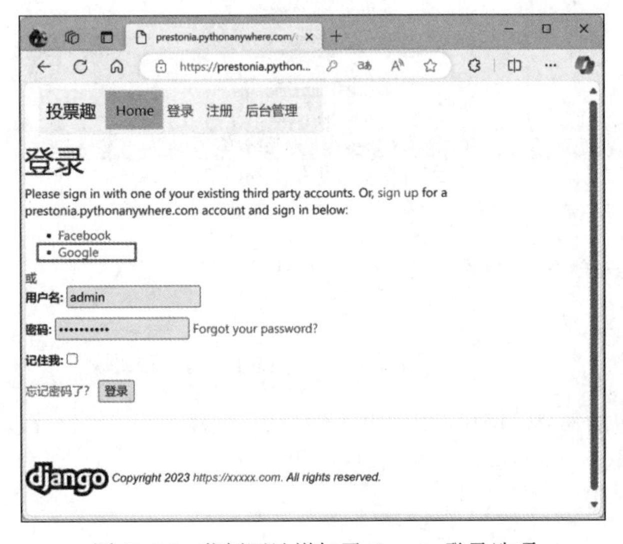

图 11-26　范例网站增加了 Google 登录选项

单击该链接后，即可自动引导到 Google 的授权页面，如图 11-27 所示。

图 11-27　Google 的授权页面

完成授权后，进入网页就可以看到如图 11-28 所示的页面。

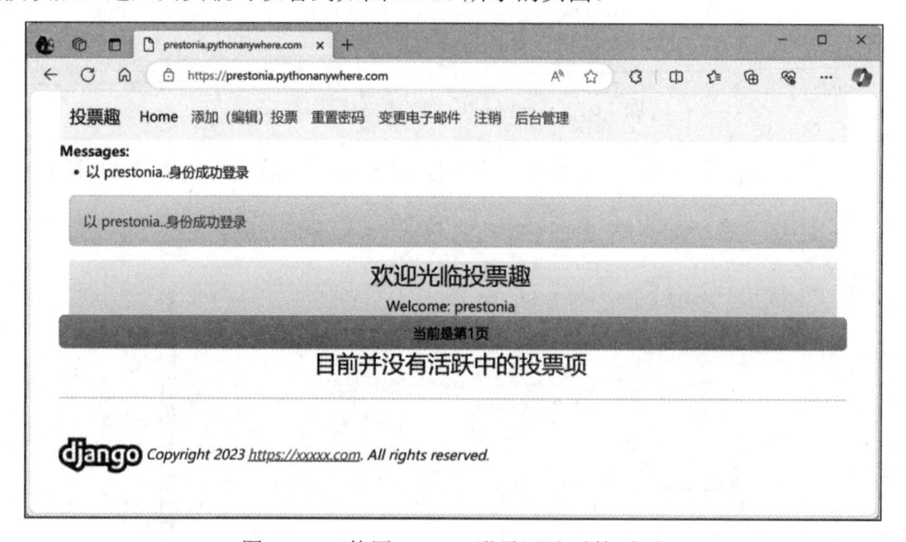

图 11-28　使用 Google 登录网站后的页面

很棒的是程序代码的部分不用更改，就像社交 App 一样，可以直接存取用户在 Google 账号的头像和姓名，非常方便。而在登录后，回到后台也可以看到多出来的社交账号内容，如图 11-29 所示。

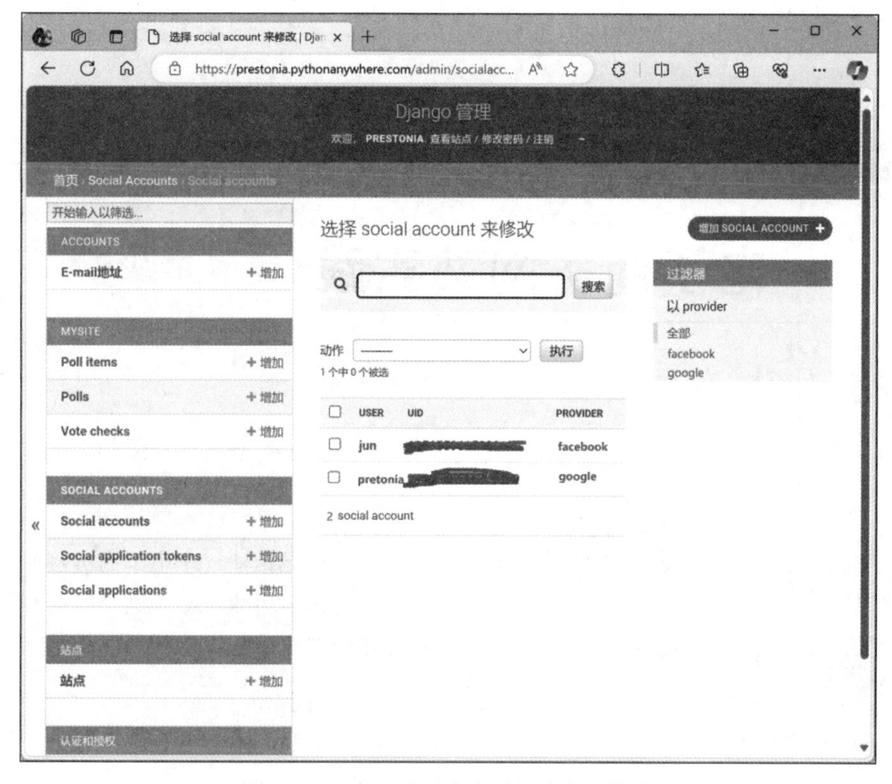

图 11-29　在网站后台查看社交账号内容

如果读者有兴趣添加其他账号，可以参考官方网站 django-allauth 的说明，网址为 https://django-allauth.readthedocs.io/en/latest/providers.html。

11.4　本课习题

1. 在本网站中，我们在删除投票项时只执行了验证是否为会员的操作，在删除前并未确认要删除的对象是否属于该会员所有，可能会发生误删的情况。为了防止误删，应该在执行删除操作前再次确认要删除的对象是否属于该会员，以增加删除的安全性。

2. 我们在数据表中预留了 enabled 字段，但是目前未使用。建议读者利用这一字段来实现投票项的管理员审核机制。

3. 修改 11.3.1 节的内容，在网站页面中添加第一页和最后一页的链接按钮。

4. 在 11.3.4 节中，使用消息（Message）提示功能，在无法重复投票时显示适当的信息。

5. 在 11.3.4 节中，用于记录用户投票的数据表会随着网站运行而积累数据，随着时间的推移数据量会增加，解决此问题。

第12课 电子商务网站实践

12

相信大多数读者都有在网络上购物的经验，也可能想要自己搭建一个电子商务网站。在本课程中，我们将以上一课程的网站为基础，打造一个简化版本的迷你店商网站。这个店商网站除具备会员验证功能外，还能够对商品进行分类展示，让会员将订购的商品加入购物车，然后下订单，并通过 PayPal 完成线上支付。

本堂课的学习大纲

- 打造迷你电商网站
- 增加网站功能
- 电子支付功能

12.1 打造迷你电商网站

为了演示如何为网站添加电子支付功能，本节首先创建一个简单的电子商务网站，然后逐步添加电商网站所需的功能。与之前的投票网站不同，这个网站也是会员制的，但不同之处在于：所有产品和客户数据只能由管理员管理，而其他会员只能维护自己的数据。此外，电商网站的产品必须具备图片。本节还会教读者如何快速在管理页面中添加媒体文件管理功能。

12.1.1 使用项目模板

笔者提供了项目模板，让读者可以快速在本地完成后续课程。可按照以下步骤操作：

步骤01 通过以下指令复制项目：git clone https://github.com/StockLin/mvote-template.git。

步骤02 变更文件夹名称：将 mvote-template 更名为 mshop。

步骤03 创建虚拟环境。执行命令：conda create --name dj4ch12 python=3.10。

步骤04 启动虚拟环境。执行命令：conda activate dj4ch12。注意：本堂课的范例程序运行前要确保启动这个虚拟环境。

步骤05 进入 mshop 文件夹。

步骤06 安装套件。执行命令：pip install -r requirements.txt。

步骤07 执行 python manage.py makemigrations。

步骤08 执行 python manage.py migrate。

步骤09 创建超级用户（superuser）。执行命令：python manage.py createsuperuser。

步骤10 在 admin 管理页面中，添加域名 localhost:8000。

步骤11 在 admin 管理页面中，添加相对应的社交网站 App。

步骤12 修正社交网站的 Key 值并返回网址。

步骤13 执行 python manage.py runserver。

步骤14 测试网站的执行。

由于第 11 课已经进行了 Google 登录的设置，并添加了 localhost:8000 作为网络域名。因此，在 admin 中增加社交网站时，可以直接使用第 11 课设置的 Google 客户端 ID 和客户端密码。

如果使用社交 App 登录，根据新版社交 App Login 的调整规定，在正式环境中，网络域名的设置必须是加密的 HTTPS，不能使用 HTTP。因此，我们无法在本地设置网络域名为 http://localhost:8000。

为解决这个问题，社交 App Developer 提供了一个用于创建和测试社交 App App 的方法，操作流程与我们之前设置社交 App 类似，只需在已经创建的 App 中添加一个测试用 App。具体操作可参考 https://developers.社交 App.com/docs/development/build-and-test/test-apps?locale=zh_CN。

如果一切顺利，网站投入运行后即可看到如图 12-1 所示的空白首页，同时已经具备会员管理以及社交 App 和 Google 登录的能力。

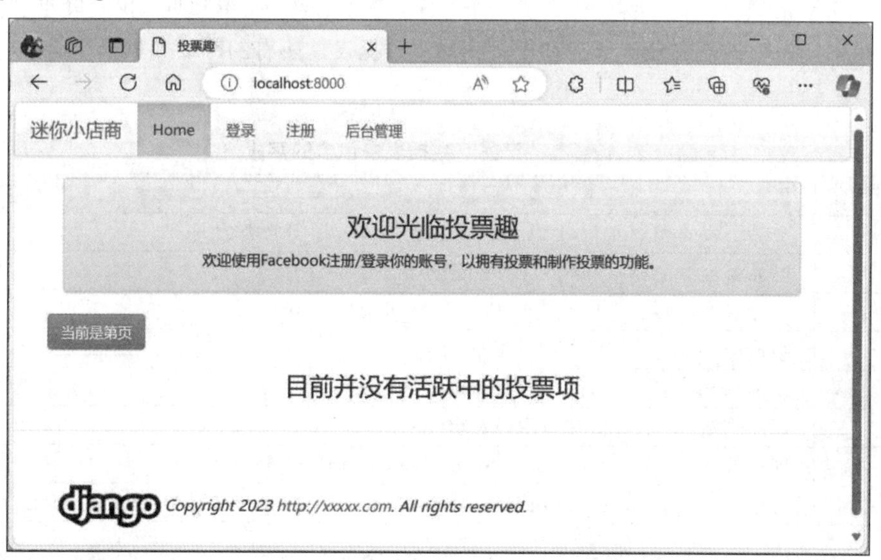

图 12-1　从第 11 课迁移过来的初始网站

12.1.2　创建网站所需要的数据表

像其他网站一样，第一步是在 models.py 中添加网站所需的数据表，并在 admin.py 中注册这些数据表，以便在后台直接管理这些数据表。由于电商网站的特性是只有少数特定的管理人员有权限新增和修改产品数据，在这里假设只有一个管理员，因此可以不需要为这些表格设计输入/输出的表单，直接让它们在管理网页中进行编辑即可。第一版的 models.py 内容如下：

```
from django.db import models
from django.contrib.auth.models import User

class Category(models.Model):
   name = models.CharField(max_length=200)

   def __str__(self):
       return self.name

class Product(models.Model):
   category = models.ForeignKey(Category, on_delete=models.CASCADE)
   sku = models.CharField(max_length=20)
   name = models.CharField(max_length=200)
   description = models.TextField()
   image = models.URLField(null=True)
   website = models.URLField(null=True)
   stock = models.PositiveIntegerField(default=0)
   price = models.DecimalField(max_digits=10, decimal_places=2, default=0)

   def __str__(self):
       return self.name
```

就像大部分商品数据一样，首先需要有一个“分类”数据表，简单起见，我们只使用了“名称”这个字段。目前网站数据表的设计重点在于“产品”数据表，所有的产品数据至少必须包含表 12-1 中列出的字段。

表 12-1　“产品”数据表中包含的字段

字 段 名	说　明	数 据 格 式
category	产品所属分类	以 ForeignKey 的方式指向分类数据表
sku	产品编号	CharField(max_length=20)
name	产品名称	CharField(max_length=200)
description	数据描述	TextField()
image	图像网址	URLField(null=True)
website	产品网站	URLField(null=True)
stock	库存数量	models.PositiveIntegerField(default=0)
price	价格	models.DecimalField(max_digits=10, decimal_places=2, default=0)

其中，image 字段使用 URLField 格式，表示我们将使用外部链接的方式显示图像文件。然而，在这个例子中，只允许每个产品使用一个图像文件。如果每个产品需要多个图像文件，就需要使用第 7 课中介绍的方法，将图像文件另外设计成一个数据表，然后让产品类和图像类进行关联。

接着，在 admin.py 中加入这两张数据表，以便在 admin 后台进行管理。第一版的 admin.py 内容如下：

```
from django.contrib import admin
from mysite import models
```

```
class ProductAdmin(admin.ModelAdmin):
    list_display = ('category', 'sku', 'name', 'stock', 'price')
    ordering = ('category',)

admin.site.register(models.Product, ProductAdmin)
admin.site.register(models.Category)
```

接着使用 python manage.py makemigrations 和 python manage.py migrate 命令来同步数据库文件，即可在管理网页中输入数据。数据库同步的过程如下：

```
(dj4ch12) D:\dj4ch12\mshop>python manage.py makemigrations
Migrations for 'mysite':
  mysite\migrations\0004_initial.py
    - Create model Category
    - Create model Product

(dj4ch12) D:\dj4ch12\mshop>python manage.py migrate
Operations to perform:
  Apply all migrations: account, admin, auth, contenttypes, mysite, sessions, sites,
socialaccount
Running migrations:
  Applying mysite.0004_initial... OK
```

先输入一个分类，然后输入几条数据用于测试。有了数据表和数据项，在 views.py 中的 index 函数就可以编写如下程序进行测试了：

```
def index(request):
    all_products = models.Product.objects.all()

    paginator = Paginator(all_products, 5)
    p = request.GET.get('p')
    try:
        products = paginator.page(p)
    except PageNotAnInteger:
        products = paginator.page(1)
    except EmptyPage:
        products = paginator.page(paginator.num_pages)

    return render(request, 'index.html', locals())
```

在程序中，直接使用 models.Product.objects.all()取出所有数据项，将其放在 all_products 变量中。然后，使用第 11 课教过的分页技巧，将其中一页数据放在 products 中，并传送到 index.html 中作为网页显示的内容。也就是说，在 index.html 中需要负责将 products 中的所有数据显示出来。第一版的 index.html 程序代码如下：

```
<!-- index.html (mshop project) -->
{% extends "base.html" %}
{% block title %}迷你小电商{% endblock %}
{% block content %}
{% load mvote_extras %}
<div class='container'>
```

```
    {{today}}
{% for message in messages %}
    <div class='alert alert-{{message.tags}}'>{{ message }}</div>
{% endfor %}
    <div class='row'>
        <div class='col-md-12'>
            <div class='panel panel-default'>
                <div class='panel-heading' align=center>
                    <h3>欢迎光临迷你小电商</h3>
                    {% if user.is_authenticated %}
                        {% if user.socialaccount_set.all.0.extra_data.name %}
                            {{user.socialaccount_set.all.0.extra_data.name}}<br/>
                            <img    src='{{user.socialaccount_set.all.0.get_avatar_url}}'
width='100'>
                        {% else %}
                            Welcome: {{ user.username }}
                        {% endif %}
                    {% else %}
                        <p>欢迎使用社交 App 注册/登录你的账号才能购买本站优惠商品（教学测试用）。</p>
                    {% endif %}
                </div>
            </div>
        </div>
    </div>
    <div class='row'>
            <button class='btn btn-info'>
                当前是第{{ products.number }}页</a>
            </button>
        {% if products.has_previous %}
            <button class='btn btn-info'>
                <a href='?p={{ products.previous_page_number }}'>上一页</a>
            </button>
        {% endif %}
        {% if products.has_next %}
            <button class='btn btn-info'>
                <a href='?p={{ products.next_page_number }}'>下一页</a>
            </button>
        {% endif %}
    </div>
    {% load account %}
    {% for product in products %}
        {% cycle '<div class="row">' '' '' '' %}
        <div class='col-xs-3 col-sm-3 col-md-3'>
            <div class='thumbnail'>
                <img src='{{product.image}}'>
                <div class='caption'>
                    <p>¥ {{product.price }}</p>
                    <p>库存: {{product.stock}}</p>
                    <p>{{ product.description }}</p>
                    <button class='btn btn-primary'> 放入购物车 </button>
```

```
            </div>
        </div>
    </div>

    {% cycle '' '' '' '</div>'%}
  {% empty %}
    <div class='row'>
        <div class='col-sm-12' align='center'>
            <h3>此分类目前没有任何商品</h3>
        </div>
    </div>
  {% endfor %}
</div>
{% endblock %}
```

网页的上半部分与第 11 课的范例网站几乎相同（但是本例使用的是 Bootstrap 3 版本，因此输出页面的排版组件使用的是 Panel 而非前一堂课中的 Card，读者要留意）。后半部分用来显示产品信息，这里使用了 Bootstrap 的 thumbnail 组件，在该组件中可以指定一个<img src>，以及在 thumbnail 中要使用的标题 caption。通过 caption 的内容，分别展示产品名称、价格、库存数量和简介，最后以一个空的按钮作为结尾。第一版的网站完成结果如图 12-2 所示。

图 12-2　第一版的迷你电商网站

由于网站是通过复制第 11 课的程序代码而来的，有些内容还未更新，因此可能会看到一些如“添加（编辑）投票”的菜单选项。读者可以自行进行更改，在后续章节中，我们会陆续调整这些菜单选项的内容。

12.1.3　上传照片的方法 django-filer

由于电子商务网站一定需要使用图像，如果一直将图像文件放在其他网站上（本书前几堂课的示例是放在 http://imgur.com 中，或者从其他网站链接图片过来），这并不是一个理想的解决方案。为了解决这个问题，本小节将向读者介绍一个实用的媒体文件管理套件 django-filer，安装完成后，就可以将图像文件放在自己的网站中了。安装方法非常简单，只需使用 pip 安装即可：

```
pip install django-filer
```

此套件需要依赖 django-mptt、easy-thumbnails、django-polymorphic 以及 Pillow，一般来说这些依赖会被自动安装好。要使用此套件，还需要在 INSTALLED_APPS 中添加以下内容：

```
INSTALLED_APPS = [
    ...
    'easy_thumbnails',
    'filer',
    'mptt',
    ...
]
```

之后执行 python manage.py migrate 来写入 django-filer 的模型（Model）。如果需要支持视网膜高分辨率设备，也可以将以下代码加入 settings.py 中（可以放在文件的任何位置，一般都是将这行代码加在文件的最下方）：

```
THUMBNAIL_HIGH_RESOLUTION = True
```

在处理缩略图的部分，则要在 settings.py 中加入以下设置：

```
THUMBNAIL_PROCESSORS = (
    'easy_thumbnails.processors.colorspace',
    'easy_thumbnails.processors.autocrop',
    'filer.thumbnail_processors.scale_and_crop_with_subject_location',
    'easy_thumbnails.processors.filters',
)
```

除此之外，因为上传的文件需要指定一个用来存放文件的文件夹，所以在 settings.py 中还需要添加文件夹以及显示静态文件时所需的相关设置，相关语句如下：

```
FILER_STORAGES = {
    'public': {
        'main': {
            'ENGINE': 'filer.storage.PublicFileSystemStorage',
            'OPTIONS': {
                'location': os.path.join(BASE_DIR, '/media/filer'),
                'base_url': '/media/filer/',
            },
            'UPLOAD_TO': 'filer.utils.generate_filename.randomized',
            'UPLOAD_TO_PREFIX': 'filer_public',
        },
        'thumbnails': {
```

```
            'ENGINE': 'filer.storage.PublicFileSystemStorage',
            'OPTIONS': {
                'location': os.path.join(BASE_DIR, '/media/filer_thumbnails'),
                'base_url': '/media/filer_thumbnails/',
            },
        },
    },
    'private': {
        'main': {
            'ENGINE': 'filer.storage.PrivateFileSystemStorage',
            'OPTIONS': {
                'location':  os.path.join(BASE_DIR, '/smedia/filer'),
                'base_url': '/smedia/filer/',
            },
            'UPLOAD_TO': 'filer.utils.generate_filename.randomized',
            'UPLOAD_TO_PREFIX': 'filer_public',
        },
        'thumbnails': {
            'ENGINE': 'filer.storage.PrivateFileSystemStorage',
            'OPTIONS': {
                'location':  os.path.join(BASE_DIR, '/smedia/filer_thumbnails'),
                'base_url': '/smedia/filer_thumbnails/',
            },
        },
    },
}
```

在上述设置中，location 是文件真正存放的文件夹地址，而 base_url 是显示时要指定的静态文件网址。以上是笔者在自己主机中的设置，读者需要将其改为自己的主机地址才能够顺利运行。配合上述静态文件网址设置，在 settings.py 中还需要加上以下内容以指定 MEDIA_URL 的位置（因为在范例中不会用到 private 的文件，所以只针对 public 的部分进行设置）：

```
MEDIA_URL = '/media/'
MEDIA_ROOT = os.path.join(BASE_DIR, '/media')
```

然后在 urls.py 中添加以下程序代码，才能将上传的图像文件视为静态文件进行处理：

```
from django.conf import settings
from django.conf.urls.static import static
urlpatterns += static(settings.MEDIA_URL, document_root=settings.MEDIA_ROOT)
```

为了让 filer 项目可以正常运行，在 urls.py 的 urlpatterns 中也需要加入以下样式：

```
path('filer/', include('filer.urls')),
```

以上设置完成后，需要再次同步数据库，运行命令 python manage.py migrate，以确保模块添加了所需的数据表。如果一切顺利，在管理页面中就会看到添加的两个数据表，如图 12-3 所示。

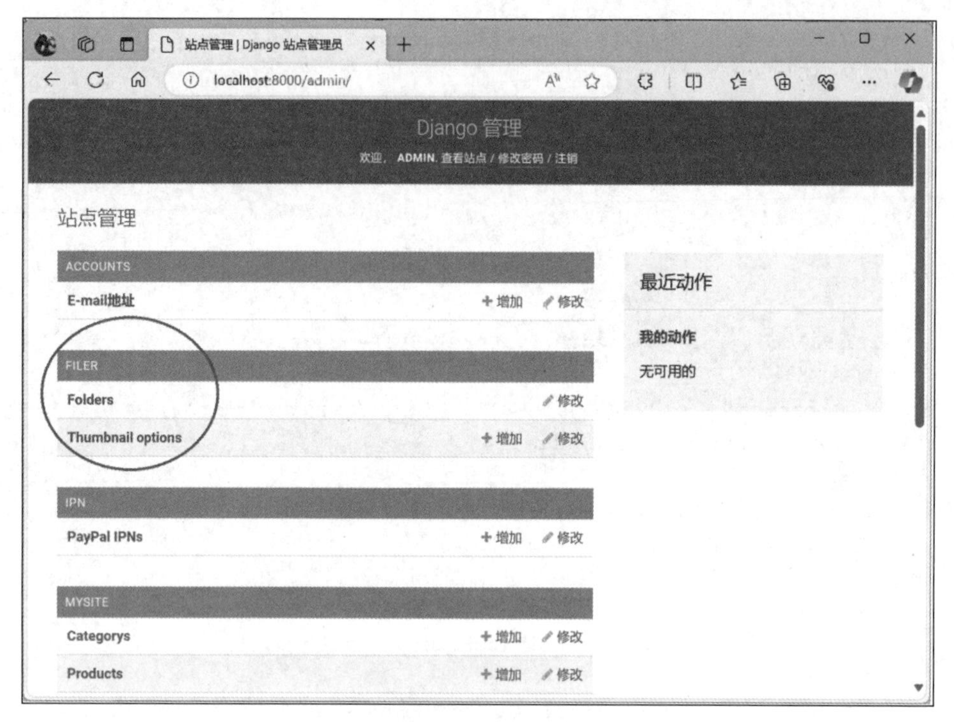

图 12-3　Filer 专用的两个数据表

单击 Folders 数据表，会出现一个完整的文件上传管理界面，如图 12-4 所示。

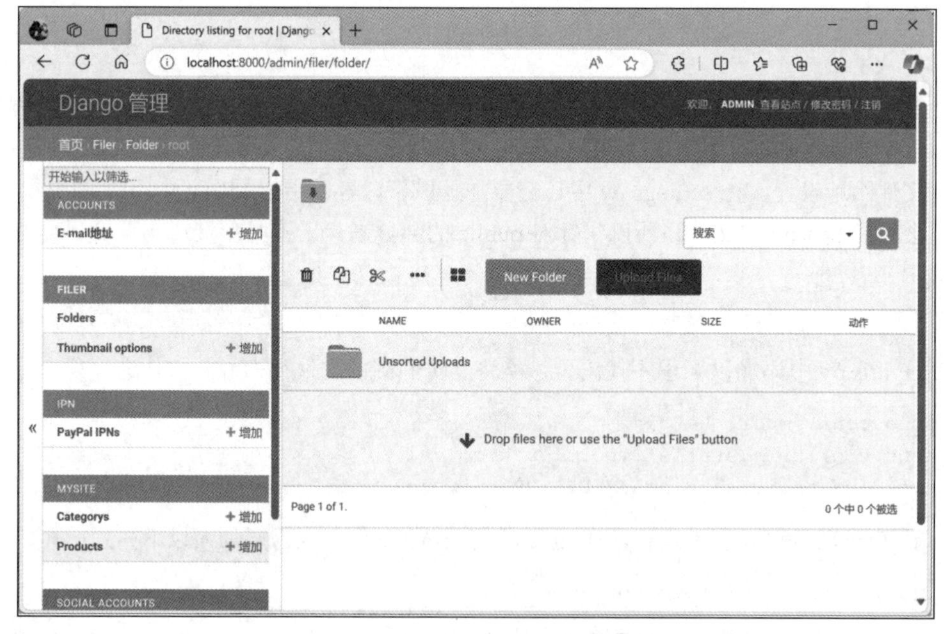

图 12-4　Filer 的文件上传管理界面

在此界面中，可以新建文件夹、上传文件以及删除文件夹和文件等，一开始至少要创建一个文件夹才可以上传文件。假设我们创建了一个 Book 文件夹，然后上传文件，会显示如图 12-5 所示的页面。

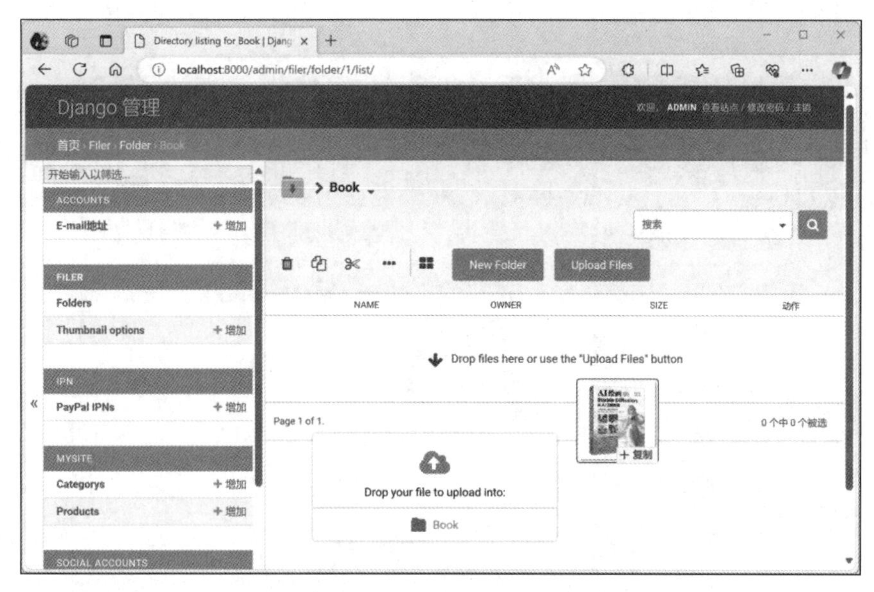

图 12-5　准备上传文件时的 Filer 页面

所有文件上传完毕后，即可看到这些文件的缩略图，如图 12-6 所示。

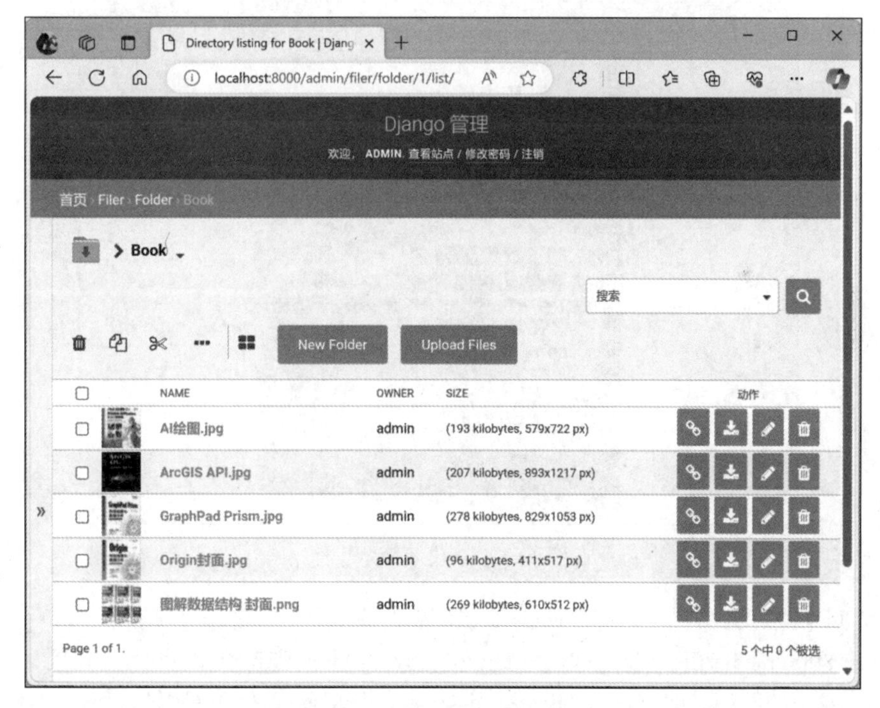

图 12-6　文件上传完毕后的页面

在图像文件的右侧有垃圾桶标志，可以用于删除文件。而单击图像文件名可以进入编辑状态，如图 12-7 所示。

如图 12-7 的箭头所示，单击 Expand 按钮（全尺寸预览）即可看到全尺寸的图像，网址栏上是此图像文件的链接网址，如图 12-8 所示。

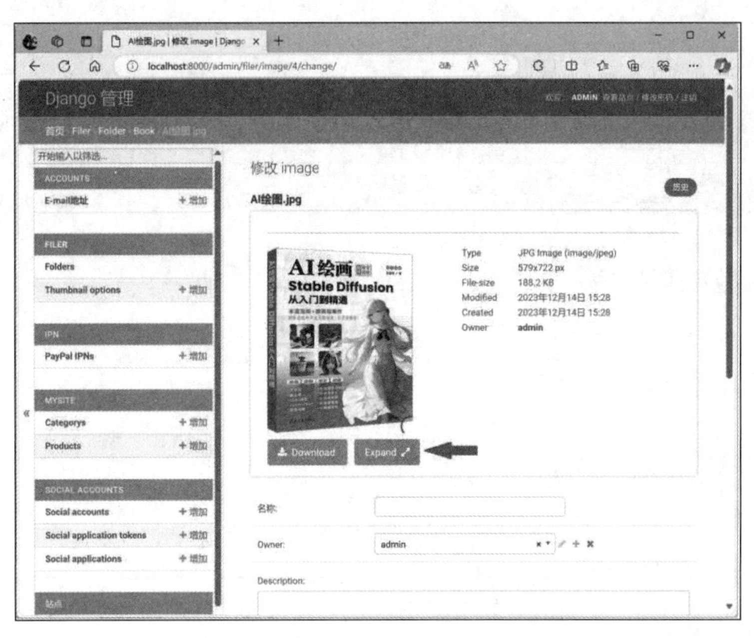

图 12-7　Filer 可用于图像文件的编辑

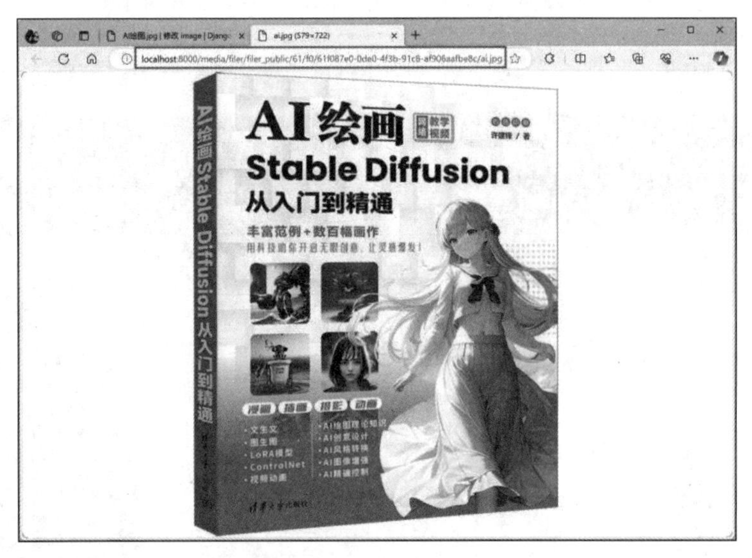

图 12-8　全尺寸预览页面

该网址可以放置在产品的 image 数据字段中。以上述图像文件为例，其网址为 http://localhost:8000/media/filer/filer_public/61/f0/61f087e0-0de0-4f3b-91c8-af906aafbe8c/ai.jpg。如果读者的网站是开发中的网站，建议从 media 这个词开始，忽略前面的网站网址，以相对网址的方式来作为图像文件的网页地址，这样网站系统的灵活性会更好。

12.1.4　把 django-filer 的图像文件添加到数据表中

如果按照 12.1.3 节所述的方式，先上传图像文件，再将其网址粘贴到产品图像数据项中，这样做烦琐且不便。实际上，有一种更简单的方法，直接将上传图像文件的功能整合到创建产品项目中，即使用 Filer 模块提供的 FilerImageField 字段。首先需要在管理后台中清除 category 和 product 的数据（确保所有数据都已删除），然后返回 models.py 文件，在文件的开头添加以下导入语句：

```
from filer.fields.image import FilerImageField
```

然后把在 12.1.2 节定义 Product 数据表的 image 字段修改如下：

```
image = FilerImageField(related_name="product_image",on_delete=models.CASCADE)
```

再重新执行 makemigrations 和 migrate 一次。但是，由于数据结构改变了，因此在执行 makemigrations 时会出现以下询问：

```
(dj4ch12) D:\dj4ch12\mshop>python manage.py makemigrations
It is impossible to change a nullable field 'image' on product to non-nullable without
providing a default. This is because the database needs something to populate existing
rows.
Please select a fix:
 1) Provide a one-off default now (will be set on all existing rows with a null value
for this column)
 2) Ignore for now. Existing rows that contain NULL values will have to be handled manually,
for example with a RunPython or RunSQL operation.
 3) Quit and manually define a default value in models.py.
Select an option: 2
Migrations for 'mysite':
  mysite\migrations\0005_order_alter_product_image_orderitem.py
    - Alter field image on product
```

我们只需要选择 2，然后返回管理页面将类删除，这样原有的数据项也会随之被删除。重新整理网站并进入添加 Products 的数据项中，就可以看到 image 字段增加了上传文件的功能，如图 12-9 所示。

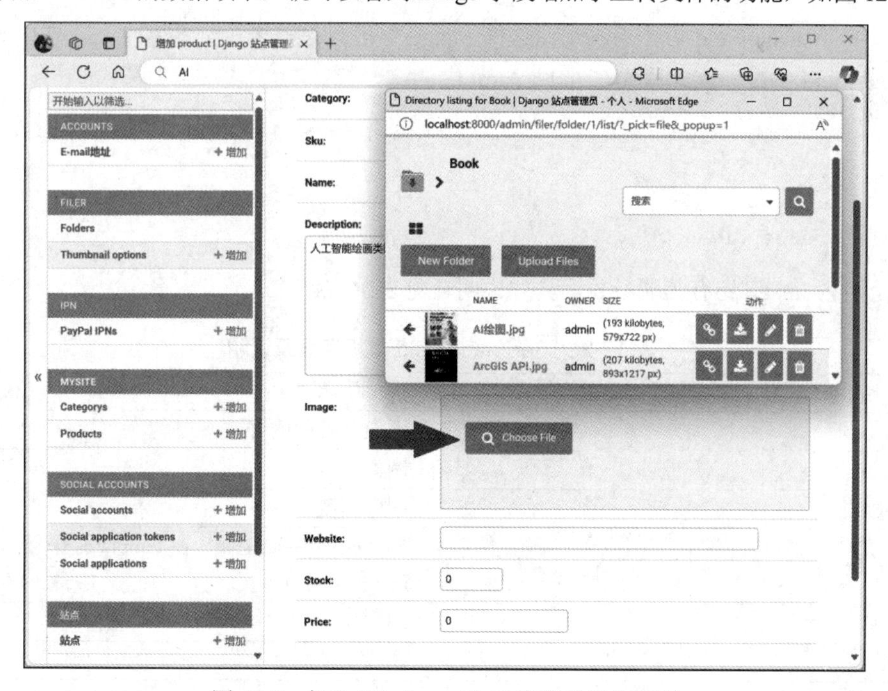

图 12-9　加入 FilerImageField 字段的操作页面

在图 12-9 中单击 Choose File 按钮，就会弹出另一个文件上传窗口，从中可以选择现有的文件，也可以上传新的文件，非常方便好用，选好图像文件后的页面如图 12-10 所示。

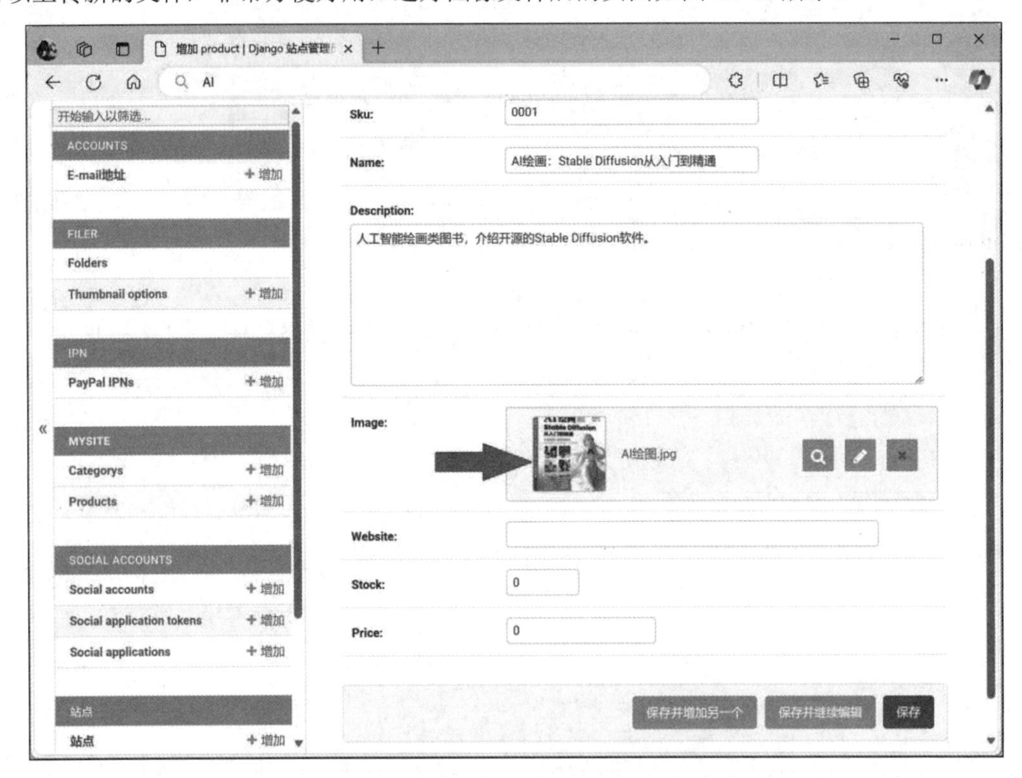

图 12-10　选择图像文件后的添加产品页面

使用了 FilerImageField 后，不同于原来的 image 字段只是一个单纯的网址，现在的 image 是一个 FilerImageField 字段，因此原先在 index.html 中的这一行：

```
<img src='{{product.image}}'>
```

要改为下面这样：

```
<img src='{{product.image.url}}'>
```

主要是因为 image 还有其他参数，具体说明详见表 12-2。

表 12-2　FilerImageField 常用字段及说明

FilerImageField 常用字段（假设对象名为 image）	说　明
image.url	图像文件的网址
image.width	图像宽度
image.height	图像高度
image.icons['64']	64×64 的图像文件，在 templates 中要这样用：image.icons.64
image.sha1	图像文件的 SHA1 码，可用来检查重复性
image.size	图像文件的大小

因此，只需进行简单的更改，就可以在 index.html 中顺利显示上传的图像文件，甚至显示与该图像文件相关的信息。

12.2　增加网站功能

以 12.1 节的迷你电商网站为基础，本节将继续增加一些电商网站常见的功能，包括分类显示产品、增加 PayPal 立即购买按钮、完成客户信息、已购产品的相关链接以及库存管理、批次上传产品数据、购物车功能等。按照本节介绍的去做，你将会拥有一个可以运行的简单的电子商务网站。

12.2.1　分类查看产品

在进行本小节的练习之前，先在数据库中输入一些数据，至少要有两个以上的类别（对于练习来说，数据越多越好）。在本小节的示例网站中，我们有两类产品，分别是计算机图书和人工智能绘画作品，每一个类别中至少有 4 款产品。为了首页版面的整洁，目前以 icons.64 的方式显示产品图片，并且一开始不显示产品的描述，每 4 个产品为一行，如图 12-11 所示。

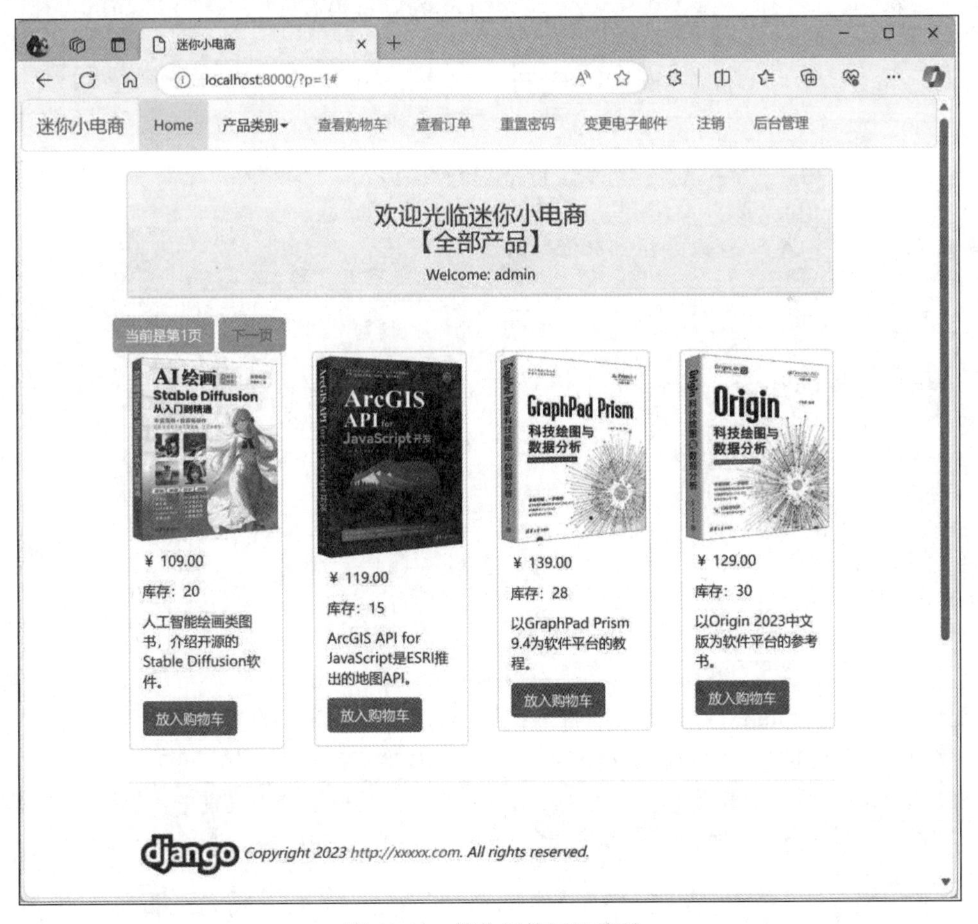

图 12-11　简化后的网站首页

本节的目标是通过下拉式菜单显示不同分类的产品项。要实现这一目标，需要进行两处修改：首先是菜单部分，需要修改 header.html 的内容，通过 Bootstrap 来实现下拉式菜单的界面；其次是在 index.html 中加入参数设置，如果没有任何参数，则显示所有分类的产品。如果加上任意数字，该数字就是产品的分类项 ID，因此在 urls.py 中也需要进行相应的修改。

在 urls.py 中，关于网站首页的网址样式修改如下：

```
path('<int:id>/', views.index),
```

这样，首页就可以展示任意数字的内容。例如，http://localhost:8000/表示要显示所有类别的产品，而 http://localhost:8000/1 表示要显示产品分类 ID 为 1 的产品，以此类推。views.py 中的 index 函数修改如下：

```
def index(request, id=0):
    try:
        all_products = None
        all_categories = models.Category.objects.all()

        if id > 0:
            category = models.Category.objects.get(id=id)
            if category is not None:
                all_products = models.Product.objects.filter(category=category)

        if all_products is None:
            all_products = models.Product.objects.all()

        paginator = Paginator(all_products, 5)

        p = request.GET.get('p')

        products = paginator.page(p)
    except PageNotAnInteger:
        products = paginator.page(1)
    except EmptyPage:
        products = paginator.page(paginator.num_pages)
    except Exception:
        products = []

    return render(request, 'index.html', locals())
```

上述修改主要是为 index 处理函数添加一个 cat_id 参数，用来接收用户要浏览的产品类别。如果这个值大于 0，就尝试查找数据库中是否存在具有该 ID 的产品类别。如果存在，就显示属于该类别的所有产品；如果不存在该类别，就默认显示所有产品。其他部分和之前的示例网站内容保持一致。为了让客户了解当前显示的产品类别，也可以在 index.html 的标题部分添加以下内容：

```
<h3>欢迎光临迷你小电商<br>【{{category.name | default:"全部产品"}}】</h3>
```

完成这些修改后，就可以顺利地在主网址后面加上任意数字来测试只显示某一类别的产品列表。

那么，如何将这些类别添加到菜单中成为下拉式菜单呢？在 views.py 的 index 函数中，需要添加以下代码来获取所有的类别（放在 return render 这行命令的前面）：

```
all_categories = models.Category.objects.all()
```

接着在 header.html 进行如下修改：

```
<!-- header.html (mshop project) -->
<nav class='navbar navbar-default'>
    <div class='container-fluid'>
        <div class='navbar-header'>
            <div class='navbar-brand' align=center>
                迷你小电商
            </div>
        </div>
        {% load account %}
        <ul class='nav navbar-nav'>
            <li class='active'><a href='/'>Home</a></li>
            <li class='dropdown'>
                <a class="dropdown-toggle" data-toggle="dropdown" href='#'>
                产品类别<span class='caret'></span></a>
                <ul class="dropdown-menu">
                    {% for cate in all_categories %}
                    <li><a href='/{{cate.id}}'>{{cate.name}}</a></li>
                    {% endfor %}
                </ul>
            </li>
            {% if user.is_authenticated  %}
            <li><a href="/cart/">查看购物车</a></li>
            <li><a href="/myorders/">查看订单</a></li>
            <li><a href="{% url 'account_reset_password' %}">重置密码</a></li>
            <li><a href="{% url 'account_email' %}">变更电子邮件</a></li>
            <li><a href="{% url 'account_logout' %}">注销</a></li>
            {% else %}
            <li><a href="{% url 'account_login' %}">登录</a></li>
            <li><a href="{% url 'account_signup' %}">注册</a></li>
            {% endif %}
            <li><a href='/admin'>后台管理</a></li>
        </ul>
    </div>
</nav>
```

其中，<li class='dropdown'></li>代码片段至关重要，这是 Bootstrap 3 下拉式菜单的用法。结合{% for %}循环，可以将 all_categories 中的所有类别的 ID 和名称都显示出来，并制作成链接以供用户选择使用。特别需要注意的是，下拉式菜单需要使用 Bootstrap 自带的 JS 文件和 jQuery 2.x 文件，这两个文件的链接都需要放在 base.html 中。更重要的是，jQuery 链接一定要放在 Bootstrap.js 链接的前面，并且版本一定不能弄错，因为不同版本的 Bootstrap 使用不同的 jQuery 版本，最新版本也不一定是最好的。本示例网站的 base.html 内容如下，在这个文件中使用的是 Bootstrap 3.3.6 版本，搭配的 jQuery 版本是 2.2.4：

```
<!-- base.html (mvote project) -->
<!DOCTYPE html>
<html>
    <head>
        <meta charset='utf-8'>
        <meta name="viewport" content="width=device-width, initial-scale=1,
maximum-scale=1, user-scalable=no">
        <title>{% block title %}{% endblock %}</title>

        <!-- Latest compiled and minified CSS -->
       <link rel="stylesheet" href="https://maxcdn.bootstrapcdn.com/bootstrap/3.3.6/css/
bootstrap.min.css"
integrity="sha384-1q8mTJOASx8j1Au+a5WDVnPi2lkFfwwEAa8hDDdjZlpLegxhjVMElfgjWPGmkzs7"
crossorigin="anonymous">
        <!-- Optional theme -->
        <link   rel="stylesheet"   href="https://maxcdn.bootstrapcdn.com/bootstrap/3.3.6/
css/bootstrap-theme.min.css"
integrity="sha384-fLW2N01lMqjakBkx3l/M9EahuwpSfeNvV63J5ezn3uZzapT0u7EYsXMjQV+0En5r"
crossorigin="anonymous">

        <script src="https://code.jquery.com/jquery-2.2.4.min.js"  integrity=
"sha256-BbhdlvQf/xTY9gja0Dq3HiwQF8LaCRTXxZKRutelT44="
crossorigin="anonymous"></script>

        <!-- Latest compiled and minified JavaScript -->
        <script
src="https://maxcdn.bootstrapcdn.com/bootstrap/3.3.6/js/bootstrap.min.js"
integrity="sha384-0mSbJDEHialfmuBBQP6A4Qrprq5OVfW37PRR3j5ELqxss1yVqOtnepnHVP9aJ7xS"
crossorigin="anonymous"></script>

        <style>
        h1, h2, h3, h4, h5, p, div {
            font-family: 微软雅黑;
        }
        </style>
    </head>
    <body>
        {% include "header.html" %}
        {% block content %}{% endblock %}
        {% include "footer.html" %}
    </body>
</html>
```

图 12-12 为添加分类显示后的网站首页。

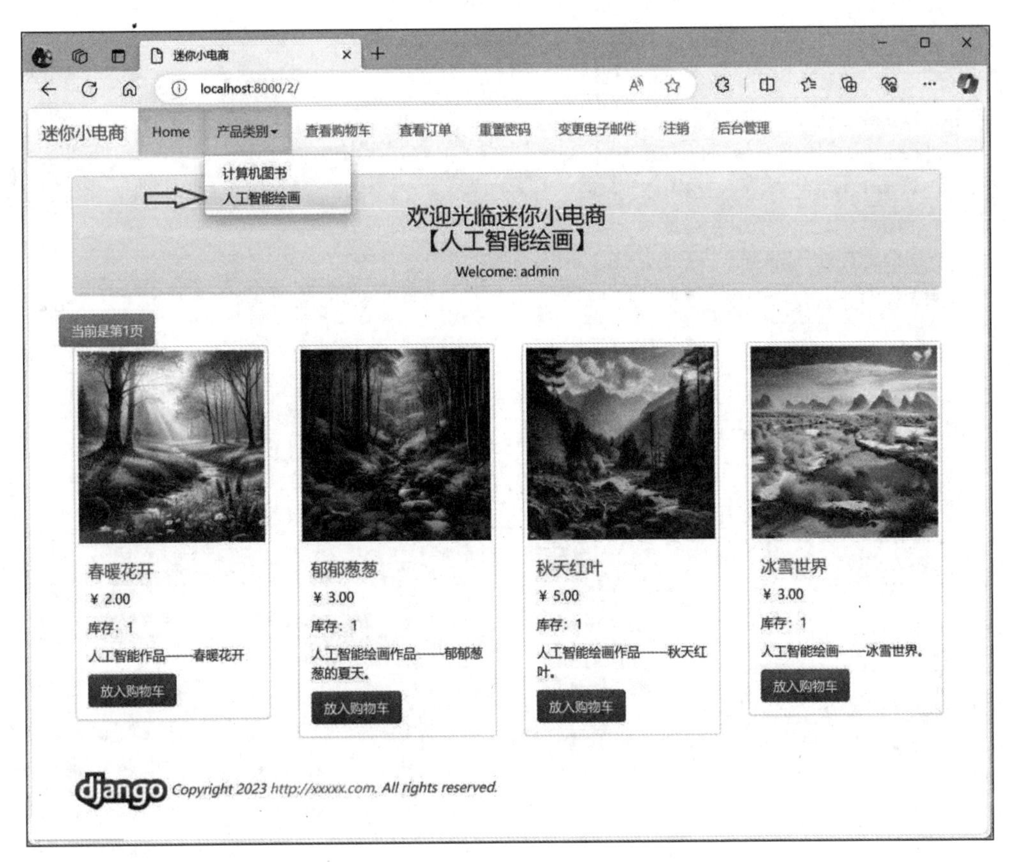

图 12-12　加上产品分类查看功能的网页

12.2.2　显示产品的详细信息

在 12.2.1 节中并没有显示产品的详细信息，我们使用链接的方式让每一个被查看的产品可以独占一个页面，方便显示更多产品的细节。为了实现产品内容分别显示的功能，在 urls.py 中需要加上一个 pattern，语句如下：

```
path('product/<int:id>/', views.product, name='product-url'),
```

接着在 views.py 中增加处理显示产品详细信息的 product 函数，语句如下：

```
def product(request, id):
    try:
        product = models.Product.objects.get(id=id)
    except:
        product = None

    return render(request, 'product.html', locals())
```

这个函数很直接地获取产品的编号，然后通过这个编号获取对应的产品对象 product。假设没有这个编号对应的产品，就直接把 product 变量设置为 None。接下来看 product.html，语句如下：

```
<!-- product.html (mshop project) -->

{% extends "base.html" %}
{% block title %}查看产品细节{% endblock %}
{% block content %}
<div class='container'>
{% for message in messages %}
    <div class='alert alert-{{message.tags}}'>{{ message }}</div>
{% endfor %}
<div class='row'>
    <div class='col-md-12'>
        <div class='panel panel-default'>
            <div class='panel-heading' align=center>
                <h3>{{ product.name | default:"产品编号错误" }}</h3>
            </div>
        </div>
    </div>
</div>
<div class='row'>
    <div class='col-sm-offset-1 col-sm-6'>
        <img src='{{product.image.url}}' width='100%'>
    </div>
    <div class='col-sm-4'>
        <h2>{{product.name}}</h2>
        <h3>售价: {{product.price}}元<br/>
            库存: {{product.stock}}</h3>
        <p>{{product.description | linebreaks }}</p>
    </div>
</div>
</div>
{% endblock %}
```

在这个模板文件中，我们使用了 Bootstrap 的 Grid（网格）系统来作为显示产品细节的排版方式。在 Grid 系统中，每一行（row）可以细分为 12 栏（col，或列），每次要显示数据时可以指定此数据要占几栏的宽度。例如，col-sm-6 就表示在 Small 尺寸以上的屏幕中占 6 栏，以此类推，而 col-sm-offset-1 表示要往右偏移一栏。因此，上述排版表示先往右偏移一栏，接着 6 栏的宽度用来显示产品图片，而另外的 4 栏宽度则用来显示产品信息，最后空一栏不用，因此等于左右各缩了一栏的宽度。

有了查看产品细节的功能，在 index.html 中，产品名称的部分要加上链接，语句如下：

```
<h4><a href='{% url "product-url" product.id %}'>{{ product.name }}</a></h4>
```

在产品列表中单击产品名称后，将会跳转到查看产品详细信息的页面，如图 12-13 所示。

图 12-13　查看产品详细信息的网页

12.2.3　购物车功能

购物车是电子商务网站非常重要的功能，基本上就是使用 Session 的功能识别不同的浏览器用户，使得用户无论是否登录了网站，均能够先把想要购买的产品放在某个地方，之后随时可以显示或修改要购买的产品，等确定了之后再下订单。这个暂存产品的地方就是购物车 Cart。

购物车的实现只需使用 Session 为每一位用户创建一个 ID，然后以这个 ID 作为创建每一个购物车的依据。我们希望这个购物车在用户浏览产品的过程中会保留数据，一直到实际完成下单、用户执行清除操作，或者关闭浏览器为止。因此，在 settings.py 中需添加以下设置：

```
SESSION_EXPIRE_AT_BROWSER_CLOSE = True
```

要求在浏览器关闭时 Session 立即失效，购物车的内容自然也随之消失了。至于购物车的具体实现，已经有现成的模块可以使用，可直接执行 pip 安装，安装命令如下：

```
pip install django-cart
```

在 settings.py 的任意位置添加下面这行代码：

```
CART_SESSION_ID = 'cart'
```

因为该模块会使用数据库，所以别忘记执行 python manage.py migrate 命令。购物车最主要的功能是增加产品项、删除产品项以及查看购物车，所以在 urls.py 中增加 3 个网址样式，分别如下：

```
    path('cart/',views.cart_detail),
    path('cart/additem/<int:id>/<int:quantity>/', views.add_to_cart, name='additem-url'),
    path('cart/removeitem/<int:id>/', views.remove_from_cart, name='removeitem-url'),
```

其中，additem 函数接收两个变量，分别是产品编号和数量，而 remove 函数接收一个变量（即产品编号），additem 函数负责把指定的产品编号以及数量加入购物车，如果购物车已经有此产品，则将数量相加，而 removeitem 函数用于从购物车中删除指定编号的产品。/cart 负责在网页中显示购物车中的所有产品。

购物车的主要实现部分已由 django-cart 模块完成，我们只需使用它的 Cart 类即可。因此，在 views.py 中，add_to_cart 函数可以简化如下：

```
from cart.cart import Cart
@login_required
def add_to_cart(request, id, quantity):
    cart = Cart(request)
    product = models.Product.objects.get(id=id)
    cart.add(product=product, quantity=quantity)

    return redirect('/')
```

使用 models.Product.objects.get(id=product_id)在数据库中找到指定的产品对象，然后使用 Cart(request)产生一个执行实例并将它存储在 cart 变量中，最后使用 cart.add 把产品、价格和数量加入购物车。要从购物车中删除产品则更为容易，语句如下：

```
@login_required
def remove_from_cart(request, id):
    product = models.Product.objects.get(id=id)
    cart = Cart(request)
    cart.remove(product)
    return redirect('/cart/')
```

方法同上，但是改为找到产品后使用 cart.remove 进行删除。根据以上两个函数，要获取购物车的内容实际上就是调用 cart = Cart(request)。因此，需要创建一个处理函数来显示当前购物车中所有的产品，同样使用此方式将 cart 变量传递到 cart.html 中，以便在网页中显示出来。该函数内容如下：

```
@login_required
def cart_detail(request):
    all_categories = models.Category.objects.all()
    cart = Cart(request).cart

    total_price = 0
    for _, item in cart.items():
        current_price = float(item['price']) * int(item['quantity'])
        total_price += current_price

    return render(request, 'cart.html', locals())
```

在函数的第 1 行，需要准备好所有的产品类别，以便在 header.html 中正确显示这些类别。而 cart=Cart(request).cart 这一行用来获取购物车的所有内容，total_price 则是所有购物商品的总计。除此之外，其余部分和一般处理函数的内容并无不同。以下是 cart.html 的内容：

```
<!-- cart.html (mshop project) -->
{% extends "base.html" %}
{% load cart_tag %}
{% block title %}查看购物车{% endblock %}
{% block content %}
<div class='container'>
{% for message in messages %}
    <div class='alert alert-{{message.tags}}'>{{ message }}</div>
{% endfor %}
    <div class='row'>
        <div class='col-md-12'>
            <div class='panel panel-default'>
                <div class='panel-heading' align=center>
                    <h3>欢迎光临迷你小电商</h3>
                        {% if user.socialaccount_set.all.0.extra_data.name %}
                            {{user.socialaccount_set.all.0.extra_data.name}}<br/>
                            <img    src='{{user.socialaccount_set.all.0.get_avatar_url}}'
width='100'>
                        {% else %}
                            Welcome: {{ user.username }}
                        {% endif %}
                </div>
            </div>
        </div>
    </div>
    <div class='row'>
        <div class='col-sm-12'>
            <div class='panel panel-info'>
                <div class='panel panel-heading'>
                    <h4>我的购物车</h4>
                </div>
                <div class='panel panel-body'>
                    {% for id, item in cart.items %}
                    {% if forloop.first %}
                    <table border=1>
                        <tr>
                            <td width=300 align=center>产品名称</td>
                            <td width=100 align=center>单价</td>
                            <td width=100 align=center>数量</td>
                            <td width=100 align=center>小计</td>
                            <td width=100 align=center>删除</td>
                        </tr>
```

```
            {% endif %}
                <div class='listgroup'>
                    <div class='listgroup-item'>
                        <tr>
                            <td>{{ item.name }}</td>
                            <td align=right>{{ item.price }}</td>
                            <td align=center>{{ item.quantity }}</td>
                            <td
align=right>{{ item.price|multiply:item.quantity }}</td>
                            <td align=center>
                                <a  href='{%  url  "removeitem-url"  id  %}'><span
class='glyphicon glyphicon-trash'></span></a>
                            </td>
                        </tr>
                    </div>
                </div>
            {% if forloop.last %}
            </table>
            <button class='btn btn-warning'><a href='/order'>我要订购</a></button>
            {% endif %}
            {% empty %}
                <em>购物车是空的</em>
            {% endfor %}
        </div>
        <div class='panel panel-footer'>
            总计: {{ total_price }}元
        </div>
    </div>
  </div>
 </div>
</div>
{% endblock %}
```

在这个网页中，我们使用了<table></table>表格来显示购物车的内容。其中，item 表示每个产品类别的实例，item.price 表示该产品的价格。我们可以使用相同的方法来获取产品类别中的所有字段。此外，item.quantity 表示购物车中该产品的数量，item.price|multiply:item.quantity 则是计算该产品的价格乘以数量，即价格小计。最后，total_price 是在 view 中预先计算的整个购物车中所有产品价格的总和。那么，购物车中总共有多少种商品呢？我们只需要计算购物车中的 item 数量即可。因此，可以在 index.html 中添加以下程序片段：

```
<div class='row'>
  <div class='col-md-12'>
    {% if request.session.cart.items|length > 0 %}
      <em> 目前购物车中共有 {{ request.session.cart.items|length }} 项产品</em>
      {% else %}
        <p> 此购物车为空 </p>
      {% endif %}
```

```
    </div>
</div>
```

如此一来，网站首页就会实时显示当前购物车中的产品数量摘要。如果我们只想让会员购买，那么可以在 index.html 中的“放入购物车”按钮处进行设置，设置语句如下：

```
{% if user.is_authenticated %}
    <button class='btn btn-info' {{ product.stock | yesno:",disabled"}}>
        <a href='{% url "additem-url" product.id 1 %}' style="color: white;">放入购物车</a>
    </button>
{% endif %}
```

此程序片段会检查当前的会员登录状态，只有在已登录的情况下，此按钮才会被显示出来，而且还会检查商品的库存数量。如果数量是 0，就会加上 disabled，让这个按钮可以看见，但是无法使用。图 12-14 是加入购物车功能的首页内容。

图 12-14　加入购物车功能的首页内容

单击“查看购物车”标签之后，页面显示如图 12-15 所示。

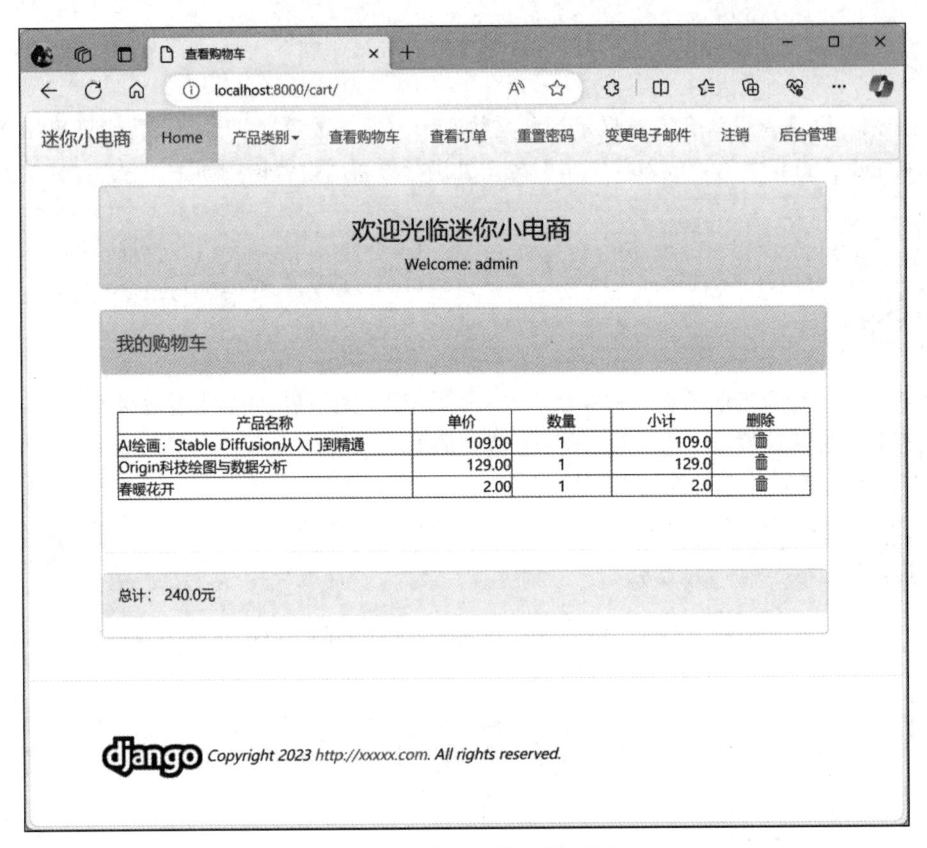

图 12-15　查看购物车的页面

完成上述功能后，试着操作看看是否可以顺利存取购物车的内容，以及价钱是否能够正确地计算。

12.2.4　建立订单功能

有了购物车，接下来是让用户下订单的时候了。在正式的电子商务网站中，购物流程和付款方面涉及许多功能，这些功能超出了本书的范围。对于初学者的练习而言，重要的是能够将购物车转换为网站管理员可以接收的订单信息，即所谓的下订单。这包括两个方面：一方面是将订单数据存储在数据库中，以便日后跟踪和查询；另一方面是发送电子邮件，通知商店管理员和客户本人，了解订单的实际流程。至于在线付款，将在下一节讨论。

为了支持订单的内容，网站还需要两个用于订单的数据表，分别用来记录订单本身的信息（Order），以及订购的产品项目列表（OrderItem）。它们之间的关系如图 12-16 所示。

配合图 12-16 的设计，在 models.py 中加入以下代码，并执行 python manage.py makemigrations 和 python manage.py migrate 命令：

```
class Order(models.Model):
    user = models.ForeignKey(User, on_delete=models.CASCADE)
    full_name = models.CharField(max_length=20)
    address = models.CharField(max_length=200)
    phone = models.CharField(max_length=15)
```

```
    created_at = models.DateTimeField(auto_now_add=True)
    updated_at = models.DateTimeField(auto_now=True)
    paid = models.BooleanField(default=False)

    class Meta:
        ordering = ('-created_at',)

    def __str__(self):
        return 'Order:{}'.format(self.id)

class OrderItem(models.Model):
    order = models.ForeignKey(Order, on_delete=models.CASCADE, related_name='items')
    product = models.ForeignKey(Product, on_delete=models.CASCADE)
    price = models.DecimalField(max_digits=8, decimal_places=2)
    quantity = models.PositiveIntegerField(default=1)

    def __str__(self):
        return '{}'.format(self.id)
```

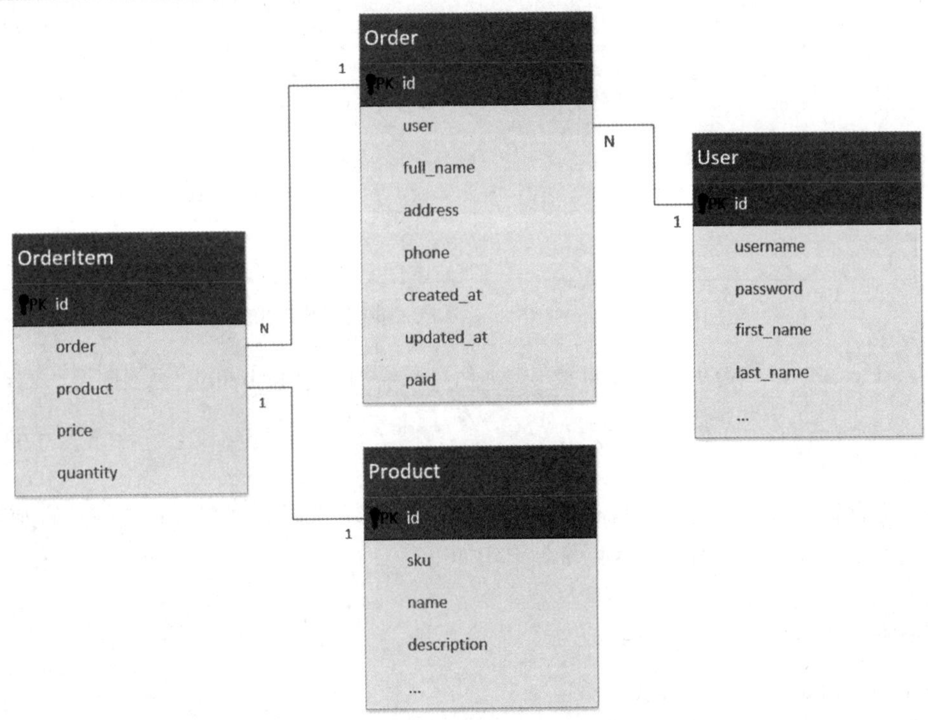

图 12-16　电子商务网站数据表关系图

为了方便在管理页面上编辑和修改这两个数据表，还需要在 admin.py 文件中注册这两个数据表，注册语句如下：

```
admin.site.register(models.Order)
admin.site.register(models.OrderItem)
```

在我们的设计中，会员在查看购物车后，可以在购物车页面（cart.html）决定是否要订购产品，因此我们在购物车页面添加了“我要订购”按钮，如图 12-17 所示。

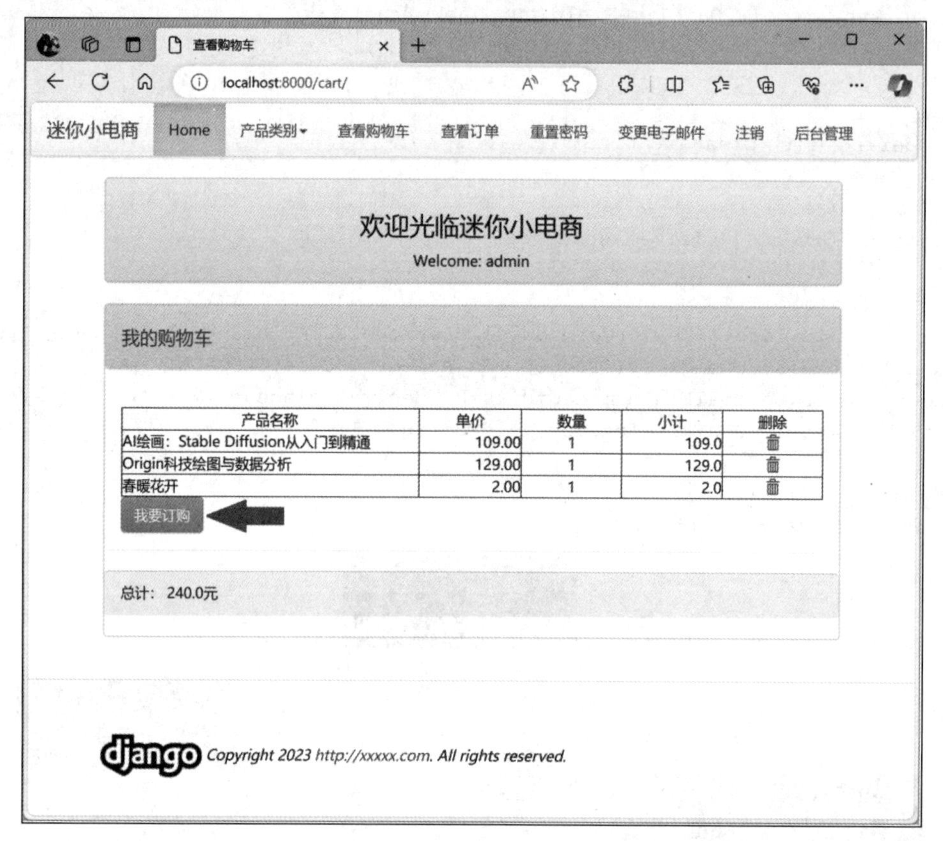

图 12-17　在购物车页面加入“我要订购”按钮

因此，在 cart.html 中显示完所有购物车产品后，只需加上一个<button>标签即可，语句如下：

```
<button class='btn btn-warning'><a href='/order' style="color: white;">我要订购
</a></button>
```

此按钮会前往/order 网址，所以需要在 urls.py 中添加该网址的样式以及设置相应的处理函数。同时，顺便加上查看订单的/myorders 网址。语句如下：

```
path('order/', views.order),
path('myorders/', views.my_orders),
```

下订单的页面如图 12-18 所示。

首先显示购物车中的所有内容，然后提供两个按钮，让会员可以决定是否前往其他网页查看，或者直接填写以下表单，再单击“下订单”按钮完成订购。因为有表单，所以需要在 forms.py 中先创建一个与 Order 数据模型同步的表单 OrderForm。语句如下：

```
from django import forms
from django.forms import ModelForm
from mysite import models

class OrderForm(forms.ModelForm):
    class Meta:
```

```
        model = models.Order
        fields = ['full_name', 'address', 'phone']
    def __init__(self, *args, **kwargs):
        super(OrderForm, self).__init__(*args, **kwargs)
        self.fields['full_name'].label = '收件人姓名'
        self.fields['address'].label = '邮寄地址'
        self.fields['phone'].label = '联系电话'
```

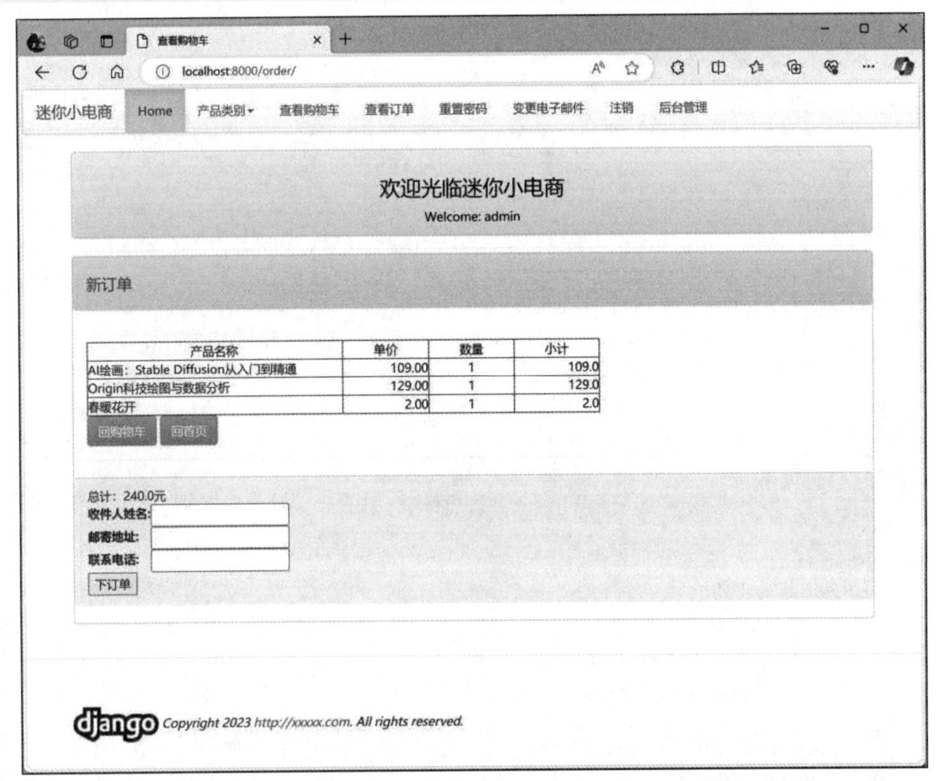

图 12-18　创建新订单的页面

有了这个表单类，就可以在 order 处理函数中使用简便的方法来处理订单表单属性。在 views.py 中，order 处理函数的程序代码如下（这里会用到一些模块，别忘记在 views.py 的最前面导入，包括 messages、EmailMessage、User 等）：

```
@verified_email_required
def order(request):
    还没有 = models.Category.objects.all()
    cartInstance = Cart(request)
    cart = cartInstance.cart
    total_price = 0
    for _, item in cart.items():
        current_price = float(item['price']) * int(item['quantity'])
        total_price += current_price

    if request.method == 'POST':
        user = User.objects.get(username=request.user.username)
        new_order = models.Order(user=user)
```

```
        form = forms.OrderForm(request.POST, instance=new_order)
        if form.is_valid():
            order = form.save()
            email_messages = "您的购物内容如下: \n"
            for _, item in cart.items():
                product = models.Product.objects.get(id=item['product_id'])
                models.OrderItem.objects.create(
                    order=order,
                    product=product,
                    price = item['price'],
                    quantity=item['quantity']
                )
                email_messages = email_messages + "\n" + \
                            "{}, {}, {}".format(item['name'], \
                            item['price'], item['quantity'])
            email_messages = email_messages + \
                    "\n以上共计{}元\nhttp://mshop.min-haung.com感谢您的订购! ".\
                    format(total_price)

            cartInstance.clear()

            messages.add_message(request, messages.INFO, "订单已保存，我们会尽快处理。")

            send_mail(
                "感谢您的订购",
                email_messages,
                '迷你小电商<xxx@qq.com>',
                [request.user.email],
            )
            send_mail(
                "有人订购产品啰",
                email_messages,
                '迷你小电商<xxx@qq.com>',
                ['zzzzz@qq.com'],
            )

            return redirect('/myorders/')
    else:
        form = forms.OrderForm()

    return render(request, 'order.html', locals())
```

为了避免邮寄通知方面的困扰，上述第一行程序语句要求执行此函数的账号必须是已经通过电子邮件验证的。如果账号尚未经过电子邮件验证，那么在执行“下订单”操作前，会被 django-allauth 引导至电子邮件验证的步骤。

此函数先使用 cart = Cart(request)把购物车的内容找出来放在 cart 实例变量中，接着按照一般使用表单的操作技巧获取当前用户填写在表单中的内容，然后使用 order=form.save()这行命令把订单 Order 存储在数据库中，并取得其实例放在 order 变量中。接下来的循环就是把购物车的内容逐个拿出来，分别存储在 OrderItem 的数据表中并指向 order。除此之外，我们顺势使用这个循环构建一个文字字符串 email_messages，让其包含购物车中所有项的内容，以便发送通知的电子邮件。

全部处理完毕后，使用 cart.clear()清除购物车内容，然后以 Django 的信息系统显示订单存储完成的信息，最后以 send_mail 分别发送给订购者和管理员。order.html 的网页内容如下：

```
<!-- order.html (mshop project) -->
{% extends "base.html" %}
{% load cart_tag %}
{% block title %}查看购物车{% endblock %}
{% block content %}
<div class='container'>
{% for message in messages %}
   <div class='alert alert-{{message.tags}}'>{{ message }}</div>
{% endfor %}
   <div class='row'>
      <div class='col-md-12'>
         <div class='panel panel-default'>
            <div class='panel-heading' align=center>
               <h3>欢迎光临迷你小电商</h3>
                  {% if user.socialaccount_set.all.0.extra_data.name %}
                     {{user.socialaccount_set.all.0.extra_data.name}}<br/>
                     <img   src='{{user.socialaccount_set.all.0.get_avatar_url}}'
width='100'>
                  {% else %}
                     Welcome: {{ user.username }}
                  {% endif %}
            </div>
         </div>
      </div>
   </div>
   <div class='row'>
      <div class='col-sm-12'>
         <div class='panel panel-info'>
            <div class='panel panel-heading'>
               <h4>新订单</h4>
            </div>
            <div class='panel panel-body'>
               {% for id, item in cart.items %}
               {% if forloop.first %}
               <table border=1>
                  <tr>
                     <td width=300 align=center>产品名称</td>
                     <td width=100 align=center>单价</td>
                     <td width=100 align=center>数量</td>
                     <td width=100 align=center>小计</td>
                  </tr>
```

```
                {% endif %}
                    <div class='listgroup'>
                        <div class='listgroup-item'>
                            <tr>
                                <td>{{ item.name }}</td>
                                <td align=right>{{ item.price }}</td>
                                <td align=center>{{ item.quantity }}</td>
                                <td
align=right>{{ item.price|multiply:item.quantity }}</td>
                            </tr>
                        </div>
                    </div>
                {% if forloop.last %}
                </table>
                <button class='btn btn-warning'><a href='/cart'>回购物车</a></button>
                <button class='btn btn-warning'><a href='/'>回首页</a></button>
                {% endif %}
                {% empty %}
                    <em>购物车是空的</em>
                {% endfor %}
            </div>
            <div class='panel panel-footer'>
                总计: {{ total_price }}元
                <form action='.' method='POST'>
                    {% csrf_token %}
                    <table>
                        {{ form.as_table }}
                    </table>
                    <input type='submit' value='下订单'>
                </form>
            </div>
        </div>
    </div>
  </div>
</div>
{% endblock %}
```

完成订单后，页面会重定向到/myorders/网址，即显示当前登录会员的所有订单列表，页面如图 12-19 所示。

如图 12-19 所示，在页面上方会有订单已保存的通知信息。显示订单的处理函数如下：

```
@login_required
def my_orders(request):
    all_categories = models.Category.objects.all()
    orders = models.Order.objects.filter(user=request.user)

    return render(request, 'myorders.html', locals())
```

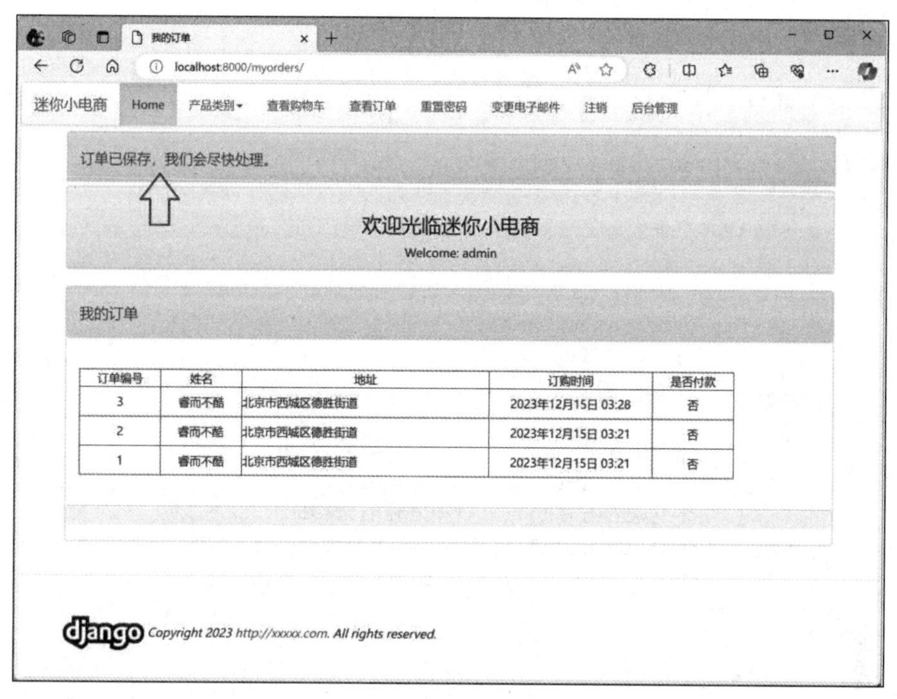

图 12-19 查看我的订单页面

只要提供 all_categories 和 orders 让 myorders.html 用于网页显示即可，还要注意 orders 使用当前登录中的用户 request.user 来进行过滤，以免把其他人的订单也都显示出来。下面是 myorders.html 的程序代码。

```
<!-- myorders.html (mshop project) -->
{% extends "base.html" %}
{% load cart_tag %}
{% block title %}我的订单{% endblock %}
{% block content %}
<div class='container'>
{% for message in messages %}
    <div class='alert alert-{{message.tags}}'>{{ message }}</div>
{% endfor %}
    <div class='row'>
        <div class='col-md-12'>
            <div class='panel panel-default'>
                <div class='panel-heading' align=center>
                    <h3>欢迎光临迷你小电商</h3>
                        {% if user.socialaccount_set.all.0.extra_data.name %}
                            {{user.socialaccount_set.all.0.extra_data.name}}<br/>
                            <img    src='{{user.socialaccount_set.all.0.get_avatar_url}}'
width='100'>
                        {% else %}
                            Welcome: {{ user.username }}
                        {% endif %}
                </div>
            </div>
```

```
        </div>
    </div>
    <div class='row'>
        <div class='col-sm-12'>
            <div class='panel panel-info'>
                <div class='panel panel-heading'>
                    <h4>我的订单</h4>
                </div>
                <div class='panel panel-body'>
                    {% for order in orders %}
                    {% if forloop.first %}
                    <table border=1>
                        <tr>
                            <td width=100 align=center>订单编号</td>
                            <td width=100 align=center>姓名</td>
                            <td width=300 align=center>地址</td>
                            <td width=200 align=center>订购时间</td>
                            <td width=100 align=center>是否付款</td>
                        </tr>
                    {% endif %}
                        <div class='listgroup'>
                            <div class='listgroup-item'>
                                <tr>
                                    <td align=center>{{ order.id }}</td>
                                    <td align=center>{{ order.full_name }}</td>
                                    <td>{{ order.address }}</td>
                                    <td align=center>{{ order.created_at }}</td>
                                    <td align=center>{{ order.paid | yesno:"是,否"}}</td>
                                </tr>
                            </div>
                        </div>
                    {% if forloop.last %}
                    </table>
                    {% endif %}
                    {% empty %}
                        <em>没有处理的订单</em>
                    {% endfor %}
                </div>
                <div class='panel panel-footer'>
                </div>
            </div>
        </div>
    </div>
</div>
{% endblock %}
```

在执行完订单的保存操作后，下订单的会员会收到如图 12-20 所示的电子邮件，而网站管理员会收到如图 12-21 所示的电子邮件。

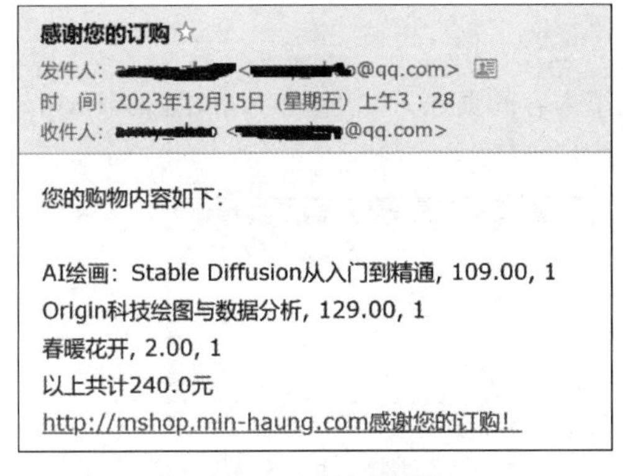

图 12-20　会员订购回函

图 12-21　会员订购的管理员通知电子邮件

以上发送电子邮件的功能是通过之前课程中介绍的腾讯 QQ 发送邮件的功能来实现的。

12.3　电子支付功能

在网站上直接让会员进行在线付款时需要考虑许多事项，主要涉及网络安全等多个方面。本书的目标读者为初学者，为避免内容过于繁杂，我们对部分内容进行了简化。因此，读者在学习完本章内容后，若需要将电子商务网站上线以接受在线支付，务必在网站安全方面进行审慎评估。

12.3.1　建立付款流程

在接入电子支付工具之前，需要对网站的付款流程进行充分规划。目前，许多与博客网站整合的电子支付工具基本上都是通过创建付款按钮并将其代码嵌入网站中实现的。用户单击该按钮会被重定向到相应银行的付款界面进行付款操作。这种方法虽然简单，但无法与购物车相结合，因为每个按钮只对应固定的付款金额。对于需要同时销售多种商品的全功能型电子商务网站而言，这种方式非常不便。

本课程介绍的迷你小型电商网站具备购物车功能，该购物车会随着会员操作而动态变化。由于每次的金额可能不同，因此无法使用前文描述的付款按钮进行操作。唯一的解决方式是通过 API 与支付网站进行接口对接，这也是本课程的教学内容。

那么，何时开始进行网站支付接口的对接呢？具体规划如下：

步骤01 会员可以在网站上查看所有的产品，每个产品的下方都会有一个“加入购物车”按钮。

步骤02 在选购完所有需要的商品后，可以单击“查看购物车”链接来查看当前在购物车中的产品及其数量，并在该网页上修改想要购买的产品。

步骤03 在查看购物车页面时，单击“下订单”按钮，进入新订单的页面。

步骤04 在新订单的页面中，会员需要填入个人联络信息才能将订单正式存入数据库。

步骤05 下订单后会自动跳转到查看现有订单的页面，在每一笔未付款订单右边都会有一个“前往付款”按钮。

步骤06 单击“前往付款”按钮后，再次查看详细的订购内容，然后使用“在线付款”按钮进行付款的操作。

按照上述步骤，相应的执行页面（包括查看购物车内容的页面）如图 12-17 和图 12-18 所示。在图 12-18 操作完成后，会转到查看订单的页面，如图 12-22 所示。

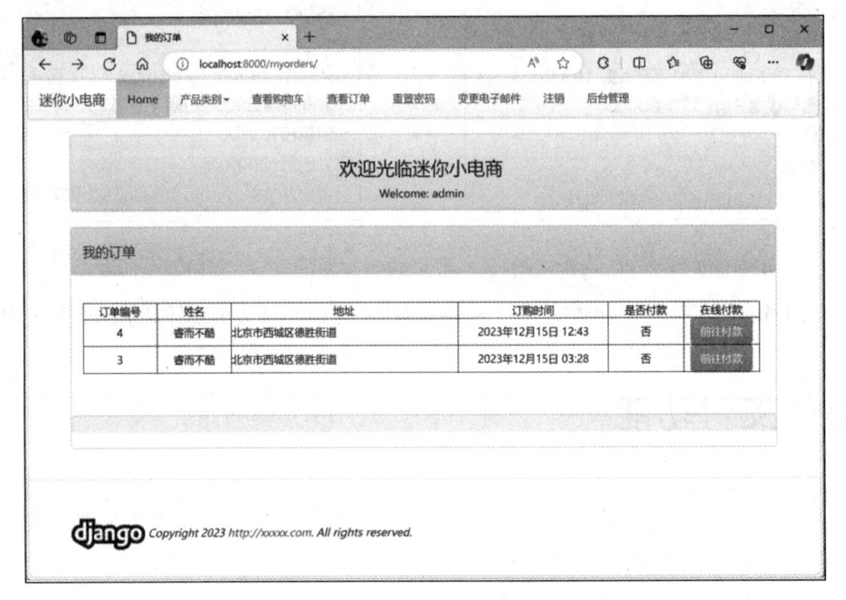

图 12-22　查看订单的页面

和图 12-19 不同的地方在于后面多加上了“前往付款”按钮，也就是增加了一个“在线付款”字段，然后判断 order.paid 变量的内容。如果不是 True 就创建一个<button>标签，并建立到/payment 网址的链接，并以 order.id 为此网址的参数。mymoders.py 文件主要修改如下：

```
<div class='panel panel-body'>
    {% for order in orders %}
    {% if forloop.first %}
    <table border=1>
        <tr>
            <td width=100 align=center>订单编号</td>
            <td width=100 align=center>姓名</td>
            <td width=300 align=center>地址</td>
            <td width=200 align=center>订购时间</td>
            <td width=100 align=center>是否付款</td>
            <td width=100 align=center>在线付款</td>
        </tr>
    {% endif %}
        <div class='listgroup'>
            <div class='listgroup-item'>
                <tr>
                    <td align=center>{{ order.id }}</td>
                    <td align=center>{{ order.full_name }}</td>
                    <td>{{ order.address }}</td>
                    <td align=center>{{ order.created_at }}</td>
                    <td align=center>{{ order.paid | yesno:"是,否"}}</td>
```

```
                    <td align=center>
                        {% if not order.paid %}
                        <button class='btn btn-warning'>
                            <a  href='/payment/{{order.id}}/'  style="color:
white;">前往付款</a>
                        </button>
                        {% endif %}
                    </td>
                </tr>
            </div>
        </div>
    {% if forloop.last %}
    </table>
    {% endif %}
    {% empty %}
        <em>没有处理的订单</em>
    {% endfor %}
</div>
```

所有未付款的订单右边都会有一个“前往付款”按钮。单击该按钮即可看到如图 12-23 所示的订单明细摘要页面，以及执行在线付款的按钮（此例为通过 PayPal 支付）。

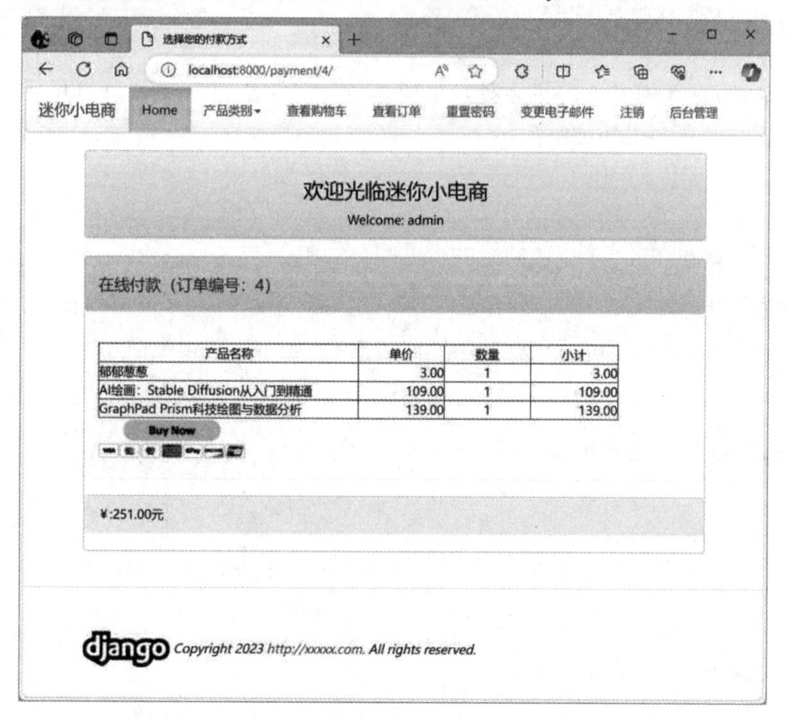

图 12-23　查看订单明细摘要并进行在线付款

由于已经知道订单的编号以及付款的金额，因此这时的按钮是临时订制的付款按钮，它可以把项目、订单编号以及付款金额正确地传送给在线支付网站以完成付款的操作，而在付款完成后，此笔订单也会被标注为已付款（paid=True），方便商店管理员的核账工作。在确定此流程后，接下来介绍两种不同的在线付款网站接入的方法。

12.3.2 建立 PayPal 付款链接

PayPal 是一种境外使用较多的在线支付服务，因此在涉及国际业务的电子商务网站中，支持 PayPal 支付也是非常重要的功能。同样地，Django 中也有现成的模块可供使用，该模块名为 django-paypal，同样可以通过 pip 命令来安装：

```
pip install django-paypal
```

在 settings.py 的 INSTALLED_APPS 区块中加入 paypal.standard.ipn，同时在 settings.py 中将 PAYPAL_TEST 常量先设置为 True，表示此付款机制将用于测试。在日后上线后再将其设置为 False 即可。另外，还有一个 PAYPAL_RECEIVER_EMAIL 常量需要设置为收款的 PayPal 电子邮件账号。设置完成后，执行 python manage.py migrate 命令进行数据库的同步。

在 urls.py 中需要加入以下网址样式，以便接收来自 PayPal 网站的付款过程完成的通知。

```
path('paypal/', include("paypal.standard.ipn.urls")),
```

除此之外，还需要添加另外 3 个网址，分别用来处理账务、显示完成付款以及取消付款操作的相关信息，语句如下：

```
path('payment/<int:id>/', views.payment),
path('done/', views.payment_done),
path('canceled/', views.payment_canceled),
```

views.payment.done 没有什么特别之处，主要是会员完成 PayPal 的付款流程后会回到的页面，一般用于显示感谢的信息，语句如下：

```
@csrf_exempt
def payment_done(request):
    return render(request, 'payment_done.html', locals())
```

由于此网址是由 PayPal 调用的，会遭遇 CSRF 的问题，因此需要在 views.py 的开头先导入以下修饰词，并将@csrf_exempt 添加到 payment_done 函数之前：

```
from django.views.decorators.csrf import csrf_exempt
```

同样地，payment_canceled 也是一样的，语句如下：

```
@csrf_exempt
def payment_canceled(request):
    return render(request, 'payment_canceled.html', locals())
```

至于 payment_done.html，代码如下：

```
<!-- payment_done.html (mshop project) -->
{% extends "base.html" %}
{% block title %}Pay using PayPal{% endblock %}
{% block content %}
<div class='container'>
{% for message in messages %}
    <div class='alert alert-{{message.tags}}'>{{ message }}</div>
{% endfor %}
    <div class='row'>
```

```
        <div class='col-md-12'>
            <div class='panel panel-default'>
                <div class='panel-heading' align=center>
                    <h3>欢迎光临迷你小电商</h3>
                        {% if user.socialaccount_set.all.0.extra_data.name %}
                            {{user.socialaccount_set.all.0.extra_data.name}}<br/>
                            <img    src='{{user.socialaccount_set.all.0.get_avatar_url}}'
width='100'>
                        {% else %}
                            Welcome: {{ user.username }}
                        {% endif %}
                </div>
            </div>
        </div>
    </div>
    <div class='row'>
        <div class='col-sm-12'>
            <div class='panel panel-info'>
                <div class='panel panel-heading'>
                    <h4>从 PayPal 付款成功</h4>
                </div>
                <div class='panel panel-body'>
                    感谢您的支持，我们会尽快处理您的订单。
                </div>
                <div class='panel panel-footer'>
                </div>
            </div>
        </div>
    </div>
</div>
{% endblock %}
```

payment_canceled.html 基本上内容和 payment_done.html 是一样的，只是呈现的信息不太相同，语句如下：

```
...略...
    <div class='row'>
        <div class='col-sm-12'>
            <div class='panel panel-info'>
                <div class='panel panel-heading'>
                    <h4>您刚刚取消了 PayPal 的付款</h4>
                </div>
                <div class='panel panel-body'>
                    <p>请再次检查您的付款，或者返回<a href='/myorders/'>我的订单</a>选用其他付款
方式。</p>
                </div>
                <div class='panel panel-footer'>
                </div>
            </div>
        </div>
    </div>
```

真正的重点在于如何在网站上实现使用 PayPal 付款的功能。这一工作主要分成两大部分：第一部分是建立含有正确数据的付款按钮，第二部分是在会员完成付款操作后，立即更新数据库中这笔订单的付款状态。让我们先来看第一部分，这部分的主要内容写在 views.payment 中，代码如下：

```
@login_required
def payment(request, id):
    try:
        all_categories = models.Category.objects.all()
        order = models.Order.objects.get(id=id)
        all_order_items = models.OrderItem.objects.filter(order=order)

        items = list()
        total = 0
        for order_item in all_order_items:
            t = dict()
            t['name'] = order_item.product.name
            t['price'] = order_item.product.price
            t['quantity'] = order_item.quantity
            t['subtotal'] = order_item.product.price * order_item.quantity
            total = total + order_item.product.price
            items.append(t)

        host = request.get_host()
        paypal_dict = {
            "business": settings.PAYPAL_REVEIVER_EMAIL,
            "amount": total,
            "item_name": "迷你小电商货品编号:{}".format(id),
            "invoice": "invoice-{}".format(id),
            "currency_code": 'CNY',
            "notify_url": "http://{}{}".format(host, reverse('paypal-ipn')),
            "return_url": "http://{}/done/".format(host),
            "cancel_return": "http://{}/canceled/".format(host),
            }
        paypal_form = PayPalPaymentsForm(initial=paypal_dict)

        return render(request, 'payment.html', locals())
    except:
        messages.add_message(request, messages.WARNING, "订单编号错误，无法处理付款。")
        return redirect('/myorders/')
```

这段程序代码分为前、后两部分。前半部分旨在通过输入的订单编号查找订单明细，然后使用循环将其放入 items 变量列表中，并同时计算出总金额，存放在 total 中。后半部分旨在根据已知信息创建相应的 PayPal 按钮。创建 PayPal 按钮的方法非常简单，即填写 paypal_dict 字典的内容，然后使用该字典创建 paypal_form 表单。要创建此表单，需要使用 django-paypal 提供的 PayPalPaymentForm 类，因此在 views.py 的开头也需要导入这个类。另外，由于涉及 settings.py 中的常量，因此也需要导入 settings 模块，具体语句如下：

```
from django.conf import settings
from paypal.standard.forms import PayPalPaymentsForm
```

```
from django.core.urlresolvers import reverse
```

至于 paypal_dict 字典的内容，说明如表 12-3 所示。

表 12-3　paypal_dict 字典的内容说明

key	说　明	程序中的内容
business	收款人的电子邮件，也就是站长在 PayPal 的收款账号，设置在 settings.py 中的常数	settings.PAYPAL_REVEIVER_EMAIL
amount	收款金额	total
item_name	产品名称	"迷你小电商货品编号:{}".format(order_id)
invoice	发票编号，中间的“-”不要漏掉，那是用来分隔订单编号的符号	"invoice-{}".format(order_id)
currency_code	货币编码，ISO-4217 标准	'USD'
notify_url	付款状态通知用的网址，使用 reverse 获取 django-paypal 设置的网址	"http://{}{}".format(host, reverse('paypal-ipn'))
return_url	过程完毕用于返回的网址	"http://{}/done/".format(host)
cancel_return	取消付款用于返回的网址	"http://{}/canceled/".format(host)

通过 paypal_form = PayPalPaymentsForm(initial=paypal_dict)产生一个名为 paypal_form 的实例，该实例被送到 payment.html 中进行解析，就会产生正确的付款按钮。payment.html 的内容如下：

```
<!-- payment.html (mshop project) -->
{% extends "base.html" %}
{% block title %}选择您的付款方式{% endblock %}
{% block content %}
<div class='container'>
{% for message in messages %}
    <div class='alert alert-{{message.tags}}'>{{ message }}</div>
{% endfor %}
    <div class='row'>
        <div class='col-md-12'>
            <div class='panel panel-default'>
                <div class='panel-heading' align=center>
                    <h3>欢迎光临迷你小电商</h3>
                        {% if user.socialaccount_set.all.0.extra_data.name %}
                            {{user.socialaccount_set.all.0.extra_data.name}}<br/>
                            <img     src='{{user.socialaccount_set.all.0.get_avatar_url}}'
width='100'>
                        {% else %}
                            Welcome: {{ user.username }}
                        {% endif %}
                </div>
            </div>
        </div>
    </div>
    <div class='row'>
```

```
    <div class='col-sm-12'>
        <div class='panel panel-info'>
            <div class='panel panel-heading'>
                <h4>在线付款（订单编号：{{order.id}}）</h4>
            </div>
            <div class='panel panel-body'>
                {% for item in items %}
                {% if forloop.first %}
                <table border=1>
                    <tr>
                        <td width=300 align=center>产品名称</td>
                        <td width=100 align=center>单价</td>
                        <td width=100 align=center>数量</td>
                        <td width=100 align=center>小计</td>
                    </tr>
                {% endif %}
                    <div class='listgroup'>
                        <div class='listgroup-item'>
                            <tr>
                                <td>{{ item.name }}</td>
                                <td align=right>{{ item.price }}</td>
                                <td align=center>{{ item.quantity }}</td>
                                <td align=right>{{ item.subtotal }}</td>
                            </tr>
                        </div>
                    </div>
                {% if forloop.last %}
                </table>
                {% endif %}
                {% empty %}
                    <em>此订单是空的</em>
                {% endfor %}

                {{ paypal_form.render }}
            </div>
            <div class='panel panel-footer'>
                ¥:{{ total }}元
            </div>
        </div>
    </div>
  </div>
</div>
{% endblock %}
```

在该文件中，最重要的程序代码为这一行：{{ paypal_form.render }}。通过 render 方法，将生成带有正确金额的 PayPal 付款按钮，从而完成如图 12-23 所示的页面。只要会员单击 PayPal 按钮，过一段时间后，就会被引导至 PayPal 官网进行付款操作，如图 12-24 所示。

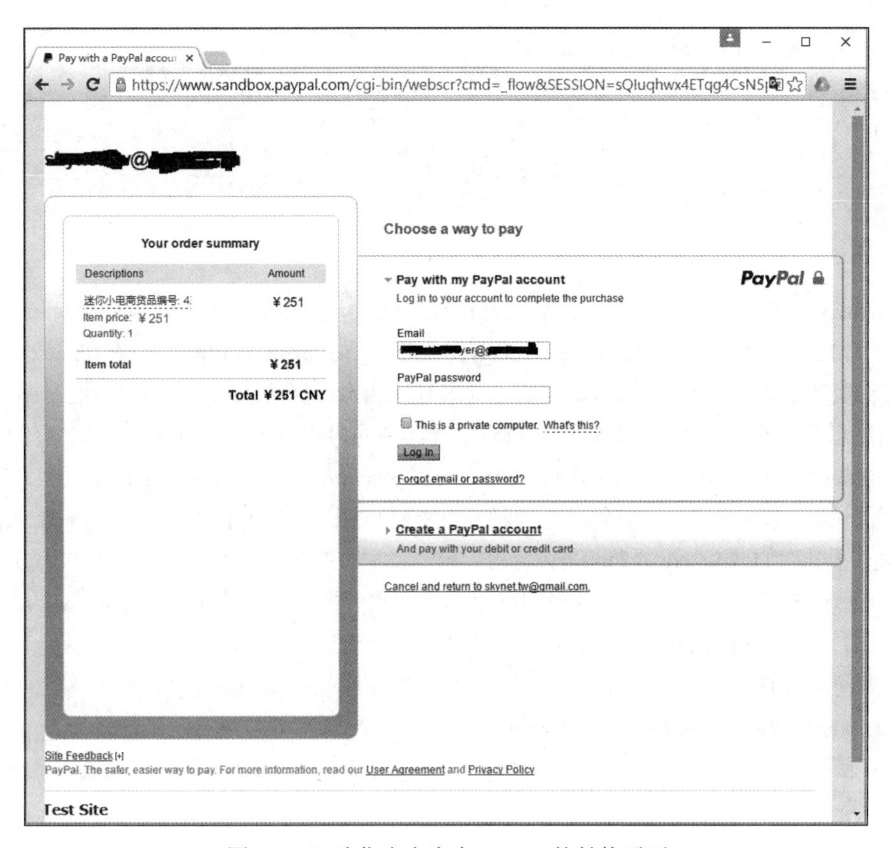

图 12-24　迷你小电商在 PayPal 的付款页面

然而，到目前为止，我们只完成了前半部分，即创建正确的付款按钮部分。在会员完成付款后，还需要处理订单的数据内容，将对应的订单标记为已付款。这一步非常重要，可参阅下一小节的说明。

12.3.3　接收 PayPal 付款完成通知

PayPal 在完成在线付款流程后会向网站发送另一个 HTTP 数据，这也是我们需要在 paypal_dict 中指定 notify_url 的原因。django-paypal 使用 Django 的信号机制把这个通知传递给我们，因此我们需要在开始时指定一个处理信号的函数。当发现 django-paypal 转发信号时，可以立即处理它，即判断该付款是否已完成。如果没有问题，就可以找出指定编号的订单记录，然后将该订单的 paid 字段设置为 True 并保存这个结果。为了确保我们设置的监听函数可以被系统加载并保持在运行状态，将这个处理函数另外存储为一个名为 signal.py 的文件，存放在和 views.py 相同位置的 mysite 文件夹中。该文件的内容如下：

```
from mysite import models
from paypal.standard.models import ST_PP_COMPLETED
from paypal.standard.ipn.signals import valid_ipn_received

def payment_notification(sender, **kwargs):
    ipn_obj = sender
```

```
    if ipn_obj.payment_status == ST_PP_COMPLETED:
        order_id = ipn_obj.invoice.split('-')[-1]
        order = models.Order.objects.get(id = order_id)
        order.paid = True
        order.save()

valid_ipn_received.connect(payment_notification)
```

django-paypal 使用的信号称为 valid_ipn_received。因此，除定义要处理的函数 payment_notification 外，还需要在该文件的最后一行以 valid_ipn_received.connect(payment_notification)的方式把该函数注册到接收此信号的处理函数中。当PayPal传送的信息过来时，该函数就会被调用，并且可以通过ipn_obj=sender 的方式获取信息的对象，通过此对象的属性可以了解其中的内容。所有的内容在 PayPal 的开发者网站（https://developer.paypal.com/webapps/ developer/docs/classic/ipn/ integration-guide/IPNandPDTVariables/）中都有详细的说明。理论上，为了安全起见，我们应该检查更多项是否符合，但是为了简化示范的内容，我们仅仅检查了其中的 payment_status 是否为 ST_PP_COMPLETED。如果是，表示在 PayPal 的付款操作已完成且无误。接着，从 invoice 中拆解出订单编号，然后根据此编号找到这笔订单，order.paid=True 即表示已付款，然后保持这笔记录，这样就完成了整个处理过程。

那么，如何确保这个函数在网站一开始时就能够加载呢？在 mysite App 下有一个 apps.py 文件，只要复写里面的 ready 方法即可。apps.py 是每个 App 的配置文件，ready 方法则是 App 用来进行初始化工作的。因此，我们只需要在 mysite App 初始化时加载 signal.py 文件，就能够达成上述目的。具体内容如下：

```
from django.apps import AppConfig

class MysiteConfig(AppConfig):
    default_auto_field = 'django.db.models.BigAutoField'
    name = 'mysite'

    def ready(self):
        import mysite.signal
```

这样，当重新加载整个应用程序时，就能够正确地接收并处理来自 PayPal 的通知了。

12.3.4　测试 PayPal 付款功能

经过以上设置，我们的网站已经可以正确地接收订单，并使用 PayPal 进行收款了。但是，如何进行测试呢？总不能直接使用他人的账号进行交易吧？别担心，在 PayPal 的开发者网站（https://developer.paypal.com/）中可以设置测试专用的账号。当然，你必须先拥有一个普通的 PayPal 账号。前往该网站后，使用原本的 PayPal 账号登录，即可进入如图 12-25 所示的页面。

单击 Goto Dashboard 前往 Dashboard 网页，在出现的新页面左侧可以看到 DASHBOARD 栏，在其下方的 TESTING TOOLS 栏中有 Sandbox Accounts 选项，如图 12-26 所示。

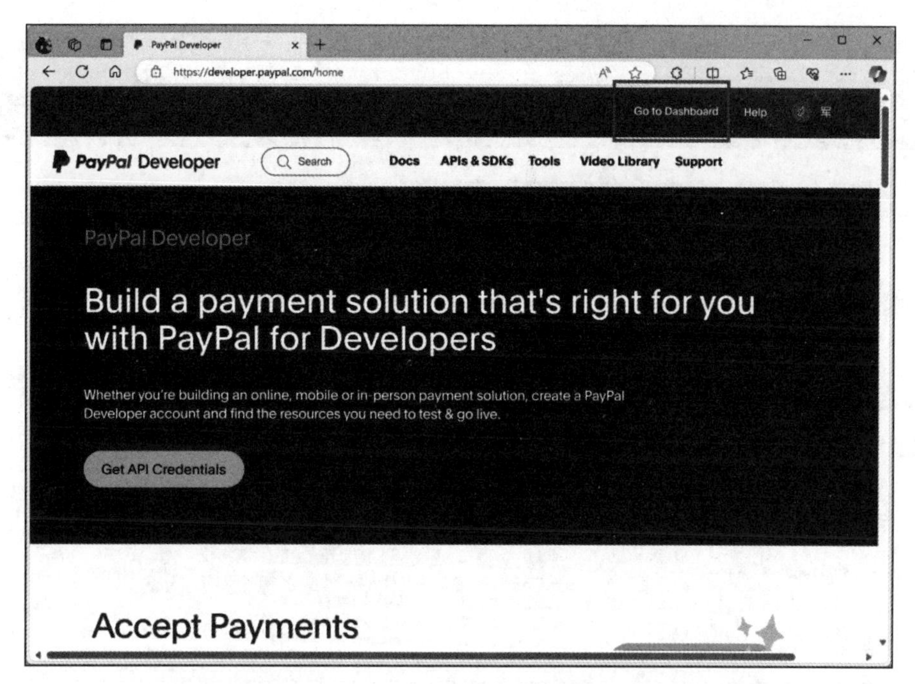

图 12-25　PayPal 的开发者网站

图 12-26　PayPal 开发者网站的 Dashboard

单击 Sandbox Accounts 选项就可以实时申请测试用的账号，申请后，通常可以获得两个账号供测试使用，如图 12-27 所示。

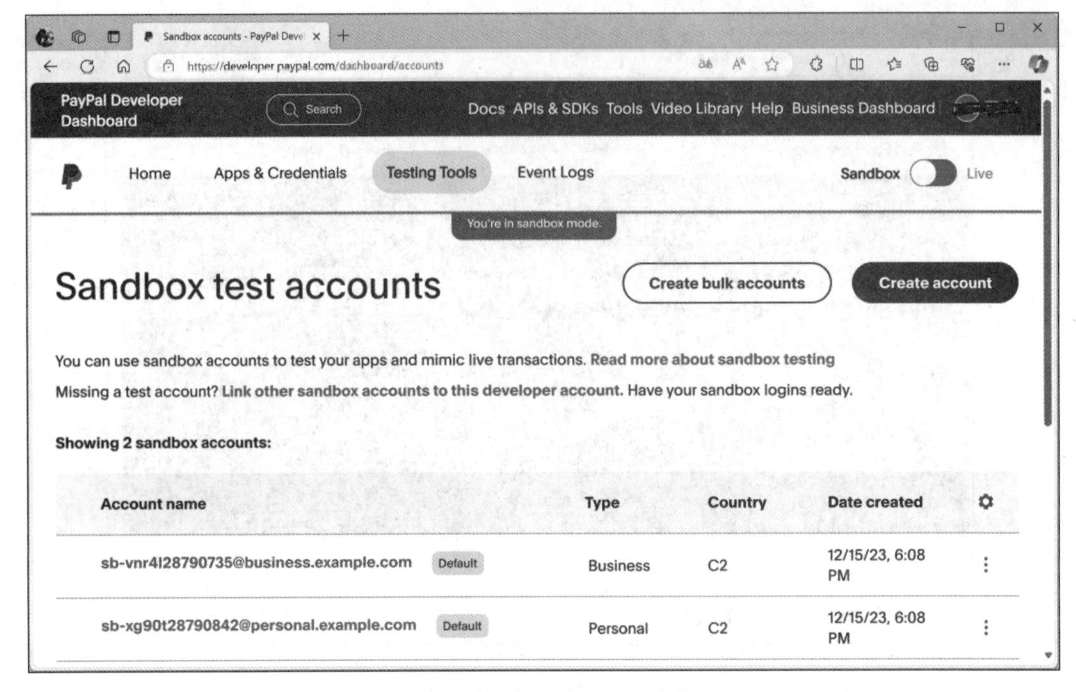

图 12-27　PayPal Sandbox 的测试账号

在这里我们使用个人账号，单击该测试账号右边的⋮按钮，从弹出的列表选项中选择 View/Edit account 选项以便编辑和修改账号信息，如图 12-28 所示。

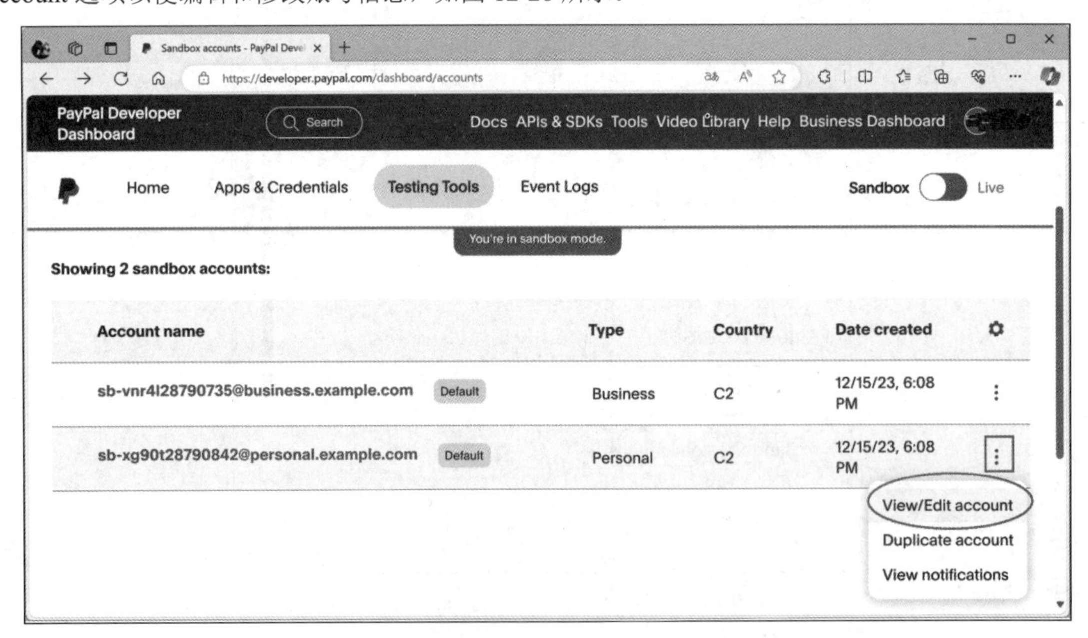

图 12-28　编辑和修改测试账号的信息

接下来就可以修改测试账号的密码了，如图 12-29 所示。

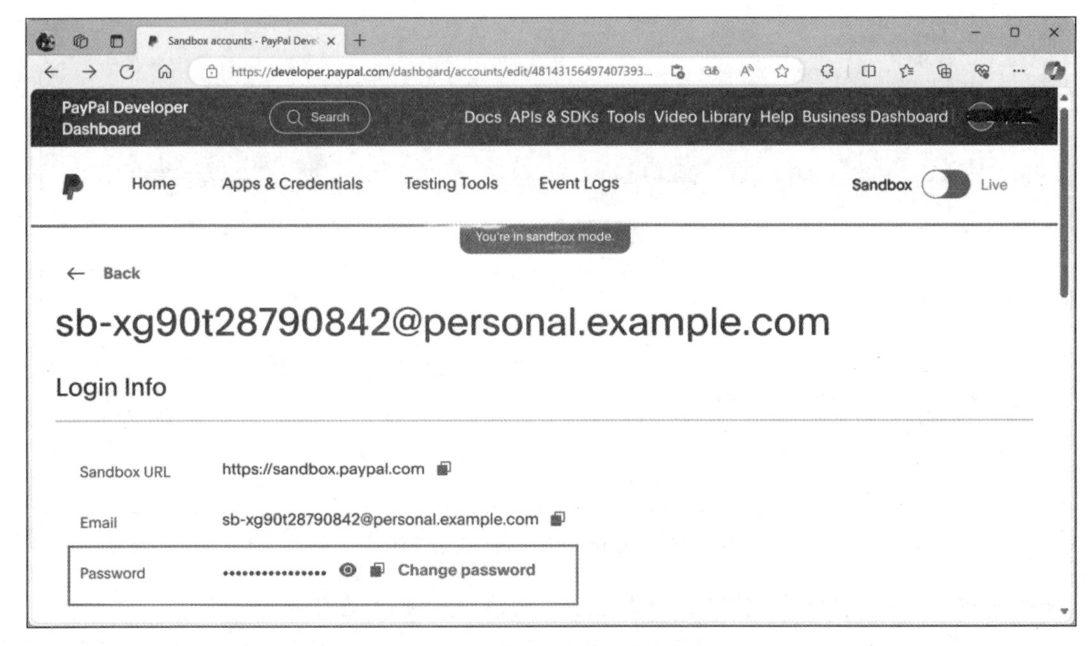

图 12-29　修改测试账号的密码

接着可以修改测试账号的姓名（Name）和支付额度（PayPal balance），如图 12-30 所示。

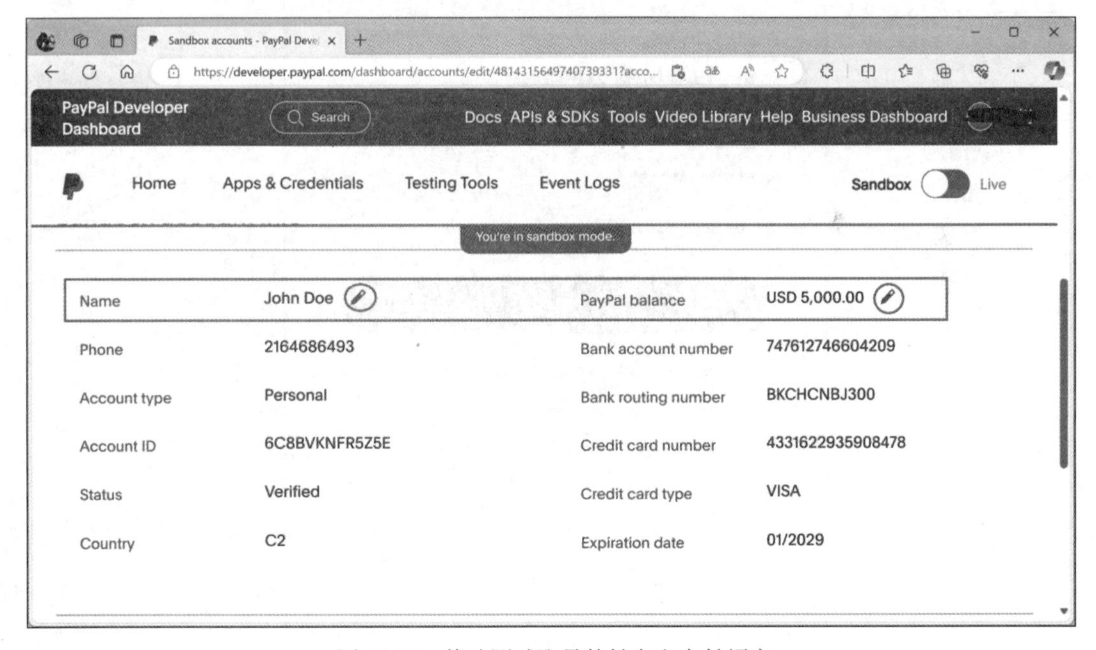

图 12-30　修改测试账号的姓名和支付额度

在实际应用中，可以将账号更改为个人的电子邮件账号，读者可以参照 PayPal 开发者网页的说明进行设置。在完成这些设置之后，就可以在我们的“迷你小电商”网站中进行付款了。

单击 Payment Review，进行 Payment Review 的功能测试，如图 12-31 所示。

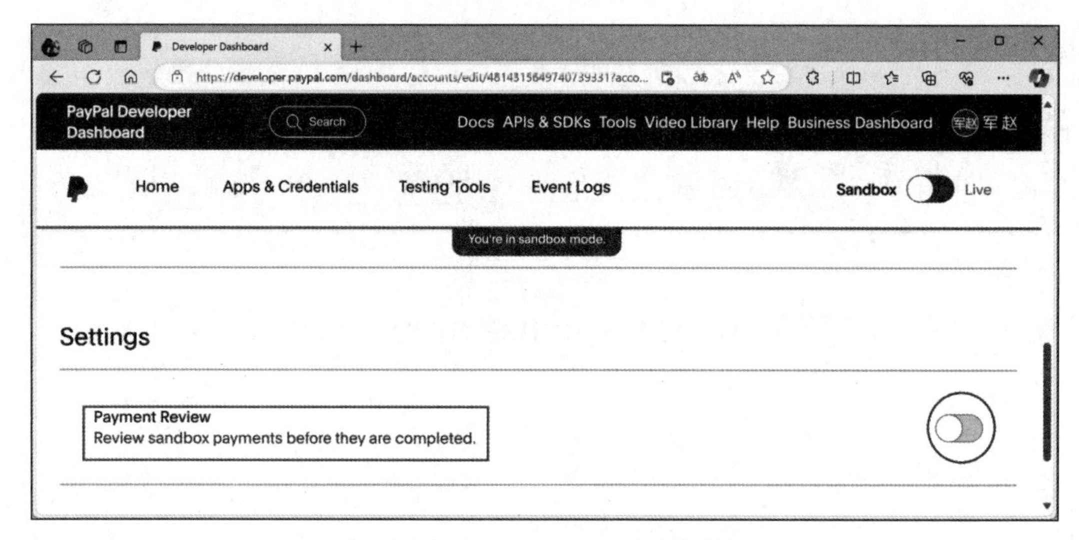

图 12-31　Payment Review 的功能测试

此时把测试账号和密码输入进去，单击 Log In 按钮，如图 12-32 所示。

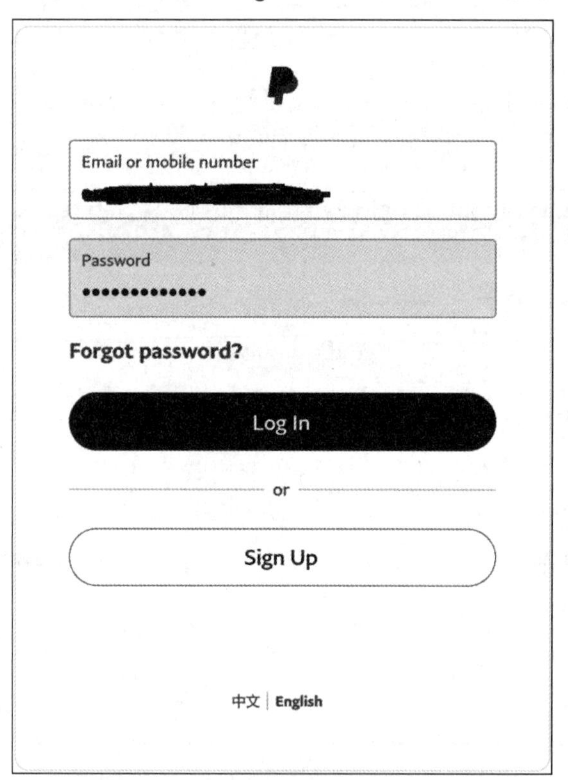

图 12-32　在付款页面使用 Sandbox 测试账号登录

出现如图 12-33 所示的付款预览页面。

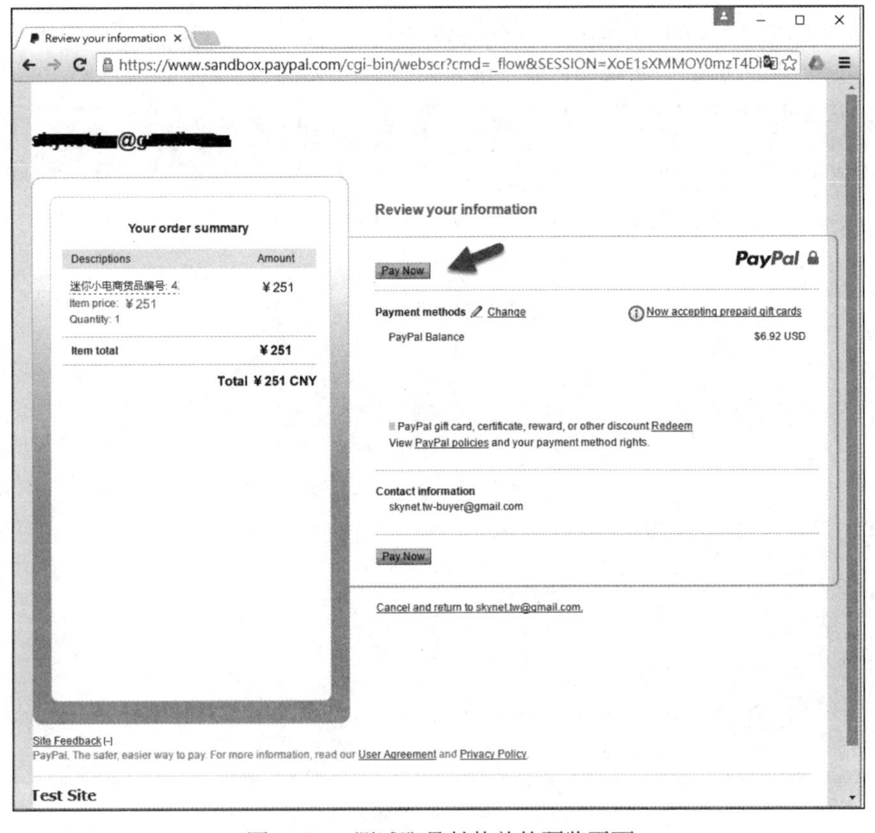

图 12-33　测试账号付款前的预览页面

单击 Pay Now 按钮后，其他过程和 PayPal 付款过程都是一样的，等完成付款后，会显示付款完成页面，如图 12-34 所示。

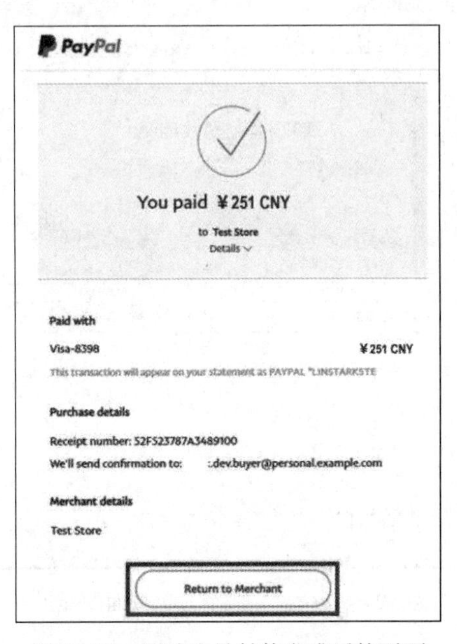

图 12-34　测试账号付款完成后的页面

接着单击 Return to Merchant 按钮，引导回我们的网站，就会呈现付款完成的感谢界面，这是我们之前在 payment_done.html 中实现的内容，具体如图 12-35 所示。

图 12-35　付款成功的感谢页面

此时再回到查看订单的地方，就可以看到订单已被设置为已付款状态了，如图 12-36 所示。

图 12-36　付款完成后订单页面的样子

想知道这张订单在客户端中看起来的样子吗？没问题，只要前往 Sandbox 页面即可（注意网址是 https://www.sandbox.paypal.com），如图 12-37 所示。

图 12-37　PayPal 的 Sandbox 账号专用网站

测试账号的功能基本上和正常的 PayPal 账号功能一样，非常方便用来进行交易测试。当然，在账号中的金额都是虚假的，那是 PayPal 给测试账号使用的虚拟金额。

在本书的范例程序代码中，包含此网站的所有程序内容，但是与电子邮件等服务相关的密码会被删除。因此，在使用本书提供的下载程序代码时，要补充自己的账号信息后才能够正常执行。另外，如果要测试 PayPal 的付款功能，还需要拥有对应的账号以及支持 HTTPS 才能够运行。在大多数情况下，网站需要实际上线后才能进行实际功能的测试。

12.4　本课习题

1．把分类查看的菜单改为侧边栏形式。

2．为范例网站中的详细产品信息加上 MarkDown 标记功能。

3．尝试删除价格中的小数点。

4．在 12.2.3 节中如何实现“避免错误的产品编号被加入购物车”这个功能？

5．在 12.2.3 节的网站中只要把某一产品加入购物车就会直接回首页，请问这样会造成什么样的困扰，如何解决？

第 13 课

全功能电子商务网站 django-oscar 实践

13

经过第 12 课的学习后，我们已经具备建立一个简单的会员制电子商务网站的能力。然而，要注意的事项远不止简单几个章节就能够介绍完。幸运的是，这些复杂的工作已经有人帮我们完成了，只要下载并进行一些定制化的修改，就可以轻松完成一个功能齐全的电子商务网站。而这套使用 Django 制作的功能齐全的电子商务网站就是 django-oscar。

本堂课的学习大纲

- Django 购物网站 Oscar 测试网站的安装
- 构建 Oscar 的应用网站
- 自定义 Oscar 网站

13.1 Django 购物网站 Oscar 的安装与使用

熟悉电子购物车网站的朋友一定看过 OpenCart、osCommerce、Magento 等使用 PHP 制作的免费电子商务网站，几乎每一个都是功能齐备且占据一席之地。在 Django 中，也有类似的商城网站，那就是 Oscar。本节将简要介绍这个使用 Django 制作的全功能电子商务项目 Oscar。

13.1.1 电子购物网站模板

在第 12 课中，我们花费了大量时间编写程序代码，最终打造出了一个具备购物车功能和在线付款功能的电子商务网站。这个商务网站尽管勉强可以使用，但仍然缺少许多功能，例如缺乏送货方式的选择、购物车中无法修改单个产品的数量，以及用户完成付款后未对产品库存进行调整等。虽然有许多功能可以增加，但如果这些功能都事后再加上去，最终可能会像打补丁一样，导致数据库内容过于混乱，从而因数据表设计不当而无法有效增加新功能。

为了避免这种情况发生，笔者建议寻找一些开源的电子购物网站模板，例如 OpenCart、

osCommerce、Magento、Prestashop 等，实际安装一次并进行测试。在前端和后端操作的过程中，观察它们的商品上架、结账、后台管理等流程，以及查看数据库中的数据表设计，作为参考，让你的网站在开始时就可以做好足够完整的规划，从而使网站的开发更加顺利。以 OpenCart 为例，安装后可通过 phpMyAdmin 观察其数据表，如图 13-1 所示。

竟然多达 115 张数据表，从这些数据表的名称和内容就可以窥见一个商用完整的大型购物车网站的大致结构，对于要制作的网站就可以确定规划的方向。至于每张数据表中存储的内容，也可以参考它们的设计方向，例如图 13-1 数据表中的 oc_customer 客户数据表，其中各个字段的名称和类型如图 13-2 所示。

myoc (115)
oc_address
oc_affiliate
oc_affiliate_transaction
oc_attribute
oc_attribute_description
oc_attribute_group
oc_attribute_group_description
oc_banner
oc_banner_image
oc_banner_image_description
oc_category
oc_category_description
oc_category_filter
oc_category_path
oc_category_to_layout
oc_category_to_store
oc_country
oc_coupon
oc_coupon_category
oc_coupon_history
oc_coupon_product
oc_currency
oc_customer
oc_customer_ban_ip
oc_customer_field
oc_customer_group
oc_customer_group_description
oc_customer_history
oc_customer_ip
oc_customer_online
oc_customer_reward
oc_customer_transaction
oc_custom_field
oc_custom_field_description
oc_custom_field_to_customer_group
oc_custom_field_value
oc_custom_field_value_description
oc_download
oc_download_description

图 13-1　OpenCart 的数据表部分

服务器: custsql-ipg40.eigbox.net ▸ 数据库: myoc ▸ 数据表: oc_customer

浏览　结构　SQL　搜索　插入　导出　导入　管理　清空　删除

字段	类型	整理	属性	Null	默认值	额外
customer_id	int(11)			否		auto_increment
store_id	int(11)			否	0	
firstname	varchar(32)	utf8_general_ci		否		
lastname	varchar(32)	utf8_general_ci		否		
email	varchar(96)	utf8_general_ci		否		
telephone	varchar(32)	utf8_general_ci		否		
fax	varchar(32)	utf8_general_ci		否		
password	varchar(40)	utf8_general_ci		否		
salt	varchar(9)	utf8_general_ci		否		
cart	text	utf8_general_ci		是	NULL	
wishlist	text	utf8_general_ci		是	NULL	
newsletter	tinyint(1)			否	0	
address_id	int(11)			否	0	
customer_group_id	int(11)			否		
ip	varchar(40)	utf8_general_ci		否	0	
status	tinyint(1)			否		
approved	tinyint(1)			否		
token	varchar(255)	utf8_general_ci		否		
date_added	datetime			否	0000-00-00 00:00:00	

全选 / 全部取消　选择的数据表：

图 13-2　OpenCart 客户数据表的字段内容

有了这些参考资料，构建自己的商务网站是否变得更容易一些呢？

13.1.2　Django Oscar 购物车系统测试网站安装

Django 也有许多功能完备的购物车系统，其中最具名气的是 Oscar，官网网址为 http://oscarcommerce.com/，不过一般会直接前往安装文件网址（https://django-oscar.readthedocs.io/en/latest/）查看最新的说明文件。在官方网站的说明中，Oscar 的主要特色如下：

- 支持各种商品模式，包括下载的商品、订阅的商品以及内含子商品的商品等。
- 可定制商品的内容。
- 能够支持超过 2000 万种商品。
- 对于同一商品，可以设置多个不同的供货商。

- 能够在网站中设置促销区块。
- 支持礼品券。
- 拥有专门为购物网站设计的完整功能网站后台（另外设计的，不同于 admin 后台）。
- 支持更复杂的订购流程。
- 支持多种在线支付网关。

Oscar 有两种安装方式：一种是快速建立用于测试的沙盒模式（Sandbox）Oscar 购物网站；另一种是创建 Django 项目，然后将 Oscar 功能集成到项目中。为了快速体验 Oscar 的功能，首先使用第一种方式，在短短几十分钟内构建一个网站来试用。

由于我们在第 7 课使用了 Docker，因此可以使用 Oscar 提供的 Docker 镜像（docker image）快速构建 Oscar Sandbox 测试网站，然后执行以下命令：

```
docker pull oscarcommerce/django-oscar-sandbox
docker run -p 8080:8080/tcp oscarcommerce/django-oscar-sandbox:latest
```

执行上述命令后，如果没有出现错误信息，就可以使用浏览器访问网址 http://localhost:8080，查看网站的首页，如图 13-3 所示。

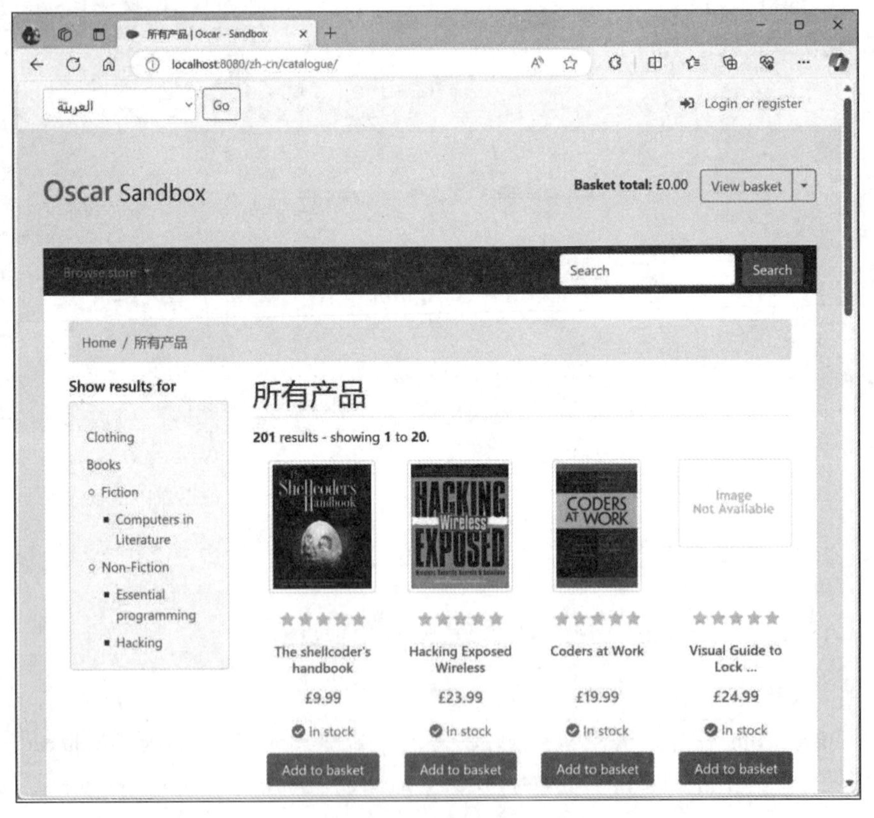

图 13-3　Oscar 测试网站的首页

在网址后面加上 admin 即可进入其后台。默认的账号是 superuser，密码是 testing。当然，也可以使用 python manage.py createsuperuser 命令来创建新的管理员账号。进入后台后，我们可以看到非常多的数据表，如图 13-4 所示。

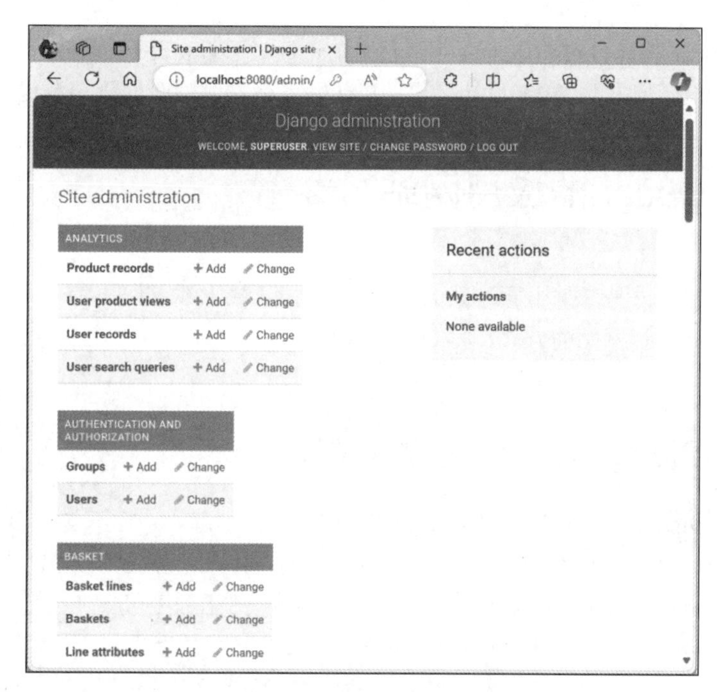

图 13-4　Oscar 的后台数据表操作界面

读者可以自行操作该网站并熟悉其前后端的操作流程，以作为自己设计网站时的参考，或者直接修改该网站的内容。然而，真正管理电子商务网站后台的并不是 Django 默认的 admin（管理）后台，而是在 Oscar 另外建立的专门用于电子商务网站管理的仪表盘（Dashboard）。登录管理员账号后，进入网站首页，在右上角即可看到前往仪表盘的选项，仪表盘的页面如图 13-5 所示。

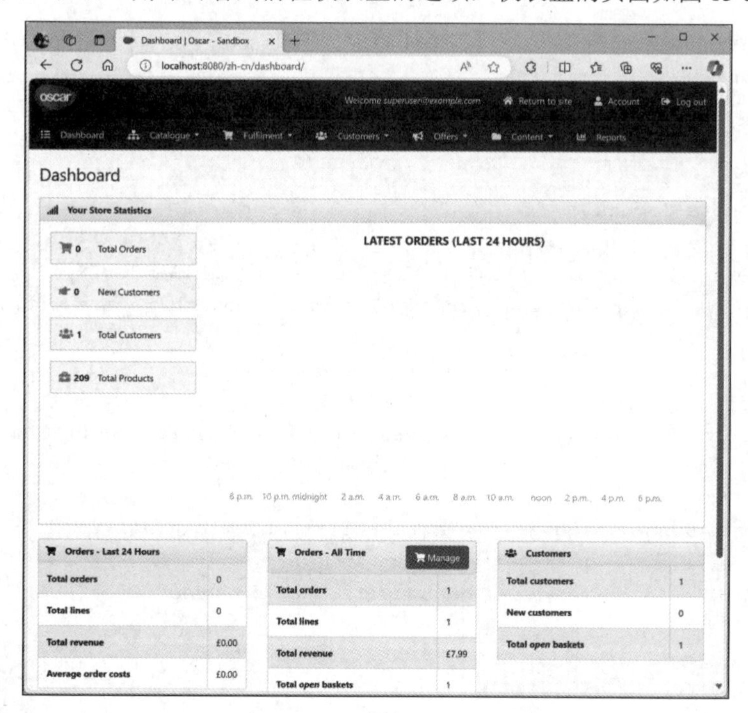

图 13-5　Oscar 的仪表盘页面

在开始使用 Oscar 构建自己的电子商务网站之前，读者可以自行在该网站上进行操作和使用，以熟悉其操作流程和设计逻辑，并在设计自己的电子商务网站时随时回到该范例网站进行比较。

13.2　构建 Oscar 的应用网站

在 13.1 节中构建的只是一个用于测试的网站，并不能直接上线。此外，有许多地方不适合修改。本节将以构建 Django 项目网站的方式，将 Oscar 纳入我们的项目，并对其进行定制化，从而构建一个可以真正上线使用的电子商务网站。

13.2.1　创建 Django Oscar 购物网站项目

接下来创建 Django 网站项目。在作者编写本书时，django-oscar 还不支持 Django 4.0，最高支持的版本为 3.2。然而，由于之后章节使用到的 django-oscar-paypal 付款模块，当前支持的 django-oscar 最高版本为 2.1。因此，在安装 django-oscar 时，版本将被限制在 2.1 版。相应地，对应的 django 版本也将限制在 2.x 系列。使用以下命令创建虚拟环境并安装相关的套件：

```
virtualenv venv
venv\Scripts\activate
(venv)# pip install "django-oscar==2.1"
(venv)# pip install sorl-thumbnail
(venv)# django-admin startproject shop
(venv)# cd shop
(venv)# python manage.py startapp mysite
```

以上步骤将 django-oscar 框架安装到虚拟环境中，但在 settings.py 和 urls.py 中都要进行相应的设置才能够启用已安装的 Oscar。所有在 settings.py 和 urls.py 中需要进行的设置都在官网上有说明，在此直接用粗体标示需要修改和设置的地方：

```
import os
from oscar.defaults import *

# Build paths inside the project like this: os.path.join(BASE_DIR, ...)
BASE_DIR = os.path.dirname(os.path.dirname(os.path.abspath(__file__)))


# Quick-start development settings - unsuitable for production
# See https://docs.djangoproject.com/en/2.2/howto/deployment/checklist/

# SECURITY WARNING: keep the secret key used in production secret!
SECRET_KEY = 'vfl=9yitk^^f)qgvj++j(t(hzlnv9c3)vfy2b3bm!bzu7hliiw'

# SECURITY WARNING: don't run with debug turned on in production!
DEBUG = True

ALLOWED_HOSTS = []
```

```
# Application definition

INSTALLED_APPS = [
    'django.contrib.admin',
    'django.contrib.auth',
    'django.contrib.contenttypes',
    'django.contrib.sessions',
    'django.contrib.messages',
    'django.contrib.staticfiles',

    'mysite.apps.MysiteConfig',

    'django.contrib.sites',
    'django.contrib.flatpages',

    'oscar.config.Shop',
    'oscar.apps.analytics.apps.AnalyticsConfig',
    'oscar.apps.checkout.apps.CheckoutConfig',
    'oscar.apps.address.apps.AddressConfig',
    'oscar.apps.shipping.apps.ShippingConfig',
    'oscar.apps.catalogue.apps.CatalogueConfig',
    'oscar.apps.catalogue.reviews.apps.CatalogueReviewsConfig',
    'oscar.apps.communication.apps.CommunicationConfig',
    'oscar.apps.partner.apps.PartnerConfig',
    'oscar.apps.basket.apps.BasketConfig',
    'oscar.apps.payment.apps.PaymentConfig',
    'oscar.apps.offer.apps.OfferConfig',
    'oscar.apps.order.apps.OrderConfig',
    'oscar.apps.customer.apps.CustomerConfig',
    'oscar.apps.search.apps.SearchConfig',
    'oscar.apps.voucher.apps.VoucherConfig',
    'oscar.apps.wishlists.apps.WishlistsConfig',
    'oscar.apps.dashboard.apps.DashboardConfig',
    'oscar.apps.dashboard.reports.apps.ReportsDashboardConfig',
    'oscar.apps.dashboard.users.apps.UsersDashboardConfig',
    'oscar.apps.dashboard.orders.apps.OrdersDashboardConfig',
    'oscar.apps.dashboard.catalogue.apps.CatalogueDashboardConfig',
    'oscar.apps.dashboard.offers.apps.OffersDashboardConfig',
    'oscar.apps.dashboard.partners.apps.PartnersDashboardConfig',
    'oscar.apps.dashboard.pages.apps.PagesDashboardConfig',
    'oscar.apps.dashboard.ranges.apps.RangesDashboardConfig',
    'oscar.apps.dashboard.reviews.apps.ReviewsDashboardConfig',
    'oscar.apps.dashboard.vouchers.apps.VouchersDashboardConfig',
    'oscar.apps.dashboard.communications.apps.CommunicationsDashboardConfig',
    'oscar.apps.dashboard.shipping.apps.ShippingDashboardConfig',

    # 3rd-party apps that oscar depends on
    'widget_tweaks',
    'haystack',
```

```
    'treebeard',
    'sorl.thumbnail',
    'django_tables2',
]

SITE_ID = 1

MIDDLEWARE = [
    'django.middleware.security.SecurityMiddleware',
    'django.contrib.sessions.middleware.SessionMiddleware',
    'django.middleware.common.CommonMiddleware',
    'django.middleware.csrf.CsrfViewMiddleware',
    'django.contrib.auth.middleware.AuthenticationMiddleware',
    'django.contrib.messages.middleware.MessageMiddleware',
    'django.middleware.clickjacking.XFrameOptionsMiddleware',

    'oscar.apps.basket.middleware.BasketMiddleware',
    'django.contrib.flatpages.middleware.FlatpageFallbackMiddleware',
]

AUTHENTICATION_BACKENDS = (
    'oscar.apps.customer.auth_backends.EmailBackend',
    'django.contrib.auth.backends.ModelBackend',
)

HAYSTACK_CONNECTIONS = {
    'default': {
        'ENGINE': 'haystack.backends.simple_backend.SimpleEngine',
    },
}

ROOT_URLCONF = 'shop.urls'

TEMPLATES = [
    {
        'BACKEND': 'django.template.backends.django.DjangoTemplates',
        'DIRS': [os.path.join(BASE_DIR, 'templates')],
        'APP_DIRS': True,
        'OPTIONS': {
            'context_processors': [
                'django.template.context_processors.debug',
                'django.template.context_processors.request',
                'django.contrib.auth.context_processors.auth',
                'django.contrib.messages.context_processors.messages',

                # django-oscar configs
                'oscar.apps.search.context_processors.search_form',
                'oscar.apps.checkout.context_processors.checkout',
                'oscar.apps.communication.notifications.context_processors.
notifications',
```

```
                'oscar.core.context_processors.metadata',
            ],
        },
    },
]

WSGI_APPLICATION = 'shop.wsgi.application'


# Database
# https://docs.djangoproject.com/en/2.2/ref/settings/#databases

DATABASES = {
    'default': {
        'ENGINE': 'django.db.backends.sqlite3',
        'NAME': os.path.join(BASE_DIR, 'db.sqlite3'),
    }
}


# Password validation
# https://docs.djangoproject.com/en/2.2/ref/settings/#auth-password-validators

AUTH_PASSWORD_VALIDATORS = [
    {
        'NAME':
'django.contrib.auth.password_validation.UserAttributeSimilarityValidator',
    },
    {
        'NAME': 'django.contrib.auth.password_validation.MinimumLengthValidator',
    },
    {
        'NAME': 'django.contrib.auth.password_validation.CommonPasswordValidator',
    },
    {
        'NAME': 'django.contrib.auth.password_validation.NumericPasswordValidator',
    },
]

LOCALE_PATHS = [
  os.path.join(BASE_DIR, 'locale'),
]


# Internationalization
# https://docs.djangoproject.com/en/2.2/topics/i18n/

LANGUAGE_CODE = 'zh-Hans'

TIME_ZONE = 'Asia/Shanghai'
```

```
USE_I18N = True

USE_L10N = True

USE_TZ = True


# Static files (CSS, JavaScript, Images)
# https://docs.djangoproject.com/en/3.2/howto/static-files/

STATIC_URL = '/static/'

STATICFILES_DIRS = [
    os.path.join(BASE_DIR, "static"),
]

# STATIC_ROOT = os.path.join(BASE_DIR, "static")

MEDIA_URL = '/media/'

MEDIA_ROOT = os.path.join(BASE_DIR, 'media')

# Default primary key field type
# https://docs.djangoproject.com/en/3.2/ref/settings/#default-auto-field

DEFAULT_AUTO_FIELD = 'django.db.models.BigAutoField'

# smtp 邮件服务器设置
EMAIL_USE_TLS = True
EMAIL_HOST = ''
EMAIL_HOST_USER = ''
EMAIL_HOST_PASSWORD = ''
EMAIL_PORT = 587
```

因为还在开发阶段，为了方便检测，DEBUG 还是保留为 True 的设置。在网站正式上线使用时，还有许多地方需要进行调整，以维护网站的安全性。以下是修改过的 urls.py：

```
from django.conf import settings
from django.conf.urls.static import static
from django.apps import apps
from django.urls import include, path
from django.contrib import admin


urlpatterns = [
    path('i18n/', include('django.conf.urls.i18n')),

    # The Django admin is not officially supported; expect breakage.
    # Nonetheless, it's often useful for debugging.
```

```
    path('admin/', admin.site.urls),
    path('', include(apps.get_app_config('oscar').urls[0])),
]

if settings.DEBUG:
    # Server statics and uploaded media
    urlpatterns += static(settings.MEDIA_URL, document_root=settings.
MEDIA_ROOT)
```

这两个文件设置完成后，执行以下命令同步数据库。在同步过程中，如果出现错误，可能是一些套件（包）未被正确安装，可根据错误提示信息安装必要的套件。

```
(venv)# python manage.py migrate
(venv)# pip install pycountry
(venv)# python manage.py oscar_populate_countries --no-shipping
(venv)# pip manage.py runserver
```

后面两行用于加入各个国家或地区的信息，并默认采取不运送到该国家或地区的设置，届时再进行调整即可。接着通过浏览器联机到此网址（在此例为 http://localhost:8000），就可以顺利出现 Oscar 默认的网站页面，如图 13-6 所示。

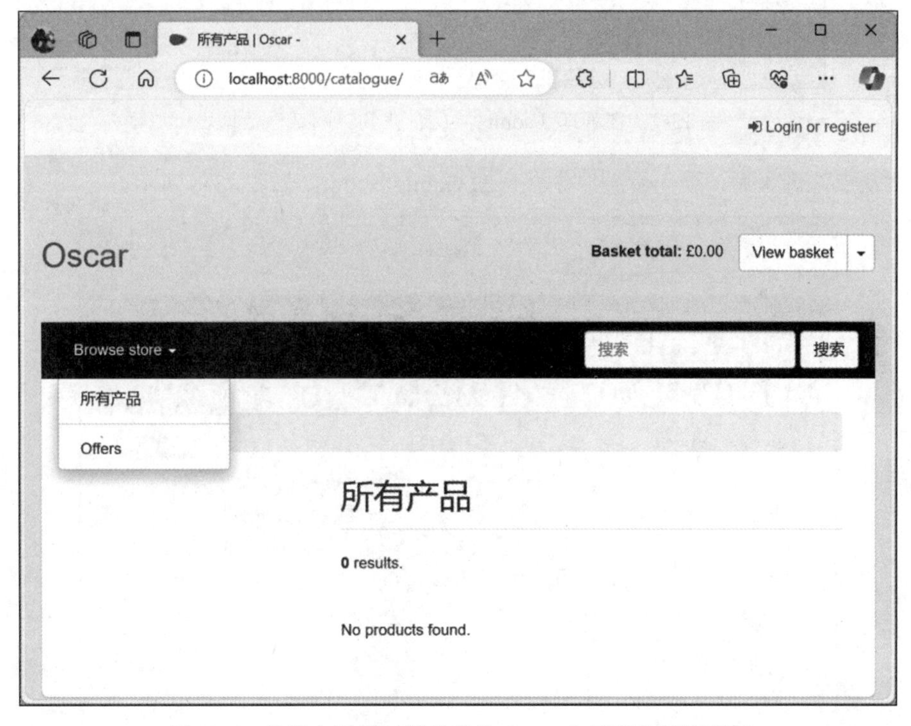

图 13-6　使用自己的网址构建的 Oscar 电子商务网站页面

确定网站可以正常执行之后，第一步是到管理（admin）后台对网站的网址进行变更。使用之前的命令 python manage.py createsuperuser 设置的管理员账号及密码登录网站的管理后台，找到“网站”数据表，如图 13-7 所示。注意：为该范例程序管理后台设置的管理员账号和密码和前面各堂课设置的一样，即 admin/django1234。

图 13-7　在管理（admin）后台找到“网站”数据表

单击“站点”进入后，会先看到原先默认的 example.com，如图 13-8 所示。

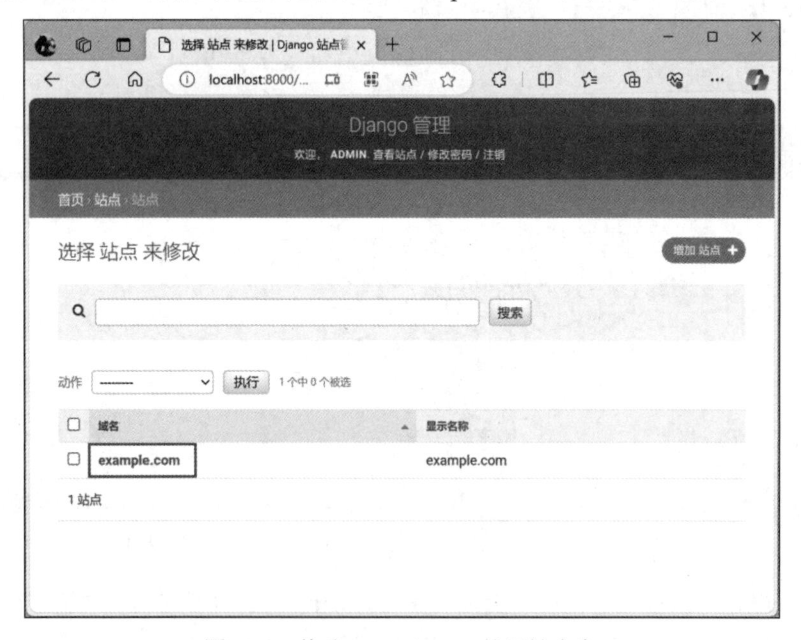

图 13-8　修改 example.com 的网址内容

把它改为你这个网站的实际网址，在此范例为 localhost:8000。接着修改商品可以运送的国家或地区，如图 13-9 所示。

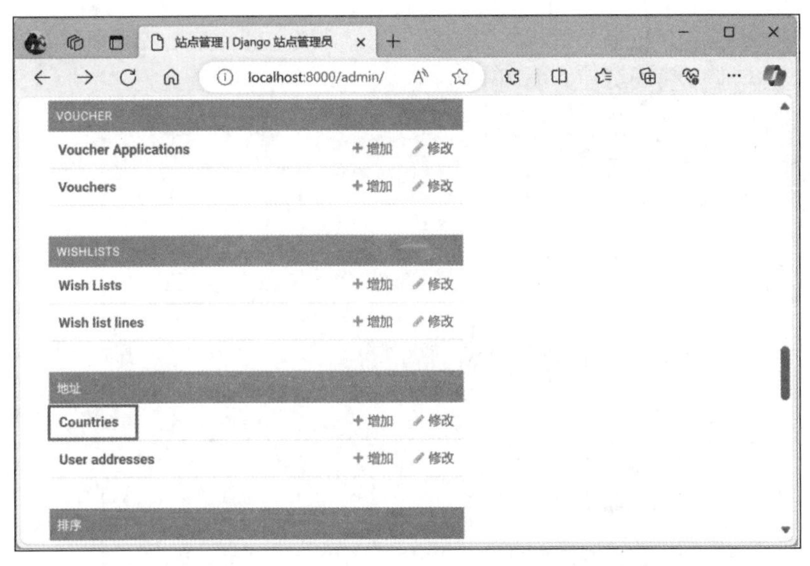

图 13-9　修改商品可以运送到的国家或地区

打开 Countries 数据表后，通过搜索找到的数据项，参照图 13-10 进行修改。别忘记方框标示的地方一定要设置为启用才会生效。

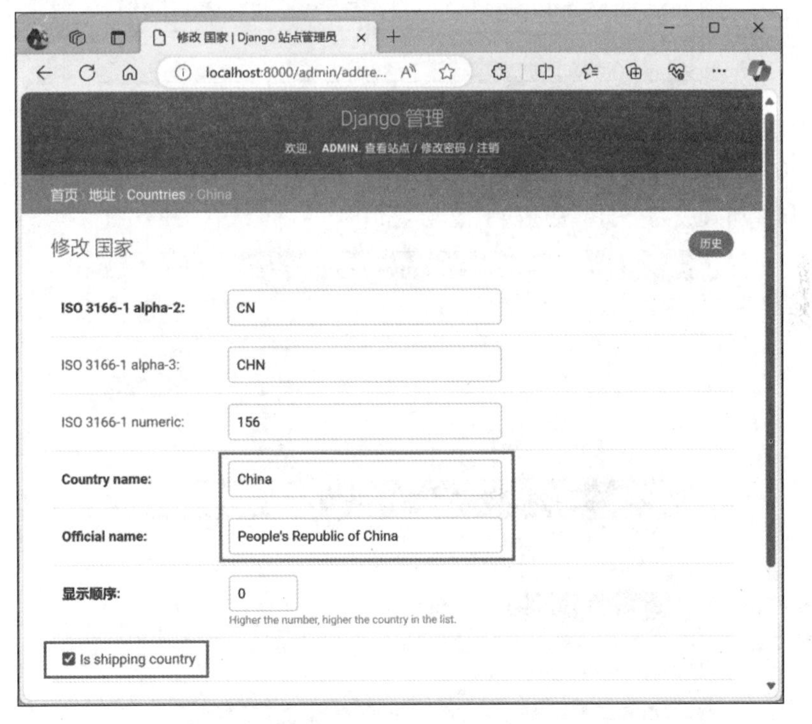

图 13-10　设置可运送到国家或地区的选项内容

13.2.2　加上电子邮件的发送功能

购物车网站的重要功能之一是电子邮件的发送功能。无论使用的是哪种环境，都可以按照本书前面关于发送邮件功能的介绍来调整相关的设置。设置完成之后，单击右上角的 Login or register 链接，即可进入会员注册及登录页面，如图 13-11 所示。

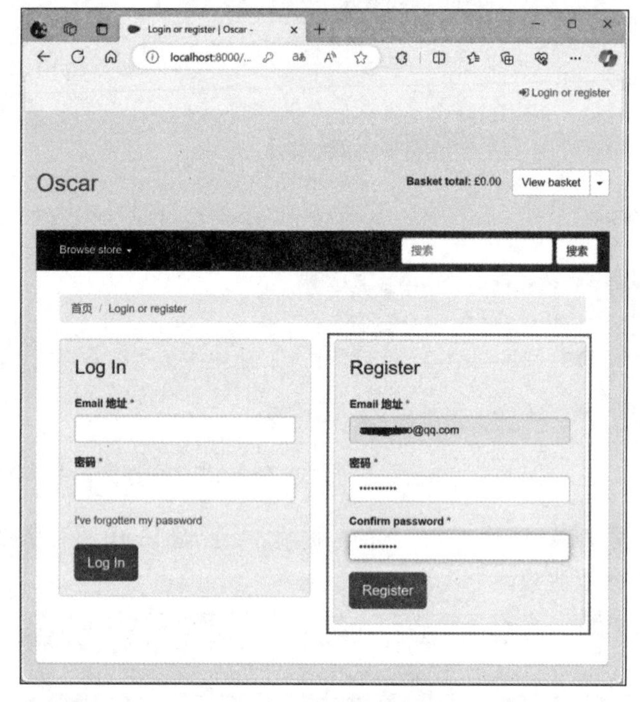

图 13-11　Oscar 网站的登录和注册功能

在此页面中输入一个用于注册的电子邮件地址并设置密码，再单击 Register 按钮，此时网站会立即把此电子邮件加入成为会员，如图 13-12 所示。

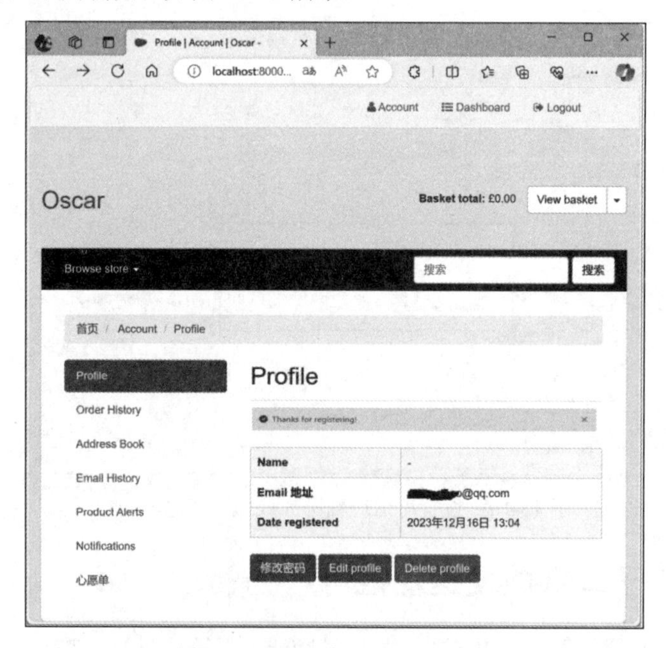

图 13-12　顺利加入会员的页面

同时还会发送一封欢迎注册的电子邮件，如图 13-13 所示。

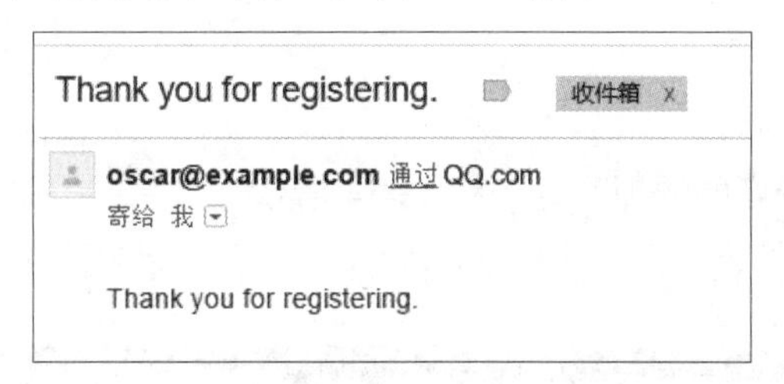

图 13-13　感谢注册的信息

13.2.3　简单地修改 Oscar 网站的设置

Oscar 网站提供了许多参数可以直接在 settings.py 中设置，不需要额外更改任何程序代码。这些设置相对简单，如表 13-1 所示。

表 13-1　简单的 Oscar 网站用于设置的常数及其说明

常　数	说　明
OSCAR_SHOP_NAME	商店的名称，也可以使用中文，如果使用中文，别忘记 settings.py 要设置为 UTF-8 的编码，字符串类型
OSCAR_SHOP_TAGLINE	商店的副标题，也是字符串类型，默认是空字符串
OSCAR_RECENTLY_VIEWED_PRODUCTS	最近浏览商品的显示数量，是数值类型
OSCAR_PRODUCTS_PER_PAGE OSCAR_OFFERS_PER_PAGE OSCAR_REVIEWS_PER_PAGE OSCAR_NOTIFICATIONS_PER_PAGE OSCAR_EMAILS_PER_PAGE OSCAR_ORDERS_PER_PAGE OSCAR_ADDRESSES_PER_PAGE OSCAR_STOCK_ALERTS_PER_PAGE OSCAR_DASHBOARD_ITEMS_PER_PAGE	所有和分页时每一页要显示的数量有关的参数，都是数值类型
OSCAR_FROM_EMAIL	发送电子邮件时的 from 电子邮件账号，默认值是 oscar@example.com，字符串类型
OSCAR_DEFAULT_CURRENCY	默认的币值，默认是 GBP，字符串类型

其他设置牵涉到订单的操作流程，读者可自行参阅官方网站上的说明。在本例中，我们仅针对以下几个部分进行设置：

```
OSCAR_SHOP_NAME = '我的小店'
OSCAR_FROM_EMAIL = 'xxx@yyyyy.com'        # 设置你的实际邮件地址
OSCAR_DEFAULT_CURRENCY = 'CNY'
```

通过以上设置，基本上已经可以顺利地为网站添加各种商品，并开始进行后续的测试工作。而在此网站添加商品需要一定的步骤，其流程如下：

步骤01 添加供货商 Fullfilment/Partners。

步骤02 添加类。

步骤03 添加商品种类。

步骤04 添加商品。

回到仪表盘，添加供货商的选项位置如图 13-14 所示。

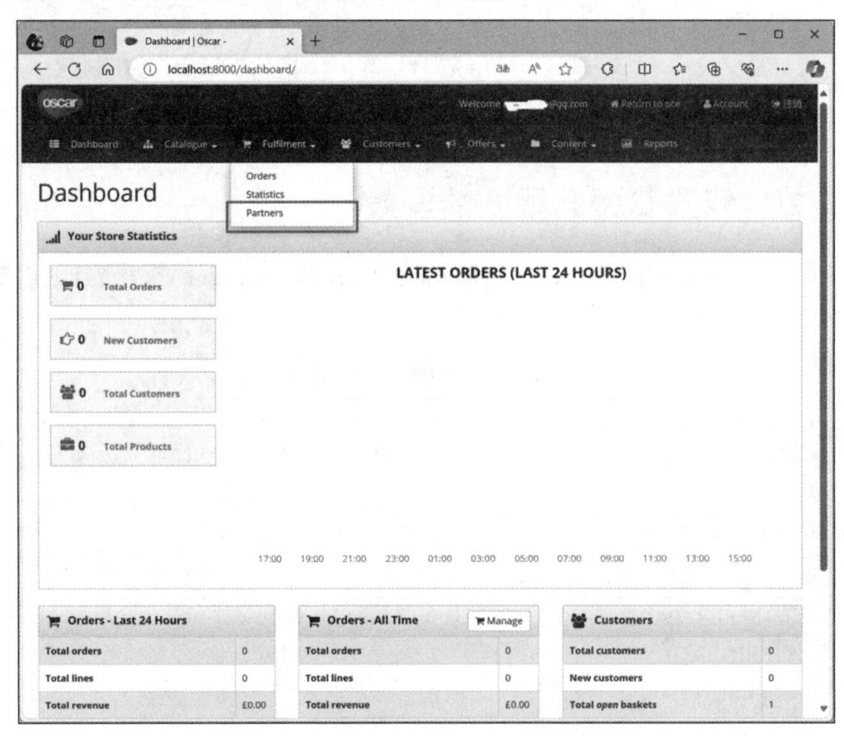

图 13-14　添加供货商的目录所在位置

一般来说，Partners 指的是提供此商品的上游厂商。接下来要添加的类别是本商店中所有商品的分层式分类，商品种类用来描述此商品的特性。这些分类项在上架商品时需要进行设置。添加这些内容的目录如图 13-15 和图 13-16 所示。

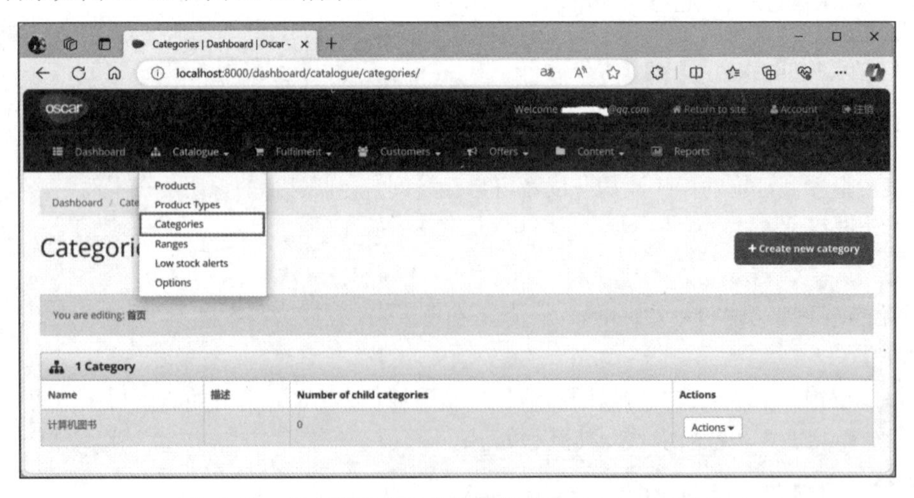

图 13-15　和上架商品相关的选项（Categories，分类）

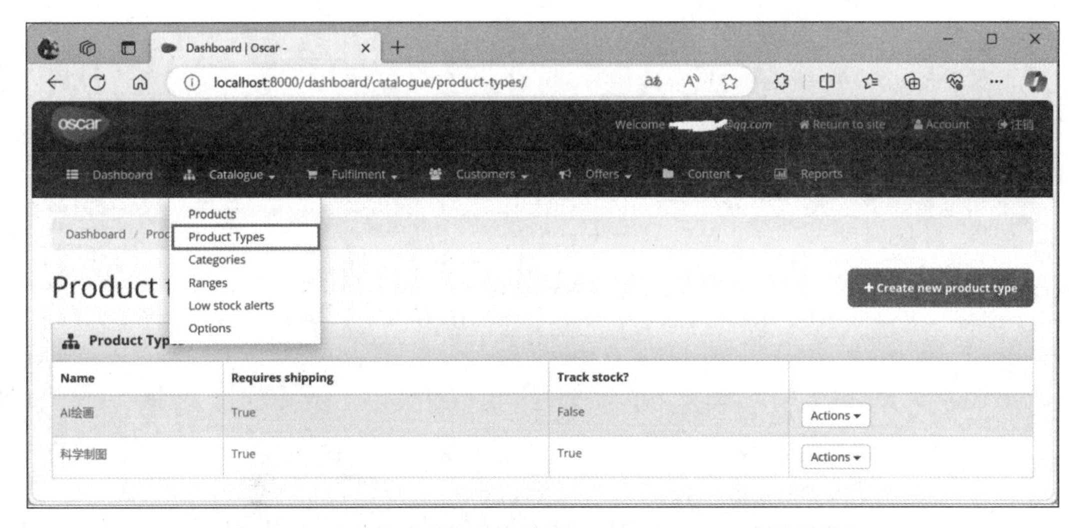

图 13-16　和上架商品相关的选项（Product Types，商品类型）

有了分类、商品类型以及供货商后就可以在目录选项中选择添加的商品，如图 13-17 所示。

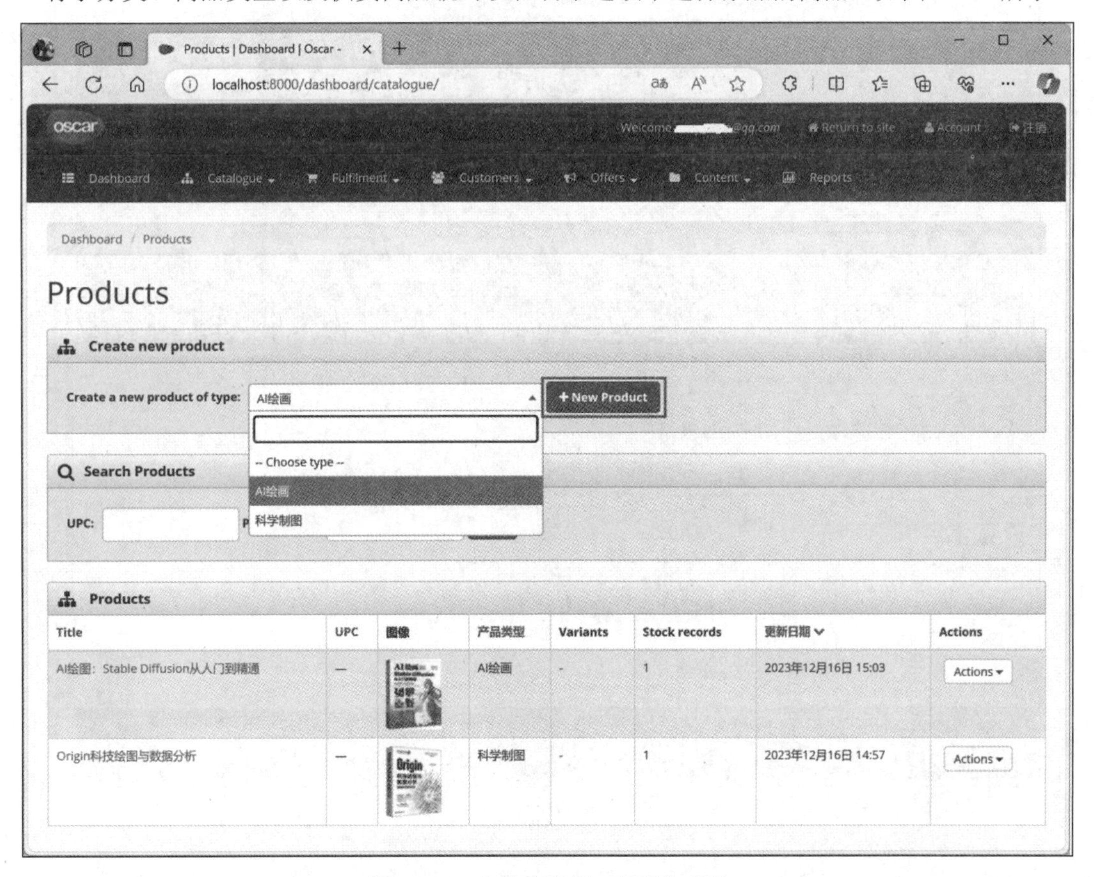

图 13-17　先选商品类，再添加商品

单击+New Product 按钮后，会出现添加商品的详细数据设置页面，如图 13-18~图 13-20 所示。

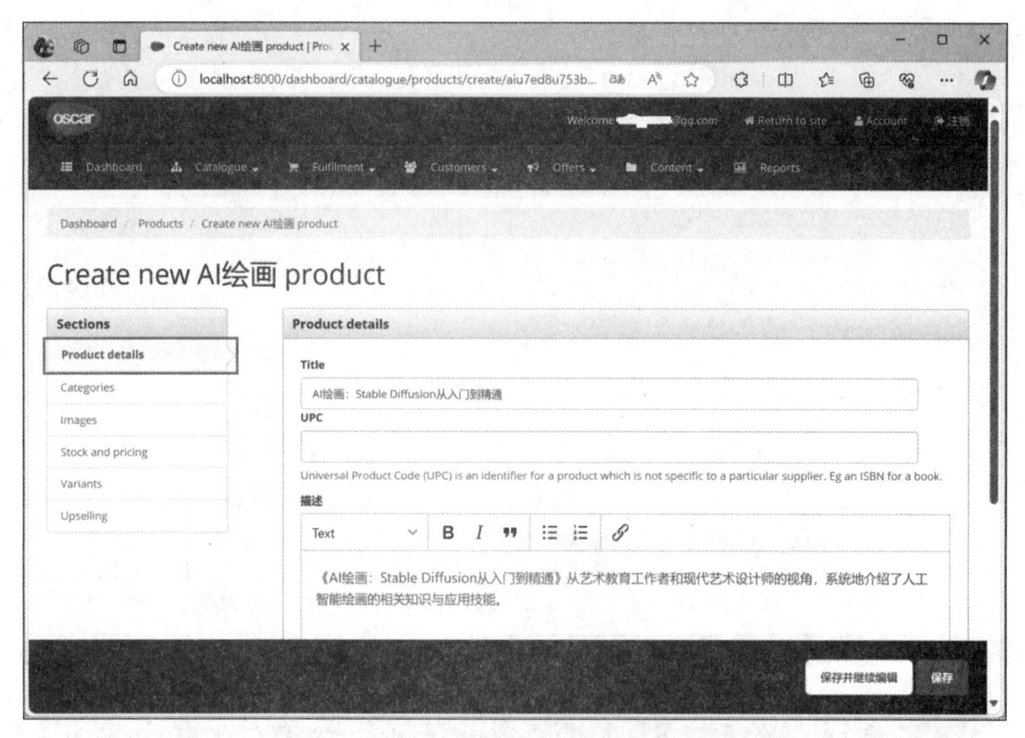

图 13-18　添加商品信息页面 1

图 13-19　添加商品信息页面 2

就像普通的全功能购物车后台一样，在添加商品时也有许多项目可以进行设置。由于这些项目是在不同的分页中设置的，为了避免由于换页而导致的数据丢失，可以随时单击“保存并继续编辑”按钮，如图 13-21 所示。

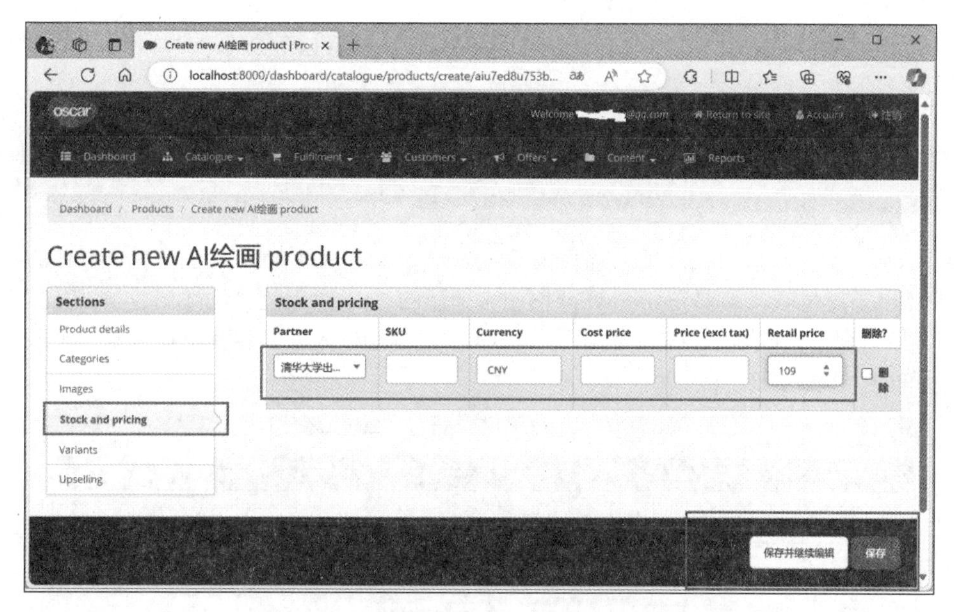

图 13-20　添加商品信息页面 3

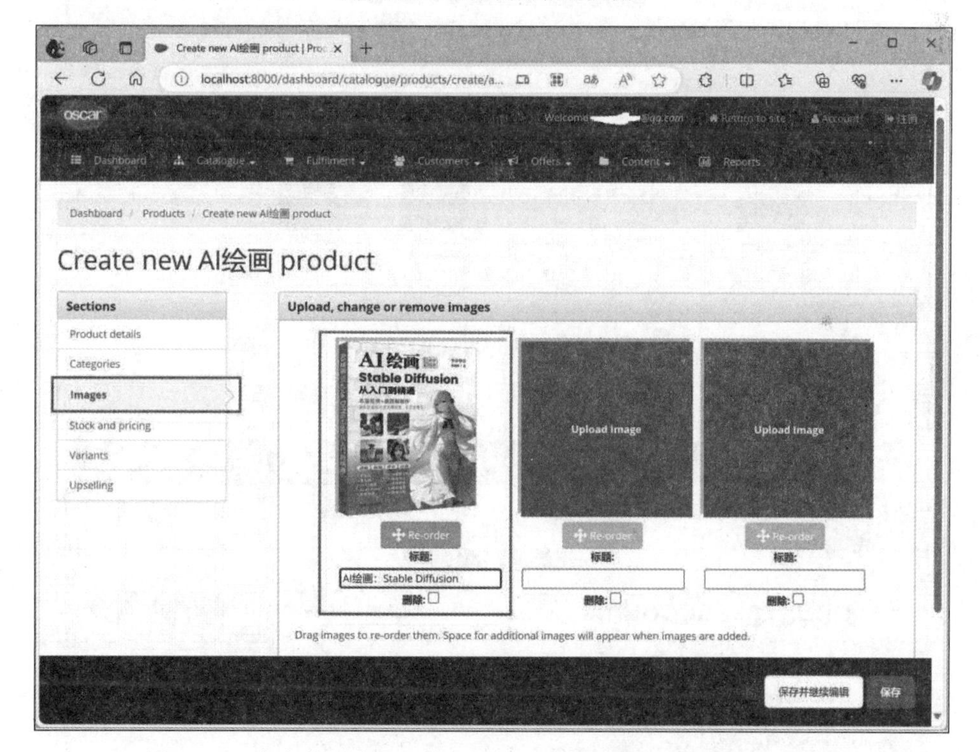

图 13-21　在上传图片后，单击“保持并继续编辑”按钮以保存图片

先向数据库中添加数个商品，以方便进行接下来的测试操作。

13.2.4　增加 PayPal 在线付款功能

在默认情况下，Oscar 网站并没有提供在线付款功能，因此为了实现在线结账付款的功能，我们需要将 django-oscar-paypal 模块集成到电子商务网站中。执行以下命令：

```
pip install django-oscar-paypal
```

在 settings.py 的 INSTALLED_APPS 部分添加 paypal 这个 App，然后执行数据库同步操作：

```
python manage.py migrate
```

django-oscar-paypal 使用的验证方式是传统的 NVP/SOAP API apps 连接方式。在你的网站正式使用 PayPal 电子支付时，需要先在 PayPal 网站申请新的 App 所需的验证数据。不过在测试网站的情况下，并不需要这么麻烦。只需前往本书 12.3.4 节找到测试账号，将其数据复制下来即可使用，如图 13-22 和图 13-23 所示。

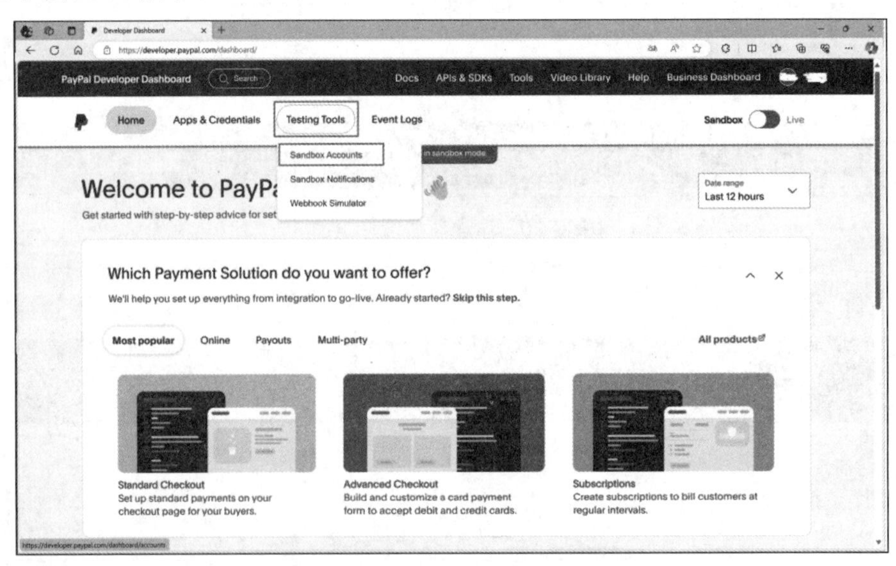

图 13-22　找到 Sandbox 的 Business 测试账号，步骤 1

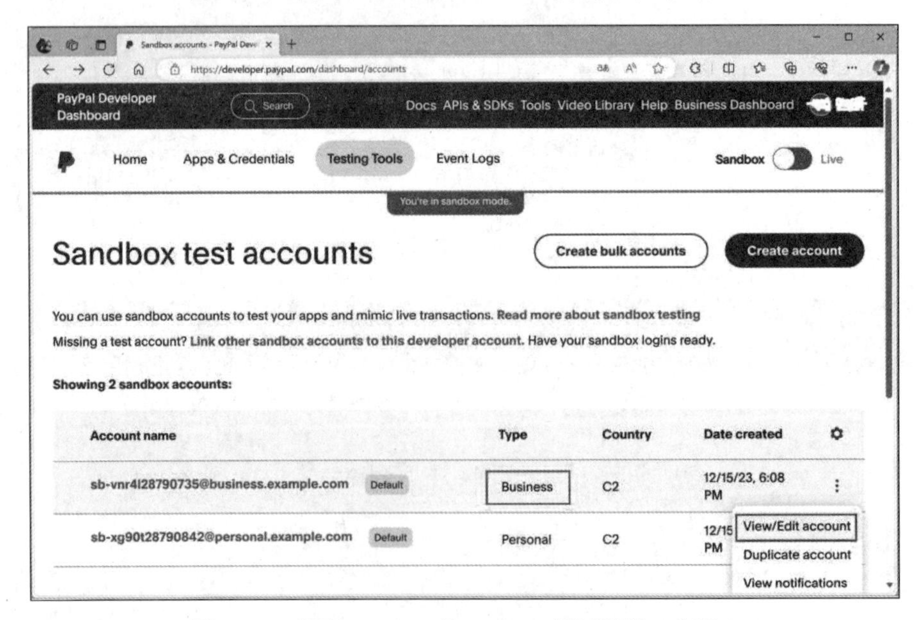

图 13-23　找到 Sandbox 的 Business 测试账号，步骤 2

接下来打开 Business 账号的 View/Edit account，并单击 API Credentials 选项卡，就可以看到如图 13-24 所示的页面。

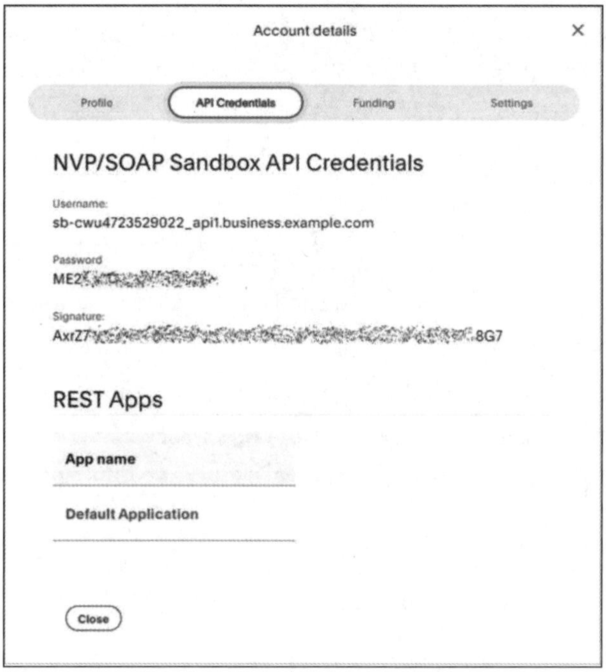

图 13-24　Business 账号的 API 凭证信息

其中有 Username、Password 和 Signature 这 3 项数据，就是稍后需要放在 settings.py 中的内容。需要加入 settings.py 的主要参数如下：

```
PAYPAL_API_USERNAME = 'your paypal api username'
PAYPAL_API_PASSWORD = 'your paypal api password'
PAYPAL_API_SIGNATURE = 'your paypal api signature'

PAYPAL_SANDBOX_MODE = True
PAYPAL_CURRENCY = 'CNY'
PAYPAL_BRAND_NAME = 'My SHOP'
PAYPAL_CALLBACK_HTTPS = False
```

其中，前面三个参数是 Sandbox 测试账号所使用的内容，在正式上线时需要替换为向 PayPal 申请的内容。接着设置为沙盒测试模式，然后设置币值使用的是 CNY（人民币：元），以及加上自己的商店名称 'My SHOP'。因为我们的网站目前并不是运行在 SSL 下，所以最后还要将 PAYPAL_CALLBACK_HTTPS 设置为 False，以便在返回网站时能够指向正确的页面。至于 urls.py 也需要进行如下修改：

```
path('checkout/paypal/', include('paypal.express.urls')),
```

在完成 PayPal 付款操作后，才能顺利返回正确的地址。最后，为了让 PayPal 付款按钮可以放在购物车页面中，在 templates 文件夹下创建一个名为 oscar/basket/partials/的文件夹，然后在该文件夹下添加一个名为 basket_content.html 的文件，其内容如下：

```
{% extends 'oscar/basket/partials/basket_content.html' %}
{% load i18n %}

{% block formactions %}
<div class="form-actions">
    {% if anon_checkout_allowed or request.user.is_authenticated %}
        <a  href="{%  url  'paypal-redirect'  %}"><img  src="https://www.paypal.com/
en_US/i/btn/btn_xpressCheckout.gif" align="left" style="margin-right:7px;"> </a>
    {% endif %}
    <a href="{% url 'checkout:index' %}" class="pull-right btn btn-large btn-primary">{%
trans "Proceed to checkout" %}</a>
</div>
{% endblock %}
```

这是将额外的 PayPal 结账按钮添加到购物车网页的方法。在选择一些商品后再查看购物车，在购物车的左下方即可看到 PayPal 的结账按钮，如图 13-25 所示。

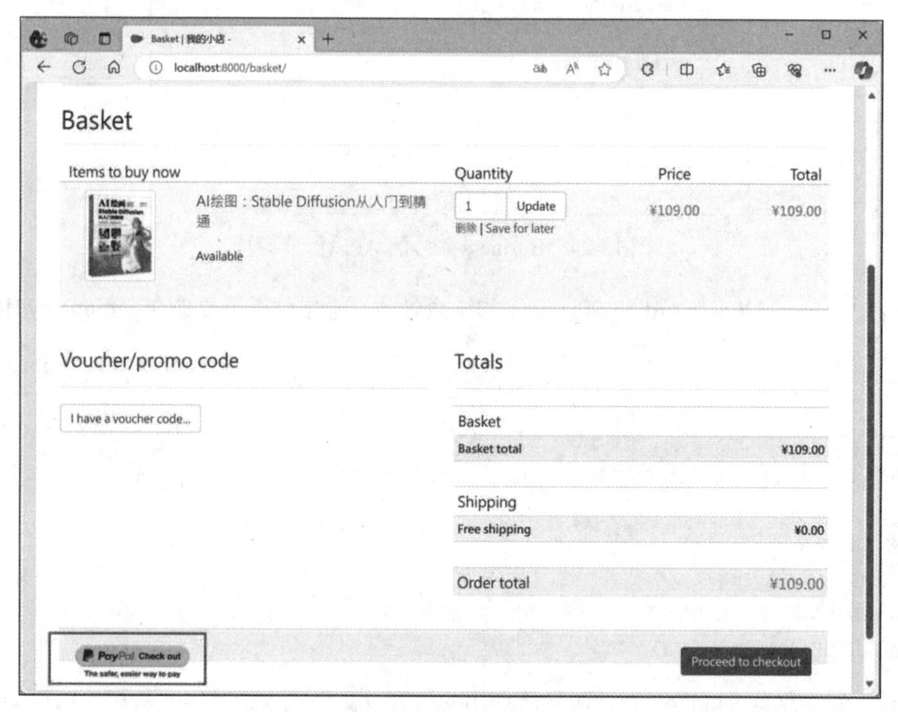

图 13-25　加上 PayPal 结账功能的购物车页面

单击 Proceed to checkout 按钮后，就会被导引到“邮寄地址”网站上的结账页面，如图 13-26 所示。

单击 Continue（继续）按钮后，会跳转到网站的订单预览（Preview order）页面，如图 13-27 和图 13-28 所示。

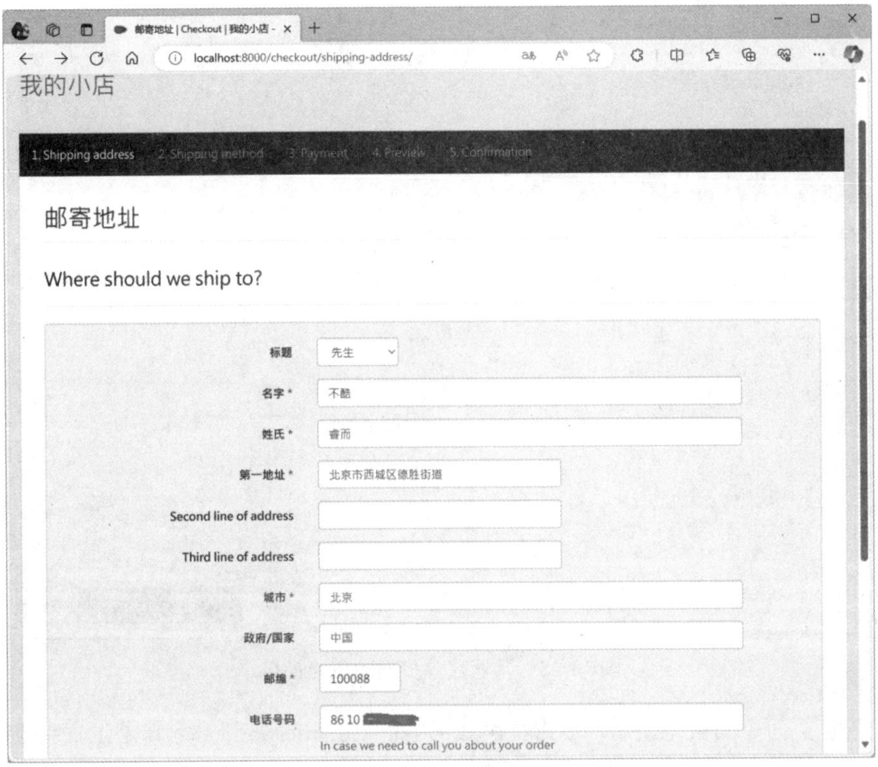

邮寄地址 | Checkout | 我的小店

localhost:8000/checkout/shipping-address/

我的小店

1. Shipping address　2. Shipping method　3. Payment　4. Preview　5. Confirmation

邮寄地址

Where should we ship to?

标题　先生

名字 *　不酷

姓氏 *　睿而

第一地址 *　北京市西城区德胜街道

Second line of address

Third line of address

城市 *　北京

政府/国家　中国

邮编 *　100088

电话号码　86 10

In case we need to call you about your order

图 13-26　设置邮寄地址

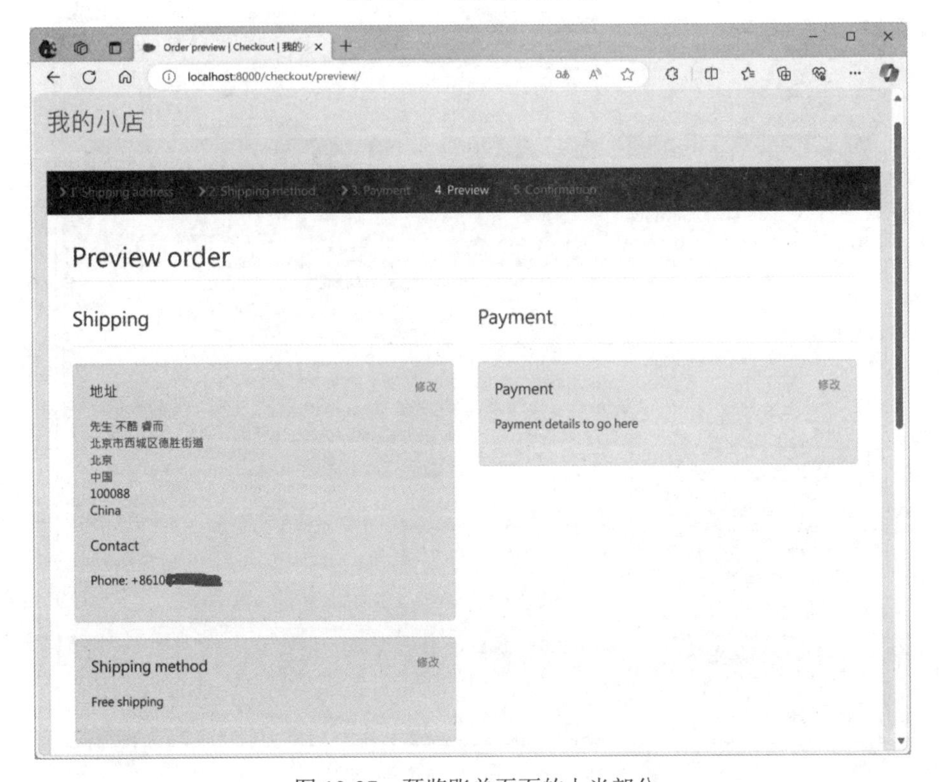

图 13-27　预览账单页面的上半部分

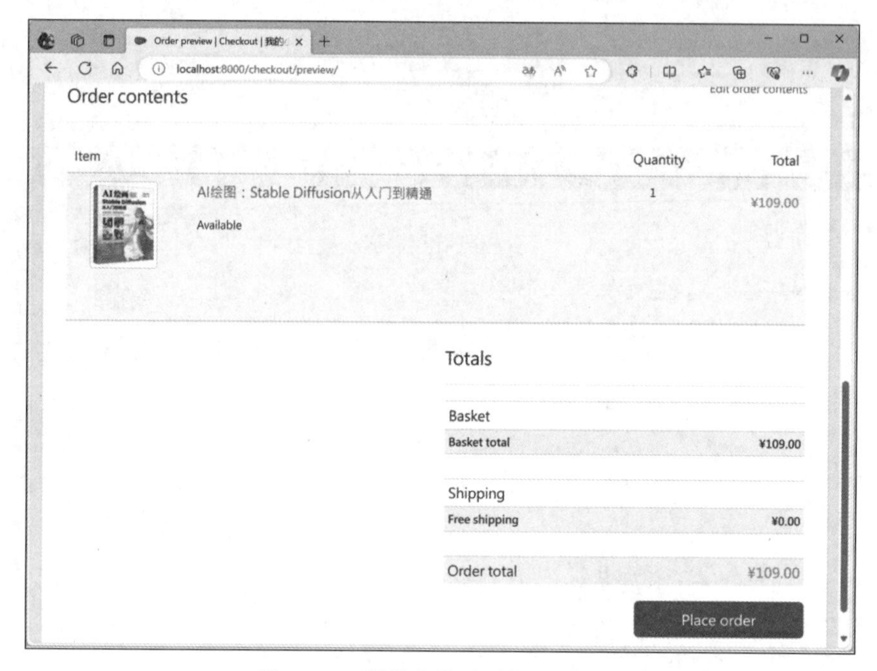

图 13-28　预览账单页面的下半部分

在账单预览页面中确认无误后，单击页面底部的 Place order 按钮，才算是正式完成付款和结账操作。完成后的页面如图 13-29 和图 13-30 所示。

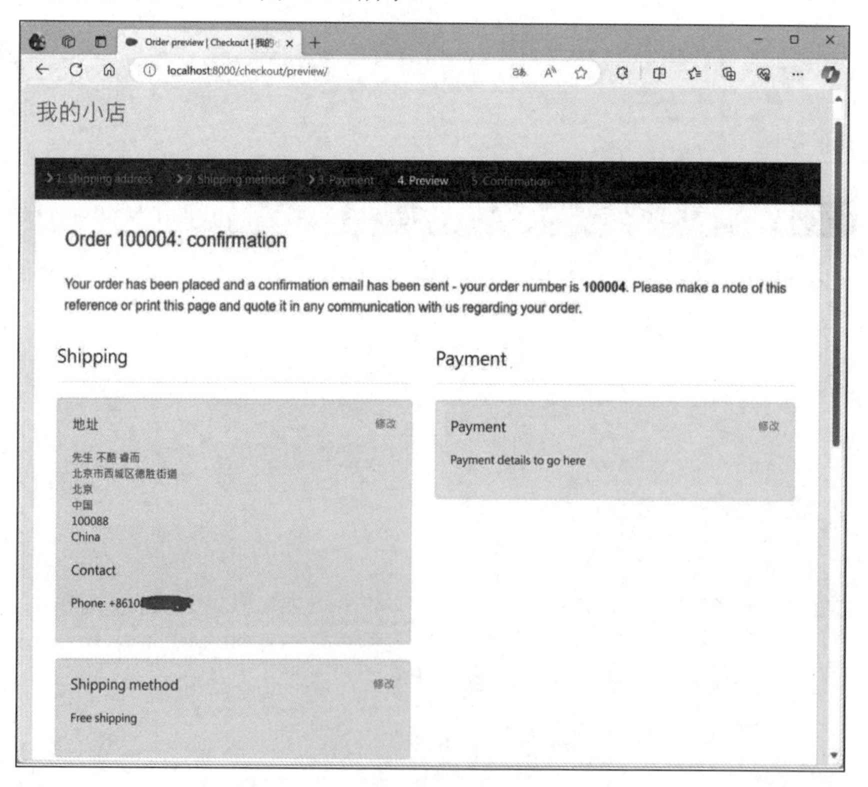

图 13-29　完成订单后页面的上半部分

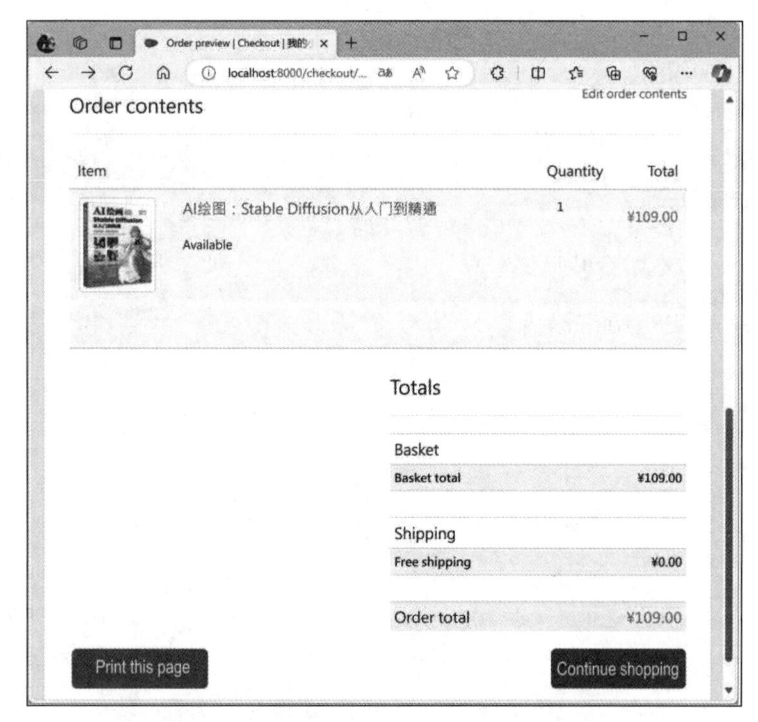

图 13-30　完成订单后页面的下半部分

完成付款后，系统将会发送一个订单完成通知给消费者。

13.3　自定义 Oscar 网站

在 13.2 节中，我们只是简单地配合原有的网站修改了一些参数，以使网站符合需求。然而，既然这是我们自行建立的网站，我们应该有更大的修改弹性。本小节将介绍 django-oscar 网站中更多可以自行修改和编辑的功能。

13.3.1　建立自己的 templates，打造定制的外观

就像我们在 13.2.4 节中在购物车网页中增加一个 PayPal 结账按钮时使用的方法一样，Django Oscar 默认只要在 templates/oscar 目录下创建与原系统中同名的模板文件，就会被系统优先采用。因此，要对每个网页进行定制化，使用同样的方法即可。当我们使用 pip install django-oscar 进行安装时，所有的模板文件都会被复制到虚拟环境目录的 lib 文件夹下。以我们的范例网站为例，因为使用的虚拟环境名称为 venv，要将所有默认的模板文件复制一份到网站的 templates 目录下。在本书的虚拟环境中，oscar 模板目录对应的是 venv\Lib\site-packages\oscar\templates，将其内容复制到当前项目目录 ch13\shop\templates。复制完成后，可以在网站目录的 templates 文件夹下看到以下目录结构：

```
\---templates
    +---flatpages
    |       default.html
    |
```

```
\---oscar
    |    403.html
    |    404.html
    |    500.html
    |     base.html
    |     error.html
    |     layout.html
    |     layout_2_col.html
    |     layout_3_col.html
    |     login_forbidden.html
    |
+---basket
    |     | basket.html
    |     |
    |     +---messages
    |     |       addition.html
    |     |       line_restored.html
    |     |       line_saved.html
    |     |       new_total.html
    |     |       offer_gained.html
    |     |       offer_lost.html
    |     |
    |     \---partials
    |             basket_content.html
    |             basket_quick.html
    |             basket_totals.html
    |
    +---catalogue
    |     |  browse.html
    |     |  category.html
    |     |  detail.html
    |     |
    |     +---partials
    |     |       add_to_basket_form.html
    |     |       add_to_basket_form_compact.html
    |     |       add_to_wishlist.html
    |     |       gallery.html
    |     |       product.html
    |     |       review.html
    |     |       stock_record.html
    |     |
    |     \---reviews
    |          |    review_detail.html
    |          |    review_form.html
    |          |    review_list.html
    |          |    review_product.html
    |          |
    |          \---partials
    |                  review_stars.html
    |
```

```
+---checkout
|       checkout.html
|       gateway.html
|       layout.html
|       nav.html
|       payment_details.html
|       preview.html
|       shipping_address.html
|       shipping_methods.html
|       thank_you.html
|       user_address_delete.html
|       user_address_form.html
|
+---communication
|   +---email
|   |       email_detail.html
|   |       email_list.html
|   |
|   +---emails
|   |       base.html
|   |       base.txt
|   |       commtype_email_changed_body.html
|   |       commtype_email_changed_body.txt
|   |       commtype_email_changed_subject.txt
|   |       commtype_order_placed_body.html
|   |       commtype_order_placed_body.txt
|   |       commtype_order_placed_subject.txt
|   |       commtype_password_changed_body.html
|   |       commtype_password_changed_body.txt
|   |       commtype_password_changed_subject.txt
|   |       commtype_password_reset_body.html
|   |       commtype_password_reset_body.txt
|   |       commtype_password_reset_subject.txt
|   |       commtype_product_alert_body.html
|   |       commtype_product_alert_body.txt
|   |       commtype_product_alert_confirmation_body.html
|   |       commtype_product_alert_confirmation_body.txt
|   |       commtype_product_alert_confirmation_subject.txt
|   |       commtype_product_alert_subject.txt
|   |       commtype_registration_body.html
|   |       commtype_registration_body.txt
|   |       commtype_registration_sms.txt
|   |       commtype_registration_subject.txt
|   |
|   \---notifications
|           detail.html
|           list.html
|
+---customer
|   |   anon_order.html
```

```
|   |  baseaccountpage.html
|   |  login_registration.html
|   |  registration.html
|   |
|   +---address
|   |       address_delete.html
|   |       address_form.html
|   |       address_list.html
|   |
|   +---alerts
|   |       alert_list.html
|   |       form.html
|   |       message.html
|   |       message_subject.html
|   |
|   +---history
|   |       recently_viewed_products.html
|   |
|   +---order
|   |       order_detail.html
|   |       order_list.html
|   |
|   +---partials
|   |       nav_account.html
|   |       standard_tabs.html
|   |
|   +---profile
|   |       change_password_form.html
|   |       profile.html
|   |       profile_delete.html
|   |       profile_form.html
|   |
|   \---wishlists
|           wishlists_delete.html
|           wishlists_delete_product.html
|           wishlists_detail.html
|           wishlists_form.html
|           wishlists_list.html
|
+---dashboard
|   |   base.html
|   |   index.html
|   |   layout.html
|   |   login.html
|   |   table.html
|   |
|   +---catalogue
|   |   |   attribute_option_group_delete.html
|   |   |   attribute_option_group_form.html
|   |   |   attribute_option_group_list.html
```

```
|   |   |   attribute_option_group_row_actions.html
|   |   |   attribute_option_group_row_name.html
|   |   |   attribute_option_group_row_option_summary.html
|   |   |   category_delete.html
|   |   |   category_form.html
|   |   |   category_list.html
|   |   |   category_row_actions.html
|   |   |   option_delete.html
|   |   |   option_form.html
|   |   |   option_list.html
|   |   |   option_row_actions.html
|   |   |   option_row_name.html
|   |   |   product_class_delete.html
|   |   |   product_class_form.html
|   |   |   product_class_list.html
|   |   |   product_delete.html
|   |   |   product_list.html
|   |   |   product_row_actions.html
|   |   |   product_row_image.html
|   |   |   product_row_stockrecords.html
|   |   |   product_row_title.html
|   |   |   product_row_variants.html
|   |   |   product_update.html
|   |   |   stockalert_list.html
|   |   |
|   |   \---messages
|   |           product_saved.html
|   |
|   +---comms
|   |       detail.html
|   |       list.html
|   |
|   +---offers
|   |       benefit_form.html
|   |       condition_form.html
|   |       metadata_form.html
|   |       offer_delete.html
|   |       offer_detail.html
|   |       offer_list.html
|   |       progress.html
|   |       restrictions_form.html
|   |       step_form.html
|   |       summary.html
|   |
|   +---orders
|   |   |   line_detail.html
|   |   |   order_detail.html
|   |   |   order_list.html
|   |   |   shippingaddress_form.html
|   |   |   statistics.html
```

```
|   |    |
|   |    \---partials
|   |            bulk_edit_form.html
|   |
|   +---pages
|   |   |    delete.html
|   |   |    index.html
|   |   |    update.html
|   |   |
|   |   \---messages
|   |        saved.html
|   |
|   +---partials
|   |        alert_messages.html
|   |        form.html
|   |        form_field.html
|   |        form_fields.html
|   |        form_fields_inline.html
|   |        pagination.html
|   |        product_images.html
|   |        stock_info.html
|   |
|   +---partners
|   |   |    partner_delete.html
|   |   |    partner_form.html
|   |   |    partner_list.html
|   |   |    partner_manage.html
|   |   |    partner_user_form.html
|   |   |    partner_user_list.html
|   |   |    partner_user_select.html
|   |   |
|   |   \---messages
|   |   user_unlinked.html
|   |
|   +---ranges
|   |   |    range_delete.html
|   |   |    range_form.html
|   |   |    range_list.html
|   |   |    range_product_list.html
|   |   |
|   |   \---messages
|   |            range_products_saved.html
|   |            range_saved.html
|   |
|   +---reports
|   |    |  index.html
|   |    |
|   |    \---partials
|   |            offer_report.html
|   |            open_basket_report.html
```

```
|   |           order_report.html
|   |           product_report.html
|   |           submitted_basket_report.html
|   |           user_report.html
|   |           voucher_report.html
|   |
|   +---reviews
|   |       review_delete.html
|   |       review_list.html
|   |       review_update.html
|   |
|   +---shipping
|   |   |   weight_band_delete.html
|   |   |   weight_band_form.html
|   |   |   weight_based_delete.html
|   |   |   weight_based_detail.html
|   |   |   weight_based_form.html
|   |   |   weight_based_list.html
|   |   |
|   |   \---messages
|   |           band_created.html
|   |           band_deleted.html
|   |           band_updated.html
|   |           method_created.html
|   |           method_deleted.html
|   |           method_updated.html
|   |
|   +---users
|   |   |   detail.html
|   |   |   index.html
|   |   |   table.html
|   |   |   user_row_actions.html
|   |   |   user_row_checkbox.html
|   |   |
|   |   \---alerts
|   |   |       delete.html
|   |   |       list.html
|   |   |       update.html
|   |   |
|   |   \---partials
|   |           alert.html
|   |
|   +---vouchers
|   |       voucher_delete.html
|   |       voucher_detail.html
|   |       voucher_form.html
|   |       voucher_list.html
|   |       voucher_set_detail.html
|   |       voucher_set_form.html
|   |       voucher_set_list.html
```

```
|   |
|   \---widgets
|           popup_response.html
|           related_multiple_widget_wrapper.html
|           related_widget_wrapper.html
|
+---forms
|   \---widgets
|           date_time_picker.html
|           image_input_widget.html
|
+---offer
|       detail.html
|       list.html
|       range.html
|
+---order
|   \---partials
|           basket_totals.html
|
+---partials
|       alert_messages.html
|       brand.html
|       extrascripts.html
|       footer.html
|       footer_checkout.html
|       form.html
|       form_field.html
|       form_fields.html
|       form_fields_inline.html
|       google_analytics.html
|       google_analytics_transaction.html
|       mini_basket.html
|       nav_accounts.html
|       nav_checkout.html
|       nav_primary.html
|       pagination.html
|       search.html
|
+---registration
|       password_reset_complete.html
|       password_reset_confirm.html
|       password_reset_done.html
|       password_reset_form.html
|
\---search
    |   results.html
    |
    +---indexes
    | \---product
```

```
    |          item_text.txt
    |
    \---partials
              facet.html
               pagination.html
```

这里包含所有可修改的模板内容，可以根据网站的需求随时增加或减少显示的内容。此外，考虑到国际化的因素，在该系统中，大部分字符串都是以 i18n 的方式呈现的，也就是在文件中可以看到以下内容：

```
{% trans "Order preview" %}
```

如果要保留多语言的特性，记得不要直接将该字符串更改为中文，而应该按照 13.3.2 节介绍的方法修改翻译文件中的字符串。然而，如果确定该网站只会在中文环境中使用，也可以选择不使用国际化的方法，直接用中文替换其中的内容即可。

在这些文件中，base.html 几乎是所有文件都会导入的基础配置文件。按照笔者的习惯，在 base.html 的<head>标签下通常会添加以下<style>设置：

```
<style>
h1, h2, h3, h4, h5, h6, p, div {
    font-family:微软雅黑;
}
</style>
```

这样可以确保在已安装微软雅黑字体的计算机上使用更美观的字体替代原先默认的字体。接下来需要修改的文件是网站首页的 catalogue/browse.html，这也是用户进入网站后首先看到的页面。我们可以在这个文件中加入一些固定要显示在首页的信息，因为默认情况下使用的是 layout_2_col.html，即双栏式的设置，所以要编辑的内容就是{% block column_left %}和{% block content %}这两个区块。假设我们打算在网站左侧栏使用一个小区块来显示店家的地图，可以前往提供地图的网站获取用于内嵌网站的<iframe>HTML 代码，然后利用之前学过的技巧，使用<div class='panel'>的方式将其嵌入网站中。另外，内嵌视频网站提供的视频代码和网站广告代码也都是使用相同的方式。修改后的 browse.html 内容如下：

```
{% extends "oscar/layout_2_col.html" %}

{% load basket_tags %}
{% load category_tags %}
{% load product_tags %}
{% load i18n %}

{% block title %}
    {% if summary %}{{ summary }} |{% endif %} {{ block.super }}
{% endblock %}

{% block headertext %}{{ summary }}{% endblock %}

{% block breadcrumbs %}
    <ul class="breadcrumb">
```

```
        <li>
            <a href="{{ homepage_url }}">{% trans "Home" %}</a>
        </li>
        <li class="active">{{ summary }}</li>
    </ul>
{% endblock breadcrumbs %}

{% block column_left %}
    {% category_tree as tree_categories %}
    {% if tree_categories %}
        <h4>{% trans "Show results for" %}</h4>
        <div class="side_categories">
            <ul class="nav nav-list">
                {% for tree_category in tree_categories %}
                    <li>
                        <a href="{{ tree_category.url }}">
                            {% if tree_category.pk == category.pk %}
                                <strong>{{ tree_category.name }}</strong>
                            {% else %}
                                {{ tree_category.name }}
                            {% endif %}
                        </a>

                        {% if tree_category.has_children %}<ul>{% else %}</li>{% endif %}
                        {% for n in tree_category.num_to_close %}
                            </ul></li>
                        {% endfor %}
                {% endfor %}
            </ul>
        </div>
    {% endif %}
    {% if has_facets %}
        <h4>{% trans "Refine by" %}</h4>
        <div class="side_categories">
            {% for field, data in facet_data.items %}
                {% if data.results %}
                    {% include 'oscar/search/partials/facet.html' with name=data.name
items=data.results %}
                {% endif %}
            {% endfor %}
        </div>
    {% endif %}

    <div class='panel panel-warning'>
        <div class='panel panel-heading'>
            <h3>最新消息</h3>
        </div>
        <div class='panel panel-body'>
            <p>
                欢庆开学，即日起凡在本店购书满 100 元以上，即免运费。
```

```
            </p>
        </div>
        <div class='panel panel-footer'>
            <em>截止日：2023/12/31</em>
        </div>
    </div>

    <div class='panel panel-info'>
        <div class='panel panel-heading'>
            <h3>本店地址</h3>
        </div>
        <div class='panel panel-body'>
            <iframe src="https://www.google.com/maps/embed?pb=!1m18!1m12!1m3!1d3682.
492640658839!2d120.34805411501405!3d22.635413785150387!2m3!1f0!2f0!3f0!3m2!1i1024!2i
768!4f13.1!3m3!1m2!1s0x346e1b319d8b9d47%3A0x904f4108ed16fc38!2z5by15aeQ6J2m5LuB5rC06
aSD54mb6IKJ6bq1!5e0!3m2!1szh-TW!2stw!4v1472545810920" width="100%" frameborder="0"
style="border:0" allowfullscreen></iframe>
        </div>
        <div class='panel panel-footer'>
            <em>电话：010-xxxxxxxx</em>
        </div>
    </div>

{% endblock %}

{% block content %}

    <form method="get" class="form-horizontal">
        {# Render other search params as hidden inputs #}
        {% for value in selected_facets %}
            <input type="hidden" name="selected_facets" value="{{ value }}" />
        {% endfor %}
        <input type="hidden" name="q" value="{{ search_form.q.value|default_if_none:"" }}" />

        {% if paginator.count %}
            {% if paginator.num_pages > 1 %}
                {% blocktrans with start=page_obj.start_index end=page_obj.end_index count
num_results=paginator.count %}
                    <strong>{{ num_results }}</strong> result - showing <strong>{{ start }}<
/strong> to <strong>{{ end }}</strong>.
             {% plural %}
                <strong>{{ num_results }}</strong> results - showing <strong>{{ start }}</strong>
to <strong>{{ end }}</strong>.
                {% endblocktrans %}
            {% else %}
                {% blocktrans count num_results=paginator.count %}
                    <strong>{{ num_results }}</strong> result.
                {% plural %}
                    <strong>{{ num_results }}</strong> results.
                {% endblocktrans %}
```

```
            {% endif %}
            {% if form %}
                <div class="pull-right">
                    {% include "oscar/partials/form_field.html" with field=form.sort_by %}
                </div>
            {% endif %}
        {% else %}
            <p>
                {% trans "<strong>0</strong> results." %}
            </p>
        {% endif %}
    </form>

    {% if products %}
        <section>
            <div>
                <ol class="row">
                    {% for product in products %}
                        <li class="col-xs-6 col-sm-4 col-md-3 col-lg-3">{% render_product
product %}</li>
                    {% endfor %}
                </ol>
                {% include "oscar/partials/pagination.html" %}
            </div>
        </section>
    {% else %}
        <p class="nonefound">{% trans "No products found." %}</p>
    {% endif %}

{% endblock content %}

{% block onbodyload %}
    {{ block.super }}
    oscar.search.init();
{% endblock %}
```

在上述程序代码中，我们在左侧边栏创建了两个 Bootstrap 的 Panel 组件。在左边的 Panel 中，我们放置了网站的最新消息和地图的内嵌码。为了让地图的宽度能够符合网站的排版，内嵌码的宽度应该设置为 100%，而高度则无须指定。

另外，在整个网站中还有一个 footer.html 需要进行修正，该文件位于 partials 文件夹下。我们可以进行以下修改：

```
{% load i18n %}
<footer class="footer container-fluid text-center text-lg-start bg-light text-muted">
    {% block footer %}
        {% comment %}
            Could be used for displaying links to privacy policy, terms of service, etc.
            We have a CSS class defined:
                <ul class="footer_links inline">
                    ...
```

```
            </ul>
        {% endcomment %}
        <div class='panel panel-info'>
            <h4 style="margin: 0; padding: 4px;">本网站的内容均为教学示范之用，请勿下单购买。
作者网站：<a href='http://xxxxx.com'>http://xxxxx.com</a></h4>
        </div>
    {% endblock %}
</footer>
```

把 HTML 代码放在{% comment %}标签之外，才能使其生效。网站首页的全部修改如图 13-31 所示。其他部分就由读者自由发挥了。

图 13-31　修改首页内容后的范例商店网站

13.3.2　网站的中文翻译

django-oscar 支持多语言，目前简体中文的翻译进度已完成 94%，如图 13-32 所示。最新的进度可以在此网站查看：https://explore.transifex.com/codeinthehole/django-oscar/。

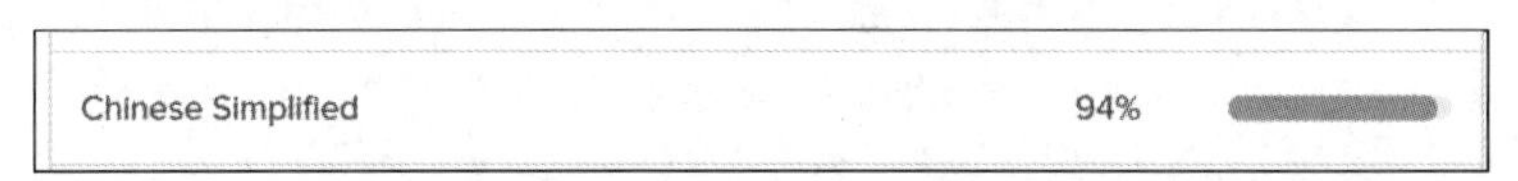

图 13-32　django-oscar 的简体中文翻译进度

除等待原项目的翻译外，我们也可以自行使用本地端的文件进行个性化的翻译工作。更多内容可以参考文件链接 https://django-oscar.readthedocs.io/en/2.1.0/topics/translation.html。注意，该文件中的命令是以 Linux 环境为基础的，因此在 Windows 本地端开发时可能会存在一些命令上的差异，读者需要自行查找修改。

其他定制化的功能已超出本书的范围，有兴趣的读者可自行参考 django-oscar 项目的说明文件网页：https://django-oscar.readthedocs.io/en/2.1.0/index.html。也可以直接查看在 13.1 节中构建的测试网站 Sandbox 的内容，并按照其内容来修改自己的网站。

13.4 本课习题

1．使用 13.2.3 节介绍的方式，构建至少两个以上的虚拟网站。

2．在使用 13.3.1 节的方法后，购物车中的 PayPal 付款按钮反而不能显示出来，参考 13.2.4 节的内容再把它加回去。

3．比较说明 13.2.4 节使用的 PayPal 付款方法和 12.3 节介绍的内容有什么不一样？

4．按照本堂课的教学，构建一个可以销售至少 10 种商品的电子商店。

5．在使用 Django 的电子商店项目时，除 django-oscar 外，再举出一例并比较两者之间的差异。

第 14 课

14

使用 Mezzanine 快速打造 CMS 网站

曾经使用过 WordPress 架设网站且具有相当经验的读者，一定会对 WordPress 快速打造网站的特性印象深刻。只要我们的系统中具备 Apache、MySQL 以及 PHP 的执行环境，几乎是只要把系统文件在特定的文件夹中解压缩，再进行一些简单的设置就可以让网站实时上线，让我们立即拥有全功能的 CMS 网站。实际上，在 Python 的开发社区中也有许多人在做这方面的努力，Mezzanine 就是其中的佼佼者。在这一堂课中就来实际练习一下，看看打造这类 CMS 网站是否可以节省我们开发网站的时间。

本堂课的学习大纲

- 快速安装 Mezzanine CMS 网站
- 使用 Mezzanine 构建电子商务网站

14.1 快速安装 Mezzanine CMS 网站

本节先让大家来了解一下什么是 Mezzanine，以及如何快速地在自己的系统中安装 Mezzanine 网站，并进行简易的设置，以体验 Mezzanine 的威力。

14.1.1 什么是 Mezzanine

了解 Mezzanine 最好的方式除实际安装这个系统之外，还可以前往它的官网，看看它的自我介绍。Mezzanine 官网的网址是 http://mezzanine.jupo.org/。在官网介绍中的第一句话这样说：Mezzanine is a powerful, consistent, and flexible content management platform，简单地说就是一个具有威力、稳定以及弹性的内容管理平台。它是架设在 Django 框架之上的一个 Django App，提供了内容管理系统所需要的许多功能。有些人也把它看作以 Python 为基础的 WordPress 类型的网站系统，只是有许多功能和设计方向不太一样。但是，在它的范例网站中，有许多是博客网站（将 Mezzanine 用于网站的列表，可查阅这个网址：https://github.com/stephenmcd/mezzanine/blob/master/docs/overview.rst#sites-using-mezzanine）。在网站列出的特性中，笔者将比较重要的列出（对于完整的特性列表，读者可参阅官网）：

- 阶层式页面导览。
- 帖文编排。
- 拖曳式调整页面的顺序。
- 所见即所得（WYSIWYG）的编辑功能。
- 支持 HTML5 表单。
- 支持电子商店购物车模块（Cartridge）。
- 可配置的控制台。
- 具有标签功能。
- 有免费以及付费高级的项目主题可供选择。
- 用户账号具有电子邮件验证功能。
- 超过 35 国语言的翻译版本，可以用于多语言的网站。
- 可以在社交 App 或 Twitter 上分享。
- 每一页或每一篇帖文均可自定义模板。
- 整合了 Bootstrap。
- 提供客户化内容形态的 API。
- 可以和第三方的 Django 应用无缝整合。
- 多设备检测以及对应的模板处理。
- 一个步骤就可以从其他的博客引擎进行迁移。
- 自动化的网站上架功能。
- 支持 Akismet 垃圾留言过滤等。

在笔者编写本书时，Mezzanine 的新版本是 6.0.0，已支持 Django 4。

14.1.2 安装 Mezzanine

本小节将以 Windows 操作系统为例，说明安装 Mezzanine 的过程以及注意事项。首先，创建并切换到项目目录 mezzanine，然后创建新的虚拟环境（如果不能使用 virtualenv，可使用 pip install virtualenv 命令安装这个虚拟环境的包）。

```
(base) D:\dj4ch14>md mezzanine
(base) D:\dj4ch14>cd mezzanine
(base) D:\dj4ch14\mezzanine>virtualenv mycms
created virtual environment CPython3.10.6.final.0-64 in 966ms
  creator CPython3Windows(dest=D:\dj4ch14\mezzanine\mycms, clear=False, no_vcs_ignore=
False, global=False)
  seeder FromAppData(download=False, pip=bundle, setuptools=bundle, wheel=bundle,
via=copy, app_data_dir=C:\Users\Army_\AppData\Local\pypa\virtualenv)
    added seed packages: pip==23.3.1, setuptools==68.2.2, wheel==0.41.3
  activators
BashActivator,BatchActivator,FishActivator,NushellActivator,PowerShellActivator,Pyth
onActivator
```

```
(base) D:\dj4ch14\mezzanine>mycms\Scripts\activate

(mycms) (base) D:\dj4ch14\mezzanine>
```

接着使用 pip install mezzanine 命令即可安装所有 Mezzanine 网站需要的套件（在此之前别忘记安装 Django 套件）。

```
(mycms) (base) D:\dj4ch14\mezzanine>pip install django==4.0
Collecting django==4.0
  Using cached Django-4.0-py3-none-any.whl (8.0 MB)
Requirement already satisfied: asgiref<4,>=3.4.1 in d:\dj4ch14\mezzanine\mycms\lib\
site-packages (from django==4.0) (3.7.2)
Requirement already satisfied: sqlparse>=0.2.2 in d:\dj4ch14\mezzanine\mycms\lib\
site-packages (from django==4.0) (0.4.4)
Requirement already satisfied: tzdata in d:\dj4ch14\mezzanine\mycms\lib\site-packages
(from django==4.0) (2023.3)
Requirement already satisfied: typing-extensions>=4 in d:\dj4ch14\mezzanine\mycms\lib\
site-packages (from asgiref<4,>=3.4.1->django==4.0) (4.9.0)
Installing collected packages: django
Successfully installed django-4.0

(mycms) (base) D:\dj4ch14\mezzanine>pip install mezzanine
```

如果使用的是 Ubuntu 操作系统，可能还需要安装以下套件：

```
# apt-get install libjpeg8 libjpeg8-dev
# apt-get build-dep python-imaging
```

如果使用的是 macOS 操作系统，可能还需要安装以下套件：

```
$ brew install libjpeg
```

如果在安装了以上套件之后依然遇到问题，通常错误提示信息中会说明缺少哪些套件，那么再安装这些缺少的套件即可。

接下来可以使用 mezzanine-project mysite 命令来创建一个名为 mysite 的网站项目（mysite 这个名称可以替换成自己想要使用的网站名称）。创建完成后的目录结构如图 14-1 所示。

接着切换到该目录中（在此例为 mysite），执行 python manage.py createdb，开始创建在网站中需要使用到的数据表，并询问创建网站所需的相关信息，首先是网站的 IP 以及端口，如下所示：

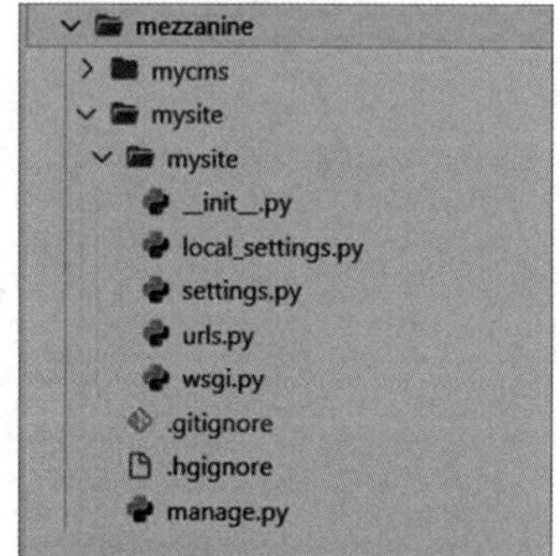

图 14-1　mezzanine-project 创建的网站目录结构

```
A site record is required.
Please enter the domain and optional port in the format 'domain:port'.
For example 'localhost:8000' or 'www.example.com'.
Hit enter to use the default (127.0.0.1:8000):
```

在测试网站中，直接按 Enter 键使用默认值即可。接下来是用户名称、电子邮件账号以及密码，请输入你想要设置的内容，代码如下：

```
Creating default account ...

Username (leave blank to use 'minhuang_lab'): admin
Email address: xxx@yyyyy.com
Password:
Password (again):
Superuser created successfully.
Installed 2 object(s) from 1 fixture(s)
```

下一个问题是询问我们是否需要安装示范用的页面以及相关的内容，为了方便练习，可直接回答 yes，如下所示：

```
Would you like to install some initial demo pages?
Eg: About us, Contact form, Gallery. (yes/no): yes

Creating demo pages: About us, Contact form, Gallery ...

Installed 16 object(s) from 3 fixture(s)
```

至此，就安装完毕了。不过，在你的网站能够被浏览之前，还需在 settings.py 中调整一个设置，即在 ALLOWED_HOSTS 设置值中加上允许浏览此网站的网址（使用程序编辑器如 VS Code、Sublime Text、Notepad++或 Anaconda 的 Spyder 进行编辑）。如果觉得麻烦，可直接设置成'*'，如下所示：

```
ALLOWED_HOSTS = ['*']
```

最后执行 python manage.py runserver 命令，即可启动网站服务，执行结果如图 14-2 所示。

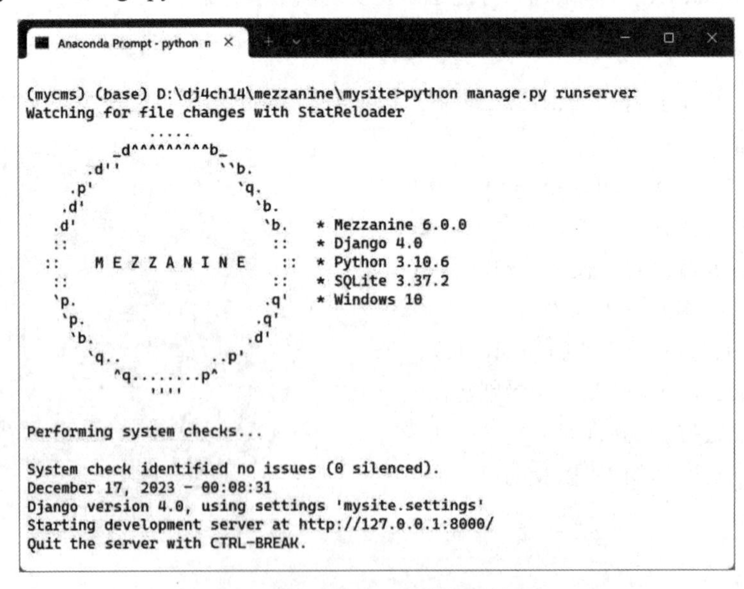

图 14-2　Mezzanine 的执行结果

此时使用浏览器前往网址 http://localhost:8000，即可看到如图 14-3 所示的页面。

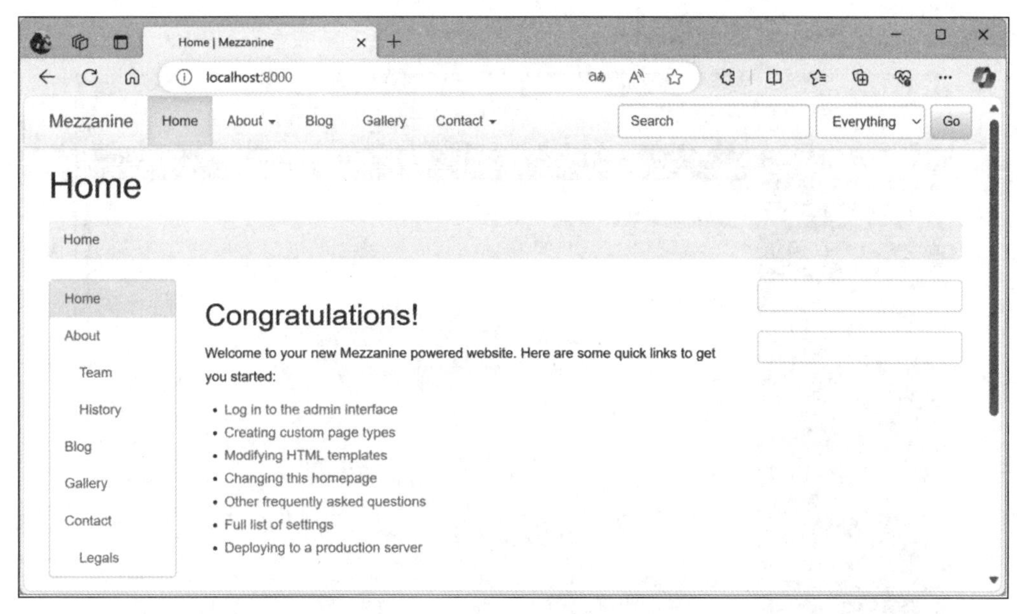

图 14-3　Mezzanine 默认的首页

如你所见，一个全功能的网站不需要太多步骤就完成了。因为之前已经创建了管理员账号和密码，所以只要在网址后面加上/admin，即可看到如图 14-4 所示的登录页面。如果你忘记了密码，再执行一次 python manage.py createsuperuser 命令即可。

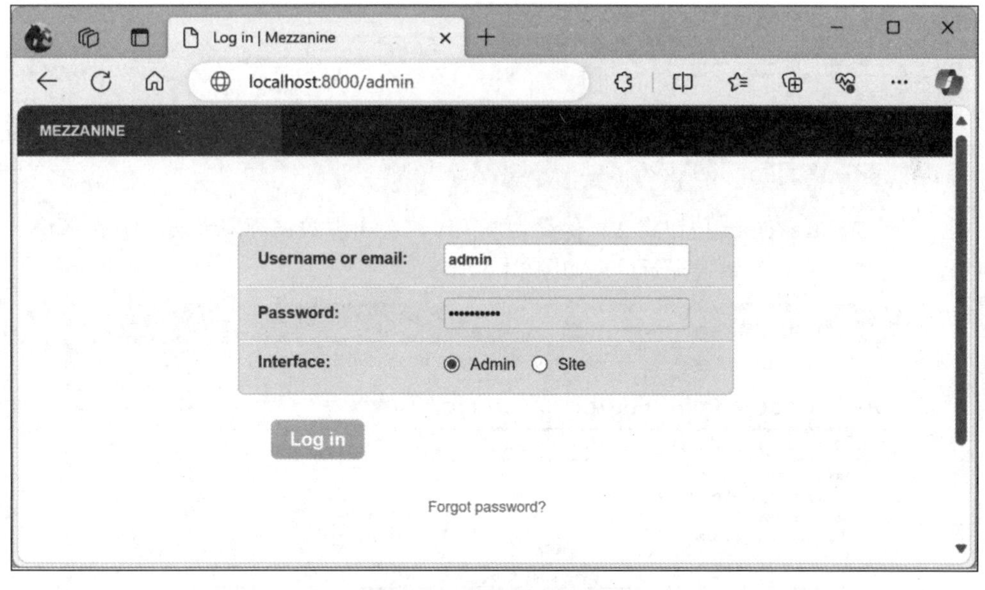

图 14-4　管理员登录页面

在使用之前设置的账号和密码登录之后，即可看到如图 14-5 所示的仪表盘（Dashboard，或称为控制面板），如果读者曾经使用过 WordPress，应该会觉得有点像简约版的 WordPress 控制台。

由于 Dashboard 操作界面非常直观，因此在此不再赘述，读者可自行练习。页面中最显著的部分是可以发布文章的区域，只需输入文章的标题（Title）和内容（Content），然后单击 Save Draft

按钮即可将文章保存为草稿。

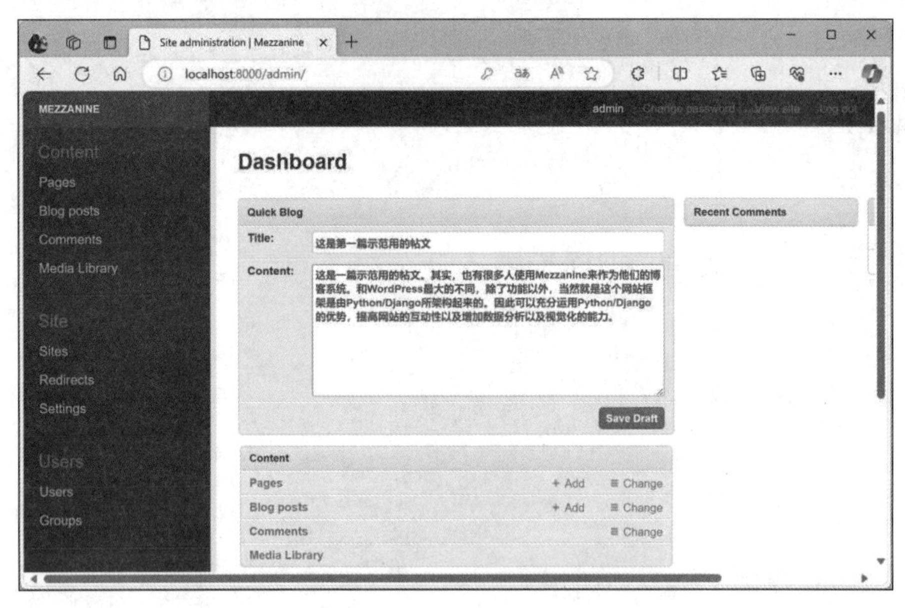

图 14-5　Mezzanine 默认的 Dashboard 操作界面

注意：本书的改编者“睿而不酷”在调试这个范例程序时发现了 Mezzanine 6.0.0 中的一个 Bug，在\mezzanine\mycms\lib\site-packages\mezzanine\utils\html.py 文件中的第 113 行语句存在问题，这条有 Bug 的语句为：

```
protocols= ALLOWED_PROTOCOLS + ["tel"],
```

应该改为：

```
protocols= list(ALLOWED_PROTOCOLS) + ["tel"],
```

否则，在单击 Save Draft 按钮将文章保存为草稿时，会出现数据类型错误，使用了不合适的加号运算符，程序执行中止，错误提示信息如图 14-6 所示。

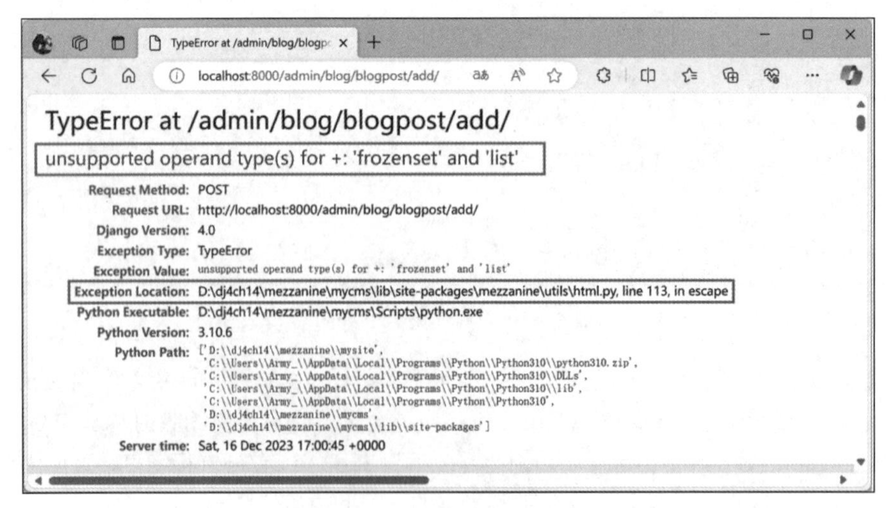

图 14-6　Mezzanine 中的 Bug 导致的异常抛出

修补这个 Bug 后，再次单击 Save Draft 按钮保存文章为草稿，就会成功保存，结果如图 14-7 所示。

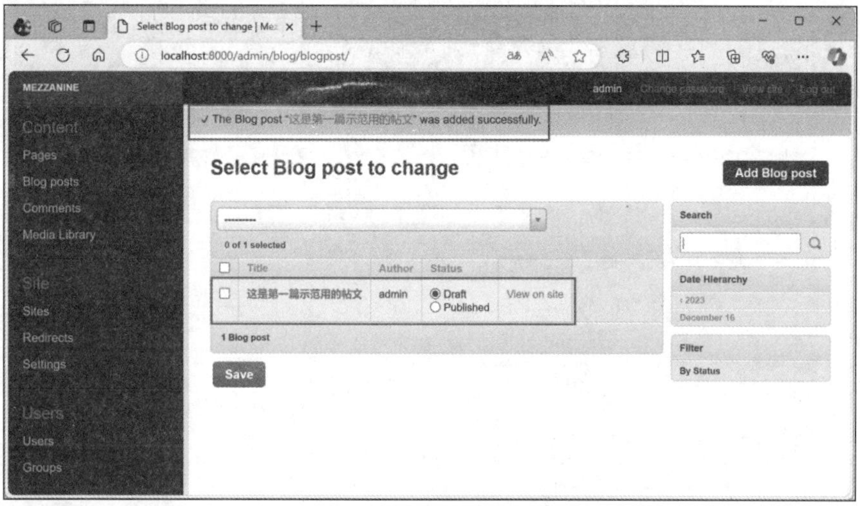

图 14-7　帖文成功保存成草稿

然后在如图 14-7 所示的页面中，将 Status 选项更改为 Published，然后单击 Save 按钮，即可将文章实际发布到网站中。当文章发布完成后，返回网站首页，单击菜单上的 Blog 选项，即可看到如图 14-8 所示的页面，与一般简约版本的博客系统别无二致。

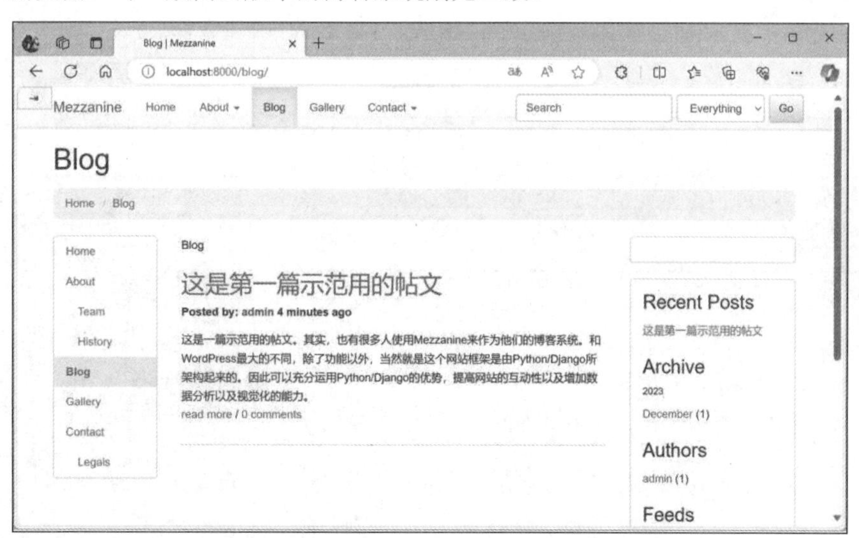

图 14-8　文章发布之后的页面

一个优秀的 CMS 系统最棒的地方当然是可以自由地更换页面布局并增加额外的功能。在 14.1.3 节中，我们将介绍有关 Mezzanine 主题的部分。

14.1.3　安装 Mezzanine 主题

在官网上有一个免费的 Mezzanine 主题链接，这是一个托管在 GitHub 上的项目，网址是 https://github.com/thecodinghouse/mezzanine-themes，其页面如图 14-9 所示。

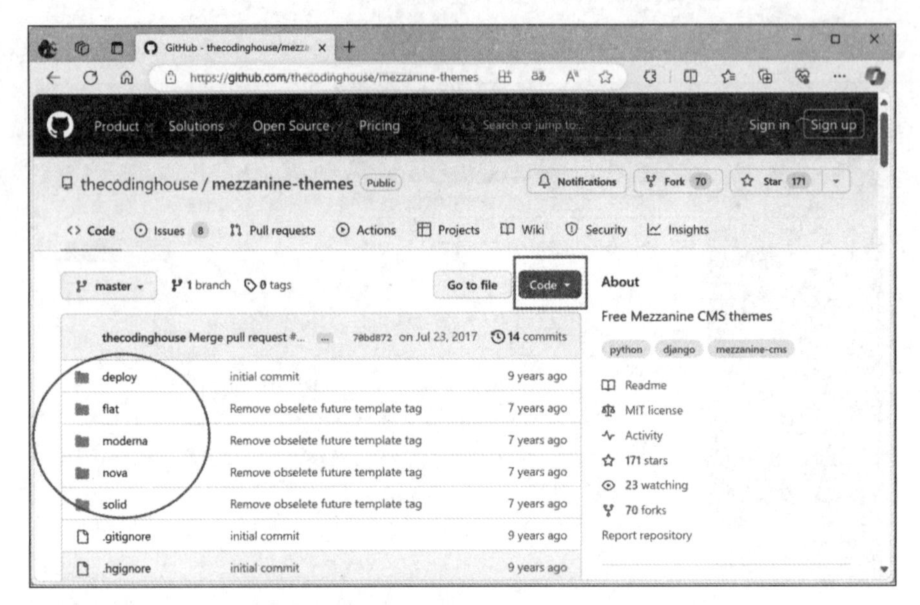

图 14-9　免费的 Mezzanine 主题项目页面

用圆圈标出的区域即为主题的名称。安装该主题的方法是首先下载整个项目（单击 Code 按钮，然后选择 Download ZIP 选项）。下载完成后，你会得到一个压缩文件，解压缩后会得到如图 14-10 所示的目录结构。

框线中的几个文件夹即为主题所需的文件夹。将这些文件夹复制到网站的主目录下即可，如图 14-11 所示。

名称	修改日期	类型	大小
deploy	2017/7/23 下午 0...	文件夹	
flat	2017/7/23 下午 0...	文件夹	
moderna	2017/7/23 下午 0...	文件夹	
nova	2017/7/23 下午 0...	文件夹	
solid	2017/7/23 下午 0...	文件夹	
.gitignore	2017/7/23 下午 0...	GITIGNORE 文件	1 KB
.hgignore	2017/7/23 下午 0...	HGIGNORE 文件	1 KB
init	2017/7/23 下午 0...	Python File	0 KB
fabfile	2017/7/23 下午 0...	Python File	17 KB
LICENSE	2017/7/23 下午 0...	文件	2 KB
manage	2017/7/23 下午 0...	Python File	1 KB
README.md	2017/7/23 下午 0...	MD 文件	1 KB
requirements	2017/7/23 下午 0...	文字文件	1 KB
settings	2017/7/23 下午 0...	Python File	13 KB
urls	2017/7/23 下午 0...	Python File	4 KB
wsgi	2017/7/23 下午 0...	Python File	1 KB

图 14-10　免费主题解压缩之后的目录结构和文件

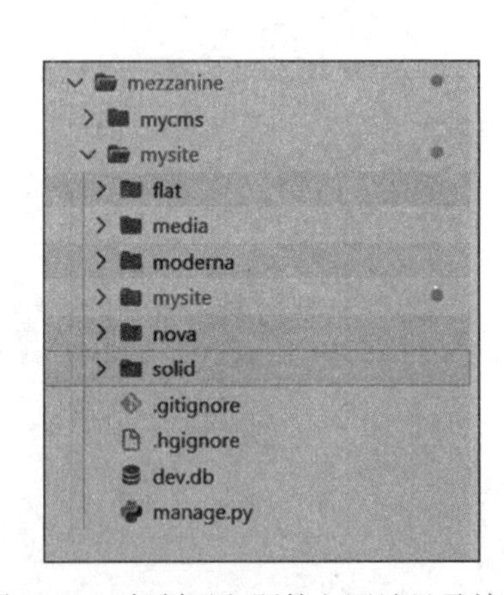

图 14-11　复制了主题的主网站目录结构

接着打开 settings.py 文件，找到 INSTALLED_APPS 变量，并设置要启用的主题。在下面的代码示例中，我们将设置好 4 个主题并添加注释符号，然后删除想要启用的主题前面的注释符号。以下示例演示如何应用“nova”主题：

```
INSTALLED_APPS = (
    #"flat",
    #"moderna",
```

```
    #"solid",
    "nova",
    "django.contrib.admin",
    "django.contrib.auth",
    "django.contrib.contenttypes",
    "django.contrib.redirects",
    "django.contrib.sessions",
    "django.contrib.sites",
    "django.contrib.sitemaps",
    "django.contrib.staticfiles",
    "mezzanine.boot",
    "mezzanine.conf",
    "mezzanine.core",
    "mezzanine.generic",
    "mezzanine.pages",
    "mezzanine.blog",
    "mezzanine.forms",
    "mezzanine.galleries",
    "mezzanine.twitter",
    # "mezzanine.accounts",
    # "mezzanine.mobile",
)
```

保存 settings.py 后，刷新浏览器页面，会有错误出现，如图 14-12 所示。

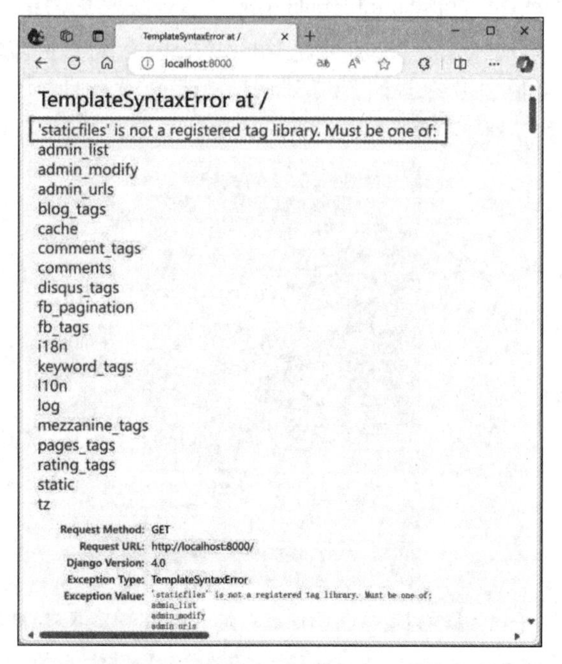

图 14-12　套用 Nova 主题之后出错了

在编写程序的过程中，遇到 Bug 或错误是很常见的。此时，根据图 14-12 中方框内的文字搜索网络，通常可以找到类似问题的解释（https://stackoverflow.com/a/55929473）。简单来说，这个问题出现在 Mezzanine 提供的样式模板中，在 HTML 文件中加载静态资源时使用了以下语法：{% load pages_tags mezzanine_tags i18n staticfiles %}，而在 Django 2.1 版本之后，staticfiles 被更改为 static，详细信息可参考链接（https://docs.djangoproject.com/ en/2.2/releases/2.1/#miscellaneous-1）。

关于需要修改的位置，我们可以继续向下滚动查看错误的文件位置，如图 14-13 所示。

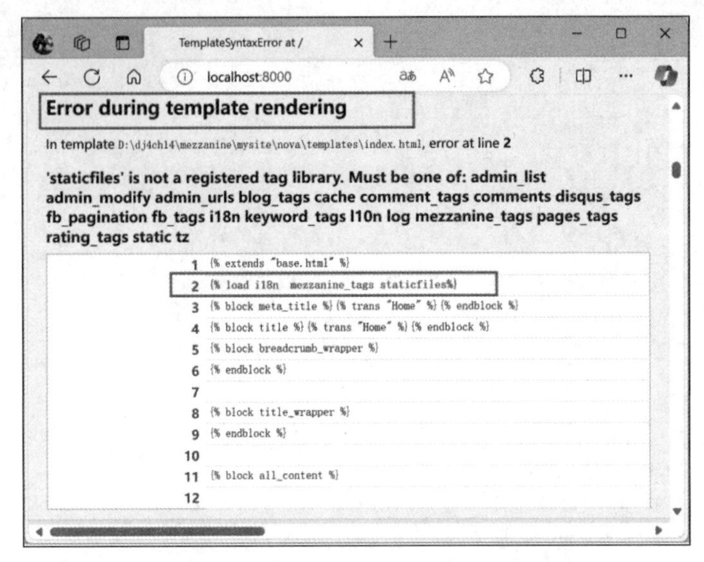

图 14-13 套用 Nova 主题之错误文件位置

错误文件为…\nova\templates\base.html 中的第 3 行。接着我们需要将后面的{% load xxx staticfiles %}修改为{% load pages_tags mezzanine_tags i18n static %}，然后保存文件。尽管这样修改仍可能会出现类似的错误，但会出现在不同的文件中。只要读者按照上述步骤将名称中的 staticfiles 改为 static 即可。参考图 14-14 确认需要修改的文件。

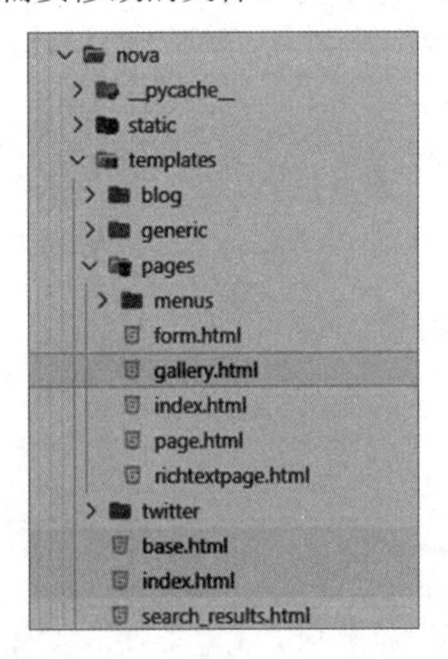

图 14-14 修改 Nova 主题模板，把 staticfiles 修改为 static

由于本书采用的是 Django 4.0 版本，然而 Mezzanine 提供的主题模板仅支持较旧的版本，这导致需要自行调整模板语句。如果我们将 Django 降至 2.1 及以下版本，就无须进行这些调整。然而，这也让读者了解了当版本差异较大且出现错误时，该如何自行解决。修改完成后，首页将呈现如图 14-15 所示的样子。

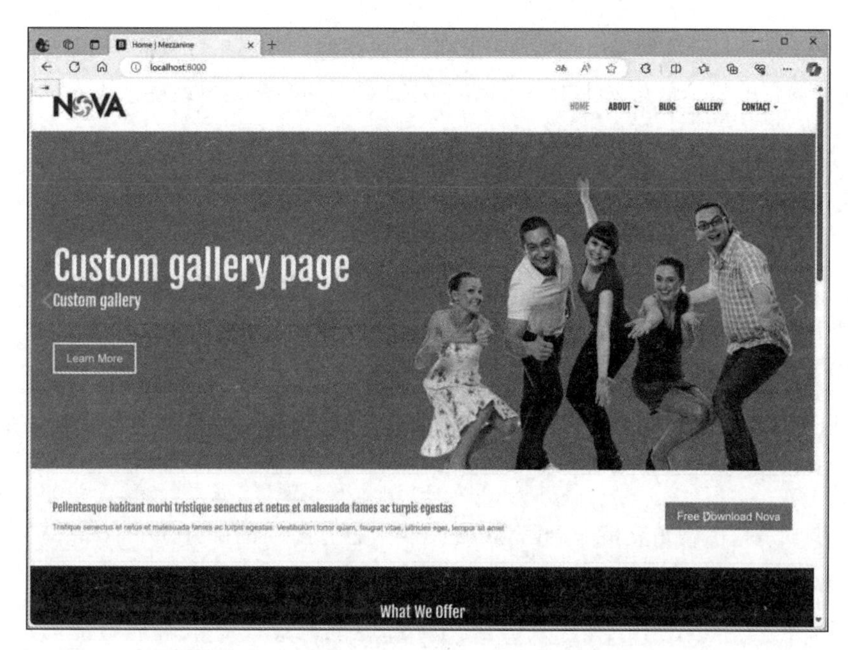

图 14-15　套用 Nova 主题之后网站首页的外观

进入博客系统后，还会进行一些排版上的调整，如图 14-16 所示。

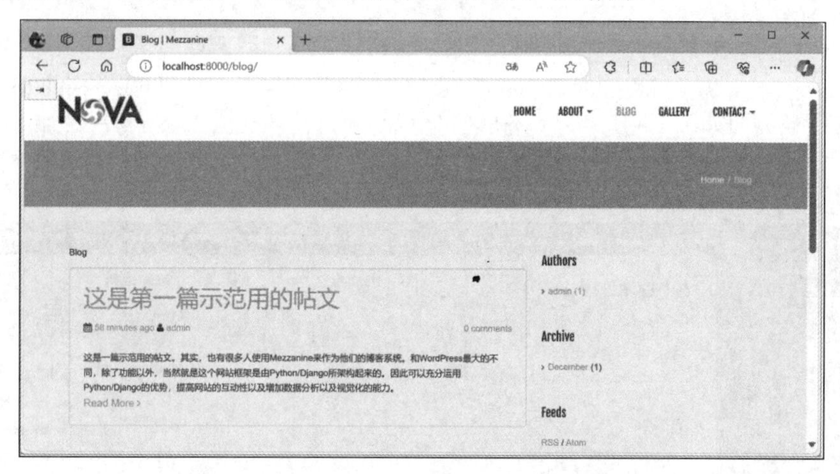

图 14-16　套用 Nova 主题之后博客页面的外观

在套用主题后，网页的页面质感更上一层楼了！在官网上还有许多使用 Mezzanine 系统的网站主题项目链接可供参考，此外，也有人在网络上销售高级的付费主题项目。如果读者感兴趣，不妨去看看。

14.1.4　Mezzanine 网站的设置与调整

对于中国的用户来说，完成网站安装后，首先需要调整的就是将网站内容中文化。由于官网声称已提供超过 35 种语言的翻译版本，自然也包括中文，因此，把网站中文化的方法非常简单。然而，需要特别强调的是，网站的文章、标题以及所有内容本来就可以使用中文输入，因此即使不进行中文化，也可以创建中文博客并发布中文文章，这并不成问题。在这里提到的中文化，主要是指将网站的管理界面和内置的显示信息采用中文显示，将原本显示的英文信息或提示改为对应的中文内容。如果读者对英文界面没有阅读障碍，其实也可以不进行中文化处理。

要修改网站的基本设置，通常需要编辑 settings.py 文件。打开该文件，找到以下这一行，并将原本的 False 改为 True：

```
USE_I18N = True
```

接着设置时区，修改以下这一行，原本是'UTC'，改为'Asia/Shanghai'：

```
TIME_ZONE = 'Asia/Shanghai'
```

在语言的部分，可找出下面这一行，把原本的"en"改为"zh-CN"，以便管理界面显示为简体中文：

```
LANGUAGE_CODE = "zh-CN"
```

最后一个步骤是找出网站支持的语言对应的设置，添加中文的部分如下，如果要使用的是简体中文，则别忘记将"zh-CN"的部分改为"zh-hans"：

```
LANGUAGES = (
    ('en', _('English')),
    ('zh-hans', _(u'简体中文')),
)
```

由于在 settings.py 中输入了中文，因此不要忘记在程序代码的最前面一行加上 UTF-8 编码的设置。修改完毕后，保存并重新启动服务。之后再次进入网站的管理页面 http://localhost:8000/admin，可以看到后台管理界面如图 14-17 所示，许多文字已经被自动切换成中文了。

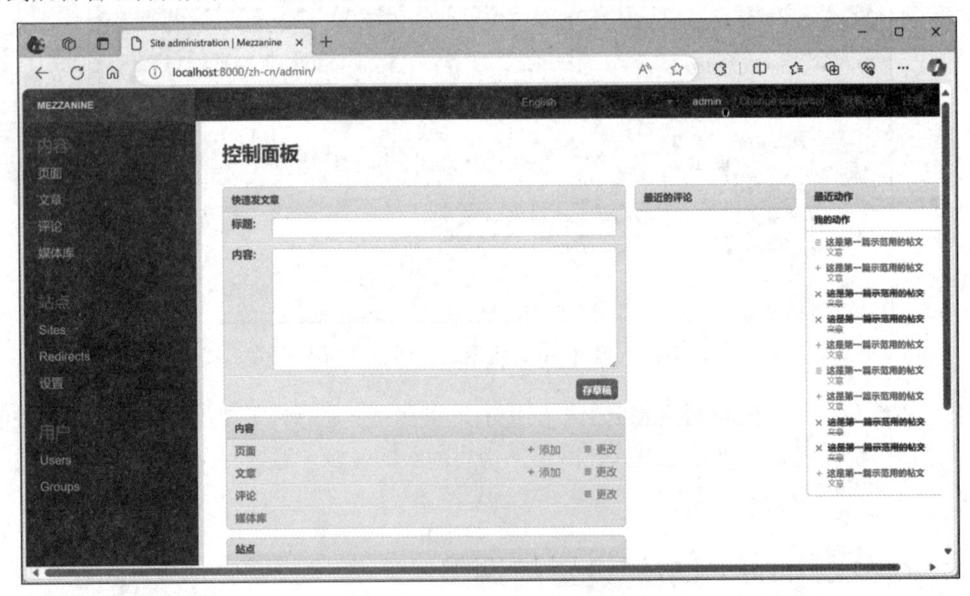

图 14-17 中文界面的控制面板（对应的英文是 Dashboard，仪表盘）

读者还可以查看网址部分，已经自动添加了语言代码。换句话说，如果我们再次切换语言，别忘记重新加载网站 http://localhost:8000/admin，并再次进入管理页面，以免出现找不到网页的错误。

14.2　使用 Mezzanine 构建电子商务网站

在 14.1 节中，我们已经成功创建了一个具有 CMS 能力的博客网站。如果想要构建一个电子商务网站，之前我们为电子商务网站编写了大量程序并进行了许多设置。然而，在 Mezzanine 中，这些情况都不复存在，因为只需要安装一个购物车“外挂”就可以了。

14.2.1　安装电子购物车套件与构建网站

Mezzanine 中有许多第三方套件可以直接在 Mezzanine 网站上使用，套用后可以为网站添加许多功能。其中，大家最感兴趣的可能是在网站上添加电子购物车功能。所有支持 Mezzanine 的第三方套件都可以在以下网址找到：https://github.com/stephenmcd/mezzanine/blob/master/docs/overview.rst#third-party-plug-ins。电子购物车套件位于第一个位置，安装方式如下（在构建网站之前，要先安装好 Mezzanine）：

```
pip install mezzanine
pip install -U cartridge
```

安装过程可能需要一些时间，因为它会额外安装一些依赖的套件。在所有套件安装完毕后，记得切换到上层目录 mezzanine/，而不是在 mysite/目录下。接着，可以使用以下命令构建新的电子商务网站（在这里使用的名称为 myshop）：

```
cd..
mezzanine-project -a cartridge myshop
cd myshop
python manage.py createdb
```

在建立的过程中，系统会有一些询问，包括管理员账号和密码、电子邮件账号以及是否需要加入范例数据等问题，读者可以根据自己的需求回答这些问题。安装的过程如图 14-18 所示。

图 14-18　安装 Mezzanine 电子商店的过程

在网站开始启动之前，如同 14.1 节所说明的，要修改一下 settings.py 文件中的 ALLOWED_HOSTS 以及中文翻译的设置部分，修改完毕之后，即可使用以下命令启动网站：

```
python manage.py runserver
```

如果一切设置顺利，我们将在终端程序中看到如图 14-19 所示的网站启动页面。

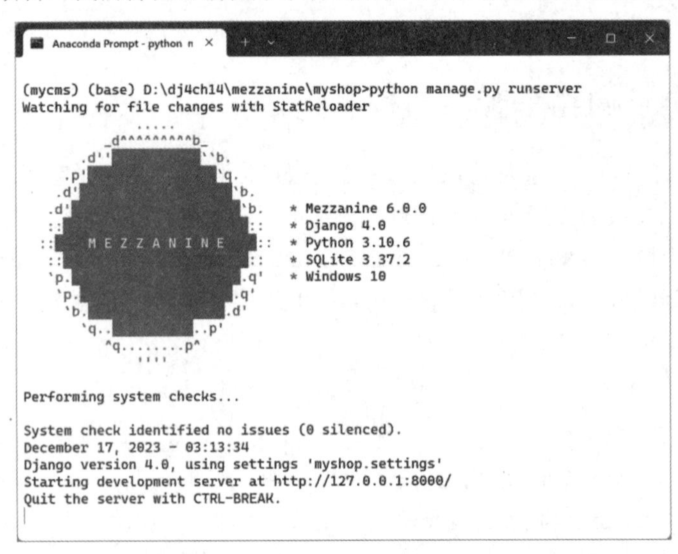

图 14-19　在 Windows 中，Mezzanine 电子商务网站的启动页面

此时可用浏览器前往 http://localhost:8000 查看网站的外观，如图 14-20 所示。

图 14-20　电子商务网站页面的外观

和图 14-3 的内容比较一下，我们会发现网页上多了一个 Shop 的链接（左侧），同时在页面的右侧还多了一个购物车的摘要界面。和博客网站类似，只需在网址后面加上/admin 就可以进入后台管理页面。在添加了购物车功能后，后台页面如图 14-21 所示。

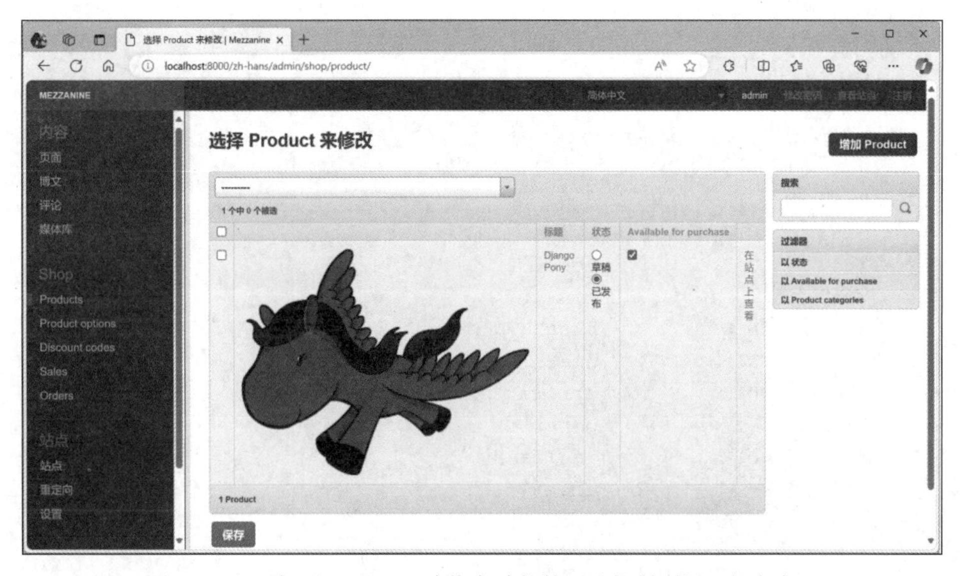

图 14-21　添加了 Cartridge 购物车功能的网站控制面板（仪表盘）

从网页内容可以看出，已经增加商品相关设置功能。至于如何操作，就留给读者自行研究了。

14.2.2　自定义 Mezzanine 网站的外观

Mezzanine 基本上就是一个使用 Django 的 App，就像之前我们在构建简约型的 Django 网站时使用 python manage.py startapp <<mysite>>命令创建的 mysite 一样。因此，在使用 Mezzanine 所构建的网站中，我们同样可以使用这种方式创建一些 App，并将功能添加到这个网站中。或者通过 Mezzanine 提供的一些现成的类，使用继承的方式在现有的架构下添加或自定义所需的功能或帖文形态。这些方法在官方文档（https://mezzanine.readthedocs.io/en/latest/）中都有详细介绍，有兴趣的读者可以自行前往研究。

对于初学者来说，最简单的方式就是通过改变模板（templates）的内容来改变网站的外观或在网页上添加一些元素。不过，在刚安装好的 Mezzanine 网站目录下，并不能看到与模板相关的文件和目录，需要执行以下命令才会出现与 templates 相关的文件和目录：

```
python manage.py collecttemplates
```

执行完上述命令后，在网站的主目录中就可以看到 templates 这个文件夹了，如图 14-22 所示。

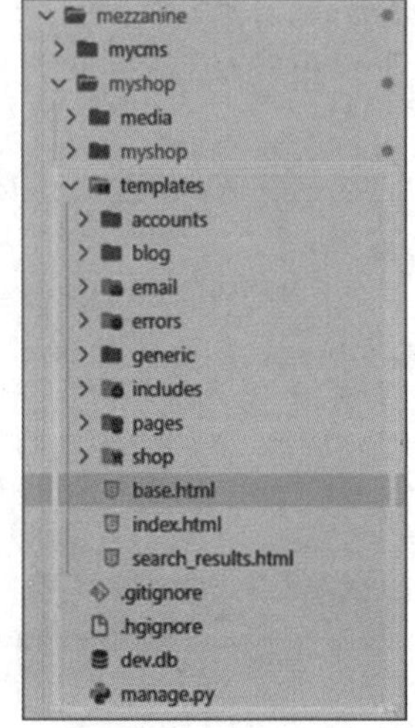

图 14-22　Mezzanine 电子商务网站的目录结构

在 templates 目录中存放着所有网站可能会使用到的模板，代码如下：

```
(mycms) (base) D:\dj4ch14\mezzanine\myshop>cd.
\templates\

(mycms) (base) D:\dj4ch14\mezzanine\myshop\templates>dir
```

```
 驱动器 D 中的卷是 Data
 卷的序列号是 CE22-6340

 D:\dj4ch14\mezzanine\myshop\templates 的目录

2023-12-17  03:49    <DIR>          .
2023-12-17  03:53    <DIR>          ..
2023-12-17  03:49    <DIR>          accounts
2023-12-16  23:42             4,872 base.html
2023-12-17  03:49    <DIR>          blog
2023-12-17  03:49    <DIR>          email
2023-12-17  03:49    <DIR>          errors
2023-12-17  03:49    <DIR>          generic
2023-12-17  03:49    <DIR>          includes
2023-12-16  23:42             1,274 index.html
2023-12-17  03:49    <DIR>          pages
2023-12-16  23:42             1,519 search_results.html
2023-12-17  03:49    <DIR>          shop
```

base.html 用于进行网站的基本设置以及网页结构设置，而 index.html 正如其名，是网站的首页文件。打开 index.html 的内容，再对照网站的首页（见图 14-3），可以发现首页的主要内容源自 index.html 文件。对我们而言，要修改网站的外观，第一步当然是修改 index.html 的内容。假设语句修改如下：

```
{% extends "base.html" %}
{% load i18n %}

{% block meta_title %}{% trans "Home" %}{% endblock %}
{% block title %}{% trans "Home" %}{% endblock %}

{% block breadcrumb_menu %}
<li class="active">{% trans "Home" %}</li>
{% endblock %}

{% block main %}
{% blocktrans %}
<h2> 太棒了，这是我们的第一个 Mezzanine 网站 </h2>
<p>
    详细的内容，请参考官网：<a href='https://mezzanine.readthedocs.io/en/latest/'>
https://mezzanine.readthedocs.io/en/latest/</a> 的说明文件
</p>
<ul>
    <li><a href="/admin/"> 登录管理后台 </a></li>
    <li><a href="https://minhuang.net"> 作者网站 </a></li>
</ul>
<center>
    <h3> 看个新闻吧 </h3><br/>
    <iframe
        width="480" height="320" src="https://www.youtube.com/embed/9sE12tg3CmA?si=
oLlwPhqmOr4BS7ni"
```

```
    title=" CCTV 中文国际 "
    frameborder="0" allow="accelerometer; autoplay; clipboard-write; encrypted-media;
gyroscope; picture-in-picture"
    allowfullscreen
  ></iframe>
</center>
{% endblocktrans %}
{% endblock %}
```

首页就会变成如图 14-23 所示的样子。

图 14-23　自定义 index.html 的网页外观

如果觉得网页的字体不够好看，想要将其修改为微软雅黑，很简单，只需在 base.html 中的</style>标记之前添加以下 CSS 设置即可：

```
<style>
h1, h2, h3, h4, h5, h6, body, div, p, span {
   font-family:微软雅黑;
}
</style>
```

同时仔细观察 base.html，可以发现它大量地使用了 Bootstrap 语句来构建网页的架构，包括页首、导航栏、内容区、侧边栏以及页脚等。这些内容会被套用到整个网站的浏览流程中，例如页首、导航栏、左侧边栏等在浏览过程中都会一直显示。如果需要呈现一些信息，直接将这些信息添加到 base.html 中即可。

通过以上说明，读者应该可以了解，只要掌握每一个模板的特性以及显示的场合，就可以轻松地为自己的网站进行布局和进行外观的调整。

14.3　本 课 习 题

1. 安装 Mezzanine 网站，并在其上创建至少 5 篇文章，然后完成主题的更换。

2. 参考 Mezzanine 官方网站上的说明文件，安装一个第三方套件。

3. 查看 base.html 的内容，并修改 Bootstrap 的设置，为网站中间显示内容的地方加上具有阴影的框线。

4. 比较说明 Mezzanine 与 WordPress 的异同之处。

第 15 课

名言佳句产生器网站实践

再来一个练习。我们经常在网络上看到“某某产生器”，通过一幅图片和文字的结合，可以搭配出一些有趣的效果和话题。其原理并不难，只需在网站中放置一些事先准备好的背景图片，让用户自行输入文字，然后将图文整合在一起放在网站上供用户下载即可。在这一堂课中，我们就来实现这样的一个网站。

本堂课的学习大纲

- 构建网站前的准备
- 产生器功能实践
- 自定义图片文件功能

15.1 构建网站前的准备

这是一个全新的网站，但是我们仍然可以利用一些现有的程序代码以节省时间。首先建立一个新的虚拟环境和框架，然后安装 Django 和必要的图像处理模块。接着从先前的项目中复制一些程序代码过来，这样可以兼顾学习和效率。另外，名言佳句需要使用一些图片和字体文件，这些也都需要事先准备好。先在互联网上下载它们或者用人工智能生成，确保获得图片的合法版权，然后将其放置在程序可以访问到的地方。为了和范例网站界面上的提示文字保持一致，本堂课把图像和图片统一称为“图片”。

15.1.1 准备网站所需的素材

我们希望设计的能够在首页以随机选取的方式从网站的文件夹中挑选 6 幅现成的名言佳句图片并显示出来，如图 15-1 所示。在此范例中，所使用的图片文件是通过人工智能绘画生成的，并且使用的是公共领域的数据或经过授权的素材，因此不存在版权问题。

图 15-1　名言佳句产生器网站的首页

这些图片文件应该放在 static/quotepics 文件夹下，并以数字 1.jpg~10.jpg 这样的方式命名。文件名的数字应与图片数量相对应。在我们的范例文件中共准备了 10 幅图片，因此使用随机数时的最大值应为 10。为了测试这个网站，读者需要自行准备这些图片。至于从哪里获取这些图片？只需在搜索引擎中搜索，就会找到很多图片。但需要注意版权的问题，如果能够找到具有 cc0 授权的图片，那么就可以放心使用。

拿到所需的图片后，为避免处理上的麻烦，建议在使用之前使用图像处理软件对所有图片的尺寸进行调整或过滤，这样在生成最终结果时会更加方便。由于所有的图片文件都放在 static 文件夹下，属于静态文件，因此在网站上线之前，不要忘记执行 python manage.py collectstatic 命令以便让这些图片文件生效。

除图片外，需要在图片中使用中文的话，还需要相应的字体文件。读者可以使用已购买的.ttf 字体文件，或者在网上搜索免费的中文字体文件并下载备用（例如 https://www.freechinesefont.com/）。

15.1.2　图文整合练习

有了图片文件和字体文件之后，可以先进行练习，看看是否能够在系统中正确地将字体嵌入图片文件中。在这里，首先使用 Conda 创建一个新的虚拟环境。假设我们使用的图片文件名为 landscape_quote.jpg，字体文件名为 xxxxx.ttf，这两个文件以及程序文件 genpic.py 都放在同一个文件夹中。

先使用 pip install pillow 命令安装好 PIL 图像处理套件，然后即可开始测试程序内容。以下这个程序是让我们将指定的文字（msg）整合到图片文件中，并以 output.jpg 为文件名输出存储在同一个文件夹中，genpic.py 程序的内容如下：

```
from PIL import Image, ImageDraw, ImageFont

msg = u"这是你的命，\n\n 不要再混了，\n\n 我正在看着你！\n\nI Am Watching YOU! "
font_size = 48
fill = (0,0,0,255)
image_file = Image.open('cat_quote.jpg')
im_w, im_h = image_file.size
im0 = Image.new('RGBA', (im_w,im_h))
dw0 = ImageDraw.Draw(im0)
font = ImageFont.truetype('STXINGKA.ttf', font_size)
fn_w, fn_h = dw0.textsize(msg, font=font)

im = Image.new('RGBA', (fn_w, fn_h), (255,0,0,0))
dw = ImageDraw.Draw(im)
dw.text((0,0), msg, font=font, fill=fill)
image_file.paste(im, (30, 50), im)
image_file.save('output.jpg')
```

制作出来的新图片如图 15-2 所示。

图 15-2　使用 genpic.py 制作出来的图片文件

该程序默认使用变量 msg 中的内容作为要附加到图片上的文字。首先使用 Image.open 打开要作为背景的图片文件，并将其存放在 image_file 中，然后使用 im0 和 dw0 配合，即以 Image 和 ImageDraw 结合的方式，先打开一个大小为(1,1)的图片 Buffer，并生成一个 ImageFont 的字体 Buffer。通过 dw0.textsize 函数得到文字 Buffer 变成图片后的大小，然后根据这个尺寸生成一个大小合适的图片 Buffer，并将文字贴上去，得到一个只有文字的图片 im。随后将 im 粘贴到开始打开的背景文件的指定位置，最后将该文件保存为 output.jpg。

读者可能已经注意到，显示 output.jpg 时使用浏览器浏览了网址 http://localhost:8000/media

/output.jpg，这表明/media 这个网址经过了特别设置。只要将文件放到网站的 media 文件夹下，就可以直接显示出来，无须经过执行 python manage.py collectstatic 命令的步骤。这是专门为网站媒体上传文件设置的功能。除在 settings.py 中设置 MEDIA_URL 和 MEDIA_ROOT 外，在 urls.py 中也需要添加一行设置，具体语句如下：

```
urlpatterns += static(settings.MEDIA_URL, document_root=settings.MEDIA_ROOT)
```

完整的设置内容可参考 15.1.3 节的说明。在确保能够在自己的主机或虚拟机上执行上述操作后，接下来我们以此程序为基础构建一个网站，用户可以上传图片并指定文字，从而生成名言佳句图片。

15.1.3 构建可随机显示图片的网站

为了不影响其他网站项目，在这个范例网站中，我们将另外使用 conda 或 virtualenv 创建一个虚拟环境，并在该虚拟环境中重新安装所需的模块，其中包括 Django 和用于处理图片文件的 Pillow 套件。这些都可以通过执行 pip install 命令来完成。安装命令如下：

```
conda create --name dj4ch15 python=3.10
conda activate dj4ch15
pip install Django==4.0
django-admin startproject dj4ch15
cd dj4ch15
python manage.py startapp mysite
python manage.py makemigrations
python manage.py migrate
python manage.py createsuperuser
md media
md static
md staticfiles
md templates
```

修改 settings.py 的设置，然后继续执行以下命令：

```
pip install pillow==9.4.0   # 更高版本的ImageDraw对象没有了textsize方法
code genpic.py
python genpic.py
copy output.jpg media
python manage.py runserver
```

接着把第 14 课网站的 base.html、header.html、index.html 以及 footer.html 复制到 templates 文件夹下。然后在 settings.py 文件中加上 mysite，并设置 templates 的 DIR，同时别忘记把静态文件和媒体文件变更为以下设置：

```
LANGUAGE_CODE = 'zh-CN'

TIME_ZONE = 'Asia/Shanghai'

USE_I18N = True

USE_L10N = True
```

```
USE_TZ = True

STATIC_URL = 'static/'
STATIC_ROOT = BASE_DIR / 'staticfiles'
STATICFILES_DIRS = [
    BASE_DIR / 'static'
]

MEDIA_ROOT = BASE_DIR / 'media'
MEDIA_URL = 'media/'
```

首页应该以随机的方式显示 6 个目前已经在网站中的名言佳句图片文件。因此，在 urls.py 中也需要进行相应设置，代码如下：

```
from django.contrib import admin
from django.urls import path, include
from mysite import views
from django.conf import settings
from django.conf.urls.static import static

urlpatterns = [
    path('', views.index),
    path('admin/', admin.site.urls),
] + static(settings.MEDIA_URL, document_root=settings.MEDIA_ROOT)
```

最后一行代码的目的是让媒体文件夹中的图片可以直接显示，而无须执行 python manage.py collectstatic 命令。如上述代码片段所示，在 views.py 中定义了 index 函数来显示网站首页，其内容如下：

```
from django.shortcuts import render
import random
from django.contrib import messages

def index(request):
    messages.get_messages(request)
    pics = random.sample(range(1,11),6)
    return render(request, 'index.html', locals())
```

本网站使用的 base.html 内容如下，采用的 Bootstrap 是 5.3 版，jQuery 则是 3.1 版：

```
<!-- base.html (dj4ch15 project) -->
<!DOCTYPE html>
<html>
<head>
    <meta charset='utf-8'>
    <title>{% block title %}{% endblock %}</title>
<!-- Latest compiled and minified CSS -->
<link
href="https://cdn.jsdelivr.net/npm/bootstrap@5.3.0-alpha1/dist/css/bootstrap.min.css
" rel="stylesheet" integrity="sha384-GLhlTQ8iRABdZLl6O3oVMWSktQOp6b7In1Zl3/
Jr59b6EGGoI1aFkw7cmDA6j6gD" crossorigin="anonymous">
<!-- Optional theme -->
<link rel="stylesheet" href="https://maxcdn.bootstrapcdn.com/bootstrap/3.3.6/css/
```

```
bootstrap-theme.min.css" integrity="sha384-fLW2N01lMqjakBkx3l/
M9EahuwpSfeNvV63J5ezn3uZzapT0u7EYsXMjQV+0En5r" crossorigin="anonymous">
<!-- Latest compiled and minified JavaScript -->
<link  rel="stylesheet"  href="https://cdn.jsdelivr.net/npm/bootstrap-icons@1.10.3/
font/bootstrap-icons.css">
<script src="https://code.jquery.com/jquery-3.1.0.min.js"
integrity="sha256-cCueBR6CsyA4/9szpPfrX3s49M9vUU5BgtiJj06wt/s="
crossorigin="anonymous"></script>
<style>
h1, h2, h3, h4, h5, p, div {
   font-family: 微软雅黑;
}
</style>
</head>
<body>
{% include "header.html" %}
{% block content %}{% endblock %}
{% include "footer.html" %}
<script
src="https://cdn.jsdelivr.net/npm/bootstrap@5.3.0-alpha1/dist/js/bootstrap.bundle.mi
n.js"  integrity="sha384-w76AqPfDkMBDXo30jS1Sgez6pr3x5MlQ1ZAGC+nuZB+EYdgRZgiwxhTBTkF7CXvN"
crossorigin="anonymous"></script>
<script     src="https://cdnjs.cloudflare.com/ajax/libs/Chart.js/4.2.0/chart.min.js"
integrity="sha512-qKyIokLnyh6oSnWsc5h21uwMAQtljqMZZT17CIMXuCQNIfFSFF4tJdMOaJHL9fQdJU
ANid6OB6DRR0zdHrbWAw==" crossorigin="anonymous" referrerpolicy="no-referrer"></script>
</body>
</html>
```

由于在 index 函数中使用 random.sample(range(1,11),6)生成了一个包含 6 个随机数的列表，这些随机数的取值范围为 1~10。这个列表以变量 pics 的形式传递到 index.html 中。因此，在 index.html 中，只需将这些数字转换为 static 文件夹中的图片文件对应的地址即可，index.html 的内容如下：

```
<!-- index.html (dj4ch15 project) -->
{% extends "base.html" %}
{% block title %}名言佳句图片产生器{% endblock %}
{% block content %}
<div class='container'>
{% for message in messages %}
   <div class='alert alert-{{message.tags}}'>{{ message }}</div>
{% endfor %}
{% load static %}
{% static "" as base_url %}
   <div class='row'>
      <div class='col-md-12'>
         <div class='card'>
                 <h3 class='alert alert-primary'>名言佳句图片产生器</h3>
            <div class='card-body'>
                {% for pic in pics %}
                   {% cycle "<div class='row'>" "" "" %}
                      <div class='col col-sm-4'>
```

```
                    <div class='card'>
                        <div class='card-header'>
                            {{ pic }}
                        </div>
                        <div class='card-body'>
                      <img src="{{ base_url }}quotepics/{{pic}}.jpg" width="100%">
                        </div>
                    </div>
                </div>
            {% cycle "" "" "</div>" %}
        {% endfor %}
    </div>
    </div>
    </div>
  </div>
 </div>
</div>
{% endblock %}
```

在这段程序中有一个特别需要注意的地方，这是前几堂课中尚未介绍的技巧。首先，要使用静态文件，就要先使用{% load static %}，这部分是已经知道的。然而，当我们想让 pic 这个变量成为网址的一部分时，就需要稍微改变 static 的写法。我们的目的是这样的：所有的图片文件都放在 static/quotepics/文件夹下，每个图片文件的命名都是以数字 1~10 作为文件名，并以.jpg 作为扩展文件名（即文件名的后缀名）。

当我们得到一个数字变量 pic 时，无论它的数值是多少，我们都希望能够组合成如下网址：static/{{pic}}.jpg。然而，使用传统的 static 网址写法是无法实现的，因此，需要先利用别名指令{% static "" as base_url %}将 static ""设置为 base_url 这个别名，才能使用以下指令来达成我们的目的：

```
<img src="{{ base_url }}/quotepics/{{pic}}.jpg" width="100%">
```

header.html 是从别的网站复制过来的，因而也要修改一下：

```
<!-- header.html (dj4ch15 project) -->
<nav class="navbar navbar-expand-lg navbar-light bg-light">
  <div class="container-fluid">
    <a class="navbar-brand" href="#">PICS GEN</a>
    <button    class="navbar-toggler"    type="button"    data-bs-toggle="collapse"
data-bs-target="#navbarNavAltMarkup"                  aria-controls="navbarNavAltMarkup"
aria-expanded="false" aria-label="Toggle navigation">
      <span class="navbar-toggler-icon"></span>
    </button>
    <div class="collapse navbar-collapse" id="navbarNavAltMarkup">
      <div class="navbar-nav">
        <a class="nav-link active" aria-current="page" href="/">Home</a>
        <a class="nav-link" href="/gen/">产生器</a>
      </div>
    </div>
  </div>
</nav>
```

完成上述操作和设置之后，目前这个范例网站就可以在每次重新加载页面后显示另外的 6 幅图片，就像图 15-1 所示的那样。

15.2　产生器功能的实现

本节的目标是让用户能够输入一段文字，然后将这段文字与我们默认的图片进行整合，并将结果显示给用户浏览或下载。为了增加网站的趣味性，我们准备了多幅可供选择的图片，并且还可以设置一些参数，如字号、位置等，以使生成图片的变化更加多样化。

15.2.1　创建产生器界面

本小节希望能够生成类似于图 15-3 所展示的页面。

图 15-3　名言佳句图片产生器的页面

因为在单击菜单中的“产生器”选项后才会产生，所以在 urls.py 中要有相对应的网址样式，语句如下：

```
path('gen/', views.gen),
```

由此网址模式可知，其处理函数名称为 gen，因此在 views.py 中需要创建一个名为 gen 的函数，代码如下：

```
from mysite import forms
def gen(request):
    messages.get_messages(request)
    if request.method=='POST':
        pass
```

```
    else:
        form = forms.GenForm()
    return render(request, 'gen.html', locals())
```

在这个函数中，我们使用 forms.GenForm()来生成一个用于参数的表单，这意味着我们需要在 forms.py 中创建一个具有这些数据字段的表单类，具体代码如下（在 mysite 目录下创建 forms.py）：

```
from django import forms

class GenForm(forms.Form):
    msg = forms.CharField(label='信息', widget=forms.Textarea)
    font_size = forms.IntegerField(label='文字尺寸(12-80)', min_value=12, max_value=80)
    x = forms.IntegerField(label='X(0-50)', min_value=0, max_value=50)
    y = forms.IntegerField(label='Y(0-100)', min_value=0, max_value=100)
```

在此表单的设置中，我们希望信息可以是多行的文本块字段，因此别忘记使用 widget=forms.Textarea 的方式改变 CharField 在网页中产生的输入字段类型。我们将以信息的内容、字体的大小以及要把文字粘贴在相对于图像左上角的(x, y)坐标位置作为参数。gen.html 的内容如下：

```
<!-- gen.html (dj4ch15 project) -->
{% extends "base.html" %}
{% block title %}名言佳句图片产生器{% endblock %}
{% block content %}
<div class='container'>
{% for message in messages %}
    <div class='alert alert-{{message.tags}}'>{{ message }}</div>
{% endfor %}
{% load static %}
{% static "" as base_url %}
    <div class='row'>
        <div class='col-md-12'>
            <div class='card'>
                <div class='card-header' align=center>
                    <h3>输入文字，单击按钮，轻松完成</h3>
                </div>
                <div class='card-body'>
                    <table width='100%'>
                        <tr>
                            <td width='50%'>
                                <form action='.' method='POST'>
                                    <table>
                                    {% csrf_token %}
                                    {{form.as_table}}
                                    <tr><td>
                                        <input type='submit' value='开始产生'>
                                    </td></tr>
                                    </table>
                                </form>
                            </td>
                            <td>
                                <div class='card'>
```

```
                                <div class='card-header'>
                                    <h4>背景图片</h4>
                                </div>
                                <div class='card-body' id='show_back_image'>
                                 <img src="{% static "backimages/back1.jpg"%}"
width='100%'>
                                </div>
                            </div>
                        </td>
                    </table>
                </div>
            {% endif %}
            </div>
        </div>
    </div>
</div>
{% endblock %}
```

此文件的主要架构复制自 index.html，主要的修改在于 card-body 中的内容。我们使用一个隐形的表格将 card-body 区分成左右两部分，右侧显示作为背景的图片文件，仅供用户参考。在开始阶段，并不打算让用户选择不同的图片，因此固定使用同一幅图片。

左侧是表单的位置，因为已经使用 forms.GenForm()生成了一个表单实例变量 form，所以只需要使用{{form.as_table}}来呈现表单即可。由于是以表格的形式显示的，并且当前内容位于表格的单元格内，因此在操作时需要小心，以免整体排版混乱。同样，在{{form.as_table}}的外围，除要添加<table> </table>标签外，也别忘记加上<form action>标签，并放置一个 submit 的<input>按钮。

15.2.2　产生唯一的文件名

在实现接下来的程序之前，有一个非常重要的方面需要考虑。当我们从表单中接收参数，然后根据这些参数生成图文整合后的图片并打算存储时，不要忽视这是一个网站应用程序。在同一时间，可能会有不同的用户同时使用这个网站执行相同的操作。因此，不能将输出文件固定为 output.jpg，因为这样可能会存取其他用户正在处理的文件，导致错误。因此，在生成文件之前，务必获取一个唯一的文件名。

有许多方法可以生成唯一的文件名，可以自己实现，也可以导入已经制作好的模块。在这里，我们选择后者，直接安装以下模块：

```
pip install django-uuid-upload-path
```

之后在程序代码中先使用 from uuid_upload_path import uuid 导入 uuid 函数，然后执行 uuid()，即可得到一个类似于 u'U5xaR8qKSX-jWg5oPdAInQ'的字符串。在该字符串后面连接上.jpg 扩展名，就可以得到唯一的文件名。产生的文件在保存后也需要存储在变量中，以便传递到 HTML 文件中，使用户能够链接到这个图片文件并查看产生后的内容。

15.2.3　开始进行图文整合以产生图片文件

解决了唯一文件名的问题之后，就可以将在 15.1.2 节测试的程序创建成一个在 Django 网站中的函数。代码如下：

```
import os
from django.conf import settings
from PIL import Image, ImageDraw, ImageFont
from uuid_upload_path import uuid

def mergepic(msg, font_size, x, y):
    fill = (0,0,0,255)
    image_file = Image.open('static/backimages/back1.jpg')
    im_w, im_h = image_file.size
    im0 = Image.new('RGBA', (im_w,im_h))
    dw0 = ImageDraw.Draw(im0)
    font = ImageFont.truetype('STXINGKA.ttf', font_size)
    fn_w, fn_h = dw0.textsize(msg, font=font)

    im = Image.new('RGBA', (fn_w, fn_h), (255,0,0,0))
    dw = ImageDraw.Draw(im)
    dw.text((0,0), msg, font=font, fill=fill)
    image_file.paste(im, (x, y), im)
    saved_filename = uuid()+'.jpg'
    image_file.save(os.path.join(settings.BASE_DIR,"media", saved_filename))
    return saved_filename
```

将这个函数命名为 mergepic，放在 views.py 中。该函数总共接收 4 个参数，分别是信息的内容、字体的大小以及要把文字粘贴在相对于图像左上角的(x, y)坐标位置。image_file 暂存的是要被整合图文的背景图片文件。因此，我们在 static/目录中创建一个用来存储背景图片的文件夹 backimages，并存放要用于图文整合的背景图片 back1.jpg。由于我们的 Python 程序在系统执行时可以访问本机的任何位置，因此只需确定文件在哪一个文件夹即可。我们在文件的开头导入了 settings.py，在这里可以从 settings 变量的 BASE_DIR 得知当前网站在主机的文件夹，将此文件夹附加上 static/backimages/back1.jpg 就可以取得这个文件，后面在取得字体文件以及设置要输出的文件位置时也是使用同样的方法。

程序的倒数第 3 行 saved_filename = uuid() + '.jpg'，正如 15.2.2 节说明的那样，可以得到唯一的文件名。之后，调用 os.path.join 函数将 saved_filename 合并到本网站的 media 文件夹中。最后，这个函数需要返回 saved_filename，也就是保存的文件名，以便主控文件用于建立链接。

有了 mergepic 函数，在函数 gen 中只需将表单中得到的变量传递给这个函数即可。修改后的 gen 函数如下：

```
def gen(request):
    messages.get_messages(request)
    if request.method=='POST':
        form = forms.GenForm(request.POST)
        if form.is_valid():
            saved_filename = mergepic(request.POST.get('msg'),
                                       int(request.POST.get('font_size')),
                                       int(request.POST.get('x')),
                                       int(request.POST.get('y')))
    else:
        form = forms.GenForm()
```

```
return render(request, 'gen.html', locals())
```

在 15.2.2 节，将 pass 替换为生成表单的执行实例，并且检查表单的内容是否有效。如果有效，就提取出表单中的每一个字段，并传递到 mergepic 函数中。由于后面 3 个变量接收的是整数，因此需要使用 int()进行类型转换。函数调用完成后，传回来的文件名也要存放在 saved_filename 中，然后在 gen.html 中显示链接。

换句话说，在 gen.html 中，首先要检查 saved_filename 中是否有内容。如果有，表示刚刚生成了文件，因此要将这个文件显示出来。如果 saved_filename 是空的，就要显示一个空的表单，让用户可以填入数据再生成图像。修改后的 gen.html 内容如下：

```
<!-- gen.html (dj4ch15 project) -->
{% extends "base.html" %}
{% block title %}名言佳句图片产生器{% endblock %}
{% block content %}
<div class='container'>
{% for message in messages %}
   <div class='alert alert-{{message.tags}}'>{{ message }}</div>
{% endfor %}
{% load static %}
{% static "" as base_url %}
   <div class='row'>
       <div class='col-md-12'>
           <div class='card'>
           {% if saved_filename %}
               <div class='card-header' align=center>
                   您的成果
               </div>
               <div class='card-body' align=center>
                   <script>
                   function goBack() {
                       window.history.back();
                   }
                   </script>
                   <button onclick="goBack()">回上一页重新设置</button><br/>

                   <img src="/media/{{saved_filename}}" width='100%'>
               </div>
           {% else %}
               <div class='card-header' align=center>
                   <h3>输入文字，单击按钮，轻松完成</h3>
               </div>
               <div class='card-body'>
                   <table width='100%'>
                       <tr>
                           <td width='50%'>
                               <form action='.' method='POST'>
                                   <table>
                                   {% csrf_token %}
                                   {{form.as_table}}
```

```
                        <tr><td>
                            <input type='submit' value='开始产生'>
                        </td></tr>
                        </table>
                    </form>
                </td>
                <td>
                    <div class='card'>
                        <div class='card-header'>
                            <h4>背景图片</h4>
                        </div>
                        <div class='card-body' id='show_back_image'>
                        <img    src="{%    static    "backimages/back1.jpg"%}"
width='100%'>
                        </div>
                    </div>
                </td>
            </table>
        </div>
    {% endif %}
    </div>
  </div>
 </div>
</div>
{% endblock %}
```

至此，用户就可以在我们的网站中填入要整合的文字信息了，如图 15-4 所示。

图 15-4　网站提供用户输入要整合的文字信息

当用户单击“开始产生”按钮后就会切换到另一种显示方式，如图 15-5 所示。

图 15-5　显示图文整合成功后的图片

在图 15-5 的上方，我们使用 JavaScript 创建了一个“回上一页重新设置”按钮。单击此按钮后，即可返回刚才的页面，修改数据后再次进行图文整合，非常方便且实用。所有图文整合产生的图片文件都被存放在 media 文件夹中，如图 15-6 所示。

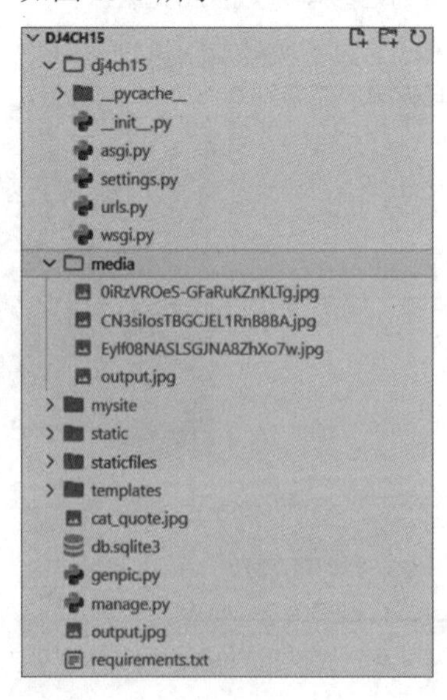

图 15-6　所有产生的图片文件都会被保留下来

15.2.4　准备多个背景图片文件以供选择

网站很有趣，不过只有一个图片文件会显得单调，本小节将把选择多个图片文件的功能添加到这个范例网站中。读者可自行到网络上寻找更多图片文件备用。为了排版方便，建议寻找差不多大小的图片文件，并且使用图像处理软件进行适当的整理。在此范例中，我们总共准备了 5 个文件，分别命名为 back1.jpg~back5.jpg，放在 static/backimages 文件夹中，内容如下：

```
(dj4ch15) D:\dj4ch15\static>dir backimages
 驱动器 D 中的卷是 Data
 卷的序列号是 CE22-6340

 D:\dj4ch15\static\backimages 的目录

2023-12-18  01:28    <DIR>          .
2023-12-18  00:10    <DIR>          ..
2023-12-17  17:03           140,660 back1.jpg
2023-12-14  17:35           439,034 back2.jpg
2023-12-14  17:36           473,952 back3.jpg
2023-12-14  17:32           433,533 back4.jpg
2023-12-14  17:31           448,576 back5.jpg
               5 个文件      1,935,755 字节
               2 个目录 220,899,774,464 可用字节
```

虽然使用的是相同的命名原则，但是这次介绍的技巧并不需要文件名相似，只要放在同一个文件夹就可以。因为我们要使用 glob.glob 来寻找此文件夹中的文件名并进行使用，而且使用动态产生的方式放到表单中，所以在这种情况下，有几个文件，只要是.jpg 格式的文件，都可以选择作为背景图片文件，非常方便。

这一小节要制作的界面如图 15-7 所示，在表单的最下方新增了一个可以切换背景图片文件的下拉式菜单。

图 15-7　加上更换背景图片的网站功能

通过运用 jQuery，右侧的图片可以随着用户改变菜单内容而动态变化。在说明如何制作 jQuery 功能之前，让我们先看一下如何动态地在表单类中生成一个下拉式的<select>菜单。新版本的 forms.py 如下：

```
class GenForm(forms.Form):
   msg = forms.CharField(label='信息', widget=forms.Textarea)
   font_size  =  forms.IntegerField(label=' 文 字 尺 寸  (12-120)',  min_value=12,
max_value=120)
   x = forms.IntegerField(label='X(0-200)', min_value=0, max_value=200)
   y = forms.IntegerField(label='Y(0-200)', min_value=0, max_value=200)

   def __init__(self, backfiles, *args, **kwargs):
      super(GenForm, self).__init__(*args, **kwargs)
      self.fields['backfile'] = forms.ChoiceField(
            choices=[(os.path.basename(bf), os.path.basename(bf)) for bf in backfiles]
      )
```

重要的是最后几行的__init__函数。如果读者还记得，在 Python 的类定义中，类名称括号中所指的就是这个类的父类。在这个例子中，我们设计的 GenForm 就继承自 forms.Form 这个类。在 GenForm 中，self 指的是实例本身，而 super 指的是父类。__init__是类的构造函数，每当这个类产生一个实例就会被立即调用执行。

因此，上述程序的原理是当 GenForm 类被要求产生一个实例时，首先执行这里的__init__。在这个构造函数中，我们多加了一个参数 backfiles，这是一个包含 backimages 文件夹下所有图片文件名称的列表变量。我们将其他 3 个默认的参数直接一模一样地先调用父类（super 那一行），然后在自己的构造函数中以 fields 动态地生成一个 forms.ChoiceField 字段——backfile。接着，通过 for 循环将收到的 backfiles 一个一个拆开，放到 ChoiceField 的字段选项中。由于 backfiles 中存放的是绝对路径，所以需要使用 os.path.basename 取得文件名后再送到 ChoiceField 中显示。

有了这个表单后，在 views.py 中的 gen 函数需要修改如下：

```
import glob, os
def gen(request):
   messages.get_messages(request)
   backfiles = glob.glob('static/backimages/*.jpg')
   if request.method=='POST':
      form = forms.GenForm(request.POST)
      saved_filename = mergepic(request.POST.get('backfile'),
                               request.POST.get('msg'),
                               int(request.POST.get('font_size')),
                               int(request.POST.get('x')),
                               int(request.POST.get('y')))
   else:
      form = forms.GenForm(backfiles)

   return render(request, 'gen.html', locals())
```

在函数的第 2 行，调用 glob.glob 函数获取 static/backimages 中所有.jpg 文件的文件名，并将其放入 backfiles 中。然后，在生成 form 时，记得将 backfiles 作为参数传递给 forms.GetForms。由于多了一个背景图片文件作为参数，因此 mergepic 的调用也多了一个 backfile 的自变量。在 mergepic 中也需要处理不同的背景图片文件，代码如下：

```
def mergepic(filename, msg, font_size, x, y):
    fill = (0,0,0,255)
    image_file = Image.open(os.path.join('static/backimages/', filename))
    im_w, im_h = image_file.size
    im0 = Image.new('RGBA', (im_w,im_h))
    dw0 = ImageDraw.Draw(im0)
    font = ImageFont.truetype('STXINGKA.ttf', font_size)
    fn_w, fn_h = dw0.textsize(msg, font=font)

    im = Image.new('RGBA', (fn_w, fn_h), (255,0,0,0))
    dw = ImageDraw.Draw(im)
    dw.text((0,0), msg, font=font, fill=fill)
    image_file.paste(im, (x, y), im)
    saved_filename = uuid()+'.jpg'
    image_file.save(os.path.join(settings.BASE_DIR,"media", saved_filename))
    return saved_filename
```

最后是新版 gen.html 的内容：

```
<!-- gen.html (dj4ch15 project) -->
{% extends "base.html" %}
{% block title %}名言佳句图片产生器{% endblock %}
{% block content %}
<div class='container'>
{% for message in messages %}
    <div class='alert alert-{{message.tags}}'>{{ message }}</div>
{% endfor %}
{% load static %}
{% static "" as base_url %}
<script>
$(document).ready(function() {
    $('#id_backfile').change(function() {
        $('#show_back_image').html('<img src="' + '/static/backimages/'+
            $(this).find(':selected').val() + '" width="100%">');
    });
});
</script>
    <div class='row'>
        <div class='col-md-12'>
            <div class='card'>
            {% if saved_filename %}
                <div class='card-header' align=center>
                    您的成果
                </div>
                <div class='card-body' align=center>
                    <script>
                    function goBack() {
                        window.history.back();
```

```
                }
                </script>
                <button onclick="goBack()">回上一页重新设置</button><br/>

                <img src="/media/{{saved_filename}}" width='100%'>
            </div>
        {% else %}
            <div class='card-header' align=center>
                <h3>输入文字，单击按钮，轻松完成</h3>
            </div>
            <div class='card-body'>
                <table width='100%'>
                    <tr>
                        <td width='50%'>
                            <form action='.' method='POST'>
                                <table>
                                {% csrf_token %}
                                {{form.as_table}}
                                <tr><td>
                                    <input type='submit' value='开始产生'>
                                </td></tr>
                                </table>
                            </form>
                        </td>
                        <td>
                            <div class='card'>
                                <div class='card-header'>
                                    <h4>背景图片</h4>
                                </div>
                                <div class='card-body' id='show_back_image'>
                                 <img src="{% static "backimages/back1.jpg"%}"
width='100%'>
                                </div>
                            </div>
                        </td>
                </table>
            </div>
        {% endif %}
        </div>
    </div>
  </div>
</div>
{% endblock %}
```

为了增加网站的互动性，我们在显示背景图片文件的<div class='card-body' id='show_back_image'>标签中增加了一个 id，即 show_back_image。然后在该文件中增加以下 jQuery 程序代码：

```
<script>
$(document).ready(function() {
    $('#id_backfile').change(function() {
        $('#show_back_image').html('<img src="' + '/static/backimages/'+
```

```
        $(this).find(':selected').val() + '" width="100%">');
    });
});
</script>
```

这段程序代码的目的是监听 id 为 id_backfile 的<select>标签，一旦发生改变，即获取被选中的值并存储在$(this).find(':selected').val()中，该值为文件名。接着，根据这个数据，将其前后加上正确图像文件的字符串，然后替换 id 为 show_back_image 的<div>标签的内容。通过这种方式，可以实现在不需要后端程序代码的情况下直接更换图像文件，而不会影响用户在表单中输入的内容。这一技巧经常被用于互动网页，读者可以充分利用。

经过以上程序代码的调整，以后无论在 static/backimages 文件夹中有多少个.jpg 文件，都可以全部由该范例网站用于背景图片，而不需要修改程序中的任何代码。

为了满足各种不同的图片需要，显示文字的范围变得更加广泛，因此(x, y)值的数字限制也大幅增加，最终的执行结果如图 15-8 所示。

图 15-8　增加可切换背景图片文件后的执行结果

15.3　自定义图片文件功能

本节将进一步让用户能够上传自己的文件，并执行图文整合的功能。然而，由于文件上传存在安全风险，而且可能因用户上传不适当的图片而引发问题，因此这类功能，必须经过验证的会员才能使用。

15.3.1　加入会员注册功能

添加会员注册功能最快的方式是使用 django-registration-redux 并结合电子邮件发送功能。我们可以直接使用本书第 10 课的范例网站进行修改，复制其 header.html 的内容，并进行以下修改：

```
<!-- header.html (dj4ch15 project) -->
<nav class="navbar navbar-expand-lg navbar-light bg-light">
  <div class="container-fluid">
    <a class="navbar-brand" href="#">PICS GEN</a>
    <button class="navbar-toggler" type="button" data-bs-toggle="collapse"
data-bs-target="#navbarNavAltMarkup" aria-controls="navbarNavAltMarkup"
aria-expanded="false" aria-label="Toggle navigation">
      <span class="navbar-toggler-icon"></span>
    </button>
    <div class="collapse navbar-collapse" id="navbarNavAltMarkup">
      <div class="navbar-nav">
        <a class="nav-link active" aria-current="page" href="/">Home</a>
        <a class="nav-link" href="/gen/">产生器</a>
        {% if user.is_authenticated %}
          <a class="nav-link" href='/vip/'>自定义图片</a>
          <a class="nav-link" href='/accounts/logout'>注销</a>
        {% else %}
          <a class="nav-link" href='/accounts/login/?next=/'>登录</a>
          <a class="nav-link" href='/accounts/register'>注册</a>
      {% endif %}
      </div>
    </div>
  </div>
</nav>
```

然后，只需将 templates/registration 下的所有模板文件复制过来并进行修改即可。要启用它们的功能，需要执行 pip install django-registration-redux，并在 settings.py 中设置电子邮箱的账号和密码，在 urls.py 中设置 django-registration-redux 所需的网址样式，这些步骤都是必不可少的。具体的内容可参考第 10 课的介绍。如果你已经完成了会员网站的功能，接下来可以开始为网站增加自定义上传图片文件的功能了。

15.3.2 创建上传文件的界面

在 Django 上传文件的方法其实很简单，主要就是创建一个上传文件用的表单 UploadForm（当然可以用任何名字）类，然后像其他表单一样显示在网页上。当用户单击 Submit 按钮时，就可以把其中传回来的数据保存成文件。

我们将拥有上传文件功能的页面称为 VIP 功能，其页面如图 15-9 所示。

在图 15-9 中，椭圆圈住的区域在原先设置参数的表单上方增加了两个按钮。左边的“选择文件”按钮用于选择要上传的文件，右边的“变更图片”按钮用于开始上传并更改背景图片。

虽然在界面上看起来只增加了两个按钮，但实际上多加了一个专门用于上传文件的表单。这个表单与原先设置参数的表单完全不同，因为我们可以自定义背景，所以设置参数的表单也不同于 15.3.1 节使用的表单，并且不提供背景图片的下拉选项。

因此，实际上在这个网页中要实现两个新的表单，并且在处理函数时需要能够识别用户单击的是哪一个表单的按钮。上传图片文件和设置参数进行图片文件和文字整合的处理方式是完全不同的。

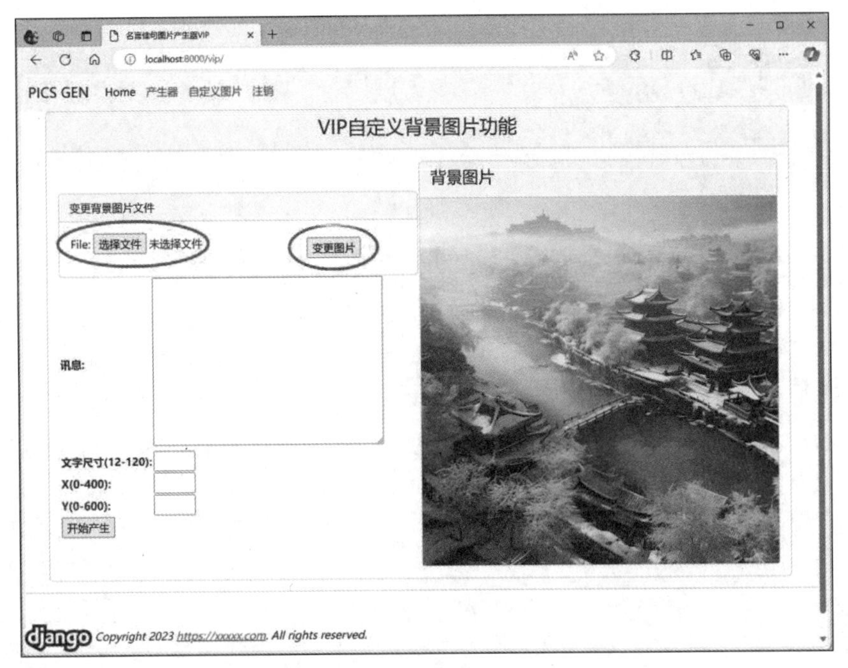

图 15-9　具备上传图像文件功能的网页

表单文件 forms.py 中增加了两个表单类，代码如下：

```
class GenForm(forms.Form):
    msg = forms.CharField(label='信息', widget=forms.Textarea)
    font_size = forms.IntegerField(label='文字尺寸(12-120)', min_value=12, max_value=120)
    x = forms.IntegerField(label='X(0-200)', min_value=0, max_value=200)
    y = forms.IntegerField(label='Y(0-200)', min_value=0, max_value=200)

class UploadForm(forms.Form):
    file = forms.FileField()
```

第一个 CustomForm(forms.Form)和之前的类似，但是取消了自动产生背景图片文件下拉式选项的功能，而第二个 UploadForm(forms.Form)是专门用来处理上传文件的表单。为了顺利把这两个表单显示在网页上，假设 UploadForm 在 views.py 中创建的实例变量是 upload_form，而 CustomForm 创建的实例变量是 form，那么在 vip.html 中是这样安排的（别忘记到 urls.py 中建立网址和处理函数的关联）：

```
<!-- vip.html (dj4ch15 project) -->
{% extends "base.html" %}
{% block title %}名言佳句图片产生器 VIP{% endblock %}
{% block content %}
<div class='container'>
{% for message in messages %}
    <div class='alert alert-{{message.tags}}'>{{ message }}</div>
{% endfor %}
{% load static %}
{% static "" as base_url %}
</script>
```

```
    <div class='row'>
        <div class='col-md-12'>
            <div class='card'>
            {% if saved_filename %}
                <div class='card-header' align=center>
                    您的成果
                </div>
                <div class='card-body' align=center>
                    <script>
                    function goBack() {
                        window.history.back();
                    }
                    </script>
                    <button onclick="goBack()">回上一页重新设置</button><br/>

                    <img src="/media/{{saved_filename}}" width='100%'>
                </div>
            {% else %}
                <div class='card-header' align=center>
                    <h3>VIP 自定义背景图片功能</h3>
                </div>
                <div class='card-body'>
                    <table width='100%'>
                        <tr>
                            <td width='50%'>
                                    <div class='card'>
                                        <div class='card-header'>
                                            变更背景图片文件
                                        </div>
                                        <div class='card-body'>
                                        <form  action='.'  method='POST'  enctype="multipart/
form-data">
                                            {% csrf_token %}
                                            <table>
                                                <tr>
                                                    <td>
                                                    {{ upload_form.as_p }}
                                                    </td><td>
                                                    <input  type='submit'  value=' 变 更 图 片 '
name='change_backfile'>

                                                    </td>
                                                </tr>
                                            </table>
                                            </form>
                                        </div>
                                    </div>


                                <form action='.' method='POST'>
                                    <table>
```

```
                        {% csrf_token %}
                        {{form.as_table}}
                        <tr><td>
                            <input type='submit' value='开始产生'>
                        </td></tr>
                        </table>
                    </form>
                </td>
                <td style='vertical-align:top;'>
                    <div class='card'>
                        <div class='card-header'>
                            <h4>背景图片</h4>
                        </div>
                        <divclass='card-body'>
                        {% if custom_backfile %}
                            <img src="/media/{{ custom_backfile }}" width='100%'>
                        {% else %}
                            <img    src="{%    static    "backimages/back1.jpg"%}"
width='100%'>
                        {% endif %}
                        </div>
                    </div>
                </td>
            </table>
        </div>
    {% endif %}
    </div>
  </div>
 </div>
</div>
{% endblock %}
```

我们用下面的这段程序来创建第一个上传文件的表单。

```
    <form action='.' method='POST' enctype="multipart/form-data">
        {% csrf_token %}
        <table>
        <tr>
        <td>
        {{ upload_form.as_p }}
        </td><td>
        <input type='submit' value='变更图片' name='change_backfile'>
        </td>
        </tr>
        </table>
    </form>
```

在这个表单中，最重要的部分是将提交按钮命名为change_backfile（使用name属性）。在views.py中，该名称用于识别哪个表单按钮被单击。此外，在<form>标签中，必须设置属性enctype="multipart/form-data"，以便被用于上传文件数据的表单。

在显示待处理的背景图片时，我们使用了以下代码：

```
    {% if custom_backfile %}
      <img src="/media/{{ custom_backfile }}" width='100%'>
    {% else %}
      <img src="{% static "backimages/back1.jpg"%}" width='100%'>
   {% endif %}
```

在网站程序中，我们使用 custom_backfile 来存储待处理的背景图片文件名。如果该变量中有内容，将使用其内容作为要显示的图片；如果没有内容，将使用默认的 back1.jpg。需要注意的是，这两者存放的文件夹并不相同。

15.3.3　上传文件的方法

好了，接下来要如何上传文件呢？先在 urls.py 文件中添加以下路由：

```
path('vip/', views.vip),
```

请看以下的 VIP 处理函数的程序代码（附上 view.py 最前面的所有用到的 import 语句）：

```
from django.shortcuts import render, redirect
import random, glob, os
from django.contrib import messages
from mysite import forms
from uuid_upload_path import uuid
import glob, os
from django.conf import settings
from PIL import Image, ImageDraw, ImageFont
from uuid_upload_path import uuid
from django.contrib.auth.decorators import login_required
from uuid_upload_path import uuid

@login_required
def vip(request):
    messages.get_messages(request)
    custom_backfile = None
    if 'custom_backfile' in request.session:
        if len(request.session.get('custom_backfile')) > 0:
            custom_backfile = request.session.get('custom_backfile')

    if request.method=='POST':
        if 'change_backfile' in request.POST:
            upload_form = forms.UploadForm(request.POST, request.FILES)
            if upload_form.is_valid():
                custom_backfile = save_backfile(request.FILES['file'])
                request.session['custom_backfile'] = custom_backfile
                messages.add_message(request, messages.SUCCESS, "文件上传成功！")
                return redirect('/vip/')
            else:
                messages.add_message(request, messages.WARNING, "文件上传失败！")
                return redirect('/vip/')
```

```
        else:
            form = forms.CustomForm(request.POST)
            if custom_backfile is None:
                back_file = os.path.join(settings.BASE_DIR, '/static/backimages/back1.jpg')
            else:
                back_file = os.path.join(settings.BASE_DIR, 'media', custom_backfile)
            saved_filename = mergepic(back_file,
                                      request.POST.get('msg'),
                                      int(request.POST.get('font_size')),
                                      int(request.POST.get('x')),
                                      int(request.POST.get('y')))
    else:
        form = forms.CustomForm()
        upload_form = forms.UploadForm()

    return render(request, 'vip.html', locals())
```

这个程序要处理的重点如下：

（1）检查当前的 Session 内容是否曾经被设置过自定义背景图片的文件名 custom_backfile，如果有，则取出并使用；如果没有，则将 custom_backfile 变量设置为 None。

（2）检查是否以 POST 的 request（请求）进入此函数。如果不是，就分别创建 form 和 upload_form 表单，接着前往 vip.html 显示网页。

（3）如果是以 POST 的 request（请求）进入此函数的，就先判断是否为上传图片文件的表单（通过表单中是否有'change_backfile'名称进行判断，有关说明可参见 15.3.2 节）。如果是，则执行文件上传的处理；否则进行参数设置和图文整合的处理工作。

文件上传的程序片段如下：

```
            upload_form = forms.UploadForm(request.POST, request.FILES)
            if upload_form.is_valid():
                custom_backfile = save_backfile(request.FILES['file'])
                request.session['custom_backfile'] = custom_backfile
                messages.add_message(request, messages.SUCCESS,"文件上传成功！")
                return redirect('/vip')
            else:
                messages.add_message(request, messages.WARNING,"文件上传失败！")
                return redirect('/vip/')
```

在这段程序中，重点在于发现了真正执行接收数据并保存文件的程序是放在 save_backfile(request.FILES['file'])函数中的。该函数的内容如下：

```
def save_backfile(f):
    target = os.path.join(settings.BASE_DIR,"media", uuid()+'.jpg')
    with open(target, 'wb') as des:
        for chunk in f.chunks():
            des.write(chunk)
    return os.path.basename(target)
```

第一行首先定义了要放置的文件名和位置。我们同样调用 uuid()函数来生成唯一的文件名，然后将这个文件存放到 media 文件夹下，以便该文件可以立即被显示出来。上传的文件数据以数据块（chunk）的方式逐块写入磁盘驱动器，然后在完成文件存储后，将文件名返回给调用它的程序，以便后续处理。

在主程序中（view.py 中的 vip 函数）收到刚刚上传的新文件名后，立即将其放入 Session 中。这样，该文件的名称就可以在用户后续的操作中被保存下来，在创建名言佳句文件时作为背景图片进行处理。当然，该文件也会持续显示在/vip 网页中，直到用户上传另一幅图片为止。

15.3.4　实时产生结果

如果被单击的按钮中没有'change_backfile'这个名称，就表示用户要使用当前页面上显示的图片文件，并以新输入的参数作为要合并的名言佳句图片的内容，然后执行整合的工作。

与 15.2 节合并的程序有一些不同之处：如果只使用系统原有的在 static/backimages 文件夹下的文件，无论选择哪个文件，文件夹都是同一个。因此，在传递参数进行合并时，只需传递文件名即可。然而现在增加了上传自定义图片文件的功能，上传的定制化文件需存放在 media 文件夹中，位于不同的文件夹。为了避免混淆，我们将用于整合的函数 mergepic 修改为仅接受完整路径的文件，也就是在收到文件名后直接使用，不再另行处理。代码如下：

```
def mergepic(filename, msg, font_size, x, y):
    fill = (0,0,0,255)
    image_file = Image.open(os.path.join('static/backimages/', filename))
    im_w, im_h = image_file.size
    im0 = Image.new('RGBA', (im_w,im_h))
    dw0 = ImageDraw.Draw(im0)
    font = ImageFont.truetype('STXINGKA.ttf', font_size)
    fn_w, fn_h = dw0.textsize(msg, font=font)

    im = Image.new('RGBA', (fn_w, fn_h), (255,0,0,0))
    dw = ImageDraw.Draw(im)
    dw.text((0,0), msg, font=font, fill=fill)
    image_file.paste(im, (x, y), im)
    saved_filename = uuid()+'.jpg'
    image_file.save(os.path.join(settings.BASE_DIR,"media", saved_filename))
    return saved_filename
```

在调用 mergepic 函数之前，在 vip 函数中需要先判断要用作背景图片进行整合的图片文件是用户上传的还是网站默认的图片文件。代码如下：

```
form = forms.CustomForm(request.POST)
if custom_backfile is None:
    back_file = os.path.join(settings.BASE_DIR, 'static/backimages/back1.jpg')
    else:
        back_file = os.path.join(settings.BASE_DIR, 'media', custom_backfile)
        saved_filename = mergepic(back_file,
                                  request.POST.get('msg'),
                                  int(request.POST.get('font_size')),
                                  int(request.POST.get('x')),
                                  int(request.POST.get('y')))
```

这样，在/vip 网页中，用户就可以随时上传自定义的背景图片文件，或者使用默认的图片文件。由于我们使用 Session 保存上传文件名的关系，因此这个文件会一直保留到用户关闭浏览器或注销账号。它的存活时间与 Session 的存活时间相同。图 15-10 和图 15-11 展示了执行的结果。

图 15-10　上传自定义文件后，再填入要整合的文字

图 15-11　整合后的结果

同样地，这个网站已经被放在范例链接库中，供读者自行研读时参考。

15.4 本课习题

1．添加文字颜色置换功能。

2．随着网站的执行，产生的图片文件会越来越多，请问应该如何处理？

3．在自定义上传图片的功能时，在图片文件的下方显示出该图片的宽度和高度（像素），以便用户可以在设置文字位置时作为参考。

4．添加文字靠右和居中的功能。

5．为整合的文字添加阴影效果。

第 16 课

课程回顾与你的下一步计划

16

在第 15 课中，我们陆续构建了博客网站、投票网站、电子商店、二级网络域名管理网站以及名言佳句生成器等各种类型的网站。我们还学会了通过 Django 制作网站的技巧以及将网站部署在不同平台上的方法。那么，当你打算将这些网站实际上线供网友使用时，还有哪些地方需要注意呢？想要进一步提升网站功能，应该朝哪个方向研究呢？在这堂课中，笔者将以 SSL 申请与设置以及程序单元测试为例，提出一些建议和流程供读者参考。

本堂课的学习大纲

- 善加运用网站资源
- 部署上线的注意事项
- SSL 设置实践
- 程序代码以及网站测试的重要性
- 只有 Django 可以架网站吗
- 你的下一步

16.1 善加运用网站资源

在经过了这么多课程以及构建了这么多范例网站后，相信一定会发现笔者在这些范例网站中使用了相当多的第三方套件（或称为模块或包），以及其他热心的网友制作好的模块。使用 pip install 命令安装后，经过简单的设置，就可以直接集成到我们的网站中。这些模块包括 django-registration、django-allauth、django-oscar、django-cart、django-simple-captcha、django-filer 等。由于 Python 已经是目前业界最受欢迎的程序设计语言之一，而贡献自己开发的模块和方法又非常容易，因此在网络上早已累积了大量且好用的套件和模块可以拿来使用。只要知道套件或模块的名称，在百度或 Google 上搜索一下就可以找到说明，再用 pip install 命令安装到自己的网站中即可，非常简单。

对于同类型的套件或模块，以及某些应用上有哪些可以使用的套件和模块，以及各模块之间的发展现状，我们可以通过百度或 Google 进行搜索。此外，还有一些热心的网友提供了相关信息甚至开发了相关数据，供大家参考和比较。有两个这样的网站，分别是 Django Package（https://djangopackages.org/）和 Awesome Django（https://github.com/wsvincent/awesome-django）。在这两个网站上不仅可以搜索查询某个特定的套件或模块，还可以了解网站具有什么样的功能。Awesome Django 网站的首页如图 16-1 所示。

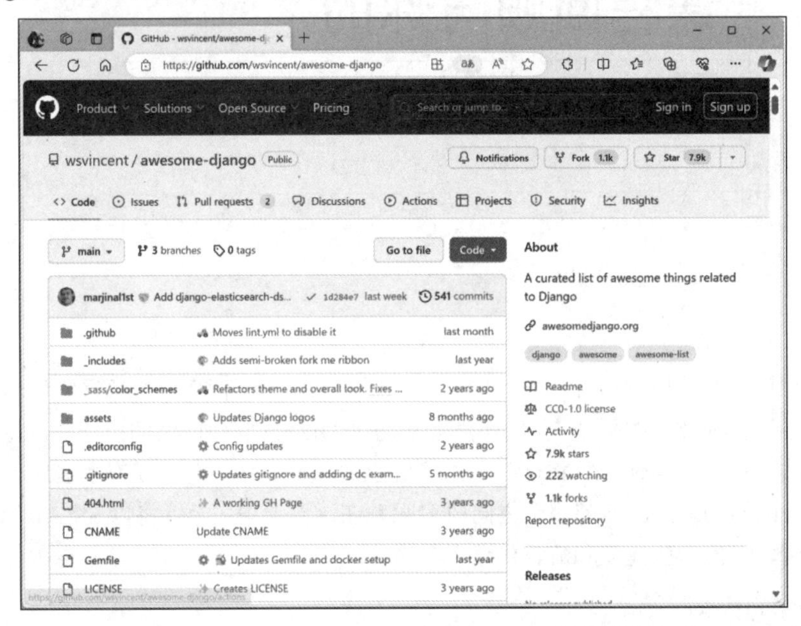

图 16-1　Awesome Django 在 GitHub 上的项目网页

从网页的结构可以看出，它以分类的方式列出了 Django 正在进行中且还不错的项目，供网友参考。以用户验证认证功能为例，当单击此类后，可以看到相关套件项目，如图 16-2 所示。

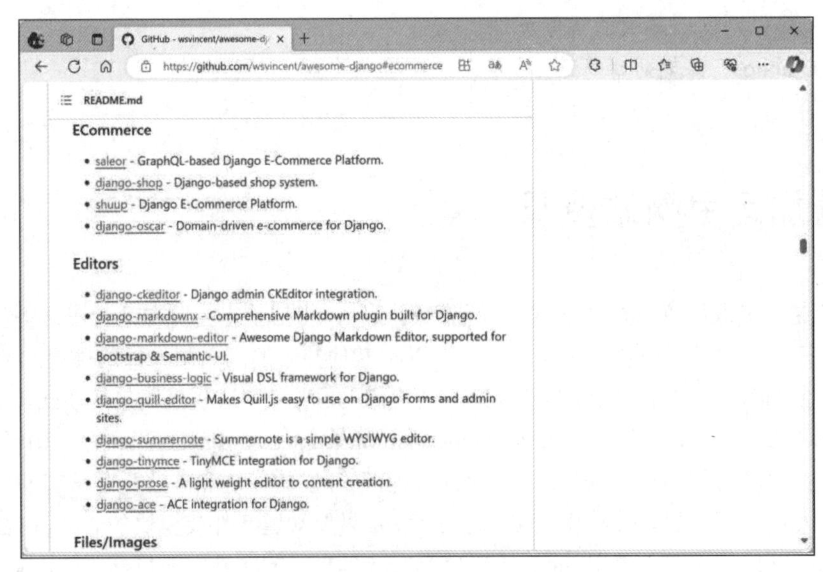

图 16-2　在 Awesome Django 网站中列出的 ECommerce 套件

从图 16-2 中可以看到，除之前我们使用过的 django-shop 和 django-oscar 外，还有其他不错的项目也可以参考使用。这些项目对于有意快速建立多功能网站的读者来说，可以节省大量时间。而 Django Packages（https://djangopackages.org/）提供了搜索页面，如图 16-3 所示。

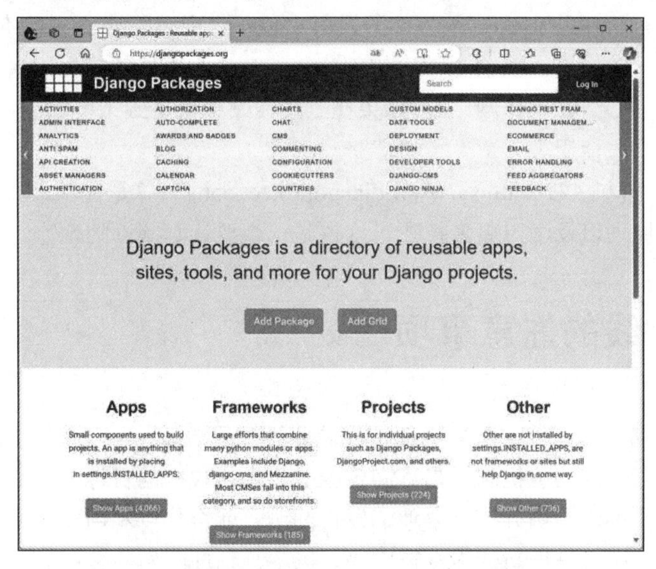

图 16-3　Django Packages 网站的首页

不仅可以在 Django Packages 中使用关键词搜索相关功能的 Django 套件，而且在其分类项目中还会针对每一个套件的相关信息做一些比较。对于不太清楚要使用哪一个套件的读者来说，这非常方便。以电子商务功能类为例，可以参考图 16-4。

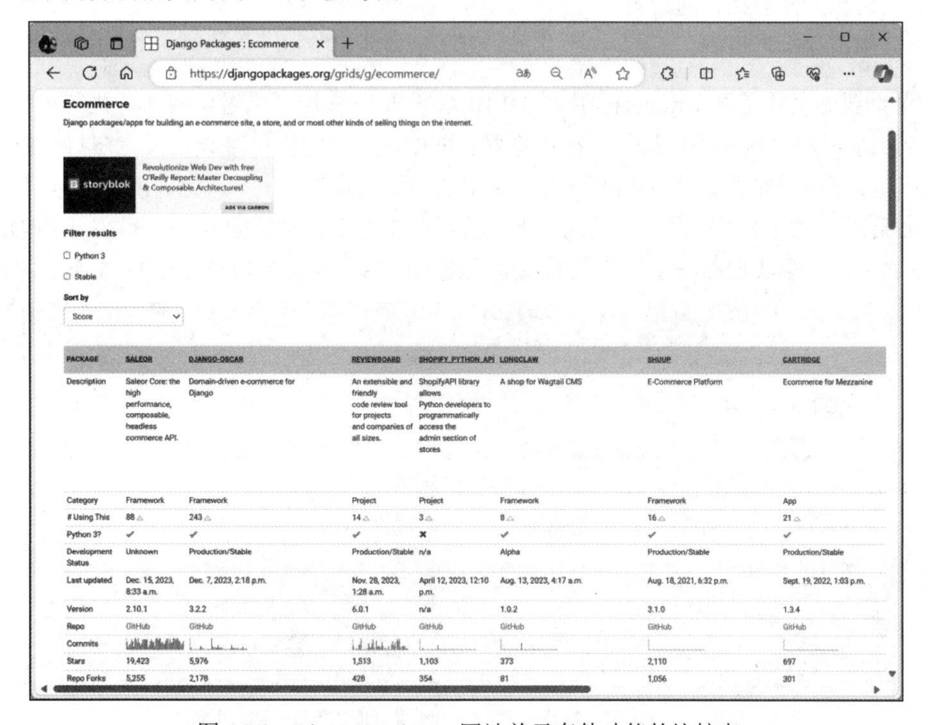

PACKAGE	SALEOR	DJANGO-OSCAR	REVIEWBOARD	SHOPIFY_PYTHON_API	LONGCLAW	SHUUP	CARTRIDGE
Description	Saleor Core: the high performance, composable, headless commerce API.	Domain-driven e-commerce for Django	An extensible and friendly code review tool for projects and companies of all sizes.	ShopifyAPI library allows Python developers to programmatically access the admin section of stores	A shop for Wagtail CMS	E-Commerce Platform	Ecommerce for Mezzanine
Category	Framework	Framework	Project	Project	Framework	Framework	App
# Using This	88	243	14	3	8	16	21
Python 3?	✔	✔	✔	✖	✔	✔	✔
Development Status	Unknown	Production/Stable	Production/Stable	n/a	Alpha	Production/Stable	Production/Stable
Last updated	Dec. 15, 2023, 8:33 a.m.	Dec. 7, 2023, 2:18 p.m.	Nov. 28, 2023, 1:28 a.m.	April 12, 2023, 12:10 p.m.	Aug. 13, 2023, 4:17 a.m.	Aug. 18, 2021, 6:32 p.m.	Sept. 19, 2022, 1:03 p.m.
Version	2.10.1	3.2.2	6.0.1	n/a	1.0.2	3.1.0	1.3.4
Repo	GitHub	GitHub	GitHub	GitHub	GitHub	GitHub	GitHub
Commits							
Stars	19,423	5,976	1,513	1,103	373	2,110	697
Repo Forks	5,255	2,178	428	354	81	1,056	301

图 16-4　Django Packages 网站关于套件功能的比较表

清晰的表格可以让我们立即找出成熟或被广泛使用的套件，以及这些套件目前支持的 Python 语言版本，从而节省网站开发者自行测试的时间。

除上述两个网站外，几乎所有的 Python 套件都可以应用在网站设计上，这也是使用 Django 制作网站的优势所在。对于熟悉 Python 的程序开发者来说，将现有的 Python 套件运用到 Django 网站中，需要注意主机空间的操作，在输入输出的部分注意是由浏览器的模板网页显示和从表单输入，其他部分就大同小异。因此，在制作网站时，如果在上述网站中找不到某些功能，不要忘记原有 Python 中丰富的套件也可以拿来使用。

最后，Django 的官方网站（https://www.djangoproject.com/）总是提供最新和完整的说明。若要深入了解网站的运行原理以及学习更多技巧，这也是一个要认真阅读的地方。

16.2　部署上线的注意事项

就像驾驶汽车上路一样，“安全”永远是最重要的一项指标。一旦网站上线，就等于是暴露在危险之中，如果没有适当的保护机制，最终必定会成为黑客攻击的目标。无论你的网站规模大小、流量多少，黑客的扫描都没有例外，只要他们发现漏洞，就会加以利用。因此，在实际部署网站并开放使用之前，务必按照官方指南逐步核查完毕。以下是几项网站部署前的检查建议：

（1）按照 Django 官网建议逐一确定设置，始终运用 Django 设计的安全措施。

（2）确定不同执行环境可能存在的差异。

（3）启用可选用的安全措施。

（4）启用执行性能优化的设置。

（5）启用错误报告机制。

第一个重要的设置是将 settings.py 中的 DEBUG 设置为 False，以避免网站在执行过程中发生错误或找不到页面时将系统相关信息显示在浏览器页面中，给黑客提供可乘之机。在将 DEBUG 设置为 False 后，接下来需要将 ALLOWED_HOSTS 中的常量设置为“'*'”，允许所有 IP 都可以连接到该网站（如果该网站是限制给内部使用的，那么就需要指定可以浏览的 IP 群）。在未将 DEBUG 设置为 False 之前，如果我们以一个找不到的页面来浏览网站，就会看到类似图 16-5 所示的页面。

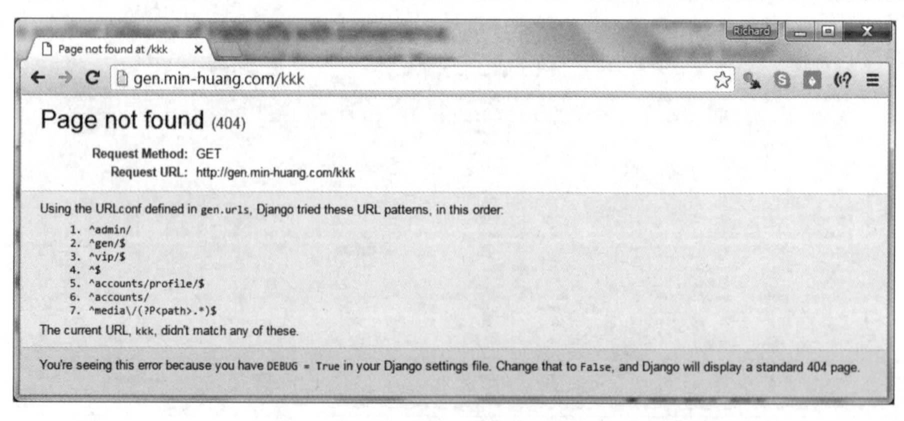

图 16-5　DEBUG=True 找不到网站页面时所显示的页面

然而，如果我们将 DEBUG 设置为 False，出现的页面将会变成如图 16-6 所示的样子，完全不显示任何信息。

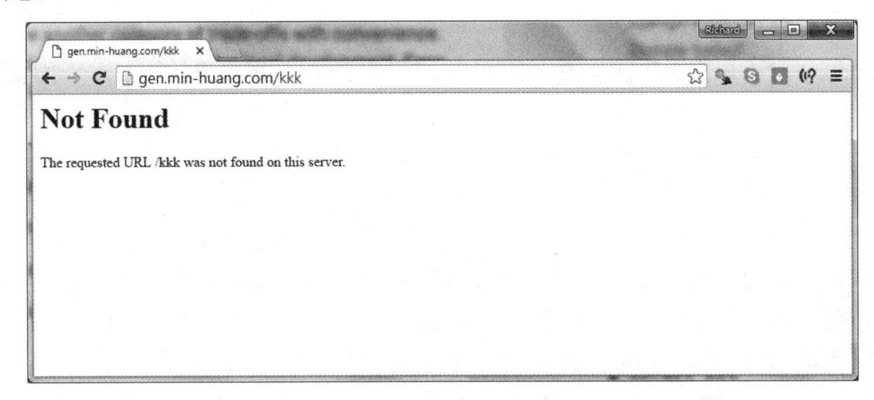

图 16-6　DEBUG=False 找不到网站页面时所显示的页面

如果我们在 templates 文件夹下定义了一个 404.html 网页，代码如下：

```
<!-- 404.html -->
{% extends "base.html" %}
{% block title %}名言佳句图片产生器{% endblock %}
{% block content %}
<div class='container'>
    <div class='row'>
        <div class='col-md-12'>
            <div class='panel panel-primary'>
                <h2>找不到您要的网页</h2>
            </div>
        </div>
    </div>
</div>
{% endblock %}
```

这相当于自定义的 404 页面。当存在这个文件并且发生 404 错误时，就会显示出如图 16-7 所示的页面。

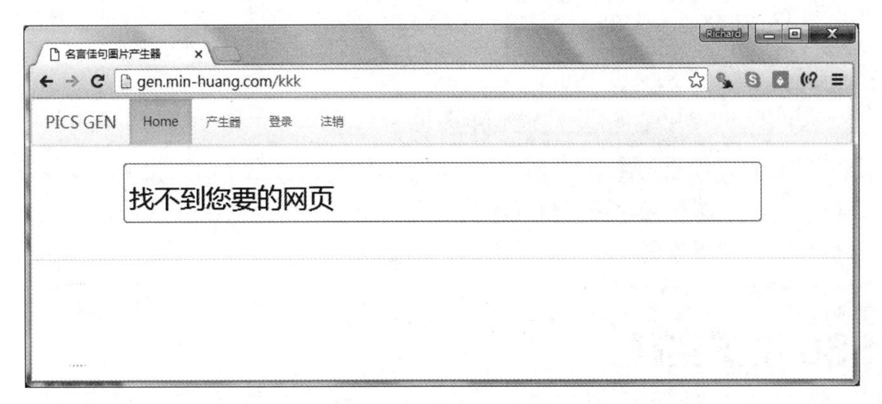

图 16-7　自定义 404 出错提示信息页面显示的样子

除 404.html 外，一般网站至少还需要制作 500.html（服务器错误）、403.html（HTTP 被禁止）以及 400.html（错误的请求）页面，让前来浏览的访客知道在网站出现异常情况时究竟发生了什么，并提供下一步的处理建议。

在 settings.py 中还有一个常量 SECRET_KEY，这是 Django 用来建立一些安全性机制的随机数值，对于网站来说这是一个非常重要的常量，不能泄露。平时放在 settings.py 中，一般来说没有机会被获取，但是大部分网站开发者会把网站程序代码放在程序代码文档库中，就如同我们在本书开始介绍的 Bitbucket、GitHub 等网站，或者公司内部网站数据库中。如果在这些地方没有保护好你的程序代码，那么此网站就会陷入风险之中。因此，一般建议在网站打算发布的时候，将这个值放在你的主机系统中，也就是把这个值和程序代码保存的地方分开放置，以进一步确保安全性。放置的方法主要有两种（假设你是这台主机的唯一拥有者，否则还要考虑如何避免其他用户存取此环境变量值），一种方法是放在主机的环境变量中，在 settings.py 中改为用以下方式来获取 SECRET_KEY：

```
import os
SECRET_KEY = os.environ['SECRET_KEY']
```

当然，如果你在同一台主机上有多个网站，那么在设置这个值的时候也要加以区分。另一种方法是将其存放在主机的系统文件中，然后以打开文件的方式来获取，语句如下：

```
with open('/etc/secret_key.txt') as f:
   SECRET_KEY = f.read().strip()
```

同样地，因为我们在一台主机中架设了多个网站，所以在放置 SECRET_KEY 时会再加上文件夹名称以便识别，例如之前的 http://gen.min-huang.com 会设置如下：

```
with open('/etc/gen.min-huang.com/secret_key.txt') as f:
   SECRET_KEY = f.read().strip()
```

将 SECRET_KEY 放置在自己的主机而不是在他人的程序代码库中，至少可以确保自己网站的安全性，不用担心因为他人的网站遭受黑客攻击而影响我们的网站安全。同样的方法也适合用来保护本网站所有需要使用的安全密码，例如网站中使用的账号和密码以及 Mailgun 所使用的 ACCESS_KEY 等，Mailgun 的设置如下：

```
ACCOUNT_ACTIVATION_DAYS = 7
EMAIL_BACKEND = 'django_mailgun.MailgunBackend'
with open('/etc/mailgun_access_key.txt') as f:
   MAILGUN_ACCESS_KEY = f.read().strip()
MAILGUN_SERVER_NAME = '域名'
```

还有数据库的设置，如果使用到像 MySQL 这样的服务器，也会用到相关的连接账号以及密码的设置，全部可以用此方法来保存隐私数据。甚至可以统一将这些数据以.json 的格式存储成一个文件，读取一次后再分别拿来设置，这也是非常方便的做法。

16.3 SSL 设置实践

最后一点是关于 SSL（Secure Socket Layer）的 HTTPS 加密传输协议的应用。在正式的商业网站中，这几乎是必要的选项，因为使用 HTTP 传输时所有内容并不会被加密，任何“有心人士”只要在网络中执行一些数据包探测的应用程序就可以轻松提取这些传输的内容，包括所有传送的 API Access key、SECRET_KEY、csrf_token 等。即使我们在主机端保护了半天，但在传输过程中没有加密，那么很快就会被“有心人士”窃取。然后他们可以轻易伪造一些假的请求，这对黑客来说并不是很困难，这也是 SSL 加密传输协议如此重要的原因。

SSL 在你的网站和用户的浏览器之间建立可信任的加密传输，使用的是非对称密钥的方式，也就是主机端会提供一把公钥（Public Key）给浏览器。浏览器在收到这把公钥时用它来加密自己要传送的数据，服务器在收到加密过的数据后再以自己的私钥（Private Key，和之前那把 Public Key 是成对的）解密数据，通过这样的机制来建立彼此间的 SSL 通信。然而，当浏览器在收到网站主机送来的公钥时，如何能够相信这把钥匙的持有者是一个负责任的管理人呢？有的网站在浏览时会出现数字证书错误的信息，这时浏览人就要自行判断是否要信任这个网站，决定是否要继续浏览。

如果每个网站都需要用户在浏览的时候自行决定要不要相信对方，这会造成非常大的困扰，这也是“数字证书认证中心”存在的目的。数字证书认证中心是一个第三方的公证单位，它们负责接受网站管理员的申请，并负有验证网站身份的责任。当网站管理员向数字证书认证中心提出申请，在经过验证的流程后会得到一组公钥/私钥（Public Key/Private key），将这组钥匙安装在主机中，设置好网页服务器和网站。之后当用户浏览此网站并以 SSL 连接时，浏览器在收到公钥后会自动向数字证书认证中心询问此密钥的持有者是否可以信任，在验证无误后即可建立 SSL 链接，让传输的过程更加安全。

大部分商用安全凭证是需要花钱购买的，购买了凭证之后，会有相关的设置指导。然而，网络的功能无远弗届，也有一些免费的凭证可供使用。在所有的免费凭证中，Let's Encrypt（https://letsencrypt.org/）是最受欢迎的。接下来，我们将以实际的例子来说明如何在自己的网站上安装免费的凭证。

要使用凭证，首先需要拥有自己的网址。在接下来的例子中，假设我们的网址是 min-huang.com，并且将 Django 网站放在 Ubuntu 操作系统主机的 Apache2 网页服务器上。该网址已经在 HTTP 协议下可以正常运行，现在要为其添加 HTTPS 安全机制。

第一步，前往/etc/apache2/sites-available/000-default.conf 配置文件中创建自己的<VirtualHost>，并确保原有的 WSGIDaemonProcess 放在<VirtualHost>设置之外（通常会放在文件的最前面）。以下是我们的设置值：

```
WSGIDaemonProcess   minhuang   python-path=/var/www/minhuang   python-home=/var/www/
venv_minhuang
<VirtualHost min-huang.com:80>
        ServerName min-huang.com

        ServerAdmin minhuang@nkust.xxx.yy
        ErrorLog ${APACHE_LOG_DIR}/error.log
        CustomLog ${APACHE_LOG_DIR}/access.log combined

        WSGIProcessGroup minhuang
        WSGIScriptAlias / /var/www/minhuang/minhuang/wsgi.py
        Alias /static/ /var/www/minhuang/staticfiles/
        <Directory /var/www/minhuang/staticfiles/>
```

```
            Require all granted
        </Directory>
        <Directory /var/www/minhuang/minhuang>
            <Files wsgi.py>
                Require all granted
            </Files>
        </Directory>
</VirtualHost>
```

从上面的数值可以看出，我们将网站放在/var/www/minhuang 目录下，虚拟环境则放在/var/www/venv_minhuang 目录下（使用 virtualenv 创建）。确认了这个设置之后，在 Ubuntu 的终端以管理员模式执行以下命令：

```
# apt install snapd
# apt install --classic certbot
# ln -s /snap/bin/certbot /usr/bin/certbot
```

上述几条命令用于安装凭证。下面这条命令用于正式申请凭证以及安装凭证：

```
# certbot --apache
```

如果上述命令正确执行，一开始它会列出当前在 000-default.conf 中所有用到的网络域名，并询问我们打算申请和安装 SSL 凭证的网域。此时需要以数字进行选择，选择完毕后，程序将自动在网站上申请所选定的网域的 SSL 凭证，并将其安装到系统上。之后，如果要指定安装某一特定的域名，也可以使用以下命令：

```
certbot install --cert-name mydomain.com.xx
```

在安装完毕后，如果日后需要新增其他的域名，可使用以下命令：

```
certbot --apache -d your_domain
```

在 SSL 安装完成后，原有的 000-default.conf 的<VirtualHost>设置中会增加以下 3 行设置：

```
RewriteEngine on
RewriteCond %{SERVER_NAME} =min-huang.com
RewriteRule ^ https://%{SERVER_NAME}%{REQUEST_URI} [END,NE,R=permanent]
```

在 sites-available 文件夹下也会出现与 SSL 相关的配置文件：

```
root@ubuntu-minhuang:/etc/apache2/sites-available# ls
000-default-le-ssl.conf 000-default.conf default-ssl.conf
```

site-enabled 文件夹下也会多出一个配置文件：

```
root@ubuntu-minhuang:/etc/apache2/sites-enabled# ls
000-default-le-ssl.conf 000-default.conf
```

有了 SSL 之后，不要忘记将 settings.py 中的两个相关参数设置为 True，分别是 CSRF_COOKIE_SECURE 和 SESSION_COOKIE_SECURE。除此之外，关于 SSL 上的其他网站设置细节，读者可自行参考相关的资料。读者也可以使用以下命令对自己的网站安全性进行检查：

```
python manage.py check --deploy
```

16.4　程序代码和网站测试的重要性

有一句话是这样说的，“不管你的系统有多么坚固，永远存在一个笨蛋会毁了它”。因此，在网站项目正式上线前，甚至在规划和设计阶段，必须有足够的设计文件和测试计划，以便提前发现所有可能的问题，从而降低网站的开发成本。仅就测试的部分来说，大致包括以下几种测试类型。

- 单元测试：针对程序的每一个功能单元或函数的测试。一般来说，单元测试是程序设计人员在编写程序时要一并进行的测试。有时，在网站或程序项目需要改写或重建时，需要编写适当的单元测试，以确保修改后的程序能够实现与源程序相同的功能。
- 整合测试：各个单元和系统之间的功能进行整合测试，逐步确认原先规划的接口正确地整合，执行预期的工作并获得预期的结果。
- 功能测试：根据当初规划的文件（包括用户界面、系统需求、使用案例等）逐步执行，确定系统是否能够达到规划时的目标。
- 回归测试：针对所有功能测试项目、操作组合等以自动化的方式不断重复测试，以确保在各种条件下系统能够正常运行并实现预定的功能。在开发过程中，各个版本也可以随时加入测试，验证并提升系统的可靠性。
- 压力测试：以系统化的方式测试并探讨目标系统的功能极限，以及在高强度的工作负荷下系统可能出现的运行瓶颈和风险。读者只要在网站部署后使用压力测试工具测试，就可以大致了解网站的极限在哪里。

以上每一项测试都有其原理、固定的实施过程和工具。在大型网站项目中，测试工作通常由专门的人员或部门来进行，以避免网站程序设计人员对自己的程序代码检测产生盲点。然而，对于初学者来说，小型网站大概只需要进行单元测试，如果可能的话，再请资深的前辈协助进行程序代码审查（Code Review）。

在 Django 中执行单元测试和在 Python 中执行单元测试的方法差不多，几乎所有在 Python 中可以使用的单元测试方法在 Django 中都可以使用。官方网站的说明网址为 https://docs.djangoproject.com/en/3.2/topics/testing/overview/。以名言佳句产生器网站为例，在该网站中有一个函数用来生成图片，其内容如下：

```
def mergepic(image_file, msg, font_size, x, y):
    fill = (0,0,0,255)
    image_file = Image.open(image_file)
    im_w, im_h = image_file.size
    im0 = Image.new('RGBA', (im_w,im_h))
    dw0 = ImageDraw.Draw(im0)
    font    =    ImageFont.truetype(os.path.join(settings.BASE_DIR,    'STXINGKA.ttf'),
font_size)
    fn_w, fn_h = dw0.textsize(msg, font=font)

    im = Image.new('RGBA', (fn_w, fn_h), (255,0,0,0))
    dw = ImageDraw.Draw(im)
    dw.text((0,0), msg, font=font, fill=fill)
    image_file.paste(im, (x, y), im)
```

```
    saved_filename = uuid()+'.jpg'
    image_file.save(os.path.join(settings.BASE_DIR,"media", saved_filename))
    return saved_filename
```

函数 mergepic 预期接收一个 image_file 的网址、一个信息（msg）、字号（font_size）以及要贴上的（x, y）坐标，执行图文整合后，返回产生的图片文件名称。我们可以在 mysite 文件夹下找到一个 tests.py 文件，打开后输入以下程序代码：

```
from django.test import TestCase
from views import mergepic

class mergepicCase(TestCase):

    def test_full_path(self):
        self.assertRegexpMatches(
            mergepic("/var/www/gen/media/Jva-IHrMRzGqurlRLcWIBg.jpg",
                     "Test Message",
                     24,
                     10, 10),
            ".+\.jpg")

    def test_just_file(self):
        self.assertRegexpMatches(
            mergepic("Jva-IHrMRzGqurlRLcWIBg.jpg",
                     "Test Message",
                     24,
                     10, 10),
            ".+\.jpg")
```

在这个单元测试代码中，默认执行两个测试，其中一个是以完整的文件名调用的，另一个只有文件而没有路径。在测试的那一行，我们使用 assertRegexMatches 按照 RegularExpression 正则表达式规则来验证，检查返回值是否为任意字符开头且以.jpg 结尾的字符串（也就是检查是否返回一个图片文件名）。存储完毕后，通过执行 python manage.py test 命令，可以看到如下结果：

```
(VENVGEN) root@myDjangoSite:/var/www/gen# python manage.py test
Creating test database for alias 'default'...
.E
======================================================================
ERROR: test_just_file (mysite.tests.mergepicCase)
----------------------------------------------------------------------
Traceback (most recent call last):
  File "/var/www/gen/mysite/tests.py", line 19, in test_just_file
    10, 10),
  File "/var/www/gen/mysite/views.py", line 101, in mergepic
    image_file = Image.open(image_file)
  File "/var/www/VENVGEN/local/lib/python2.7/site-packages/PIL/Image.py", line 2280, in
open
    fp = builtins.open(filename, "rb")
IOError: [Errno 2] No such file or directory: 'Jva-IHrMRzGqurlRLcWIBg.jpg'
```

```
----------------------------------------------------------------------
Ran 2 tests in 0.034s

FAILED (errors=1)
Destroying test database for alias 'default'...
```

果然执行了两个测试，但是在执行 test_just_file 时发生了错误，并将错误信息显示出来，意思是找不到输入的文件。也就是说，这个函数在发生找不到文件的情况时会出现错误信息，这并不是理想的情况。为了避免这种情况，我们可以对 mergepic 函数进行修改，修改后的代码如下：

```
def mergepic(image_file, msg, font_size, x, y):
    fill = (0,0,0,255)
    try:
        image_file = Image.open(image_file)
    except:
        image_file = Image.open(os.path.join(settings.BASE_DIR, 'static/backimages/
back1.jpg'))
    im_w, im_h = image_file.size
    im0 = Image.new('RGBA', (im_w,im_h))
    dw0 = ImageDraw.Draw(im0)
    font = ImageFont.truetype(os.path.join(settings.BASE_DIR, 'STXINGKA.ttf'),
font_size)
    fn_w, fn_h = dw0.textsize(msg, font=font)

    im = Image.new('RGBA', (fn_w, fn_h), (255,0,0,0))
    dw = ImageDraw.Draw(im)
    dw.text((0,0), msg, font=font, fill=fill)
    image_file.paste(im, (x, y), im)
    saved_filename = uuid()+'.jpg'
    image_file.save(os.path.join(settings.BASE_DIR,"media", saved_filename))
    return saved_filename
```

加上一个异常检查后，让函数可以在发现 Image.open 发生错误时，改为打开默认的背景图片。改完后存盘，再执行一次测试，结果如下：

```
(VENVGEN) root@myDjangoSite:/var/www/gen# python manage.py test
Creating test database for alias 'default'...
..
----------------------------------------------------------------------
Ran 2 tests in 0.054s

OK
Destroying test database for alias 'default'...
```

信息显示 OK 表示通过测试，也表示我们设计的两个输入的测试案例（TestCase）可以顺利被受测试的函数执行。通过这种方法，读者可以针对想要测试的函数自行设计各种预期的输入和输出，从而在持续开发程序的同时避免许多不应该犯的错误。

16.5　其他 Python 框架

只有 Django 可以用来搭建网站吗？当然不是。市面上有许多基于 Python 的网站框架，你可以在 https://wiki.python.org/moin/WebFrameworks 上找到非常详细的列表。Django 无疑是目前最受欢迎的 Python 框架。而 Flask 因其轻量级架构、灵活性和易上手也有许多支持者，甚至在某些情况下（比如在资源有限的 Raspberry Pi 操作系统中）使用的人数甚至超过了 Django。此外，像 web2py 直接将网站设计转换为后台管理界面，使用户可以在浏览器界面中管理和编辑网站中的各个文件，因此也拥有不少支持者。在了解了 Django 的设计架构之后，读者也可以了解其他 Python 网站框架，一定会有很多收获。毕竟在计算机领域，没有唯一的最佳解决方案，最适合的才是最好的。

16.6　你的下一步计划

本书到此已经接近尾声，希望所有的内容都能对想要使用 Python 搭建网站的读者有所帮助。笔者从中学时代开始就在 Apple II 上编写 BASIC 程序，经历了各种各样的编程语言，从 Assembly、Forth、C/C++、Pascal、Perl、PHP、Java，一直到现在备受推崇的 Python。笔者觉得 Python 是一个入门最快、应用范围最广、能够立即获得成就感的编程语言。再加上 Django 框架的加入，更是为 Python 锦上添花，使得初学者能够在非常短的时间内就创建出一个有趣的网站。

然而，构建网站的细节非常繁多，有时候只是漏掉一个标点符号（特别是在处理 jQuery 时，要应对众多括号和符号，需要非常大的耐心才行），或者拼写错误一个字母（比如在配置文件中），就可能导致网站长时间内无法执行某些特定功能。只有亲身经历其中的挫折，才能真正体会其中的辛苦，以及解决问题后的喜悦。

现在，许多人都希望在网络上建立属于自己的风格和履历资产。除在各种网上社区或博客上留下你的足迹外，拥有一个或多个属于自己的网站（尤其是以自己的名字命名的网址更酷），以及展示作品，绝对会给你加分不少。即使不是为了得到什么回报，至少也可以将你的智慧结晶分享给其他网友。因此，希望在阅读本书的同时，如果你还没有开始设计和规划属于自己的网站空间，赶快去申请你自己的账号和主机吧，开始动手使用 Python/Django 来实现你心中的创意吧！

本书所有的程序代码都已放置在出版社的下载网站。读者如有任何执行程序上的问题，欢迎来信讨论。笔者也将随时根据版本的调整修正上述示例程序代码的内容。